无机及分析化学

（第三版）

主　　编　冯辉霞　成会玲

副主编　王　毅　曹　梅　翟科峰　吕晓姝

参　　编　马永平　王坤杰　陈娜丽　赵　丹

　　　　　郑　毅　李　艳

华中科技大学出版社
http://press.hust.edu.cn
中国·武汉

内 容 提 要

全书分四编:第一编为预备知识,包括现代化学的发展与应用、物质的状态;第二编是化学原理和化学分析方法,其中化学原理包括化学热力学初步、化学反应速率、四大平衡及原子结构、化学键和分子结构,化学分析方法包括四大滴定分析方法和可见光吸光光度法;第三编为元素知识,包括金属元素化学、非金属元素化学;第四编为选学内容,介绍无机化合物的制备与分析及前沿,并简论当今热门研究方向,如稀土元素化学、生物无机化学、无机新材料等。本书内容编排既考虑趣味性、创新性,又保持科学性及知识结构的完整性,并从科学家精神、绿色化学理念及无机及分析化学前沿领域等方面进行了知识拓展和延伸,主要是使广大理工科学生能在一定程度上掌握无机及分析化学基本理论、基本知识和基本技能,培养学生的化学素养和创新思维,为今后学习和工作打下一定的化学基础。

本书可作为综合性大学和高等工科院校应用化学、化学工程与工艺、环境工程、制药工程、食品科学与工程、生物工程和材料科学等不同专业、不同学科学生的教材。

图书在版编目(CIP)数据

无机及分析化学 / 冯辉霞,成会玲主编. -- 3 版. -- 武汉 : 华中科技大学出版社,2025.7. -- ISBN 978-7-5772-1995-0

Ⅰ. O61;O65

中国国家版本馆 CIP 数据核字第 2025AS5609 号

无机及分析化学(第三版)   冯辉霞   成会玲 主编

Wuji ji Fenxi Huaxue (Di-san Ban)

策划编辑:王新华

责任编辑:王新华

封面设计:原色设计

责任校对:刘 竣

责任监印:曾 婷

出版发行:华中科技大学出版社(中国·武汉)   电话:(027)81321913

武汉市东湖新技术开发区华工科技园   邮编:430223

录 排:华中科技大学惠友文印中心

印 刷:武汉市洪林印务有限公司

开 本:787mm×1092mm 1/16

印 张:28

字 数:731 千字

版 次:2025 年 7 月第 3 版第 1 次印刷

定 价:69.80 元

网络增值服务

使用说明

1 教师使用流程

（1）登录网址：**https://bookcenter.hustp.com/index.html** （注册时请选择教师用户）

注册 〉 登录 〉 完善个人信息 〉 等待审核

（2）审核通过后，您可以在网站使用以下功能：

浏览教学资源　　　建立课程　　　管理学生　　　布置作业　　查询学生学习记录等

教师

2 学生使用流程

（建议学生在PC端完成注册、登录、完善个人信息的操作）

（1）PC 端学员操作步骤

① 登录网址：https://bookcenter.hustp.com/index.html （注册时请选择普通用户）

注册 〉 完善个人信息 〉 登录

② 查看课程资源：（如有学习码，请在个人中心 - 学习码验证中先验证，再进行操作）

首页课程 〉 课程详情页 〉 查看课程资源

选择
课程

（2）手机端扫码操作步骤

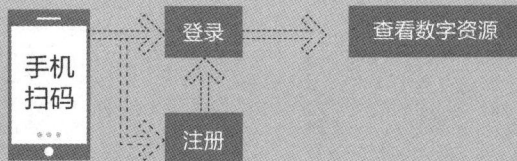

手机
扫码　　登录 →　查看数字资源

注册

第三版前言

随着我国工科院校化学类公共基础课教学内容和课程体系改革不断深入,根据基础化学教学改革发展需要,把原来的无机化学、分析化学这两门课整合成一门"无机及分析化学"课程,本书做了一种有益的尝试。为体现无机化学与分析化学的相互融合与知识内容体系的相互关联,通过重组知识和理论体系,对相近、相同要求和内容的部分进行合并,达到删繁就简、避免重复、减少学时数的教学改革目的。经过近17年的教学改革实践,这一课程的教学改革及本书的编写指导思想已逐步得到多方的认可和支持。

本书第三版中,立足于工科院校公共基础化学课程以培养创新型人才为目标,贯彻本科教学知识、能力、素质并重和少而精的原则,采用二维码的形式,增加了数字资源的内容,融入课程思政元素,主要讲述中外科学家故事及对化学学科的重大贡献,还引入了绿色化学理念和学科发展前沿等内容,以激发学生学习兴趣,培养学生的科学精神和创新思维。本书适用于理、工、农、医等类专业的无机及分析化学课程教学。

参加本书第三版编写的有兰州理工大学冯辉霞、王毅、陈娜丽、赵丹、郑毅、王坤杰,昆明理工大学成会玲、曹梅、马永平,宿州学院翟科峰,辽宁科技学院吕晓姝、李艳。博士研究生刘亚飞、赵苑参与了部分新增知识内容的编写及相关资料的收集、检索和部分校核工作,并在二维码中编录了相关内容和部分习题。全书最后由冯辉霞统稿。

本书第一版、第二版的编者做了大量工作,奠定了本书的基础,编者所在学校的同事们提出了不少宝贵意见,给予我们很大的鼓舞和支持。在本书第三版的编写过程中,曾参阅大量国内外有关书籍及期刊,从中借鉴了某些内容,对此特致谢意。

限于编者水平,书中尚有不足之处,恳请同行专家和读者批评指正,以便不断改进。

编 者
2025 年 5 月

第二版前言

化学是研究物质的组成、结构、性质及其变化规律和变化过程中能量关系的学科。在科学技术和生产中,化学起着重要的作用。随着化学学科的发展,无机化学、分析化学的研究对象、研究内容和研究方法都在发生变化,每年数以万计的新的化合物及研究成果被化学家们研究出来,许多化学原理和化学规律得到不断完善、补充。为适应时代发展与进步,无机化学、分析化学教材的内容和结构需要不断更新和完善。

随着高等学校教学改革的深化,为了加强素质教育,根据国内基础化学教学发展趋势,各作者所在院校纷纷积极倡议和响应,对相近、相同要求和内容的部分进行合并,把原来的无机化学、分析化学这两门课整合成一门"无机及分析化学"课程。由于课程的合并不是机械的,为了体现无机化学与分析化学的相互融合与知识内容体系的关系,经过详细、科学的论证,并结合多年教学实践,在参考了近几年国内外出版的相关教材和科研论文的基础上,编写了这本教材。

无机及分析化学课程的教学目的是使广大理工科学生在一定程度上能具有一些必需的无机及分析化学基本理论、基本知识和基本技能,培养学生的化学素养,为今后学习和工作打下一定的化学基础。因此,本书在内容安排上,主要贯穿三条主线。第一条是以定量分析为主线,设置化学反应原理和化学分析原理与技术两大内容,准确阐述最基本的无机及分析化学原理和规律,并使"分析与应用"贯穿于始终;第二条是从宏观的热化学开始,引入一些化学热力学和化学动力学基础内容,并在水溶液中的离子平衡、氧化还原反应的电化学中予以应用;第三条就是从微观物质结构基础开始,联系周期系,重点阐述一些典型物质的性质及应用。这三条主线,既各有侧重面,又互有关联。全书内容体现理工结合,理论与实际相结合,在阐述物质的性质时,从其应用出发,具有重基础、强应用、为专业服务的特色。

本书分四编:第一编是预备知识,包括现代化学的发展与应用、物质的状态;第二编是化学原理和化学分析方法,包括化学热力学初步、化学反应速率和化学平衡、水溶液中的解离平衡、氧化还原反应、原子结构、化学键和分子结构、配合物与配位平衡,四大滴定分析方法和可见光吸光光度法;第三编是元素知识,包括金属元素化学、非金属元素化学;第四编介绍无机化合物的制备与分析及前沿,并简论当今热门研究方向,如稀土元素化学、生物无机化学、无机新材料和化学分离方法。其中,第四编为选学内容。

现代科学技术的蓬勃发展和科学知识的迅速增长,促使人们不断地学习和更新知识。大学阶段是学生的一个重要学习阶段,而他们在以后的学习和工作中必然遇到许多新的课题,需要在原有的基础上,通过自学、研究继续提高,这样才能不断前进、发展和创新。因此,在教学中要重视基础,并注意能力的培养;通过教学,除使学生掌握知识和技能外,要十分重视培养和提高他们的自学、分析、研究、写作、创新等方面的能力。掌握知识和提高能力是相互联系、相互促进的。如何发挥教师的主导作用,同时调动学生的积极性和主动性,使学生自己成为学习的主体,这是需要深入研讨的课题。本书各章编写的内容提要和基本要求,正是对此问题的一种考虑。

参加本书编写工作的有兰州理工大学冯辉霞、王毅、李思良、王坤杰、陈娜丽、张德懿、赵丹,昆明理工大学杨万明、成会玲、马永平、曹梅,西华大学刘家琴,浙江海洋大学孙静亚,河南城建学院李霞,陕西理工大学刘存芳,宿州学院夏秋霞,辽宁科技学院任晓棠。博士研究生张兴军、卢勇、焦林宏、尚琼参与了部分知识创新内容的编写及相关资料的收集、检索和部分校核工作,并编制了附录。全书的编写工作由冯辉霞、杨万明及王毅策划,最后由冯辉霞统稿。本书由华中科技大学李德忠教授主审。本书的编写工作得到华中科技大学出版社有关同志的大力帮助,得到兰州大学博士研究生导师杨汝栋教授的悉心指导。编者所在学校的同事们给予了大力支持,在百忙中审阅了此稿,并提出了不少宝贵意见,给予我们很大的鼓舞和支持。在本书的编写过程中,曾参阅大量国内外有关书籍及期刊,从中借鉴了某些内容,对此特致谢意。

　　由于编者水平有限,加上本书涉及多方面的知识和实验技术,书中不足之处实难避免,恳请同行专家和读者批评指正。在此诚恳地致以谢意。

编　者
2018 年 4 月

目　　录

第一编　预 备 知 识

第二编　化学原理和化学分析方法

第四编　前沿简介

第一编 预备知识

第1章 绪　　论

内容提要

本章概述化学的定义,无机化学、分析化学的重要性,并介绍化学分析方法的分类、滴定分析方法,以及定量分析中的误差与数据处理。

基本要求

※ 学习化学的定义及发展简史,理解学习无机化学、分析化学的重要性。

※ 掌握化学分析方法的分类和滴定分析方法。

※ 掌握定量分析中的误差与数据处理。

建议学时

2 学时。

化学是在原子、分子层次上研究物质的组成、结构、性质及其变化规律的一门科学,其涉及面极广,如自然界的物质(矿物、海洋里的水和盐、动植物体内的化学成分)以及由化学家创造的新物质,当然也包括自然界的变化(如因闪电而燃烧的树木、生命过程中的化学变化)。作为自然科学中的一门基础学科,化学是当代科学技术和人类物质文明迅猛发展的基础和动力,是一门中心的、实用的和创造性的科学,是一门古老而又生机勃勃的科学。

1.1　化学的定义

1.1.1　古代化学的产生与近代化学的建立

化学的历史可以从人类文明开始算起,大致经历了三个时期:①古代及中古时期(17 世纪中叶以前);②近代化学时期(17 世纪中叶到 19 世纪末);③现代化学时期(20 世纪以来)。

1. 古代化学的产生

人类第一次伟大的化学实践是火的发明。人们利用火,逐渐掌握了制陶、金属冶炼、制造瓷器及玻璃、染色、酿造等实用工艺。公元前 4 世纪,人类便能通过加热铜和锡来制造青铜合金,青铜合金因其硬度上的优势可用于制造劳动工具和武器。

我国西汉时期(公元前 100 多年)已有的点金术和炼丹术被称为近代化学的先驱。公元 8 世纪末,我国点金术通过商人传入波斯,再传入欧洲。到了 16 世纪,欧洲工业生产的发展推动了医药化学的发展。在当时的一些书籍中,人们对涉及的许多无机物作了分类,并记载了它们的性质和用途。明代科学家宋应星的《天工开物》则详尽记录了当时我国手工业化学生产过程的实际情况。

在古代,化学作为一门科学尚未诞生,人们仅以实用为目的,其化学知识来源于具体化学工艺过程的经验,是实用的、经验性的且较为零散的。

2. 近代化学的建立

17世纪中叶以后,随着资本主义生产的迅猛发展,炼金术开始走向以实用的医药化学和工艺化学为方向的发展道路,中欧和西欧各国的金属冶炼、陶瓷和玻璃的制造、酿造、染色和药物等化学物质的生产规模日趋壮大,积累了极为丰富的化学新知识。化学从此成为一门真正独立的科学。化学理论知识经历了从无到有,从简单而又粗糙到翔实准确的艰难历程。被誉为“近代化学之父”的法国化学家拉瓦锡用科学的氧化学说推翻了燃素学说,开创了近代化学的新体系。自此,化学从零散的定性描述阶段逐渐过渡到系统的追寻物质变化规律的理论概括阶段。道尔顿的原子论、阿伏伽德罗的分子说以及门捷列夫和迈尔发现的元素周期律,成为近代化学发展历史上的重要里程碑。

与此同时,化学出现了许多分支,如无机化学、有机化学、分析化学、物理化学。

自19世纪初,相对原子质量的准确测定促进了分析化学的发展,1841年贝齐利乌斯的《化学教程》、1846年弗雷泽纽斯的《定量分析教程》和1855年莫尔的《化学分析滴定法教程》等书籍介绍了仪器设备、分离和测定方法,已初现今日化学分析的端倪。

无机化学的形成常以1870年前后门捷列夫和迈尔发现元素周期律和公布元素周期表为标志。他们把当时已知的63种元素及其化合物的零散知识,归纳成一个统一整体。

有机化学的结构理论和有机化合物的分类体系于19世纪下半叶形成。如1861年凯库勒碳的四价概念及1874年范特霍夫和勒贝尔的四面体学说,至今仍为有机化学最基本的概念。有机化学是最大的化学分支学科,它以碳氢化合物及其衍生物为研究对象,是“碳的化学”。医药、农药、染料、化妆品等无不与有机化学有关。

物理化学是从化学变化与物理变化的联系入手,研究化学反应的方向和限度(化学热力学)、化学反应的速率和机理(化学动力学)以及物质的微观结构与宏观性质间的关系(结构化学)等问题,它是化学学科的理论核心。1887年奥斯特瓦德和范特霍夫合作创办了《物理化学杂志》,标志着这个分支学科的形成。

1.1.2 现代化学的发展与应用

从19世纪的经典化学到20世纪的现代化学的飞跃,从本质上说是从19世纪的道尔顿原子论、门捷列夫元素周期表等在原子的层次上认识和研究化学,进步到20世纪在分子的层次上认识和研究化学。通过对组成分子的化学键的本质、分子的强相互作用和弱相互作用、分子催化、分子的结构与功能关系的认识,数千万种化合物的发现与合成以及对生物分子的结构与功能关系的研究促进了生命科学的发展。20世纪人类对物质需求的日益增加以及科学技术的迅猛发展,极大地推动了化学学科自身的发展。不仅形成了完整的化学理论体系,而且在理论的指导下,化学实践为人类创造了丰富的物质。化学过程工业以及与化学相关的国计民生的各个领域,如粮食、能源、材料、医药、交通、国防以及人类的衣、食、住、行、用等,在这100多年中发生的变化是有目共睹的。

1. 放射性和铀裂变的重大发现

核能的释放和可控利用是20世纪在能源利用方面的一个重大突破。从19世纪末到20

世纪初,皮埃尔·居里和玛丽·居里夫妇先后发现了放射性比铀强 400 倍的钋,以及放射性比铀强 200 多万倍的镭,这项研究打开了 20 世纪原子物理学的大门,皮埃尔·居里和玛丽·居里夫妇为此获得了 1903 年的诺贝尔物理学奖。1906 年皮埃尔·居里不幸遇车祸身亡,玛丽·居里继续专心于镭的研究与应用,并积极提倡把镭用于医疗,使放射治疗得到了广泛应用,造福人类。为此,玛丽·居里 1911 年又被授予了诺贝尔化学奖。20 世纪初,卢瑟福提出了原子的有核结构模型和放射性元素的衰变理论,研究了人工核反应,因而获得了 1908 年的诺贝尔化学奖。玛丽·居里的女儿和女婿约里奥-居里夫妇用钋的 α 射线轰击硼、铝、镁时发现产生了带有放射性的原子核,这是第一次用人工方法创造出放射性元素,为此约里奥-居里夫妇获得了 1935 年的诺贝尔化学奖。在约里奥-居里夫妇的基础上,费米用中子轰击各种元素,获得了 60 种新的放射性元素,并发现中子轰击原子核后,就被原子核捕获得到一个新原子核,由于不稳定,核中的一个中子将发生一次 β 衰变,生成原子序数增加 1 的元素。这一原理和方法的发现,使人工放射性元素的研究迅速成为当时的热点。费米获得了 1938 年的诺贝尔物理学奖。物理学介入化学,用物理方法在元素周期表上增加新元素成为可能。1939 年哈恩发现了核裂变现象,这成为原子能利用的基础,为此,哈恩获得了 1944 年的诺贝尔化学奖。

1939 年弗里希在裂变现象中观察到伴随着碎片有巨大的能量产生,同时约里奥-居里夫妇和费米都测定了铀裂变时还放出中子,这使链式反应成为可能。

从放射性的发现开始,人们依次发现了人工放射性、铀裂变伴随能量、中子的释放以及核裂变的可控链式反应。至此,释放原子能的前期基础研究已经完成。1942 年在费米的领导下,成功地建造了第一座原子反应堆。1945 年美国在日本投下了原子弹。核裂变和原子能的利用是 20 世纪初至中叶化学和物理界具有里程碑意义的重大突破。

2. 化学键和现代量子化学理论

化学键和量子化学理论的发展足足花了半个世纪的时间,因而化学家对分子的本质及相互作用的基本原理经历了由浅入深的认识过程,从而让人们进入分子的理性设计的高层次领域,创造新的功能分子,如药物设计、新材料设计等。鲍林在分子结构和化学键理论方面作出了很大的贡献。鲍林长期从事 X 射线晶体结构研究,以寻求分子内部的结构信息。他把量子力学应用于分子结构,把原子价理论扩展到金属和金属间化合物,提出了电负性概念和计算方法,创立了价键学说和杂化轨道理论。1954 年鲍林获得了诺贝尔化学奖。马利肯运用量子力学方法,创立了原子轨道线性组合成分子轨道的理论,阐明了分子的共价键本质和电子结构,1966 年获得了诺贝尔化学奖。1952 年福井谦一提出前线轨道理论,用于研究分子动态化学反应。1965 年伍德沃德和霍夫曼提出分子轨道对称守恒原理,用于解释和预测一系列反应的难易程度和产物的立体构型。为此,福井谦一和霍夫曼共获 1981 年诺贝尔化学奖。科恩发展了电子密度泛函理论,波普尔发展了量子化学计算方法,1998 年两人共获了诺贝尔化学奖。

3. 合成化学的发展

创造新物质是化学家的首要任务。100 多年来合成化学发展迅速,许多新技术被用于无机和有机化合物的合成,如超低温合成、高温合成、高压合成、电解合成、光合成、声合成、微波合成、等离子体合成、固相合成、仿生合成等;发现和创造的新反应、新合成方法数不胜数。现在,几乎所有的已知天然化合物以及化学家感兴趣的具有特定功能的非天然化合物都能够通过化学合成的方法来获得。在人类已知的化合物中,绝大多数是化学家合成的,几乎又创造出了一个新的自然界。合成化学为满足人类对物质的需求作出了极为重要的贡献。

20 世纪,合成化学领域共获得 10 项诺贝尔化学奖。1912 年梅林尼亚因发明格氏试剂,开创了有机金属在各种官能团反应中的新领域而与萨巴捷共获诺贝尔化学奖。狄尔斯和阿尔德因发现双烯合成反应而获得了 1950 年的诺贝尔化学奖。1953 年齐格勒和纳塔发现了有机金属催化烯烃定向聚合,实现乙烯的常压聚合,他们因此获得了 1963 年的诺贝尔化学奖。有机合成化学领域的人工合成生物分子方向中,从最早的甾体(温道斯,1928 年诺贝尔化学奖)、抗坏血酸(哈沃斯,1937 年诺贝尔化学奖)、生物碱(鲁宾逊,1947 年诺贝尔化学奖)到多肽(维尼奥,1955 年诺贝尔化学奖)逐渐深入。1965 年有机合成大师伍德沃德因先后合成了奎宁、胆固醇、可的松、叶绿素和利血平等一系列复杂的有机化合物而荣获诺贝尔化学奖。他还提出了分子轨道对称守恒原理,并合成了维生素 B_{12} 等。此外,威尔金森和费歇尔合成了过渡金属二茂夹心式化合物,获得了 1973 年的诺贝尔化学奖。1979 年布朗和维蒂希因分别发展了有机硼和维蒂希反应而共获诺贝尔化学奖。1984 年梅里菲尔德因发明的固相多肽合成法对有机合成方法学和生命化学起了巨大推动作用而获得诺贝尔化学奖。1990 年科里总结大量天然产物的全合成并提出逆合成分析法,因而获得诺贝尔化学奖。

4. 高分子科学和材料

三大合成高分子材料的出现成为 20 世纪人类文明的标志之一。合成橡胶、合成塑料和合成纤维具有突破性的成就,是化学工业的骄傲。1920 年施陶丁格提出了"高分子"这个概念,创立了高分子链型学说,以后又建立了高分子黏度与相对分子质量之间的定量关系,为此获得了 1953 年的诺贝尔化学奖。1953 年齐格勒成功地在常温下用 $(C_2H_5)_3AlTiCl_4$ 作催化剂将乙烯聚合成聚乙烯,从而发现了配位聚合反应。1955 年纳塔将齐格勒催化剂改进为 α-$TiCl_3$ 和烷基铝系统,实现了丙烯的定向聚合,得到了高产率、高结晶度的全同构型的聚丙烯,使合成方法、聚合物结构、性能三者联系起来。为此,齐格勒和纳塔共获了 1963 年的诺贝尔化学奖。1974 年弗洛里因在高分子性质方面的成就获得诺贝尔化学奖。

5. 化学动力学与分子反应动态学

化学动力学是研究化学反应如何进行,揭示化学反应的机理和研究物质的结构与反应能力之间的关系的领域,可以满足化学反应过程控制的需要。1956 年谢苗诺夫和欣谢尔伍德因在化学反应机理、反应速率和链式反应方面的开创性研究获得了诺贝尔化学奖。艾根提出了研究发生在千分之一秒内的快速化学反应的方法和技术,波特和诺里什提出和发展了闪光光解法技术,使该技术用于研究发生在十亿分之一秒内的快速化学反应,他们三人共获了 1967 年的诺贝尔化学奖。

分子反应动态学,也称为态-态化学,它从微观层次出发,深入原子、分子的结构和内部运动、分子间相互作用和碰撞过程,来研究化学反应的速率和机理。李远哲、波拉尼和赫希巴赫首先发明了获得各种态信息的交叉分子束技术,并利用该技术研究($F+H_2$)的反应动力学,对化学反应基本原理的研究作出了重要贡献,是分子反应动力学发展中的里程碑,为此李远哲、赫希巴赫和波拉尼共获了 1986 年诺贝尔化学奖。1999 年泽维尔因利用飞秒光谱技术研究过渡态的成就获诺贝尔化学奖。

6. 现代化学与现代生命科学和生物技术

研究生命现象和生命过程、揭示生命的起源和本质是当代自然科学的重大研究课题。20 世纪生命化学的崛起给古老的生物学注入了新的活力,给人们在分子水平上研究生命的奥秘打开了一条崭新的通道。

蛋白质、核酸等生物大分子和激素、细胞因子等生物小分子是构成生命的基本物质。从 20 世纪初开始,生物小分子(如糖、血红素、叶绿素、维生素等)的化学结构与合成的研究,是化学向生命科学进军的第一步。1955 年维尼奥因首次合成多肽激素催产素和加压素而荣获了诺贝尔化学奖。1958 年桑格因对蛋白质特别是牛胰岛素分子结构测定的贡献而获得诺贝尔化学奖。1953 年沃森和克里克提出了 DNA 分子双螺旋结构模型,这项重大成果为分子生物学和生物工程的发展奠定了基础,为整个生命科学带来了一场深刻的革命。沃森和克里克因此而与威尔金斯一起获得了 1962 年的诺贝尔生理学或医学奖。1960 年肯德鲁和佩鲁兹利用 X 射线衍射成功地测定了鲸肌红蛋白和马血红蛋白的空间结构,揭示了蛋白质分子的肽链螺旋区和非螺旋区之间还存在三维空间的不同排布方式,阐明了二硫键在形成这种三维排布方式中所起的作用,为此,他们两人共获了 1962 年的诺贝尔化学奖。1965 年我国首次人工合成结晶牛胰岛素,成为人类在揭示生命奥秘的历程中迈进了一大步的标志。此外,1980 年伯格、桑格和吉尔伯特因在 DNA 分裂和重组、DNA 测序以及现代基因工程学方面的杰出贡献而共获诺贝尔化学奖。1982 年克卢格因发明"象重组"技术和揭示病毒和细胞内遗传物质的结构而获得诺贝尔化学奖。1984 年梅里菲尔德因发明多肽固相合成技术而荣获诺贝尔化学奖。1989 年切赫和奥尔特曼因发现核酶而获得诺贝尔化学奖。1993 年史密斯发明寡核苷酸定点诱变法,穆利斯发明多聚酶链式反应技术,两人因对基因工程的贡献而共获诺贝尔化学奖。1997 年斯科发现了维持细胞中 Na^+ 和 K^+ 浓度平衡的酶及有关机理,博耶和沃克揭示能量分子 ATP 的形成过程,他们共获诺贝尔化学奖。

20 世纪现代化学与生命科学相结合产生了一系列在分子层次上研究生命问题的新学科,如生物化学、分子生物学、化学生物学、生物有机化学、生物无机化学、生物分析化学等。在研究生命现象的领域里,现代化学不仅提供技术和方法,而且提供理论。

7. 对人类健康的贡献

利用药物治疗疾病是人类文明的重要标志之一。20 世纪初,由于对分子结构和药理作用的深入研究,药物化学迅速发展,并成为化学学科的一个重要领域。1909 年德国化学家艾里希合成出治疗梅毒的特效药物胂凡纳明。20 世纪 30 年代以来化学家们创造出一系列磺胺药,使许多细菌性传染病特别是肺炎、流行性脑炎、细菌性痢疾等长期危害人类健康和生命的疾病得到控制。青霉素、链霉素、金霉素、氯霉素、头孢菌素等类型抗生素的发明,为人类的健康作出了巨大贡献。据不完全统计,20 世纪化学家们通过合成、半合成或从动植物、微生物中提取而得到的临床有效的化学药物超过 2 万种,常用的就有 1000 余种。

8. 现代化学与国民经济和人类日常生活

人类的衣、食、住、行、用无不与化学所"掌管"的成百化学元素及其所组成的千万种化合物和无数的制剂、材料有关。化学在改善人类生活方面是最有成效、最实用的学科之一。利用化学反应和过程来制造产品的化学过程工业(包括化学工业、精细化工、石油化工、制药工业、日用化工、橡胶工业、造纸工业、玻璃和建材工业、钢铁工业、纺织工业、皮革工业、饮食工业等)在很多国家的工业中占有最大的份额。发达国家从事研究与开发的科技人员中,化学、化工专家占一半左右。世界专利发明中有 20% 与化学有关。

房子是用水泥、玻璃、油漆等化学产品建造的,肥皂和牙膏是日用化学品,衣服是由合成纤维制成并由合成染料上色的。饮用水必须经过化学检验以保证质量,食品则多是由用化肥和农药生产的粮食制成的。维生素和药物也是由化学家合成的。交通工具更离不开化学,车辆的金属部件和油漆显然是化学品,车厢内的装潢材料通常是特种塑料或经化学制剂处理过的皮革制品,汽车的轮胎是由合成橡胶制成的,燃油和润滑油是含化学添加剂的石油化学产品,蓄电池是化学电源。飞机则需要用质强量轻的铝合金来制造,还需要特种塑料和特种燃油。

书刊、报纸是用化学家所发明的油墨和经化学方法生产出的纸张印制而成的。彩电和电脑显示器的显像管是由玻璃和荧光材料制成的,这些材料在电子束轰击时可发出不同颜色的光。VCD 光盘是由特殊的信息存储材料制成的。甚至参加体育活动时穿的跑步鞋、溜冰鞋、运动服、乒乓球、羽毛球等也都离不开现代合成材料和涂料。

1.1.3　化学研究的对象

化学是一门应用学科。所有生物的生存都依赖于物质,而"化学是研究物质的性质、组成、结构、变化和应用的科学"(《中国大百科全书(化学卷)》,1989 年出版)。

化学是一门以实验为主,理论和实验相结合的学科。化学成果的绝大部分来源于化学实验,虽然今天有些研究可以通过理论计算、计算机设计来实现,但其计算结果仍需化学实验的辅助和佐证。

化学研究的物质,包括实物和场(如晶体场理论中的场)。唯物辩证法认为:物质是无限可分的。物质可分割成分子、原子、电子等其他"基本粒子"形态,表现出物质无限分割序列中的各个不同层次具有的特点。化学研究的是物质(重点是新物质,如新型功能材料、药物、农药、化肥等)的制备、分离、应用,研究物质的化学变化及变化过程中的能量变化。由于化学的研究内容日趋广泛、深入、复杂,与其他科学又相互渗透交叉,因而化学的研究对象也在不断发生变化。可以说,化学是在分子、原子、离子层次上研究物质的组成、结构、性质、相互变化及变化过程中能量变化的科学。

1.2　无机化学、分析化学的重要性

人们最初认识和应用的物质几乎全部是无机物。无机化学学科的形成是以门捷列夫元素周期表的建立为标志的。纵观其发展史,有三次发展旺盛时期:19 世纪百年间,元素性质周期性变化规律被发现,这是第一次发展旺盛时期;20 世纪 40 年代开始,原子能工业、半导体工业的兴起掀起第二次发展旺盛时期;到了 20 世纪 70 年代,宇航、催化、能源和生物化学的发展促成了第三次发展旺盛时期。自 20 世纪 90 年代以来,材料学科的成立和生命化学的进一步发展使无机化学这一古老学科迎来了第四次发展机遇。

分析化学从一种技艺到一门学科经过了漫长的历史阶段。分析化学这一名称虽创自玻意耳,但其实践运用与化学工艺的历史同样古老。古代冶炼、酿造等工艺的高度发展,都是与鉴定、分析、制作过程的控制等手段密切联系在一起的。在东、西方兴起的炼丹术、炼金术等都可视为分析化学的前驱。

作为一门学科,分析化学经过了两个短暂而重要的飞速发展阶段。

第一个重要阶段,是在 20 世纪最初的二三十年时间里。在这一时期,利用溶液平衡理论、动力学理论和各种实验方法等,提出了均匀沉淀法,合成并使用选择性极高的有机沉淀剂,合成了大量酸碱指示剂、氧化还原指示剂及吸附指示剂,深入研究了指示剂作用原理、滴定曲线和终点误差,深入研究了催化反应、诱导反应和缓冲原理等,大大地丰富了化学分析的内容。这一时期,重量分析法进一步完善,滴定分析法也迅猛发展。20 世纪 40 年代后,滴定分析法逐步取代了重量分析法。20 世纪 40 年代至 50 年代又发展并逐步完善了配位滴定法。

第二个重要阶段是在 20 世纪 40 年代以后几十年的时间里。在这一历史阶段,开始是原子能科学技术的发展,后来是半导体技术的兴起,要求分析化学能提供各种非常灵敏、准确而

快速的分析方法。接着是各种仪器分析技术获得迅猛发展,如原子发射光谱法、荧光分光光度法、原子吸收分光光度法、分子吸收分光光度法、电化学分析方法、色谱法、核磁共振法、质谱法、X 射线衍射法等分析技术。

自 20 世纪 80 年代以来,分析化学正处在一个新的历史发展阶段中。它面临着材料科学、环境科学、宇宙科学、生命科学以及其他科学和生产实际提出的新的、复杂的任务和要求,于是就产生了以与数学、生物学和计算机科学等学科相结合为特征的第三次变革。这使分析化学进入了分析化学家重新当家做主的、欣欣向荣的"第二个春天"。

1.2.1　无机化学、分析化学研究的对象

1. 无机化学研究的对象

随着时代的进步,科学水平的发展,化学研究内涵的不断扩展,无机化学研究的对象也在不断变化。传统的无机化学是研究无机物的组成、性质、结构和反应的科学。无机物包括除碳氢化合物及其衍生物之外的所有元素单质和化合物。无机化学正从传统的描述性的科学向现代的推理性的科学过渡,从定性向定量过渡,从宏观向微观深入,从单一学科向纵向交叉学科深入,现代无机化学新体系应具有全面完整、理论化、量化和微观化特点。

2. 分析化学研究的对象

分析化学以化学基本理论和实验技术为基础,并吸收物理、生物、统计、计算机、自动化等方面的知识以充实本身的内容,从而解决科学、技术所提出的各种分析问题。分析化学是研究获取物质化学组成和结构信息的分析方法及相关理论的科学,是化学学科的一个重要分支。分析化学的主要任务是鉴定物质的化学组成(元素、离子、官能团或化合物)、测定物质的有关组分的含量、确定物质的结构(化学结构、晶体结构、空间分布)和存在形态(价态、配位态、结晶态)及其与物质性质之间的关系等。

1.2.2　无机化学、分析化学前沿领域

1. 无机化学前沿领域

无机化学的前沿方向涉及过渡元素金属有机化学、生物无机化学和固体无机化学。

过渡元素金属有机化学的发展是以美国化学会主办、1982 年创刊的《Organometallics》杂志为主要标志,近年来发展势头极盛。从德国齐格勒和意大利纳塔用烷基铝和三氯化钛的混合物使乙烯、丙烯聚合得到等规聚合物,到美国布朗和德国维蒂希合成的第Ⅲ、Ⅴ主族金属元素的有机金属化合物、有机准金属化合物,使这一领域的金属有机化合物成为复合材料、催化剂、有机半导体材料及药物的前驱体。

生物无机化学的研究起初与生物固氮及人类某些疑难病症的药物学与药理学有关,该领域自 1983 年在意大利召开的第一届国际生物无机化学会议开始迅速发展起来。现阶段生物无机化学具有三个明显的特征:①通过现代分析检测技术,研究金属离子在生物系统中的存在形式、微观结构、功能及作用机理;②以配位化合物为模型化合物,研究生物大分子结构、重要生物过程及其功能作用关系;③配位化合物用于病理研究和疾病治疗研究。

固体无机化学领域以 1960 年金格瑞《陶瓷导论》为标志,从 1987 年开始,新超导材料一出现,就一直吸引着国际上物理、化学、材料科学、电子学和电工学等领域的众多研究学者,其发展趋势是寻找具有特殊电性质和磁性质的新材料。

2. 分析化学前沿领域

分析化学有极高的实用价值,对人类的物质文明作出了重要贡献,广泛地应用于地质普查、矿产勘探、冶金、化学工业、能源、农业、医药、临床化验、环境保护、商品检验等领域。从分析对象来看,生命科学、环境科学、新材料科学中的分析化学是分析化学学科中最热门的课题;从分析的手段和方法来看,计算机在分析化学中的应用和化学计量学是分析化学中最活跃的领域。

微全分析系统是分析化学领域的新兴学科。微全分析系统是指把生物和化学等领域中所涉及的样品制备、生物与化学反应、分离检测等基本操作单位集成或基本集成在一块几平方厘米的芯片上,用以完成不同的生物或化学反应过程,并对其产物进行分析的一门科学。它是通过分析化学、微机电加工(MEMS)、计算机、电子学、材料科学与生物学、医学和工程学等交叉来实现化学分析检测,即实现从试样处理到检测的整体微型化、自动化、集成化与便携化这一目标。微全分析系统可以使实验室微型化。因此,在生物医学领域,它可以使珍贵的生物样品和试剂消耗降低到微升甚至纳升级,而且分析速度成倍提高,成本迅速下降;在化学领域,它可以使以前需要在一个大实验室花大量样品、试剂和很长时间才能完成的分析和合成实验,在一块小的芯片上花很少量样品和试剂以很短的时间同时完成;在分析化学领域,它可以使以前大的分析仪器变成平方厘米尺寸的分析仪,将大大节约资源和能源。芯片实验室由于排污很少,因此非常环保。

绿色分析化学技术是国际分析化学的前沿领域。目前的研究主要集中在环境友好的样品前处理技术,如微波消解、微波萃取、固相萃取、固相微萃取、超临界流体萃取等,以及绿色分析测试技术,如 X 射线荧光分析法、近红外技术、毛细管电泳、顶空气相色谱等。这些测试技术能够原位采样和收集数据,从样品收集、准备,到分析测试的各个阶段,不需要任何溶剂,几乎没有使用和产生有害物质。

1.3　分析方法简介

分析化学是人们获得物质组成和结构信息的学科,它解决了物质中含有哪些组分,各组分的含量,以及组分以什么样的状态构成物质的问题。分析按任务一般分为定性分析、定量分析和结构分析。定性分析的任务是确定物质含有的元素、离子、官能团、化合物等,定量分析的任务是测定有关组分的含量,结构分析的任务是确定和表征物质的化学结构和空间分布。

分析化学作为一门重要的基础学科,在科学研究上扩大和加深了人们对自然界的认识,促进了科学本身的发展。它不但完善了化学基本定律和理论体系,而且作为研究手段在材料、化工与制药、食品、生物工程、资源与环境等科学领域中也起着重大作用。在经济发展中,分析化学也充分展示着其显著的实用意义,如环境监测、产品检验、原料配比、土壤普查等都要应用分析化学。

1.3.1　分析方法的分类

分析方法的种类按任务不同,可以分为定性分析、定量分析和结构分析;根据分析对象不同,可以分为无机分析和有机分析;根据分析方法所依据的原理不同,可以分为化学分析和仪器分析;根据试样的用量不同,可分为常量分析、半微量分析、微量分析和痕量分析等。

1. 化学分析方法

以化学反应为基础的分析方法称为化学分析方法。对常量组分的测定通常采用此法,它是分析化学的基础,在定量分析中主要有重量分析法和滴定分析法(旧称容量分析法)。

通过沉淀、挥发、电解等化学方法使待测组分转化为另一种纯粹的、固定的化学组成的化合物,再称量该化合物的质量,从而计算出待测组分的含量或质量。这样的分析方法称为重量分析法。

将已知浓度的试剂溶液,滴加到待测物质溶液中,使其与待测组分恰好完全反应,根据试剂的浓度和加入的准确体积,计算出待测组分的含量。这样的分析方法称为滴定分析法。

比较上述两种分析方法,重量分析法适用于待测组分含量大于 1% 的常量分析。重量分析法的准确度比较高,常被用于仲裁分析,但操作麻烦,分析进度较慢,耗时较长。而滴定分析法适用于常量分析,具有准确度高、操作简便、快速的特点,因而应用范围也比较广泛。

2. 仪器分析方法

需要借助光电仪器进行测量的方法称为仪器分析方法。主要的仪器分析方法包括光学分析法、电化学分析法以及色谱分析法等。

(1)光学分析法可分为分子光谱法(如紫外-可见分光光度法、红外光谱法、发光分析法、分子荧光及磷光分析法)和原子光谱法(如原子发射光谱法、原子吸收光谱法等),是根据物质的光学性质建立的分析方法。

(2)电化学分析法是利用物质的电学及化学性质测定物质组分的含量的分析方法。主要包括电位分析法、极谱伏安分析法、电重量和库仑分析法、电导分析法等。

(3)色谱分析法是根据物质在两相(固定相和流动相)中吸附能力、分配系数或其他亲和作用差异而建立的一种分离、测定方法。色谱分析法具有高效、快速、灵敏和应用范围广等特点,主要有气相色谱法和液相色谱法等。

近年来,一些新的分析方法也得到发展,如质谱法、核磁共振、X 射线、电子探针和离子探针微区分析方法等。毛细管气相色谱法与高效液相色谱法已经得到普遍应用。

仪器分析方法具有操作简便而快速、灵敏度高的优点,适用于微量分析。然而由于仪器较贵,维护要求较高而难以普及。鉴于化学分析法和仪器分析法的优、缺点,在进行仪器分析之前通常用化学方法对试样进行预处理;在建立测定方法的过程中,要把未知物的分析结果和已知的标准作比较,而该标准则常以化学分析法测定。可见两种分析方法可互相补充使用。也可根据被测物质的性质和对分析结果的要求选择适当的分析方法进行测定。

1.3.2 定量分析的一般程序

定量分析的任务是准确测定组分在试样中的含量。定量分析通常按照取样、试样的预处理、测定、分析结果的计算与可靠性分析等步骤进行。

1. 取样

取样时,用来进行分析的物质系统在组成和含量上要能代表被分析的总体。试样可以是固体、液体和气体。取样必须合理,这样分析结果才准确可靠。

2. 试样的预处理

试样的预处理包括试样的分解和预分离富集。定量分析一般采用湿法分析,即将试样分解后制成溶液,然后测定。要注意使试样分解完全,分解过程中待测组分不损失,避免引入干扰组分,通常选用的分解方法有酸溶法、碱溶法、熔融法等。

　　对于组分比较复杂的试样,测定时各组分之间往往相互干扰,从而影响分析结果的准确性。因此需要采用适当的方法来消除干扰。控制分析条件或采用掩蔽剂是简单而有效的方法,但很多情况下并不能完全消除干扰,而必须将待测组分与干扰组分分离后才能进行测定。常用到分离和富集方法。

　　3. 测　定

　　根据试样的性质和分析要求选择合适的方法进行测定。对于准确度要求较高的标准物质和成品的分析,选用标准分析方法,如国家标准;对于要求快速、简便的生产过程的中间控制与分析,选用在线分析;对常量组分的测定采用化学分析法;对于微量组分的测定应采用高灵敏度的仪器分析法。

　　4. 分析结果的计算与可靠性分析

　　根据测定的相关数据计算出待测组分的含量,并对分析结果的可靠性进行分析,最后得出结论。

1.3.3　滴定分析法

　　1. 滴定分析法的分类与滴定反应的条件

　　滴定分析法是运用滴定的方式,根据标准溶液的浓度和体积,计算被测定物质含量的方法。滴定分析法是以化学反应为基础的,根据化学反应的类型不同分为下列四类。

　　(1)酸碱滴定法是利用质子传递反应,进行滴定分析的方法。如

$$H_3O^+ + OH^- \Longrightarrow 2H_2O$$

　　(2)沉淀滴定法是利用生成沉淀反应,进行滴定分析的方法。如银量法,反应式为

$$Ag^+ + Cl^- \Longrightarrow AgCl$$

　　(3)配位滴定法是利用配位反应,进行滴定分析的方法。常用 EDTA 作滴定剂(配位剂),如

$$M^{n+} + Y^{4-} \Longrightarrow MY^{n-4}$$

式中:M^{n+} 表示 n 价金属离子;Y^{4-} 表示 EDTA 的负离子。

　　(4)氧化还原滴定法是利用电子转移反应,进行滴定分析的方法。如

$$氧化剂_1 + 还原剂_2 \Longrightarrow 氧化剂_2 + 还原剂_1$$

　　滴定分析方法比较简单,但是并非所有的化学反应都可以用来进行滴定分析。用于滴定分析的化学反应必须具备以下条件。

　　(1)反应必须根据一定的反应或按化学计量关系定量地进行,其反应进行完全(99.9%以上),且无副反应发生。这是定量计算的基础。

　　(2)反应速率要大,对于速率小的反应,采取加热、加催化剂等适当措施来增大反应速率。

　　(3)能用比较简单的方法确定滴定终点。

　　2. 溶液浓度的表示方法

　　1)物质的量、物质的量浓度

　　物质 B 的物质的量 n_B 是与物质的质量 m_B 相互独立的量。物质的量的单位是摩尔(mol),1 mol 是指一系统的物质的量,该系统中物质 B 的基本单元数目与 0.012 $kg^{12}C$ 的原子数目相等;基本单元可以是原子、离子、电子及其他粒子,或是这些粒子的某种特定组合。例如:1 mol H_2SO_4,其质量为 98.08 g,或者说摩尔质量为 98.08 $g \cdot mol^{-1}$。1 mol $\frac{1}{2}H_2SO_4$,其

质量为 49.04 g。物质 B 的物质的量 n_B 与质量 m_B 和摩尔质量 M_B 之间的关系为

$$M_B = \frac{m_B}{n_B}, \quad n_B = \frac{m_B}{M_B}$$

物质 B 的物质的量浓度 c_B 简称浓度,是指单位体积溶液所含溶质的物质的量。

$$c_B = \frac{n_B}{V}$$

式中:V 为溶液的体积,单位为 L;c_B 的单位为 mol·L^{-1}。

2)滴定度

滴定度 T 是指与每毫升标准溶液相当的被测组分的质量,就是 1 mL 标准溶液中所含溶质的质量。如 $T(NaOH)=0.0040$ g·mL^{-1} 就是 1 mL NaOH 溶液中含有 0.0040 g NaOH。但当用一种标准溶液测定同一种物质时,滴定度又常用 1 mL 标准溶液能与多少克被测定物质反应表示。这样计算起来更方便。例如:若 $T(Fe/KMnO_4)=0.005682$ g·mL^{-1},表示 1 mL $KMnO_4$ 溶液相当于0.005682 g铁,也即 1 mL $KMnO_4$ 标准溶液能把0.005682 g Fe^{2+} 氧化成 Fe^{3+}。这样表示的优点是,只要把使用标准溶液的体积乘以滴定度,就可以直接算出被测定物质的质量。如,$m(Fe)=TV$。这对计算大批量同类试样特别方便。

3. 标准溶液和基准物质

标准溶液是指已知准确浓度的溶液,滴定分析中必须使用标准溶液,最后要通过标准溶液的浓度和用量来计算待测组分的含量,因此必须正确地配制标准溶液和准确地标定标准溶液的浓度。

1)基准物质

能用于直接配制或标定标准溶液的物质称为基准物质。基准物质必须具备下列条件。

(1)物质的组成与化学式完全相符。如含有结晶水,其含量也应与化学式相符。

(2)性质稳定。在保存或称量过程中组成不变。

(3)纯度足够高。(纯度>99.9%)

此外,摩尔质量要尽可能大一些,这样可以减少称量误差。

2)标准溶液的配制

配制标准溶液的方法可以分为直接法和间接法。

(1)直接法。准确称取一定量的基准物质,溶解,在容量瓶内稀释到一定体积后算出该溶液的准确浓度。如 $K_2Cr_2O_7$、$AgNO_3$、NaCl 及 $KBrO_3$ 等,都可以用此法配制成标准溶液。用来配制标准溶液的物质大多不能满足上述条件,如 NaOH 极易吸收空气中的二氧化碳和水分,所称得质量不能代表纯 NaOH 的质量。因此,对这一类物质要用间接法配制。

(2)间接法。粗略地称取一定量物质或量取一定体积溶液,溶解后再稀释到所需要的体积,就得到近似浓度的溶液,然后再用基准物质或已知准确浓度的标准溶液来标定该标准溶液的准确浓度。这种配制溶液的方法称为间接法,也称为标定法。例如:欲配制 0.1 mol·L^{-1} NaOH 标准溶液,可先配制浓度约为 0.1 mol·L^{-1} 的溶液,然后用该溶液滴定经准确称量的邻苯二甲酸氢钾的质量,可算出 NaOH 溶液的准确浓度。

4. 滴定分析中的计算

两反应物物质的量之间的关系恰好符合其化学反应式所表示的化学计量关系,这就是滴定分析计算的依据。如在直接滴定法中,设被测组分 A 与滴定剂 B 之间的反应为

$$aA + bB \Longrightarrow cC + dD$$

完全反应时

$$n_A : n_B = a : b$$

$$\frac{c_A V_A}{c_B V_B} = \frac{a}{b}$$

$$c_A = \frac{a c_B V_B}{b V_A}$$

如果称取试样的质量为 m,则被测组分 A 的质量分数

$$w_A = \frac{m_A}{m} = \frac{a}{b} \frac{c_B V_B M_A}{m}$$

【例 1-1】　欲配制 $0.1000 \ mol \cdot L^{-1}$ 的 Na_2CO_3 标准溶液 $500.0 \ mL$,应称取基准物 Na_2CO_3 多少克?

解　$M(Na_2CO_3) = 106.0 \ g \cdot mol^{-1}$,则

$$m(Na_2CO_3) = c(Na_2CO_3) V(Na_2CO_3) M(Na_2CO_3)$$
$$= 0.1000 \times 0.5000 \times 106.0 \ g$$
$$= 5.300 \ g$$

1.4　定量分析中的误差与数据处理

　　定量分析的目的是准确测定试样中组分的含量,因此分析结果必须具有一定的准确度。但由于认识能力不足和科学水平的限制,测得的数值和真实值并不一致,从而误差是客观存在的。分析工作者应该了解分析过程中误差产生的原因及出现的规律,尽可能使误差降低到最小,以提高分析结果的准确度,获得可靠的数据信息。

1.4.1　定量分析中的误差

1. 误差和准确度

　　误差是测定值 x_i 与真值 μ 之差。误差越小,分析结果的准确度越高。通常用准确度表示分析结果与真值接近的程度。误差的大小可用绝对误差 E 和相对误差 E_r 来表示。即

$$E = x_i - \mu$$

$$E_r = \frac{x_i - \mu}{\mu} \times 100\%$$

相对误差表示误差占真值的百分率。

　　例如:称量某样品 A 的质量为 $1.6380 \ g$,而该样品质量的真实值为 $1.6381 \ g$,则

$$E_A = (1.6380 - 1.6381) \ g = -0.0001 \ g$$

若称得样品 B 的质量为 $0.1637 \ g$,而该样品质量的真实值为 $0.1638 \ g$,则

$$E_B = (0.1637 - 0.1638) \ g = -0.0001 \ g$$

A、B 两样品的相对误差分别为

$$E_{r,A} = \frac{-0.0001}{1.6381} \times 100\% = -0.006\%$$

$$E_{r,B} = \frac{-0.0001}{0.1638} \times 100\% = -0.06\%$$

　　由此可知,在绝对误差相同的情况下,当被测定的量较大时,相对误差较小,测定的准确度就较高。绝对误差和相对误差都有正、负之分。正值表示分析结果偏高,负值表示分析结果偏低。

　　实际上,客观存在的真实值不可能精确地得到,因此,准确度和误差也就无法求得。人们

常用纯物质的理论值、国家标准提供的标准参考物质的数值或多次测定的结果的平均值当做真值。

2. 偏差和精密度

偏差是指在 n 次测量中单次测定的结果 x_i 与 n 次测定的结果的平均值 $\bar{x}$ 之间的差值。精密度是指在确定条件下,将测试方法实施多次,求出所得结果之间的一致程度。精密度的大小常用偏差表示。偏差越小,分析结果的精密度就越高,偏差也有绝对偏差 d_i 和相对偏差 d_r 之分。测定结果与平均值之差为绝对偏差。绝对偏差在平均值中所占的百分率为相对偏差。

$$d_i = x_i - \bar{x}$$

$$d_r = \frac{x_i - \bar{x}}{\bar{x}} \times 100\%$$

偏差有多种表示方法,通常用下列方法表示精密度的高低。

1)平均偏差 $\bar{d}$

各偏差值的绝对值的平均值,称为单次测定的平均偏差 $\bar{d}$,也称为算术平均偏差。

$$\bar{d} = \frac{1}{n} \sum_{i=1}^{n} |d_i| = \frac{1}{n} \sum_{i=1}^{n} |x_i - \bar{x}|$$

相对平均偏差 $\overline{d_r}$ 则是

$$\overline{d_r} = \frac{\bar{d}}{\bar{x}} \times 100\%$$

2)标准偏差

标准偏差又称为方根偏差。当测定次数趋于无限多时,称为总体标准偏差,用 σ 表示为

$$\sigma = \sqrt{\frac{\sum_{i=1}^{n} (x_i - \mu)^2}{n}}$$

式中:μ 为总体平均值,在校正了系统误差的情况下 μ 即为真值;n 为测定次数。

在一般的分析工作中,有限测定次数为 n 时的标准偏差 s 的表达式为

$$s = \sqrt{\frac{\sum_{i=1}^{n} d_i^2}{n-1}}$$

式中:$n-1$ 称为自由度,表示 n 个测定值中具有独立偏差的数目。

相对标准偏差也称为变异系数(CV),其计算式为

$$CV = \frac{s}{\bar{x}} \times 100\%$$

用标准偏差表示精密度比用算术平均偏差更合理,因为将单次测定值的偏差平方之后,较大的偏差能显著地反映出来。

例如:有如下两组测定值

甲组 2.9 2.9 3.0 3.1 3.1
乙组 2.8 3.0 3.0 3.0 3.2

则平均值 $\overline{x_甲} = 3.0$,平均偏差 $\overline{d_甲} = 0.08$,标准偏差 $s_甲 = 0.1$;平均值 $\overline{x_乙} = 3.0$,平均偏差 $\overline{d_乙} = 0.08$,标准偏差 $s_乙 = 0.14$。

可以看出,两组数据的平均偏差是一样的,但数据的离散程度乙组更大。因此用平均偏差反映不出两组数据的优劣。但是当用标准偏差表示时,乙组数据的标准偏差明显偏大,因而精

密度较低。所以在一般情况下,对测定数据应表示出标准偏差或相对标准偏差。

除此之外,精密度的高低还常用重复性和再现性表示。重复性是指同一操作者在不同的条件下获得一系列结果之间的一致程度。再现性是指不同的操作者在不同的条件下用相同方法获得的单个结果之间的一致程度。

3. 准确度与精密度之间的关系

准确度与精密度之间的关系如图 1-1 所示。

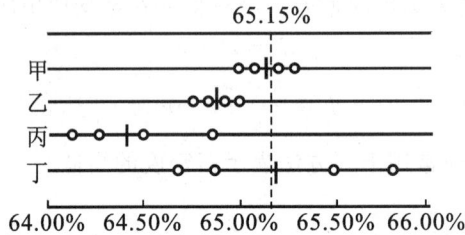

图 1-1　不同操作者分析同一试样的结果

○—单次测定值;|—平均值

图 1-1 所示为甲、乙、丙、丁四人测定同一试样所得结果相对于真值 μ 的位置。甲所得结果的精密度与准确度都高,结果可靠;乙测定的精密度高,但准确度低,说明存在系统误差;丙的精密度和准确度都很低;丁的精密度很低,虽然平均值接近真值,但带有偶然性,是大的正、负误差相互抵消的结果,并不真正可靠。由此可知,精密度是保证准确度的前提。精密度低表明测定结果的重现性差,所得结果不可靠;但是精密度高也不一定准确度就高,因为测量结果中有可能包含需要进行校正的系统误差。所以应从准确度与精密度两个方面来衡量测定结果的好坏。

【例 1-2】　测定某试样中钙的含量,得如下数据:20.41%、20.49%、20.39%、20.43%。计算此结果的平均值、平均偏差、标准偏差、变异系数。

解

$$\overline{x}=\frac{20.41\%+20.49\%+20.39\%+20.43\%}{4}=20.43\%$$

各次测量偏差分别为

$$d_1=-0.02\%,\quad d_2=+0.06\%$$
$$d_3=-0.04\%,\quad d_4=0.00$$

$$\overline{d}=\frac{\sum\limits_{i=1}^{n}\mid d_i\mid}{n}=\frac{0.02\%+0.06\%+0.04\%+0}{4}=0.03\%$$

$$s=\sqrt{\frac{\sum\limits_{i=1}^{n}(x_i-\overline{x})^2}{n-1}}=\sqrt{\frac{0.02^2+0.06^2+0.04^2+0}{4-1}}\times100\%=0.04\%$$

$$CV=\frac{s}{\overline{x}}\times100\%=\frac{0.04}{20.43}\times100\%=0.2\%$$

4. 产生误差的原因及其减免方法

根据误差的性质和产生的原因,可将误差分为系统误差和随机误差(偶然误差)两大类。

1)系统误差

系统误差是在分析过程中的某些固定因素所造成的误差。系统误差在重复测定中总是重复出现,使测定结果系统地偏高或偏低,其大小也有一定的规律。这种误差既然有一定的规律性,就可以查明原因予以校正。因此,又称为可测误差。

根据系统误差产生的原因,可将其分为以下几类。

(1)仪器和试剂的误差。仪器误差是由于仪器本身不够精确而造成的。试剂误差是由于实验时所使用的试剂或蒸馏水不够纯而造成的。例如:天平灵敏度不符合要求,砝码未经校正,量器的刻度不够准确,坩埚灼烧后的失重,试剂的质量不符合要求,试剂和蒸馏水中含有被测物质或干扰物质等。

(2)方法误差。由于分析方法不完善产生的误差称为方法误差。例如:重量分析中沉淀的溶解损失,共沉淀和反沉淀的影响,灼烧时沉淀的分解或升华,滴定分析的滴定误差,比色分析中不符合朗伯-比尔定律的浓度范围等,这些都系统地影响测定结果,使之偏高或偏低。

(3)操作误差。由于分析工作者操作不当所造成的误差,称为操作误差。例如:使用容量瓶时温差过大,滴定终点判断颜色不当等所造成的误差。

(4)个人误差。个人误差是指由于分析人员的主观原因所造成的误差。例如:估计滴定管的刻度时,常常不自觉地接近前一滴定的读数;判断终点颜色时,也往往不自觉地接近前一滴定的颜色等。

2)随机误差

随机误差是由于某些难以控制、无法避免的偶然因素引起的,因而是可变的,有时大,有时小,有时负,有时正。所以又称为非确定误差。在定量分析中,外界条件的突然改变及工作中难以估计的因素,如环境温度、湿度和气压等微小的波动,以及分析操作的微小差异等,都是产生随机误差的主要原因。随机误差在分析测定过程中是客观存在、不可避免的。

从单次测定值来看,随机误差是无规律的,但从多次重复测定值来看,随机误差符合统计规律,即在消除系统误差后,符合高斯正态分布规律。

从图 1-2 中可以看出随机误差具有以下规律。

(1)对称性。绝对值相等的正、负误差出现的概率密度大致相等。误差分布曲线是对称的。

(2)有限性。绝对值小的误差出现的概率大,绝对值大的误差出现的概率小,绝对值很大的误差出现的概率非常小。误差分布只有一个峰值,误差有明显集中趋势。

(3)单峰性。概率密度 $f(x)$ 随测量值 x 的增大先增大,在 $x=\mu$ 时最大,然后减小。x 在 μ 附近出现的概率密度大,在远离 μ 的区域出现的概率密度小。

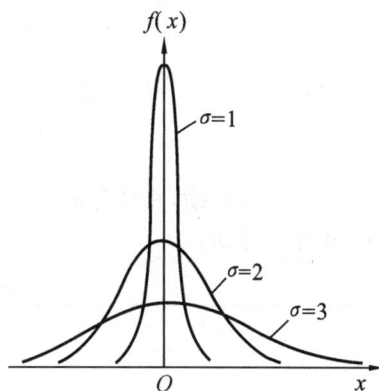

图 1-2 随机误差正态分布曲线

(4)抵偿性。误差的算术平均值的极限为零。

除上述两类误差外,还有过失误差。这是由于工作者的操作错误所致的较大误差。含有过失误差的结果是错误的,应弃去不用,不能把有过失误差的结果用于平均值的计算。

误差是客观存在的,但是可以通过以下措施减免系统误差,以提高测定结果的准确度。

(1)对照实验。选择一种标准方法与所采用的方法做对照实验,或选择与试样组成接近的标准试样做对照实验,找出校正值加以校正。对照实验是检查分析过程中有无系统误差的最有效方法。

(2)空白实验。空白实验是指在不加试样的情况下,按照试样的分析步骤和条件进行分析实验,所得结果称为空白值。对试剂(或实验用水)是否带入被测成分,或所含杂质是否有干扰,可通过空白实验扣除空白值加以校正。

(3)校准仪器。测定分析时由于仪器不准确而引起的误差,可通过校准仪器来减小。如对天平砝码等的校准。

另外,还可以通过校正分析方法,减小测量误差来减免系统误差。

随机误差是符合正态分布规律的,因此,在消除系统误差后,适当增加平行测定的次数以减小随机误差。一般做 3~5 次平行测定,以获得较准确的分析结果。

1.4.2 有限分析数据的统计处理

在定量分析中,总要涉及测量数据的记录与计算问题。最后处理分析数据时要用统计方法进行处理。首先对可疑数据进行取舍;然后计算出数据的平均值,数据对平均值的偏差,平均偏差与标准偏差等;最后按照要求的置信度求出平均值的置信区间。

1. 可疑值的取舍

可疑值也称为离群值,是指对同一样品多次重复测定时,有个别值比其他同组测定值明显地偏大或偏小。对于数据中出现的可疑值,不能随意地舍弃以提高精密度,而是需要进行统计处理。常用 Q 检验法和 Grubbs 检验法。

1)Q 检验法

Q 检验法是适用于 3~10 次测定的比较简便的方法,其步骤如下。

(1)将数据从小到大排序,计算极差 R。

(2)求 Q 值。若最小值 x_1 为可疑值,则按下式计算 Q 值:

$$Q_{计} = \frac{x_2 - x_1}{x_n - x_1}$$

若最大值 x_n 为可疑值,则

$$Q_{计} = \frac{x_n - x_{n-1}}{x_n - x_1}$$

(3)比较判断,将计算的 Q 值($Q_{计}$)与 $Q_{表}$ 值(见表 1-1)相比较,若 $Q_{计} \geq Q_{表}$,则舍弃可疑值,否则应保留。

表 1-1　Q 值表

测定次数 n	3	4	5	6	7	8	9	10
$Q_{0.90}$	0.94	0.76	0.64	0.56	0.51	0.47	0.44	0.41
$Q_{0.95}$	0.98	0.85	0.73	0.64	0.59	0.54	0.51	0.48

【例 1-3】 某学生测得 NaOH 溶液的浓度(mol·L^{-1})分别为 0.1141、0.1140、0.1148 和 0.1142,试问:其中 0.1148 是否保留(置信度为 90%)?若第五次测得结果为 0.1142,此时 0.1148 又如何处置?

解 将数据排列为 0.1140、0.1141、0.1142、0.1148。

$$Q_{计} = \frac{0.1148 - 0.1142}{0.1148 - 0.1140} = \frac{0.0006}{0.0008} = 0.75$$

查表 1-1 得,当 $n=4$ 时,$Q_{0.90}=0.76$,因 $Q_{计} < Q_{0.90}$,故 0.1148 应该保留。又增加一次测定值为 0.1142,$Q_{计}$ 仍为 0.75。当 $n=5$ 时,$Q_{0.9}=0.64$,因 $Q_{计} > Q_{0.90}$,故舍弃 0.1148。

由此可见,为了提高判断的准确度,当 $Q_{计}$ 与 $Q_{表}$ 比较接近时,最好再作一次测定,以决定取舍。

2)Grubbs 检验法

Grubbs 检验法步骤如下。

(1)将数据从小到大排序。

(2)计算包括可疑值在内的该数组数据的平均值 $\bar{x}$ 及标准偏差 s。

(3)计算统计量 G 值。若最小值 x_1 为可疑值,则按下式计算 G 值:

$$G_{计}=\frac{\bar{x}-x_1}{s}$$

若最大值 x_n 为可疑值,则

$$G_{计}=\frac{x_n-\bar{x}}{s}$$

(4)比较判断。将计算所得的 G 值($G_{计}$)与 $G_{表}$ 值(见表 1-2)相比较。若 $G_{计}\geqslant G_{表}$,则此可疑值应舍去,否则应保留。

表 1-2 Grubbs 检验的临界值

n	G 置信度 p 为 95%	G 置信度 p 为 99%	n	G 置信度 p 为 95%	G 置信度 p 为 99%
3	1.15	1.15	12	2.29	2.55
4	1.46	1.49	13	2.33	2.61
5	1.67	1.75	14	2.37	2.66
6	1.82	1.94	15	2.41	2.71
7	1.94	2.10	16	2.44	2.75
8	2.03	2.22	17	2.47	2.79
9	2.11	2.32	18	2.50	2.82
10	2.18	2.41	19	2.53	2.85
11	2.23	2.48	20	2.56	2.88

Grubbs 检验法,由于引入了平均值 $\bar{x}$ 和标准偏差 s,计算量较大,但与 Q 检验法相比较,判断的准确度较高。

【例 1-4】 测定某样品中钙的质量分数,6 次平行测定所得数据为 40.02%、40.15%、40.20%、40.12%、40.18%、40.35%,试用 Grubbs 检验法检验这组数据(置信度为 95%)的可疑值。

解 将数据排列为 40.02%、40.12%、40.15%、40.18%、40.20%、40.35%。

$$\bar{x}=\frac{1}{n}\sum_{i=1}^{n}x_i=\frac{40.02\%+40.12\%+40.15\%+40.18\%+40.20\%+40.35\%}{6}$$
$$=40.17\%$$

$$s=\sqrt{\frac{\sum_{i=1}^{n}(x_i-\bar{x})^2}{n-1}}=0.11\%$$

因 $40.35-40.17>40.17-40.02$,故检验 40.35。

$$G_{计}=\frac{40.35-40.17}{0.11}=1.64$$

查表 1-2 得,当 $n=6$ 时,$G_{0.95}=1.82$,$G_{计}<G_{0.95}$,故 40.35 应该保留。

2. 平均值的置信区间

在实际工作中,为了评价测定结果的可靠性,总希望能够估计实际有限次测定的平均值与真实值的接近程度,即在测量值附近估计出真实值可能存在的范围(称为置信区间),以及试样含量包含在此范围内的概率(称为置信度或置信水准 p)。

随机误差的正态分布规律表明,只有在无限多次的测定中才能找到总体平均值 μ 和标准偏差 σ,如图 1-3 所示。然而实际分析工作中多为有限次测定的平均值 $\bar{x}$ 和标准偏差 s 估计,对于有限次数的测定,真实值 μ 与平均值 $\bar{x}$ 之间有如下关系:

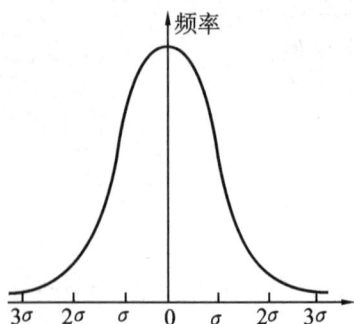

图 1-3　随机正态分布曲线

$$\mu = \bar{x} \pm \frac{ts}{\sqrt{n}}$$

式中：s 为标准偏差；n 为测定次数；t 为选定的某一置信度下的概率系数，可根据测定次数从 t 值表查得。

上式具有明确的概率意义，可以估算出在选定的置信度下，总体平均值 μ 在以测定平均值 $\bar{x}$ 为中心的一定范围 $\left(\pm \frac{ts}{\sqrt{n}} \right)$ 内出现。这个范围就是平均值的置信区间。

【例 1-5】　某铵盐含氮量的测定结果为 $\bar{x} = 21.30\%$，$s = 0.06\%$，$n = 4$。求置信度分别为 95% 和 99% 时平均值的置信区间。

解　当 $n = 4$，$f = 3$，$p = 95\%$ 时，查表 1-3 得 $t = 3.18$，所以

$$\mu = 21.30\% \pm \frac{3.18 \times 0.06\%}{\sqrt{4}} = (21.30 \pm 0.10)\%$$

当 $p = 99\%$ 时，查表 1-3 得 $t = 5.84$，所以

$$\mu = 21.30\% \pm \frac{5.84 \times 0.06\%}{\sqrt{4}} = (21.30 \pm 0.18)\%$$

表 1-3　t 值表

n	t			n	t		
	置信度 p 为 0.90	置信度 p 为 0.95	置信度 p 为 0.99		置信度 p 为 0.90	置信度 p 为 0.95	置信度 p 为 0.99
2	6.31	12.71	63.66	8	1.90	2.36	3.50
3	2.92	4.30	9.92	9	1.86	2.31	3.36
4	2.35	3.18	5.84	10	1.83	2.26	3.25
5	2.13	2.78	4.60	11	1.81	2.23	3.17
6	2.02	2.57	4.03	21	1.72	2.09	2.84
7	1.94	2.45	3.71	∞	1.64	1.96	2.58

由此可知，置信区间的大小受到所定置信度的影响。由 t 值表可知，相同的测定次数，置信度 p 越大，置信系数 t 值越大，则同一系统的置信区间就越宽；反之，置信度 p 越小，t 值越小，则同一系统的置信区间就越窄。过高的置信度往往失去实用价值。在分析化学中通常取 90% 或 95% 的置信度，即有 90% 和 95% 的把握判定总体平均值 μ 在此区间内。

3. 平均值与标准值的比较(检验方法的准确度)

t 检验法是检验测定结果的平均值 $\bar{x}$ 与标准值 μ 之间是否存在显著差异，进而判断其可靠性的一种方法。t 检验法按下式计算：

$$t_{计} = \frac{|\bar{x} - \mu|}{s} \sqrt{n}$$

若 $t_{计} > t_{表}$，则 $\bar{x}$ 与已知值有显著差异，表明被检验的方法存在系统误差；若 $t_{计} \leqslant t_{表}$，则 $\bar{x}$ 与已知值之间的差异可认为是偶然误差引起的正常差异。

【例 1-6】　利用一种新方法测定标准试样中的钙含量，钙含量的标准值为 54.46%，5 次测定结果的平均值 $\bar{x} = 54.26\%$，标准偏差 $s = 0.05\%$，试问：置信度为 95% 时，该分析方法是否存在系统误差？

解　$$t_{计} = \frac{|\bar{x} - \mu|}{s} \sqrt{n} = \frac{|54.26 - 54.46|}{0.05} \times \sqrt{5} = 8.94$$

查表 1-3 得，$t_{表} = 2.78$，$t_{计} > t_{表}$，说明该分析方法存在系统误差，结果偏低。

1.4.3 有效数字及运算规则

在科学实验中,为了获得准确的分析结果,不仅需要准确测定,还需正确记录和计算。实验测得的数据,不仅表示待测组分的含量,还要反映数据的准确程度。因此,在实验数据的记录和计算中,保留几位数字不是任意的,要根据测量仪器、分析方法的准确度来决定。这就涉及有效数字的概念。

1. 有效数字

有效数字是指仪器实际能够测到的数字。在有效数字中,只有最后一位数字是估计值,其余各数字都是确定的。最后一位数字与前面准确数字相比只是不够准确,它也是测量出来的。

在定量分析中,要求记录数据和计算结果,不仅必须都是有效数字,而且必须与所用的方法和仪器的准确度相适应,不允许随意增加或减少数字的位数。如在分析天平上称量某物质为 0.1450 g(分析天平感量为 ± 0.1 mg),显然第四位小数是可疑值,可能有 ± 0.0001 g 的误差,也就是说,其真实值应在 0.1449 g 与 0.1451 g 之间。但绝不可把该数据写成 0.145 g,因为这样第三位小数就是可疑值,可能有 ± 0.001 g 的误差,这误差比原来的增大 10 倍。相反,若写成 0.14500 g 也是错误的。

非零数字都是有效数字。

数字"0"在数据中有两种意义,若只是定位作用,则不是有效数字。如 0.010 可写为 1.0×10^{-2},前面两个零起定位作用,不是有效数字,最后一个是有效数字。如作为普通数字使用,则为有效数字,如 205080 中的"0"是有效数字。

整数末尾为"0"的数字,位数含糊,应采用科学记数。如 1300 可写为 1.3×10^3。

pH、pM、lg$K$ 等有效数字位数,按照"对数的位数与真数的有效数字位数相等,对数的首数相当于真数的指数"的原则来定,如 pH = 11.20,换算为 H^+ 的浓度 $c(H^+) = 6.3 \times 10^{-12}$ mol・L^{-1}。有效数字是两位而不是四位。

另外,单位可以改变,但有效数字的位数不能任意改变。如 12.0 mg 改为以 μg 计时应写成 1.20×10^4 μg,而不能写成 12000 μg。

2. 有效数字的修约规则

在数据处理过程中,测量数据的计算结果要按有效数字的运算规则保留适当位数的数字。舍去多余数字的过程称为数字的修约。一般采用"四舍六入五留双"的规则,以避免出现误差的单向性,使得进舍出现的误差接近零。具体做法是:当多余尾数小于或等于 4 时则舍去;大于或等于 6 时则进位。尾数正好是 5 时分两种情况:若 5 后不为零,则一律进位;若 5 后无其他数字或为零,5 前是偶数则 5 舍去,5 前是奇数则将 5 进位。

例如:将下列数字修约为 4 位有效数字得

$$12.2642 \rightarrow 12.26 \quad 12.2664 \rightarrow 12.27$$
$$12.2652 \rightarrow 12.27 \quad 12.2650 \rightarrow 12.26$$
$$12.2350 \rightarrow 12.24 \quad 12.235 \rightarrow 12.24$$

在修约数字时,只允许对原数据一次修约到所需位数,不能逐次修约,如将 13.4546 修约为 2 位有效数字应一次修约为 13,不能先修约为 13.455,再修约为 13.46,再到 14。

3. 有效数字的运算规则

(1)加减法。当 n 个数据相加减时,它们的和或差的有效数字的保留,应以各数据中的小数点后位数最小的为依据。如 4.811、21.38 和 0.014 三个数相加减。其中 21.38 小数点后位

数最少,其余两个数中的小数点后第三位数应整化至只保留两位小数。因此,上述三个数相加减的计算为

$$4.81+21.38-0.01=26.18$$

(2)乘除法。n 个数据相乘除所得结果的有效数字的位数取决于各参数中有效数字位数最小,相对误差最大的那个数据。如 0.0121、25.64 和 1.05782 三个数相乘,因最后一位都是可疑数,其相对误差分别为

$$\pm\frac{0.0001}{0.0121}\times100\%=\pm0.8\%$$

$$\pm\frac{0.01}{25.64}\times100\%=\pm0.004\%$$

$$\pm\frac{0.00001}{1.05782}\times100\%=\pm0.0009\%$$

可见,0.0121 的相对误差最大,所以应以三位有效数字为准,来确定其他各数值的位数。因此,上面的计算式应为

$$0.0121\times25.6\times1.06=0.328$$

由此可见,有效数字位数最少的,其相对误差最大,应以此数据为依据确定其他数据的位数。

在运算中还应注意以下几点。①分析化学计算中经常遇到分数、倍数、常数,这些数字不是测量所得,可看成无限多位有效数字,不能根据它们来确定计算结果的有效数字位数。②若某数字的首位数等于或大于 8,则该有效数字的位数可多计算一位。如 8.68 可看做四位有效数字。③在重量分析和滴定分析中,一般要求有四位有效数字,有关化学平衡的计算一般保留两或三位有效数字。④表示偏差或误差时,通常取两位有效数字即可。⑤各种分析方法测量的数据不是四位有效数字时,应按最小的有效数字位数保留。

知 识 拓 展

罗伯特·玻意耳:元素的
觉醒(17—18 世纪)

青铜器:熔铸千年
的文明密码

习　　题

扫码做题

一、填空题

1. 滴定分析的方法,根据反应类型的不同,可分为＿＿＿＿＿＿、＿＿＿＿＿＿、＿＿＿＿＿＿与＿＿＿＿＿＿四种。

2. 置信区间是指＿＿＿＿＿＿＿＿＿＿＿＿＿＿＿＿＿＿＿＿＿＿＿＿＿＿＿＿＿＿＿＿。

二、简答题

简述分析化学在科学发展中的作用。

三、计算题

1. 常量滴定管的读数误差为 ± 0.01 mL,如果滴定的相对误差分别小于 0.5% 和 0.05%,试问:滴定时至少消耗标准溶液的量是多少毫升? 这些结果说明了什么问题?

2. 测定 NaCl 试样中氯的质量分数,多次测定结果 $w(\mathrm{Cl})$ 为:0.6012,0.6018,0.6030,0.6045,0.6020, 0.6037。(1)请根据测定结果计算平均值、平均偏差和相对平均偏差、标准偏差和相对标准偏差;(2)若取纯 NaCl,计算平均值的绝对误差和相对误差。

3. 有一甘氨酸试样,需分析其中氮的质量分数,分送至 5 个单位,所得的分析结果 $w(\mathrm{N})$ 为:0.1844, 0.1851,0.1872,0.1880,0.1882。请计算:(1)平均值;(2)平均偏差;(3)标准偏差;(4)置信度为 95% 的置信区间。

第 2 章　物质的状态

内容提要

物质常见的聚集状态有气态、液态、固态三种。由于物质都是由微观粒子(如分子、原子、离子)聚集而成，微观粒子间作用力不同，物质的聚集状态也不同。本章主要讲述物质的气、液、固三态的基本特性以及液晶态与固态(晶态)和液态的区别与联系；着重讨论有关理想气体性质、理想气体状态方程的应用及混合气体的重要定律；还对非电解质稀溶液具有的依数性，如溶液蒸气压的降低、沸点升高、凝固点降低以及渗透现象，作了简要介绍。

基本要求

※ 理解物质的气、液、固三态的基本特性。

※ 掌握有关的几个气体定律的内容，并能运用这些知识进行基本计算。

※ 掌握并能运用非电解质稀溶液的依数性。

※ 理解胶体溶液的性质。

建议学时

4 学时。

人们日常接触的物质不是单个的原子和分子，而是它们的聚集体。物质有常见的三种不同的聚集状态，即气态、液态和固态。在一定的温度和压力条件下，这三种状态可以互相转化。除此以外，在特定的条件下，物质还有外观像气体的等离子态(plasma)以及外观像液体的液晶态。物质处于什么样的状态与外界的温度、压力等条件有关。

2.1　气　　体

2.1.1　理想气体与理想气体状态方程

1. 气体的特性

气体的基本特性是无限膨胀性和无限掺混性。无论容器的大小以及气体量的多少，将气体引入任何容器时，由于气体分子的能量大，分子间作用力小，分子做无规则运动，因而气体都能充满整个容器，气体本身无一定的体积和形状，而且不同气体能以任意的比例互相混合，从而形成均匀的气体混合物。此外，又因为气体分子间的空隙很大，其体积不受压力的影响，气体的体积随系统的温度和压力的改变而改变，因此研究温度和压力对气体的影响是十分重要的。通常用压力(pressure)、体积(volume)、温度(temperature)和物质的量(amount of substance)来描述气体的状态。

2. 理想气体

什么样的气体是理想气体呢？理想气体是一种假想的气体，当把气体中的分子看成几何上的一个点,它只有位置而本身不占体积,同时假定气体中分子间没有相互作用力,那么这样的气体称为理想气体。事实上,一切气体分子本身都占有一定的体积,而且分子间存在相互作用力,所以理想气体只不过是一种抽象状态,是研究气体性质时的模型,是实际气体的一种极限情况。

低压、高温下的实际气体的性质非常接近理想气体。当气体的体积很大(压力很小),而且大大超过分子本身的体积时,分子本身的体积可以忽略不计;当气体分子与分子之间的距离较大时,分子与分子之间的相互吸引力与气体分子本身的能量相比,也可忽略不计。因此,这种情况下的实际气体可看成理想气体。

3. 理想气体定律

对于一定物质的量的理想气体,温度、压力和体积之间存在如下的关系:

$$pV = nRT \tag{2-1}$$

式(2-1)即为理想气体状态方程。式中各物理量的名称、单位与 R 的值见表 2-1。

表 2-1　各物理量的名称、单位与 R 的值

物理量	p	V	T	n	R
名称	气体压力	气体体积	气体温度	物质的量	摩尔气体常数
单位	Pa	m³	K	mol	8.314 Pa·m³·mol⁻¹·K⁻¹
	kPa	L	K	mol	8.314 kPa·L·mol⁻¹·K⁻¹

理想气体状态方程也可用另外一种形式表示为

$$pV = \frac{m}{M}RT \tag{2-2}$$

式中:m 为质量;M 为摩尔质量。

2.1.2　分压定律与分体积定律

实际遇到的气体,大多数是混合气体。例如,空气是氮气、氧气及惰性气体等组成的气体混合物。通过研究低压下的混合气体,前人总结了两个实验定律,即分压定律(law of partial pressure)与分体积定律(law of partial volume)。

1. 分压定律

分压是指混合气体中某一种气体在与混合气体处于相同温度下时,单独占有整个容积时所呈现的压力。混合气体的总压等于各种气体分压的代数和,有

$$p_{总} = p_1 + p_2 + \cdots = \sum_i p_i \tag{2-3}$$

又因为 $\qquad\qquad\qquad p_1 V = n_1 RT, \quad p_2 V = n_2 RT, \quad \cdots$

所以 $\qquad\qquad\qquad p_{总} V = (p_1 + p_2 + \cdots)V = (n_1 + n_2 + \cdots)RT$

即 $\qquad\qquad\qquad\qquad\qquad p_{总} V = n_{总} RT \tag{2-4}$

由上可得 $\qquad\qquad\qquad \dfrac{p_1}{p_{总}} = \dfrac{n_1}{n_{总}}, \quad \dfrac{p_2}{p_{总}} = \dfrac{n_2}{n_{总}}, \quad \cdots$

令 $\qquad\qquad\qquad\qquad\qquad \dfrac{n_i}{n_{总}} = x_i$

这里,x_i 称为摩尔分数(mole fraction)。则

$$p_i = x_i p_{总} \tag{2-5}$$

式(2-5)即为分压定律,是道尔顿(Dalton)在1807年提出来的,所以也称为道尔顿分压定律。

2. 分体积定律

分体积是指混合气体中任一气体在与混合气体处于相同温度下,压力与混合气体总压相同时所占有的体积。混合气体的总体积等于各种气体的分体积的代数和,有

$$V_总 = V_1 + V_2 + \cdots = \sum_i V_i \tag{2-6}$$

同样可得
$$V_i = x_i V_总 \tag{2-7}$$

式(2-7)即为分体积定律,是阿马格(Amagat E. H.)在1880年提出来的,也称为阿马格分体积定律。

由式(2-5)和式(2-7)可得

$$\frac{p_i}{p_总} = \frac{V_i}{V_总} = \varphi_i \tag{2-8}$$

这里,φ_i 称为体积分数(volume fraction)。式(2-8)表示在混合气体中,体积分数等于其压力分数,由于气体的体积便于直接测量,所以可由体积分数求气体的摩尔分数和气体分压。

2.1.3　格拉罕姆气体扩散定律

1829年,英国物理学家格拉罕姆(Thomas Graham,1805—1869)发现气体扩散定律,即恒温恒压下气体的扩散速率与其密度的平方根成反比,有

$$\frac{u_a}{u_b} = \frac{\sqrt{\rho_b}}{\sqrt{\rho_a}} \tag{2-9}$$

式中:u_a、u_b 分别表示两种气体的扩散速率;ρ_a、ρ_b 分别表示两种气体的密度。

根据理想气体状态方程,在恒温恒压下,气体的密度与其摩尔质量成正比,则有

$$\frac{u_a}{u_b} = \frac{\sqrt{M_b}}{\sqrt{M_a}} \tag{2-10}$$

式中:M_a、M_b 分别表示两种气体的摩尔质量。

气体扩散定律可用于测定气态物质的相对分子质量。

2.2　固　　体

固体的基本性质表现在:组成固体的质点位置固定,不能自由运动,只能在极小的范围内振动;在一定的温度和压力下,固体具有一定的密度和形状;固体的可压缩性和扩散性都很小。自然界中大多数固体物质是晶体,本节简要介绍晶体的一般特性。

2.2.1　晶体和非晶体的特点

晶体是由原子、分子、离子等微粒在空间有规则地排列而成的固体。而非晶体是这些微粒无规则地排列而成的固体。微观粒子在空间排列的规律性,决定了晶体必然表现出许多不同于无定形体的特征。

1. 几何外形

自然界的许多晶体都有规则的几何外形。这是由微观质点在空间按一定几何方式排列的规律性所决定的。例如:食盐(NaCl)晶体具有整齐的立方体外形;明矾晶体具有八面体外形;

石英（SiO$_2$）晶体具有六角棱柱外形，如图 2-1 所示。

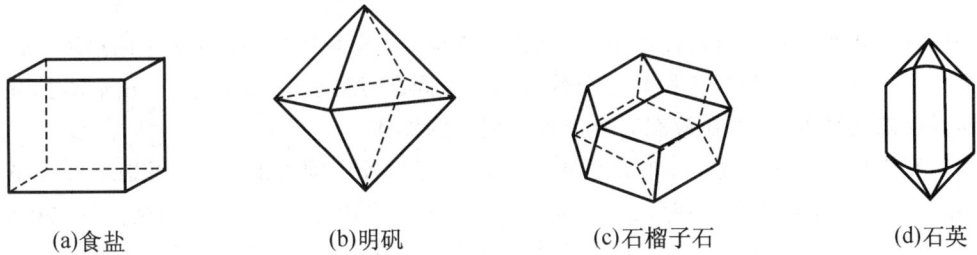

(a)食盐　　　　　　(b)明矾　　　　　　(c)石榴子石　　　　　　(d)石英

图 2-1　几种晶体的外形

有时由于形成晶体的条件不同，所得的同一种晶体的外表形状可能很不相同，但是各晶体的表面的夹角是相同的，所以仍是同一晶体。另外，有些固体虽不具备整齐的外形，却仍具有晶体的性质。如很多矿石和土壤的外形不像水晶等那样有规则，但它们基本上属于结晶形态的物质。大多数无机化合物和有机化合物，甚至植物的纤维和动物的蛋白质都可以以结晶形态存在。

非晶态的物质很多，如沥青、石蜡、松香、玻璃、动物胶和一些非晶态的高聚物等。非晶体无一定的几何外形。人们最熟悉的非晶态物质是玻璃，有时也把非晶态物质称为无定形或玻璃态材料，可见，几何外形并不是晶体与非晶体的本质区别。

2. 熔点

晶体有固定的熔点。在一定的外界压力下，将晶体加热到某一温度（熔点）时，晶体开始熔化。在全部熔化之前，继续加热，温度不会升高，直到晶体全部熔化。然后，继续加热，温度会上升。使晶体全部熔化所吸收的热量称为熔化热。熔化热与凝固热的数值相同，符号相反。

而非晶体没有固定的熔点。加热时非晶体首先软化（塑化），继续加热，黏度变小，最后成为流动性的熔体。从开始软化到全熔化的过程中温度不断升高。把非晶体开始软化时的温度称为软化点。

3. 某些性质的各向异性与各向同性

晶体的某些性质（如光学性质、力学性质和电学性质等）具有各向异性，即晶体在不同方向上的性质是各不相同的。如云母呈片状分裂，在不同方向上的导热性不同。而石墨晶体的电导率沿石墨层方向比垂直层方向大得多。而非晶体是各向同性的。

4. 晶体有一定的对称性

自然界不论是宏观物体还是微观粒子，普遍存在对称性。通过一定的操作，晶体的结构能完全复原，这就是晶体具有的对称性。晶体的宏观对称性，包括旋转轴（也称为对称轴）、对称面（也称为镜面）和对称中心。

若晶体绕某直线旋转一定的角度（$360°/n$，n 为整数）使晶体复原，则晶体具有轴对称性，此直线为 n 重旋转轴（也称为 n 重对称轴），记为 C_n。若绕直线旋转 $180°$ 后使晶体复原，则为二重旋转轴，记为 C_2；若旋转 $120°$，则记为 C_3；等等。若晶体和它在镜中的像完全相同，且没有像左、右手那样的差别，则晶体具有平面对称性，此镜面为对称面，记为 m。若晶体中任一原子（或离子）与晶体中某一点连成一直线，将此线延长，在和此点等距离的另一侧有相同的另一原子（或离子），那么此晶体具有中心对称性，此点称为对称中心，记为 I。除此之外，还有其他的对称性。总之，晶体可有一种或几种对称性，而非晶体则没有。

2.2.2　晶体的熔化和液晶态

晶体的熔化是指在一定的压力下,升高温度至熔点,晶体由固态变为液态的过程。由于晶体均具有一定的熔点,因此,这种晶体在熔点以下呈固态,熔点以上呈液态。在固态时,晶体具有各向异性的物理性质,而在液态时变成各向同性的液体。

一些有机物晶体在熔化时,并不是从固态直接变为各向同性的液体,而是经过一系列的"中介相",处在中介相状态的物质,一方面具有像液体一样的流动性和连续性,另一方面它又具有像晶体一样的各向异性。把这种像晶体(指各向异性)的液体称为液晶,液晶是介于固态与液态之间各向异性的流体,是新发现的一种物质状态。液晶态的发现,打破了人们关于物质三态(固态、液态、气态)的常规概念。现已发现有数千种以上的有机化合物具有液晶态,如图2-2所示。

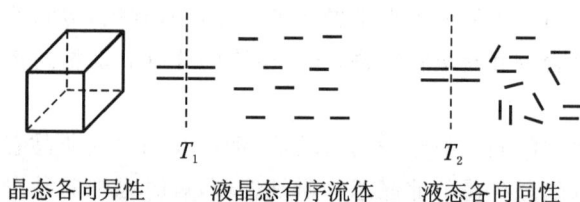

T_1　　　　　　　　T_2

晶态各向异性　　液晶态有序流体　　液态各向同性

图 2-2　液晶物质的相态变化

图中 T_1 为熔点,T_2 为清亮点。在 T_1 与 T_2 之间为液晶相区间。即温度在 T_1 以下为固态,在 T_2 以上为液态,所以温度 T_1 与 T_2 是液晶态的两个重要参数。

根据液晶形成的条件和组成,液晶可以分为两大类,即热致液晶和溶致液晶。

1. 热致液晶

热致液晶呈现液晶相是由温度引起的,并且只能在一定温度范围内存在,一般是单一组分。热致液晶根据其分子排列的特点可分为近晶相、向列相和胆甾相,如图2-3所示。近晶相液晶是由棒状或条状分子组成,分子排列成层,层内分子长轴互相平行,其方向可以垂直于层面,也可与层面成倾斜角度。这种液晶分子在层内可以前后或左右滑动,但不能在上、下层之间移动。它具有较高的有序性,因而黏度较大。

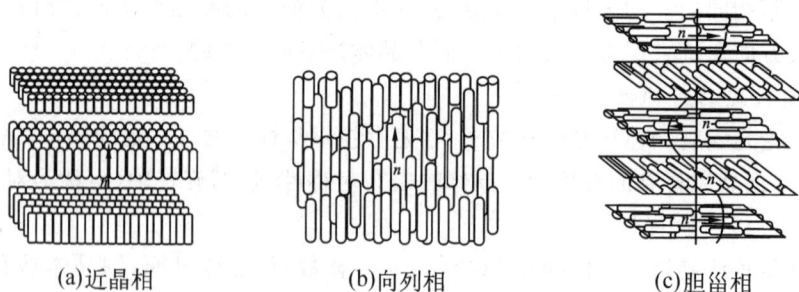

(a)近晶相　　　　　　(b)向列相　　　　　　(c)胆甾相

图 2-3　热致液晶材料3种相的分子排列

向列相液晶中的棒状(或条状)分子在分子长轴方向上保持相互平行或近乎平行,但分子不排列成层,它能上下、左右、前后滑动。

胆甾相液晶分子呈扁平形状,排列成层,层内分子相互平行,分子长轴平行于层平面,不同层的分子长轴方向稍有变化,沿层的法线方向排列成螺旋结构。

2. 溶致液晶

溶致液晶是由符合一定结构要求的化合物与溶剂组成的液晶系统,因此它由两种或两种以上的化合物组成。一种是水(或其他极性溶剂),另一种是分子中包含极性的亲水基团和非极性的亲油基团(也称为疏水基团),即所谓的"双亲"分子。双亲分子中的极性基团亲水形成亲水层,而非极性的疏水基团靠范德华(van der Waals,又译范德瓦尔斯)力缔合形成非极性的碳氢层,位于双层的内部,水(或其他极性溶剂)在两个亲水层的中间,这就形成溶致液晶的层状结构(或称为层状相),如图 2-4 所示。"双亲"分子除了可构成双层结构外,在某些情况下还可以形成球形结构或者圆柱形结构。

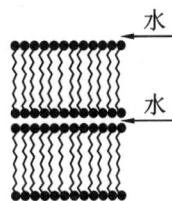

图 2-4　溶致液晶的层状结构

由于液晶具有特殊的结构与性质,因此它在信息科学、材料科学以及生命科学中获得了重要的应用。液晶,尤其是高分子液晶,可制成许多具有优异性能的功能材料。生命过程(新陈代谢、发育、疾病、衰老过程)、人体组织以及生物膜结构和功能等,均与溶致液晶有密切关系。

2.3　液体与溶液

液体的性质最为复杂,表现在:①无固定的外形,没有明显的膨胀性;②具有一定的体积、流动性和可掺混性;③在一定的温度下有一定的蒸气压、一定的表面张力;④在一定的压力下有一定的沸点。对液体性质的了解并不十分全面。溶液则是物质存在的另外一种形式,在溶液中,物质将表现出一些特殊的物理化学性质。

2.3.1　液体的蒸发与凝固

液体的汽化有两种方式:蒸发和沸腾。这两种现象有区别,也有联系。

1. 液体的蒸发

1)蒸发过程

蒸发是常见的物理现象。当把一杯水放在敞口容器中,放置一段时间,杯中的水会减少。因为液体分子在不停地运动,当运动速率足够大,分子就可以克服分子间的引力,逸出液体表面而汽化,形成气态分子。这种液体表面汽化的过程称为蒸发。而在液面上的气态分子称为蒸气。液体的蒸发是吸热过程,液体从周围环境吸收热量,液体可继续蒸发,直到在敞口容器中的液体全部蒸发完为止。若将液体装在密闭的容器中,液体以某种速率蒸发。在恒定温度下,液体将蒸发出一部分分子成为蒸气,但蒸气分子在相互碰撞过程中又可能重新回到液面,这个过程称为凝结(condensation)。事实上,蒸发和凝结是同时进行的。当蒸发速率与凝结速率相等时,液体的蒸发和凝结达到平衡。把在一定温度下液体与其蒸气处于动态平衡时的这种气体称为饱和蒸气(saturated vapor),它的压力称为饱和蒸气压,简称为蒸气压(vapor pressure)。

2)蒸气压

液体的蒸气压是液体的特征之一,它与液体量的多少和在液体上方的蒸气体积无关,而与液体本性和温度有关。在同一温度下,不同液体有不同的蒸气压;在不同温度下,每种液体的蒸气压也不同。由于蒸发是吸热过程,因此升高温度时,液体分子中能量高、速率大的分子含量增多,增加了表层分子逸出的机会,有利于液体的蒸发,即蒸气压随温度的升高而变大。表 2-2 列出水在不同温度下的蒸气压数据。

表 2-2　水在不同温度下的蒸气压

温度/℃	蒸气压/kPa	温度/℃	蒸气压/kPa	温度/℃	蒸气压/kPa
10.0	1.228	60.0	19.92	110.0	143.3
20.0	2.338	70.0	31.16	120.0	198.6
30.0	4.243	80.0	47.34	130.0	270.2
40.0	7.376	90.0	70.10	140.0	361.5
50.0	12.33	100.0	101.325	150.0	476.2

2. 液体的凝固

如果将液体温度降低,液体会凝结成固体,这个过程称为液体的凝固。相反的过程称熔化。凝固是放热过程,熔化则是吸热过程。

2.3.2　非电解质稀溶液的依数性

溶液按溶质类型不同,有电解质溶液(electrolyte solution)和非电解质溶液(nonelectrolyte solution)之分,人们最早认识的是非电解质稀溶液的规律。各类溶液都具有的某些共同性质仅取决于其所含溶质的浓度,而与溶质自身性质无关,溶液的这种性质称为依数性。本节仅讨论非电解质稀溶液的依数性。

1. 水的相图

所谓相(phase),是指系统内部物理和化学性质完全均匀的部分。相点则是表示某个相状态(如相态、组成、温度等)的点。相图即为表达多相系统的状态如何随温度、压力、组成等强度性质变化而变化的图形。

水的相图是将水的蒸气压随温度的变化曲线、冰的蒸气压随温度的变化曲线、水的冰点(水的凝固点)随压力的变化曲线融合在一个图中构成的,可以根据实验绘制,如图 2-5 所示。

图中有气、液、固三个单相区,其中 OC 线是气-液两相平衡线,即水的蒸气压曲线。它不能任意延长,终止于临界点 C。临界点 $T_c = 647$ K,$p_c = 2.2 \times 10^7$ Pa,T_c 和 p_c 分别称为临界温度和临界压力,这时气-液界面消失。当温度高于临界温度,不能用加压的方法使气体液化。OB 线是气-固两相平衡线,即冰的蒸气压曲线,理论上可延长至 0 K 附近。OA 线是液-固两相平衡线,当 A 点延长至压力大于 2.0×10^8 Pa 时,相图变得复杂,有不同结构的冰生成。OD 线是 CO 线的延长线,是过冷水和水蒸气的介稳平衡线。因为在相同温度下,过冷水的蒸气压大于冰的蒸气压,所以 OD 线在 OB 线之上。过冷水处于不稳定状态,一旦有凝聚中心出现,就立即全部变成冰。O 点是三相点(triple point),气、液、固三相共存。三相点的温度和压力皆由系统自定。三相点是物质自身的特性,不可改变,如 H_2O 的三相点温度为273.16 K,压力为 610.62 Pa,是一恒定值。注意水的三相点与冰点不同,冰点是在一定大气压力下,水、冰、气三相共存的温度。当大气压力为 10^5 Pa 时,冰点为273.15 K,改变外压,冰点也随之改变。冰点比三相点温度低0.01 K 是由于两种因素综合造成的:①因外压增加,凝固点下降 0.00748 K;②因水中溶有空气,凝固点下降0.00242 K。

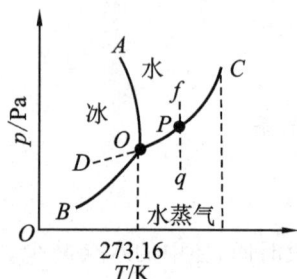

图 2-5　水的相图

2. 溶液的蒸气压

由前述可知,某一纯液体的蒸气压只与温度有关。当纯液体(溶剂)中溶解了少量的一种难挥发的非电解质后,由于非电解质溶质分子占据了一部分液面,故减小了溶剂分子进入气相的速率,但气相中溶剂分子凝结成液体的速率不变,结果使溶液的蒸气压降低。降低的数值与溶解的非电解质的量有关,而与非电解质的种类无关。

1887 年,法国物理学家拉乌尔(Raoult)通过实验提出了溶液的蒸气压降低的关系式,即拉乌尔定律(Raoult's law):在一定温度下,难挥发的非电解质稀溶液的蒸气压降低值与溶解在溶剂中溶质的摩尔分数成正比,即

$$\Delta p = p^* x_{溶质} \tag{2-11}$$

式中:Δp 为溶液蒸气压降低值;p^* 为纯溶剂的蒸气压;$x_{溶质}$ 为溶质的摩尔分数。

由于　　　　　　　　　　　$x_{溶质} + x_{溶剂} = 1$

所以　　　　　　　　　　　$x_{溶质} = 1 - x_{溶剂}$

又　　　　　　　　　　　$\Delta p = p^* - p_{溶液}$

代入式(2-11)得　　　　　　　$p_{溶液} = p^* x_{溶剂} \tag{2-12}$

这是拉乌尔定律的另一种表达形式。

3. 沸点升高和凝固点降低

1)溶液的沸点升高

沸点是指液体的蒸气压等于外界压力时的温度。如外压为 101.3 kPa 时,纯水的沸点是 373 K。但当纯水中溶入了难挥发的非电解质时,溶剂的蒸气压降低了,因此,该溶液的蒸气压等于外压(101.325 kPa)时的温度(即沸点)必然高于纯溶剂的沸点。当达到 373 K 时,溶液蒸气压低于 101.3 kPa,所以在标准态外压下,此溶液并不沸腾。只有将温度提高到(373+t_1)K,溶液蒸气压等于外界大气压,溶液才达到沸腾,此时溶液的沸点较纯水高了 t_1 K。溶液的沸点升高的根本原因是溶液的蒸气压下降。

在一定温度下,溶液蒸气压下降值 Δp 与溶入的溶质的质量摩尔浓度 b 成正比,有

$$\Delta p \propto b$$

引入比例常数 K_p,则　　　　　　　$\Delta p = K_p b$

其中,K_p 与溶剂有关。

由于溶液沸点升高与溶液的蒸气压降低有关,拉乌尔总结出溶液沸点升高与溶质量的定量关系,得到一个类似于上式的溶液沸点升高与溶质的质量摩尔浓度间的关系式,即

$$\Delta T_b = K_b b \tag{2-13}$$

式中:Δt_b 为溶液的沸点升高值,℃;K_b 为溶剂的沸点升高常数,℃·kg·mol^{-1};b 为溶质的质量摩尔浓度,mol·kg^{-1}。

表 2-3 列出几种常见溶剂的 K_b 值。当 Δt_b、K_b 已知时,利用溶液的沸点升高与浓度的关系式,即可求算溶质的摩尔质量。

2)溶液的凝固点降低

凝固点(或熔点)是在一定外压下(通常是 101.325 kPa)物质的固相蒸气压与液相蒸气压相等时的温度。当水中溶入溶质后,由于溶液的蒸气压下降,0 ℃时水溶液的蒸气压低于冰的蒸气压,此时冰融化成水,所以水溶液的凝固点在 0 ℃以下。

与沸点升高类似,拉乌尔总结出溶液的凝固点下降的关系式为

$$\Delta T_f = K_f b \tag{2-14}$$

式中:ΔT_f 为溶液的凝固点降低值,℃;K_f 为溶剂的凝固点降低常数,℃·kg·mol^{-1};b 为溶质的质量摩尔浓度,mol·kg^{-1}。

常见溶剂的 K_f 列于表 2-3。

表 2-3 常见溶剂的 K_b 和 K_f

溶剂	沸点 / ℃	K_b/(℃·kg·mol^{-1})	凝固点 / ℃	K_f/(℃·kg·mol^{-1})
水	100.00	0.52	0	1.86
乙酸	118.00	2.93	17	3.90
苯	80.15	2.53	5.5	5.10
环己烷	81.00	2.79	6.5	20.2
三氯甲烷	60.19	3.82		
樟脑	208.00	5.95	178	40.0
苯酚	181.20	3.60	41	7.3
氯仿	61.26	3.63	−63.5	4.68
硝基苯	210.90	5.24	5.67	8.1

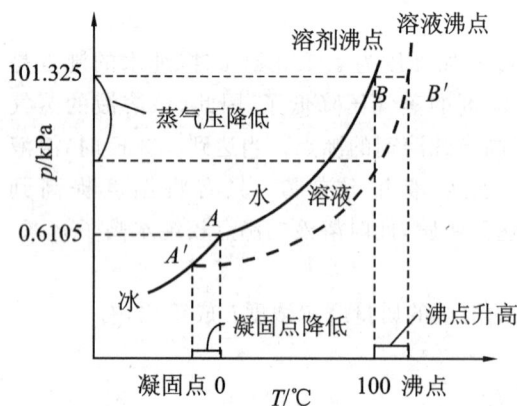

图 2-6 水、冰和溶液的蒸气压曲线

从水、冰和溶液的蒸气压曲线可以解释溶液的沸点升高与凝固点降低的现象。图 2-6 中 AB 是纯水的气液平衡曲线,即在 AB 上每一点对应的温度和蒸气压下,水和水蒸气呈平衡状态。AA′为冰的蒸气压曲线。A′B′是水溶液的蒸气压曲线。由图可知,100 ℃时水溶液的蒸气压低于外界大气压(101.325 kPa),因此,其沸点高于 100 ℃;0 ℃时水溶液的蒸气压低于冰的蒸气压,因此水溶液的凝固点低于 0 ℃。

3)应用

在有机合成中,常通过测定沸点和熔点来检验化合物的纯度。当化合物含有杂质时,可看成一种溶液,化合物是溶剂,杂质是溶质,其沸点比纯化合物高,以此作定性分析。

应用凝固点下降原理,则可制备许多低熔点合金,具有很大的实用价值。合金通常是由两种或两种以上金属构成的,或由一种金属和某种非金属性的元素(如 C、Si、N、P 或 As 等)组成。形成合金时,熔点会降低。如 33%的铅(Pb 的熔点为 327.5 ℃)与 67%的锡(Sn 的熔点为 232 ℃)组成的焊锡,熔点为 180 ℃,这样的合金用于焊接时不会导致焊件的过热。再如用做保险丝、自动灭火设备和蒸汽锅炉装置的武德合金,熔点为 70 ℃,其组成中含 Bi、P、Sn 和 Cd,若再添加质量分数为 18%的 In,则合金熔点可降至 47 ℃。

另外,加有甘油的水可用做汽车水箱的防冻液,冬天马路上的积雪可用洒盐水的方法除去,也都运用了凝固点下降的原理。

4. 溶液的渗透压

溶液的渗透压是溶液的另一重要性质。日常生活中能见到许多渗透现象,如施过化肥的农作物,需立即浇水,否则化肥会"烧死"植物;因曝晒失水而发蔫的花草,浇水后又可重新生机盎然,这些现象都是和作物表皮的一层半透膜(semi permeable membrane)(即细胞膜)有关。半透膜的性质是溶剂分子可以通过半透膜,而溶质分子不能透过。

当用半透膜把一种溶液和它的纯溶剂分隔开时,纯溶剂能自由通过半透膜扩散到溶液中,使溶液稀释,这种现象称为渗透。

若将一半透膜紧扎在一支玻管下端,将玻管内充入难挥发非电解质的稀溶液(如糖水),并放进盛有清水的烧杯中。由于渗透作用,水将扩散进入糖水中,因而溶液体积渐渐增大,垂直的管子中液面上升。随着液柱的升高,压力增大,从而使玻管内糖水中的水分子通过半透膜的速率增大。当压力达到一定的数值时,液柱不再升高,系统达到平衡。如图 2-7 所示。若在管口上方加一外压,使得糖水的液面保持不变,所外加的阻止液面上升的最小压力称为该糖水的渗透压。

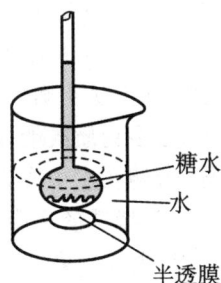

图 2-7 渗透现象示意图

与拉乌尔发现溶液蒸气压与纯溶剂蒸气压之间关系的同期,1886 年,荷兰物理学家范特霍夫(Van't Hoff)发现了稀溶液的渗透压 Π 服从如下方程:

$$\Pi = \frac{nRT}{V} = cRT \tag{2-15}$$

式中:Π 为渗透压,kPa;R 为摩尔气体常数($R = 8.314$ kPa・L・mol^{-1}・K^{-1});c 为溶质的物质的量浓度,mol・L^{-1};T 为绝对温度,K。

值得注意的是,范特霍夫的溶液渗透压方程从形式上看,与理想气体状态方程十分相似,但两种压力(Π 和 p)产生的原因和测定方法完全不同。气体的压力是由于气体分子碰撞容器壁而产生的,渗透压 Π 却是溶剂分子只有在半透膜两侧分别存在的溶液和溶剂(或两边浓度不同的溶液)中运动时,才能表现出来。

大多数有机体的细胞膜有半透膜的性质,虽然关于渗透现象的原因至今还不十分清楚,但生命的存在与渗透现象有极为密切的关系。动植物的细胞膜均具有半透膜功能,它很容易透水而几乎不能透过溶解于细胞液中的物质。例如:若将红细胞放进纯水,在显微镜下将会看到水穿过细胞壁而使细胞慢慢肿胀,直至最后胀裂;由于海水和淡水的渗透压不同,海水鱼和淡水鱼不能交换生活环境,以免引起鱼体细胞的肿胀或萎缩而使其难以生存。

除细胞膜外,人体组织内许多膜,如红细胞的膜、毛细血管壁等也都具有半透膜的性质,人体的体液(如血液、细胞液和组织液等)也具有一定的渗透压。因此人体静脉输液时,要求使用与人体体液渗透压相等的等渗溶液,如临床大量补液常用 0.9% 生理食盐水及 5% 葡萄糖溶液。否则,由于渗透将会引起红细胞肿胀或萎缩而导致严重的后果。若注射用溶液的浓度较大,渗透压较体液的高,则必须注意注射量不可太多,注射速率要慢,才可被体液稀释成等渗溶液。

同样,植物中的花卉,若浸入糖溶液或盐溶液,将会因渗透压的作用而脱水枯萎,若再将其插入纯水,水分子会穿过表皮进入内部,而使花卉恢复原有的色泽。

稀溶液的渗透压是相当大的。例如:25 ℃时,0.1 mol・L^{-1} 溶液的渗透压为

$$\Pi = cRT = 0.1 \times 8.314 \times 298.15 \text{ kPa} = 248 \text{ kPa}$$

这相当于约 25 m 高水柱的压力。植物细胞液的渗透压一般可达 2000 kPa。正因如此,自然界中水通过半透膜渗透到树顶,才能有高达几十米甚至百余米的参天大树。

2.3.3 胶体

胶体科学是研究微观不均相系统的科学,凡是在固、液、气相中含有固、液、气微粒的系统(气-气系统除外)均属胶体科学研究范围,胶体微粒的大小在 1～100 nm 范围内。由于这些系

统具有巨大的界面,因此,这门科学经常被称为界面与胶体化学。早在 1663 年卡西厄斯(Cassius)就用氯化亚锡还原金溶液,制得了紫色的金溶胶。1861—1864 年间,英国化学家格莱姆(Graham)对胶体进行了大量的实验,他首先提出了胶体(colloid)这一名称。1907 年,俄国化学家维伊曼明确提出了胶体的概念,他认为胶体是处在一定分散状态的物质。在不同的条件下,很多物质既能显示出晶体的性质,又能显示出胶体的性质。例如:氯化钠是一种典型的晶体,溶解在水中成为普通溶液,也可通过透析膜将它分散到酒精中形成胶体。所以,胶体并不是一类特殊的物质,而是物质以一定分散程度而存在的一种形式。

1. 胶体与系统

一种物质以一定大小分散于另一连续相中,形成具有高度分散的多相分散系统,被分散的物质称为分散相,另一物质称为分散介质。分散系统在自然界广泛地存在,如水分散在空气中形成云雾,颜料分散在油中成为油漆或油墨等。广义上讲,自然界的物质都是以一定的分散系统形式而存在的。对于简单的两相分散系统,可以按照分散相与分散介质的聚集状态的不同进行分类。分散相分散于分散介质中的程度称为分散度,分散相的颗粒越小,则分散度越高。通常按照分散程度可将分散系统分成三类:粗分散系统、胶体分散系统和分子分散系统,如表2-4 所示。

表 2-4 分散系统按分散相粒子的大小分类

类　　型	颗粒大小	特　　征
粗分散系统	$>1\times10^{-7}$ m	在显微镜下可见,甚至肉眼可见,不能通过普通滤纸,分散相与分散介质有明显的界面,系统在重力的作用下会被破坏,热力学不稳定
胶体分散系统	$10^{-7}\sim10^{-9}$ m	在超显微镜下可见,可通过普通滤纸,不能透过渗析膜,胶粒与介质之间有界面,热力学稳定
分子分散系统	$<1\times10^{-9}$ m	超显微镜下不可见,粒子通过渗析膜,热力学稳定

对于粗分散系统,用肉眼或普通显微镜就能分辨出是一个多相系统。典型的粗分散系统是以液体为分散介质的泡沫、悬浊液和乳浊液。有些粗分散系统有许多与胶体相同的性质,也作为胶体系统进行研究。

对于胶体分散系统,按照分散相与分散介质的聚集状态分类,并以分散介质的聚集态命名。分散介质为液态的称为液溶胶,分散介质为固态的称为固溶胶,分散介质为气态的称为气溶胶。

对于分子分散系统,分散相以分子、原子或离子的形式均匀地分散于分散介质中,这种分散系统称为溶液。根据分散介质的不同又分为固态溶液、液态溶液和气态溶液。气体混合物、酒精水溶液及盐水等溶液也在胶体化学研究范围中。

2. 胶体的制备方法

胶体物质的形成,基本上或是由于大块物质的分散,或是由于小分子或离子的聚集。胶体是指分散颗粒的尺寸在 1～100 nm 范围内,具有特殊物理和化学性质的分散系统。胶体的制备方法通常有两种。一是分散法,利用胶体磨简单地研磨或利用超声波的方法使大块物质分散,通常不能产生极细的胶粒,这是由于小质点在机械力作用或在质点间相互吸引力作用下有再联合的倾向。利用加入惰性稀释剂以减少研磨过程中质点互相接触的机会,或在表面活性物质作用下进行湿磨,这样均可获得较细的分散系统。分散法主要有研磨法、超声波分散法、电分散法、胶溶法、电弧法。

二是凝聚法,即由分子或离子在介质中凝结成一定尺寸的分子聚集体。通常可以分为物理凝聚法和化学凝聚法。利用凝聚法制备溶胶,可获得一种较高程度的分散系统。凝聚法首先形成以分子形式分散的过饱和溶液,然后再以细颗粒的形式沉淀出所需要的物质。

3. 胶体的动力学性质

在溶胶中,胶粒具有很大的表面积和表面能,在热力学上是不稳定的。而胶体在一定时间内又能够稳定存在,胶体的高度分散性引起的动力学特性在微观上表现为布朗运动,而宏观上表现为扩散和渗透。

1)扩散和布朗运动

所谓扩散,即质点自浓度高的区域移向浓度低的区域,在没有外力场的条件下,最终达到浓度均匀的状态,根据菲克(Fick)第一定律,有

$$\Phi_d = \frac{dm}{A\,dt} = -D\frac{dc}{dx}$$

式中:Φ_d 表示单位时间内通过单位横截面扩散的物质量,称为"通量";$\frac{dc}{dx}$ 表示沿扩散方向浓度随距离的变化(浓度梯度);c 表示单位体积内分散相的质量。因扩散方向上的浓度梯度是负值,故加上负号,使扩散速率变为正值。上式中 D 为扩散系数,是质点扩散能力的量度,是单位浓度梯度下的扩散速率。

由上可见,表述溶胶扩散性质的是扩散系数 D,通过 D 的测量可提供溶胶的一些基本性质,根据研究可得

$$D = \frac{RT}{6\pi\eta r N_A} = \frac{RT}{f N_A}$$

式中:r 为胶体质点的半径;f 称为摩擦系数;η 为分散介质的黏度。上式也称斯托克斯关系式。由上两式可知,对一定的胶体系统而言,其浓度梯度越大,扩散越快;就质点而言,半径越小,扩散能力越强。

1827 年,英国植物学家布朗(Brown)用显微镜观察悬浮在水中的花粉,发现花粉颗粒不断地作不规则运动,后来又发现其他物质(如炭末、化石、金属粉末等)也有类似现象。这种现象习惯上称为布朗运动,如图 2-8 所示。布朗运动是质点扩散的微观模型。因为悬浮于液体中的颗粒处在液体分子包围中,液体分子撞击着悬浮粒子,在某一瞬间颗粒所受的各个方向的碰撞未必能互相抵消,因而粒子向某一方向运动,但在另一时刻,这种撞击又使粒子向另一方向移动,如图 2-9 所示。因此,扩散现象是布朗运动的宏观表现,而布朗运动是扩散现象的微观基础。

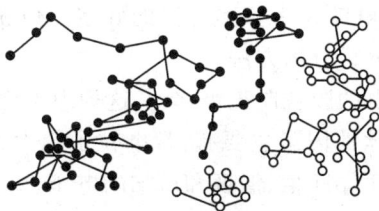

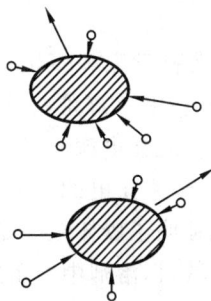

图 2-8　布朗运动　　　　　　　　　图 2-9　液体分子对胶粒的冲击

2)沉降

分散于气体或液体介质中的微粒,受到两种方向相反的作用力:①自身重力,如微粒因重

力作用而下降,这种现象称为沉降;②由布朗运动引起的扩散力,与沉降作用相反,扩散力能促进系统中粒子浓度趋于均匀。当这两种力相等时,就达到平衡状态,称为沉降平衡。

4. 胶体的光学性质

溶胶的光学性质是其高度分散性和不均匀性的反映。对光学性质的研究,不仅有助于理解溶胶的一些光学现象,而且能使我们直接观察到胶粒的运动,研究它们的大小和形状。

当光线射入分散系统时,只有一部分光线能自由通过,另一部分被吸收、散射或反射。对光的吸收主要取决于系统的化学组成,而散射和反射的强弱则与质点大小、质点分散度有关。当质点直径在胶体粒子范围内,则发生明显的光散射现象;当质点直径远大于入射光波长时,则主要发生反射。

1)丁铎尔效应

丁铎尔现象在日常生活中经常见到。例如:电影机所射出的光线通过空气中的灰尘微粒时,以及明亮的阳光从窗户射入较暗的房间时,都可以观察到一条光带。法拉第(Faraday)在1857年做过一个实验,他使一束光通过玫瑰红色的金溶胶。溶胶原来也像普通溶液一样是清澈的,但光线通过时,从侧面可以看到在此溶胶中呈现出一条光路。后来丁铎尔(Tyndall,又译丁达尔)对此现象进行了广泛的研究,这一现象称为丁铎尔效应。

光的本质是电磁波。当光作用到介质中小于光波长的粒子上时,粒子中的电子受迫振动成为点光源,而向各个方向上发射电磁波,这就是散射光波。溶胶粒子的大小比可见光的波长小,因而散射明显;小分子真溶液因粒子太小,光散射非常微弱,用肉眼分辨不出来。所以,丁铎尔效应是溶胶的一个重要特性,是溶胶和小分子溶液较简便的鉴别方法。

2)瑞利散射

当一束光通过介质时,在入射光以外的其他方向上,也能观察到光的现象称为光的散射。产生散射的因素很多,这里简单介绍瑞利(Rayleigh)散射现象。瑞利散射的主要原因是:光通过介质时,分散在介质中的粒子与照射到粒子上的光相互作用,并使某些光偏离其原来的方向。

5. 胶体的电学性质

分散相粒子(如胶粒、大分子)在与极性介质接触的界面上,由于发生电离、吸附离子、离子"溶解"、晶格取代等作用,因而使分散相粒子的表面带正电或带负电。由于胶粒表面带某种电荷,因而介质必然带有数量相等,但符号相反的电荷。从而使溶胶表现出电泳、电渗等电学性质。

1)电动现象

(1)电泳。

1937年,瑞典科学家 Tiselius 设计了世界上第一台自由电泳仪,成功地将血清蛋白质分成血清蛋白 α_1、α_2、β 和 γ 球蛋白等主要成分,标志着电泳作为分离方法的确定。他获得1948年诺贝尔化学奖。现在电泳已成为一种非常重要的分析分离方法。

在外加电场下,带正电的胶粒向负极移动,带负电的胶粒向正极移动,这种现象称为电泳。胶体的电泳现象证明了胶体粒子是带电的。影响电泳的因素主要有:带电粒子的大小、形状,粒子表面的电荷数目,溶剂中电解质的种类、离子强度、pH 值、温度和所加的电压。

(2)电渗。

当固体与液体接触时,固、液两相界面上就会带有相反符号的电荷,形成双电层。因此,在外电场的作用下,分散介质相对于静止的带电固体表面做定向移动的电动现象称为电渗。实际上,也可将电渗看成电泳的反现象。电渗在科学研究中应用很多,在生产上应用却较少。对较难用普通方法过滤的浆液,可用电渗法脱水。

2)胶粒表面电荷来源

电动现象的存在说明胶粒是带电的。在水溶液中胶粒表面的电荷来源大致有以下几方面:电离作用、离子吸附作用、离子的溶解作用、晶格取代。在非水介质中胶粒表面的电荷可能源于粒子选择吸附。而系统中离子的来源,有可能是某些有机液体本身或多或少地解离,也可能是含有某些微量杂质(如水)造成的。

3)扩散双电层模型

顾义(Gouy)、查普曼(Chapman)及斯特恩(Stern)等提出了扩散双电层模型,即胶体质点的表面带有电荷,由于静电吸引作用,必然在固-液界面周围的溶液中存在与固体表面电性相反、电荷相等的离子,于是在界面上形成双电层的结构,由于溶液中的反离子的热运动,它们不能整齐地排列在固体质点附近,而是扩散分布在质点的周围,形成扩散双电层。若取颗粒的一部分来看,其扩散双电层的电荷分布及其电位的变化如图 2-10 所示。

4)胶粒的结构及电性

溶胶按其质点所带的电荷不同,可分为正电胶体与负电胶体。例如:氢氧化铁溶胶为正电胶体,在电场中胶粒向负极运动;硫化物溶胶为负电胶体,在电场中胶粒向正极运动。根据胶体质点扩散双电层的结构可以了解胶粒的结构。胶体质点的中心是由许多原子或分子聚集成的胶核,其外围是固定吸附层,构成胶体的运动单位,称为胶粒。胶粒的外面包围着扩散层,构成胶团。在无电场的情况下,整个胶体质点是电中性的;有电场时,胶粒发生电泳,扩散层中的反离子则向反方向运动。例如:$Fe(OH)_3$,其胶体质点结构式为

$$\{[Fe(OH)_3]_m \cdot nFeO^+ \cdot (n-x)Cl^-\}^{x+} \cdot xCl^-$$

又如,在 $AgNO_3$ 及 KI 的溶液中生成的 AgI 胶体溶液,若 KI 过量,则 AgI 要吸附溶液中的过剩 I^-,而不是吸附 NO_3^-,因此 AgI 粒子带负电,其胶团结构如图 2-11 所示,如果 AgI 粒子是在 $AgNO_3$ 过量的溶液中,显然就要吸附 Ag^+ 而带正电了。一般来说,带正电的胶粒有 Fe、Al、Cr、Zr、Ce、Cd 等的氢氧化物;带负电的胶粒有 Sb、As、Cu、Pb、Hg、Co 等的硫化物,以及 SiO_2、SnO_2、MnO_2、Au、Ag、Pb 等的胶粒。

$$[(AgI)_m nI^- \cdot (n-x)\,K^+]^{x-} \cdot xK^+$$

胶核
胶粒
胶团

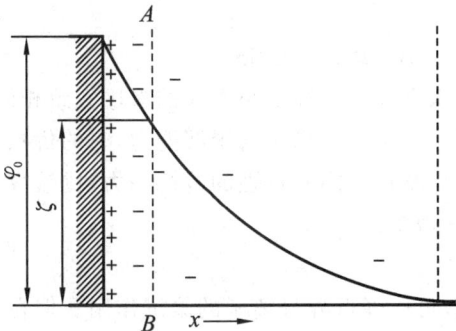

图 2-10　扩散双电层模型　　　　　　　　图 2-11　胶团结构示意图

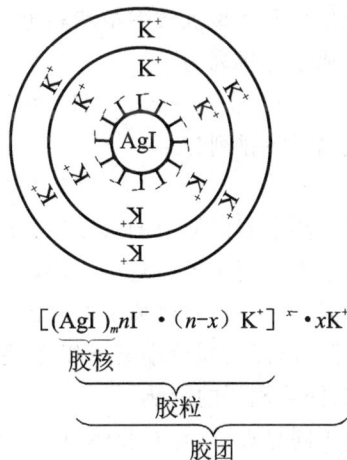

6. 胶体的稳定性与聚沉

由于胶体系统具有高分散性、高比表面积和高表面能,因此,胶粒有自动聚结以降低系统表面能的趋势。同时胶体系统是高度分散系统,分散相粒子有强烈的布朗运动,能阻止胶粒在重力场中的下沉,是动力学稳定系统。胶体系统的热力学不稳定性与动力学稳定性是一对矛盾。稳定的溶胶必须兼备聚结稳定性和动力学稳定性,其中聚结稳定性更为重要,因为布朗运动使胶粒具有动力学稳定性的同时,也使胶粒不断地相互碰撞,一旦胶粒失去聚结稳定性,则碰撞后会引起聚结,其结果是胶粒变大,最终将导致失去动力学稳定性。

胶粒相互聚结而最终导致从溶胶中沉淀析出的过程称为聚沉。从聚沉过程所得到沉淀的粒子,一般堆积较紧密。若在高分子溶液或溶胶中加入高分子物质、表面活性剂,那么沉淀粒子堆集就比较疏松,这种作用称为絮凝作用。聚沉和絮凝统称为聚集作用。

1)聚沉作用

胶粒带有电荷,由双电层模型知其周围形成离子氛。当粒子相互靠近时,离子氛先发生重叠,因静电斥力而阻止粒子的聚集,使其具有一定的聚集稳定性。而当向溶胶系统中加入电解质时,因压缩扩散双电层厚度降低电势,使离子间的静电斥力减小,从而使溶胶失去聚集稳定性而发生聚沉作用。

2)影响聚沉作用的一些因素

影响溶胶稳定性的因素很多,如电解质的作用、胶体系统的相互作用、溶胶的浓度、温度等。其中溶胶浓度和温度的增加均使胶粒的相互碰撞更为频繁,因而降低其稳定性。在这些影响因素中,以电解质的作用研究最多,本节主要讨论电解质对于溶胶聚沉作用的影响和胶体系统间的相互作用。

使溶胶聚沉的电解质的最小浓度称为聚沉值。对于同一溶胶,不同电解质的聚沉值是不同的。聚沉值通常为相对值,它与溶胶的含量、性质、溶剂的性质和温度有关。电解质的聚沉能力有聚沉值和聚沉率两种表示方法。研究表明,电解质中起聚沉作用的是与胶粒所带电荷相反的异号离子,通常称为"反离子"。异号离子价数越高,其聚沉作用越强。

聚沉值与异号离子价数的六次方成反比,这个规则称为舒尔策-哈代规则。上述比例仅是个近似关系,因为电解质的聚沉能力不但取决于异号离子的价数,还取决于以下因素。

(1)异号离子的大小。

同价离子的聚沉效率虽然相近,但仍有差别,若将各离子按其聚沉能力的大小排列,则一价正离子可排列为

$$H^+ > Cs^+ > Rb^+ > NH_4^+ > K^+ > Li^+$$

一价负离子可排列为

$$F^- > IO_3^- > Cl^- > ClO_3^- > Br^- > I^- > CNS^-$$

同价离子聚沉能力的次序称为感胶次序,与水合离子半径从小到大的次序大致相同,这可能是由于水合离子半径越小,就越容易靠近胶粒。至于高价离子的聚沉能力,它的价数是主要的影响因素。对于有机离子的聚沉能力,因为它与胶粒之间有较强的范德华力,比较容易在胶粒上吸附,所以与同价小离子相比,聚沉效率要高得多。

(2)同号离子的影响。

对于同号离子,它对胶体有一定的稳定作用,可以降低异号离子的聚沉作用。但在有些情况下,同号有机离子虽与胶粒所带电荷相同,因具有吸附作用,对胶体聚沉起到了异号离子的作用,增加了异号离子的聚沉作用。

（3）不规则聚沉。

在胶粒的溶液中加入少量的电解质溶液,可使溶胶聚沉。但随着电解质加入量增加,沉淀又重新分散成溶胶,浓度再高,又使溶胶聚沉,这种现象称为不规则聚沉。产生这种现象的原因是高价异号离子能在胶体粒子表面发生较强的吸附。这种现象多发生在高价异号离子或有机异号离子为聚沉剂的情况。

（4）相互聚沉现象。

一般来说,将两种带相同电荷的胶粒溶胶混合时,不会发生明显的变化。但将两种带相反电荷的溶液相互混合,则发生聚沉。这称为相互聚沉现象。聚沉的程度与两者的相对量有关,在两种带相反电荷的溶胶所带电荷能够相互抵消的情况下沉淀最完全。相互聚沉的原因可能有两种:一是两种胶体的电荷发生中和;二是两种胶体相互作用形成沉淀,从而破坏胶体的稳定性。也可能是两种同电性的溶胶发生相互聚沉。

3）胶体稳定性的 DLVO 理论

1941 年德查金（Darjaguin）和朗道（Landau）以 及 1948 年维韦（Verwey）和奥弗比克（Overbeek）分别提出了带电胶粒稳定的理论,简称 DLVO 理论。其要点如下。

（1）胶粒存在斥力势能和吸力势能,前者是带电胶粒接近时扩散层交联所产生的,与扩散层厚薄及 ζ 电势有关,后者是范德华力所产生的。

（2）系统的总势能 U_T 是斥力势能 U_R 和吸力势能 U_A（<0）的加和,即 $U_T = U_R + U_A$,U_R 与 U_A 的相对大小决定胶体的稳定性,当 $U_R > |U_A|$,$U_T > 0$ 时,胶体处于稳定状态;相反,当 $U_T < 0$ 时,胶粒相吸而聚集。

（3）U_R、U_A、U_T 均随胶粒间距离而改变,图 2-12 为斥力势能、吸力势能和总势能曲线图,其中斥力与质点间距离 x 是负指数（e^{-kx}）关系,而引力与 x 的 2～3 次方成反比,U_T 存在一峰值 U_{max},胶粒聚沉必须越过这一势垒。U_T 有两个低谷,只有落在第一最小值上,聚集才是永久的。

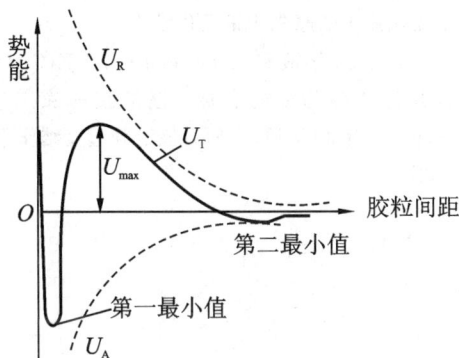

图 2-12　斥力势能、吸力势能和总势能曲线图

知 识 拓 展

超临界二氧化碳:绿色
化学的革命性溶剂

习　题

扫码做题

一、简答题

1. 简述理想气体状态方程中各物理量的名称、单位及 R 的数值与单位。

2. 稀的饱和溶液是否存在？浓的不饱和溶液是否存在？

3. 把一小块冰放在 0 ℃ 的水中,另一小块冰放在 0 ℃ 的盐水中,各有什么现象？为什么？

4. 在一密闭罩内,放入半杯纯水和半杯糖水,长时间放置会出现什么现象？为什么？

5. 简述海水淡化的原理(常用蒸馏法和反渗透法)。

二、计算题

1. 水在 28 ℃ 时的蒸气压为 3742 Pa,在 100 g 水中溶入 13 g 不挥发溶质时溶液的蒸气压为多少？已知不挥发溶质的摩尔质量为 92.3 g·mol^{-1}。

2. 等压下,为了将烧瓶中 30 ℃ 的气体量(视为理想气体)减少 1/5,需将烧瓶加热到多少摄氏度？

3. 某一容器内含有 $H_2(g)$ 和 $N_2(g)$ 的气体混合物,压力为 152 kPa,温度为 300 K,将 $N_2(g)$ 分离后,只剩下 $H_2(g)$,保持温度不变,测得压力降为 50.7 kPa,气体质量减少 14 g,试计算:(1)容器的体积;(2)容器中最初的气体混合物中 $H_2(g)$ 和 $N_2(g)$ 的摩尔分数。$H_2(g)$ 和 $N_2(g)$ 视为理想气体。

4. 计算在 2500 g 水中需溶解多少甘油($C_3H_8O_3$)才能与 125 g 水中溶解 2.42 g 蔗糖($C_{12}H_{22}O_{11}$)所组成的溶液具有相同的凝固点。

5. 烟草的有害成分尼古丁的实验式为 C_5H_7N,今将 496 mg 尼古丁溶于 10.0 g 水中,所得溶液在 100 kPa 下的沸点是 100.17 ℃,求尼古丁的化学式。已知水的 $K_b=0.52$ ℃·kg·mol^{-1}。

6. $HgCl_2$ 的 $K_f=34.4$ K·kg·mol^{-1},将 0.849 g 氯化亚汞(HgCl)溶于 50 g $HgCl_2$ 的溶液中,所得溶液的凝固点下降 1.24 K。求氯化亚汞的摩尔质量及化学式。

7. 混合等体积 0.009 mol·L^{-1} $AgNO_3$ 溶液和 0.006 mol·L^{-1} $K_2Cr_2O_7$ 溶液制得 Ag_2CrO_4 溶胶。写出该溶胶的胶团结构式,并注明各部分的名称。该溶胶的稳定剂是何种物质？现有 $MgSO_4$、$K_3[Fe(CN)_6]$、$[Co(NH_3)_6]Cl_3$ 三种电解质,它们对该溶胶起凝结作用的是何种离子？三种电解质对该溶胶凝结值的大小次序如何？

第二编
化学原理和化学分析方法

第 3 章　化学反应基本原理

📚 内容提要

　　本章以化学反应的基本原理为出发点,主要讲述化学反应中的能量关系、化学反应的方向、化学反应的速率和化学反应的限度等基本原理,并在此基础上讨论基本原理的应用。内容涉及化学热力学、状态、状态函数、热力学能、焓、吉布斯函数、熵、化学反应的热效应、生成焓、燃烧焓、反应速率、反应机理、基元反应和非基元反应、有效碰撞理论、活化能、有效碰撞、过渡态理论、质量作用定律、反应速率方程、反应速率常数、催化剂、可逆反应、平衡常数、平衡转化率、化学平衡移动等基本概念;解决反应方向判据、平衡移动规律等问题;讨论影响反应速率的因素,提出活化能的概念,并从分子水平上予以说明,进而完成从宏观层次到微观层次对化学反应速率的认识。

📚 基本要求

　　※ 理解系统、环境、状态函数、化学反应速率、反应速率方程、反应级数、反应速率常数等概念,掌握热力学第一定律和阿伦尼乌斯方程式相关应用。

　　※ 了解反应速率的有效碰撞理论和活化配合物理论;掌握活化分子和活化能的概念,并能用其说明浓度、温度、催化剂对反应速率的影响。

　　※ 理解焓、标准摩尔生成焓、熵、标准摩尔熵、标准摩尔反应吉布斯函数变、标准摩尔生成吉布斯函数变等概念,掌握热化学方程式、盖斯定律和标准摩尔反应焓、标准摩尔反应熵、标准摩尔反应吉布斯函数变的有关计算,学会利用摩尔反应吉布斯函数变判断反应进行的方向。

　　※ 理解化学平衡的概念,掌握关于标准平衡常数和平衡组成的计算。

　　※ 熟悉反应熵判据,掌握浓度、温度、压力对化学平衡移动的影响及有关计算,熟悉勒夏特列(Le Châtelier)原理。

📚 建议学时

　　14 学时。

　　化学工作者在研究一个特定的化学反应时经常会考虑这样一些问题:①这个反应能不能自发地进行? 除了通过化学实验之外,能不能从理论上加以判断或预测? ②如果这个反应可以自发地进行,那么反应有多快呢? ③如果这个反应在特定的条件下可以自发地进行,那么最终达到的平衡状态如何? 指定产物在平衡混合物中所占的比例有多大,即由原料转化成产物的转化率有多大? ④有些反应很快,在瞬间完成,而有些反应则很慢,为什么有这样的差别?

　　以上问题的解决至关重要,因为它们不仅仅是个别反应的实践性问题,而是涉及对化学反应基本规律的认识,这也是本章讨论的主要内容。

3.1 化学反应中的能量关系

化学主要研究物质的化学运动,当物质发生化学运动时,常常伴随着物理运动,如热、光、电等,因而研究与之相关的物质的物理变化就显得很重要。

热力学(thermodynamics,由希腊文中的意为"热"或"能"的"therme"与意为"力"的"dynamics"组合而成)研究各种形式的能量相互转化时所遵循的规律,应用热力学的原理和方法来研究化学问题就产生了化学热力学(chemical thermodynamics),它就可以回答以上问题中的①和③。

化学热力学的研究方法如下:

(1)研究对象是大量分子的集合体,研究的是宏观性质,所得结论具有统计意义;

(2)只考虑变化前后的净结果,不考虑物质的微观结构和反应机理;

(3)判断变化能否发生以及反应进行的程度,但不考虑变化所需要的时间。

由于热力学的研究不涉及反应的机理、速率和微观性质,只讲可能性,不讲现实性,因而热力学具有一定的局限性。尽管如此,它仍然是一种有用的理论,这是因为热力学的定律是人类在生产活动中反复实践的经验总结,具有高度的可靠性,它对生产实践和科学研究都具有重要的指导意义。

3.1.1 基本概念

1. 系统和环境

物质世界是无穷无尽的,人们研究问题只能考虑其中的一部分。为研究方便,常把研究的那部分物质或空间与其周围的部分划分开来,把研究的那部分称为系统(system),而与系统有着紧密联系的部分称为环境(surroundings)。例如:研究杯中的水,则水是系统,水面以上空气、盛水的杯子,乃至盛放杯子的桌子等相关部分都是环境。系统与环境之间可以有确定的界面,也可以假想存在界面;系统可随环境研究对象的改变而改变。系统和环境之间既可以传递物质,也可以传递能量,按传递的情况的不同将系统分为三类。

(1)敞开系统(open system):系统与环境之间既有物质交换,又有能量交换。

(2)封闭系统(closed system):系统与环境之间没有物质交换,只有能量交换。

(3)孤立系统(isolated system):系统与环境之间既没有物质交换,也没有能量交换。

例如:一敞开的盛满热水的杯子,降温过程中系统向环境放出热量,且不断有水分子变为水蒸气逸出。若以热水为系统,则是一敞开系统;若在杯上加一个盖子避免系统与环境间的物质交换,便可得到一个封闭系统;若将杯子换成一个理想保温杯杜绝了能量交换,就得到一个孤立系统,如图3-1所示。

2. 状态和状态函数

从化学热力学角度看,一个具体的系统不仅包含确切的物质,还包含这些物质所处的状态(state)。系统的状态是指系统所有物理性质和化学性质的总和,而物质所处的状态可由一系列的物理量来表示。因此,为了准确描述一个系统所处的状态,必须确定它的一系列的宏观性质,也就是说系统的一切宏观性质的确定决定了系统的状态。反过来说,系统的状态确定后,各种宏观性质也就有了确定的数值,热力学中把这些确定系统状态的宏观性质称为状态函数(state function)。简单来说,状态就是由一系列表征系统的物理量所确定下来的系统的存在

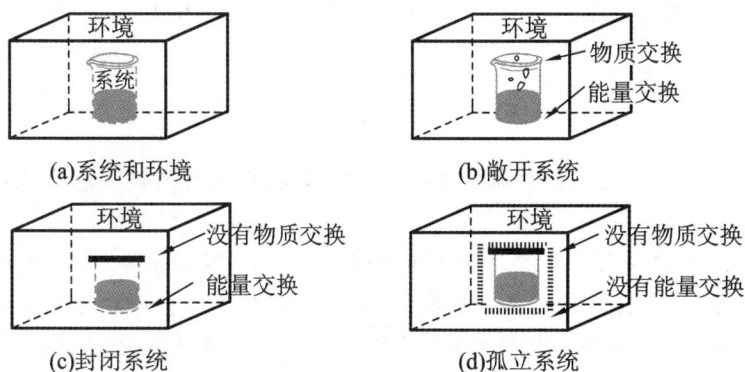

图 3-1　系统与环境之间的关系

形式,状态函数就是借以确定系统状态的物理量。

状态函数实际上是描述状态的一些参数,因而也可称为状态参数,但由于状态参数有易测物理量和不易测物理量之分,一些不易测物理量可由易测物理量来描述,从而构成函数形式(如理想气体 $U = f(T)$),因而习惯称为状态函数。

状态函数具有以下特性。

(1)状态函数的变化值取决于系统所处的始态和终态,而与变化的具体途径无关。即状态函数具有"状态一定值一定,状态变化值变化,异途同归变值等,周而复始变值零"的特征。

(2)状态函数在数学上具有全微分的性质。

(3)确定状态的状态函数有多个,但通常只需确定其中的几个状态函数值,其余的可以通过各状态函数间的制约关系来加以确定。

3. 过程和途径

系统由某一状态变化到另一状态时,状态变化的经过称为过程(process)。如果系统是在温度恒定的情况下发生变化,则该变化过程称为恒温过程(isothermal process)。同样,如果系统在压力、体积相同的条件下发生变化,则分别称为恒压过程(isobar process)、恒容过程(isometric process)。若变化过程中系统和环境间没有热量交换,则称为绝热过程(adiabatic process)。

要使系统由某一状态变化到另一状态(即完成某一过程),可以采用不同的方式,这种由同一始态到同一终态完成变化过程的具体步骤称为途径(path)。系统由始态变化到终态,经历一个过程,但完成这一过程可以采用不同的方式,即完成这一过程可采用不同的途径。例如:100 g 水由始态(25 ℃,l)变化为终态(100 ℃,g),此过程可以通过不同的途径来完成,如图 3-2 所示。

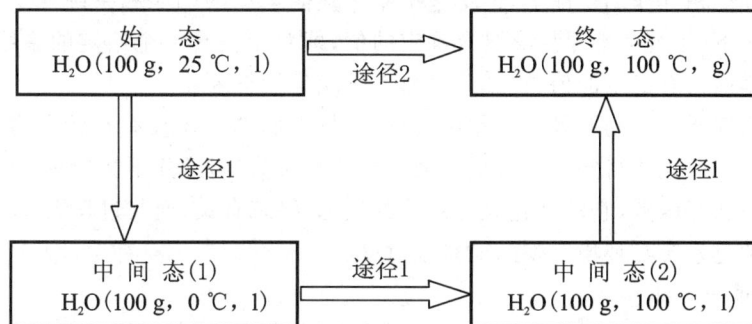

图 3-2　过程与途径示意图

可以看出,过程的着眼点是始态、终态,而途径则是具体的方式。

3.1.2 热力学第一定律

1. 热和功

热(heat)和功(work)是系统状态变化时与环境交换能量的两种不同方式,它们均具有能量的单位。

热是系统与环境之间由于温度差的存在而传递的能量,以 Q 表示,国际单位为 J。热是物质运动的一种表现形式,是一种传递中的能量,它总是与大量分子的无规则运动联系着。分子无规则运动的强度越大,则表征强度大小的物理量——温度就越高,所以热实质上是系统与环境间因内部粒子无序运动强度不同而交换的能量。热不是系统的性质,所以热不是系统的状态函数。在热力学中规定:系统吸热,$Q>0$;系统放热,$Q<0$。

功是系统与环境的另一种能量传递形式,以 W 表示,国际单位为 J。由于功也是能量的一种传递方式,并不是系统自身的性质,所以功也不是系统的状态函数。在热力学中有:系统对环境做功,$W<0$;环境对系统做功,$W>0$。

功可以分为两大类:体积功和非体积功。体积功是由于系统体积变化而与环境交换的能量;非体积功是除体积功外的其他所有形式的功,如电功、表面功等。本书中主要涉及体积功,如许多化学反应是在敞开系统中进行的,反应时系统由于体积改变就会对抗外界压力做功,与环境进行能量交换。如图 3-3 所示,设圆筒截面积为 A,圆筒上有一无重力、无摩擦的活塞,活塞上方的恒定压力为 p_{ex},则系统受到的外力为 $f_{ex}=p_{ex}A$,若反应时体积增大使活塞移动的距离为 ΔL,则系统反抗外力所做的功为

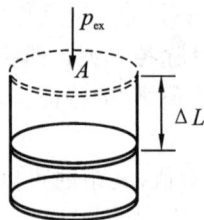

图 3-3 系统做功示意图

$$W_f=-f_{ex}\Delta L=-p_{ex}A\Delta L=-p_{ex}\Delta V \tag{3-1}$$

2. 热力学能

系统的能量由三部分构成,即系统整体运动的动能、系统在外场中的势能和系统内部的能量。若将盛有一定量水的导热容器加热,设有 Q 的能量以热的形式传递给了水,那么,以热的形式传递的这部分能量变成了系统的什么能量? 当然,转化成系统内部的能量——热力学能(thermodynamic energy)或称内能(internal energy)。

热力学能是系统内部的能量,即系统中所有微观粒子全部能量之和。它具有能量的单位,符号为 U,它包括系统中分子的平动能、转动能、振动能、电子运动能、原子核内的能量以及系统内部分子之间的相互作用位能等,但不包括系统整体运动的动能和系统处于外力场中具有的位能。在定态下,系统的能量应该具有确定的值,即对于任意一个给定的系统,在状态一定时系统的热力学能具有确定的值,也就是说热力学能是状态函数。

由于系统内部质点运动及其相互作用很复杂,且人们迄今还没有对所有物质的运动形态完全了解,因此,目前无法得知一个系统热力学能的绝对值,但这并不影响热力学问题的研究。由于热力学能是状态函数,它的变化只与系统的始态、终态有关,而与过程无关,因此热力学能的变化只可以通过系统与环境交换的能量来量度。

3. 热力学第一定律

人们经过长期实践证明:"在任何过程中,能量不会自生自灭,只能从一种形式转化为另一种形式,在转化过程中,能量的总值不变。"这就是热力学第一定律,也称为能量守恒定律。热

力学第一定律是人类经验的总结,还没有发现从热力学第一定律所导出的结论与实践相矛盾的事例,这就有力地证明了这个定律的正确性。要想制造一种机器,它既不靠外界供给能量,本身也不减少能量,却能不断地对外做功,根据热力学第一定律知道,这是不可能的。人们把这种假想的机器称为第一类永动机(first kind of perpetual motion machine)。因此,热力学第一定律也可以表述为:第一类永动机是永远不可能制造出来的。

当一个封闭系统由热力学能为 U_1 的始态经过一个过程变化到热力学能为 U_2 的终态时,系统的热力学能的变化值为

$$\Delta U = U_2 - U_1$$

系统与环境之间进行的能量交换或传递只有热和功两种形式。设在此过程中,系统与环境传递的热量为 Q,同时环境对系统做的功为 W,根据热力学第一定律,系统的热力学能变化值 ΔU 为

$$\Delta U = Q + W \tag{3-2}$$

式(3-2)是热力学第一定律的数学表达式。其物理意义是:封闭系统从一个状态变化到另一个状态时,其热力学能的变化值等于系统与环境间交换的热量与环境对系统所做的功之和。该表达式将等式一边的状态函数的改变量和等式另一边的能量的两种传递形式有机地联系起来了。

3.1.3　化学反应热效应的实验测定

由于化学反应总是伴有能量的吸收或放出,这种能量的变化对化学反应来说是十分重要的。若在进行化学反应时,系统不做非体积功,且反应终态与始态的温度相同,此时系统吸收或放出的热量称为化学反应热效应,也称反应热。之所以强调产物和反应物的温度相同,是因为产物温度升高或降低所引起的能量变化并不真正是化学反应过程中的热量,因而不能计入化学反应热效应之中。

假设温度不同的两物体相互接触,热的物体温度降低,冷的物体温度升高,最后达到同一温度,且过程中两物体均不与环境发生能量交换,则按照热力学第一定律有如下等式:

$$Q_{得} + Q_{失} = 0$$

利用该式既可测量放热物体或放热系统放出的热量,也可测定吸热物体吸收的热量。即

高温物体放出的热量=高温物体温度下降值×高温物体的热容

低温物体吸收的热量=低温物体温度升高值×低温物体的热容

热容(heat capacity)是指将一定量某物质温度升高 1 ℃(或 1 K)所需要的热量;比热容(specific heat capacity)代表每克物质的热容,是将 1 g 物质温度升高1 ℃(或 1 K)所需要的热量,如水的比热容为 4.18 J・g^{-1}・K^{-1};热容除以物质的量得摩尔热容(C_m,molar heat capacity)。Q、ΔT、C_m 和 n(物质的量)之间的关系为

$$Q = nC_m\Delta T \tag{3-3}$$

由于相同物质在相同温度下所吸收的热量 Q 随途径而异,因此热容也因途径不同而异。对于组成不变的均相系统,在恒压条件下的摩尔热容称为摩尔定压热容(molar heat capacity at constant pressure),在恒容条件下的摩尔热容称为摩尔定容热容(molar heat capacity at constant volume)。

热容可以通过实验进行测定,有了热容的数据,就可以测定化学反应的热效应。测定化学反应热效应的装置称为热量计(calorimeter),图 3-4 所示为弹式热量计(bomb calorimeter),化

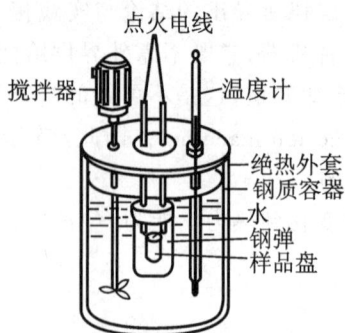

点火电线

搅拌器——　　　　温度计

　　　　　　　　　——绝热外套
　　　　　　　　　——钢质容器
　　　　　　　　　——水
　　　　　　　　　——钢弹
　　　　　　　　　——样品盘

图 3-4　弹式热量计

学反应在一个可以完全封闭的厚壁钢质容器(称为"钢弹"或"氧弹")内进行,这种容器的外观像一个小炸弹,弹式热量计因此得名。

用弹式热量计测量的一般程序如下:①首先要用标准样品测量出整个量热系统全部组件的整体热容 C_s;②再将准确称量的待燃烧物放入钢弹并充以确保充分燃烧的高压氧,将钢弹密封并浸入有绝缘外套的水浴中,待温度恒定后从温度计上读取初始水温;③引发样品与氧之间的反应,放出的热量使水及与水相接触的热量计部件升温,温度恒定后读取终态水温,反应前、后的温度差即为 ΔT,通过式(3-3)即可计算出相应的热效应。

【例 3-1】　将 0.500 g 苯甲酸在盛有 1210 g 水的弹式热量计的钢弹内完全燃烧,温度由 23.20 ℃上升到 25.44 ℃,试计算 1 mol 苯甲酸完全燃烧的热效应。已知系统的热容 C_s 为 848.0 J·K^{-1},水的比热容为 4.18 J·g^{-1}·K^{-1},C_6H_5COOH 的摩尔质量为 122.5 g·mol^{-1}。

解　　　　　　　　　　　$\Delta T = \Delta t = (25.44 - 23.20)K = 2.24\ K$

弹式热量计内水吸收的热量为

$$Q(H_2O) = C(H_2O)m(H_2O)\Delta T$$
$$= 4.18 \times 1210 \times 2.24\ J$$
$$= 11.33\ kJ$$

弹式热量计系统所吸收的热量为

$$Q_s = C_s \Delta T = 848.0 \times 2.24\ J = 1.90\ kJ$$
$$Q = -(Q(H_2O) + Q_s) = -(11.33 + 1.90)\ kJ = -13.23\ kJ$$

其中,负号表示反应放出热量。

1 mol 苯甲酸完全燃烧的热效应 Q_m 为

$$Q_m = \frac{M}{m}Q = \frac{122.5}{0.500} \times (-13.23)\ kJ \cdot mol^{-1} = -3241\ kJ \cdot mol^{-1}$$

目前,市售热量计具有特定的热量计常数(calorimeter constant),它代表水和与水接触的热量计部件热容之和。如有代表性的弹式热量计盛水 2000 g,热量计常数为 10.1 kJ·K^{-1}。

3.1.4　化学反应热效应的理论计算

1. 焓

如果反应是在体积恒定的条件下进行的,就称为恒容反应;恒容反应过程中所伴随的热效应称为恒容反应热,以 Q_V 表示。如果反应是在压力恒定的条件下进行的,就称为恒压反应;恒压反应过程中所伴随的热效应称为恒压反应热,以 Q_p 表示。

对于恒容的封闭系统,假设系统不做非体积功($W' = 0$),则 $\Delta V = 0$,$W = -p_{ex}\Delta V = 0$,故

$$\Delta U = W + Q = Q_V \qquad\qquad (3-4)$$

即恒容反应过程中,系统吸收的热量全部用来改变系统的热力学能。如果反应放热,Q_V 是负值,说明反应使系统的热力学能降低;如果反应吸热,Q_V 是正值,说明反应使系统的热力学能升高。

大部分反应是在恒压条件下进行的(系统压力与环境压力相同,如在敞开容器中进行的反应)。对于恒压的封闭系统,假定系统不做非体积功($W' = 0$),则 $W = -p_{ex}\Delta V$,故

$$\Delta U = Q_p - p_{ex}\Delta V$$
$$Q_p = (U_2 + pV_2) - (U_1 + pV_1)$$

令 $H = U + pV$，则 $Q_p = H_2 - H_1$，若 $\Delta H = H_2 - H_1$，则

$$Q_p = \Delta H \tag{3-5}$$

在热力学上，将 H 定义为焓（enthalpy）。

式(3-5)表示封闭系统在恒压和只做体积功时，吸收或放出的热量（恒压热效应）等于系统的焓的变化。其意义在于使反应的热效应在特定条件下只与反应的始态和终态有关，与变化的途径无关，从而使化学反应热效应的计算变得简便。因为化学反应通常是在恒压条件下进行的，所以恒压热效应更具有实际意义。常用 ΔH 表示反应的恒压热效应，单位是 kJ。

由于 U、p、V 都是系统的状态函数，它们的组合 $(U + pV)$ 一定也具有状态函数的性质，因而焓是状态函数。由于不能确定热力学能的绝对值，因此也不能得到系统的焓的绝对值，只可以测到其变化值（$\Delta H = Q_p$）。

焓和热力学能、体积等物理量一样是系统的性质，因而在一定的状态下每一种物质都具有特定的焓值，只要系统的状态改变了，系统的焓就可能有所改变，仅在不做非体积功的恒压过程中，才有 $Q_p = \Delta H$，而在非恒压过程或有非体积功的恒压过程中 $Q_p \neq \Delta H$。由于 $\Delta H = Q_p$，因而 ΔH 的符号表示了热的传递方向。若 $\Delta H > 0$，$Q_p > 0$，表明系统从环境吸收热量，是吸热反应（endothermic）；若 $\Delta H < 0$，$Q_p < 0$，则表明系统向环境释放热量，是放热反应（exothermic）。

在恒压反应中，由于 $\Delta U = Q_p - p_{ex}\Delta V$，而 $\Delta H = Q_p$，则

$$\Delta H = \Delta U + p_{ex}\Delta V$$

对于无气体参加的反应，系统的体积 ΔV 变化不大，$\Delta V \approx 0$，$W = -p_{ex}\Delta V = 0$，故

$$\Delta U \approx \Delta H$$

对于有气体参加的反应，由于 $p\Delta V = \Delta nRT$（Δn 是化学反应方程式中产物气体物质的量与反应物气体物质的量之差），则

$$\Delta H = \Delta U + \Delta nRT$$

从 $Q_V = \Delta U$，$Q_p = \Delta H$ 可以看出，虽然不知道系统的热力学能、焓值，但在一定条件下可以从系统和环境间能量的传递来衡量系统的热力学能和焓的变化。这种认识事物的方法在热力学中经常使用。

2. 反应进度

由于 $\Delta H = H_2 - H_1$，那么对于一个化学反应，有

$$\Delta_r H = \sum H(\text{产物}) - \sum H(\text{反应物})$$

$\Delta_r H$ 就是这个反应的焓的变化值。而化学反应是一个过程，在过程中放热（或吸热）的多少以及 ΔU 和 ΔH 的变化值都与化学反应进行的程度、反应物的聚集态、温度等有一定的关系。因此，需要用一个物理量来描述反应进行的程度，这个物理量就是反应进度（extent of reaction）。

1）化学计量方程式

在化学中，满足质量守恒定律的化学反应方程式称为化学计量方程式。在化学计量方程式中用规定的符号（涉及化学反应方程式的配平问题使用"=="，强调反应的平衡状态或反应的可逆性使用"⇌"，强调反应的方向性或认为反应是基元反应则使用"⟶"）和相应的化学

反应式将反应物和产物联系起来。

对任意已配平的化学反应方程式

$$a\mathrm{A}+b\mathrm{B}=\!=\!=l\mathrm{L}+m\mathrm{M}$$

按热力学的规定,状态函数的变化值应是终态值减去始态值。将上述化学计量方程式始态物质向右移项,得

$$0=l\mathrm{L}+m\mathrm{M}-a\mathrm{A}-b\mathrm{B}$$

或写成 $$\sum\nu_\mathrm{B}\mathrm{B}=0 \tag{3-6}$$

式中:B为化学反应方程式中任一反应物或产物的化学式;ν_B为该物质的化学计量数(stoichiometric number),是出现在化学反应方程式中的物质B的化学式之前的系数,是化学反应方程式特有的物理量。规定反应物的化学计量数为负值,产物的化学计量数为正值。其SI单位为1[①],$|\nu|$可以是整数,也可以是分数,它仅表示反应过程中各物质的量之间转化的比例关系,即反应物的消耗和产物的生成都是按照化学计量数的比例进行的,并不说明在反应进程中各物质所转化的量。

2)反应进度的计算

反应进度是人们用来描述和表征化学反应进行程度的物理量,通常用符号 ξ 表示,单位为 mol。通常人们通过观察某一反应系统是否真实地发生了由反应物向产物的转化来判断该反应是否发生了,当然也可以用同样的标准来描述一个反应进行的程度,但由于一般的化学反应中反应物与产物的化学计量数不同,随着反应进行,各组分的变化量是不同的,这就给直接用反应物和产物的改变量来描述反应进行的程度带来了困难。也就是说反应进度和反应物的计量数有关,因而采用任何一种反应物或产物在反应某一阶段中物质的量的改变与其化学计量数的商来定义反应进度,即

$$\mathrm{d}\xi=\mathrm{d}n_\mathrm{B}/\nu_\mathrm{B}$$

或 $$\xi=\frac{n_\mathrm{B}(\xi)-n_\mathrm{B}(0)}{\nu_\mathrm{B}}=\frac{\Delta n_\mathrm{B}}{\nu_\mathrm{B}} \tag{3-7}$$

式中:$n_\mathrm{B}(0)$、$n_\mathrm{B}(\xi)$分别表示反应进度为0及 ξ 时B的物质的量,由于B的物质的量的单位为mol,所以 ξ 的单位为mol。

如反应 $2\mathrm{H}_2(\mathrm{g})+\mathrm{O}_2(\mathrm{g})=\!=\!=2\mathrm{H}_2\mathrm{O}(\mathrm{g})$,当反应进行到反应进度 ξ 时,假定消耗掉1.0 mol的氢气(即 $\Delta n(\mathrm{H}_2)=-1.0$ mol),则按照反应方程式可知,消耗掉的氧气为0.5 mol,生成了1.0 mol的水。计算得到反应进度 ξ 为

$$\xi=\frac{\Delta n(\mathrm{H}_2)}{\nu(\mathrm{H}_2)}=\frac{\Delta n(\mathrm{O}_2)}{\nu(\mathrm{O}_2)}=\frac{\Delta n(\mathrm{H}_2\mathrm{O})}{\nu(\mathrm{H}_2\mathrm{O})}=0.5 \text{ mol}$$

即反应进度为0.5 mol。

若反应方程式为 $\mathrm{H}_2(\mathrm{g})+1/2\,\mathrm{O}_2(\mathrm{g})=\!=\!=\mathrm{H}_2\mathrm{O}(\mathrm{g})$,当反应进行到反应进度 ξ 时,假定也消耗掉1.0 mol的氢气(即 $\Delta n(\mathrm{H}_2)=-1.0$ mol),则按照反应方程式可知,消耗掉的氧气为0.5 mol,生成了1.0 mol的水,此时计算得到的反应进度 $\xi=1$ mol。可见,对于同一反应,ξ 的数值与反应方程式的书写有关,所以在计算 ξ 或指定 ξ 时,必须指明对应的反应方程式。

----

① 化学计量数表示反应是按照这样的比例关系进行的,以前认为它是无量纲的量,GB3102.8—1993称它为量纲为1的量,SI单位为1。这两种说法的结果是一样的,后者更为准确。

3. 标准态

热力学函数都是状态函数,不同的系统或同一系统的不同状态,都应有不同的数值,而它们的绝对值又无法确定,为了比较它们的相对值,需要规定一个状态作为比较的标准(它相当于一个公认的基线,正如选择 0 ℃时大气压力为 101. 325 kPa 的海平面作为高度的零点),热力学规定了一个共同的参考状态——标准状态,以使同一物质在不同的化学反应中具有同一数值,这些被选做标准的状态称为热力学标准态,简称标准态(standard state)。标准态的选用原则上是任意的,只要合理并为大家接受即可,但必须考虑实用性。IUPAC 物理化学部热力学委员会指定在温度 T 和标准压力 $p^{\ominus}$(100 kPa)下该物质的状态称为标准态[1]。对于具体系统,有以下规定。

(1)对于纯理想气体而言,其标准态就是该气体的压力为 $p^{\ominus}$ 时的状态;对于理想混合气体而言,标准态就是每种组分的分压都等于 $p^{\ominus}$ 时的状态。

(2)对于纯液体、固体而言,当该物质处于 $p^{\ominus}$ 时就为标准态。

(3)对于单一理想溶液而言,处于 $p^{\ominus}$、$c^{\ominus}$(1 mol · L^{-1})时为标准态;对于理想混合溶液而言,处于 $p^{\ominus}$ 且每一种组分的浓度都为 $c^{\ominus}$ 即为标准态。

应当指出,在标准态的规定中并没有规定统一的温度标准,因而如果温度改变,就会有多个标准态,IUPAC 推荐选用 298.15 K 作为参考温度。

4. 热化学方程式

若某一化学反应当反应进度为 ξ 时的焓为 $\Delta_r H$,则该反应的 $\Delta_r H_m$ 为

$$\Delta_r H_m = \frac{\Delta_r H}{\xi}$$

$\Delta_r H_m$ 就是按照所给的反应式完全反应,即反应进度为 1 mol 时的焓的变化值。若该反应还在标准态下进行,则摩尔反应焓 $\Delta_r H_m$ 就等于标准摩尔反应焓,其符号为 $\Delta_r H_m^{\ominus}$。符号 $\Delta_r H_m^{\ominus}$ 中,"r"代表反应,"m"代表摩尔(mol),"$\ominus$"代表标准态。

表示化学反应与热效应关系的方程式称为热化学方程式。氢气和氧气生成水的热化学方程式可以写为

$$H_2(g) + \frac{1}{2}O_2(g) =\!=\!= H_2O(g) \qquad \Delta_r H_m^{\ominus}(298.15\ K) = -242\ kJ \cdot mol^{-1}$$

表明在 298.15 K、100 kPa 下,当 1 mol 纯 $H_2(g)$ 和 1/2 mol 纯 $O_2(g)$ 反应生成 1 mol $H_2O(g)$ 时,放出的热量为 242 kJ。

因为化学反应热效应不仅与反应进行时的条件有关,而且与反应物和产物的形态、数量有关,所以在书写热化学方程式时应注意以下几点。

(1)化学反应热效应与反应条件有关,不同反应条件下的热效应有所不同,所以应注明反应的温度和压力(T,p),但一般在标准压力、298.15 K 条件下的反应不需注明。

(2)化学反应热效应与物质的形态有关,同一化学反应,反应物的形态不同化学反应热效应有明显的差别。因此,在书写热化学方程式时必须注明反应物和产物的聚集状态,气体、液体和固体分别用 g、l 和 s 表示;固体具有不同晶态时,还需将晶态注明,如 S(斜方)、S(单斜)、

---

[1]　IUPAC 于 1982 年建议在热力学数据中将标准压力由传统的 1 atm(101.325 kPa)改为 100 kPa。这一规定得到了国际的认同,我国 1993 年公布的国家标准(GB3100-3102—1993)就采用这种规定。需要注意的是标准态不同于标准状况(standard condition,标准条件),标准状况指 101.325 kPa 和 273.15 K。

C(石墨)、C(金刚石)等。如果参与反应的物质是溶液,则需注明浓度,用 aq 表示水溶液,如 NaOH(aq)表示氢氧化钠水溶液。

(3)正确书写化学计量方程式。

(4)同一反应以不同计量数书写时其化学反应热效应数据不同。例如:

$$H_2(g)+\frac{1}{2}O_2(g)\!\!=\!\!\!=\!\!H_2O(g) \qquad \Delta_r H_m^\ominus(298.15\ K)=-242\ kJ \cdot mol^{-1}$$

$$2H_2(g)+O_2(g)\!\!=\!\!\!=\!\!2H_2O(g) \qquad \Delta_r H_m^\ominus(298.15\ K)=-484\ kJ \cdot mol^{-1}$$

5. 化学反应热效应的理论计算

1)盖斯定律

化学反应热效应一般可以通过实验测定得到,但有些复杂反应是难以控制的,其反应的热效应只能通过间接的办法求得。如在恒温、恒压条件下碳不完全燃烧生成一氧化碳。

1840 年,俄国化学家盖斯(Hess G. H.)在总结大量的热数据的基础上提出"任何在恒温、恒压条件下进行的化学反应所吸收或放出的热量,仅取决于反应的始态和终态,与反应是一步或者分为数步完成无关"。即一个化学反应不管是一步完成的,还是多步完成的,其热效应总是相同的,这就是盖斯定律(Hess's law)。盖斯定律的提出略早于热力学第一定律,但它实际上是热力学第一定律的必然结论,同时也是"热力学能和焓是状态函数"这一结论的进一步体现。因为在恒温、恒压且不做非体积功的条件下,$Q_p=\Delta H$,而焓又是状态函数,故焓只取决于始、终态。

盖斯定律表明,热化学方程式可以像普通的代数方程那样进行加减运算,从而可以用已经精确测定的化学反应热效应通过代数组合来计算难于测量或不能测量的反应的热效应。例如:由于很难控制碳的燃烧只生成 CO 而不生成 CO_2,因此反应

$$C(石墨)+\frac{1}{2}O_2(g)\!\!=\!\!\!=\!\!CO(g) \qquad \Delta_r H_m^\ominus(1)$$

其中,$\Delta_r H_m^\ominus(1)$很难直接由实验得到。根据盖斯定律,可以设计如图 3-5 所示的过程——石墨直接氧化为 $CO_2(g)$与石墨先氧化为 $CO(g)$再进一步氧化为 $CO_2(g)$的热效应相同,并可由下列两个反应计算出 $\Delta_r H_m^\ominus(1)$。

$$C(石墨)+O_2(g)\!\!=\!\!\!=\!\!CO_2(g) \qquad \Delta_r H_m^\ominus(2)=-393.5\ kJ \cdot mol^{-1}$$

$$CO(g)+\frac{1}{2}O_2(g)\!\!=\!\!\!=\!\!CO_2(g) \qquad \Delta_r H_m^\ominus(3)=-283.0\ kJ \cdot mol^{-1}$$

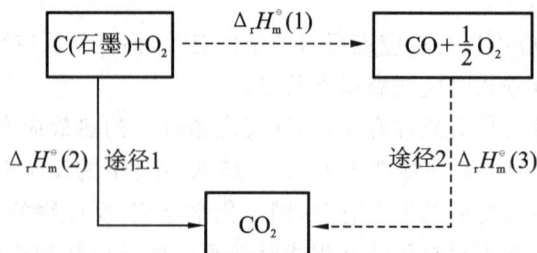

图 3-5 计算生成 CO 的标准摩尔反应焓示意图

由盖斯定律得

$$\Delta_r H_m^\ominus(1)+\Delta_r H_m^\ominus(3)=\Delta_r H_m^\ominus(2)$$

所以
$$\Delta_r H_m^\ominus(1)=\Delta_r H_m^\ominus(2)-\Delta_r H_m^\ominus(3)$$
$$=[-393.5-(-283.0)]\ kJ \cdot mol^{-1}$$

$$= -110.5 \ \text{kJ} \cdot \text{mol}^{-1}$$

2)利用热化学方程式计算

热化学方程式是盖斯定律应用的有力工具,依然以上面的反应为例加以说明。

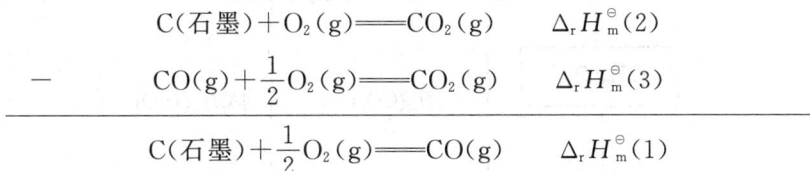

$$\text{C(石墨)} + \text{O}_2(\text{g}) = \text{CO}_2(\text{g}) \qquad \Delta_r H_m^{\ominus}(2)$$

$$- \qquad \text{CO(g)} + \frac{1}{2}\text{O}_2(\text{g}) = \text{CO}_2(\text{g}) \qquad \Delta_r H_m^{\ominus}(3)$$

$$\overline{\text{C(石墨)} + \frac{1}{2}\text{O}_2(\text{g}) = \text{CO(g)} \qquad \Delta_r H_m^{\ominus}(1)}$$

实际上,第一个反应方程式可以由第二个反应方程式减去第三个反应方程式消去相同物质并经移项得到。因此,对待热化学方程式,可以同对待代数方程式一样处理。从上面计算结果

$$\Delta_r H_m^{\ominus}(1) = \Delta_r H_m^{\ominus}(2) - \Delta_r H_m^{\ominus}(3)$$

可以看出,如果一个化学反应的方程式可以由其他化学反应的方程式相加减而得,则这个化学反应的热效应也可由这些反应的热效应相加减而得。但必须注意物质的聚集状态和化学计量数必须一致,式中有些项才可以相消或合并。

3)利用标准摩尔生成焓计算

由单质生成化合物的反应称为该化合物的生成反应(reaction of formation)。例如:

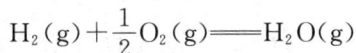

$$\text{H}_2(\text{g}) + \frac{1}{2}\text{O}_2(\text{g}) = \text{H}_2\text{O}(\text{g})$$

是水蒸气的生成反应。

在温度为 T、参与反应的各物质均处于标准态下,由稳定相单质生成 1 mol β 相某化合物 B 的标准摩尔反应焓,称为化合物 B(β)在温度 T 下的标准摩尔生成焓(standard molar enthalpy of formation),以符号 $\Delta_f H_m^{\ominus}(\beta, T)$ 表示。括号中的 β 表示化合物 B 的相态。$\Delta_f H_m^{\ominus}$ 的单位为 $\text{J} \cdot \text{mol}^{-1}$ 或 $\text{kJ} \cdot \text{mol}^{-1}$。例如:

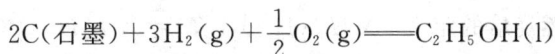

$$2\text{C(石墨)} + 3\text{H}_2(\text{g}) + \frac{1}{2}\text{O}_2(\text{g}) = \text{C}_2\text{H}_5\text{OH}(\text{l})$$

$$\Delta_r H_m^{\ominus}(298.15 \ \text{K}) = \Delta_f H_m^{\ominus}(\text{C}_2\text{H}_5\text{OH}, \text{l}) = -276.98 \ \text{kJ} \cdot \text{mol}^{-1}$$

上述反应表明,在 298.15 K,反应各物质均处在标准态下,由稳定相的 C(石墨)与 $\text{H}_2(\text{g})$、$\text{O}_2(\text{g})$ 生成了 1 mol $\text{C}_2\text{H}_5\text{OH}(\text{l})$,此反应的 $\Delta_r H_m^{\ominus}$ 称为 298.15 K 下 $\text{C}_2\text{H}_5\text{OH}(\text{l})$ 的标准摩尔生成焓,表示为 $\Delta_f H_m^{\ominus}(\text{C}_2\text{H}_5\text{OH}, \text{l}, 298.15 \ \text{K})$。

298.15 K 下各种化合物的 $\Delta_f H_m^{\ominus}(298.15 \ \text{K})$ 的数据可从各种化学、化工手册中查到。本书附录中有部分摘录的数据。

对于标准摩尔生成焓的使用需要注意以下几点。

(1)根据标准摩尔生成焓的定义,在任何温度下,稳定单质的标准摩尔生成焓为零。例如:碳在 298.15 K 下有石墨、金刚石与无定形碳三种相态,其中以石墨为最稳定。

(2)标准摩尔生成焓的符号 $\Delta_f H_m^{\ominus}$ 中,"f"代表生成,"m"代表摩尔(mol),"⊖"代表标准态。

(3)$\Delta_f H_m^{\ominus}$ 是一个相对的焓值。

(4)书写物质 B 的生成反应计量式时,要求物质 B 的计量系数为1。

(5)通过比较同类型化合物的 $\Delta_f H_m^{\ominus}$ 数值,可以推断这些化合物的稳定性。一般来说,生成时放热越少,化合物越不稳定,越容易分解。

利用标准摩尔生成焓可以计算标准摩尔反应焓,如计算 $\text{C}_3\text{H}_8 + 5\text{O}_2 = 3\text{CO}_2 + 4\text{H}_2\text{O}(\text{l})$

的标准摩尔反应焓时,可以通过 $\Delta_f H_m^\ominus$ 进行计算,设计如图 3-6 所示过程。

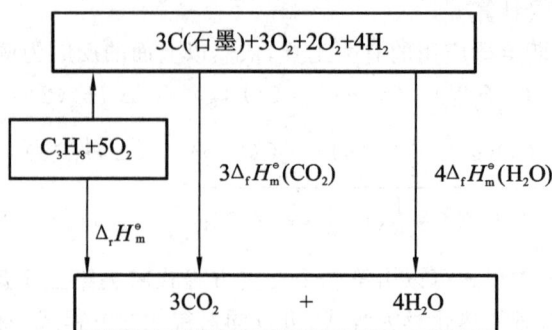

图 3-6　利用标准摩尔生成焓计算标准摩尔反应焓示意图

由图可以看出

$$\Delta_r H_m^\ominus = \sum \nu_B \Delta_f H_m^\ominus (产物) + \sum \nu_B \Delta_f H_m^\ominus (反应物)$$

$$= \sum \nu_B \Delta_f H_m^\ominus$$

因而,对于任意化学反应　　　　　　　　$\sum \nu_B B = 0$

其标准摩尔反应焓为

$$\Delta_r H_m^\ominus = \sum \nu_B \Delta_f H_m^\ominus (B) \tag{3-8}$$

4)利用标准摩尔燃烧焓计算

在温度为 T 时,反应各物质均处在标准态下,1 mol β 相的化合物 B 完全燃烧生成指定的稳定产物时的标准摩尔反应焓,称为该化合物 B(β)在温度 T 时的标准摩尔燃烧焓(standard molar enthalpy of combustion),用符号 $\Delta_c H_m^\ominus$ 表示,单位是 kJ·mol^{-1}。对于标准摩尔燃烧焓,需要注意以下几点。

(1)根据标准摩尔燃烧焓的定义,$\Delta_c H_m^\ominus (H_2O, l, T) = 0$,$\Delta_c H_m^\ominus (CO_2, g, T) = 0$。

(2)标准摩尔燃烧焓的符号 $\Delta_c H_m^\ominus$ 中,"c"代表燃烧,"m"代表摩尔(mol),"⊖"代表标准态。

(3)书写物质 B 的燃烧反应计量式时,要求物质 B 的计量系数为 -1,而且要求完全燃烧。

同样,利用盖斯定律可得通过标准摩尔燃烧焓计算标准摩尔反应焓的表达式为

$$\Delta_r H_m^\ominus = \sum (-\nu_B \Delta_c H_m^\ominus (B)) \tag{3-9}$$

3.2　化学反应方向的判断

金属钛在航空工业中是一种重要的金属材料,它具有耐高温、强度大、密度小等优越性能。金红石(TiO_2)是一种常见的钛矿石,那么能不能像炼铁一样直接用焦炭使其还原为 Ti,即反应 $TiO_2(s) + C(s) == Ti(s) + CO_2(g)$ 能否自发进行? 此类问题,在今后工作中可能还会遇到很多。而此类问题就是本节讨论的内容。

3.2.1　自发过程

自然界发生的所有过程(无论是物理变化还是化学变化)都有一定的方向。如两个温度不同的物体相互接触后,热就会自动从高温物体传向低温物体,直到两个物体的温度相等,而其

逆过程不能自发进行；又如钢铁在潮湿的空气中可以自发地被氧化腐蚀，而被氧化腐蚀的金属永远不会自发地还原为原来的金属。这种在一定条件下不需外界帮助而能自发进行的过程称为自发过程（spontaneous process）；反之，只有借助外界帮助或做功才能进行的过程称为非自发过程。对化学反应来说，在一定条件下不需要外界帮助就能够自发进行的反应称为自发反应（spontaneous reaction），反应的这种特性称为反应的自发性（spontaneity）。

自发反应具有一定的方向性，其逆过程为非自发反应，自发反应和非自发反应都是可能进行的，两者都遵循热力学第一定律，其区别就在于自发反应可以自发地进行，而要使非自发反应得以进行，则必须借助一定方式的外部作用，如常温下水虽然不可自发地分解，但可以通过电解的方式进行分解。

自发反应和非自发反应都是相对而言的，在条件改变时也可能发生转化。如碳酸钙的分解反应，在常温下为非自发反应，而在温度高于 1183 K 时便可自发进行，且进行的最大限度也是达到化学平衡状态。

自发反应不受时间的约束，与反应的速率无关。但是这种自发性只代表一种可能性，并不具有现实性。如在某一条件下物质 A 和 E 具有反应的自发性，能够生成物质 C，但实际上若把 A 和 E 放在一起时有可能并不发生反应，这可能是反应很慢所致，如常温下氧气和氢气反应生成水的速率很小，易被认为是非自发反应，但实际上只要加入微量的催化剂，点燃即可发生爆炸反应。

3.2.2 影响化学反应方向的因素

1. 焓的变化和化学反应的自发性

对于简单的自发过程，可以用系统的状态函数作为自发过程的方向与限度的判据。例如：用温度（T）可以判断传热过程的方向与限度；用水位（h）可以判断水流的方向与限度；用气体的压力（p）可以判断气体流动的方向与限度等。但对于复杂的物理化学过程，采用什么状态函数来作为自发过程的方向与限度的判据呢？焓的变化能否作为反应自发进行的判据呢？对于这个问题，长期以来，人们发现很多自发进行的反应都伴随着能量的放出，即系统有倾向于能量最低的趋势。如水的生成过程，碳氧化生成二氧化碳的过程等。因此，人们试图以焓的变化（或热效应）作为自发过程的判据。1867 年贝特洛（Bethelot M.）等人认为：在恒温、恒压下，$\Delta_r H_m < 0$ 的过程自发进行，$\Delta_r H_m > 0$ 的过程非自发进行。因为系统放出热量，其内部的能量必然降低，故称为最低能量原理。

实际上，在恒温、恒压和只做体积功的条件下，大多数放热反应趋向于自发进行，但并不是全部，如 NH_4HCO_3 溶解过程是需要吸收热量的，但它很容易溶解在水中形成水溶液。

$$NH_4HCO_3(s) \Longrightarrow NH_3(g) + H_2O(g) + CO_2(g) \quad \Delta_r H_m^{\ominus}(389\ K) = +185\ kJ \cdot mol^{-1}$$

贝特洛的说法在一定范围内具有一定的正确性，但由于有许多例外，因而不能把它当做一个一般性的准则。同时这也说明放热虽然有助于自发反应的进行，但并不是决定反应自发进行的唯一因素，当然也说明焓的变化不能作为反应能否自发进行的判据。那么，决定反应自发进行的其他因素又是什么呢？不难从上面的例子看出这类反应虽然吸热，但产物的分子热运动范围扩大了，由固态变成了气体，或者说，反应是向着无序方向自发地进行了。这种由有序向无序的变化是自发进行的，就好比将装有整齐、有序排列的黑球和白球的烧杯摇动一两下，这些黑、白球就会变得混乱无序了。但如果再摇，则无论摇多少次，都不可能恢复到原来整齐有序的状态，如图 3-7 所示。这就是说，自然界的任何自发过程都有使系统混乱度趋于最大的

EGIN

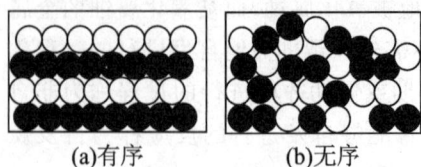

图 3-7　有序变为无序

倾向。这一点在生活中也随处可见，如把一杯开水放置在室内，它的热量就会自动地散发到环境中，直至水的温度和环境的温度一致，而散失到环境中的热量不会自动加热水杯中的水。在自然界也可见到从有序向无序的转变，如巍峨的大山历经自然的沧桑最终变为一堆乱石。人们常说"覆水难收""破镜难圆""死灰难复燃""人老难还童""生米煮熟难回还"，其实这都是熵定律在起作用。

2. 熵变和化学反应的自发性

1）混乱度和熵

由于系统的混乱度与自发反应的方向有关，为了找出更准确实用的反应方向判据，引入一个新的概念——熵（entropy）。熵可以粗浅地看做系统混乱度（无序程度）的量度。

1864 年，克劳修斯提出了熵（S）[①]的概念，但它非常抽象，既看不见也摸不着，很难直接解释熵的物理意义。1872 年玻尔兹曼（Boltzmann）从分子运动论的角度给出了熵的微观本质，认为"在大量微粒（分子、原子、离子等）所构成的系统中，熵就代表了这些微粒之间无规则排列的程度，或者说熵代表了系统的混乱度"。熵是系统内的物质微观粒子的混乱度（或无序度）的量度，以符号 S 表示，单位为 $J \cdot mol^{-1} \cdot K^{-1}$。一定条件下处于一定状态的系统具有确定的熵值，因此熵是系统的一个状态函数，系统内物质微观粒子的混乱度越大，系统的熵值越大；系统的状态改变，熵值随之改变，且 $\Delta S > 0$ 时，说明系统的混乱度增大，$\Delta S < 0$ 时，说明系统的混乱度减小。

那么，熵和自发过程具有什么样的关系？能否采用熵（或熵变）作为化学反应自发性的判据呢？自然界一条普遍适用的法则就是：在任何自发过程中，系统和环境的总熵是增加的。此即熵增原理，表示为 $\Delta S_\text{总} > 0$，这种表述称为热力学第二定律。

热力学第二定律和第一定律一样，都是人类经验的总结，其正确性不能用数学逻辑来证明，但由它推演出的无数结论，无一与实验事实相违背，因而其可靠性是毋庸置疑的。需要指出的是，热力学第二定律关于某过程不能发生的断言是肯定的，而关于某过程能发生的结论则仅指的是可能性而不一定具有现实性。

为了确定 $\Delta S_\text{总}$ 的值，需要知道系统和环境的熵的变化。对于孤立系统来讲，它不同外界交换物质和能量，因而孤立系统并不会导致环境的熵改变。$\Delta S_\text{环境} = 0$，$\Delta S_\text{总} = \Delta S_\text{系统}$，即

$\Delta S_\text{系统} = 0$　　平衡状态

$\Delta S_\text{系统} > 0$　　自发变化

$\Delta S_\text{系统} < 0$　　非自发变化

对于封闭系统，系统和环境的熵的变化如何求得呢？那么能否知道每种物质、每种状态的熵值呢？如果回答是肯定的，就可通过不同状态熵值的变化来计算熵的变化值。

2）绝对熵和标准熵

与焓值不同，可以确定物质本身的熵值，即物质的绝对熵。虽然可以通过实验测定指定系

[①]　熵最早由肯特于 1850 年提出。后来克劳修斯从状态函数这一点考虑，"熵（entropy）"与"能（energy）"类似，故从字形上让它们接近而给了"entropy"这一外文字体，意为"转变"——"热能转变为功的本领"。"熵"的中文字体，是由我国物理学家胡刚复先生于 1923 年为德国物理学家普朗克（Planck）讲演做翻译时而译做"熵"的。其中文意义是"热量被温度除的商"，加"火"字旁以表明它是一个物理概念。

统从状态 1 变化到状态 2 时系统熵值的变化,通过状态函数的性质计算 $\Delta S = S_2 - S_1$,但是仍然无法知道对于指定系统处于指定状态时熵的绝对值。因而只能规定一些参考点作为零点来求其相对值。如何选择参考零点?热力学第三定律回答了这一问题,热力学第三定律是总结低温实验的规律而得到的一个定律,它有多种不同的表述方法。这里介绍普朗克的说法,他于 1927 年基于"在 0 K 时任何完整无损的纯净晶体其组分都处于完全有序的排列状态",提出假设:温度趋于 0 K 时,任何完美晶体的熵值都等于零,即

$$\lim_{T \to 0 \text{ K}} S(T) = 0 \qquad (3\text{-}10)$$

这就是热力学第三定律。应当指出,这个零点不是人为指定的,而是在大量事实基础上经严格逻辑推理得到的,并经许多实验证明其结论的可靠性和科学性。

所谓完美晶体,是指晶格节点上排布的粒子(分子、原子、离子等)只以一种方式整齐排列而完美无缺。有两种以上排列方式的则不是完美晶体。如 CO 若有 CO—CO 和 CO—OC 两种方式排列,则不是完美晶体,0 K 时的熵值也不等于零。热力学第三定律可从熵的统计意义上得到解释,简单地说,熵是系统混乱度的量度;熵增大,伴随着系统由有序向无序的转化,系统的混乱度增大。熵是量度系统混乱度的函数。由统计热力学可得

$$S = k\ln\Omega \qquad (3\text{-}11)$$

式中:Ω 是系统总的热力学概率,即系统总的微观状态数,Ω 体现了系统的混乱度;k 是玻尔兹曼常数。

0 K 时,完美晶体中的粒子的排列方式只有一种,$\Omega = 1$,所以 $S = k\ln 1 = 0$;非完美晶体中的粒子排列方式不仅有一种,$\Omega > 1$,所以 $S > 0$。

根据热力学第三定律 S^*(完整晶体,0 K)= 0,便可以利用热力学的方法求得纯物质的完整晶体从绝对零度加热到某一温度 T 过程的熵的变化 $\Delta S(T)$ 为

$$\Delta S(T) = S_T - S_0 = S_T$$

S_T 称为该物质的规定熵(也称绝对熵)。在标准态下,1 mol 纯物质的规定熵称为标准摩尔熵,以 $S_m^{\ominus}$ 表示,单位为 $J \cdot mol^{-1} \cdot K^{-1}$。一些手册中给出了一些常见物质的标准熵。

熵随物质的聚集状态、温度、分子结构不同而有所不同。根据熵的物理意义,可以得出如下结论。

(1)物质的聚集状态不同,其熵值不同,同种物质的熵值 $S_m^{\ominus}(g) > S_m^{\ominus}(l) > S_m^{\ominus}(s)$。如在 298.15 K 时 $H_2O(g)$、$H_2O(l)$ 和 $H_2O(s)$ 的 $S_m^{\ominus}$ 分别为 189 $J \cdot mol^{-1} \cdot K^{-1}$,70 $J \cdot mol^{-1} \cdot K^{-1}$ 和 39 $J \cdot mol^{-1} \cdot K^{-1}$。

(2)压力对气态物质的熵值影响较大,压力越大,熵值越小。如 298.15 K 时,O_2 在 100 kPa 和 600 kPa 的 $S_m^{\ominus}$ 分别为 205 $J \cdot mol^{-1} \cdot K^{-1}$ 和 190 $J \cdot mol^{-1} \cdot K^{-1}$。

(3)多原子分子的 $S_m^{\ominus}$ 比单原子分子的大,如 $NO_2(g)$、$NO(g)$ 和 $N_2(g)$ 的 $S_m^{\ominus}$ 分别为 240 $J \cdot mol^{-1} \cdot K^{-1}$、210 $J \cdot mol^{-1} \cdot K^{-1}$ 和 153 $J \cdot mol^{-1} \cdot K^{-1}$。

(4)分子结构相似,相对分子质量相近的物质熵值相近,如 CO 和 N_2 的 $S_m^{\ominus}$ 分别为 198 $J \cdot mol^{-1} \cdot K^{-1}$ 和 191.6 $J \cdot mol^{-1} \cdot K^{-1}$。

(5)分子结构相似,相对分子质量不同的物质(如同系物),熵值随相对分子质量的增大而增大,如 F_2、Cl_2、Br_2、I_2 的 $S_m^{\ominus}$ 分别为 203 $J \cdot mol^{-1} \cdot K^{-1}$、223 $J \cdot mol^{-1} \cdot K^{-1}$、245 $J \cdot mol^{-1} \cdot K^{-1}$ 和 261 $J \cdot mol^{-1} \cdot K^{-1}$。

(6)结构、相对分子质量都相近的物质,结构复杂的物质具有更大的熵值,如气态的

C_2H_5OH 和 CH_3OCH_3 的 $S_m^{\ominus}$ 分别为 282.6 J·mol^{-1}·K^{-1} 和 266.3 J·mol^{-1}·K^{-1}。

(7)对于同一物质而言,温度越高,熵值越大。这是因为动能随温度的升高而增大,导致微粒运动的自由度增大。如水在 298.15 K、400 K 和 1000 K 时的熵值分别为 189 J·mol^{-1}·K^{-1}、198.6 J·mol^{-1}·K^{-1} 和 232.6 J·mol^{-1}·K^{-1}。

3)化学反应的熵

熵和焓一样,也是状态函数,故标准摩尔反应熵 $\Delta_r S_m^{\ominus}$ 与标准摩尔反应焓 $\Delta_r H_m^{\ominus}$ 计算原则相同,只取决于反应的始、终态,而与变化的途径没有关系。利用参与反应各物质的标准摩尔熵 $S_m^{\ominus}$,根据盖斯定律便可计算化学反应的标准摩尔反应熵 $\Delta_r S_m^{\ominus}$,即

$$\Delta_r S_m^{\ominus}(298.15 \text{ K}) = \sum \nu_B S_m^{\ominus}(\text{产物}) + \sum \nu_B S_m^{\ominus}(\text{反应物})$$
$$= \sum \nu_B S_m^{\ominus}(B) \tag{3-12}$$

3.2.3 化学反应自发进行的判断方法——最终判据

1. 吉布斯函数

在化学研究里,我们常常需要判断一个化学反应能否自发进行。在过去,人们曾认为焓变是反应自发性的决定性因素。根据能量最低原理,很多放热反应确实能够自发进行,比如氢气和氧气反应生成水,这个过程会释放出大量的热,反应可以自发进行。然而,后来发现有些吸热反应也能自发进行,如 $2N_2O_5 =\!=\!= 4NO_2 + O_2$ 是吸热反应,但它能自发进行。这说明仅仅依靠焓变来判断反应的自发性是不够的。

1878 年美国著名物理化学家吉布斯(1839—1903 年)将焓和熵关联起来,提出了可以用一个新的热力学函数 G 作为判断恒温、恒压条件下系统状态发生变化时的判据,他把 H 和 TS 组合成一种新的热力学函数,定义 G 为

$$G \stackrel{\text{def}}{=\!=} H - TS \tag{3-13}$$

这个新的热力学函数称为吉布斯函数(Gibbs function),亦称吉布斯自由能(Gibbs free energy)。由于它是由系统的状态函数 H 和 T、S 所组合的,当然也是状态函数,具有能量的单位。与焓一样,人们无法得到系统吉布斯函数的绝对值,而只能测得或计算吉布斯函数的改变值 ΔG,它表示反应或过程的吉布斯函数的变化,简称吉布斯函数变。

$$\Delta G = G_2 - G_1 = \Delta H - T\Delta S \tag{3-14}$$

对于在恒温下进行的化学反应,有

$$\Delta_r G_m^{\ominus} = \Delta_r H_m^{\ominus} - T\Delta_r S_m^{\ominus} \tag{3-15}$$

该关系式称为吉布斯-赫姆霍兹(Gibbs-Helmholtz)方程式,它说明化学反应的热效应只有一部分能量用于做有用功($\Delta_r G_m^{\ominus}$),而另一部分的能量用于维持系统的温度和增加系统的熵值($\Delta_r S_m^{\ominus}$),即恒温、恒压条件下的化学反应热效应不能全部用来做有用功。

从能量和做功的意义来说,反应的 ΔG 是反应在定温、定压条件下进行时可用来做非体积功(如电功)的那部分能量。从式(3-14)可以看出,ΔG 包含了 ΔH、ΔS,即同时考虑了推动化学反应的两个因素,所以用 ΔG 作为化学反应方向的判据更为全面、可靠。

综上所述,吉布斯函数变综合考虑了焓变和熵变对反应自发性的影响。焓变因素在其中扮演着重要角色,它与熵变以及温度共同决定了反应是否能够自发进行。通过对吉布斯函数变的研究,我们能够更准确地预测化学反应的方向,为化学研究和工业生产提供重要的理论依据。

热力学研究指出,在恒温、恒压,且无非体积功的条件下,自发反应发生的方向是趋于摩尔反应吉布斯函数变减小的方向,即

$\Delta_r G_m < 0$ 　　　　　　　　反应能正向自发进行

$\Delta_r G_m = 0$ 　　　　　　　　反应处于平衡状态

$\Delta_r G_m > 0$ 　　　　　　　　反应正向非自发进行,逆向自发进行

这就是在恒温、恒压,且无非体积功的条件下,反应自发进行的摩尔反应吉布斯函数变判据,也是热力学第二定律的另一种表达方式,是化学反应自发进行的最终判据。

前面提到,$\Delta_r G_m$ 决定了反应能用于做有用功的最大能量,随着反应的进行,以 $\Delta_r G_m$ 为量度的系统做功的能力减小,直至达到平衡状态,这个系统便不具备对外做功的能力,这表明反应物和产物具有相等的吉布斯函数,于是 $\Delta_r G_m = 0$。当 $\Delta_r G_m = 0$ 时,反应达到平衡状态,系统的摩尔反应吉布斯函数变降低到最小值。

从上面的吉布斯公式可以看出温度对摩尔反应吉布斯函数变有显著的影响。

(1)当 $\Delta_r H_m < 0$,$\Delta_r S_m > 0$ 时,$\Delta_r G_m < 0$,那么该反应在任何温度下都可以正向自发进行,如 $H_2(g) + Cl_2(g) \rightleftharpoons 2HCl(g)$。

(2)当 $\Delta_r H_m > 0$,$\Delta_r S_m < 0$ 时,$\Delta_r G_m > 0$,那么该反应在任何温度下都不可能正向自发进行,如 $3O_2(g) \rightleftharpoons 2O_3(g)$。

(3)当 $\Delta_r H_m < 0$,$\Delta_r S_m < 0$ 时,则该反应只有在低温下才可正向自发进行,如 $2NO(g) + O_2(g) \rightleftharpoons 2NO_2(g)$。

(4)当 $\Delta_r H_m > 0$,$\Delta_r S_m > 0$ 时,则该反应只有在高温下才可正向自发进行,如 $CaCO_3(s) \rightleftharpoons CaO(s) + CO_2(g)$。

在上述四种情况下,$\Delta_r H_m$ 和 $\Delta_r S_m$ 作用方向一致的只有(1)和(2),而在(3)和(4)两种情况下,$\Delta_r H_m$ 和 $\Delta_r S_m$ 作用方向相反,它们对于降低吉布斯函数变的贡献为低温时 $\Delta_r H_m$ 占主要地位,高温时 $\Delta_r S_m$ 占主导地位,$\Delta_r G_m$ 的正、负值随温度的变化而发生转变。当 $\Delta_r G_m$ 由正值变负值或由负值变正值时总是经过平衡状态($\Delta G = 0$),反应方向发生逆转的温度称为转变温度($T_{转}$),则

$$T_{转} = \frac{\Delta_r H_m^{\ominus}}{\Delta_r S_m^{\ominus}} \tag{3-16}$$

2. 标准摩尔反应吉布斯函数变的计算

1)利用标准摩尔生成吉布斯函数变进行计算

在给定温度和标准态下,由参考状态的稳定单质生成 1 mol 物质 B(β,$\nu_B = +1$)时的吉布斯函数变称为该物质的标准摩尔生成吉布斯函数变,通常用符号 $\Delta_f G_m^{\ominus}$ 表示,单位为 kJ·mol^{-1}。热力学规定,298.15 K 时参考状态的单质的标准摩尔生成吉布斯函数变 $\Delta_f G_m^{\ominus} = 0$。判断溶液中某个反应能否自发进行,需要有关离子的热力学数据,因而规定水合 H^+ 的标准摩尔生成吉布斯函数变为零。

本书附录列出了常见物质在 298.15 K 时的标准摩尔生成吉布斯函数变的数据。由于标准摩尔生成吉布斯函数变与物质所处的状态有关,因而查表时应注意物质的聚集状态。

由于吉布斯函数是状态函数,因而盖斯定律同样适用,即对于在 298.15 K 时的任意反应

$$aA + eE \rightleftharpoons gG + dD$$

其标准摩尔反应吉布斯函数变 $\Delta_r G_m^{\ominus}(298.15\ K)$ 等于各反应物、产物的标准摩尔生成吉布斯函数变乘以化学计量数的代数和,即

$$\Delta_r G_m^\ominus = \sum \nu_B \Delta_f G_m^\ominus (\text{产物}) + \sum \nu_B \Delta_f G_m^\ominus (\text{反应物})$$

$$= g\Delta_f G_m^\ominus (G) + d\Delta_f G_m^\ominus (D) - a\Delta_f G_m^\ominus (A) - e\Delta_f G_m^\ominus (E)$$

$$= \sum \nu_B \Delta_f G_m^\ominus (B) \tag{3-17}$$

2) 利用 $\Delta_r H_m^\ominus (298.15 \text{ K})$ 和 $\Delta_r S_m^\ominus (298.15 \text{ K})$ 的数据进行计算

由于 $\Delta_r H_m^\ominus$ 和 $\Delta_r S_m^\ominus$ 随温度的变化不大,可以近似认为其与温度无关,即

$$\Delta_r H_m^\ominus (T) \approx \Delta_r H_m^\ominus (298.15 \text{ K}), \quad \Delta_r S_m^\ominus (T) \approx \Delta_r S_m^\ominus (298.15 \text{ K})$$

所以可以利用 298.15 K 时的 $\Delta_r H_m^\ominus$ 和 $\Delta_r S_m^\ominus$ 代替其他温度下的 $\Delta_r H_m^\ominus (T)$ 和 $\Delta_r S_m^\ominus (T)$,计算任意温度下的 $\Delta_r G_m (T)$,则得

$$\Delta_r G_m^\ominus (T) \approx \Delta_r H_m^\ominus (298.15 \text{ K}) - T\Delta_r S_m^\ominus (295.15 \text{ K}) \tag{3-18}$$

【例 3-2】 试从热力学数据说明利用反应 $2CO(g) = 2C(\text{石墨}) + O_2(g)$ 清除汽车尾气中 CO 的可能性。

解 已知

$$2CO(g) = 2C(\text{石墨}) + O_2(g)$$

$\Delta_f G_m^\ominus (298.15 \text{ K})/(\text{kJ} \cdot \text{mol}^{-1})$ -137 0 0

$S_m^\ominus (298.15 \text{ K})/(\text{J} \cdot \text{mol}^{-1} \cdot \text{K}^{-1})$ 198 5.7 205.03

$\Delta_f H_m^\ominus (298.15 \text{ K})/(\text{kJ} \cdot \text{mol}^{-1})$ -110 0 0

由式(3-17)

$$\Delta_r G_m^\ominus = \sum \nu_B \Delta_f G_m^\ominus (\text{产物}) + \sum \nu_B \Delta_f G_m^\ominus (\text{反应物})$$

$$= [0 + 0 - 2 \times (-137)] \text{ kJ} \cdot \text{mol}^{-1}$$

$$= 274 \text{ kJ} \cdot \text{mol}^{-1}$$

由于在 298.15 K 时 $\Delta_r G_m^\ominus > 0$,因而在 298.15 K 时正向反应非自发进行。

$$\Delta_r H_m^\ominus (298.15 \text{ K}) = \sum \nu_B \Delta_f H_m^\ominus (\text{产物}) + \sum \nu_B \Delta_f H_m^\ominus (\text{反应物})$$

$$= [0 + 0 - 2 \times (-110)] \text{ kJ} \cdot \text{mol}^{-1}$$

$$= 220 \text{ kJ} \cdot \text{mol}^{-1}$$

$$\Delta_r S_m^\ominus (298.15 \text{ K}) = \sum \nu_B S_m^\ominus (\text{产物}) + \sum \nu_B S_m^\ominus (\text{反应物})$$

$$= (205.03 + 2 \times 5.7 - 2 \times 198) \text{J} \cdot \text{mol}^{-1} \cdot \text{K}^{-1}$$

$$= -179.6 \text{ J} \cdot \text{mol}^{-1} \cdot \text{K}^{-1}$$

由式(3-18)

$$\Delta_r G_m^\ominus (T) \approx \Delta_r H_m^\ominus (298.15 \text{ K}) - T\Delta_r S_m^\ominus (298.15 \text{ K})$$

得

$$\Delta_r G_m^\ominus (T) \approx [220 - (-179.6) \times 10^{-3} T] \text{ kJ} \cdot \text{mol}^{-1}$$

由于在任何温度下都有 $\Delta_r G_m^\ominus > 0$,因而利用反应 $2CO(g) = 2C(\text{石墨}) + O_2(g)$ 清除汽车尾气中的 CO 是不可能的。

【例 3-3】 在 298.15 K,标准态 $p^\ominus = 100 \text{ kPa}$ 下,赤铁矿(Fe_2O_3)能否转化为磁铁矿(Fe_3O_4)?

解 化学计量方程式及有关数据如下:

$$6Fe_2O_3(s) = 4Fe_3O_4(s) + O_2(g)$$

$\Delta_f H_m^\ominus (298.15 \text{ K})/(\text{kJ} \cdot \text{mol}^{-1})$ -822.2 -1117.0 0

$S_m^\ominus (298.15 \text{ K})/(\text{J} \cdot \text{mol}^{-1} \cdot \text{K}^{-1})$ 90.0 146.0 205.03

$$\Delta_r H_m^\ominus (298.15 \text{ K}) = \sum \nu_B \Delta_f H_m^\ominus (\text{产物}) + \sum \nu_B \Delta_f H_m^\ominus (\text{反应物})$$

$$= [0 + 4 \times (-1117.0) - 6 \times (-822.2)] \text{ kJ} \cdot \text{mol}^{-1}$$

$$= 465.2 \text{ kJ} \cdot \text{mol}^{-1}$$

$$\Delta_r S_m^\ominus (298.15 \text{ K}) = \sum \nu_B S_m^\ominus (\text{产物}) + \sum \nu_B S_m^\ominus (\text{反应物})$$

$$= (205.03 + 4 \times 146.0 - 6 \times 90.0) \text{J} \cdot \text{mol}^{-1} \cdot \text{K}^{-1}$$

$$= 249.03 \text{ J} \cdot \text{mol}^{-1} \cdot \text{K}^{-1}$$

$$\Delta_r G_m^{\ominus}(298.15 \text{ K}) = \Delta_r H_m^{\ominus}(298.15 \text{ K}) - T\Delta_r S_m^{\ominus}(298.15 \text{ K})$$
$$= (465.2 - 298.15 \times 249.03 \times 10^{-3}) \text{kJ} \cdot \text{mol}^{-1}$$
$$= 390.95 \text{ kJ} \cdot \text{mol}^{-1}$$

由于 $\Delta_r G_m^{\ominus}(298.15 \text{ K}) > 0$，因此该反应在标准态下不能自发进行，即赤铁矿在题给条件下不能自发地转化为磁铁矿。

根据 $\Delta_r G_m^{\ominus}(T) = \Delta_r H_m^{\ominus}(298.15 \text{ K}) - T\Delta_r S_m^{\ominus}(298.15 \text{ K}) < 0$ 估算反应得以进行的温度，故需

$$T > \frac{\Delta_r H_m^{\ominus}(298.15 \text{ K})}{\Delta_r S_m^{\ominus}(298.15 \text{ K})} = \frac{465.2}{0.24903} \text{ K} = 1868 \text{ K}$$

即在压力为 $p^{\ominus}$，温度在 1868 K 以上时，赤铁矿可以转化为磁铁矿。

3.3 化学反应速率

对于一个化学反应，在判断出反应方向后，并不能表示该反应一定能用于生产实际，因为反应速率的大小将直接决定该反应的应用。化学反应的速率千差万别：有的反应可以在瞬间完成，如炸药爆炸、酸碱中和反应等；有的反应却进行得很慢，如水泥的水化过程，需要几年、几十年甚至几万年。就同一反应而言，不同的条件下反应速率也不相同（如钢铁的腐蚀）。在实际生产中，人们总是希望对人类有利的反应进行得越快越好，而对人类不利的反应（如钢铁的腐蚀、食物的腐烂等）进行得越慢越好。但由于热力学并没有涉及速率的概念，也不涉及变化的具体过程，因而无法回答关于反应速率的问题（现实性问题）。前面讨论了化学反应可能性问题，本节着重讨论反应的现实性问题。

研究化学变化的现实性问题的学科是化学动力学（chemical kinetics），它以化学反应速率（rate of reaction）和反应机理（mechanism of reaction）为研究对象，主要阐明化学反应进行的条件对反应速率的影响，探讨反应机理、物质结构与反应能量之间的关系。

化学动力学与化学热力学之间存在十分密切的关系。化学动力学与化学热力学是化学反应研究的两个核心分支，两者既有显著区别，又互为补充。化学动力学的研究以化学热力学为前提。化学动力学的研究可以给人们提供加快所希望发生的反应的速率、抑制不希望发生的副反应的条件。此外，对反应机理的研究可以揭示物质变化的内部原因，以便更好地控制和调节化学反应的速率。由于反应机理能够反映出物质结构上的某些特性，因此可以加深人们对于物质变化过程的认识。反过来，从已知的有关物质结构的知识也可以推测一些反应的机理。

化学热力学是"可能性"的基础，决定反应能否发生及最终状态。化学动力学是"现实性"的钥匙，决定反应如何发生及所需时间。在材料合成、环境治理、药物开发等领域，需同时考虑化学热力学驱动力与动力学可行性，以实现高效可控的化学反应。

3.3.1 化学反应速率的定义及表示方法

提到速率，那必然和时间联系在一起，某一物理量随时间的变化率称为速率。化学上用反应速率（reaction rate）来描述给定条件下反应物转化为产物的快慢，常以单位时间内反应物浓度的减少量或产物浓度的增加量来表示。浓度的常用单位为 $\text{mol} \cdot \text{L}^{-1}$，时间的单位可根据反应的快慢选择 s（秒）、min（分钟）、h（小时）等。因而反应速率的单位通常为 $\text{mol} \cdot \text{L}^{-1} \cdot \text{s}^{-1}$ 或 $\text{mol} \cdot \text{L}^{-1} \cdot \text{min}^{-1}$ 和 $\text{mol} \cdot \text{L}^{-1} \cdot \text{h}^{-1}$。

由于绝大多数化学反应在进行中速率是不断变化的,因此反应速率有平均反应速率和瞬时速率两种。

平均反应速率 $\bar{v}$ 是指在 Δt 时间内反应物浓度的减小或产物浓度的增加,如图 3-8 所示。例如下述反应:

$$aA+eE \Longrightarrow dD+fF$$

以各物质表示的平均反应速率[①]为

$$\bar{v}_A=-\frac{\Delta c_A}{\Delta t}, \quad \bar{v}_E=-\frac{\Delta c_E}{\Delta t}, \quad \bar{v}_D=\frac{\Delta c_D}{\Delta t}, \quad \bar{v}_F=\frac{\Delta c_F}{\Delta t} \tag{3-19}$$

当反应方程式中反应物和产物化学计量数不相等时,用各反应物和产物浓度表示的反应速率的值不等,但它们之间存在如下关系:

$$-\frac{1}{a}\frac{\Delta c_A}{\Delta t}=-\frac{1}{e}\frac{\Delta c_E}{\Delta t}=\frac{1}{d}\frac{\Delta c_D}{\Delta t}=\frac{1}{f}\frac{\Delta c_F}{\Delta t}$$

瞬时速率 v 是指反应在某一时刻的真实速率,它等于时间间隔趋于无限小时平均速率的极限值,能够真实地反映化学反应的过程。瞬时速率可以用作图的方法求出,以浓度为纵坐标,时间为横坐标作 c-t 图,在时间 t 处作该点的切线,求得该切线的斜率即为该反应在时间 t 时的瞬时速率,如图 3-9 所示。也可按如下公式计算:

$$v_A=-\frac{dc_A}{dt}, \quad v_E=-\frac{dc_E}{dt}, \quad v_D=\frac{dc_D}{dt}, \quad v_F=\frac{dc_F}{dt}$$

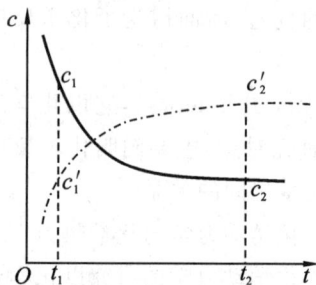

图 3-8　化学反应的平均速率
——反应物　-·-·产物

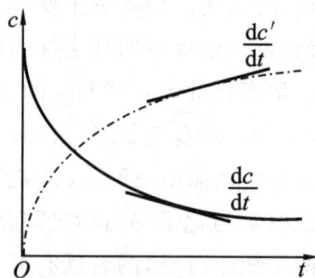

图 3-9　化学反应的瞬时速率
——反应物　-·-·产物

国际上普遍采用反应进度随时间的变化率来表示化学反应的速率,称为转化速率(j),即对于 $0=\sum \nu_B B$ 的反应有

$$j \stackrel{def}{=} \frac{d\xi}{dt}=\frac{1}{\nu_B}\frac{dn_B}{dt} \tag{3-20}$$

对于反应

$$aA+eE \Longrightarrow dD+fF$$

有

$$j=-\frac{1}{a}\frac{dn_A}{dt}=-\frac{1}{e}\frac{dn_E}{dt}=\frac{1}{d}\frac{dn_D}{dt}=\frac{1}{f}\frac{dn_F}{dt}$$

对于某一时间段,有

$$j=\frac{\Delta\xi}{\Delta t} \tag{3-21}$$

---

① 由于反应速率为正值,而反应物的 Δc 是负值,故在反应物的 $\frac{\Delta c}{\Delta t}$ 前加负号。

这样定义的转化速率 j 与所选取的物质无关,但与化学计量方程式的写法有关,其单位为 $mol \cdot s^{-1}$。

由于用转化速率来表示反应速率时,必须测定物质的量的变化,应用十分不方便,人们常用其他形式来表示反应进行的快慢。如果反应在恒容条件下进行,那么反应的速率也可以用单位体积中反应进度随时间的变化率来表示,称为基于浓度的反应速率,也称为反应速率,用符号 v 表示,单位为 $mol \cdot L^{-1} \cdot s^{-1}$。

因为 $dc_B = dn_B/V$,故式(3-20)可以表示为

$$v = \frac{1}{V}\frac{d\xi}{dt} \tag{3-22}$$

$$\frac{d\xi}{dt} = \frac{V}{\nu_B}\frac{dc_B}{dt}$$

$$v = \frac{1}{V}\frac{dn_B}{\nu_B dt} = \frac{dc_B}{\nu_B dt} \tag{3-23}$$

$$v = \frac{1}{\nu_B}\frac{\Delta c}{\Delta t}(\Delta t \rightarrow 0 \text{ 时}) \tag{3-24}$$

必须指出:这种反应速率 v 是用反应物或产物浓度随时间的变化率表示的,但它的实质是基于反应进度的概念而衍生出来的,因而,对于一个指定的反应,无论选择反应中何种物质作为观察对象,得到的反应速率都是相同的,即反应的速率与反应物种的选择无关,但实际中通常选择比较容易测定的物质来表示反应速率。

3.3.2　反应速率理论简介

化学反应速率千差万别,除了外界因素外,其本质原因还在于物质本身的性质,是微观粒子相互作用的结果。为了阐述微观现象的本质,提出了各种揭示化学反应内在联系的模型,其中最重要、应用最广泛的是有效碰撞理论和过渡状态理论。

1. 有效碰撞理论

反应物分子如何形成产物分子? 在化学反应过程中,反应物分子形成产物分子是化学键破旧立新的过程,即反应物分子键首先要减弱以至破裂,然后再形成新的化学键分子。在此过程中必然伴随着能量的变化,因而首先必须给予反应物足够的能量使旧的化学键减弱以至破裂。路易斯(Lewis)在接受阿伦尼乌斯活化分子和活化能的概念基础上在 1918 年根据气体分子运动学说提出有效碰撞理论。该理论有如下基本要点。

(1)反应的必要条件:原子、分子或离子只有相互碰撞才能发生反应。反应物分子间只有相互碰撞才可以使旧的化学键断裂、新的化学键形成,发生反应,如果反应物分子间相互不接触就不会发生反应。但根据气体分子运动论,常温时,若气体的浓度为 $1\ mol \cdot L^{-1}$,其系统中分子的碰撞频率 $Z = 10^{30}\ cm^{-3} \cdot s^{-1}$,则任何气相反应在瞬间(约 $10^{-9}\ s$)就可以完成。但事实并非如此,在无数次碰撞中,大多数碰撞并没有导致反应的发生,只有少数分子的碰撞是有效的,这就是说还有其他因素影响着反应速率,碰撞只是发生反应的必要条件而非充分条件。

(2)反应的充分条件:反应分子间的碰撞必须为有效碰撞。对于大多数反应而言,事实上只有少数能量较高的分子之间的碰撞才可以发生反应。这种可以发生反应的碰撞称为有效碰撞(effective collision)。比如 H_2 和 I_2 在常温、常压下,每秒发生 10^{10} 次碰撞,如果每次碰撞都可以发生反应,那么反应不足 $1\ s$ 就可以完成,而实际上只有 $1/10^{13}$ 的碰撞才为有效碰撞。

有效碰撞有两个必要条件。

　　首先,分子必须有足够的能量以克服分子相互接近时电子云之间和原子核之间的排斥力,因而,分子发生有效碰撞时必须具备最低的能量,这种必须具备的最低能量称为临界能。凡具有等于或大于临界能的、能够发生有效碰撞的分子称为活化分子(molecule of activation),活化分子占分子总数的百分数称为活化分子百分数。活化分子百分数越大,有效碰撞次数越多,反应速率越大。能量低于临界能的分子称为非活化分子或普通分子,活化分子具有的平均能量与反应物分子的平均能量之差称为反应的活化能(activation energy)。这好比爬山,人们必须具备足够的能量翻越这座山峰,才能到达山的另一侧。可见反应的活化能是决定化学反应速率的主要因素。

　　图 3-10 所示是统计方法得出的在一定温度下,气体分子能量分布的规律,即分子能量分布曲线。图中 $E_{平均}$ 表示分子的平均能量,E_1 是发生化学反应分子必须具备的最低能量,即只有当气体分子中能量大于或等于 E_1 的分子相互碰撞后才能发生有效碰撞,才能引起化学反应。用 $E_1 - E_{平均} = E_a$ 来表示活化能,其关系如图 3-11 所示。图 3-11 说明在一定温度下分子可以有不同的能量,但是具有很低和很高能量的分子数目很少,具有平均能量 $E_{平均}$ 的分子数目则相当多。只有极少数能量比平均能量高得多的分子,它们的碰撞才是有效碰撞。

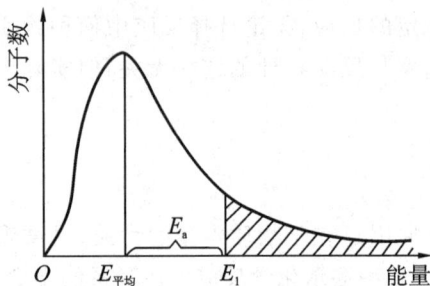

图 3-10　分子能量分布曲线

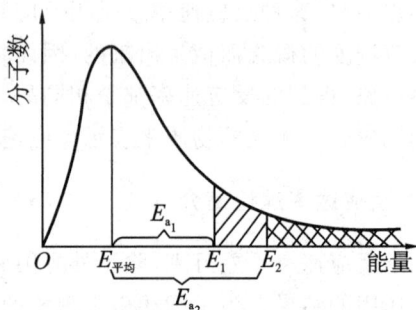

图 3-11　活化分子百分数与活化能的关系

　　其次,仅具有足够能量的碰撞尚不充分,碰撞还必须具有一定的方向性。分子都具有一定的构型,所以分子间的碰撞方向还会因结构的不同而有所不同。若取向适合的碰撞次数占总碰撞次数的百分数(概率)用 p 表示,单位时间内、单位体积中碰撞的总次数为 Z,有效碰撞次数占总碰撞次数的百分数用 f 表示,则反应速率可表示为

$$v = Zpf \tag{3-25}$$

　　若能量的分布符合麦克斯韦-玻尔兹曼(Maxwell-Boltzmann)分布,则

$$\bar{v} = Zp\exp\left(-\frac{E_a}{RT}\right) \tag{3-26}$$

可以看出,化学反应速率主要取决于活化能,而活化能与单位时间内有效碰撞的次数有关。分子碰撞的能量要求越高,活化分子的数量越少,即 E_a 越大,活化分子数越少,可以发生有效碰撞的分子越少,故反应速率越小。不同类型的反应,活化能差别很大,且分子不断碰撞,能量不断转移,因此,分子的能量不断变化,活化分子也不是固定不变的,但只要温度一定,活化分子的百分数是固定的。在一定温度下,反应的活化能越大,如 $E_{a_2} > E_{a_1}$,活化分子所占的比例越小(见图 3-11),因而单位时间内有效碰撞的次数越少,反应进行得越慢。反之,活化能越小,活化分子所占比例越大,单位时间内有效碰撞的次数越多,反应进行得越快。

　　活化能以 kJ·mol^{-1} 为单位,表示 1 mol 活化分子的活化能总量。不同的化学反应,具有不同的活化能,化学反应的活化能一般在 40～400 kJ·mol^{-1} 之间。活化能小于 40 kJ·mol^{-1}

的化学反应进行得非常快,活化能大于 $120\ kJ \cdot mol^{-1}$ 的反应就进行得很慢了。

有效碰撞理论可以解释温度、浓度对反应速率的影响。首先,浓度增大,发生碰撞的分子数目增加,导致反应速率增大;其次,温度升高,分子运动速率增大,分子碰撞概率加大,也可以导致反应速率增大。该理论描述了一幅虽然粗糙,但十分明确的反应图像,在反应速率理论的发展中起了很大作用。它具有直观、明了,易为初学者所接受的优点,也成功地解释了一部分实验事实,但其模型过于简单,把分子简单地看成没有内部结构的刚性球体,要么碰撞发生反应,要么发生弹性碰撞,而且"活化分子"本身的物理图像模糊,也不能说明反应的过程及其过程中能量的变化,为此过渡状态理论应运而生。

2. 过渡状态理论

过渡状态理论又称活化配合物理论(theory of activated complex state)或绝对反应速率理论,该理论是 20 世纪 30 年代由艾林和波兰尼在量子力学和统计学的基础上提出的。它考虑了分子内部的结构和运动状态,认为从反应物到产物的反应过程,必须经过一种过渡状态,即反应物分子活化形成活化配合物的中间状态。其要点如下。

(1)由反应物分子变为产物分子的化学反应并不完全是简单几何碰撞,而是旧键的断裂与新键的生成的连续过程。

(2)当具有足够能量的分子以适当的空间取向靠近时,高能量的分子借助能量的传递,使反应物分子的化学键减弱、断裂,在此过程中,反应物分子首先要形成一个高能量的、不稳定的过渡态(活化配合物),如:

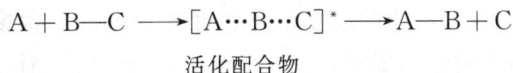

$$A + B\text{—}C \longrightarrow [A \cdots B \cdots C]^* \longrightarrow A\text{—}B + C$$
活化配合物

(3)过渡状态理论认为,反应速率与下列三个因素有关。①活化配合物的浓度:活化配合物的浓度越大,反应速率越大。②活化配合物分解为产物的概率:分解成产物的概率越大,反应速率越大。③活化配合物分解为产物的速率:分解成产物的速率越大,反应速率越大。

利用过渡状态理论可以对任意反应过程进行分析,例如对于反应

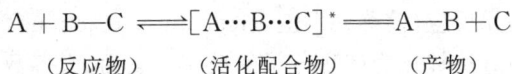

$$A + B\text{—}C \Longrightarrow [A \cdots B \cdots C]^* \Longrightarrow A\text{—}B + C$$
(反应物)　　　(活化配合物)　　　(产物)

当原子 A 沿 B—C 的键轴方向接近时,B—C 中的化学键逐渐松弛,它们之间的作用力逐渐被削弱,原子 A 与 B 之间的作用力加强,逐渐形成一种新的化学键,这时形成了 $[A \cdots B \cdots C]^*$ 的构型的活化配合物。这种活化配合物位能很高,所以很不稳定,它可能重新变回原来的反应物(A,B—C),也可能分解成产物(A—B,C)。化学反应速率取决于活化配合物的浓度、活化配合物分解的百分率、活化配合物分解的速率。反应过程中系统的能量变化如图 3-12 所示。

图 3-12 横坐标为反应过程,纵坐标为反应系统的能量,E_{a_1} 为反应物的平均位能与活化配合物间的位能差,称为正反应的活化能,E_{a_2} 为产物的平均位能与活化配合物间的位能差,称为逆反应的活化能。正反应活化能 E_{a_1} 与逆反应活化能 E_{a_2} 的差为反应过程的热效应 $\Delta H(\Delta E)$。此图中正反应的热效应为 $\Delta H = E_{a_1} - E_{a_2}$,且 $E_{a_2} > E_{a_1}$,所以正反应为放热反应。

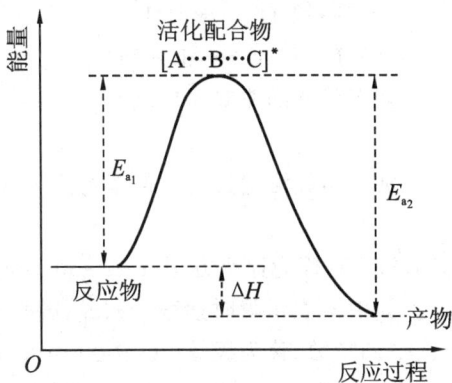

图 3-12　反应过程的能量图

逆反应的热效应 $\Delta H = E_{a_2} - E_{a_1} > 0$,为吸热反应。从图可以看出,对于一可逆反应,正反应放热,逆反应必定吸热。可逆反应中吸热反应的活化能必定大于放热反应的活化能。另外,从图中还可以看到化学反应进行时,必须越过一个能峰或者说必须克服一个能垒,才能发生反应。

过渡状态理论吸收了有效碰撞理论中合理的部分,赋予活化能一个明确的模型,将反应中涉及的物质的微观结构与反应速率理论结合起来,是有效碰撞理论的合理补充。同时,它从分子内部结构及内部运动的角度讨论反应速率。但由于许多反应的活化配合物的结构无法从实验上加以确定,加上计算方法过于复杂,因此这一理论的应用受到限制。

3.3.3　影响反应速率的因素

反应速率的大小首先取决于反应物的本性,如无机物间的反应一般比有机物间的反应进行得快。其次,反应速率还受反应温度、反应物的浓度、催化剂存在与否、催化剂的表面状况等因素的影响。

1. 浓度对化学反应速率的影响

由经验可知:增加反应物的浓度(减小产物的浓度)能使反应速率加快,比如鼓风可以使燃烧的木炭加快燃烧。这是由于在温度恒定的条件下增加反应物的浓度导致单位体积内活化分子数增多,从而增加了反应物分子有效碰撞的频率。但不同的反应或同一反应中不同物质浓度的变化,对反应速率的影响并不完全相同,不能简单一概而论。反应速率和反应物浓度间的定量关系如何? 1867 年,挪威学者吉尔特堡和瓦格在研究平衡常数的动力学性质时提出:一定温度下,化学反应速率与各反应物的浓度相应幂的乘积成正比,浓度的幂次是化学计量方程式中的系数。这种关系称为质量作用定律(law of mass action)。对于反应

$$aA + eE \Longrightarrow lL + mM$$

反应速率为

$$v = kc_A^a c_E^e \tag{3-27}$$

进一步的研究证明:质量作用定律只适用于基元反应。因而,式(3-27)为基元反应速率方程的一般表达式。所谓基元反应(简称元反应,elementary reaction),是指那些反应物分子(也泛指原子、离子)在碰撞中直接转化为产物分子的反应。然而,大多数反应不是基元反应,而是由多个基元反应组成的复杂反应,如氢与碘生成碘化氢的气相反应 $H_2 + I_2 \Longrightarrow 2HI$,经研究证实是由以下三个基元反应组成:

(1) $I_2 + M^* \Longrightarrow 2I \cdot + M^0$

(2) $2I \cdot + H_2 \Longrightarrow 2HI$

(3) $2I \cdot + M^0 \Longrightarrow I_2 + M^*$

对于任意的非基元反应

$$aA + eE \longrightarrow yY + zZ$$

如果实验测定其反应速率可用下式表达:

$$v = kc_A^\alpha c_E^\varepsilon \tag{3-28}$$

则式(3-28)称为速率方程(rate equation),该式描述的是反应速率与反应物浓度之间的定量关系。式中 v 表示瞬时速率,c_A、c_E 分别为反应物 A、E 的浓度,单位为 $mol \cdot L^{-1}$,α、ε 分别为 c_A、c_E 的指数,称为级数(reaction order),通常 $\alpha \neq a$,$\varepsilon \neq e$,如果 $\alpha = 1$,表示反应中物质 A 为一级反应,如果 $\varepsilon = 2$,表示反应中物质 E 为二级反应,$(\alpha + \varepsilon)$ 称为反应的总级数(overall reaction order)。k 称为反应速率常数(rate constant)或反应比速,它表示反应物浓度都为 $1\ mol \cdot L^{-1}$

时反应速率的大小。k 的单位由反应级数来确定,通式为 $mol^{1-n} \cdot L^{n-1} \cdot s^{-1}$。对于某一给定的化学反应,$k$ 值与反应物浓度无关,其值受反应类型、温度、溶剂、催化剂等的影响。换言之,反应速率方程把影响反应速率的因素分为两部分:一部分是浓度对反应速率的影响;另一部分是浓度以外的其他因素对反应速率的影响。反应速率常数 k 反映了除浓度以外的其他因素对反应速率的影响。对不同的反应,k 值不同;即使对同一反应,当温度、溶剂、催化剂等改变时,k 值也将发生变化。

对于基元反应,可以由质量作用定律直接写出速率方程;对于非基元反应,在速率方程中各反应物质浓度的幂次 α、ε 等与反应方程式中的计量系数没有直接的联系,其值只能由实验确定。此外,速率方程还可能包含产物的浓度项或者有时反应物的浓度指数呈分数形式。但质量作用定律的速率方程适用于复杂反应的每一步基元反应。如复杂反应 $2NO(g) + 2H_2(g) \Longrightarrow N_2(g) + 2H_2O(g)$ 由以下两个基元反应组成:

$$2NO(g) + H_2(g) \Longrightarrow N_2(g) + H_2O_2(g) \qquad 慢反应$$
$$H_2O_2(g) + H_2(g) \Longrightarrow 2H_2O(g) \qquad 快反应$$

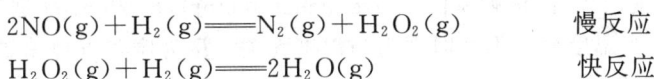

由于第一步反应进行得较慢,因此总的反应速率取决于第一步慢反应的速率,而第一步慢反应为基元反应,所以该反应的速率方程为

$$v = kc^2(NO)c(H_2)$$

需要注意的是,符合质量作用定律的反应不一定是基元反应。因而不能从速率方程的形式判断反应是否为基元反应,如对于反应

$$H_2 + I_2 \Longrightarrow 2HI$$

其速率方程为 $v = kc(H_2)c(I_2)$,从形式上看,它符合质量作用定律,但实际上该反应不是基元反应。

对于有气态物质参与的反应,压力对反应速率也有影响。对恒容条件下理想气体之间的反应,常用压力代替浓度表示速率方程,但其反应速率常数 k 数值不一定相等。在多相反应中,其速率方程一般不包括固态物质、液态物质(溶液除外)的浓度项,即反应速率与固相、液相反应物浓度无关,但与相界面的大小有关。

2. 温度对反应速率的影响

从质量作用定律 $v = kc_A^a c_E^e$ 可以看出,反应速率除了与浓度有关外,还和反应速率常数 k 有关。当反应物的浓度为一定值时,改变反应温度,反应速率随之改变,如在室温下 H_2 与 O_2 作用极慢,以至几年都观察不到反应发生,但如果温度升高到 873 K,它们立即发生反应,甚至发生爆炸。这表明当反应物浓度一定时,温度升高,大多数化学反应的反应速率随之增大。

温度对反应速率的影响主要体现在对反应速率常数 k 的影响。由于温度对 k 的影响远大于温度变化对浓度的影响,因此,可以把研究温度对反应速率的影响归结到研究温度对反应速率常数 k 的影响。一般温度升高,k 随之增大,但 k 与 T 不呈线性关系。

1)范特霍夫规则

温度对化学反应速率具有显著的影响,一般情况下反应速率随反应温度的升高而增大(少数例外,如 NO 氧化为 NO_2),但不同的反应速率随温度的增大程度不同。1884 年荷兰物理化学家范特霍夫根据实验总结出反应温度每升高 10 ℃,反应速率通常增加到原来的 2~4 倍。若以 k_t 表示温度 t ℃时的反应速率常数,k_{t+10} 表示 $(t+10)$ ℃时的反应速率常数,则

$$\frac{k_{t+10}}{k_t} = 2 \sim 4 \tag{3-29}$$

这就是范特霍夫规则(Van't Hoff's rule),它是一个近似的经验规则,在不需要精确数据或缺少完整数据时,不失为一种粗略估计温度对反应速率影响的方法。在温度变化范围不大时,此值视为常数,称为化学反应速率的温度系数 γ。当温度变化为 $(t+m\times10)$ ℃时,有

$$\frac{k_{t+m\times10}}{k_t}=\gamma^m \tag{3-30}$$

2)阿伦尼乌斯方程式

1889 年瑞典化学家阿伦尼乌斯(Arrhenius)在研究蔗糖水解速率与温度的关系时得出了温度与反应速率的定量关系式,其表达式为

$$k=k_0\exp\left(-\frac{E_a}{RT}\right) \tag{3-31}$$

式(3-31)称为阿伦尼乌斯方程式(Arrhenius equation),式中 E_a 称为活化能,单位为 kJ·mol^{-1},k_0 称为指前因子(又称频率因子,frequency factor),E_a 和 k_0 都是与反应系统物质本性有关的经验常数,当温度变化不大时视为与温度无关。R 为摩尔气体常数(8.314 J·mol^{-1}·K^{-1}),T 为绝对温度。

对阿伦尼乌斯方程式取对数,得

$$\ln k=\ln k_0-\frac{E_a}{RT} \tag{3-32}$$

$$\lg k=-\frac{E_a}{2.303RT}+\lg k_0 \tag{3-33}$$

式(3-33)表明 $\ln k$-$1/T$ 存在直线关系,如果以 $\ln k$ 为纵坐标,$1/T$ 为横坐标作图,得到直线的斜率为 $-E_a/R$,截距为 $\ln k_0$。在温度变化不大的范围内,E_a 和 k_0 可视为常数。从式中可以看出对于同一反应,温度的微小变化都将导致反应速率的较大变化。

不同温度下同一反应有着不同的反应速率常数,如果已知在温度 T_1(K)时反应速率常数为 k_1,在温度 T_2(K)时反应速率常数为 k_2,则由阿伦尼乌斯方程式的对数式可以看出,如果知道不同温度下的反应速率常数就可以用作图的方法求得 E_a,即

$$\ln k_1=\ln k_0-\frac{E_a}{RT_1}$$

$$\ln k_2=\ln k_0-\frac{E_a}{RT_2}$$

两式相减,得

$$\ln\frac{k_2}{k_1}=\frac{E_a}{R}\left(\frac{1}{T_1}-\frac{1}{T_2}\right) \tag{3-34}$$

由式(3-34)可以看出:①对于同一反应来说,升高一定温度时(T_2、T_1 一定),在高温区,T_2、T_1 较大,k 值增大倍数较小,而在低温区,T_2、T_1 较小,升高相同温度时 k 值增大倍数较大,即对于在较低温度下进行的反应,采用加热的方法来提高反应速率较为有利;②对于不同的反应升高相同的温度,活化能较大的反应 k 值增大倍数较大,活化能较小的反应 k 值增大倍数较小,即升高相同温度对进行得慢的反应将起到明显的加速作用。

将阿伦尼乌斯方程式的指数形式对 T 求导,得

$$\frac{d(\ln k)}{dT}=\frac{E_a}{RT^2} \tag{3-35}$$

则

$$E_a=RT^2\frac{d(\ln k)}{dT} \tag{3-36}$$

即阿伦尼乌斯方程式确定了一个新的物理量——活化能,且由于在阿伦尼乌斯方程式中活化能处于指数项,因而对反应速率的影响较大。

【例 3-4】 已知下列反应的活化能,试求:温度从 293 K 变化到 303 K 时,反应速率各增加了多少?

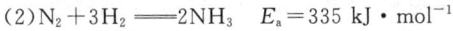

(1)$H_2O_2 \Longrightarrow \frac{1}{2}O_2 + H_2O$　　　$E_a = 75.2$ kJ·mol^{-1}

(2)$N_2 + 3H_2 \Longrightarrow 2NH_3$　　　$E_a = 335$ kJ·mol^{-1}

解　由公式

$$\ln \frac{k_2}{k_1} = \frac{E_a}{R}\left(\frac{1}{T_1} - \frac{1}{T_2}\right)$$

对反应(1),有

$$\ln \frac{k_2}{k_1} = \frac{E_a}{R}\frac{T_2 - T_1}{T_2 T_1} = \frac{75.2 \times 1000}{8.314} \times \frac{303 - 293}{293 \times 303} = 1.019$$

$$\frac{k_2}{k_1} = 2.77$$

对反应(2),有

$$\ln \frac{k_2}{k_1} = \frac{E_a}{R}\frac{T_2 - T_1}{T_2 T_1} = \frac{335 \times 1000}{8.314} \times \frac{303 - 293}{293 \times 303} = 4.54$$

$$\frac{k_2}{k_1} = 93.6$$

3)催化剂对反应速率的影响

如上所述,增大反应物浓度和提高反应温度都可使反应速率加快,但是增大反应物浓度,成本提高;提高反应温度不仅要增加能耗,而且会产生副反应,导致主反应的得率降低,产品难于分离提纯。所以在有些情况下,这两种手段的应用受到限制。采用催化剂可以有效地增大反应的速率。化工生产中,催化剂的使用占有很重要的地位,许多缓慢进行的、几乎没有实用价值的反应,由于使用了催化剂,反应速率大大加快,在生产上变得切实可行了,而且使用催化剂可以降低成本、提高产品的纯度和质量。可以说没有催化剂就没有化学工业,就没有现代的化学工业,也没有未来的化学工业。

催化剂(catalyst)是那些存在少量就能显著改变反应速率,而在反应前后本身数量、组成和化学性质基本不变的物质。其中能增大反应速率的催化剂称为正催化剂,能减小反应速率的催化剂称为负催化剂。催化剂增大或减小反应速率的作用称为催化作用。有催化剂参加的反应称为催化反应。催化反应的种类很多,就催化系统来划分,分为均相催化反应和多相催化反应。

在催化过程中,有些催化剂并没有直接参与化学反应,而只是提供了一种活化中心,或者是提供了一种更有利于反应物分子间接触、相互反应的局部优化条件。也有些催化剂直接参与了化学反应,是活化配合物组成的一部分,但由于活化中间体转化为最终产物时催化剂被重新释放出来,继续参与下轮反应循环,在整个反应完成后,催化剂仍与反应前保持一致,从净结果来看,就像从未参加过反应一样。通俗地讲,催化剂的作用主要是改变了化学反应的具体历程,降低了反应的活化能,所以增大了反应速率。

(1)催化剂的特性。

催化剂具有如下特点。

①反应前后催化剂的组成、性质和数量均保持不变。虽然在反应前后催化剂的组成、化学性质不发生变化,但实际上它参与了化学反应,改变了反应历程,降低了反应的活化能,只是在后来又被"复原"了。如图 3-13 所示,有催化剂参加的新的反应历程和无催化剂时的原反应历程相比,活化能降低了。

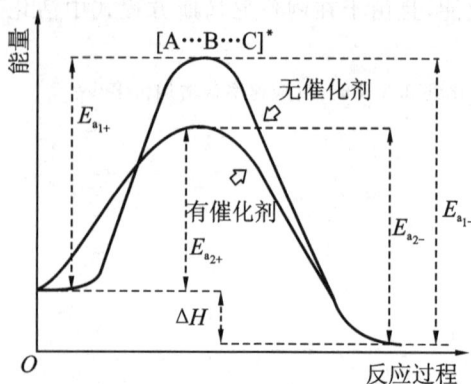

图 3-13　催化剂与活化能的关系

②催化剂只能缩短反应达到平衡的时间,而不能改变化学平衡状态。

③从图 3-13 可以看出,催化剂的存在并不能改变反应物和产物的相对能量,即反应过程中系统的始态和终态都不发生改变,只是具体途径发生变化,即催化剂并没有改变反应的 ΔH 和 ΔG,因而热力学上不能进行的反应使用催化剂都是徒劳的。

④催化剂具有特殊的选择性。对于不同的化学反应往往采用不同的催化剂。如果相同的反应物选用不同的催化剂,则可能得到不同的产物。如乙醇的催化反应,选用合适的催化剂可增大工业上所需要的某个反应的速率,同时对不需要的副反应加以抑制。

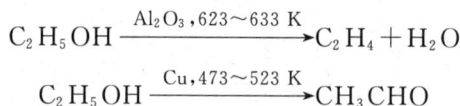

$$C_2H_5OH \xrightarrow{Al_2O_3,623\sim633\ K} C_2H_4 + H_2O$$

$$C_2H_5OH \xrightarrow{Cu,473\sim523\ K} CH_3CHO$$

⑤催化剂的稳定性较差,寿命不长。催化剂很容易中毒,如铁触媒易受 CO、CO_2、H_2O、O_2 影响中毒。一些 As、P、S 的化合物常导致催化剂中毒。催化剂中毒可以分为暂时中毒和永久中毒,为了延长催化剂的寿命,常加入助催化剂。

(2)均相催化。

催化剂与反应物均在同一相中的催化反应称为均相催化(homogeneous catalysis)。过氧化氢在 Br^- 作用下催化分解是均相催化的典型实例,加入催化剂 Br^-,可以加快 H_2O_2 分解,如图 3-14 所示,分解反应的机理为

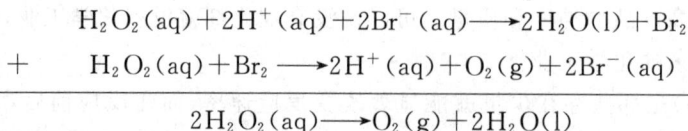

$$H_2O_2(aq) + 2H^+(aq) + 2Br^-(aq) \longrightarrow 2H_2O(l) + Br_2$$

$$+ \qquad H_2O_2(aq) + Br_2 \longrightarrow 2H^+(aq) + O_2(g) + 2Br^-(aq)$$

$$\overline{\qquad 2H_2O_2(aq) \longrightarrow O_2(g) + 2H_2O(l) \qquad}$$

从实验现象可以看出反应完成后溶液依然为无色(Br^- 颜色),说明虽然 Br^- 和 H_2O_2 发生反应,但依然是催化剂。

若产物之一对反应本身有催化作用,则称为自催化反应,简称自催化。如反应

$$2MnO_4^- + 6H^+ + 5H_2C_2O_4 \longrightarrow 10CO_2 + 8H_2O + 2Mn^{2+}$$

产物中 Mn^{2+} 对反应有催化作用,是一种自催化反应。如图 3-15 所示,自催化反应特点

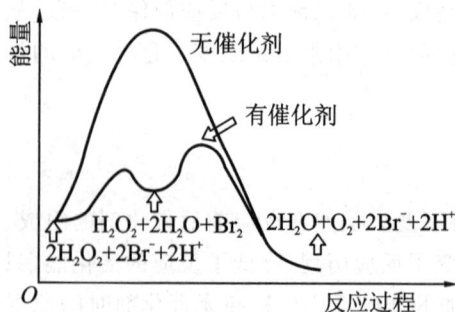

图 3-14　H_2O_2 分解反应

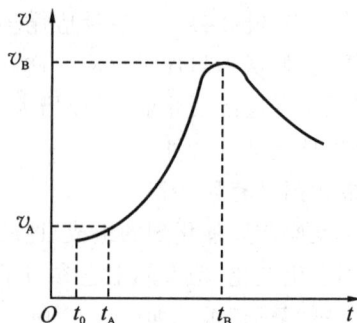

图 3-15　自催化反应

是:初期反应速率小,经过一段时间 $t_0 \to t_A$(诱导期)后,速率明显增大(见 $t_A \to t_B$ 段),t_B 之后,由于反应物耗尽,反应速率减小。

(3)多相催化。

催化剂与反应物不处于同一相中的催化反应称为多相催化(heterogeneous catalysis)。多相催化通常是固体催化剂与气体或液体的反应物相接触,反应在固相催化剂表面的活性中心上进行。由于多相催化与表面吸附有关,表面积越大,则催化效率越高。因此,催化剂往往制成超细粉末,有时也将其负载于一些不活泼的多孔物质上,这种多孔物质称为催化剂载体。常用的催化剂载体包括硅藻土、高岭土、蒙脱石、凹凸棒石、硅胶、分子筛和活性氧化铝等,其中某些多孔载体物质本身就可当做催化剂。如汽车尾气(NO 和 CO)的催化转化反应:

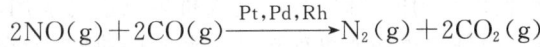

$$2NO(g) + 2CO(g) \xrightarrow{Pt,Pd,Rh} N_2(g) + 2CO_2(g)$$

反应在固相催化剂表面的活性中心上进行,催化剂分散在陶瓷载体上,其表面积很大,活性中心足够多,尾气可与催化剂充分接触。

吸附是多相催化过程的必要步骤,如果被吸附物质和催化剂表面之间的作用力为范德华力,这种吸附称为物理吸附(physical adsorption);如果被吸附物与催化剂表面之间的作用力达到化学键的数量级,则称为化学吸附(chemical adsorption)。如合成氨工业中选择 Fe 作为催化剂,该催化剂表面对 N_2 的吸附属于化学吸附。

在多相催化中,少量其他物质的加入可大大提高催化剂的催化效率,这种物质称为助催化剂(promoter)。如合成氨工业中,铁催化剂中加入少量的 Al_2O_3 和 K_2O 作为助催化剂。反应中某些杂质会严重降低,甚至完全破坏催化剂的活性,这种现象称为催化剂中毒。如合成氨过程中 O_2、CO、CO_2、PH_3 和 H_2S 等杂质都可能使催化剂中毒。

(4)酶催化反应。

生命科学是当前科学发展的重要前沿,化学工程向生命科学领域渗透正是当前过程工程科学发展的最活跃的领域。由于生命过程可以局部地抗拒熵增的宇宙总趋势,表现微反熵过程,所以生物催化剂和仿生催化剂的研究和发展就具有特殊的意义。

生物催化剂主要是指酶这类化合物。酶(enzyme)是生物体自身合成的一类特殊物质,具有高效的催化作用。酶催化反应可以看做介于均相与非均相催化反应之间的一种催化反应。如图 3-16 所示,酶催化过程既可以看成反应物与酶形成了中间化合物,也可以看成酶的表面上首先吸附了反应物,然后再进行反应。在生物体内进行的各种复杂反应,如蛋白质、脂肪、糖类的合成、分解等基本上都是酶催化反应。酶催化剂和化学催化剂有同有异,它们的共同点是用量少、促使化学反应按一定方向进行和增大化学反应的速率,缩短达到平衡所需的时间,但都不能改变反应的平衡点。

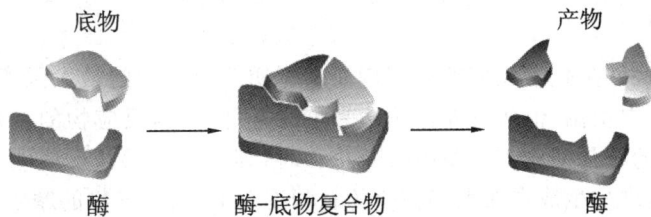

底物   产物

酶   酶-底物复合物   酶

图 3-16 酶催化过程

从理论上讲,酶可以催化任何常温常压下进行的反应。但由于酶是一种特殊蛋白质,因此它具有许多不同于一般化学催化剂的特点。首先,酶具有高效的催化活性,如以碳酸酐酶催化二氧化碳的水合反应比非酶催化的反应要快 10^7 倍。其次,酶对系统的物理、化学性质比较敏感,系统的温度、压力、介质中离子浓度及其酸碱性都可能影响酶的活性,这反映了酶的不稳定性和易变性。最后,酶的催化作用具有高度专一性,其专一性大致有三种类型:其一是反应专一性,即某种酶只能催化某一类型的反应;其二为底物专一性,即某种酶只能对某种底物或具有某种特定键型的底物进行催化;其三是立体专一性,即酶只能对某种特定立体结构的底物实施催化。

仿生催化不仅是模拟酶催化的交叉学科,更发展为融合化学、生物学、材料科学及人工智能(AI)的前沿领域。例如通过 AI 建模解析伯胺催化机理,实现反应路径的智能化预测,基于维生素 B_6 开发出羰基催化策略,突破了传统酶催化模式,被认为是"仿生催化的重要里程碑"。仿生催化领域已突破简单模仿结构的初级阶段,进入机理创新与应用深化阶段。现代仿生催化剂不再局限于结构模仿,而是注重功能机理与动态调控的协同,如在多级次结构工程中,通过分子笼组装构建类酶限域微环境,实现活性位点空间分隔与底物定向传输,多孔有机分子笼(POCs)通过多级次结构精准调控金属团簇的配位状态,其催化效率接近天然酶。仿生催化剂的优势已从稳定性提升扩展至多功能集成与条件普适性,在极端条件(高温、强酸/碱)下仍保持活性,如某些仿生金属团簇催化剂可耐受 200 ℃ 高温。在药物合成与绿色制造领域,仿生催化正从"形似"迈向"神似",核心挑战集中于活性微环境精确构筑与工业化放大生产。

3.4 化学平衡

一个热力学上可以自发进行的反应,如果具有足够大的反应速率,会一直进行下去吗?当然不会,那么反应物可以转化为产物的最大限度是多少,即转化率是多少?怎样才可提高转化率以获得更多的产物?这实际上就是化学平衡的问题,也是本节将要讨论的问题。

3.4.1 可逆反应与化学平衡

1. 可逆反应

化学平衡的建立是以可逆反应为前提的。所谓可逆反应(reversible reaction),是指在同一条件下既能由反应物转化为产物,也可由产物转化为反应物的反应。几乎所有的反应都是可逆的(少数除外,如 $KClO_3$ 分解、强酸强碱的中和反应、放射性元素的蜕变等),只是可逆的程度不同而已。通常把按化学反应方程式从左到右进行的反应称为正反应,把从右到左进行的反应称为逆反应。为了表示化学反应的可逆性,通常在方程式中用符号"$\rightleftharpoons$"表示反应是可逆的。例如:

$$I_2(g) + H_2(g) \rightleftharpoons 2HI(g)$$

2. 化学平衡

可逆性和不彻底性是化学反应的普遍特征。可逆反应进行的最大限度是达到化学平衡,从热力学的角度看,在恒温、恒压且非体积功为零的条件下,当反应物的摩尔生成吉布斯函数变的总和高于产物的摩尔生成吉布斯函数变总和时(即 $\Delta_r G_m < 0$),反应能自发进行。随着反应的进行,反应物的摩尔生成吉布斯函数变的总和逐渐下降,而产物的摩尔生成吉布斯函数变的总和逐渐上升,当两者相等(即 $\Delta_r G_m = 0$)时,反应达到了平衡状态。从动力学的角度来看,反应开始时,反应物浓度较大,产物浓度较小,所以正反应的速率大于逆反应的速率。随着反应的进行,反应物的浓度减小,产物的浓度不断增大,所以正反应的速率不断减小,逆反应的速率不断增大,当正、逆反应速率相等时,系统中各物质的浓度不再发生变化,称该系统达到了热

力学平衡态,简称化学平衡(chemical equilibrium)。只要系统的温度和压力保持不变,同时没有物质从系统中加入或移出,这种平衡将持续下去。

以反应 $I_2(g)+H_2(g)\rightleftharpoons 2HI(g)$ 为例加以说明,假设在三个密闭的容器中分别加入不同浓度的 $I_2(g)$、$H_2(g)$ 和 HI(g),在 718 K 下恒温,并不断测定系统中各物质的浓度,实验发现,经过一定时间后,$I_2(g)$、$H_2(g)$ 和 HI(g) 三种气体的浓度不再变化,说明达到了平衡状态,实验结果如表 3-1 所示。

表 3-1　718 K 时反应 $I_2(g)+H_2(g)\rightleftharpoons 2HI(g)$ 系统的组成

实验号	起始浓度/(mol·L^{-1})			平衡浓度/(mol·L^{-1})			$\dfrac{c^2(HI)}{c(H_2)c(I_2)}$
	$c(H_2)$	$c(I_2)$	$c(HI)$	$c(H_2)$	$c(I_2)$	$c(HI)$	
1	0.0200	0.0200	0	0.00435	0.00435	0.0313	51.8
2	0	0	0.0400	0.00435	0.00435	0.0313	51.8

化学平衡可分为均相平衡和多相平衡,所参与反应的物质均处于同一相中的化学平衡称为均相平衡(homogeneous phase equilibrium),如酸碱平衡。而处于不同相中的物质参与的平衡称为多相平衡(multiple phase equilibrium),如沉淀溶解平衡。

化学平衡具有如下特征。

(1)化学平衡是动态平衡,从宏观上看,反应似乎处于停止状态,但从微观上看,正、逆反应依然在进行,只不过正、逆反应速率相等而已。此时,无论怎样延长时间,各组分的浓度也不会发生变化,如图 3-17 所示。可见化学平衡是可逆反应的最终状态,即化学反应进行的最大限度。

(2)化学平衡是相对的、有条件的。一旦维持平衡的外界条件发生改变(如浓度、压力、温度的变化),原来的平衡就会被破坏,代之以新的平衡。

图 3-17　正、逆反应速率变化示意图

(3)达到平衡状态的途径是双向的,即不论从哪个方向进行都能达到同一平衡状态,这一点可以从表 3-1 中实验 1、2 看出。这一特征提供了判断化学平衡是否已经达到的一种手段。对特别慢的反应而言,有时很难区分究竟是物质的浓度不再随时间变化还是反应太慢以至于这种变化无法检测,此时,可分别从反应物和产物出发测定浓度随时间的变化,如果最终得到同样的浓度数值,则说明已达到平衡状态。

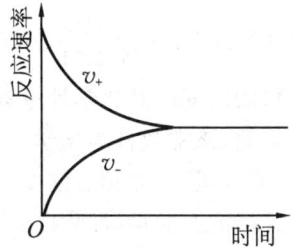

3.4.2　平衡常数

1. 标准平衡常数

为了定量地研究平衡,必须找出平衡时反应系统内各组分的量之间的关系,平衡常数就是衡量平衡状态的一种数量标志。

假如某复杂反应

$$mA+E\rightleftharpoons A_mE$$

由以下两个基元反应组成:

$$A+E\rightleftharpoons AE \qquad 慢$$
$$(m-1)A+AE\rightleftharpoons A_mE \qquad 快$$

对于基元反应来说,可利用质量作用定律直接写出其反应速率方程,平衡时,两基元反应

都达到平衡,正、逆反应速率相等,则

$$k_1 c_A c_E = k_{-1} c_{AE} \tag{3-37}$$

$$k_2 c_A^{m-1} c_{AE} = k_{-2} c_{A_m E} \tag{3-38}$$

式中:k_1、k_2 为正反应速率常数;k_{-1}、k_{-2} 为逆反应速率常数。

由式(3-38)可得

$$c_{AE} = \frac{k_{-2} c_{A_m E}}{k_2 c_A^{m-1}} \tag{3-39}$$

将式(3-39)代入式(3-37)得

$$\frac{k_1 k_2}{k_{-1} k_{-2}} = \frac{c_{A_m E}}{c_A^m c_E} \tag{3-40}$$

令

$$\frac{k_1 k_2}{k_{-1} k_{-2}} = K$$

则

$$\frac{c_{A_m E}}{c_A^m c_E} = K \tag{3-41}$$

可见,对于上述反应产物浓度的乘积与反应物浓度的乘积的比值为一常数,这一点也可从表 3-1 看出 $\left(\frac{c^2(HI)}{c(H_2)c(I_2)} = 51.8\right)$。大量实验研究表明:在一定温度下,可逆反应达到平衡时,产物的浓度以其化学计量数为幂的乘积与反应物的浓度以其化学计量数为幂的乘积之比是一个常数,该常数称为化学平衡常数(chemical equilibrium constant)。如果平衡时各组分的浓度(或分压)均以相对浓度(或相对分压)来表示,即反应方程式中各物种的浓度(或分压)均除以其标准态的量,即除以 $c^{\ominus}$ 或 $p^{\ominus}$,得到的常数记为 $K^{\ominus}$,称为标准平衡常数(或热力学平衡常数)。因为相对浓度或相对分压是量纲为 1 的量,所以标准平衡常数是量纲为 1 的量。

如对于任意化学反应

$$aA(g) + eE(aq) + cC(s) \Longrightarrow xX(g) + yY(aq) + zZ(l)$$

$$K^{\ominus} = \frac{(p_X/p^{\ominus})^x (c_Y/c^{\ominus})^y}{(p_A/p^{\ominus})^a (c_E/c^{\ominus})^e} \tag{3-42}$$

式(3-42)称为标准平衡常数表达式。

标准平衡常数是反应的特征常数,用以定量地表达化学反应的平衡状态,仅取决于反应的本性,它不随物质的初始浓度(或分压)的变化而改变,但随温度的变化而有所改变,即标准平衡常数是温度的函数。标准平衡常数数值的大小是反应进行限度的标志,一个反应的 $K^{\ominus}$ 值越大,平衡系统中产物越多,反应物剩余得越少,反应物的转化率也越大,也就是反应正向进行的趋势越强,反应逆向进行的趋势越弱,反之亦然。

书写标准平衡常数 $K^{\ominus}$ 表达式时应注意以下几点。

(1)标准平衡常数 $K^{\ominus}$ 可根据化学计量方程式直接写出,以产物相对浓度(或相对分压)相应幂次的乘积作为分子,以反应物相对浓度(或相对分压)相应幂次的乘积作为分母,其中的幂分别为化学计量方程式中该物质的计量系数,各物质的浓度或压力都是平衡状态时的浓度或压力。

(2)标准平衡常数表达式中,气态物质以相对分压表示,溶液中的溶质以相对浓度表示,纯固体或纯液体的浓度不包括在平衡常数表达式中。例如:式(3-42)中未包含反应 $aA(g) + eE(aq) + cC(s) \Longrightarrow xX(g) + yY(aq) + zZ(l)$ 中的 C 和 Z 物质。

(3)标准平衡常数 $K^{\ominus}$ 表达式必须与化学计量方程式相对应。同一化学反应以不同化学

计量方程式表达时,标准平衡常数表达式、数值均不相同。例如:合成氨反应

$$N_2(g)+3H_2(g)\Longleftrightarrow 2NH_3(g)$$

$$K_1^\ominus=\frac{[p(NH_3)/p^\ominus]^2}{[p(N_2)/p^\ominus][p(H_2)/p^\ominus]^3}$$

$$\frac{1}{2}N_2(g)+\frac{3}{2}H_2(g)\Longleftrightarrow NH_3(g)$$

$$K_2^\ominus=\frac{[p(NH_3)/p^\ominus]}{[p(N_2)/p^\ominus]^{\frac{1}{2}}[p(H_2)/p^\ominus]^{\frac{3}{2}}}$$

其中,$K_1^\ominus=(K_2^\ominus)^2$。

正、逆反应的标准平衡常数值互为倒数,如反应

$$2SO_2(g)+O_2(g)\Longleftrightarrow 2SO_3(g)\qquad K^\ominus$$

在相同条件下的逆反应为

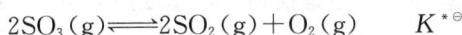

$$2SO_3(g)\Longleftrightarrow 2SO_2(g)+O_2(g)\qquad K^{*\ominus}$$

则

$$K^\ominus=\frac{1}{K^{*\ominus}}\tag{3-43}$$

从以上分析可知,如果对任一化学计量方程式同乘以系数 $m(m\neq 0)$ 得到一新的化学计量方程式,则原化学计量方程式的标准平衡常数 $K^\ominus$ 和新得到的化学计量方程式的标准平衡常数 $K^{*\ominus}$ 的关系为 $K^{*\ominus}=(K^\ominus)^m$。

(4)在稀溶液中进行的反应,若反应有水参加,由于消耗掉的水的分子数与总的分子数相比微不足道,故水的浓度可视为常数,不必出现在平衡常数表达式中。换言之,水的浓度一般不必写进平衡常数表达式中;特殊情况下,如反应不在水溶液中进行而且水又为产物时,则水的浓度必须写入平衡常数表达式中。

2. 标准平衡常数与化学反应的方向

对于任意反应

$$aA(g)+eE(aq)+cC(s)\Longleftrightarrow xX(g)+yY(aq)+zZ(l)$$

令

$$Q=\frac{(p_{i,X}/p^\ominus)^x(c_{i,Y}/c^\ominus)^y}{(p_{i,A}/p^\ominus)^a(c_{i,E}/c^\ominus)^e}\tag{3-44}$$

Q 被称为反应商(reaction quotient)。或许反应商表达式在形式上和标准平衡常数表达式无任何区别,同样表示系统各组分压力(或浓度)之间的关系。但不同的是反应商表达式中的 p_i 和 c_i 既可以是平衡状态下的数值,也可以是非平衡状态(任意状态)下的数值,也就是说,只有当系统处于平衡状态时才有 $Q=K^\ominus$。

若

$$K^\ominus\neq Q=\frac{(p_{i,X}/p^\ominus)^x(c_{i,Y}/c^\ominus)^y}{(p_{i,A}/p^\ominus)^a(c_{i,E}/c^\ominus)^e}$$

说明这个系统未达到平衡状态,此时可能有两种情况。

(1)$Q<K^\ominus$,$v_{正}>v_{逆}$,反应正向进行。随着正反应的不断进行,反应物浓度不断减小(即反应商表达式的分母不断减小),产物浓度不断增大(反应商表达式的分子不断增大),直到正反应速率等于逆反应速率,产物浓度系数次幂的乘积与反应物浓度系数次幂的乘积之比值等于标准平衡常数为止,这时正反应进行到最大限度,达到平衡状态。

(2)$Q>K^\ominus$,$v_{正}<v_{逆}$,反应逆向进行。随着逆反应的进行,产物浓度不断减小(反应商表达

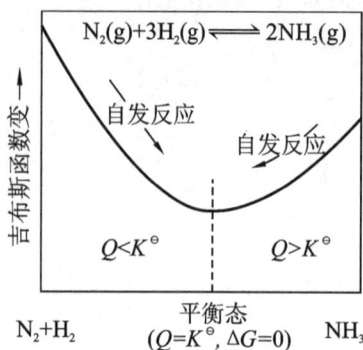

$N_2(g) + 3H_2(g) \rightleftharpoons 2NH_3(g)$

自发反应

自发反应

$Q < K^\ominus$　　　　　$Q > K^\ominus$

平衡态

$N_2 + H_2$　　$(Q = K^\ominus, \Delta G = 0)$　　NH_3

图 3-18　标准平衡常数与反应商的关系

式的分子减小),反应物浓度不断增大(反应商表达式的分母增大),直到正、逆反应速度相等,上述比值等于标准平衡常数为止,这时逆反应也进行到最大限度,达到平衡状态,如图 3-18 所示。

由吉布斯函数变判据可知,判断反应进行的方向用 $\Delta_r G_m$,而非 $\Delta_r G_m^\ominus$,而前面讲述的方法均属如何计算 $\Delta_r G_m^\ominus$,由于实际系统中不可能任何物质都处于标准态,因而判断在非标准态下进行的反应方向必须用到 $\Delta_r G_m$,那么 $\Delta_r G_m$ 和 $\Delta_r G_m^\ominus$ 有什么关系呢?其次,利用反应商和标准平衡常数的关系也可以判断化学反应方向,那么 Q、$K^\ominus$、$\Delta_r G_m$ 和 $\Delta_r G_m^\ominus$ 有什么关系呢?

热力学研究证明,在恒温、恒压、任意状态下化学反应的 $\Delta_r G_m$ 和 $\Delta_r G_m^\ominus$ 存在如下关系:

$$\Delta_r G_m(T) = \Delta_r G_m^\ominus(T) + RT\ln Q \tag{3-45}$$

式(3-45)称为范特霍夫等温式。

当反应中各物质均处于标准态时,$Q=1$,$\Delta_r G_m = \Delta_r G_m^\ominus$,则可以利用 $\Delta_r G_m^\ominus$ 判断反应自发进行的方向;当反应处于非标准态时,$\Delta_r G_m \neq \Delta_r G_m^\ominus$,此时可利用 $\Delta_r G_m^\ominus$ 作近似判断。

(1)$\Delta_r G_m^\ominus < -40 \text{ kJ} \cdot \text{mol}^{-1}$,则 $K^\ominus$ 很大,可以认为反应进行得很完全。

(2)$\Delta_r G_m^\ominus > 40 \text{ kJ} \cdot \text{mol}^{-1}$,则 $K^\ominus$ 很小,反应进行得很不完全,甚至可以认为不能正向进行,只有在特殊条件下,才有利于反应的正向进行。

(3)$-40 \text{ kJ} \cdot \text{mol}^{-1} < \Delta_r G_m^\ominus < 40 \text{ kJ} \cdot \text{mol}^{-1}$,则 $K^\ominus$ 中等大小,反应是否有实用价值,需根据 $\Delta_r G_m$ 的实际计算结果才能判断。

在范特霍夫等温式中,当 $\Delta_r G_m = 0$ 时,反应处于平衡状态,此时有

$$\Delta_r G_m^\ominus(T) = -RT\ln K^\ominus \tag{3-46}$$

式(3-46)即为化学反应的标准平衡常数与化学反应的标准摩尔吉布斯函数变之间的关系式。

将式(3-46)代入式(3-45)得

$$\Delta_r G_m(T) = -RT\ln K^\ominus + RT\ln Q \tag{3-47}$$

$$\Delta_r G_m(T) = RT\ln \frac{Q}{K^\ominus} \tag{3-48}$$

式(3-48)是范特霍夫规则的另一种表达方式,该式表明了反应商与标准平衡常数的相对大小以及与反应方向的关系。将 Q 和 $K^\ominus$ 进行比较,可以得出化学反应进行方向的反应商判据。

$Q < K^\ominus$,$\Delta_r G_m < 0$　　　反应正向自发进行

$Q = K^\ominus$,$\Delta_r G_m = 0$　　　反应处于平衡状态

$Q > K^\ominus$,$\Delta_r G_m > 0$　　　反应逆向自发进行

3. 多重平衡规则

一个给定化学计量方程式的标准平衡常数,不取决于反应经历的步骤,无论反应分几步完成,其标准平衡常数表达式完全相同,这就是多重平衡规则。也就是说,如果一个化学反应方程式是若干相关化学反应方程式之和(或之差),则在相同温度下,该反应的标准平衡常数等于这若干相关反应的标准平衡常数的乘积(或商)。

如 $BaCO_3$ 生成 $BaSO_4$ 的反应存在以下平衡:

(1)$BaCO_3(s) \rightleftharpoons Ba^{2+}(aq) + CO_3^{2-}(aq)$　　　　　　　　　　　$K_1^\ominus$,$\Delta_r G_m^\ominus(1)$

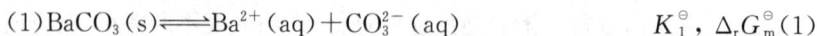

(2)$BaSO_4(s) \Longrightarrow Ba^{2+}(aq) + SO_4^{2-}(aq)$　　　　　　　　　$K_2^{\ominus}$，$\Delta_r G_m^{\ominus}(2)$

(3)$BaCO_3(s) + SO_4^{2-}(aq) \Longrightarrow BaSO_4(s) + CO_3^{2-}(aq)$　　　$K_3^{\ominus}$，$\Delta_r G_m^{\ominus}(3)$

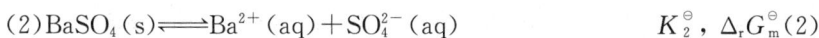

对于这种多重平衡，由于反应(3)＝反应(1)－反应(2)，根据热力学原理，有

$$\Delta_r G_m^{\ominus}(1) = -RT\ln K_1^{\ominus}, \quad \Delta_r G_m^{\ominus}(2) = -RT\ln K_2^{\ominus}, \quad \Delta_r G_m^{\ominus}(3) = -RT\ln K_3^{\ominus}$$

由于吉布斯函数为状态函数，则

$$RT\ln K_3^{\ominus} = RT\ln K_1^{\ominus} - RT\ln K_2^{\ominus} = RT\ln \frac{K_1^{\ominus}}{K_2^{\ominus}}$$

$$K_3^{\ominus} = \frac{K_1^{\ominus}}{K_2^{\ominus}}$$

多重平衡原理进一步说明了标准平衡常数与系统达到平衡的途径无关，仅取决于系统所处的状态。

3.4.3　化学平衡的计算

1. 标准平衡常数的计算

【例 3-5】已知下列反应在 1123 K 时的标准平衡常数：

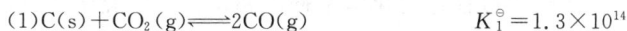

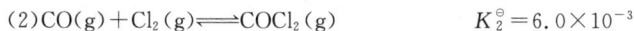

(1)$C(s) + CO_2(g) \Longrightarrow 2CO(g)$　　　　　　　$K_1^{\ominus} = 1.3 \times 10^{14}$

(2)$CO(g) + Cl_2(g) \Longrightarrow COCl_2(g)$　　　　　$K_2^{\ominus} = 6.0 \times 10^{-3}$

计算反应 $2COCl_2(g) \Longrightarrow C(s) + CO_2(g) + 2Cl_2(g)$ 在 1123 K 时的标准平衡常数。

解　由多重平衡原理计算标准平衡常数，由式(2)×(－2)－式(1)可得

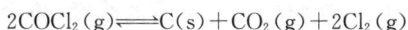

$$2COCl_2(g) \Longrightarrow C(s) + CO_2(g) + 2Cl_2(g)$$

根据多重平衡原理，有

$$K^{\ominus} = \frac{1}{K_1^{\ominus}(K_2^{\ominus})^2} = \frac{1}{1.3 \times 10^{14} \times (6.0 \times 10^{-3})^2} = 2.1 \times 10^{-10}$$

2. 平衡组成的计算

标准平衡常数 $K^{\ominus}$ 可反映出平衡时各物质相对浓度、相对分压之间的关系，通过标准平衡常数可计算化学反应进行的最大限度，即化学平衡组成。在工业上常用转化率 α 来衡量化学反应进行的程度，某反应物的转化率是指该反应物已转化为产物的百分数，即

$$\alpha = \frac{\text{某反应物已转化的量}}{\text{该反应物的起始量}} \times 100\% \tag{3-49}$$

化学反应达平衡时的转化率称为平衡转化率，显然平衡转化率是理论上能达到的最大转化率，又称理论转化率。反应达到平衡一般需要一定的时间，而在实际生产中，往往是系统还没有达到平衡，反应物就离开了反应器，因而工业上所谓的转化率指实际转化率，它往往小于平衡转化率。

【例 3-6】已知某原电池反应为

$$3HClO_2(aq) + 2Cr^{3+}(aq) + 4H_2O(l) \Longrightarrow 3HClO(aq) + Cr_2O_7^{2-}(aq) + 8H^+(aq)$$

该反应在 298 K 时的标准平衡常数为 2.9×10^{34}，如果将 20.0 mL 1.00 $mol \cdot L^{-1}$ $HClO_2$ 溶液和 20.0 mL 0.50 $mol \cdot L^{-1}$ $Cr(NO_3)_3$ 溶液混合，最终溶液(pH=0)为何颜色？

解　由于 $HClO_2$ 和 $Cr(NO_3)_3$ 等体积混合，所以混合后 $HClO_2$ 和 $Cr(NO_3)_3$ 的浓度分别为

$$c(HClO_2) = 0.500 \ mol \cdot L^{-1}, \quad c(Cr^{3+}) = 0.250 \ mol \cdot L^{-1}$$

由于标准平衡常数很大，且 $HClO_2$ 过量，正反应进行得很完全，因而假设 Cr^{3+} 完全反应，并将此时作为起始时刻，设平衡时 $c(Cr^{3+}) = x \ mol \cdot L^{-1}$，则

$$3HClO_2(aq)+2Cr^{3+}(aq)+4H_2O(l)\Longrightarrow 3HClO(aq)+Cr_2O_7^{2-}(aq)+8H^+(aq)$$

起始浓度/ (mol·L^{-1})	$0.500-\dfrac{3}{2}\times0.250$	0	$\dfrac{3}{2}\times0.250$	$\dfrac{1}{2}\times0.250$	4×0.250
平衡浓度/ (mol·L^{-1})	$0.500-\dfrac{3}{2}\times$ $(0.250-x)$	x	$\dfrac{3}{2}\times(0.250$ $-x)$	$\dfrac{1}{2}\times(0.250$ $-x)$	$4\times(0.250$ $-x)$

$$K^{\ominus}=\frac{[c(HClO)/c^{\ominus}]^3[c(Cr_2O_7^{2-})/c^{\ominus}][c(H^+)/c^{\ominus}]^8}{[c(HClO_2)/c^{\ominus}]^3[c(Cr^{3+})/c^{\ominus}]^2}$$

将平衡浓度代入,解得 $x=1.1\times10^{-17}$ mol·L^{-1},即

$$c(Cr^{3+})=1.1\times10^{-17}\ mol\cdot L^{-1},\quad c(Cr_2O_7^{2-})=0.125\ mol\cdot L^{-1}$$

由于 $Cr_2O_7^{2-}$ 浓度大,而 Cr^{3+} 浓度小,因而溶液呈 $Cr_2O_7^{2-}$ 的橙红色。

3.4.4　化学平衡的移动

化学平衡是相对的、有条件的,只有在一定条件下,平衡状态才可以保持。一旦维持平衡的外界条件发生改变,原来的平衡状态就会被破坏,正、逆反应的速率就不再相等,直到正、逆反应速率再次相等,建立起与新的条件相对应的新的平衡,像这种受外界条件的影响而使化学反应从一种平衡状态转变为另一种平衡状态的过程称为化学平衡的移动。影响化学平衡的外界因素有浓度、压力、温度。

1. 浓度对化学平衡的影响

由化学反应进行方向的反应商判据可知,对于一个在一定温度下已达到平衡的反应系统, $Q=K^{\ominus}$,在其他条件不变的情况下,改变系统内物质的浓度,将会导致 $Q\neq K^{\ominus}$,最终导致平衡发生移动,其移动方向由 Q 和 $K^{\ominus}$ 之间的关系决定。

由于在恒温、恒压条件下,有

$$\Delta_rG_m(T)=RT\ln\frac{Q}{K^{\ominus}}\begin{Bmatrix}<\\=\\>\end{Bmatrix}0\ 时,Q\begin{Bmatrix}<\\=\\>\end{Bmatrix}K^{\ominus}\qquad \begin{matrix}正向移动\\平衡状态\\逆向移动\end{matrix}$$

因而若增大反应物的浓度或减小产物的浓度,则使 $Q<K^{\ominus}$,平衡向正反应方向移动,直到 Q 重新等于 $K^{\ominus}$,系统又建立起新的平衡。若减小反应物的浓度或增大产物的浓度,则 $Q>K^{\ominus}$,平衡向逆反应方向移动,直到建立新的平衡。

应用上述原理,在考虑平衡问题时应注意:①实际反应时,为了尽可能充分利用某一原料或使某些价格昂贵的原料反应完全,往往过量使用另一种廉价易得的原料,以使化学平衡正向移动,提高前者的转化率;②对于容易从反应系统中分离的产物应及时分离,使得平衡不断地向产物方向移动,直至反应进行得比较完全。

【例 3-7】　对于反应 $PCl_5(g)\Longrightarrow PCl_3(g)+Cl_2(g)$:

(1)523 K 时将 0.700 mol PCl_5(g)注入容积为 2.00 L 的密闭容器中,平衡时有 0.500 mol PCl_5(g)被分解了,计算该温度下的标准平衡常数和 PCl_5(g)的分解率。

(2)若在上述容器中反应达到平衡后,再注入 0.100 mol Cl_2,则 PCl_5(g)的分解率与(1)的分解率相比差多少?这说明了什么问题?

(3)如开始时在注入 0.700 mol PCl_5(g)的同时,就注入了 0.100 mol Cl_2,则平衡时 PCl_5(g)的分解率又是多少?比较(2)和(3)可以得出什么结论?

解　(1)　　　　　　　　　　$PCl_5(g)\Longrightarrow PCl_3(g)+Cl_2(g)$

平衡时 n_B/mol 　　　　　　$0.700-0.500=0.200$　　0.500　　0.500

平衡时各物质的分压为

$$p(PCl_5) = \frac{n(PCl_5)RT}{V} = \frac{0.200 \times 8.314 \times 523}{2.00} \text{ kPa} = 435 \text{ kPa}$$

$$p(PCl_3) = \frac{n(PCl_3)RT}{V} = \frac{0.500 \times 8.314 \times 523}{2.00} \text{ kPa} = 1087 \text{ kPa}$$

$$p(PCl_3) = p(Cl_2) = 1087 \text{ kPa}$$

$$K^\ominus = \frac{[p(PCl_3)/p^\ominus][p(Cl_2)/p^\ominus]}{[p(PCl_5)/p^\ominus]} = \frac{\frac{1087}{100} \times \frac{1087}{100}}{\frac{435}{100}} = 27.2$$

$$\alpha = \frac{0.500}{0.700} \times 100\% = 71.4\%$$

(2)在恒温、恒容条件下,当(1)中反应达到平衡后,再加入 0.100 mol Cl_2,使得 Cl_2 的分压增加,设 Cl_2 增加的分压为 $p^*(Cl_2)$,则

$$p^*(Cl_2) = \frac{n^*(Cl_2)RT}{V} = \frac{0.100 \times 8.314 \times 523}{2.00} \text{ kPa} = 217 \text{ kPa}$$

此时反应逆向移动,假设 Cl_2 相对压力减小 x,则

$$PCl_5(g) \Longrightarrow PCl_3(g) + Cl_2(g)$$

起始时 $p_B/p^\ominus$	4.35	10.87	10.87+2.17
平衡时 $p_B/p^\ominus$	4.35+x	10.87−x	13.04−x

$$K^\ominus = \frac{[p(PCl_3)/p^\ominus][p(Cl_2)/p^\ominus]}{[p(PCl_5)/p^\ominus]} = \frac{(10.87-x) \times (13.04-x)}{4.35+x} = 27.2$$

解得

$$x = 0.46$$

PCl_5 最初的分压为

$$p^*(PCl_5) = \frac{n^*(PCl_5)RT}{V} = \frac{0.700 \times 8.314 \times 523}{2.00} \text{ kPa} = 1522 \text{ kPa}$$

PCl_5 平衡时的分压为

$$p(PCl_5) = (435 + 0.46 \times 100) \text{ kPa} = 481 \text{ kPa}$$

$$\alpha = \frac{1522-481}{1522} \times 100\% = 68.4\%$$

与(1)中未加 Cl_2 相比,$PCl_5(g)$ 的分解率减小,说明增大产物的浓度平衡向左移动。

(3)若在 $PCl_5(g)$ 未分解以前加入 Cl_2,则

$$\frac{p(PCl_5)}{p^\ominus} = \frac{1522}{100} = 15.22$$

假设在该条件下,PCl_5 分解后相对压力减小 y,则

$$PCl_5(g) \Longrightarrow PCl_3(g) + Cl_2(g)$$

起始时 $p_B/p^\ominus$	15.22	0	2.17
平衡时 $p_B/p^\ominus$	15.22−y	y	2.17+y

$$K^\ominus = \frac{[p(PCl_3)/p^\ominus][p(Cl_2)/p^\ominus]}{[p(PCl_5)/p^\ominus]} = \frac{y \times (2.17+y)}{15.22-y} = 27.2$$

解得

$$y = 10.4$$

$$\alpha = \frac{10.4}{15.22} \times 100\% = 68.3\%$$

(2)和(3)的计算结果说明平衡的组成与达到平衡的途径无关。

2. 压力对化学平衡的影响

对只有液体、固体参与的反应,压力对平衡影响很小,可以不予考虑,但对于有气体参加的反应影响较大。压力对平衡的影响和浓度对平衡的影响一致,都是通过改变反应商,使得反应

商和平衡常数的相对大小关系发生变化而引起平衡的移动。下面根据改变压力的方法的不同,分别讨论压力对化学平衡的影响。

1)改变部分物质的分压

如果在恒温、恒容条件下改变某种或多种反应物的分压(即部分物质的分压),其对平衡的影响与浓度对平衡的影响完全一致。如果保持温度、体积不变,增大反应物的分压或减小产物的分压,使 Q 减小,导致 $Q < K^{\ominus}$,平衡正向移动。反之,减小反应物的分压或增大产物的分压,使 Q 增大,导致 $Q > K^{\ominus}$,平衡逆向移动。

2)改变系统的总压

改变系统的总压,对不同类型的反应有不同的影响,如对可逆反应

$$a A(g) + e E(g) \Longrightarrow y Y(g) + z Z(g)$$

在密闭容器中反应达到平衡时,维持温度恒定,将系统的总压增加到原来的 x 倍,则

$$Q = \frac{(x p_Y / p^{\ominus})^y (x p_Z / p^{\ominus})^z}{(x p_A / p^{\ominus})^a (x p_E / p^{\ominus})^e} = x^{\sum \nu_B} K^{\ominus} \qquad (3\text{-}50)$$

当 $x > 1$ 时(相当于增大压力),如果 $\sum \nu_B > 0$,即反应为气体分子数增加的反应时,则 $Q > K^{\ominus}$,平衡逆向移动;如果 $\sum \nu_B < 0$,即反应为气体分子数减小的反应时,$Q < K^{\ominus}$,平衡正向移动。

当 $x < 1$ 时(相当于减小压力),如果 $\sum \nu_B > 0$,即反应为气体分子数增加的反应时,$Q < K^{\ominus}$,平衡正向移动;如果 $\sum \nu_B < 0$,即反应为气体分子数减小的反应时,$Q > K^{\ominus}$,平衡逆向移动。

无论 $x > 1$ 还是 $x < 1$,当 $\sum \nu_B = 0$,即反应为气体分子数相等的反应时,$Q = K^{\ominus}$,改变压力平衡不会发生移动。

综上所述,压力对平衡移动的影响主要取决于各反应物和产物的分压是否发生变化,同时要考虑反应前后气体分子数是否改变,但基本的判据依然是 $Q \neq K^{\ominus}$。

3)惰性气体组分的影响

惰性气体组分是指不参与反应的其他气体物质(如稀有气体),通常为气态的水和氮气等。惰性气体组分加入平衡系统后将对平衡产生不同的影响。

在恒温、恒容下,向已达平衡的系统加入惰性气体组分,此时系统的总压等于原系统的压力与惰性组分压力之和,所以系统中各组分的分压保持不变,这种情况下无论反应是分子数增加的反应还是分子数减小的反应,平衡都不会发生移动。

在恒温、恒压下,向已达平衡的系统加入惰性气体组分,加入惰性气体前 $p_{总} = \sum p_i$,加入惰性气体后 $p_{总} = \sum p_i^* + p_{惰}$。由于要维持恒压,所以 $\sum p_i^* < \sum p_i$,相当于各气体的相对分压减小,此时平衡移动的方向与前述压力减小引起平衡的移动方向一致。

【例 3-8】 密闭容器内装入 CO 和水蒸气,在 973 K 下两种气体进行下列反应:

$$CO(g) + H_2O(g) \Longrightarrow CO_2(g) + H_2(g)$$

若开始时两种气体的分压均为 8080 kPa,达到平衡时已知有 50% 的 CO 转化为 CO_2。

(1)计算 973 K 下的 $K^{\ominus}$。

(2)在原平衡系统中通入水蒸气,使水蒸气的分压在瞬间达到 8080 kPa,判断平衡移动的方向。

(3)欲使上述反应有 90% CO 转化为 CO_2,则水煤气变换原料比 $p(H_2O)/p(CO)$ 应为多少?

解　(1)

$$CO\,(g)\ +\ H_2O\,(g)\ \rightleftharpoons\ CO_2(g)\ +\ H_2(g)$$

起始分压 / kPa　　8080　　　　8080　　　　0　　　　0

分压变化 / kPa　$-8080\times50\%$　$-8080\times50\%$　$8080\times50\%$　$8080\times50\%$

平衡分压 / kPa　　4040　　　　4040　　　　4040　　　　4040

$$K^{\ominus}(973\ K)=\frac{[p\,(CO_2)/p^{\ominus}][p\,(H_2)/p^{\ominus}]}{[p\,(CO)/p^{\ominus}][p\,(H_2O)/p^{\ominus}]}=\frac{4040^2}{4040^2}=1$$

(2)在平衡系统中通入水蒸气后

$$Q=\frac{[p\,(CO_2)/p^{\ominus}][p\,(H_2)/p^{\ominus}]}{[p\,(CO)/p^{\ominus}][p\,(H_2O)/p^{\ominus}]}=\frac{4040^2}{4040\times8080}=0.5$$

由于 $Q<K^{\ominus}$，可判断平衡向正反应方向移动。

(3)欲使 CO 的转化率达到 90%，设起始 $p(CO)=x$ kPa，$p(H_2O)=y$ kPa。

$$CO(g)\ +\ H_2O\,(g)\rightleftharpoons CO_2(g)\ +\ H_2(g)$$

起始分压 /kPa　　x　　　　y　　　　0　　　　0

平衡分压 /kPa　$x-0.90x$　$y-0.90x$　$0.90x$　$0.90x$

则

$$K^{\ominus}(973\ K)=\frac{(0.90x/p^{\ominus})^2}{(x-0.90x)(y-0.90x)/(p^{\ominus})^2}=1$$

故水煤气变换原料比为 $p(H_2O)/p(CO)=9/1$。

3.温度对平衡移动的影响

标准平衡常数是温度的函数，因而，温度的改变对平衡的影响主要是通过改变标准平衡常数使得 $K^{\ominus}\neq Q$ 而使平衡移动的(这和前面讲述的浓度、压力对平衡的影响不同，它们是通过改变 Q 使得 $K^{\ominus}\neq Q$ 而使平衡发生移动)。

由 $\Delta_rG_m^{\ominus}(T)=-RT\ln K^{\ominus}$ 和 $\Delta_rG_m^{\ominus}=\Delta_rH_m^{\ominus}-T\Delta_rS_m^{\ominus}$ 可得

$$\ln K^{\ominus}=-\frac{\Delta_rH_m^{\ominus}}{RT}+\frac{\Delta_rS_m^{\ominus}}{R} \tag{3-51}$$

当温度变化时，$\Delta_rH_m^{\ominus}$ 和 $\Delta_rS_m^{\ominus}$ 变化很小，则

$$\ln K_1^{\ominus}=-\frac{\Delta_rH_m^{\ominus}}{RT_1}+\frac{\Delta_rS_m^{\ominus}}{R} \tag{3-52}$$

$$\ln K_2^{\ominus}=-\frac{\Delta_rH_m^{\ominus}}{RT_2}+\frac{\Delta_rS_m^{\ominus}}{R} \tag{3-53}$$

$$\ln\frac{K_2^{\ominus}}{K_1^{\ominus}}=\frac{\Delta_rH_m^{\ominus}}{R}\left(\frac{1}{T_1}-\frac{1}{T_2}\right) \tag{3-54}$$

式(3-51)、式(3-54)说明了标准平衡常数随温度的变化关系。式(3-51)表明了 $\ln K^{\ominus}$ 对 $1/T$ 作图为一直线，该直线的斜率为 $-\Delta_rH_m^{\ominus}/R$，截距为 $\Delta_rS_m^{\ominus}/R$，利用不同温度下的标准平衡常数作图可以得到 $\Delta_rH_m^{\ominus}$。

对于放热反应，$\Delta_rH_m^{\ominus}<0$，那么温度升高，即 $T_2>T_1$ 时，就有 $K_2^{\ominus}<K_1^{\ominus}$；降低温度，即 $T_2<T_1$ 时，就有 $K_2^{\ominus}>K_1^{\ominus}$。也就是说，标准平衡常数随温度的升高而减小，随温度的降低而增大，那么随着温度的升高，该化学反应必然逆向进行(吸热方向)；随着温度的降低，该化学反应必然正向进行(放热方向)，直到在新的温度建立起新的平衡为止。

对于吸热反应，$\Delta_rH_m^{\ominus}>0$，温度升高，即 $T_2>T_1$ 时，就有 $K_2^{\ominus}>K_1^{\ominus}$；降低温度，即 $T_2<T_1$ 时，就有 $K_2^{\ominus}<K_1^{\ominus}$。也就是说，标准平衡常数随温度的升高而增大，随温度的降低而减小。那么，随着温度的升高，该化学反应必然正向进行(吸热方向)；随着温度的降低，该化学反应必然逆向进行(放热方向)，直到在新的温度建立起新的平衡为止。

可见，对于可逆反应，在其他条件不变的情况下，升高温度，平衡向吸热反应方向移动，降

低温度,平衡向放热反应方向移动。

【例 3-9】 已知反应 $I_2(aq) + I^-(aq) \rightleftharpoons I_3^-(aq)$ 的实验平衡常数如下:

T/K	276.95	288.45	298.15	308.15	323.35
$K^\ominus$	1160	841	689	533	409

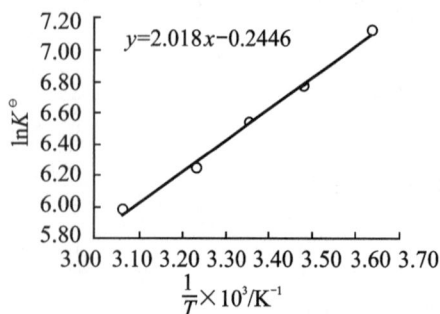

图 3-19　例 3-9 图

(1)画出 $\ln K^\ominus$-$1/T$ 图。

(2)估算该反应的 $\Delta_r H_m^\ominus$、$\Delta_r S_m^\ominus$。

(3)计算 298 K 下该反应的 $\Delta_r G_m^\ominus$。

解　(1)先将有关实验数据处理,再以 $\ln K^\ominus$ 对 $1/T$ 作图,得一条直线,如图 3-19 所示,直线方程为 $y = 2.018x - 0.2446$,即 $\ln K^\ominus = 2.018 \times 10^3/T - 0.2446$。

(2)由 $\ln K^\ominus = -\dfrac{\Delta_r H_m^\ominus}{RT} + \dfrac{\Delta_r S_m^\ominus}{R}$ 得

$$-\frac{\Delta_r H_m^\ominus}{R} = 2.018 \times 10^3 \text{ K}$$

$$\frac{\Delta_r S_m^\ominus}{R} = -0.2446$$

$$\Delta_r H_m^\ominus = -2.018 \times 10^3 \times 8.314 \text{ J} \cdot \text{mol}^{-1} = -16.78 \text{ kJ} \cdot \text{mol}^{-1}$$

$$\Delta_r S_m^\ominus = -0.2446R = -2.034 \text{ J} \cdot \text{mol}^{-1} \cdot \text{K}^{-1}$$

(3)

$$\Delta_r G_m^\ominus(T) = -RT\ln K^\ominus$$
$$= (-8.314 \times 298 \times 10^{-3} \times \ln 689) \text{ kJ} \cdot \text{mol}^{-1}$$
$$= -16.19 \text{ kJ} \cdot \text{mol}^{-1}$$

若按照公式

$$\Delta_r G_m^\ominus = \Delta_r H_m^\ominus - T\Delta_r S_m^\ominus$$
$$= [-16.78 - 298 \times (-2.034) \times 10^{-3}] \text{ kJ} \cdot \text{mol}^{-1}$$
$$= -16.17 \text{ kJ} \cdot \text{mol}^{-1}$$

4. 催化剂和化学平衡

催化剂能同等程度地降低正、逆反应的活化能,加大化学反应的速率,缩短化学反应达到平衡的时间。但一个化学反应能否发生取决于摩尔反应吉布斯函数变 $\Delta_r G_m$,只有 $\Delta_r G_m < 0$,反应才能发生,因而催化剂不能使热力学不能进行的反应得以发生,也不能改变反应进行的方向。同时,由于催化剂不能改变 $\Delta_r G_m^\ominus$,而 $\Delta_r G_m^\ominus(T) = -RT\ln K^\ominus$,因此催化剂也不能改变标准平衡常数。这是因为对任一确定反应,反应前后催化剂的组成、质量不变,因此无论是否使用催化剂,反应的始、终态均相同,所以该系统的状态函数改变量不会发生改变。

5. 勒夏特列原理

如上讨论,浓度、压力、温度的改变会导致平衡的移动,而且这种平衡的移动具有一定的方向性,1907 年,法国化学家勒夏特列(Le Châtelier,1850—1936 年)在大量实验的基础上提出了一个更为普遍的规律:"对任何一个处于化学平衡的系统,当某一确定系统平衡的因素(如浓度、压力、温度)发生改变时,平衡将发生移动,平衡移动总是向着减弱这个改变对系统的影响的方向。"这就是普遍适用于动态平衡的勒夏特列原理。

3.5　化学反应原理的应用

化学反应速率和化学平衡原理是人们从实际中总结出来的关于化学反应的基本原理,可用来解决工业生产等领域的实际问题。

3.5.1 化学平衡移动对矿物形成的影响

矿物、岩石的成因和变化,产物和形状都是在一定的地质作用下,由于外部条件的改变而导致平衡移动的结果。这里以压力影响为例加以说明。压力对元素的迁移和成矿作用的影响很大,地表所受压力约为 101 kPa,而地壳内每加深 1 km,压力增加 $25\sim30$ MPa,因此压力对平衡的影响将是巨大的。

如在地壳内 SiO_2 与 HF 存在如下平衡:

$$SiO_2(s) + 4HF(g) \Longrightarrow SiF_4(g) + 2H_2O(g)$$

在地壳深处,由于压力增大平衡右移,有利于挥发性的 SiF_4 和 H_2O 气体的生成,而当反应生成的气体沿地壳裂缝逸出时,由于压力减小,又可作用生成 SiO_2。

又如在地壳深处,压力增大,有利于形成摩尔体积小而密度大的矿物。例如:

$$Mg_2SiO_4 + CaAl_2Si_2O_8 \Longrightarrow Mg_2CaAl_2Si_3O_{12}$$

	(镁橄榄石)	(钙长石)	(钙镁铝石榴石)
密度/$(g \cdot cm^{-3})$	3.22	2.70	3.50

3.5.2 合成氨过程的讨论

298.15 K 下,合成氨反应的反应物和产物的热力学数据如下:

	$N_2(g)$	$+$ $3H_2(g)$	$\Longrightarrow 2NH_3(g)$
$\Delta_f H_m^\ominus(298.15\ K)/(kJ \cdot mol^{-1})$	0	0	-46.11
$S_m^\ominus(298.15\ K)/(J \cdot mol^{-1} \cdot K^{-1})$	191.6	130.7	192.8
$\Delta_f G_m^\ominus(298.15\ K)/(kJ \cdot mol^{-1})$	0	0	-16.48

通过计算,该反应在 298.15 K 时有

$$\Delta_r H_m^\ominus = -92.22\ kJ \cdot mol^{-1}, \quad \Delta_r S_m^\ominus = -198.7\ J \cdot mol^{-1} \cdot K^{-1}$$

$$\Delta_r G_m^\ominus = -32.97\ kJ \cdot mol^{-1}, \quad K^\ominus = 5.96 \times 10^5$$

由于该反应是一个放热、熵减的反应,因而在标准态下要自发进行,温度应控制在 499.3 K(转向温度)以下。同时该反应是一个气体分子数减小的反应,根据平衡移动原理,应采取高压。

由于平衡常数很大,故反应正向进行的趋势应较大,然而对这个可能进行的反应,氮分子的特殊稳定性使得该反应具有较高的活化能,在常温下反应很慢。应用化学反应速率理论,加入催化剂、提高反应温度、增加压力都可加速合成氨的反应。提高反应温度虽然有利于加速反应,但升温后平衡常数大大降低,利用式

$$\ln \frac{K_2^\ominus}{K_1^\ominus} = \frac{\Delta_r H_m^\ominus}{R} \left(\frac{1}{T_1} - \frac{1}{T_2} \right)$$

计算得到,当温度升高到 500 K 时,平衡常数只有 0.206;加压有利于加速反应,促使反应正向进行,但高压对设备要求太高。综合上述因素,工业上只能将温度、压力和产率几个因素综合考虑,通过理论计算和实验结果相结合的方式得到结果。

【例 3-10】 已知反应 $CO + H_2O \Longrightarrow CO_2 + H_2$ 在密闭容器中建立平衡,在 749 K 时反应的平衡常数为 2.6。

(1)试求当 $n(H_2O)/n(CO) = 1$ 时,CO 的平衡转化率;

(2)试求当 $n(H_2O)/n(CO) = 3$ 时,CO 的平衡转化率;

(3)从计算结果说明浓度对平衡的影响。

解 (1)设 CO 和 H_2O 的起始浓度均为 1 mol $\cdot$ L^{-1},平衡时 CO_2 和 H_2 的浓度均为 x mol $\cdot$ L^{-1}。

$$CO \;+\; H_2O \rightleftharpoons CO_2 \;+\; H_2$$

起始浓度/(mol·L^{-1})	1	1	0	0
平衡浓度/(mol·L^{-1})	$1-x$	$1-x$	x	x

$$K^{\ominus} = \frac{x^2}{(1-x)^2} = 2.6$$

解得
$$x = 0.617 \text{ mol·L}^{-1}$$

CO 的平衡转化率
$$\alpha = \frac{0.617}{1.0} \times 100\% = 61.7\%$$

(2)设 H_2O 的起始浓度为 3 mol·L^{-1}，CO 的起始浓度为 1 mol·L^{-1}，平衡时 CO_2 和 H_2 的浓度为 x mol·L^{-1}。

$$CO \;+\; H_2O \rightleftharpoons CO_2 \;+\; H_2$$

起始浓度/(mol·L^{-1})	1	3	0	0
平衡浓度/(mol·L^{-1})	$1-x$	$3-x$	x	x

$$K^{\ominus} = \frac{x^2}{(1-x)(3-x)} = 2.6$$

解得
$$x = 0.866 \text{ mol·L}^{-1}$$

CO 的平衡转化率
$$\alpha = \frac{0.866}{1.0} \times 100\% = 86.6\%$$

(3)计算结果说明：增大反应物的浓度，平衡向正反应的方向移动，增大一种反应物的浓度可以提高另一种反应物的转化率。

<h2 style="text-align:center">知 识 拓 展</h2>

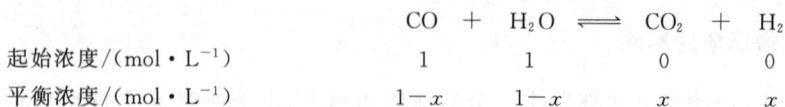

诺贝尔奖台上的交叉分子束技术：
李远哲的分子动力学革命

<h2 style="text-align:center">习　　题</h2>

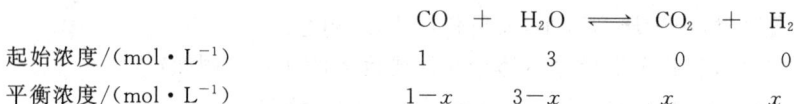

扫码做题

一、填空题

1. 某系统吸收了 1.00×10^3 J 热量，并对环境做了 5.4×10^2 J 的功，则系统的热力学能变化 $\Delta U =$ _____；若系统吸收了 2.8×10^2 J 的热量，同时环境对系统做了 4.6×10^2 J 的功，则系统的热力学能变化 $\Delta U =$ _____。

2. 已知在某温度和标准态下，反应 $2KClO_3(s) \longrightarrow 2KCl(s) + 3O_2(g)$ 进行时，有 2.0 mol $KClO_3$ 分解，放出 89.5 kJ 的热量，则在此温度下该反应的 $\Delta_r G_m^{\ominus} =$ _____。

3. 已知反应 $H_2O_2(l) \longrightarrow H_2O(l) + 1/2\,O_2(g)$ 的 $\Delta_r H_m^{\ominus} = -98.0$ kJ·mol^{-1}，$H_2O(l) \longrightarrow H_2O(g)$ 的 $\Delta_r H_m^{\ominus} = 44.0$ kJ·mol^{-1}，则 1.00×10^2 g $H_2O_2(l)$ 分解为 $H_2O(l)$ 和 $O_2(g)$ 时放出 _____ 的热量，反应 $H_2O(g) + 1/2O_2(g) \longrightarrow H_2O_2(l)$ 的 $\Delta_r H_m^{\ominus} =$ _____。

二、计算题

1. 某合成氨塔入口气体的组成为：$\varphi(H_2)=72.0\%,\varphi(N_2)=24.0\%,\varphi(NH_3)=3.00\%,\varphi(Ar)=1.00\%$。

   (1)请计算该反应在 298 K 和 673 K 时的 $\Delta_r G_m^\ominus$；

   (2)估算反应在 12.0 MPa、673 K 条件下的标准平衡常数；

   (3)利用两种方法判断反应在 12.0 MPa、673 K 条件下是否自发进行。

2. 用两种方法计算：$H_2O(l)\longrightarrow H_2O(g)$ 的 $\Delta_r G_m^\ominus$。

   (1)试问：在 298 K 和标准态下水变成水蒸气是自发进行的吗？

   (2)说出在 298 K 和空气中，通常水可以自发地蒸发成水蒸气的原因。

3. 在标准态与 298 K 下，用 C 还原 Fe_2O_3 生成 Fe 和 CO_2 的反应在热力学上是否可能？通过计算说明：若要反应自发进行，温度最低为多少？

4. 已知反应 $CH_3I(aq)+OH^-(aq)\longrightarrow CH_3OH(aq)+I^-(aq)$ 的活化能 $E_a=92.9$ kJ·mol^{-1}，在 25 ℃时反应速率常数 $k_1=6.5\times10^{-5}$ mol^{-1}·L·s^{-1}，求 75 ℃时反应速率常数 k_2。

5. 已知下列反应的标准平衡常数：

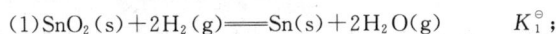

   (1)$SnO_2(s)+2H_2(g)\Longrightarrow Sn(s)+2H_2O(g)$　　　$K_1^\ominus$；

   (2)$CO(g)+H_2O(g)\Longrightarrow CO_2(g)+H_2(g)$　　　$K_2^\ominus$；

   求反应 $SnO_2(s)+2CO(g)\Longrightarrow Sn(s)+2CO_2(g)$ 的标准平衡常数 $K_3^\ominus$。

6. 阿波罗登月火箭用 $N_2H_4(l)$ 作燃料，$N_2O_4(g)$ 作氧化剂。计算：(1)N_2H_4 的标准摩尔生成焓；(2)N_2H_4 的标准摩尔燃烧焓；(3)N_2H_4 与 N_2O_4 反应生成 $N_2(g)$ 和 $H_2O(l)$ 的标准摩尔反应焓。已知：

$$2NH_3(g)+3N_2O(g)\Longrightarrow 4N_2(g)+3H_2O(l)\qquad \Delta_r H_m^\ominus=-1010 \text{ kJ·mol}^{-1}$$

$$N_2O(g)+3H_2(g)\Longrightarrow N_2H_4(l)+H_2O(l)\qquad \Delta_r H_m^\ominus=-317 \text{ kJ·mol}^{-1}$$

$$2NH_3(g)+1/2O_2(g)\Longrightarrow N_2H_4(l)+H_2O(l)\qquad \Delta_r H_m^\ominus=-143 \text{ kJ·mol}^{-1}$$

$$H_2(g)+\frac{1}{2}O_2(g)\Longrightarrow H_2O(l)\qquad \Delta_r H_m^\ominus=-286 \text{ kJ·mol}^{-1}$$

$$N_2(g)+2O_2(g)\Longrightarrow N_2O_4(g)\qquad \Delta_r H_m^\ominus=9.16 \text{ kJ·mol}^{-1}$$

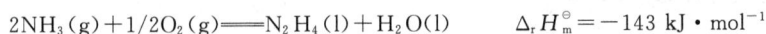

7. 煤燃烧时含硫的杂质转化为 SO_2 和 SO_3，造成对大气的污染。试用热力学数据说明可以用 CaO 吸收 SO_3，以消除烟道废气的污染。

8. 660 K 时反应 $2NO+O_2\longrightarrow 2NO_2$，NO 和 O_2 的初始浓度 $c(NO)$ 和 $c(O_2)$ 及反应的初始速率 v 的实验数据如下：

$c(NO)/(mol·L^{-1})$	$c(O_2)/(mol·L^{-1})$	$v/(mol·L^{-1}·s^{-1})$
0.01	0.10	0.030
0.10	0.20	0.060
0.20	0.20	0.240

   (1)写出反应的速率方程；

   (2)求出反应的级数和速率常数；

   (3)求 $c(NO)=c(O_2)=0.15$ mol·L^{-1} 时的反应速率。

9. 某反应 25 ℃时速率常数为 1.3×10^{-3} s^{-1}，35 ℃时为 3.6×10^{-3} s^{-1}。根据范特霍夫规则，估算该反应 55 ℃时的速率常数。

第4章 酸碱平衡与酸碱滴定

内容提要

本章以酸碱质子理论为基础,从酸碱反应出发,简单介绍酸碱解离平衡、同离子效应、分布系数和分布曲线、质子条件式、缓冲溶液、酸碱指示剂、酸碱滴定突跃、直接滴定判据等概念,着重讨论各种酸碱系统中溶液酸度的计算、酸碱指示剂的原理及选择,用酸碱滴定曲线讨论酸碱滴定过程及指示剂的选择、酸碱滴定的各种基本类型及其应用等。

基本要求

※ 掌握酸碱质子理论的基本要点和解离平衡,会利用平衡关系或分布系数计算酸碱系统中各组分浓度;熟练掌握溶液酸度的计算。

※ 掌握缓冲溶液的组成、选择及相关计算。

※ 理解酸碱指示剂的作用原理,掌握甲基橙、酚酞等重要酸碱指示剂的变色情况,理解混合指示剂的原理。

※ 理解酸碱滴定曲线的意义;掌握滴定突跃概念;掌握主要酸碱系统直接滴定的判据,能正确选择指示剂。

※ 掌握酸碱滴定的主要方法及有关计算。

建议学时

10 学时。

4.1 酸碱质子理论

酸与碱的概念在化学中处于十分重要的地位。在化学的发展过程中,出现过多种酸碱理论,其中影响较大的有阿伦尼乌斯(Arrhenius S. A.)的酸碱电离理论、布朗斯特(Brönsted J. N.)和劳莱(Lowry T. M.)的质子理论、路易斯(Lewis G. N.)的电子理论以及皮尔逊(Pearson R. G.)的软硬酸碱理论,不同的酸碱理论有其各自的特点、适用范围及局限性。在本书中,主要以酸碱质子理论来讨论问题。

4.1.1 酸碱的定义

根据酸碱质子理论,凡是能给出质子(H^+)的物质是酸,凡是能接受质子的物质是碱,它们之间的关系可用下式表示:

$$酸 \rightleftharpoons 质子 + 碱$$
$$HA \rightleftharpoons H^+ + A^-$$

例如:
$$HAc \rightleftharpoons H^+ + Ac^-$$

上式中,HAc 能给出质子,故它是酸;它给出质子后,转化成的 Ac^- 能够接受质子,所以 Ac^- 是一种碱。

酸 HA 与碱 A⁻ 这样因一个质子的得失而互相转变的每一对酸碱(HA-A⁻),称为共轭酸碱对(conjugate acid-base pair)。HA 是 A⁻ 的共轭酸,A⁻ 是 HA 的共轭碱。

酸及其共轭碱(或碱及其共轭酸)相互转变的反应称为酸碱半反应。例如:

$$HAc \Longrightarrow H^+ + Ac^-$$
$$NH_4^+ \Longrightarrow H^+ + NH_3$$
$$H_2CO_3 \Longrightarrow H^+ + HCO_3^-$$
$$HCO_3^- \Longrightarrow H^+ + CO_3^{2-}$$

根据酸碱的定义和上述实例可以看出,酸和碱可以是中性分子,也可以是正、负离子。

在应用酸碱质子理论时,应注意如下几点。

(1)酸、碱是相对的。有些物质在不同的共轭酸碱对中分别呈现酸或碱的性质。例如:HCO_3^- 在酸碱半反应 $HCO_3^- \Longrightarrow H^+ + CO_3^{2-}$ 中表现为酸,而在酸碱半反应 $H_2CO_3 \Longrightarrow H^+ + HCO_3^-$ 中就表现为碱。

(2)共轭酸碱系统是不能独立存在的。由于质子半径特别小,电荷密度很大,它只能在水溶液中瞬间出现。因而当溶液中某一种酸给出质子后,必定有一种碱来接受。例如:HAc 在水溶液中解离时,溶剂 H_2O 就是接受质子的碱,相关反应为

$$HAc(aq) \Longrightarrow H^+(aq) + Ac^-(aq)$$
$$H_2O(l) + H^+(aq) \Longrightarrow H_3O^+(aq)$$

总反应为 $\qquad HAc(aq) + H_2O(l) \Longrightarrow H_3O^+(aq) + Ac^-(aq)$

简写为 $\qquad\qquad HAc \Longrightarrow H^+ + Ac^-$

4.1.2 酸碱的反应

1. 酸碱反应的实质

根据酸碱质子理论,酸碱反应的实质是质子在两个共轭酸碱对之间转移的结果。例如:HAc 与 NH_3 的反应为

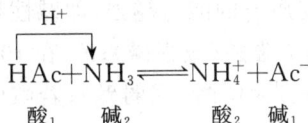

上述反应中,酸 HAc 给出质子转变为其共轭碱 Ac^-,而碱 NH_3 接受质子转变为其共轭酸 NH_4^+,可见,反应实质是由 HAc-Ac^- 与 NH_4^+-NH_3 两个共轭酸碱对进行质子交换。

酸和碱在水中的解离过程也是它们与水分子之间的质子转移过程。例如:

$$HCl + H_2O \Longrightarrow H_3O^+ + Cl^-$$
$$NH_3 + H_2O \Longrightarrow NH_4^+ + OH^-$$

水作为溶剂,在酸解离时接受质子起碱的作用,在碱解离时则失去质子起酸的作用。

2. 溶剂的质子自递反应与水的离子积

在水溶液中,作为溶剂的水既是质子酸又是质子碱,水分子间能发生质子的传递作用,称为水的质子自递作用。可用反应式表示为

$$H_2O + H_2O \Longrightarrow H_3O^+ + OH^-$$

简写为 $\qquad\qquad H_2O \Longrightarrow H^+ + OH^-$

根据化学平衡原理有

$$K_w^{\ominus} = \frac{c_{eq}(H^+)}{c^{\ominus}} \frac{c_{eq}(OH^-)}{c^{\ominus}} \quad (4\text{-}1)$$

式中:$K_w^{\ominus}$称为水的离子积常数,简称水的离子积(ionization product of water)。式(4-1)通常简写为

$$K_w^{\ominus} = [H^+][OH^-] \quad (4\text{-}2)$$

在 298.15 K 时,$K_w^{\ominus} = 1.0 \times 10^{-14}$。

4.2 弱电解质的解离平衡

4.2.1 一元弱酸和弱碱的解离平衡

1. 一元弱酸和弱碱的标准平衡常数

对于一元弱酸 HA,在水溶液中存在如下的解离平衡:

$$HA \Longrightarrow H^+ + A^-$$

解离反应的平衡常数为

$$K_a^{\ominus}(HA) = \frac{[H^+][A^-]}{[HA]} \quad (4\text{-}3)$$

$K_a^{\ominus}$越大,表明弱酸 HA 的解离程度越大,给出质子的能力越强。例如:298.15 K 时,HAc 的 $K_a^{\ominus} = 1.74 \times 10^{-5}$,HCN 的 $K_a^{\ominus} = 6.17 \times 10^{-10}$,则说明 HAc 的酸性比 HCN 强。

对于一元弱碱 MOH,在水溶液中存在如下的解离平衡:

$$MOH + H_2O \Longrightarrow MH_2O^+ + OH^-$$

简写为 $\qquad\qquad MOH \Longrightarrow M^+ + OH^-$

解离反应的平衡常数为

$$K_b^{\ominus}(MOH) = \frac{[M^+][OH^-]}{[MOH]} \quad (4\text{-}4)$$

$K_b^{\ominus}$越大,表明弱碱 MOH 接受质子的能力越强,即碱性越强。

一般认为,$K^{\ominus} > 1$ 的酸(或碱)为强酸(或强碱);$K^{\ominus}$ 在 $10^{-3} \sim 1$ 的酸(或碱)为中强酸(或中强碱);$K^{\ominus}$ 在 $10^{-7} \sim 10^{-3}$ 的酸(或碱)为弱酸(或弱碱);若酸(或碱)的 $K^{\ominus} < 10^{-7}$,则为极弱酸(或极弱碱)。

弱酸、弱碱的解离常数属于化学平衡常数的一类,其大小与浓度无关,只与温度、溶剂有关。由于解离反应的平衡常数受温度的影响较小,故一般应用时就使用 298.15 K 时的数据。

常见弱酸、弱碱的解离常数在 298.15 K 时的数据参见本书附录。

2. 标准平衡常数与解离度的关系

对于弱酸、弱碱等弱电解质,在水中的解离程度还可以用解离度来表示。解离度(degree of dissociation)一般用 α 表示,是指某电解质在水中达到解离平衡时,已解离的电解质的浓度与该电解质的初始浓度之比,即

$$解离度(\alpha) = \frac{已解离的弱电解质的浓度}{弱电解质的初始浓度} \quad (4\text{-}5)$$

在水中,温度、浓度相同的条件下,解离度越大的酸(或碱)的酸性(或碱性)就越强。

设 HA 的初始浓度为 c,则平衡时 HA 的浓度为 $c - c\alpha$。

$$HA \rightleftharpoons H^+ + A^-$$

初始浓度/(mol·L^{-1})　　　　　c　　0　　0

平衡浓度/(mol·L^{-1})　　　$c-c\alpha$　$c\alpha$　$c\alpha$

$$K_a^\ominus(HA)=\frac{[H^+][A^-]}{[HA]}=\frac{c\alpha c\alpha}{c-c\alpha}=\frac{c\alpha^2}{1-\alpha}$$

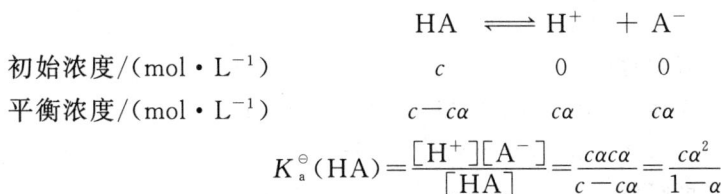

对于弱酸，α 一般很小，$1-\alpha\approx1$，则

$$K_a^\ominus(HA)=c\alpha^2,\quad \alpha=\sqrt{\frac{K_a^\ominus(HA)}{c}} \tag{4-6}$$

上述公式称为稀释定律(dilution law)。

【例 4-1】 求 0.10 mol·L^{-1} 的 HAc 溶液中 HAc 的解离度，并计算此溶液的[H$^+$]。

解　已知 $K_a^\ominus(HAc)=1.74\times10^{-5}$，则

$$\alpha=\sqrt{\frac{K_a^\ominus(HA)}{c}}=\sqrt{\frac{1.74\times10^{-5}}{0.10}}=1.3\%$$

$$[H^+]=c\alpha=0.10\times1.3\%\ mol\cdot L^{-1}=0.0013\ mol\cdot L^{-1}$$

【例 4-2】 求 0.010 mol·L^{-1} 的 HAc 溶液中 HAc 的解离度和[H$^+$]，并将结果与上例比较。

解　已知 $K_a^\ominus(HAc)=1.74\times10^{-5}$，则

$$\alpha=\sqrt{\frac{K_a^\ominus(HA)}{c}}=\sqrt{\frac{1.74\times10^{-5}}{0.010}}=4.2\%$$

$$[H^+]=c\alpha=0.010\times4.2\%\ mol\cdot L^{-1}=0.00042\ mol\cdot L^{-1}$$

结果表明，溶液稀释后，其解离度反而更大。

4.2.2　溶液的酸碱性

一种溶液是酸性还是碱性是由该溶液中 H$^+$ 与 OH$^-$ 的浓度的相对大小来衡量的。

[H$^+$]＞[OH$^-$]时　　溶液显酸性

[H$^+$]＜[OH$^-$]时　　溶液显碱性

[H$^+$]＝[OH$^-$]时　　溶液显中性

溶液的酸碱性大小用溶液的酸度(acid degree)来衡量。严格来说，酸度是指溶液中 H$_3$O$^+$ 的活度，常用 pH 值表示：

$$pH=-\lg\frac{a_{eq}(H^+)}{c^\ominus} \tag{4-7}$$

在稀溶液中可以简写为

$$pH=-\lg[H^+] \tag{4-8}$$

在 298.15 K 的水溶液中，有

pH＜7 时　　溶液显酸性

pH＞7 时　　溶液显碱性

pH＝7 时　　溶液显中性

4.2.3　同离子效应和盐效应

1. 同离子效应

在弱酸 HAc 水溶液中，加入少量 NaAc 固体，因为 NaAc 在水中完全解离，使溶液中 Ac$^-$ 的浓度增大，HAc 的质子转移平衡

$$HAc \Longrightarrow H^+ + Ac^-$$

向左移动,从而降低了 HAc 的解离度。

同理,在氨水中加入少量固体 NH_4Cl,也会使如下平衡向左移动:

$$NH_3 \cdot H_2O \Longrightarrow NH_4^+ + OH^-$$

结果导致 $NH_3 \cdot H_2O$ 的解离度降低。

这种在弱电解质溶液中,加入含有相同离子的易溶强电解质,导致弱电解质的解离度降低的现象,称为同离子效应。

同离子效应的实质是浓度对化学平衡移动的影响:增加产物浓度,化学平衡向逆反应方向移动。

【例 4-3】 在 $0.10\ mol \cdot L^{-1}$ HAc 溶液中,加入少量 NaAc 晶体,使其浓度为 $0.10\ mol \cdot L^{-1}$(忽略体积变化),比较加入 NaAc 晶体前后 H^+ 浓度和 HAc 的解离度的变化。

解 加入 NaAc 晶体前 H^+ 浓度和 HAc 的解离度从【例 4-1】可知:

$$[H^+] = 0.0013\ mol \cdot L^{-1}, \quad \alpha = 1.3\ \%$$

加入 NaAc 晶体后,设溶液中 H^+ 浓度为 $x\ mol \cdot L^{-1}$。

$$HAc \Longrightarrow H^+ + Ac^-$$

初始浓度 / $(mol \cdot L^{-1})$ 0.10 0 0.10

平衡浓度 / $(mol \cdot L^{-1})$ $0.10-x$ x $0.10+x$

$$K_a^\ominus(HAc) = \frac{[H^+][Ac^-]}{[HAc]} = \frac{x(0.10+x)}{0.10-x} = 1.74 \times 10^{-5}$$

由于 HAc 的 α 很小,加入 NaAc 晶体后由于同离子效应 α 变得更小,则

$$0.10+x \approx 0.10, \quad 0.10-x \approx 0.10$$

上式变为

$$\frac{0.10\ x}{0.10} \approx 1.74 \times 10^{-5}$$

$$[H^+] = 1.74 \times 10^{-5}\ mol \cdot L^{-1} \approx 1.7 \times 10^{-5}\ mol \cdot L^{-1}$$

$$\alpha = x/c = 1.7 \times 10^{-5}/0.10 = 0.017\ \%$$

从计算结果可以看出,加入 NaAc 晶体后,H^+ 浓度降低,HAc 的解离度变小。

2. 盐效应

如果在 HAc 溶液中加入不含相同离子的易溶强电解质(如 $NaCl$、KNO_3 等),由于溶液中离子强度增大,使离子间相互作用增强,H^+ 和 Ac^- 结合成 HAc 分子的机会减少,平衡向解离的方向移动,HAc 的解离度增大。这种作用称为盐效应。

在发生同离子效应时,也同时存在盐效应,只是同离子效应比盐效应强得多,故有同离子效应发生的情况下,不再考虑盐效应。

4.2.4 多元弱酸的分步解离

多元弱酸、弱碱在水溶液中是分步解离的,每一步都有相应的质子转移平衡。下面以 H_2S 水溶液为例来说明多元弱电解质溶液的分步解离。

H_2S 在水溶液中分两步解离:

$$H_2S \Longrightarrow H^+ + HS^- \qquad K_{a,1}^\ominus = 1.07 \times 10^{-7}$$

$$HS^- \Longrightarrow H^+ + S^{2-} \qquad K_{a,2}^\ominus = 1.26 \times 10^{-13}$$

由于第一步解离生成的 H^+ 对第二步的解离产生同离子效应,使得第二步解离比第一步解离还要弱很多。因此第二步解离对溶液 H^+ 浓度的贡献很小,可以忽略不计。

【例 4-4】 计算 25 ℃ 时 $0.10\ mol \cdot L^{-1}$ H_2S 水溶液的 pH 值及 S^{2-} 的浓度。

解　已知在 25 ℃时，$K_{a,1}^{\ominus}(H_2S)=1.07\times10^{-7}$，$K_{a,2}^{\ominus}(H_2S)=1.26\times10^{-13}$。

设第一级解离所产生的 HS^- 浓度为 x mol·L^{-1}，第二级解离所产生的 S^{2-} 浓度为 y mol·L^{-1}。

$$H_2S \Longleftrightarrow H^+ + HS^-$$

初始浓度/(mol·L^{-1})　　　　　　　　　0.10　　　0　　　0

平衡浓度/(mol·L^{-1})　　　　　　　0.10−x　$x+y$　$x-y$

$$HS^- \Longleftrightarrow H^+ + S^{2-}$$

平衡浓度/(mol·L^{-1})　　　　　　　$x-y$　$x+y$　y

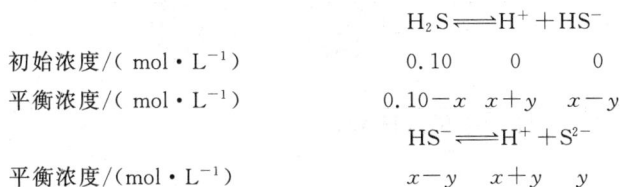

由于 $K_{a,1}^{\ominus} \gg K_{a,2}^{\ominus}$，再加上第一级解离对第二级解离的抑制作用，$y \ll x$，$x \pm y \approx x$，即$[H^+] \approx x$，$[HS^-] \approx x$，所以 HS^- 的平衡浓度可以直接根据 H_2S 的第一级解离求得：

$$K_{a,1}^{\ominus}=\frac{[H^+][HS^-]}{[H_2S]}$$

$$\approx \frac{x^2}{0.10-x}=1.07\times10^{-7}$$

解得　　　　　　　　　　　$x=1.03\times10^{-4}$，　pH=4.02

溶液中 S^{2-} 浓度可以通过第二级解离求出：

$$K_{a,2}^{\ominus}=\frac{[H^+][S^{2-}]}{[HS^-]}=\frac{(x+y)y}{x-y}\approx y$$

即　　　　　　　　　　　$[S^{2-}]\approx1.26\times10^{-13}$ mol·L^{-1}

4.3　酸碱平衡中有关浓度的计算

在酸碱平衡系统中，往往多种形式同时存在。例如在 HAc 平衡系统中，HAc、Ac^- 同时存在，只是在一定酸度条件下各种存在形式的浓度不同而已。

对于弱酸或弱碱来说，当酸度改变时，溶液中各种存在形式的酸或碱的浓度会随之发生变化，这种变化会对某些化学反应的进行有一定的影响。

4.3.1　分布系数与分布曲线

从酸（或碱）的解离反应式可知，当共轭酸碱对处于平衡状态时，溶液中存在 H^+ 和不同的酸碱形式。这时它们的浓度称为平衡浓度，各种存在形式的平衡浓度之和称为总浓度或分析浓度[①]。溶液中某种组分存在形式的平衡浓度占其总浓度的分数，称为该组分的分布系数（distribution coefficient），一般用 δ 表示。当溶液酸度发生变化时，组分的分布系数就会发生相应的变化。组分的分布系数与溶液 pH 值之间的关系曲线称为分布曲线（distribution curve）。讨论分布曲线以及分布系数有助于理解酸碱滴定的过程、终点误差以及分步滴定可能性，而且对于了解沉淀滴定、氧化还原滴定和配位滴定等的条件也是有用的。

对于一元弱酸 HAc，溶液中 HAc 和 Ac^- 的分布系数分别为

$$\delta(HAc)=\frac{[HAc]}{c(HAc)}, \quad \delta(Ac^-)=\frac{[Ac^-]}{c(HAc)} \tag{4-9}$$

根据物料平衡，某物质在水中解离达到平衡时，该物质各种存在形式的平衡浓度之和等于该物质的总浓度。因此

$$c(HAc)=[HAc]+[Ac^-] \tag{4-10}$$

---

① 为表达区别，在本章中，物质 B 的总浓度用 c(B)表示，平衡浓度用[B]表示。

此关系式称为物料等衡式(material balance equation,以 MBE 表示)。则

$$\delta(HAc)=\frac{[HAc]}{c(HAc)}=\frac{[HAc]}{[HAc]+[Ac^-]}=\frac{1}{1+\dfrac{[Ac^-]}{[HAc]}}=\frac{1}{1+\dfrac{K_a^\ominus(HAc)}{[H^+]}}$$

$$\delta(HAc)=\frac{[H^+]}{[H^+]+K_a^\ominus(HAc)} \tag{4-11}$$

同样可得

$$\delta(Ac^-)=\frac{[Ac^-]}{c(HAc)}=\frac{K_a^\ominus(HAc)}{[H^+]+K_a^\ominus(HAc)} \tag{4-12}$$

显然,某物质溶液中,各种存在形式分布系数之和为 1,即

$$\delta(HAc)+\delta(Ac^-)=1 \tag{4-13}$$

　　如果以 pH 值为横坐标,HAc 各种存在形式的分布系数为纵坐标,作图可得分布曲线,如图 4-1 所示。

　　从图中可以看到,当 $pH=pK_a^\ominus$ 时,$\delta(HAc)=\delta(Ac^-)=0.5$,溶液中 HAc 和 Ac^- 两种形式各占 50%;当 $pH\ll pK_a^\ominus$ 时,$\delta(HAc)\gg\delta(Ac^-)$,即溶液中 HAc 为主要存在形式;当 $pH\gg pK_a^\ominus$ 时,$\delta(HAc)\ll\delta(Ac^-)$,则溶液中主要以 Ac^- 形式存在。

　　对于二元酸 $H_2C_2O_4$,溶液中的存在形式有 $H_2C_2O_4$、$HC_2O_4^-$ 和 $C_2O_4^{2-}$ 三种,它们的分布系数分别为

$$\delta(H_2C_2O_4)=\frac{[H_2C_2O_4]}{c(H_2C_2O_4)}, \quad \delta(HC_2O_4^-)=\frac{[HC_2O_4^-]}{c(H_2C_2O_4)}, \quad \delta(C_2O_4^{2-})=\frac{[C_2O_4^{2-}]}{c(H_2C_2O_4)}$$

按照前面的方法,可以推导出

$$\delta(H_2C_2O_4)=\frac{[H^+]^2}{[H^+]^2+[H^+]K_{a,1}^\ominus+K_{a,1}^\ominus K_{a,2}^\ominus} \tag{4-14a}$$

$$\delta(HC_2O_4^-)=\frac{[H^+]K_{a,1}^\ominus}{[H^+]^2+[H^+]K_{a,1}^\ominus+K_{a,1}^\ominus K_{a,2}^\ominus} \tag{4-14b}$$

$$\delta(C_2O_4^{2-})=\frac{K_{a,1}^\ominus K_{a,2}^\ominus}{[H^+]^2+[H^+]K_{a,1}^\ominus+K_{a,1}^\ominus K_{a,2}^\ominus} \tag{4-14c}$$

$$\delta(H_2C_2O_4)+\delta(HC_2O_4^-)+\delta(C_2O_4^{2-})=1 \tag{4-15}$$

根据分布系数,可以绘出 $H_2C_2O_4$ 的分布曲线,如图 4-2 所示。

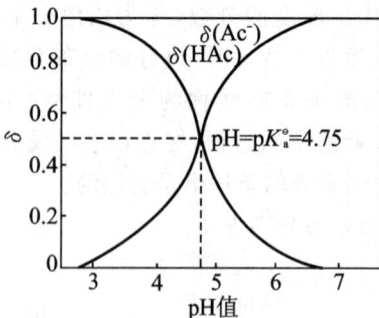

图 4-1　HAc 的分布曲线　　　　　图 4-2　$H_2C_2O_4$ 的分布曲线

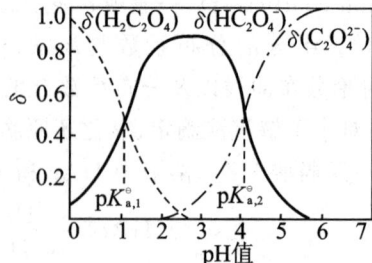

4.3.2　有关组分平衡浓度的计算

　　有关组分平衡浓度的计算主要有两种方法。

　　(1)根据某种物质的总浓度,以及组分在一定 pH 值条件下的分布系数就可求得相应组分

的平衡浓度。

【例 4-5】 计算 pH＝2.00 时, $c(H_2C_2O_4)=0.010$ mol·L^{-1} 的 $H_2C_2O_4$ 溶液中各种存在形式的平衡浓度；如果 pH＝6.00，溶液中的主要存在形式为何种组分？

解 pH＝2.00 时，有

$$[H_2C_2O_4]=\delta(H_2C_2O_4)c(H_2C_2O_4),\quad [HC_2O_4^-]=\delta(HC_2O_4^-)c(H_2C_2O_4)$$
$$[C_2O_4^{2-}]=\delta(C_2O_4^{2-})c(H_2C_2O_4)$$

$$\delta(H_2C_2O_4)=\frac{[H^+]^2}{[H^+]^2+[H^+]K_{a,1}^\ominus+K_{a,1}^\ominus K_{a,2}^\ominus}$$
$$=\frac{(10^{-2.00})^2}{(10^{-2.00})^2+10^{-2.00}\times(5.90\times10^{-2})+(5.90\times10^{-2})\times(6.40\times10^{-5})}=0.145$$

同样可求得

$$\delta(HC_2O_4^-)=\frac{[H^+]K_{a,1}^\ominus}{[H^+]^2+[H^+]K_{a,1}^\ominus+K_{a,1}^\ominus K_{a,2}^\ominus}$$
$$=\frac{10^{-2.00}\times(5.90\times10^{-2})}{(10^{-2.00})^2+10^{-2.00}\times(5.90\times10^{-2})+(5.90\times10^{-2})\times(6.40\times10^{-5})}=0.855$$

$$\delta(C_2O_4^{2-})=\frac{K_{a,1}^\ominus K_{a,2}^\ominus}{[H^+]^2+[H^+]K_{a,1}^\ominus+K_{a,1}^\ominus K_{a,2}^\ominus}$$
$$=\frac{(5.90\times10^{-2})\times(6.40\times10^{-5})}{(10^{-2.00})^2+10^{-2.00}\times(5.90\times10^{-2})+(5.90\times10^{-2})\times(6.40\times10^{-5})}\approx0$$

故当 pH＝2.00 时，有

$$[H_2C_2O_4]=c(H_2C_2O_4)\delta(H_2C_2O_4)=0.010\times0.145\text{ mol·L}^{-1}=0.00145\text{ mol·L}^{-1}$$
$$[HC_2O_4^-]=c(H_2C_2O_4)\delta(HC_2O_4^-)=0.010\times0.855\text{ mol·L}^{-1}=0.00855\text{ mol·L}^{-1}$$
$$[C_2O_4^{2-}]=c(H_2C_2O_4)\delta(C_2O_4^{2-})\approx0.010\times0\text{ mol·L}^{-1}=0\text{ mol·L}^{-1}$$

当 pH＝6.00 时，同理可求得

$$\delta(H_2C_2O_4)\approx0,\quad \delta(HC_2O_4^-)=0.015,\quad \delta(C_2O_4^{2-})=0.985$$

可见，pH＝6.00 时，溶液中的主要存在形式是 $C_2O_4^{2-}$。

（2）根据平衡关系，利用解离常数和总浓度等其他已知条件，求得相应组分的平衡浓度。

【例 4-6】 计算在 0.10 mol·L^{-1} HAc 溶液中，各组分的平衡浓度。已知 $K_a^\ominus(HAc)=1.74\times10^{-5}$。

解 设 $[H^+]=x$ mol·L^{-1}，在水溶液中，HAc 存在如下解离平衡：

$$HAc \Longrightarrow H^+ + Ac^-$$

初始浓度/（mol·L^{-1}）   0.10   0   0

平衡浓度/（mol·L^{-1}） $0.10-x$ x x

$$K_a^\ominus(HA)=\frac{[H^+][Ac^-]}{[HAc]}=\frac{x^2}{0.10-x}$$

对于弱酸，x 一般很小，当 $\sigma<5\%$ 时，则 $1-\sigma\approx1$。计算得 $c/K_a>400$，$0.10-x\approx0.10$，则

$$x\approx\sqrt{0.10K_a^\ominus(HA)}=\sqrt{0.10\times1.74\times10^{-5}}=1.3\times10^{-3}$$

即

$$[H^+]=[Ac^-]=1.3\times10^{-3}\text{ mol·L}^{-1}$$
$$[HAc]\approx0.1\text{ mol·L}^{-1}$$

4.4 溶液酸度的计算方法

溶液的酸度可以通过测定或计算得到，计算的方法主要有代数法（又称计算法）和图解法两种。本书只讨论利用质子条件式以及其他一些平衡关系和已知条件来计算溶液酸度的代数法。

4.4.1 质子条件式

质子条件式(proton balance equation,以 PBE 表示)是指酸碱反应中的质子转移的等衡关系的数学表达式,又称为质子等衡式。

质子条件式的确定方法主要有两种:①零水准法;②由物料等衡式及电荷等衡式求得。本书只介绍零水准法。

零水准法首先要选取零水准,其次将系统中其他存在形式与零水准比较,看哪些组分得质子,哪些组分失质子,得、失质子数各是多少,最后根据得、失质子数相等的原则写出等式。

下面以 Na_2CO_3 水溶液为例,介绍质子条件式的确定过程。

作为零水准的物质一般是存在于该溶液中并参与质子转移的大量物质。在 Na_2CO_3 水溶液中,符合要求的是 CO_3^{2-} 和 H_2O,选择两者作为零水准,它们参与以下平衡:

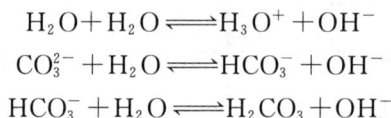

$$H_2O + H_2O \rightleftharpoons H_3O^+ + OH^-$$
$$CO_3^{2-} + H_2O \rightleftharpoons HCO_3^- + OH^-$$
$$HCO_3^- + H_2O \rightleftharpoons H_2CO_3 + OH^-$$

可以看出,除 CO_3^{2-} 及 H_2O 外,其他存在形式有 H_3O^+、OH^-、HCO_3^-、H_2CO_3。将 H_3O^+、OH^- 与 H_2O 比较,H_3O^+(即 H^+)是得一个质子的产物,OH^- 是失一个质子的产物;将 HCO_3^-、H_2CO_3 与 CO_3^{2-} 比较,HCO_3^- 是得一个质子的产物,H_2CO_3 是得两个质子的产物。根据得、失质子数相等的原则,可得

$$n(H^+) + n(HCO_3^-) + 2n(H_2CO_3) = n(OH^-)$$

即

$$[H^+] + [HCO_3^-] + 2[H_2CO_3] = [OH^-]$$

或

$$[H^+] = [OH^-] - [HCO_3^-] - 2[H_2CO_3]$$

上式就是 Na_2CO_3 溶液的质子条件式,它表明这种水溶液中的质子是由三方面贡献的,分别是水的解离、H_2CO_3 的第一级解离和第二级解离。

【例 4-7】 分别写出 NH_4Cl、$H_2C_2O_4$、$(NH_4)_2HPO_4$ 水溶液的质子条件式。

解 对于 NH_4Cl 水溶液,可以选择 H_2O 和 NH_4^+ 作为零水准,存在以下平衡:

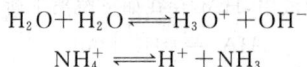

$$H_2O + H_2O \rightleftharpoons H_3O^+ + OH^-$$
$$NH_4^+ \rightleftharpoons H^+ + NH_3$$

与 H_2O 比较,H_3O^+ 是得一个质子的产物,OH^- 是失一个质子的产物;与 NH_4^+ 相比,NH_3 是失一个质子的产物,因此,有

$$[H^+] = [OH^-] + [NH_3]$$

对于 $H_2C_2O_4$ 水溶液,可以选择 H_2O 和 $H_2C_2O_4$ 作为零水准,存在以下平衡:

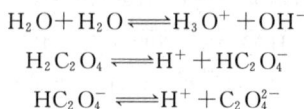

$$H_2O + H_2O \rightleftharpoons H_3O^+ + OH^-$$
$$H_2C_2O_4 \rightleftharpoons H^+ + HC_2O_4^-$$
$$HC_2O_4^- \rightleftharpoons H^+ + C_2O_4^{2-}$$

与 H_2O 比较,H_3O^+ 是得一个质子的产物,OH^- 是失一个质子的产物;与 $H_2C_2O_4$ 相比,$HC_2O_4^-$ 是失一个质子的产物,$C_2O_4^{2-}$ 是失两个质子的产物,因此,有

$$[H^+] = [OH^-] + [HC_2O_4^-] + 2[C_2O_4^{2-}]$$

对于 $(NH_4)_2HPO_4$ 水溶液,可以选择 H_2O、NH_4^+ 和 HPO_4^{2-} 作为零水准,存在以下平衡:

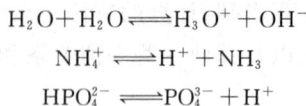

$$H_2O + H_2O \rightleftharpoons H_3O^+ + OH^-$$
$$NH_4^+ \rightleftharpoons H^+ + NH_3$$
$$HPO_4^{2-} \rightleftharpoons PO_4^{3-} + H^+$$

$$HPO_4^{2-} + H_2O \Longrightarrow H_2PO_4^- + OH^-$$

$$H_2PO_4^- + H_2O \Longrightarrow H_3PO_4 + OH^-$$

与 H_2O 比较，H_3O^+ 是得一个质子的产物，OH^- 是失一个质子的产物；与 NH_4^+ 相比，NH_3 是失一个质子的产物；与 HPO_4^{2-} 比较，$H_2PO_4^-$ 是得一个质子的产物，H_3PO_4 是得两个质子的产物，PO_4^{3-} 是失一个质子的产物。因此，有

$$[H^+] + [H_2PO_4^-] + 2[H_3PO_4] = [OH^-] + [PO_4^{3-}] + [NH_3]$$

或　　　　　　　　$$[H^+] = [OH^-] + [PO_4^{3-}] + [NH_3] - [H_2PO_4^-] - 2[H_3PO_4]$$

4.4.2　溶液酸度的计算

1. 一元弱酸(碱)溶液酸度的计算

对于一元弱酸 HA，水溶液中存在以下平衡：

$$HA \Longrightarrow H^+ + A^-$$

$$H_2O \Longrightarrow H^+ + OH^-$$

选择 H_2O、HA 为零水准，则溶液的 PBE 为

$$[H^+] = [OH^-] + [A^-] \tag{4-16}$$

上式说明，一元弱酸 HA 水溶液中$[H^+]$来自两个方面，一方面是弱酸本身的解离，即

$$[A^-] = \frac{K_a^\ominus(HA)[HA]}{[H^+]} \tag{4-17}$$

另一方面是水的解离，即

$$[OH^-] = \frac{K_w^\ominus}{[H^+]} \tag{4-18}$$

将以上两个平衡关系式代入式(4-16)并整理可得

$$[H^+] = \sqrt{K_a^\ominus[HA] + K_w^\ominus} \tag{4-19}$$

式中：$[HA] = \delta(HA)c(HA)$，而 $\delta(HA) = \dfrac{[H^+]}{[H^+] + K_a^\ominus(HA)}$。

式(4-19)是计算一元弱酸溶液酸度的精确式。

显然精确式的求解比较麻烦，而且在实际工作中也常常没有必要，完全可以根据不同情况下的允许误差，按具体情况作近似处理。具体有以下三种情况。

(1)如果 $cK_a^\ominus \geqslant 10K_w^\ominus$，就可以忽略 $K_w^\ominus$，且$[HA] = c - [H^+]$，则

$$[H^+] = \sqrt{K_a^\ominus(c - [H^+])} \tag{4-20}$$

这是计算一元弱酸水溶液的$[H^+]$的近似式。

(2)如果再满足 $\dfrac{c}{K_a^\ominus} \geqslant 400$，则$[HA] \approx c$，有

$$[H^+] = \sqrt{K_a^\ominus c} \tag{4-21}$$

或　　　　　　　　$$pH = \frac{1}{2}pK_a^\ominus - \frac{1}{2}\lg c \tag{4-22}$$

这就是计算一元弱酸水溶液的$[H^+]$的最简式。

(3)如果只满足 $\dfrac{c}{K_a^\ominus} \geqslant 400$，但不满足 $cK_a^\ominus \geqslant 10\ K_w^\ominus$，则

$$[H^+] = \sqrt{K_a^\ominus c + K_w^\ominus} \tag{4-23}$$

这也是计算一元弱酸水溶液的$[H^+]$的近似式。

对于一元弱碱,处理方法以及计算公式、使用条件也相似,只需把相应公式及其判断条件中的 $K_a^\ominus$ 换成 $K_b^\ominus$,将[H^+]换成[OH^-]即可,即

$$[OH^-]=\sqrt{K_b^\ominus(c-[OH^-])} \tag{4-24}$$

$$[OH^-]=\sqrt{K_b^\ominus c} \tag{4-25}$$

$$[OH^-]=\sqrt{K_b^\ominus c+K_w^\ominus} \tag{4-26}$$

2. 两性物质溶液酸度的计算

以 NaHA 为例,计算两性物质水溶液的酸度。

NaHA 为多元酸第一级解离的产物,其水溶液中存在以下解离平衡:

$$HA^-\rightleftharpoons A^{2-}+H^+$$

$$HA^-+H_2O\rightleftharpoons H_2A+OH^-$$

$$H_2O\rightleftharpoons H^++OH^-$$

选择 HA^- 和 H_2O 为零水准,则此溶液的 PBE 为

$$[H^+]=[OH^-]+[A^{2-}]-[H_2A] \tag{4-27}$$

式中:$[OH^-]=\dfrac{K_w^\ominus}{[H^+]}$,$[A^{2-}]=K_{a,2}^\ominus\dfrac{[HA^-]}{[H^+]}$,$[H_2A]=\dfrac{[HA^-][H^+]}{K_{a,1}^\ominus}$。

将这些平衡关系式代入式(4-27),整理后得

$$[H^+]=\sqrt{\dfrac{K_{a,1}^\ominus(K_{a,2}^\ominus[HA^-]+K_w^\ominus)}{K_{a,1}^\ominus+[HA^-]}} \tag{4-28}$$

此式为计算 NaHA 水溶液[H^+]的精确式。在计算时可根据具体条件进行近似处理。

(1)由于一般多元酸的 $K_{a,1}^\ominus$ 与 $K_{a,2}^\ominus$ 相差较大,因而 HA^- 的第二级解离以及 HA^- 接受质子的能力都很弱,可以认为[HA^-]≈c,则

$$[H^+]=\sqrt{\dfrac{K_{a,1}^\ominus(K_{a,2}^\ominus c+K_w^\ominus)}{K_{a,1}^\ominus+c}} \tag{4-29}$$

(2)若 $cK_{a,2}^\ominus>10K_w^\ominus$,就可以忽略水的解离的影响,因此有

$$[H^+]=\sqrt{\dfrac{K_{a,1}^\ominus K_{a,2}^\ominus c}{K_{a,1}^\ominus+c}} \tag{4-30}$$

这就是计算[H^+]的近似式。

(3)若系统还满足 $c>10K_{a,1}^\ominus$,这时就可忽略分母中的 $K_{a,1}^\ominus$ 项,则

$$[H^+]=\sqrt{K_{a,1}^\ominus K_{a,2}^\ominus} \tag{4-31}$$

或

$$pH=\dfrac{1}{2}(pK_{a,1}^\ominus+pK_{a,2}^\ominus) \tag{4-32}$$

这就是最简式。

(4)若系统只满足 $c>10K_{a,1}^\ominus$,而不满足 $cK_{a,2}^\ominus>10K_w^\ominus$,那么就不能忽略水的解离的影响,故有

$$[H^+]=\sqrt{\dfrac{K_{a,1}^\ominus(K_{a,2}^\ominus c+K_w^\ominus)}{c}} \tag{4-33}$$

还有另一类两性物质,如 NH_4Ac,在水溶液中存在如下解离平衡:

$$Ac^-+H_2O\rightleftharpoons HAc+OH^-$$

$$NH_4^++H_2O\rightleftharpoons NH_3+H_3O^+$$

$$H_2O\rightleftharpoons H^++OH^-$$

以 $K_a^\ominus$ 表示正离子酸(NH_4^+)的解离常数，$K_a^{\ominus\prime}$ 表示负离子碱(Ac^-)的共轭酸的解离常数，则这类两性物质的水溶液的[H^+]的最简式为

$$[H^+]=\sqrt{K_a^\ominus K_a^{\ominus\prime}} \tag{4-34a}$$

或

$$pH=\frac{1}{2}(pK_a^\ominus+pK_a^{\ominus\prime}) \tag{4-34b}$$

3. 弱酸（或弱碱）及其共轭碱（或共轭酸）水溶液酸度的计算

由于同离子效应的存在，这种系统无论是弱酸（或弱碱），还是其共轭碱（或共轭酸），它们的解离度都较小，故计算酸度一般采用最简式：

$$[H^+]=K_a^\ominus\frac{c_a}{c_b} \tag{4-35a}$$

或

$$pH=pK_a^\ominus-\lg\frac{c_a}{c_b} \tag{4-35b}$$

4. 多元酸（或多元碱）水溶液酸度的计算

对于多元酸（或多元碱），一般情况下可作为一元弱酸（或一元弱碱）处理。

5. 极稀强酸（或强碱）水溶液酸度的计算

对于极稀的一元强酸（或强碱）水溶液（浓度接近 $10^{-7}mol\cdot L^{-1}$），计算酸度时应考虑水解离的贡献。

【例 4-8】　计算 $c(HCl)=2.0\times10^{-7}\ mol\cdot L^{-1}$ 的 HCl 溶液的 pH 值。

解　在题目给定条件下，计算溶液的酸度不能忽略水的解离的影响，溶液的 PBE 为

$$[H^+]=[OH^-]+c$$

则

$$[H^+]=\frac{1}{2}(c+\sqrt{c^2+4K_w^\ominus})$$
$$=\frac{1}{2}\times[2.0\times10^{-7}+\sqrt{(2.0\times10^{-7})^2+4\times1.0\times10^{-14}}]\ mol\cdot L^{-1}$$
$$=2.4\times10^{-7}\ mol\cdot L^{-1}$$

故

$$pH=6.62$$

4.5　酸碱缓冲溶液

4.5.1　缓冲溶液的缓冲原理

能够抵抗外加少量酸、碱或适当稀释，而本身 pH 值基本保持不变的溶液，称为缓冲溶液（buffer solution）。一般来说，弱酸及其共轭碱可组成缓冲溶液。如在 HAc -NaAc 缓冲溶液中存在下列平衡：

$$HAc \rightleftharpoons H^+ + Ac^-$$

HAc 只能部分解离，而 NaAc 则能完全解离，使溶液中 Ac^- 浓度增大。由于同离子效应，抑制了 HAc 的解离，溶液中 HAc 浓度较大，而 H^+ 浓度相对较低。

当往 HAc -NaAc 缓冲溶液中加少量强酸（如 HCl）时，H^+ 和溶液中 Ac^- 结合成 HAc，使上述质子转移平衡向左移动，结果溶液中 H^+ 浓度几乎没有升高，即溶液的 pH 值几乎保持不变。

当加入少量强碱（如 NaOH）时，OH^- 就和溶液中的 H^+ 结合成 H_2O，使上述平衡向右移动，以补充 H^+ 的消耗，结果溶液中 H^+ 浓度几乎没有降低，pH 值几乎不变。

当加少量水稀释时,溶液中 H^+ 浓度和其他离子浓度相应地降低,促使 HAc 的解离平衡向右移动,达到新的平衡时,溶液中 H^+ 浓度几乎保持不变。

4.5.2 缓冲容量与缓冲范围

任何缓冲溶液的缓冲能力都是有限的。若向系统中加入过多的酸或碱,或者过分稀释,都有可能使缓冲溶液失去缓冲作用。缓冲能力的大小用缓冲容量来衡量。缓冲容量是指单位体积的缓冲溶液的 pH 值改变极小值所需的酸或碱的物质的量,用 β 表示。

$$\beta = \frac{\mathrm{d}c_{\text{碱}}}{\mathrm{dpH}} = -\frac{\mathrm{d}c_{\text{酸}}}{\mathrm{dpH}}$$

缓冲容量的大小与缓冲溶液的总浓度及其组分有关。当缓冲溶液的总浓度一定时,缓冲组分的浓度比越接近 1,缓冲容量越大;缓冲组分的浓度比等于 1 时,缓冲容量最大,缓冲能力最大。通常,缓冲溶液两组分的浓度比控制在 0.1~10 较合适,超出此范围则认为失去缓冲作用。

缓冲溶液的缓冲能力一般在 $pK_a^{\ominus} - 1 < pH < pK_a^{\ominus} + 1$ 的范围内,这就是缓冲范围。不同缓冲系统,由于 pK_a 不同,它们的缓冲范围也不同。

4.5.3 酸碱缓冲对的分类与选择

酸碱缓冲溶液根据用途的不同可以分成两大类:标准酸碱缓冲溶液和普通酸碱缓冲溶液。

标准酸碱缓冲溶液(标准缓冲溶液)主要用于校正酸度计,它们的 pH 值一般是通过严格的实验测定的,数值准确。普通酸碱缓冲溶液主要用于化学反应或生产过程中酸度的控制,在实际工作中应用很广。

选择酸碱缓冲对时,主要考虑以下三点。

(1)对正常的化学反应不构成干扰,除维持酸度外,不能发生副反应。

(2)应有较大的缓冲能力。为了达到这一要求,所选择系统中两组分的浓度比应尽量接近 1,浓度要大一些。

(3)所需控制的 pH 值应在缓冲溶液的缓冲范围之内。若缓冲溶液是由弱酸及其共轭碱组成的,则 pK_a 应尽量与所需控制的 pH 值一致。

实际应用时,可查相关手册来选择合适的酸碱缓冲对。

4.5.4 缓冲溶液的计算与配制

对于弱酸及其共轭碱 HA-A$^-$ 组成的缓冲溶液,溶液中的质子转移反应为

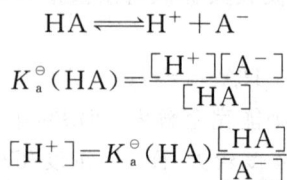

$$HA \Longrightarrow H^+ + A^-$$

$$K_a^{\ominus}(HA) = \frac{[H^+][A^-]}{[HA]}$$

$$[H^+] = K_a^{\ominus}(HA)\frac{[HA]}{[A^-]}$$

由于 HA 的解离度很小,系统中又有 A$^-$ 存在,由于同离子效应,解离度变得更小。因此,达到平衡状态时,系统中 HA 可近似看做未发生解离,其平衡浓度可用初始浓度(总浓度)代替,则上式变为

$$[H^+] = K_a^{\ominus}(HA)\frac{c(HA)}{c(A^-)} \tag{4-36}$$

或
$$[H^+] = K_a^{\ominus} \frac{c_{\text{酸}}}{c_{\text{碱}}} \tag{4-37a}$$

$$pH = pK_a^{\ominus} - \lg \frac{c_{\text{酸}}}{c_{\text{碱}}} \tag{4-37b}$$

对于弱碱及其共轭酸组成的缓冲溶液,同理可推出如下的公式:

$$[OH^-] = K_b^{\ominus} \frac{c_{\text{碱}}}{c_{\text{酸}}} \tag{4-38a}$$

$$pOH = pK_b^{\ominus} - \lg \frac{c_{\text{碱}}}{c_{\text{酸}}} \tag{4-38b}$$

【例 4-9】　计算如何配制 1.0 L,pH=5.0,弱酸浓度为 0.10 mol·L^{-1} 的缓冲溶液。

解　因为 HAc 的 p$K_a^{\ominus}$=4.75,接近 5.0,故选用 HAc -NaAc 缓冲系统。

根据缓冲溶液 pH 值的计算公式,有

$$pH = pK_a^{\ominus}(HAc) - \lg \frac{c(HAc)}{c(NaAc)}$$

$$5.0 = 4.75 - \lg \frac{c(HAc)}{c(NaAc)}$$

解得
$$\frac{c(HAc)}{c(NaAc)} = 0.56$$

$$c(NaAc) = \frac{c(HAc)}{0.56} = \frac{0.10}{0.56} \text{ mol·L}^{-1} = 0.18 \text{ mol·L}^{-1}$$

故配制缓冲溶液时,取 0.10 mol·L^{-1} HAc 溶液 1.0 L,并向其中加入如下质量的 NaAc 固体:

$$m(NaAc) = c(NaAc)V(NaAc)M(NaAc)$$
$$= 0.18 \times 1.0 \times 82 \text{ g} = 14.8 \text{ g}$$

4.6　酸碱指示剂

4.6.1　酸碱指示剂的概念

在一定 pH 值范围内能够利用本身的颜色改变来指示溶液的 pH 值变化的物质称为酸碱指示剂(acid-base indicator)。在酸碱滴定中,一般用酸碱指示剂来指示滴定终点。

酸碱指示剂一般是弱的有机酸或有机碱,它的酸式及其共轭碱式具有不同的颜色。当溶液的 pH 值改变时,指示剂失去质子由酸式变为碱式,或得到质子由碱式变为酸式,由于结构发生变化,从而引起颜色的变化。

例如,甲基橙在水溶液中存在如下平衡:

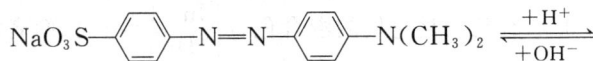

$$NaO_3S \text{—} \bigcirc \text{—} N{=}N \text{—} \bigcirc \text{—} N(CH_3)_2 \underset{+OH^-}{\overset{+H^+}{\rightleftharpoons}}$$

黄色,分子(偶氮式)

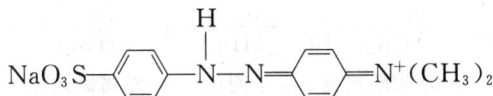

$$NaO_3S \text{—} \bigcirc \text{—} \overset{H}{N} \text{—} N{=}\bigcirc{=}N^+(CH_3)_2$$

红色,离子(醌式)

由平衡关系可以看出,增大溶液的酸度,甲基橙主要以醌式结构的离子形式存在,溶液显红色;降低溶液的酸度,甲基橙主要以偶氮式结构存在,溶液显黄色。

又如,酚酞在水溶液中存在如下平衡:

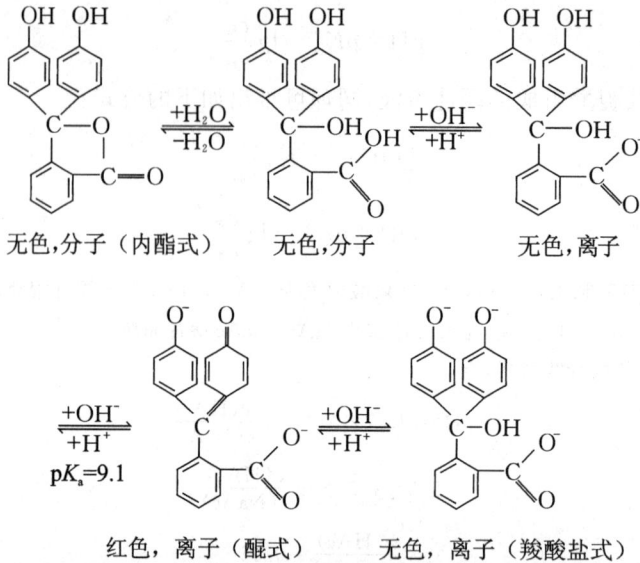

无色,分子（内酯式）　　　　　无色,分子　　　　　　　无色，离子

红色，离子（醌式）　　　　　　无色，离子（羧酸盐式）

由平衡关系可以看出:在酸性溶液中,酚酞以各种无色分子形式存在;在碱性溶液中,转化为醌式后显红色,但在很强的碱性溶液中,酚酞有可能转化为无色的羧酸盐式。

4.6.2　指示剂的变色范围

若以 HIn 表示一种弱酸型指示剂,In^- 为其共轭碱,在水溶液中存在以下平衡:

$$HIn \Longleftrightarrow H^+ + In^-$$

相应的平衡常数为

$$K_a^\ominus = \frac{[H^+][In^-]}{[HIn]} \tag{4-39a}$$

或

$$\frac{[HIn]}{[In^-]} = \frac{[H^+]}{K_a^\ominus} \tag{4-39b}$$

式中:$[In^-]$代表碱式色的浓度;$[HIn]$代表酸式色的浓度。

由式(4-39b)可见,只要酸碱指示剂一定,$K_a^\ominus$(HIn)在一定条件下为一常数,$\frac{[In^-]}{[HIn]}$就只取决于溶液中$[H^+]$的大小,所以酸碱指示剂能指示溶液酸度。

一般来说,如果$\frac{[In^-]}{[HIn]} \geqslant 10$,看到的是 In^- 的颜色;如果$\frac{[In^-]}{[HIn]} \leqslant 0.1$,看到的是 HIn 的颜色;如果$10 > \frac{[In^-]}{[HIn]} > 0.1$,看到的是它们的混合色。$\frac{[In^-]}{[HIn]} = 1$ 时,两者浓度相等,此时,pH$=$p$K_a^\ominus$,称为指示剂的理论变色点。即

$$\frac{[In^-]}{[HIn]} < \frac{1}{10} \quad \frac{[In^-]}{[HIn]} = \frac{1}{10} \quad \frac{[In^-]}{[HIn]} = 1 \quad \frac{[In^-]}{[HIn]} = 10 \quad \frac{[In^-]}{[HIn]} > 10$$

　　　酸式色　　　略带酸式色　　　中间色　　　略带碱式色　　　碱式色

因此,当溶液的 pH 值由(p$K_a^\ominus$-1)变化到(p$K_a^\ominus$+1)时,就能明显地看到指示剂由酸式色变为碱式色。因此 p$K_a^\ominus$-1$<$pH$<$p$K_a^\ominus$+1 就是指示剂变色的 pH 值范围,称为指示剂变色范围。

由此可见,不同的酸碱指示剂,$pK_a^{\ominus}$值不同,它们的变色范围就不同,所以不同的酸碱指示剂就能指示不同的酸度变化。表 4-1 列出了一些常用的酸碱指示剂的变色范围。

表 4-1　一些常用的酸碱指示剂

指　示　剂	变色范围	颜 色 变 化	$pK_a^{\ominus}$(HIn)	常 见 溶 液
百里酚酞	1.2～2.8	红色～黄色	1.7	0.1%的20%乙醇溶液
甲基黄	2.9～4.0	红色～黄色	3.3	0.1%的90%乙醇溶液
甲基橙	3.1～4.4	红色～黄色	3.4	0.05%的水溶液
溴酚蓝	3.0～4.6	黄色～紫色	4.1	0.1%的20%乙醇溶液或其钠盐水溶液
溴甲酚绿	4.0～5.6	黄色～蓝色	4.9	0.1%的20%乙醇溶液或其钠盐水溶液
甲基红	4.4～6.2	红色～黄色	5.2	0.1%的60%乙醇溶液或其钠盐水溶液
溴百里酚蓝	6.2～7.6	黄色～蓝色	7.3	0.1%的20%乙醇溶液或其钠盐水溶液
中性红	6.8～8.0	红色～黄橙色	7.4	0.1%的60%乙醇溶液
苯酚红	6.8～8.4	黄色～红色	8.0	0.1%的60%乙醇溶液或其钠盐水溶液
酚酞	8.0～10.0	无色～红色	9.1	0.5%的90%乙醇溶液
百里酚蓝	8.0～9.6	黄色～蓝色	8.9	0.1%的20%乙醇溶液
百里酚酞	9.4～10.6	无色～蓝色	10.0	0.1%的90%乙醇溶液

影响酸碱指示剂变色范围的因素主要有以下几个方面。

(1)酸碱指示剂的变色范围是靠人的眼睛观察出来的,人眼对不同颜色的敏感程度不同,不同的人对同一种颜色的敏感程度不同,加上酸碱指示剂两种颜色之间的相互掩盖作用,会导致变色范围的不同。例如:甲基橙的变色范围就不是 pH=2.4～4.4,而是 pH=3.1～4.4,这就是由于人眼对红色比黄色敏感,使得酸式一边的变色范围相对较窄。

(2)温度、溶剂以及一些强电解质的存在也会改变酸碱指示剂的变色范围,主要在于这些因素会影响指示剂的解离常数 $K_a^{\ominus}$(HIn)的大小。例如:甲基橙指示剂在 18 ℃时的变色范围为 pH=3.1～4.4,而 100 ℃时为 pH=2.5～3.7。

(3)对于单色指示剂(如酚酞),指示剂用量的不同也会影响变色范围,用量过多将会使指示剂的变色范围向 pH 值低的一方移动。另外,用量过多还会影响酸碱指示剂变色的敏锐程度,且会消耗一定量的滴定剂。

4.6.3　混合指示剂

在酸碱滴定中,有时需要将滴定终点限制在较窄的 pH 值范围内,这时可采用混合指示剂(mixed indicator)。

混合指示剂是利用颜色互补作用使终点变色敏锐。混合指示剂有两类:一类由两种或两种以上的指示剂混合而成,如溴甲酚绿和甲基红按一定比例混合后,酸色为酒红色,碱色为绿色,中间色为浅灰色,变化十分明显;另一类混合指示剂由某种指示剂和一种惰性染料(如亚甲基蓝、靛蓝二磺酸钠等)组成,也是利用颜色互补来提高颜色变化的敏锐性。常见的酸碱混合指示剂见表 4-2。

表 4-2　常见的酸碱混合指示剂

混合指示剂溶液的组成	变色时 pH 值	颜色变化	备　　注
一份 0.1%甲基黄乙醇溶液 一份 0.1%亚甲基蓝乙醇溶液	3.25	蓝紫色~绿色	pH＝3.4,绿色; pH＝3.2,蓝紫色
一份 0.1%甲基橙水溶液 一份 0.25%靛蓝二磺酸水溶液	4.1	紫色~黄绿色	
一份 0.1%溴甲酚绿钠盐水溶液 一份 0.02%甲基橙水溶液	4.3	橙色~蓝绿色	pH＝3.5,黄色;pH＝4.05,绿色; pH＝4.8,浅绿色
三份 0.1%溴甲酚绿乙醇溶液 一份 0~2%甲基红乙醇溶液	5.1	酒红色~绿色	
一份 0.1%溴甲酚绿钠盐水溶液 一份 0.1%氯酚红钠盐水溶液	6.1	黄绿色~ 蓝紫色	pH＝5.4,蓝绿色;pH＝5.8,蓝色; pH＝6.0,蓝带紫色;pH＝6.2,蓝紫色
一份 0.1%中性红乙醇溶液 一份 0.1%亚甲基蓝乙醇溶液	7.0	蓝紫色~绿色	pH＝7.0,蓝紫色
一份 0.1%甲酚红钠盐水溶液 三份 0.1%百里酚蓝钠盐水溶液	8.3	黄色~紫色	pH＝8.2,玫瑰红色; pH＝8.4,紫色
一份 0.1%百里酚蓝 50%乙醇溶液 三份 0.1%酚酞 50%乙醇溶液	9.0	黄色~紫色	从黄色到绿色再到紫色
一份 0.1%酚酞乙醇溶液 一份 0.1%百里酚酞乙醇溶液	9.9	无色~紫色	pH＝9.6,玫瑰红色; pH＝10,紫色
二份 0.1%百里酚酞乙醇溶液 二份 0.1%茜素黄 R 乙醇溶液	10.2	黄色~紫色	

　　常用的 pH 试纸就是将多种酸碱指示剂按一定比例混合浸制而成,能在不同的 pH 值时显示不同的颜色,从而较为准确地确定溶液的酸度。pH 试纸可以分为广范 pH 试纸和精密 pH 试纸两类,其中的精密 pH 试纸就是利用混合指示剂的原理使酸度的确定能控制在较窄的范围内,而广范 pH 试纸是由甲基红、溴百里酚蓝、百里酚蓝以及酚酞等酸碱指示剂按一定比例混合,溶于乙醇,然后用来浸泡滤纸而制成。

4.7　酸碱滴定的基本原理

4.7.1　强碱滴定强酸或强酸滴定强碱

1. 酸碱滴定曲线

　　酸碱滴定曲线是指滴定过程中溶液的 pH 值随滴定剂体积或滴定分数变化的关系曲线。滴定曲线(titration curve)可以借助酸度计或其他分析仪器测得,也可以通过计算的方式得到。在此以 $c(NaOH)＝0.1000\ mol\cdot L^{-1}$ 的 NaOH 溶液滴定 20.00 mL 同浓度的 HCl 溶液为例,讨论强碱滴定强酸的滴定曲线。

　　本例的滴定反应为

$$H^+ + OH^- \Longrightarrow H_2O$$

下面分几个阶段对滴定过程进行讨论。

　　(1)滴定前。溶液的酸度取决于酸的原始浓度。在此 $[H^+]＝0.1000\ mol\cdot L^{-1}$,故

pH＝1.00。

（2）滴定开始至化学计量点前。该阶段溶液的酸度主要取决于剩余酸的浓度。

例如：当 NaOH 溶液加入 19.98 mL 时，HCl 溶液剩余 0.02 mL，故

$$[H^+]=\frac{0.1000\times0.02}{19.98+20.00}\ mol\cdot L^{-1}=5.0\times10^{-5}\ mol\cdot L^{-1},\quad pH=4.30$$

（3）化学计量点。$[H^+]_{sp}=1.0\times10^{-7}\ mol\cdot L^{-1}$，pH＝7.00。

（4）化学计量点后。溶液的酸度取决于过量碱浓度。例如：当 NaOH 溶液加入 20.02 mL 时，有

$$[OH^-]=\frac{0.1000\times0.02}{20.02+20.00}\ mol\cdot L^{-1}=5.0\times10^{-5}\ mol\cdot L^{-1},\quad pH=9.70$$

若按以上的方式进行详细的计算，就可以得到加入不同体积的 NaOH 溶液时溶液相应的 pH 值，数据见表 4-3。

表 4-3 0.1000 mol·L⁻¹ 的 NaOH 溶液滴定 20.00 mL 同浓度的 HCl 溶液时 pH 值变化

NaOH 溶液加入体积 / mL	滴定分数	剩余 HCl（或过量 NaOH）溶液体积 / mL	pH 值
0.00	0.000	20.00	1.00
18.00	0.900	2.00	2.28
19.80	0.990	0.20	3.30
19.96	0.998	0.04	4.00
19.98	0.999	0.02	4.30
20.00	1.000	0.00	化学计量点 7.00
20.02	1.001	(0.02)	9.70
20.04	1.002	(0.04)	10.00
20.20	1.010	(0.20)	10.70
22.00	1.100	(2.00)	11.70
40.00	2.000	(20.00)	12.52

（突跃范围：19.98~20.02，pH 4.30~9.70）

以 NaOH 溶液加入量为横坐标，对应的溶液的 pH 值为纵坐标作图，就可得到如图 4-3 所示的滴定曲线。

2. 滴定突跃与指示剂选择

从表 4-3 和图 4-3 可看出，滴定开始时，pH 值升高较慢。当加入 19.80 mL NaOH 溶液时，溶液酸度只改变了 2.3 个 pH 值单位；再加入 0.18 mL NaOH 溶液，酸度就改变 1 个 pH 值单位，达到 4.30，变化速度加快了；继续滴加 0.02 mL（约半滴，至此共滴入 20.00 mL），达到化学计量点，此时 pH 值迅速增至 7.00；再过量滴加 0.02 mL NaOH 溶液，pH 值增至 9.70，此后过量的溶液 NaOH 引起的 pH 值变化又越来越慢。

化学计量点前、后滴入 NaOH 溶液的量由 19.98 mL 增至 20.02 mL，即加入 NaOH 的量由 99.9% 到 100.1%（也就是由不足 0.1% 到过量 0.1%），虽然只增加了 0.04 mL（约 1 滴）NaOH 溶液，却使溶液的 pH 值由 4.30 突然上升到 9.70，

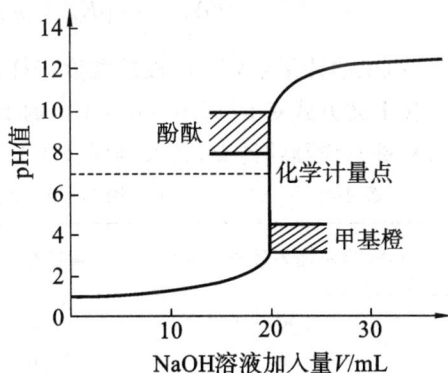

图 4-3 0.1000 mol·L⁻¹ 的 NaOH 溶液滴定 20.00 mL 同浓度的 HCl 溶液的滴定曲线

增加了 5.4 个 pH 值单位,溶液由酸性变为碱性。化学计量点前、后 0.1% 范围内 pH 值的急剧变化就称为滴定突跃(titration jump)。

根据以上讨论,用 $c(\mathrm{NaOH})=0.1000\ \mathrm{mol \cdot L^{-1}}$ 的 NaOH 溶液滴定 20.00 mL 同浓度的 HCl 溶液,化学计量点 $\mathrm{pH_{sp}}=7.00$,滴定突跃 $\mathrm{pH}=4.30\sim9.70$。显然,只要变色范围处于滴定突跃范围内的指示剂,如甲基橙、酚酞、溴百里酚蓝、甲基红等,都能正确指示终点。用甲基橙($3.1\sim4.4$)作指示剂,当滴至溶液变黄色时,溶液 $\mathrm{pH}\approx4.4$,这时未反应的量小于 0.1%;如用酚酞(pH 值为 $8.0\sim10.0$)作指示剂,溶液变微红时,pH 值略大于 8,此时超过化学计量点也不到半滴,即 NaOH 过量不到 0.1%,因而滴定误差均在 ±0.1% 以内。

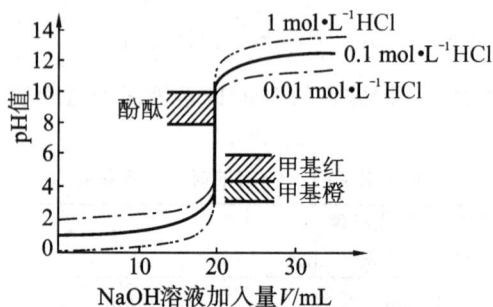

图 4-4　不同浓度的 NaOH 溶液滴定不同浓度的 HCl 溶液的滴定曲线

因此,酸碱滴定中所选择的指示剂一般应使其变色范围处于或部分处于滴定突跃范围之内。另外,还应考虑所选择的指示剂在滴定系统中的变色是否容易判断。

滴定突跃的大小与溶液的浓度有关。溶液浓度越大,滴定突跃范围越大,指示剂的选择也就越方便;溶液浓度越小,滴定突跃范围越小,可供选择的指示剂也就越少。图 4-4 就是不同浓度的 NaOH 溶液滴定不同浓度的 HCl 溶液的滴定曲线。

4.7.2　强碱滴定弱酸或强酸滴定弱碱

1. 滴定曲线与指示剂的选择

强碱滴定一元弱酸的滴定曲线上各点的计算方法如下。

(1)滴定前。溶液的酸度取决于酸的原始浓度与强度,对于一元弱酸,有

$$\mathrm{pH}=\frac{1}{2}(\mathrm{p}K_a^{\ominus}+\mathrm{p}c)$$

(2)滴定开始至化学计量点前。由于形成 HA-A⁻ 缓冲溶液,故

$$\mathrm{pH}=\mathrm{p}K_a^{\ominus}-\lg\frac{c_a}{c_b}$$

(3)化学计量点。溶液的酸度取决于一元弱酸共轭碱在水溶液中的解离。

$$\mathrm{pOH}=\frac{1}{2}(\mathrm{p}K_b^{\ominus}+\mathrm{p}c)\quad\text{或}\quad\mathrm{pH}=14-\frac{1}{2}(\mathrm{p}K_b^{\ominus}+\mathrm{p}c)$$

(4)化学计量点后。溶液的酸度同样取决于过量碱的浓度。

按上述方式对 $0.1000\ \mathrm{mol \cdot L^{-1}}$ 的 NaOH 溶液滴定 20.00 mL 同浓度的 HAc 溶液的滴定过程进行详细的计算,就可得到表 4-4 中的数据。

表 4-4　$0.1000\ \mathrm{mol \cdot L^{-1}}$ 的 NaOH 溶液滴定 20.00 mL 同浓度的 HAc 溶液时 pH 值变化

NaOH 溶液加入体积 / mL	滴定分数	剩余 HAc(或过量 NaOH)溶液体积 / mL	pH 值
0.00	0.000	20.00	2.88
10.00	0.500	10.00	4.75
18.00	0.900	2.00	5.70
19.80	0.990	0.20	6.75

续表

NaOH 溶液加入体积 / mL	滴定分数	剩余 HAc(或过量 NaOH)溶液体积 / mL	pH 值
19.98	0.999	0.02	7.75
20.00	1.000	0.00	化学计量点 8.72 突跃范围
20.02	1.001	(0.02)	9.70
20.20	1.010	(0.20)	10.70
22.00	1.100	(2.00)	11.70
40.00	2.000	(20.00)	12.52

根据上述数据,就可绘出相应的滴定曲线,如图 4-5 所示。

从表 4-4 及图 4-5 可以看出,滴定的化学计量点、滴定突跃均出现在弱碱性区域,而且滴定的突跃范围明显变窄。被滴定的酸越弱,滴定突跃就越小,有的甚至没有明显的突跃。因此,滴定突跃的大小还与被滴酸或碱本身的强弱有关。

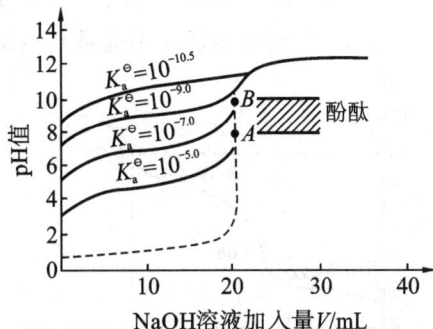

图 4-5　$0.1000\ mol \cdot L^{-1}$ 的 NaOH 溶液滴定不同弱酸溶液的滴定曲线

根据这种滴定类型的特点,应选择在弱碱范围内变色的指示剂(如酚酞、百里酚蓝等),在酸性范围变色的指示剂(如甲基橙、甲基红)则不适用。

强酸滴定一元弱碱同样可以参照以上方法处理,滴定曲线的特点与强碱滴定一元弱酸相似,但化学计量点、滴定突跃范围均出现在弱酸性区域,故应选择在弱酸性范围内变色的指示剂(如甲基橙、甲基红等),而不能选择在弱碱性范围内变色的指示剂(如酚酞、百里酚蓝等)。

2. 指示剂目测法中弱酸(或弱碱)被准确滴定的判据

从前面的分析可以看出,在酸碱滴定中,被滴酸(或碱)的浓度及强度这两个因素都会对滴定突跃的大小产生影响。用指示剂目测法进行酸碱滴定时,只有当被滴酸(或碱)的 $cK_a^{\ominus}$(或 $cK_b^{\ominus}$)$\geqslant 10^{-8}$ 时,才能产生大于或等于 0.3 个 pH 值单位的滴定突跃,这样人眼才能够识别指示剂颜色的改变,滴定就可以直接进行,终点误差就可以控制在小于或等于 0.1% 的范围内。

因此,采用指示剂,用人眼来判断终点,直接滴定某种弱酸(或弱碱)的判据为

$$cK_a^{\ominus} \geqslant 10^{-8} \quad (或\ cK_b^{\ominus} \geqslant 10^{-8}) \tag{4-40}$$

对于 $cK_a^{\ominus} < 10^{-8}$ 的弱酸,可采用其他方法进行测定。比如用间接滴定、返滴定、非水滴定等方法,或者用仪器来检测终点等。

当然,如果允许误差可以放宽,相应判据条件也可相应降低。

4.7.3　多元酸(或多元碱)、混合酸(混合碱)的滴定

1. 多元酸的滴定

多元酸多数是弱酸,它们在水中分级解离,对它们的滴定,应考虑两方面的问题:① 每一级解离的质子能否被准确滴定,即每一级滴定有没有足够大的滴定突跃;② 两级解离的质子能否被分别滴定,即两个滴定突跃能不能分开。

经研究证明,多元酸能进行直接滴定的判据如下:

(1)$cK_{a,n}^{\ominus} \geqslant 10^{-8}$,第 n 个质子可被直接滴定;

(2)$K_{a,n}^{\ominus} / K_{a,n+1}^{\ominus} \geqslant 10^{4}$,相邻两个质子可被分别滴定。

如用 $0.1000 \ mol \cdot L^{-1}$ 的 NaOH 溶液滴定同浓度的 H_3PO_4 溶液时,H_3PO_4 在水中分三级解离:

$$H_3PO_4 \Longrightarrow H^+ + H_2PO_4^- \qquad K_{a,1}^{\ominus} = 7.08 \times 10^{-3}, pK_{a,1}^{\ominus} = 2.10$$

$$H_2PO_4^- \Longrightarrow H^+ + HPO_4^{2-} \qquad K_{a,2}^{\ominus} = 6.31 \times 10^{-8}, pK_{a,2}^{\ominus} = 7.20$$

$$HPO_4^{2-} \Longrightarrow H^+ + PO_4^{3-} \qquad K_{a,3}^{\ominus} = 4.17 \times 10^{-13}, pK_{a,3}^{\ominus} = 12.38$$

按照多元酸滴定判据,$cK_{a,1}^{\ominus} = 7.08 \times 10^{-4} \geqslant 10^{-8}$,即第一级解离的质子可以被直接滴定;$cK_{a,2}^{\ominus} = 6.31 \times 10^{-9} \approx 10^{-8}$,则第二级解离的质子基本可以被直接滴定;$cK_{a,3}^{\ominus} = 4.17 \times 10^{-13} < 10^{-8}$,则第三级解离的质子不能被直接滴定。$K_{a,1}^{\ominus} / K_{a,2}^{\ominus} \geqslant 10^{4}$,说明两个滴定突跃能分开。

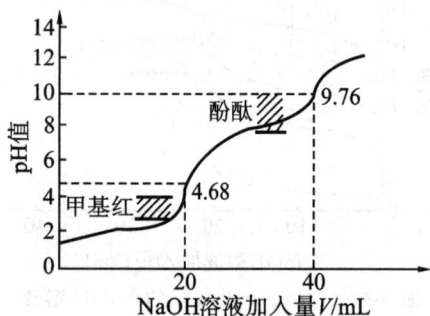

图 4-6 H_3PO_4 被 NaOH 溶液滴定的滴定曲线

H_3PO_4 被 NaOH 溶液滴定的滴定曲线(用电势滴定法绘制得到)如图 4-6 所示。

从图 4-6 的滴定曲线可以看出,在第一化学计量点和第二化学计量点附近各有一个滴定突跃。

在第一化学计量点时,产物 NaH_2PO_4 为两性物质,溶液的 pH 值为

$$pH_{sp,1} = \frac{1}{2}(pK_{a,1}^{\ominus} + pK_{a,2}^{\ominus}) = \frac{1}{2} \times (2.10 + 7.20) = 4.65$$

对这一终点,一般可选择甲基红为指示剂。

在第二化学计量点时,产物 Na_2HPO_4 也为两性物质,溶液的 pH 值为

$$pH_{sp,2} = \frac{1}{2}(pK_{a,2}^{\ominus} + pK_{a,3}^{\ominus}) = \frac{1}{2} \times (7.20 + 12.38) = 9.79$$

对这一终点,一般可选择酚酞为指示剂,但不是很理想,最好用百里酚蓝作指示剂。

2. 多元碱及混合酸(碱)的滴定

多元碱的滴定与多元酸的滴定相似,有关滴定判据只需将多元酸滴定判据中的 $K_a^{\ominus}$ 换成 $K_b^{\ominus}$ 即可。

混合酸(碱)的滴定与多元酸(碱)滴定的条件相类似,首先应考虑能否被准确滴定,再判断能否被分别滴定。

图 4-7 是 HCl 溶液滴定 Na_2CO_3 的滴定曲线,也是双指示剂法进行混合碱测定的理论基础。

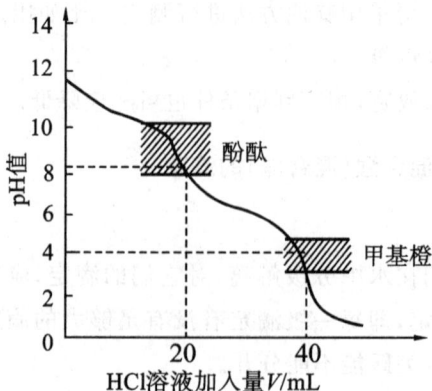

图 4-7 HCl 溶液滴定 Na_2CO_3 的滴定曲线

4.8　酸碱滴定方法

4.8.1　酸碱标准溶液的配制与标定

酸碱滴定法中常用的标准溶液是 HCl 和 NaOH 溶液,有时也用 H_2SO_4 和 KOH 溶液, HNO_3 溶液因具有氧化性,一般不用。标准溶液的浓度一般为 $0.1\ mol\cdot L^{-1}$,根据需要也可高至 $1\ mol\cdot L^{-1}$ 或低至 $0.01\ mol\cdot L^{-1}$。

1. HCl 标准溶液

HCl 易挥发,HCl 标准溶液采用间接配制法配制,即先配成大致所需的浓度,然后用基准物进行标定。常见的基准物有无水碳酸钠及硼砂。

(1)无水碳酸钠。无水碳酸钠的优点是容易制得纯品。但由于 Na_2CO_3 易吸收空气中的水分,因此使用前应在 $180\sim200\ ℃$ 下干燥,然后密封于试剂瓶内,保存在干燥器中备用。用时称量要快,以免吸收水分而引入误差。标定反应为

$$Na_2CO_3+2HCl=\!\!=2NaCl+H_2CO_3$$
$$\qquad\qquad\qquad \longrightarrow CO_2\uparrow+H_2O$$

使用甲基橙作指示剂,溶液由黄色变为橙色时到达终点。

(2)硼砂。硼砂的化学式为 $Na_2B_4O_7\cdot10H_2O$,其优点是易制得纯品,不易吸水,摩尔质量大,称量误差小。但在空气中易风化失去部分结晶水,因此应保存在相对湿度为 60% 的恒湿器[①]中。标定反应为

$$Na_2B_4O_7+2HCl+5H_2O=\!\!=4H_3BO_3+2NaCl$$

使用甲基橙或甲基红作指示剂。

2. NaOH 标准溶液

NaOH 具有很强的吸湿性,易吸收空气中的 CO_2,因此 NaOH 标准溶液应用间接法配制。

标定 NaOH 标准溶液的基准物有 $H_2C_2O_4\cdot2H_2O$、KHC_2O_4、$KHC_8H_4O_4$(邻苯二甲酸氢钾)等,最常见的是 $KHC_8H_4O_4$。

$KHC_8H_4O_4$ 易制得纯品,不含结晶水,不吸潮,容易保存,摩尔质量大,是标定碱标准溶液较理想的基准物质。标定反应为

$$KHC_8H_4O_4+NaOH=\!\!=KNaC_8H_4O_4+H_2O$$

$KHC_8H_4O_4$ 的 $pK_{a,2}^{\ominus}=5.41$,化学计量点的产物为二元弱碱,pH 值约为 9.1,可选酚酞作指示剂。

4.8.2　酸碱滴定法的应用

酸碱滴定法广泛应用于工业、农业、医药、食品等方面。如食品中的总酸度,天然水总碱度,土壤、废料中氮、磷含量的测定及混合碱的分析等都可以使用酸碱滴定法。

1.直接法

强酸、强碱及 $cK_a^{\ominus}\geqslant10^{-8}$ 的弱酸或 $cK_b^{\ominus}\geqslant10^{-8}$ 的弱碱,均可以用标准碱或标准酸进行直接

---

① 恒湿器是装有食盐和蔗糖饱和溶液的干燥器,其上部空气湿度为 60%。

滴定。

下面以混合碱的组成测定为例,进一步说明直接法的应用。

工业纯碱、烧碱以及 Na_3PO_4 等产品组成大多是混合碱,它们的测定方法有多种。例如:纯碱的组成形式可能是纯 Na_2CO_3 或是 $Na_2CO_3 + NaOH$,或是 $Na_2CO_3 + NaHCO_3$,其组成及其含量都可用酸碱滴定法确定。最常用的方法为双指示剂法,具体做法如下。

准确称取一定质量的试样,溶于水后,先以酚酞为指示剂,用 HCl 标准溶液滴定到终点(溶液由浅红色变为无色),用去 HCl 溶液的体积为 V_1,然后加入甲基橙为指示剂,用 HCl 标准溶液继续滴定到终点(溶液由黄色变为橙色),又消耗 HCl 溶液的体积为 V_2。根据 V_1 和 V_2 的大小关系,就可确定混合碱的组成,见表 4-5。

表 4-5 V_1 和 V_2 的大小与混合碱样的组成

V_1 和 V_2 的关系	$V_1 > V_2$, $V_2 \neq 0$	$V_1 < V_2$, $V_1 \neq 0$	$V_1 = V_2$	$V_1 \neq 0$, $V_2 = 0$	$V_1 = 0$, $V_2 \neq 0$
碱的组成	NaOH + Na_2CO_3	Na_2CO_3 + $NaHCO_3$	Na_2CO_3	NaOH	$NaHCO_3$

【例 4-10】 某纯碱试样 1.200 g,溶于水,用 0.5000 mol·L^{-1} HCl 溶液滴定至酚酞褪色,用去 18.00 mL。然后加入甲基橙,继续滴加 HCl 溶液至溶液为橙色,又用去 21.10 mL。试样中含有何种组分?各组分的质量分数为多少?

解 $V_1 = 18.00$ mL,$V_2 = 21.10$ mL ,$V_1 < V_2$,$V_1 \neq 0$,则混合碱的组成为 $Na_2CO_3 + NaHCO_3$,各组分的质量分数为

$$w(Na_2CO_3) = \frac{c(HCl)V_1 M(Na_2CO_3)}{m} \times 100\%$$

$$= \frac{0.5000 \times 18.00 \times 10^{-3} \times 106.0}{1.200} \times 100\% = 79.50\%$$

$$w(NaHCO_3) = \frac{c(HCl)(V_2 - V_1)M(NaHCO_3)}{m} \times 100\%$$

$$= \frac{0.5000 \times (21.10 - 18.00) \times 10^{-3} \times 84.01}{1.200} \times 100\% = 10.85\%$$

混合碱组成测定的另一种方法为 $BaCl_2$ 法。例如:含 $NaOH + Na_2CO_3$ 的试样,可以分取两等份试液分别作如下测定。第一份试液以甲基橙为指示剂,用 HCl 标准溶液滴定混合碱的总量;第二份试液加入过量 $BaCl_2$ 溶液,使形成难溶解的 $BaCO_3$ 沉淀,然后以酚酞为指示剂,用 HCl 标准溶液滴定 NaOH,这样就能求得 NaOH 和 Na_2CO_3 的质量分数。

2. 间接法

许多不能满足直接滴定条件的酸、碱物质(如 NH_4^+、ZnO、$Al_2(SO_4)_3$)以及许多有机物质,都可以考虑采用间接法滴定。

例如:NH_4^+ 的 $pK_a^\ominus = 9.25$,是一种很弱的酸,在水溶液系统中是不能直接滴定的,但可以采用间接法。测定的主要方法有蒸馏法和甲醛法。

1)蒸馏法

蒸馏法的原理是:在铵盐试样中加入过量的 NaOH 溶液,加热煮沸,将蒸馏出的 NH_3 用过量且定量的 HCl(或 H_2SO_4)标准溶液吸收,作用后剩余的酸再以甲基红或甲基橙为指示剂,用 NaOH 标准溶液滴定,这样就可间接求得 NH_4^+ 的质量分数。反应的方程式为

$$NH_4^+ + OH^- \stackrel{\triangle}{=\!=\!=} NH_3 \uparrow + H_2O$$

$$NH_3 + HCl \Longrightarrow NH_4^+ + Cl^-$$
$$NaOH + HCl(剩余) \Longrightarrow NaCl + H_2O$$

NH_4^+ 的质量分数的计算公式为

$$w(NH_4^+) = \frac{[c(HCl)V(HCl) - c(NaOH)V(NaOH)]M(NH_4^+)}{m} \times 100\%$$

蒸馏法结果比较准确,但较费时。

对一些含氮的有机物(如含蛋白质的食品、饲料及生物碱等)表面上看不能用酸碱滴定法进行测定,但可以用化学方法将有机氮转化为 NH_4^+,再按照蒸馏法进行测定,这种方法称为凯氏(Kjeldahl)定氮法。

测定时将试样与浓 H_2SO_4 共煮,进行消化分解,并加入 K_2SO_4 以提高沸点,促进分解的进行,使所含的氮在 $CuSO_4$ 或汞盐催化下分解为 NH_4^+,反应式为

$$C_mH_nN \xrightarrow{H_2SO_4,K_2SO_4} CO_2 \uparrow + H_2O + NH_4^+$$

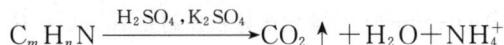

溶液以过量 NaOH 碱化后,再以蒸馏法测定。

【例 4-11】　称取 1.250 g 大豆,用凯氏定氮法分解试样后,加入过量 NaOH 溶液,加热煮沸,蒸馏出的 NH_3 用 25.00 mL 0.2210 $mol \cdot L^{-1}$ 的 HCl 溶液吸收,剩余的 HCl 用 0.1250 $mol \cdot L^{-1}$ 的 NaOH 溶液滴定,消耗了 11.18 mL。计算此大豆样品中氮的质量分数。

解　$w(N) = \dfrac{[c(HCl)V(HCl) - c(NaOH)V(NaOH)]M(N)}{m} \times 100\%$

$$= \frac{(0.2210 \times 25.00 - 0.1250 \times 11.18) \times 10^{-3} \times 14.01}{1.250} \times 100\% = 4.63\%$$

2)甲醛法

甲醛法操作的原理是:在试样中加入过量的甲醛,与 NH_4^+ 作用生成一定量的酸和六亚甲基四胺,生成的酸用标准碱滴定。化学计量点由于六亚甲基四胺这种极弱的有机碱存在而显碱性,可选酚酞作指示剂。反应的方程式为

$$4NH_4^+ + 6HCHO \Longrightarrow (CH_2)_6N_4 + 4H^+ + 6H_2O$$
$$H^+ + OH^- \Longrightarrow H_2O$$

NH_4^+ 的含量的计算公式为

$$w(NH_4^+) = \frac{c(NaOH)V(NaOH)M(NH_4^+)}{m} \times 100\%$$

知 识 拓 展

**缓冲溶液与绿色化学:从污染
治理到可持续发展的创新实践**

习　题

扫码做题

一、填空题

1. 缓冲溶液的特点是 _____。

2. 用强碱滴定弱酸时,要求弱酸的 $K_a^{\ominus}$ _____;用强碱滴定弱酸盐时,要求弱碱的 $K_b^{\ominus}$ _____。

3. 以硼砂为基准物标定 HCl 溶液,反应为

$Na_2B_4O_7 + 5H_2O \Longrightarrow 2NaH_2BO_3 + 2H_3BO_3$

$NaH_2BO_3 + HCl \Longrightarrow NaCl + H_3BO_3$

$Na_2B_4O_7$ 与 HCl 反应的物质的量之比是_____。

4. 某三元酸的解离常数分别为:$K_{a,1}^{\ominus}=10^{-2}$,$K_{a,2}^{\ominus}=10^{-6}$,$K_{a,3}^{\ominus}=10^{-12}$。用 NaOH 标准溶液滴定该酸至第一化学计量点时,溶液的 pH 值为_____,可选用_____作指示剂;滴定至第二化学计量点时,溶液的 pH 值为_____,可选用_____作指示剂。

5. 酸碱滴定曲线是以 _____ 变化为特征。滴定时酸碱浓度越_____,则滴定突跃范围越_____;酸碱强度越_____,则滴定突跃范围越_____。

6. 标定 $0.1\ mol \cdot L^{-1}$ 的 NaOH 溶液时,将滴定的体积控制在 25 mL 左右。若以邻苯二甲酸氢钾($M=204.2\ g \cdot mol^{-1}$)为基准物,应称取_____;若改用草酸($M=126.9\ g \cdot mol^{-1}$)为基准物,又应称取_____。

7. 有一碱液,可能是 NaOH 或 Na_2CO_3 或 $NaHCO_3$ 或它们的混合物。若用 HCl 标准溶液滴定至酚酞终点时,耗去 HCl 溶液 V_1,继以甲基橙为指示剂滴定,又耗去 HCl 溶液 V_2。依据 V_1 与 V_2 的关系判断该混合碱液的组成:

(1)当 $V_1 > V_2$ 时为_____;　　(2)当 $V_1 < V_2$ 时为_____;

(3)当 $V_1 = V_2$ 时为_____;　　(4)当 $V_1 = 0, V_2 > 0$ 时为_____;

(5)当 $V_1 > 0, V_2 = 0$ 时为_____。

二、简答题

1. 写出下列物质的质子条件式:

Na_2CO_3、$(NH_4)_2C_2O_4$、$NH_4H_2PO_4$、$(NH_4)_2HPO_4$、$H_2C_2O_4$、NH_4Ac。

2. 试推出 H_2CO_3 溶液中各组分的分布系数。

3. 酸碱指示剂的变色原理是什么?选择原则是什么?变色范围是什么?

4. 写出一元弱酸(碱)及多元酸(碱)滴定的判别式。

5. 用因保存不当失去部分结晶水的草酸($H_2C_2O_4 \cdot 2H_2O$)作基准物来标定 NaOH 溶液的浓度,问:标定结果是偏高、偏低还是无影响?为什么?若草酸未失水,但其中含有少量中性杂质,结果又如何?

6. 为什么 NaOH 标准溶液能直接滴定乙酸,而不能直接滴定硼酸?

7. 设计测定下列混合物中各组分含量的方法,并简述理由。

(1)$HCl + H_3BO_3$;(2)$H_2SO_4 + H_3PO_4$;(3)$NaAc + NaOH$。

8. 根据弱电解质的解离常数,确定下列各溶液在相同浓度下,pH 值由大到小的顺序:

NaAc、NaCN、Na_3PO_4、H_3PO_4、$(NH_4)_2SO_4$、$HCOONH_4$、NH_4Ac、HCl、H_2SO_4、NaOH。

9. 用邻苯二甲酸氢钾标定 NaOH 溶液时,下列情况将使标定得到的 NaOH 浓度值偏高还是偏低?或者没有影响?

(1)滴定速率较快,而滴定管读数过早;

(2)NaOH 起始读数实际为 0.10,而误读为 0.00;

(3)邻苯二甲酸氢钾质量实际为 0.6324 g,而误读为 0.6234 g;

(4)操作中写明要用 50 mL 水溶解,但实际上用了 100 mL 水溶解。

三、计算题

1. 已知下列各弱酸的 $pK_a^{\ominus}$ 和弱碱的 $pK_b^{\ominus}$ 的值,求它们的共轭碱的 $pK_b^{\ominus}$ 或共轭酸的 $pK_a^{\ominus}$。

(1)HCN　$pK_a^{\ominus}=9.31$;　(2)NH_4^+　$pK_a^{\ominus}=9.31$;　(3)苯胺　$pK_b^{\ominus}=9.34$。

2. 计算 $0.10\ mol \cdot L^{-1}$ 的 H_2SO_3 溶液的 pH 值及其解离度。

3. 已知 H_2SO_3 的 $pK_{a,1}^{\ominus}=1.85$，$pK_{a,2}^{\ominus}=7.20$。在 $pH=3.00$ 和 $pH=4.50$ 时，溶液中 H_2SO_3、HSO_3^- 和 SO_3^{2-} 三种形式的分布系数各为多少？

4. 计算室温下 CO_2 饱和水溶液（$0.10\ mol \cdot L^{-1}$）中的各组分平衡浓度。

5. 计算下列溶液的 pH 值：

    (1)$0.25\ mol \cdot L^{-1}\ HCl$；　　　　　　　(2)$0.010\ mol \cdot L^{-1}\ HCOOH$；

    (3)$0.10\ mol \cdot L^{-1}\ NaHCO_3$；　　　　(4)$0.10\ mol \cdot L^{-1}\ NH_4Ac$；

    (5)$0.10\ mol \cdot L^{-1}\ HCN$；　　　　　　(6)$0.010\ mol \cdot L^{-1}$ 苯胺；

    (7)$0.10\ mol \cdot L^{-1}\ NH_4Cl+0.20\ mol \cdot L^{-1}\ NH_3$；　(8)$0.20\ mol \cdot L^{-1}\ HAc+0.30\ mol \cdot L^{-1}\ NaAc$。

6. 有一种三元酸，其 $pK_{a,1}=2.0$，$pK_{a,2}=6.0$，$pK_{a,3}=11.0$。用 NaOH 溶液滴定时，可以对三元酸的几个质子进行直接滴定？若能直接滴定，计算出相应的化学计量点，选择合适的指示剂。

7. 称取纯 $CaCO_3$ 0.5000 g，溶于 50.00 mL HCl 溶液中，多余的酸用 NaOH 溶液回滴，消耗 6.20 mL。已知 NaOH 溶液的浓度为 $0.2307\ mol \cdot L^{-1}$，求 HCl 溶液的浓度。

8. 称取 0.9854 g 硼砂，用甲基红为指示剂标定 HCl 溶液，滴定用去 HCl 溶液 23.76 mL，求该 HCl 溶液的浓度。

9. 称取粗铵盐 1.50 g，加过量 NaOH 溶液，加热，蒸馏出来的氨气用 50.00 mL $0.4500\ mol \cdot L^{-1}\ HCl$ 标准溶液吸收，过量的 HCl 用 $0.4200\ mol \cdot L^{-1}\ NaOH$ 标准溶液返滴定，用去 2.50 mL。计算试样中 NH_3 的质量分数。

10. 称取混合碱试样 0.9476 g，以酚酞作为指示剂，用 $0.2785\ mol \cdot L^{-1}\ HCl$ 标准溶液滴定至终点，用去 HCl 溶液 34.12 mL；再加入甲基橙指示剂，滴定至终点，又用去 HCl 溶液 23.66 mL。求试样中各组分的质量分数。

11. 有一 Na_3PO_4 试样，其中含有 Na_2HPO_4。称取试样 1.150 g，以酚酞作为指示剂，用 $0.2280\ mol \cdot L^{-1}\ HCl$ 标准溶液滴定至终点，用去 HCl 溶液 16.12 mL；再加入甲基橙指示剂，滴定至终点，又用去 HCl 溶液 18.65 mL。求试样中 Na_3PO_4、Na_2HPO_4 的质量分数。

第5章　沉淀溶解平衡与重量分析

内容提要

本章应用化学平衡原理的基本概念,讨论难溶电解质在水溶液中的沉淀溶解平衡特点,以及如何利用溶度积规则,通过改变系统的条件,以达到控制沉淀的生成或溶解的目的。探讨应用溶度积解决沉淀溶解平衡中的计算问题。

基本要求

※ 理解沉淀溶解平衡的概念,掌握关于沉淀溶解平衡的计算。

※ 掌握溶度积规则。

※ 熟练掌握应用平衡常数(酸碱平衡常数和溶度积),解决弱酸弱碱电离平衡、缓冲溶液、盐的水解、沉淀溶解平衡中的计算问题。

建议学时

6学时。

5.1　难溶电解质的溶解度和溶度积

电解质在介质水中都有一定的溶解度,根据溶解度的大小分为易溶和难溶两大类,通常把溶解度小于 0.01% 的电解质称为难溶电解质,但不能认为难溶电解质就是不溶物。例如:等物质的量的 Ba^{2+} 与 SO_4^{2-} 溶液混合后生成 $BaSO_4$ 沉淀,并不意味着溶液中就没有 Ba^{2+} 和 SO_4^{2-},只是表示此时溶液中 Ba^{2+} 和 SO_4^{2-} 的浓度很小。为了衡量难溶电解质在水溶液中的溶解度,提出了溶度积的概念。

5.1.1　溶度积

将等物质的量的 Ba^{2+} 与 SO_4^{2-} 溶液混合后生成 $BaSO_4$ 沉淀,在极性水分子的作用下,部分 Ba^{2+} 和 SO_4^{2-} 离开沉淀表面进入溶液中成为水合离子,在一定条件下,与沉淀达到动态平衡:

$$BaSO_4(s) \rightleftharpoons Ba^{2+}(aq) + SO_4^{2-}(aq)$$

其标准平衡常数为

$$K^\ominus = \frac{[c(Ba^{2+})/c^\ominus][c(SO_4^{2-})/c^\ominus]}{[c(BaSO_4)/c^\ominus]}$$

式中:$c(Ba^{2+})$、$c(SO_4^{2-})$ 分别表示饱和溶液中 Ba^{2+}、SO_4^{2-} 的浓度;$c(BaSO_4)$ 为未溶解的 $BaSO_4$ 固体浓度,可视为 $1\ mol \cdot L^{-1}$,则

$$K^\ominus = [c(Ba^{2+})/c^\ominus][c(SO_4^{2-})/c^\ominus] = K_{sp}^\ominus$$

其中 $K_{sp}^\ominus$ 称为溶度积常数(solubility product constant),简称溶度积。

在一定条件下难溶电解质 M_mA_n 在水溶液中将建立沉淀溶解平衡,遵循溶度积表达式:

$$M_mA_n(s) \Longrightarrow mM^{n+} + nA^{m-}$$

$$K_{sp}^{\ominus} = [c(M^{n+})/c^{\ominus}]^m [c(A^{m-})/c^{\ominus}]^n$$

式中:m 和 n 分别表示 M^{n+} 和 A^{m-} 在沉淀溶解平衡中的化学计量数。

溶度积 $K_{sp}^{\ominus}$ 表示:在一定温度下,难溶电解质饱和溶液中,不论各种离子的浓度如何变化,其离子浓度以化学计量数为指数的幂的乘积为一常数。它反映了难溶电解质在水中的溶解程度:$K_{sp}^{\ominus}$ 越大,难溶电解质的溶解趋势越强;$K_{sp}^{\ominus}$ 越小,难溶电解质的溶解趋势越弱。$K_{sp}^{\ominus}$ 与其他平衡常数一样是一个热力学常数,只与难溶电解质的本性和温度有关。

5.1.2 溶度积与溶解度的关系

在一定条件下,1 L 难溶电解质的饱和溶液中难溶电解质溶解的量称为难溶电解质的溶解度,单位为 $mol \cdot L^{-1}$,用 S 表示。

溶度积 $K_{sp}^{\ominus}$ 和溶解度 S 都反映难溶电解质的溶解能力,两者之间可以相互换算,可以通过溶度积 $K_{sp}^{\ominus}$ 求溶解度 S,也可以通过溶解度 S 求溶度积 $K_{sp}^{\ominus}$,换算时浓度单位应统一,常用 $mol \cdot L^{-1}$。

【**例 5-1**】 已知 25 ℃时 Ag_2S 的溶解度是 6.2×10^{-15} g $\cdot$ L^{-1},求 Ag_2S 的 $K_{sp}^{\ominus}$。

解 Ag_2S 在溶液中的溶解度为

$$S = \frac{m(Ag_2S)}{M(Ag_2S)} = \frac{6.2 \times 10^{-15} \, g \cdot L^{-1}}{247.8 \, g \cdot mol^{-1}} = 2.5 \times 10^{-17} \, mol \cdot L^{-1}$$

由反应

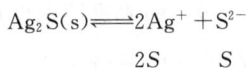

$$\underset{2S \qquad S}{Ag_2S(s) \Longrightarrow 2Ag^+ + S^{2-}}$$

得

$$\begin{aligned}
K_{sp}^{\ominus}(Ag_2S) &= [c(Ag^+)/c^{\ominus}]^2 [c(S^{2-})/c^{\ominus}] \\
&= [2S/(mol \cdot L^{-1})]^2 [S/(mol \cdot L^{-1})] \\
&= (2 \times 2.5 \times 10^{-17})^2 \times (2.5 \times 10^{-17}) = 6.3 \times 10^{-50}
\end{aligned}$$

值得说明的有以下两点。①虽然 $K_{sp}^{\ominus}$ 和 S 都能表示难溶电解质溶解的难易程度,但 $K_{sp}^{\ominus}$ 是一个热力学常数,反映难溶电解质溶解作用进行的倾向,与难溶电解质在溶液中的离子浓度无关,在温度一定时为一常数,溶解度 S 除与难溶电解质的本性和溶液的温度有关外,还与难溶电解质的离子浓度有关。例如:AgCl 在水中的溶解度比在 NaCl 溶液中的溶解度大。②上面 $K_{sp}^{\ominus}$ 与 S 之间的换算是在忽略了难溶电解质的离子在溶液中发生的水解、聚合、配位等副反应条件下进行的,否则还应该考虑这些副反应对难溶电解质溶解度 S 的影响,因此计算出的溶解度 S 常常与实验结果有一定的差异。

5.2 沉淀溶解平衡的移动

5.2.1 沉淀的生成

1. 溶度积规则

难溶电解质的溶液中,离子浓度幂的乘积称为离子积,用 Q 来表示。对于难溶电解质 M_mA_n,有

$$Q=[c(M^{n+})/c^\ominus]^m[c(A^{m-})/c^\ominus]^n$$

在一定的溶液中,离子积 Q 与溶度积 $K_{sp}^\ominus$ 之间可能出现三种情况。

(1)当 $Q=K_{sp}^\ominus$ 时,即为饱和状态,难溶电解质在溶液中溶解的速率等于离子形成沉淀的速率,如有沉淀存在,沉淀量不发生变化。

(2)当 $Q>K_{sp}^\ominus$ 时,即为过饱和状态,难溶电解质在溶液中的离子沉淀速率大于沉淀的溶解速率,平衡向生成沉淀的方向移动,直到达到新的沉淀溶解平衡。

(3) $Q<K_{sp}^\ominus$ 时,即为未饱和状态,难溶电解质的溶解速率大于离子形成沉淀的速率,如有沉淀存在,沉淀就会溶解,直到达到新的饱和溶液平衡状态。

以上规则称为溶度积规则(solubility product principle),利用这一规则可以判断化学反应过程中是否有沉淀生成(或溶解)或控制离子的浓度使之产生沉淀(或沉淀溶解)。

【例 5-2】 将等体积的 2.0×10^{-3} mol·L^{-1} BaCl$_2$ 溶液和 2.0×10^{-3} mol·L^{-1} Na$_2$SO$_4$ 溶液混合,有无 BaSO$_4$ 沉淀出现?(已知 $K_{sp}^\ominus(BaSO_4)=1.08\times10^{-10}$)

解 两溶液等体积混合后,浓度减小一半,则

$$c(Ba^{2+})=1.0\times10^{-3} \text{ mol·L}^{-1}, \quad c(SO_4^{2-})=1.0\times10^{-3} \text{ mol·L}^{-1}$$

$$Q=[c(Ba^{2+})/c^\ominus][c(SO_4^{2-})/c^\ominus]$$
$$=(1.0\times10^{-3})^2=1.0\times10^{-6}>K_{sp}^\ominus(BaSO_4)$$

所以有 BaSO$_4$ 沉淀出现。

2. 沉淀的生成

1)加入沉淀剂

由溶度积规则知道,溶液中构成难溶电解质的离子积 Q 大于溶度积 $K_{sp}^\ominus$ 时,即有沉淀生成。利用这一规则,可以在溶液中加大某一构成难溶电解质的离子浓度(沉淀剂),使沉淀溶解平衡向生成沉淀的方向移动,从而降低沉淀的溶解度 S。

【例 5-3】 等体积混合 0.002 mol·L^{-1} 的 NaCl 溶液和 0.02 mol·L^{-1} 的 AgNO$_3$ 溶液,是否有 AgCl 沉淀生成? Cl$^-$ 是否沉淀完全?(已知 $K_{sp}^\ominus(AgCl)=1.77\times10^{-10}$)

解 (1)溶液等体积混合后,溶液的浓度减小一半,则

$$c(Cl^-)=1\times10^{-3} \text{ mol·L}^{-1}, \quad c(Ag^+)=1\times10^{-2} \text{ mol·L}^{-1}$$

$$Q=[c(Ag^+)/c^\ominus][c(Cl^-)/c^\ominus]$$
$$=1\times10^{-2}\times1\times10^{-3}=1\times10^{-5}$$

$Q>K_{sp}^\ominus(AgCl)$,所以沉淀中有 AgCl 沉淀生成。

(2)析出 AgCl 沉淀后,达到新的沉淀溶解平衡,溶液中 Ag$^+$ 的浓度为

$$c(Ag^+)=(1\times10^{-2}-1\times10^{-3}) \text{ mol·L}^{-1}=0.009 \text{ mol·L}^{-1}$$

由 $K_{sp}^\ominus(AgCl)$ 求得溶液中 Cl$^-$ 的浓度为

$$c(Cl^-)/c^\ominus=\frac{K_{sp}^\ominus(AgCl)}{c(Ag^+)/c^\ominus}=\frac{1.77\times10^{-10}}{0.009}=2\times10^{-8}$$

定量分析中,如果溶液中离子浓度低于 10^{-5} mol·L^{-1},可以认为该离子沉淀完全。

【例 5-4】 计算并比较 BaSO$_4$ 在水中及 0.10 mol·L^{-1} 的 Na$_2$SO$_4$ 溶液中的溶解度(mol·L^{-1})。

解 BaSO$_4$ 在水中的溶解度为

$$S=c(Ba^{2+})=c(SO_4^{2-})=\sqrt{K_{sp}^\ominus} \text{ mol·L}^{-1}$$
$$=\sqrt{1.08\times10^{-10}} \text{ mol·L}^{-1}$$
$$=1.04\times10^{-5} \text{ mol·L}^{-1}$$

BaSO$_4$ 在 0.10 mol·L^{-1} 的 Na$_2$SO$_4$ 溶液中的溶解度 S 为

$$S=c(Ba^{2+})=\frac{K_{sp}^\ominus}{c(SO_4^{2-})/c^\ominus} \text{ mol·L}^{-1}$$

$$\approx \frac{1.08\times10^{-10}}{0.10}\ mol\cdot L^{-1}=1.08\times10^{-9}\ mol\cdot L^{-1}$$

因此,加入 SO_4^{2-} 后由于同离子效应,$BaSO_4$ 的溶解度大大减小。

由此可见,加入沉淀剂能有效地降低沉淀的溶解度,这是重量分析法中保证沉淀完全的主要措施。但是,加入的沉淀剂也并非越多越好,沉淀剂加得过多有时会引起盐效应、配位效应等一系列副反应的发生。一般情况下,沉淀剂过量 $20\%\sim25\%$ 为宜。

2)控制溶液的 pH 值

难溶电解质沉淀的形成除了与它的溶度积的大小有关以外,还与溶液的酸度有关,特别是由弱酸根形成的难溶电解质,酸度对沉淀的形成影响比较大,比如 S^{2-}、CO_3^{2-}、OH^-、PO_4^{3-} 等形成的难溶电解质。

【例 5-5】 某溶液中含有 Ca^{2+} 和 Zn^{2+},其浓度均为 $0.10\ mol\cdot L^{-1}$,向该溶液中逐滴加入 NaOH 溶液,溶液的 pH 值应该控制在什么范围内才可以使这两种离子完全分离?(已知 $K_{sp}^{\ominus}(Ca(OH)_2)=5.5\times10^{-6}$,$K_{sp}^{\ominus}(Zn(OH)_2)=1.2\times10^{-17}$)

解　由溶度积 $K_{sp}^{\ominus}$ 可知,随着 NaOH 溶液的加入,首先生成 $Zn(OH)_2$。

计算 Zn^{2+} 沉淀完全时的 pH 值,此时 $c(Zn^{2+})<1.0\times10^{-5}\ mol\cdot L^{-1}$,溶液中 OH^- 的浓度为

$$c(OH^-)=\sqrt{\frac{K_{sp}^{\ominus}(Zn(OH)_2)}{c(Zn^{2+})/c^{\ominus}}}\ mol\cdot L^{-1}=\sqrt{\frac{1.2\times10^{-17}}{1.0\times10^{-5}}}\ mol\cdot L^{-1}$$
$$=1.1\times10^{-6}\ mol\cdot L^{-1}$$

$pOH=5.96$,则 $pH=8.04$。

Ca^{2+} 开始沉淀时溶液中 OH^- 的浓度为

$$c(OH^-)=\sqrt{\frac{K_{sp}^{\ominus}(Ca(OH)_2)}{c(Ca^{2+})/c^{\ominus}}}\ mol\cdot L^{-1}=\sqrt{\frac{5.5\times10^{-6}}{0.10}}\ mol\cdot L^{-1}$$
$$=7.4\times10^{-3}\ mol\cdot L^{-1}$$

$pOH=2.13$,则 $pH=11.87$。

因此,只有当 pH 值控制在 $8.04\sim11.87$ 范围内时,Zn^{2+} 沉淀完全,而 Ca^{2+} 不沉淀,从而达到分离 Ca^{2+} 和 Zn^{2+} 的目的。

5.2.2　分步沉淀

利用溶度积规则可以判断含有多种难溶电解质离子的溶液中生成沉淀的先后顺序,例如在浓度均为 $0.010\ mol\cdot L^{-1}$ 的 CrO_4^{2-}、Cl^- 的溶液中逐滴加入 $AgNO_3$ 溶液,可以看到先有白色的 AgCl 沉淀生成,随后才出现红色的 Ag_2CrO_4 沉淀,这是由于 AgCl 的溶解度比 Ag_2CrO_4 的溶解度小。溶解度小的难溶电解质更容易达到 $Q>K_{sp}^{\ominus}$ 而先生成沉淀。

【例 5-6】 在浓度均为 $0.010\ mol\cdot L^{-1}$ 的 NaCl、KI 的溶液中逐滴加入 $AgNO_3$ 溶液,试判断 AgCl 和 AgI 沉淀出现的先后顺序。(已知 $K_{sp}^{\ominus}(AgCl)=1.77\times10^{-10}$,$K_{sp}^{\ominus}(AgI)=8.52\times10^{-17}$)

解　根据溶度积规则,由 AgCl 和 AgI 的 $K_{sp}^{\ominus}$ 知道,出现 AgCl、AgI 沉淀时所需要的 Ag^+ 浓度分别如下:

对于 AgCl,有

$$c(Ag^+)\geqslant\frac{K_{sp}^{\ominus}(AgCl)}{c(Cl^-)/c^{\ominus}}\ mol\cdot L^{-1}=\frac{1.77\times10^{-10}}{0.010}\ mol\cdot L^{-1}=1.77\times10^{-8}\ mol\cdot L^{-1}$$

对于 AgI,有

$$c(Ag^+)\geqslant\frac{K_{sp}^{\ominus}(AgI)}{c(I^-)/c^{\ominus}}\ mol\cdot L^{-1}=\frac{8.52\times10^{-17}}{0.010}\ mol\cdot L^{-1}=8.52\times10^{-15}\ mol\cdot L^{-1}$$

由此可见,沉淀 I^- 所需的 Ag^+ 浓度远远小于沉淀 Cl^- 所需的 Ag^+ 浓度,因此 AgI 沉淀先沉淀出来。

当溶液中同时存在多种离子时,离子积首先达到溶度积的离子将优先沉淀出来,利用这一

性质就可以对同一溶液中的多种离子进行沉淀分离。

5.2.3 沉淀的溶解

在难溶电解质的饱和溶液中通过改变溶液的酸度、发生氧化还原反应或生成配合物等方法就可能降低构成难溶电解质离子的浓度,使难溶电解质的离子积小于溶度积,沉淀溶解平衡就会向溶解的方向移动,沉淀发生溶解,直到建立起新的平衡状态。

1. 改变溶液酸度使沉淀溶解

难溶电解质大多是由弱酸或弱碱组成的盐,其溶解度受到溶液的 pH 值影响很大。如对于 FeS,改变溶液的酸度,平衡发生移动,反应式为

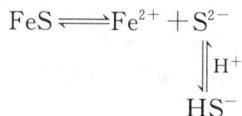

$$FeS \Longrightarrow Fe^{2+} + S^{2-}$$
$$\Big\Updownarrow H^+$$
$$HS^-$$

因此,增大溶液的 H^+ 浓度使平衡向右移动,从而沉淀的溶解度增大,反之减小溶液的 H^+ 浓度使平衡向左移动,沉淀的溶解度减小。

【例 5-7】 欲使 0.10 mol 的 FeS 完全溶解于 1 L 的盐酸中,所需盐酸的最低浓度是多少?(已知 $K_{sp}^{\ominus}(FeS) = 6.3 \times 10^{-18}$)

解 FeS 溶解于盐酸中的反应式为

$$FeS + 2H^+ \Longrightarrow Fe^{2+} + H_2S$$

当 0.10 mol 的 FeS 完全溶解于 1 L 的盐酸中时,有

$$c(Fe^{2+}) = 0.10 \text{ mol} \cdot L^{-1}, \quad c(H_2S) = 0.10 \text{ mol} \cdot L^{-1}$$

根据

$$K_{sp}^{\ominus}(FeS) = [c(Fe^{2+})/c^{\ominus}][c(S^{2-})/c^{\ominus}] = 6.3 \times 10^{-18}$$

$$c(S^{2-}) = \frac{K_{sp}^{\ominus}(FeS)}{c(Fe^{2+})/c^{\ominus}} \text{ mol} \cdot L^{-1} = \frac{6.3 \times 10^{-18}}{0.10} \text{ mol} \cdot L^{-1}$$

$$= 6.3 \times 10^{-17} \text{ mol} \cdot L^{-1}$$

由

$$K_{a,1}^{\ominus} K_{a,2}^{\ominus} = \frac{[c(H^+)/c^{\ominus}]^2 [c(S^{2-})/c^{\ominus}]}{[c(H_2S)/c^{\ominus}]}$$

得

$$c(H^+) = \sqrt{\frac{K_{a,1}^{\ominus} K_{a,2}^{\ominus} c(H_2S)}{c(S^{2-})}} \text{ mol} \cdot L^{-1} = \sqrt{\frac{1.07 \times 10^{-7} \times 1.26 \times 10^{-13} \times 0.10}{6.3 \times 10^{-17}}} \text{ mol} \cdot L^{-1}$$

$$= 0.0046 \text{ mol} \cdot L^{-1}$$

由于生成 H_2S 需消耗 0.20 mol·L^{-1} 盐酸,所以初始加入盐酸时应该是 $(0.20 + 0.0046)$ mol·L^{-1},即 0.205 mol·L^{-1}。

2. 发生氧化还原反应使沉淀溶解

一些金属硫化物沉淀的溶度积特别小,一般情况下加入盐酸很难使其溶解,此时可以用具有氧化性的物质去改变构成难溶电解质离子的价态,从而使沉淀发生溶解。如 $K_{sp}^{\ominus}$ 值很小的 CuS 不溶于盐酸,但可以溶解在具有氧化性的 HNO_3 溶液中,发生如下反应:

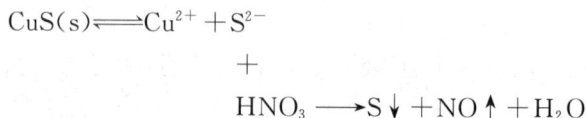

$$CuS(s) \Longrightarrow Cu^{2+} + S^{2-}$$
$$+$$
$$HNO_3 \longrightarrow S\downarrow + NO\uparrow + H_2O$$

由于氧化还原反应的发生,改变了 S^{2-} 的价态,有效地降低了构成难溶电解质 CuS 的 S^{2-} 的浓度,平衡向溶解的方向移动,CuS 发生溶解。

3. 形成配合物使沉淀溶解

在难溶电解质的饱和溶液中,加入配位剂与难溶电解质中的金属离子形成配合物或配离

子,可降低金属离子的浓度而使沉淀溶解。例如:AgCl 不溶解于酸中,但可以溶解于氨水中,发生的反应为

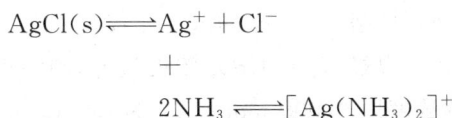

由于[Ag(NH₃)₂]⁺的生成,大大降低了 Ag⁺的浓度,使 $Q < K_{sp}^{\ominus}(AgCl)$,AgCl 沉淀开始溶解。

5.2.4　沉淀的转化

在沉淀的饱和溶液中,适当地加入试剂,可以使沉淀转化成溶解度更小的新沉淀,这一过程称为沉淀的转化。例如:在 $PbSO_4$ 沉淀(白色)中加入 Na_2S 溶液后,可以看到白色沉淀逐渐转化成黑色沉淀(PbS),反应式为

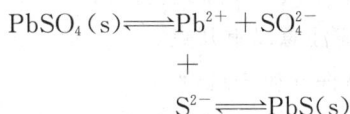

通过溶度积 $K_{sp}^{\ominus}$ 计算可知,PbS 的溶解度比 $PbSO_4$ 小得多,加入 Na_2S 溶液后就有可能使得 $Q > K_{sp}^{\ominus}(PbS)$,使 $PbSO_4$ 发生溶解,生成黑色的 PbS。这一过程实质上是由于条件的改变,两个沉淀溶解平衡发生移动后的结果。

锅炉使用过程中产生的锅垢的主要成分是 $CaSO_4$,由于 $CaSO_4$ 既不溶于水又不溶于酸,直接清洗法很难除去锅炉中的锅垢,此时可以先用 Na_2CO_3 溶液来处理,使 $CaSO_4$(锅垢)转化为溶解度更小的 $CaCO_3$,再用酸来溶解 $CaCO_3$,从而达到清除锅垢的目的。

5.3　沉淀滴定法

沉淀滴定法(precipitation titration)是以沉淀反应为基础的滴定方法。虽然形成沉淀的反应很多,但是能够用于滴定的沉淀反应远远不及氧化还原、酸碱和配位反应那样多,其原因是:①很多沉淀没有固定的组成,化学计量关系不确定;②沉淀的吸附现象可能造成较大滴定误差;③有些沉淀的溶解度大,在化学计量点时反应不够完全;④缺少合适的指示剂等。这些原因都使沉淀滴定的应用受到很大的限制。目前应用最多的沉淀滴定法还是银量法,其反应式为

$$Ag^+ + X^- \Longrightarrow AgX \downarrow$$

5.3.1　莫尔法

莫尔(Mohr)法是以 K_2CrO_4 为指示剂,在中性或弱碱性溶液中,用 $AgNO_3$ 标准溶液直接滴定 Cl^-(或 Br^-)的一种沉淀滴定方法。

以 $AgNO_3$ 滴定 Cl^- 为例,根据沉淀分级进行的原理,首先生成 AgCl 沉淀,反应式为

$$Ag^+ + Cl^- \Longrightarrow AgCl \downarrow$$

由于 AgCl 的溶解度($S = 1.3 \times 10^{-5}$ mol·L^{-1})比 Ag_2CrO_4 的溶解度($S = 7.9 \times 10^{-5}$ mol·L^{-1})小,因此在大量 Cl^- 和少量 CrO_4^{2-} 存在下,加入 Ag^+ 时,首先是 AgCl 沉淀出来,随着 $AgNO_3$ 的不断加入,溶液中 Cl^- 越来越小,Ag^+ 则会相应地增大,最后出现砖红色 Ag_2CrO_4 沉淀。Ag_2CrO_4 沉淀的出现指示了滴定终点的到达。

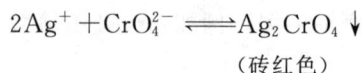

$$2Ag^+ + CrO_4^{2-} \rightleftharpoons Ag_2CrO_4 \downarrow$$
$$(砖红色)$$

为准确地测定,必须控制 K_2CrO_4 的浓度。若 K_2CrO_4 浓度过高,终点将提前出现且溶液颜色过深,还会影响终点观察;若 K_2CrO_4 浓度过低,则终点出现延后,也影响滴定的准确度。实验证明,K_2CrO_4 的浓度以 $0.005\ mol \cdot L^{-1}$ 为宜。以 $0.1000\ mol \cdot L^{-1}$ $AgNO_3$ 溶液滴定 $0.1000\ mol \cdot L^{-1}$ $NaCl$ 溶液为例,指示剂 K_2CrO_4 的浓度为 $0.005\ mol \cdot L^{-1}$,其滴定误差约为 $+0.06\%$,在允许误差范围内。但当浓度较小时,滴定误差将会增大,如以 $0.01\ mol \cdot L^{-1}$ $AgNO_3$ 溶液滴定 $0.01\ mol \cdot L^{-1} NaCl$ 溶液,用同样浓度$(0.005\ mol \cdot L^{-1})K_2CrO_4$ 指示剂将引起 $+0.6\%$ 的误差,这时可以进行指示剂的"空白实验",用纯 $CaCO_3$ 制成与 $AgCl$ 相似的混浊液,加入与测定 Cl^- 时等量的 K_2CrO_4,用 $AgNO_3$ 溶液滴定到同样的终点颜色,记下读数,然后从滴定试液所消耗的 $AgNO_3$ 体积中扣除此空白值。

应用 K_2CrO_4 作指示剂时应注意以下几点。

(1)滴定应当在中性或弱碱性介质中进行。

若酸度过高$(pH<6)$,这时加入的 CrO_4^{2-} 主要以 $Cr_2O_7^{2-}$ 形式存在,反应式为

$$2CrO_4^{2-} + 2H^+ \rightleftharpoons Cr_2O_7^{2-} + H_2O$$

从而使得 CrO_4^{2-} 失去指示剂的显色作用,即使有 $AgCrO_4$ 生成,这时也要发生解离:

$$Ag_2CrO_4 + H^+ \rightleftharpoons 2Ag^+ + HCrO_4^-$$

若酸度过低$(pH>11)$,此时可能有 Ag_2O 析出:

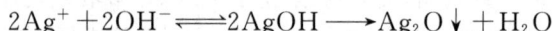
$$2Ag^+ + 2OH^- \rightleftharpoons 2AgOH \longrightarrow Ag_2O \downarrow + H_2O$$

因此,莫尔法测定的最适宜 pH 值范围是 $6.5 \sim 10.5$。若溶液碱性太强,可先用 HNO_3 调节至甲基红变为橙色,再滴加稀 $NaOH$ 溶液至橙色变为黄色;酸性太强时,可用 $NaHCO_3$、$CaCO_3$ 或硼砂中和。

(2)滴定不能在含有氨或其他能与 Ag^+ 生成配合物的物质存在下进行,否则会增大 $AgCl$ 和 Ag_2CrO_4 的溶解度,影响测定结果。

(3)莫尔法能测 Cl^-、Br^-,但不能测定 I^- 和 SCN^-。因为 AgI 或 $AgSCN$ 沉淀强烈吸附 I^- 或 SCN^-,使滴定终点过早出现,且终点颜色变化不明显。

$AgNO_3$ 标准溶液可以用纯 $AgNO_3$ 直接配制,更多的是采用标定的方法配制。若采用与测定相同条件下的方法,用 $NaCl$ 基准物质标定,则可以消除方法的系统误差。$NaCl$ 易吸潮,使用前需在 $500 \sim 600\ ℃$ 干燥去除吸附水。常用的方法是将 $NaCl$ 置于洁净的瓷坩埚中,加热至不再有爆破声为止。

$AgNO_3$ 溶液见光易分解,应保存于棕色试剂瓶中。

5.3.2　佛尔哈德法

用铁铵矾$(NH_4Fe(SO_4)_2)$作指示剂的银量法称为佛尔哈德(Volhard)法。佛尔哈德法包括直接滴定法和返滴定法。

1. 直接滴定法测定 Ag^+

在含有 Ag^+ 的硝酸溶液中,以铁铵矾为指示剂,用 NH_4SCN 标准溶液滴定 Ag^+,随着 NH_4SCN 的加入,首先有 $AgSCN$ 析出,当 Ag^+ 被定量沉淀后,稍过量的 NH_4SCN 与 Fe^{3+} 反应生成红色配合物,指示滴定终点的到达。其反应式为

$$Ag^+ + SCN^- \rightleftharpoons AgSCN \downarrow \qquad K_{sp}^{\ominus} = 1.0 \times 10^{-12}$$

$$Fe^{3+} + SCN^- \rightleftharpoons [FeSCN]^{2+} \qquad K^{\ominus}([FeSCN]^{2+}) = 138$$

实验证明，为能观察到红色，$[FeSCN]^{2+}$ 的最低浓度为 6.0×10^{-6} mol·L^{-1}。通常在终点时 $[Fe^{3+}] \approx 0.015$ mol·L^{-1}，这时引起的终点误差很小，可以忽略不计。

2. 返滴定法测定卤素离子

在被测卤素离子的试液中，加入一定量过量的 $AgNO_3$，反应式为

$$Ag^+(过量) + X^- \rightleftharpoons AgX \downarrow$$

剩余的 Ag^+ 用 SCN^- 返滴定：

$$Ag^+(剩余) + SCN^- \rightleftharpoons AgSCN \downarrow$$

稍过量的 NH_4SCN 便与 Fe^{3+} 反应，指示滴定终点的到达：

$$Fe^{3+} + SCN^- \rightleftharpoons [FeSCN]^{2+}$$

在用佛尔哈德法测定 Cl^- 时，终点的判断会遇到困难，这是因为 AgCl 沉淀的溶解度比 AgSCN 的大（$K_{sp}^{\ominus}(AgSCN) = 1.0 \times 10^{-12}$，$K_{sp}^{\ominus}(AgCl) = 1.77 \times 10^{-10}$）。在临近化学计量点时，加入的 NH_4SCN 将与 AgCl 发生沉淀转化反应，反应式为

$$AgCl + SCN^- \rightleftharpoons AgSCN + Cl^-$$

使得溶液出现了红色之后，随着不断的摇动，红色又逐渐消失，给终点观察带来困难。为了避免这种现象的发生，通常采取下面的措施。

(1)试液中加入过量 $AgNO_3$ 后，将溶液加热煮沸，使 AgCl 沉淀凝聚，以减少 AgCl 沉淀对 Ag^+ 的吸附。滤去沉淀，并用稀 HNO_3 溶液洗涤沉淀，洗涤液并入滤液中，然后用 NH_4SCN 标准溶液返滴定滤液中过量的 $AgNO_3$。

(2)试液中加入一定量过量 $AgNO_3$ 后，再加入有机保护剂（如硝基苯），用力摇动后，使有机溶剂将溶液与 AgCl 沉淀隔开，可有效地阻止 SCN^- 与 AgCl 发生沉淀转化反应。

(3)提高 Fe^{3+} 的浓度以减小终点时 SCN^- 的浓度，从而减小上述误差。有研究表明，当溶液中 $c(Fe^{3+}) = 0.2$ mol·L^{-1} 时，终点误差仍小于 0.1%。

佛尔哈德法测定 Br^-、I^-、SCN^- 时不会发生上述沉淀转化反应，不必采取上述措施。

应用佛尔哈德法时还应注意以下几点。

(1)滴定在酸性介质中进行。一般酸度大于 0.3 mol·L^{-1}，酸度过低时，Fe^{3+} 将水解形成 $[FeOH]^{2+}$ 等深色配合物，影响终点观察。碱度过大时还会析出 $Fe(OH)_3$ 沉淀。

(2)测定碘化物时，必须先加 $AgNO_3$ 后加指示剂，否则会发生如下反应：

$$2Fe^{3+} + 2I^- \rightleftharpoons 2Fe^{2+} + I_2$$

影响结果的准确度。

(3)强氧化剂和氮氧化物以及铜盐、汞盐都与 SCN^- 作用，因而干扰测定，必须预先除去。

NH_4SCN 标准溶液不能用市售纯的 NH_4SCN 试剂直接配制，而采用佛尔哈德法直接滴定法用 $AgNO_3$ 标准溶液标定。

5.3.3　法扬思法

利用吸附指示剂（adsorption indication）确定终点的银量法称为法扬司（Fajans）法。所谓吸附指示剂，就是一些有机化合物吸附在沉淀的表面以后，其结构发生改变引起溶液颜色发生变化，从而指示滴定终点的到达。

如用 $AgNO_3$ 标准溶液滴定 Cl^- 时，以荧光黄（fluorescein）作指示剂，它是弱的有机酸，反

应式为

$$HFl \rightleftharpoons H^+ + Fl^- \qquad K_a^{\ominus} = 1.0 \times 10^{-7}$$

HFl 在溶液中解离为黄绿色的负离子 Fl^-。在化学计量点之前,溶液中存在过量的 Cl^- 和 AgCl,AgCl 吸附 Cl^- 生成 $AgCl \cdot Cl^-$,Fl^- 不被吸附,此时溶液呈黄绿色;在化学计量点后,稍过量的 $AgNO_3$ 使溶液出现过量 Ag^+,则吸附为 $AgCl \cdot Ag^+$,它在静电力作用下,强烈吸附 Fl^-,反应式为

$$AgCl \cdot Ag^+ + Fl^- \rightleftharpoons AgCl \cdot Ag \cdot Fl$$
$$\text{(黄绿色)} \qquad\qquad \text{(粉红色)}$$

为了使终点颜色变化明显,应用吸附指示剂时要注意以下几点。

(1)沉淀尽可能保持胶状,使沉淀有较大的比表面积,终点变色更加明显。为了防止凝聚,可以加入糊精或淀粉。

(2)指示剂自身就是弱的有机酸,因此滴定必须在一定的酸度条件下进行,在此酸度条件下应该有足够的负离子 Fl^- 存在。如荧光黄(fluorescein,$pK_a^{\ominus}=7$),只能在中性或弱碱性(pH$=7\sim10$)溶液中使用;二氯荧光黄(dichloro fluorescein,$pK_a^{\ominus}=4$)就可以在 pH$=4\sim10$ 范围中使用。曙红(eosin)的酸性更强($pK_a^{\ominus}\approx2$),即使 pH 值低至 2,也能指示终点。

(3)滴定中应当避免强光照射。卤化银沉淀对光敏感,易分解析出金属银使沉淀变为灰黑色,影响终点观察。

(4)指示剂的吸附能力要适当。沉淀微粒对指示剂的吸附能力应略小于对被测离子的吸附能力,否则,指示剂将在化学计量点前变色。但也不能太小,否则终点又会延后。卤化银对卤化物和几种吸附指示剂的吸附能力的次序如下:

$$I^- > SCN^- > Br^- > 曙红 > Cl^- > 荧光黄$$

例如:用 $AgNO_3$ 滴定 Cl^- 时可以选择荧光黄,但不能选曙红,因为 AgCl 首先吸附曙红而不是 Cl^-,从而使得终点提前。表 5-1 列出了沉淀滴定中的常用吸附指示剂。

表 5-1　常用吸附指示剂

指 示 剂	被 测 离 子	滴 定 剂	滴 定 条 件
荧光黄	Cl^-、Br^-、I^-	$AgNO_3$	pH$=7\sim10$
二氯荧光黄	Cl^-、Br^-、I^-	$AgNO_3$	pH$=4\sim10$
曙红	Br^-、SCN^-、I^-	$AgNO_3$	pH$=2\sim10$
甲基紫	Ag^+	NaCl	酸性溶液

5.4　重量分析法

重量分析法是通过称量物质的质量来确定被测组分含量的一种分析方法。测定时一般是将被测组分与试样中其他组分分离,然后称量,由称得的质量计算被测组分的含量。

5.4.1　重量分析法的分类与特点

根据被测组分与其他组分分离方法的不同,重量分析法分为挥发法、电解法和沉淀法三类,其中以沉淀法最为重要。

1. 挥发法

挥发法利用物质的挥发性质,通过加热或其他方法使试样中的被测组分逸出,然后根据试

样质量的减少计算被测组分的含量,如试样中湿存水或结晶水的测定。有时也可以在试样被测组分逸出后,用某种吸收剂加以吸收,根据吸收剂质量的增加来计算被测组分的含量。如测定试样中 CO_2 时,以碱石灰为吸收剂。

2. 电解法

电解法利用电解的原理,使被测金属离子在电极上还原析出,然后称其质量,电极增加的质量即为被测金属的质量。

3. 沉淀法

沉淀法利用沉淀反应使被测组分以微溶化合物的形式沉淀出来,再使之转化为称量形称量。

重量分析法是直接通过称量得到分析结果,不用基准物质(或标准试样)进行比较,因此,其准确度较高,相对误差一般在 $0.1\% \sim 0.2\%$ 范围内。但分析过程长、费时多。以下主要介绍沉淀法。

5.4.2　重量分析对沉淀形和称量形的要求

重量分析法的一般分析步骤是:称取试样;试样溶解,配成稀溶液;控制沉淀条件;加入适量沉淀剂,使被测组分以难溶化合物形式沉淀出来(称为沉淀形);沉淀经过过滤、洗涤、烘干或灼烧,转化为称量形;然后称量。根据称量形的化学式可以计算出被测组分在试样中的含量。沉淀形与称量形可能相同,也可能不同,根据具体情况进行具体分析。例如:测定 Ba^{2+} 和 Mg^{2+} 时,有

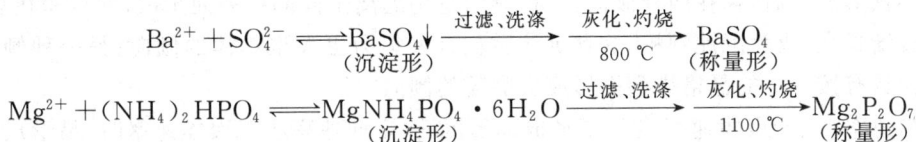

$$Ba^{2+} + SO_4^{2-} \Longrightarrow \underset{(沉淀形)}{BaSO_4\downarrow} \xrightarrow{过滤、洗涤} \xrightarrow[800\ ℃]{灰化、灼烧} \underset{(称量形)}{BaSO_4}$$

$$Mg^{2+} + (NH_4)_2HPO_4 \Longrightarrow \underset{(沉淀形)}{MgNH_4PO_4 \cdot 6H_2O} \xrightarrow{过滤、洗涤} \xrightarrow[1100\ ℃]{灰化、灼烧} \underset{(称量形)}{Mg_2P_2O_7}$$

为了保证测定时有足够的准确度并便于操作,重量分析对沉淀形和称量形都有一定的要求。

1. 对沉淀形的要求

(1)沉淀的溶解度要小,这样才能保证被测组分沉淀完全,不至于因沉淀溶解的损失而影响测定的准确度。根据一般分析结果的误差在 $0.1\% \sim 0.2\%$ 的范围内,沉淀的溶解损失不应超过分析天平的称量误差,即 ± 0.1 mg。

(2)沉淀应易于过滤和洗涤。为了易于过滤和洗涤,保证沉淀的纯度,在进行沉淀时,应尽量得到粗大的晶形沉淀。

(3)沉淀的纯度要高,这样才能获得准确的结果。应尽量避免其他杂质的沾污。

(4)沉淀易于由沉淀形转化为称量形。这种转化不仅要求容易进行,同时还要求转化是定量进行的。

2. 对称量形的要求

(1)称量形必须具有确定的化学组成,否则无法确定化学计量关系。

(2)称量形具有足够的稳定性。不应受空气中水分、CO_2 和 O_2 等的影响。

(3)称量形的相对分子质量要大,这样可增大称量形的质量,减少称量过程中的相对误差,提高测定的准确度。

5.4.3　影响沉淀纯度的因素

1. 沉淀的形成

根据沉淀的物理性质,沉淀分为晶形沉淀、无定形沉淀和凝乳状沉淀,这些沉淀类型的差

异主要在于沉淀颗粒的大小和构晶离子的排列。

（1）晶形沉淀。沉淀的颗粒较大，其颗粒直径为 $0.1\sim1\,\mu m$，沉淀内部的构晶粒子按晶体结构有规则地排列，结构紧密，沉淀所占的体积比较小，如 $BaSO_4$。

（2）无定形沉淀[①]。沉淀的颗粒小（直径小于 $0.02\,\mu m$），结构疏松，内部离子排列杂乱无章，沉淀所占的体积庞大，如 $Fe_2O_3 \cdot nH_2O$、$Al_2O_3 \cdot nH_2O$ 等。

（3）凝乳状沉淀。凝乳状沉淀性质介于晶形沉淀和非晶形沉淀之间，如 $AgCl$。

生成的沉淀属于哪种类型，首先取决于沉淀本身的性质，这是内因；同时与沉淀形成的条件以及沉淀后的处理有紧密的关系，这是外因。重量分析法总是希望获得颗粒大的晶形沉淀，便于过滤和洗涤，沉淀的纯度也较高。因此，对于重量分析法而言，从内因和外因两方面来探讨沉淀的形成过程以及如何控制沉淀条件就显得尤为重要。

沉淀的形成是一个十分复杂的微观过程。在过饱和溶液中，离子相互结合，形成离子的缔合物或离子群，当这些离子群大小达到一定程度时，它们就形成能和溶液分开的固相，并由于过饱和溶液中离子继续沉积在其表面，最后成长为较大的沉淀颗粒。这些离子群称为晶核，或称微晶。一般认为晶体的生长过程为

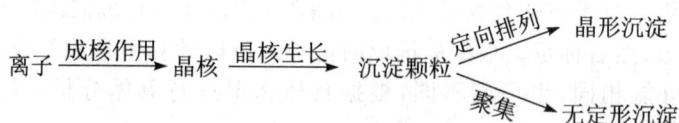

$$离子 \xrightarrow{成核作用} 晶核 \xrightarrow{晶核生长} 沉淀颗粒 \begin{cases} \xrightarrow{定向排列} 晶形沉淀 \\ \xrightarrow{聚集} 无定形沉淀 \end{cases}$$

在晶核形成之后，存在两种倾向：一种倾向是构晶离子向晶核表面扩散，并沉积在晶核上，使晶核逐渐长大，成为沉淀颗粒，这种沉淀微粒有聚集为更大聚集体的倾向；另一种倾向是构晶离子又具有按一定的晶格排列而形成大晶粒的倾向。

定向速率[②]大于聚集速率[③]时，易形成晶形沉淀；定向速率小于聚集速率时，易形成无定形沉淀。

2. 影响沉淀纯度的因素

在进行重量分析时，获得的沉淀的纯度越高越好，但从溶液中析出的沉淀不可避免地（或多或少）夹带着溶液中的其他组分，因此就很有必要了解和讨论沉淀形成过程中杂质混入的原因与沉淀净化的问题。

1）共沉淀

在一定操作条件下，某些物质本身并不能单独析出沉淀，但溶液中其他物质形成沉淀时，它随同生成的沉淀一起析出来，这种现象称为共沉淀现象。如用 $BaCl_2$ 沉淀 Na_2SO_4 时，溶液中存在的可溶盐 $Fe_2(SO_4)_3$ 也一起被沉淀，使灼烧后的 $BaSO_4$ 沉淀呈黄色，从而给分析结果带来误差。

共沉淀产生的原因，大致可以归纳为三方面。

（1）表面吸附引起的共沉淀。

沉淀的吸附是一个普遍的现象，它是由于晶体表面上离子电荷的不完全平衡所引起的，溶液中与沉淀电荷相反的离子，被静电吸引至晶体的表面，成为第一吸附离子层（吸附层），为了平衡（或抗衡）吸附层上的电荷，吸附层又将吸附一些与吸附层电荷相反的离子，形成扩散层。

---

① 也称为非晶形沉淀。

② 定向速率：构晶离子在晶核的表面定向排列的速率。

③ 聚集速率：构晶离子在沉淀的周围聚集的速率。

AgCl 在过量 NaCl 的溶液中就能很好地说明吸附现象的发生过程。AgCl 晶体中,每一个 Ag^+ 的前后、左右、上下都被另外 6 个带相反电荷的 Cl^- 包围,整个晶体内部处于静电平衡状态。但在晶体的表面,总是有剩余的电荷未被中和完,如 Cl^- 过量时,AgCl 沉淀上的 Ag^+ 就强烈地吸附 Cl^- 形成吸附层,然后 Cl^- 又通过静电吸附溶液中的正离子,如 Na^+、H^+ 等抗衡离子,形成扩散层。当然抗衡离子也有小部分进入吸附层。扩散层中吸附离子时,由于结合得比较松弛,易与溶液中的其他离子交换。

沉淀对杂质离子的吸附是有选择性的。凡是能与构晶离子生成微溶或解离度很小的化合物的离子优先被吸附;离子的价态越高,浓度越大,越易被吸附。这个规则称为吸附规则。

除此以外,沉淀表面吸附的杂质还与下列因素有关。对于一定量的沉淀来说,沉淀的比表面积越大,吸附的杂质就越多;比表面积越小,吸附的杂质就越小。如大颗粒的晶体沉淀的表面吸附能力远远不及无定形沉淀。表面吸附还与溶液中杂质的浓度有关,杂质的浓度越大,被沉淀吸附的量就越多,引入的杂质也越多。吸附作用是一个放热过程,因此升高温度可减弱表面吸附,被吸附的杂质就会减少。

表面吸附现象既然发生在沉淀的表面,那么洗涤沉淀就是减少吸附引入的杂质的最好方法。

(2)生成混晶所引起的共沉淀。

如果杂质离子的半径与构晶离子的半径相似,所形成的晶体结构也极为相似,则它们易生成混晶(mixed crystal),与主晶体一同沉淀下来。例如:将新生成的 $BaSO_4$ 与 $KMnO_4$ 溶液一起振荡,就很容易使 $KMnO_4$ 嵌入再结晶的 $BaSO_4$ 中,此时的 $KMnO_4$ 不能被水洗涤掉,即形成了 $KMnO_4$-$BaSO_4$ 混晶。

常见的混晶共沉淀有:$BaSO_4$-$PbSO_4$、$MgNH_4PO_4$-$MgKPO_4$、$MnNH_4PO_4$-$ZnNH_4PO_4$、$ZnHg(SCN)_4$-$CuHg(SCN)_4$、$BaSO_4$-$SrSO_4$、$BaSO_4$-$KMnO_4$。

值得说明的是:混晶是固溶体中的一种,混晶的生成使沉淀严重不纯。

减少或消除混晶生成的最好方法,是将这些杂质离子事先分离除去。用加入配位剂、改变沉淀剂等方法也能防止或减少这类共沉淀。

(3)吸留或包夹引起的共沉淀。

如果沉淀的速度太快或沉淀剂的浓度比较大,沉淀生长速度太快,沉淀表面吸附的杂质离子来不及离开沉淀表面,就被随后生成的沉淀所覆盖,杂质就陷入晶体的内部引起共沉淀,这种现象称为吸留或包夹。

吸留引入的杂质,一般无法洗涤掉,只有通过重结晶才能减少杂质的含量。

2)后沉淀

溶液中某些组分析出沉淀之后,另一种本来难于析出沉淀的物质,在该沉淀表面上继续析出沉淀,这种现象称为后沉淀(postprecipitation)。

如沉淀 CaC_2O_4 时,常伴有 MgC_2O_4 沉淀出现,因为沉淀 CaC_2O_4 时,加入了稍过量的 $Na_2C_2O_4$,使 CaC_2O_4 吸附了大量的 $C_2O_4^{2-}$,从而使 CaC_2O_4 沉淀的表面 $C_2O_4^{2-}$ 浓度比溶液中大,就有可能在沉淀的表面形成过饱和状态,使 $[Mg^{2+}][C_2O_4^{2-}] > K_{sp}^{\ominus}$,因此 MgC_2O_4 就沉积在 CaC_2O_4 上。

由于沉淀吸附需要一定的时间,所以后沉淀常常是在主沉淀形成之后一段时间才出现。后沉淀中的主沉淀开始可能是纯净的,后来才被第二种沉淀沾污。

后沉淀与共沉淀是不同的,它们的区别有以下几点。

(1)由于沉淀吸附需要一定的时间,因此后沉淀常常是在主沉淀形成之后一段时间才出现。

(2)不论杂质是在沉淀之前还是之后存在,引入杂质的量基本不变,而共沉淀则要发生变化。

(3)温度升高,后沉淀现象有时更严重。

(4)后沉淀引入杂质的程度,有时比共沉淀严重得多。减免后沉淀的办法:不陈化,或不宜陈化过久。

5.4.4　沉淀条件的选择

为了满足重量分析对沉淀形的要求,应当根据不同类型沉淀的特点,采用适宜的沉淀条件,保证所获得结果的准确性。

1. 晶形沉淀的沉淀条件

晶形沉淀的特点是颗粒较大,内部排列紧密,易过滤和洗涤。那么,要想获得大颗粒的沉淀,在沉淀过程中必须控制有比较小的过饱和度,沉淀后还需陈化。因此,晶形沉淀应当在下列沉淀条件下进行。

(1)沉淀作用应在适当稀的溶液中进行。

在稀溶液中可以保证在沉淀形成的瞬间,溶液的相对过饱和度不会太大,生成晶核的速度较慢,均相成核不显著,有利于生成颗粒大的晶体。同时在稀溶液中,杂质的浓度较小,有利于得到较纯的沉淀。但并不能认为溶液越稀越好,如果溶液太稀,被测组分沉淀不完全,同样会引起较大的误差。

(2)应该在不断搅拌下,缓慢地加入沉淀剂。

不断搅拌可以减小溶液中的"局部过浓"现象,避免均相成核作用,如果局部过浓,滴加的沉淀剂来不及扩散,在局部地方沉淀剂的浓度就会增大,这时局部地方的相对过饱和度变得很大,会产生严重的均相成核,形成大量的晶核,以致得到颗粒小、纯度低的沉淀,不利于晶形沉淀的生成。

(3)沉淀应在热溶液中进行。

沉淀作用在热溶液中进行时,一方面可以增大沉淀的溶解度,降低过饱和度,有利于获得大的颗粒沉淀;另一方面可减小沉淀对杂质的吸附作用,获得纯度较高的沉淀;同时,也加快构晶离子的扩散程度,加速晶体的生长。但对于溶解度较大的沉淀,在热溶液中析出沉淀后宜冷却至室温后再过滤,以减少沉淀的溶解损失。

(4)陈化。

当沉淀形成后,让初生的沉淀与母液一起放置一定的时间,这个过程称为陈化(aging)。其作用是获得完整、粗大而纯净的晶形沉淀。在同一溶液中,微小晶粒的溶解度比大晶粒的溶解度大,溶液对大晶粒达到饱和状态时,对小晶粒却没有达到饱和状态,这时小晶粒就会溶解直到溶液对小晶粒也达到饱和状态为止,而此时溶液对大晶粒沉淀却成为过饱和状态,于是溶液中的构晶离子又要在大晶粒沉淀上继续沉淀,直到溶液对大晶粒沉淀又成为新的饱和状态……如此反复进行,经过一段时间转化,小晶粒溶解,大晶粒长大,最后得到更大颗粒的沉淀。

另外,陈化还可以释放出因吸留或包夹引入晶体内部的部分杂质,使这些杂质重新进入溶液,让沉淀更为纯净。在室温下,沉淀的陈化一般需要几小时甚至几十小时才能达到效果,但加热时的陈化只需要 $1 \sim 2$ h。

2. 无定形沉淀的沉淀条件

无定形沉淀的特点是结构疏松,比表面积大,吸附杂质多,含水较多,难以过滤和洗涤,并且溶解度很小,无法控制其过饱和度来获得大颗粒沉淀。对于这一类沉淀,主要是使其聚集紧密,便于过滤。同时,尽量减少杂质的吸附,使沉淀纯净。因此,无定形沉淀应当在下列沉淀条件下进行。

(1)沉淀应在较浓的热溶液中进行。

在较浓的溶液中进行时,可以减小离子的水化作用,使沉淀含水量少,结构紧密,易于凝聚,浓溶液还能促使沉淀微粒凝聚。但是,浓溶液也提高了溶液中杂质的浓度,增大了污染的可能性。因此,沉淀完毕后,常用热水稀释并充分搅拌,使被吸附的杂质尽量转移到溶液中去。

(2)沉淀作用应在热溶液中进行。

在热溶液中,离子的水合度减小,沉淀结构紧密,促进沉淀的凝聚,防止溶胶生成,同时,也减小了沉淀的吸附能力。

(3)沉淀时加入大量的电解质或某些能引起沉淀微粒聚集的胶粒。

由于同种胶粒带有相同电荷,它们相互排斥,不易凝聚沉降,如果加入电解质,就可以中和胶粒的电荷,使之成为不带电荷的中性粒子,有利于胶粒的凝聚。为避免因电解质的加入而带来污染,一般采用易挥发的铵盐或稀酸作为电解质,以便能在沉淀的灼烧过程中除去。

(4)不必陈化。

无定形沉淀聚沉后应趁热过滤,不必陈化。由于陈化使无定形沉淀堆集得更紧,使已被吸附的杂质更难于洗涤,故不应陈化。

5.4.5　重量分析法的应用

在重量分析中,通常按下式计算被测组分的质量分数:

$$w = \frac{m}{m_s}$$

式中:w 表示被测组分的质量分数;m 表示被测组分的质量;m_s 表示试样的质量。

在许多情况下,沉淀的称量形与被测组分的表示形式不一样,这就需要通过一个换算因数将称得的称量形的质量换算成被测组分的质量,从而计算出被测组分的含量。

换算因数[①]是被测组分的相对分子质量与称量形的相对分子质量之比,用 F 表示。

$$F = \frac{a \times 被测组分摩尔质量}{b \times 称量形摩尔质量}$$

式中:a、b 为相关的系数。

应当注意,在计算换算因数时,必须在被测组分的摩尔质量或称量形的摩尔质量前乘以适当的系数(如 a、b),以保证换算因数的分子、分母中被测成分元素的个数相等。

【例 5-8】　称取某试样 0.3621 g,用 $MgNH_4PO_4$ 重量分析法测定其中镁的含量,得到 $Mg_2P_2O_7$ 0.6300 g,求 MgO 的质量分数。

解　MgO 的质量分数为

$$w(MgO) = \frac{mF}{m_s} = \frac{0.6300 \times 2 \times \frac{40.32}{222.6}}{0.3621} = 0.6303$$

---

① 有时也称为质量因数。

【例 5-9】 称取某含铝试样 0.5000 g,溶解后用 8-羟基喹啉沉淀,烘干后称得 Al(C₉H₆NO)₃ 0.3280 g,计算铝试样中铝的质量分数。若将沉淀灼烧成 Al_2O_3 称重,可得称量形多少克?

解 Al 的质量分数为

$$w(\text{Al}) = \frac{\dfrac{mM(\text{Al})}{M(\text{Al}(\text{C}_9\text{H}_6\text{NO})_3)}}{m_s} = \frac{0.3280 \times \dfrac{26.98}{459.28}}{0.5000} = 0.03854$$

称量形 Al_2O_3 的质量的计算如下。

由

$$w(\text{Al}) = \frac{\dfrac{2M(\text{Al})m(\text{Al}_2\text{O}_3)}{M(\text{Al}_2\text{O}_3)}}{m_s}$$

得

$$0.03854 = \frac{m(\text{Al}_2\text{O}_3) \times \dfrac{2 \times 26.98}{101.96}}{0.5000}$$

所以

$$m(\text{Al}_2\text{O}_3) = 0.03641 \text{ g}$$

知 识 拓 展

MOFs 材料:绿色化学中的
重金属污染治理先锋

习 题

扫码做题

一、填空题

1. 用重量分析法标定 10.00 mL 硫酸溶液,沉淀后得到 0.2762 g $BaSO_4$,已知 $M(BaSO_4) = 223.4$ g·mol⁻¹,则硫酸的浓度 $c(H_2SO_4) = $ _____。

2. 有机沉淀剂的主要优点是_____。

3. 影响沉淀完全的主要因素有同离子效应、盐效应、酸效应、配位效应等,其中盐效应使沉淀溶解度_____ _____,酸效应使弱酸盐沉淀溶解度_____。

4. 荧光黄指示剂的颜色变化是由它的_____沉淀颗粒吸附而产生的。

5. 沉淀重量分析法中,在进行沉淀反应时,某些可溶性杂质同时沉淀下来的现象称为_____,其产生的原因有表面吸附、吸留和_____。

6. AgCl 的 $K_{sp}^{\ominus} = 1.77 \times 10^{-10}$,$Ag_2CrO_4$ 的 $K_{sp}^{\ominus} = 1.12 \times 10^{-12}$,则这两种银盐的溶解度 S(单位为 mol·L⁻¹)的关系为 $S(\text{Ag})$ _____ $S(\text{Ag}_2\text{CrO}_4)$。

7. 佛尔哈德法中消除 AgCl 沉淀吸附影响的方法有_____。

二、简答题

1. 滴定分析法与重量分析法比较,哪一种方法对滴定反应物完全程度的要求更高?其原因是什么?

2. 根据被测组分与其他组分分离方法的不同,重量分析法可分为几种方法?请简要叙述这几种方法。

3. 在重量分析法中,利用生成 $BaSO_4$ 沉淀可以准确测定 Ba^{2+} 和 SO_4^{2-},但此反应用于容量滴定,即用

Ba^{2+} 滴定 SO_4^{2-} 或相反滴定,却难以准确测定,其原因何在?

三、计算题

1. 用重量分析法测定铁,根据称量物质(Fe_2O_3)的质量测得试样中铁的含量为 10.11%,若灼烧过的 Fe_2O_3 中含有 10.00% 的 Fe_3O_4,求实验中铁的真实含量。已知:$M(Fe) = 55.85$ g・mol^{-1},$M(Fe_2O_3) = 159.69$ g・mol^{-1},$M(Fe_3O_4) = 231.54$ g・mol^{-1}。

2. 在含有等浓度的 Cl^- 和 I^- 的溶液中,逐渐加入 $AgNO_3$ 溶液,哪一种离子先沉淀?第二种离子开始沉淀时,Cl^- 和 I^- 的浓度比是多少?已知 $K_{sp}^{\ominus}(AgCl) = 1.77 \times 10^{-10}$,$K_{sp}^{\ominus}(AgI) = 8.52 \times 10^{-17}$。

3. 100 mL 0.1 mol・L^{-1} 的 $MgCl_2$ 溶液,与相同体积含固体 NH_4Cl 0.053 g 的 0.01 mol・L^{-1} 的 $NH_3・H_2O$溶液相混合,溶液中是否有 $Mg(OH)_2$ 沉淀生成?已知:$Mg(OH)_2$ 的 $K_{sp}^{\ominus} = 5.61 \times 10^{-12}$,$NH_3・H_2O$ 的 $K_b = 1.8 \times 10^{-5}$,$M(NH_4Cl) = 53$ g・mol^{-1}。

4. 称取 $CaCO_3$ 试样 0.35 g 溶解后,使其中 Ca^{2+} 形成 $CaC_2O_4・H_2O$ 沉淀,需量取质量分数为 3% 的 $(NH_4)_2C_2O_4$ 溶液多少毫升?为使 Ca^{2+} 在 300 mL 溶液中的损失量不超过 0.1 mg,则应加入沉淀剂多少毫升?已知:$M(CaCO_3) = 100.1$ g・mol^{-1},$M((NH_4)_2C_2O_4) = 124.1$ g・mol^{-1},$M(Ca) = 40.08$ g・mol^{-1},$K_{sp}^{\ominus}(CaC_2O_4・H_2O) = 2.32 \times 10^{-9}$。

5. 将 0.02 mol・L^{-1} 的 $AgNO_3$ 溶液与 4 mol・L^{-1} 氨水等体积混合,再将此混合液同 0.02 mol・L^{-1} NaCl 溶液等体积混合,是否有 AgCl 沉淀生成?已知:AgCl 的 $K_{sp}^{\ominus} = 1.77 \times 10^{-10}$,$[Ag(NH_3)_2]^+$ 的 $lg\beta_1 = 3.40$,$lg\beta_2 = 7.40$。

6. 计算 pH=1.70 的盐酸中 CaF_2 的溶解度。已知:CaF_2 的 $K_{sp}^{\ominus} = 3.45 \times 10^{-11}$,HF 的 $K_a = 6.6 \times 10^{-4}$。

第6章　氧化还原反应

内容提要

本章从氧化还原反应出发,简单介绍原电池的组成、作用原理,以及半反应、电极电势、电动势、元素电势图、条件电极电势、氧化还原滴定指示剂、氧化还原滴定曲线的概念,着重讨论氧化还原反应方程式的配平、浓度对电极电势的影响、电池电动势与氧化还原反应摩尔吉布斯函数变的关系、电池电动势与电池反应平衡常数的关系、氧化还原滴定基本原理、氧化还原反应进行的方向和程度的判断、原电池电动势的计算等。

基本要求

※ 掌握氧化还原的基本概念和氧化还原反应方程式的配平方法。

※ 理解电极电势的概念,学会运用能斯特方程,掌握浓度对电极电势影响的规律及有关计算。

※ 会用电极电势概念判断氧化还原反应进行的方向和程度,能用元素电势图解释元素的氧化还原特性。

※ 理解条件电极电势的概念,掌握氧化还原滴定的基本原理,能用重要的氧化还原滴定法处理生产与科研实践中常见的问题。

建议学时

8 学时。

根据化学反应的过程中是否存在电子转移,可以将化学反应分为非氧化还原反应(non oxidation-reduction reaction)和氧化还原反应(oxidation-reduction reaction 或 redox reaction)。氧化还原反应是生产和科研实践中经常遇到的一类重要化学反应,如工业上单质的提取,煤、石油、天然气的燃烧,许多有机物的合成等。

6.1　基　本　概　念

6.1.1　氧化数的定义及判断规则

为了方便地表示各元素在化合物中所处的化合状态,引入了氧化数(oxidation number)或氧化态(oxidation state)的概念。20 世纪 70 年代初,国际纯粹与应用化学联合会(IUPAC)在《无机化学命名法》中给出氧化数的严格定义和判断规则。氧化数是指在单质或化合物中,假设把每个化学键中的电子指定给所连接的两原子中电负性较大的一个原子所得的某元素一个原子的电荷数(或称荷电数)。由此可见,氧化数是表征元素原子在化合状态时的形式电荷数(或表观电荷数)。判断元素原子的氧化数时所遵循的规则有以下几点。

(1)单质中原子的氧化数为零。

(2)单原子离子的氧化数等于离子所带的电荷数,多原子离子中各原子氧化数的代数和等于该离子所带的电荷数,中性分子中各原子的氧化数代数和等于零。

(3)化合物中氢的氧化数一般为+1,但在活泼金属氢化物(如 NaH、CaH_2)中,氢的氧化

数为 -1。

(4)化合物中氧的氧化数一般为 -2,但在氟化物(如 O_2F_2 和 OF_2)中,氧的氧化数为 +1 和 +2;在过氧化物(如 H_2O_2、Na_2O_2)中,氧的氧化数为 -1。

依据上述规则,对于任意化合物或单质,不必考虑其分子结构和键的类型,就可以判断其中各原子的氧化数。如单质 Cl_2 和 P_4 中 Cl 原子和 P 原子的氧化数均为 0;离子化合物 NaCl 中 Na 的氧化数为 +1,Cl 为 -1;共价化合物 HCl 中因 Cl 的电负性大于 H,则 H 的氧化数为 +1,Cl 的氧化数为 -1。

必须指出,在判断共价化合物中各原子的氧化数时,不要与共价键数相混淆。例如,Cl_2 分子中 Cl 的氧化数为 0,共价键数为 1;H_2O_2 分子中 O 的氧化数为 -1,共价键数为 2;在 CH_4、CH_3Cl、CH_3OH 和 HCOOH 中,碳的共价键数都为 4,而氧化数分别为 -4、-2、-2 和 +2。

【例 6-1】　已知 H 和 O 的氧化数分别为 +1 和 -2,判断下列分子或离子中其他元素原子的氧化数。

(1)$HClO_4$;(2)$Na_2S_2O_3$;(3)$S_4O_6^{2-}$;(4)NH_4^+;(5)Fe_3O_4;(6)$KMnO_4$。

解　(1)$HClO_4$ 中 Cl 的氧化数为 +7。

(2)由于 Na 的氧化数为 +1,则 $Na_2S_2O_3$ 中 S 的氧化数为 +2。

(3)设 $S_4O_6^{2-}$ 中 S 的氧化数为 x,$4x+6\times(-2)=-2$,$x=2.5$,则 $S_4O_6^{2-}$ 中 S 的氧化数为 +2.5。

(4)NH_4^+ 中 N 的氧化数为 -3。

(5)Fe_3O_4 中 Fe 的氧化数为 +8/3。

(6)由于 K 的氧化数为 +1,则 $KMnO_4$ 中 Mn 的氧化数为 +7。

6.1.2　氧化还原的概念

人们最早把与氧结合的过程称为氧化(oxidation),从化合物中除去氧的过程称为还原(reduction)。后来把失去电子的过程称为氧化,得到电子的过程称为还原。在引入氧化数的概念后,失去电子的过程即为氧化数增加的过程,得到电子的过程即为氧化数降低的过程。氧化还原反应是指反应物之间有电子得失(或氧化数发生变化)的化学反应。氧化还原的本质就是电子的得失或转移。

在氧化还原反应中,氧化和还原必须同时发生。某一物质(分子、原子或离子)失去电子,必须同时有另一物质(分子、原子或离子)得到电子。失去电子的物质称为还原剂(reducing agent),得到电子的物质称为氧化剂(oxidizing agent)。还原剂具有还原性,在反应中因失去电子而被氧化,从而转变为还原剂的氧化产物;氧化剂具有氧化性,在反应中因得到电子而被还原,从而转变为氧化剂的还原产物。在一定条件下,氧化剂与还原剂在反应中各自向着相反的方向转变。

在无机反应中,活泼的非金属单质和某元素高氧化数的化合物(如 F_2、O_2、HNO_3、$KMnO_4$、PbO_2 等)一般作为氧化剂,活泼的金属单质和某元素低氧化数的化合物(如 K、Na、KI、H_2S、$FeSO_4$ 等)一般作为还原剂。处在某元素中间氧化数的化合物(如 SO_2、Na_2SO_3、$NaNO_2$ 等)既可作氧化剂,也可作还原剂。例如:

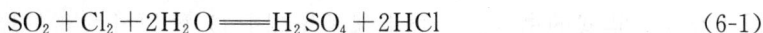

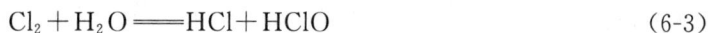

$$SO_2 + Cl_2 + 2H_2O = H_2SO_4 + 2HCl \tag{6-1}$$

$$SO_2 + 2H_2S = 3S + 2H_2O \tag{6-2}$$

$$Cl_2 + H_2O = HCl + HClO \tag{6-3}$$

在反应(6-1)中,Cl_2 是氧化剂,SO_2 是还原剂,而在反应(6-2)中,SO_2 是氧化剂,H_2S 是还原剂。因此,氧化剂和还原剂是相对的。在反应(6-3)中,Cl_2 既作氧化剂,又作还原剂,这样的氧化还原反应称为歧化反应(disproportionating reaction)。歧化反应的逆反应称为反歧化反应,是指同一元素不同氧化数的两种物质反应生成具有中间氧化数的产物。例如:

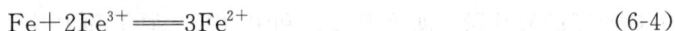

$$Fe + 2Fe^{3+} = 3Fe^{2+} \tag{6-4}$$

6.1.3 氧化还原反应方程式的配平

对于多种物质参与的氧化还原反应,用目视方法配平反应式是比较困难的,常用的配平方法有氧化数法(oxidation number method)和离子-电子法(ion-electron method)。前者在中学阶段已经讲授,这里不再赘述,后者又称为半反应法(half reaction method),是本节的重点内容。

1. 半反应和氧化还原电对

任何氧化还原反应都可看做由两个半反应组成:一个半反应表示氧化;另一个半反应则表示还原。如将锌粒投入稀硫酸溶液中,发生下列反应:

$$Zn + 2H^+ = Zn^{2+} + H_2 \uparrow \tag{6-5}$$

表示氧化的半反应为

$$Zn = Zn^{2+} + 2e^- \tag{6-6}$$

表示还原的半反应为

$$2H^+ + 2e^- = H_2 \tag{6-7}$$

这样的半反应方程式也称为离子-电子方程式。如同任何化学反应方程式一样,离子-电子方程式必须反映实际的化学变化过程,方程式两端应保持原子和电荷平衡,即方程式两端各原子数和电荷数要相等。只有发生氧化反应的半反应和发生还原反应的半反应同时进行时,才发生氧化还原反应,任何半反应都不能单独存在。

从半反应(6-6)和半反应(6-7)可以看出,每一个半反应都由同种元素不同氧化数的两种物质组成。通常将半反应中高氧化数的物质形式称为氧化型(oxidized form),如 Zn^{2+} 和 H^+;低氧化数的物质形式称为还原型(reduced form),如 Zn 和 H_2。这样,同一元素氧化型物质和还原型物质构成的整体称为氧化还原电对(oxidation-reduction couples),用氧化型/还原型(Ox/Red)表示,如 Zn^{2+}/Zn 和 H^+/H_2。半反应的通式可表示为

$$氧化型 + ne^- \underset{氧化反应}{\overset{还原反应}{\rightleftharpoons}} 还原型$$

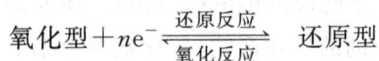

除金属单质与其离子、非金属单质与其离子可组成氧化还原电对外,不同氧化数的离子(或化合物)均可构成氧化还原电对,如 O_2/OH^-、Fe^{3+}/Fe^{2+} 和 $Cu^{2+}/CuCl$ 等。由此可见,每个氧化还原反应都是由两对不同的氧化还原电对构成的。

2. 利用半反应配平氧化还原反应

用离子-电子方程式配平氧化还原反应方程式的方法称为离子-电子法或半反应法。离子-电子法配平的原则是反应过程中得失电子总数相等,反应前后各原子总数相等。其关键步骤是半反应方程式的书写。一般步骤是先配平 O、H 以外元素的原子数,然后配平 H、O 原子数,最后配平得失电子数。配平 O 原子数的技巧在于添加 H^+、OH^-、H_2O,其经验规则如表 6-1 所示。

表 6-1 不同介质中配平 O 原子数的经验规则

介质	反应方程式箭头左边添加物	
	反应式左边 O 原子数多于右边时	反应式左边 O 原子数少于右边时
酸性	H^+	H_2O
碱性	H_2O	OH^-
中性	H_2O	H_2O

具体步骤如下。

(1)写出未配平的离子反应式。例如：

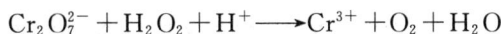

$$Cr_2O_7^{2-} + H_2O_2 + H^+ \longrightarrow Cr^{3+} + O_2 + H_2O$$

(2)将离子反应式分解为两个半反应式，并使两边相同元素的原子数相等。

在式 $Cr_2O_7^{2-} \longrightarrow Cr^{3+}$ 中，右边的 Cr^{3+} 前配 2。由于反应介质为酸性，左边的 O 原子比右边多出 7 个，因此，要在左边加 14 个 H^+，则在右边要加 7 个 H_2O 分子。

$$Cr_2O_7^{2-} + 14H^+ \longrightarrow 2Cr^{3+} + 7H_2O$$

而在式 $H_2O_2 \longrightarrow O_2$ 中，O 原子相等，在右边加 2 个 H^+。

$$H_2O_2 \longrightarrow O_2 + 2H^+$$

(3)用加、减电子数的方法使两边电荷相等。

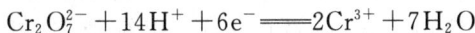

$$Cr_2O_7^{2-} + 14H^+ + 6e^- = 2Cr^{3+} + 7H_2O$$
$$H_2O_2 = O_2 + 2H^+ + 2e^-$$

(4)寻找两个半反应得到和失去电子数的最小公倍数，再分别乘以系数使得失电子数等于最小公倍数，然后将两个半反应方程式相加、整理，即得离子反应方程式。

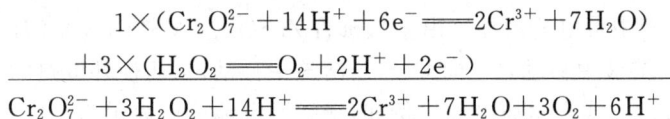

$$1 \times (Cr_2O_7^{2-} + 14H^+ + 6e^- = 2Cr^{3+} + 7H_2O)$$
$$+ 3 \times (H_2O_2 = O_2 + 2H^+ + 2e^-)$$
$$\overline{\quad Cr_2O_7^{2-} + 3H_2O_2 + 14H^+ = 2Cr^{3+} + 7H_2O + 3O_2 + 6H^+ \quad}$$

整理得 $\qquad Cr_2O_7^{2-} + 3H_2O_2 + 8H^+ = 2Cr^{3+} + 3O_2 + 7H_2O$ （6-8）

用离子-电子法配平时不需要知道元素的氧化数，可直接写出离子反应方程式，能清楚地反映出水溶液中氧化还原反应的实质。但该方法不适用于气相或固相反应式的配平。

6.2 电 极 电 势

6.2.1 原电池和电极电势

1. 原电池的组成

将 Zn 片插入 $CuSO_4$ 溶液中，立即发生自发的氧化还原反应：

$$Zn(s) + Cu^{2+}(aq) = Zn^{2+}(aq) + Cu(s) \qquad （6-9）$$

当 Zn 片和 $CuSO_4$ 溶液接触时，电子无序地从 Zn 直接转移给 Cu^{2+}，Zn 片逐渐溶解，金属 Cu 不断沉积，溶液的颜色逐渐变浅，同时放出热能。该反应的半反应如下：

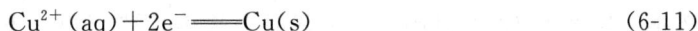

$$Zn(s) = Zn^{2+}(aq) + 2e^- \qquad （6-10）$$
$$Cu^{2+}(aq) + 2e^- = Cu(s) \qquad （6-11）$$

若将两个半反应分开在两只烧杯中进行，如图 6-1 所示。Cu 片插入盛 $CuSO_4$ 溶液的烧杯中，Zn 片插入盛 $ZnSO_4$ 溶液的烧杯中，用一倒置的 U 形管把两个烧杯中的溶液连接起来。

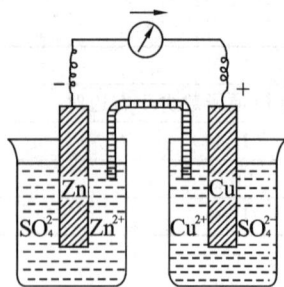

图 6-1　铜锌原电池

U形管中装满用 KCl 饱和溶液和琼脂制成的冻胶,组成盐桥 (salt bridge)。用导线将 Zn 片和 Cu 片分别连接到检流计的两接线端,就可以看到检流计的指针发生偏转,说明导线中有电流通过。由检流计的指针发生偏转方向可知,电子从 Zn 片经外电路流向 Cu 片,由于电流的方向与电子流动方向相反,即电流从 Cu 片流向 Zn 片。这种能使氧化还原反应产生电流的装置称为原电池(galvanic cell, voltaic cell),图 6-1 所示的原电池称为铜锌原电池。

　　在原电池中,氧化还原反应产生的化学能转变成电能,该反应也称为电池反应;相应的半反应称为半电池反应;实现每个半电池反应的装置称为半电池(half-cell),也称为电极(electrode)。氧化还原反应中的半反应就是电池反应中的电极反应,氧化还原电对就为电极反应的氧化型和还原型物质。

　　原电池中有电流产生,说明组成原电池的两个电极存在电势差,这个电势差也称为原电池的电动势(voltaic cell potential),用 $E_{池}$ 表示。电流流出的电极,电势较高,称为正极;电流流入的电极,电势较低,称为负极。原电池的正极发生还原反应,负极发生氧化反应。如上述铜锌原电池中,Cu 片与 $CuSO_4$ 溶液组成正极;Zn 片与 $ZnSO_4$ 溶液组成负极。原电池中每个电极都有自身特征的电极电势(electrode potential),用符号 E(氧化型/还原型)表示,如 E(Cu^{2+}/Cu)表示 Cu 与 $CuSO_4$ 溶液组成电极的电极电势。

　　原电池中盐桥的作用是平衡两电极的电荷,组成回路。如在铜锌原电池中,当反应进行时,Zn 片上的 Zn 原子以 Zn^{2+} 形式进入溶液,则 $ZnSO_4$ 溶液中正电荷增加,同时 Cu^{2+} 在 Cu 片上析出,使 $CuSO_4$ 溶液中负电荷增加。由于盐桥将 $ZnSO_4$ 溶液和 $CuSO_4$ 溶液连接在一起,盐桥中的 Cl^- 向 $ZnSO_4$ 溶液中移动,K^+ 向 $CuSO_4$ 溶液中移动,从而使外电路的电流得以维持。

　　电化学中常用特定方式表示原电池。例如,铜锌原电池可以表示为

$$(-)Zn \mid ZnSO_4(c_1) \parallel CuSO_4(c_2) \mid Cu(+)$$

即把负极(一)写在左边,正极(+)写在右边;单竖线"|"表示两相界面,双竖线"‖"表示盐桥;c 表示溶液的浓度(若组成电极的物质为气体,用分压表示),当溶液浓度为 1 mol·L^{-1}(气体分压为 1×10^5 Pa)时可以不写。

　　2. 电极电势的产生

　　当把金属浸入其盐溶液时,就会出现两种倾向:一种是金属表面原子因热运动和受极性水分子的作用以离子的形式进入溶液,即为金属的溶解倾向;另一种是溶液中金属离子因受金属表面电子的吸引沉积在金属表面,即为金属的沉积倾向。当金属在溶液中溶解和沉积的速率相等时,达到动态平衡:

$$M(s) \rightleftharpoons M^{n+}(aq) + ne^-$$

　　金属越活泼,溶液中金属离子的浓度越小,金属的溶解趋势大于其离子的沉积趋势,达平衡时金属表面带负电荷,靠近其附近的溶液带正电荷,如图 6-2(a)所示;金属越不活泼,溶液中离子的浓度越大,金属的溶解趋势小于其离子的沉积趋势,达平衡时金属表面带正电荷,靠近其附近溶液带负电荷,如图 6-2(b)所示。把这种金属与其盐溶液之间产生的电势差称为金属与其盐

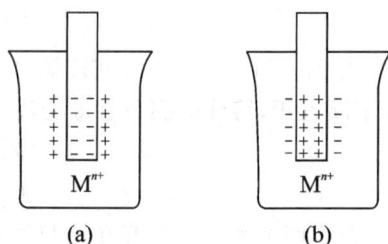

(a)　　　　　　(b)

图 6-2　金属电极电势

溶液组成电极的平衡电极电势,简称电极电势。电极电势是描述电极特征的物理量,它的大小与金属的性质、溶液的浓度和温度有关。

3. 电极电势的测定

单个电极的电极电势的绝对值无法直接测得,但原电池的电动势是可以准确测定的。因此,人们设想用比较的方法测定电极电势的相对值,犹如以海平面为基点测定海拔高度一样。通常国际上统一采用标准氢电极作为比较的标准,并规定其电极电势为零。

标准氢电极的组成和结构如图 6-3 所示。将镀有一层海绵状铂黑的铂片,浸入 H^+ 浓度(严格来说为活度)为 $1.0\ mol \cdot L^{-1}$ 的酸溶液中,在 298.15 K 时不断通入 $1 \times 10^5\ Pa$ 纯氢气使铂黑片饱和,构成标准氢电极(standard hydrogen electrode),电极反应为

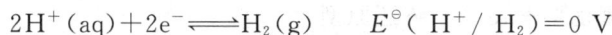

$$2H^+(aq) + 2e^- \Longrightarrow H_2(g) \qquad E^\ominus(H^+/H_2) = 0\ V$$

若要测定某电极的电极电势,可把待测电极与标准氢电极组成如下的原电池:

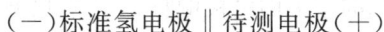

(-)标准氢电极∥待测电极(+)

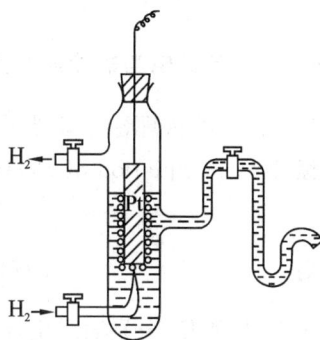

图 6-3　标准氢电极

不论待测电极上实际发生的是氧化反应还是还原反应,都将待测电极固定作为正极,即发生还原反应,标准氢电极作为负极,则测得原电池的电动势就是待测电极的电极电势。若待测电极实际发生的是还原反应,则其电极电势比标准氢电极电势高,为正值;若待测电极实际发生的是氧化反应,则其电极电势将比标准氢电极电势低,为负值。

电极电势的大小不仅与组成电极物质的本质有关,也与组成电极物质的状态有关。为了便于比较,提出了标准电极电势(standard electrode potential)的概念,用 $E^\ominus$(氧化型/还原型)或 $E^\ominus$(Ox/Red)表示。凡是处于标准态下的电极(组成电极的固体或液体物质均为 $1 \times 10^5\ Pa$ 条件下最稳定或最常见的纯净物,溶液中所有物质的活度均为 $1.0\ mol \cdot L^{-1}$,所有气体的分压均为 $1 \times 10^5\ Pa$)都称为标准电极。

附录 D 列出了 298.15 K 时一些常用电极的标准电极电势。从表中数据可以看出:标准电极电势代数值越小,电极反应中还原型物质的还原能力越强,相应的氧化型物质氧化能力越弱;电极电势的代数值越大,电极反应中氧化型物质氧化能力越强,相应的还原型物质的还原能力越弱。因此,根据 $E^\ominus$ 值的大小可以判断氧化型物质的氧化能力和还原型物质的还原能力的相对强弱。

4. 电极的类型

对于不包含固体导电材料的电极,为了把电流导出(入)溶液,需加入能够导电而本身不参与电极反应的材料作为辅助电极,如金属 Pt 或石墨。电极如同原电池一样,可用符号表示。表 6-2 列出常见四种类型电极反应。

表 6-2　电极反应的类型

电极类型	电　对	电极反应(还原反应)	符号表示(作正极)
金属与其离子	Cu^{2+}/Cu	$Cu^{2+}(aq) + 2e^- \Longrightarrow Cu(s)$	$CuSO_4(aq, c) \mid Cu(s)$
非金属单质	Cl_2/Cl^-	$Cl_2(g) + 2e^- \Longrightarrow 2Cl^-(aq)$	$Cl^-(aq, c) \mid Cl_2(g, p) \mid Pt$
与其离子	O_2/OH^-	$O_2(g) + 4e^- + 2H_2O \Longrightarrow 4OH^-(aq)$	$OH^-(aq, c) \mid O_2(g, p) \mid Pt$
金属与其难溶物质	$AgCl/Ag$	$AgCl(s) + e^- \Longrightarrow Ag(s) + Cl^-(aq)$	$Cl^-(aq, c) \mid AgCl, Ag(s)$
同一元素不同氧化数离子	Fe^{3+}/Fe^{2+}	$Fe^{3+} + e^- \Longrightarrow Fe^{2+}$	$Fe^{3+}(c_1), Fe^{2+}(c_2) \mid Pt$

【例 6-2】 将下列氧化还原反应设计成原电池,并用原电池符号表示。

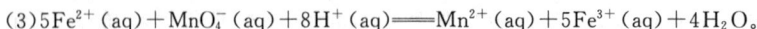

(1) $2I^-(aq)+2Fe^{3+}(aq)\Longrightarrow I_2(s)+2Fe^{2+}(aq)$;

(2) $Cl_2(g)+2I^-(aq)\Longrightarrow 2Cl^-(aq)+I_2(s)$;

(3) $5Fe^{2+}(aq)+MnO_4^-(aq)+8H^+(aq)\Longrightarrow Mn^{2+}(aq)+5Fe^{3+}(aq)+4H_2O$。

解　(1) $(-)Pt|I_2(s)|I^-(aq,c_1)\parallel Fe^{2+}(aq,c_2),Fe^{3+}(aq,c_3)|Pt(+)$

(2) $(-)Pt|I_2(s)|I^-(aq,c_1)\parallel Cl^-(aq,c_2)|Cl_2(g,p)|Pt(+)$

(3) $(-)Pt|Fe^{2+}(aq,c_1),Fe^{3+}(aq,c_2)\parallel MnO_4^-(aq,c_3),Mn^{2+}(aq,c_4),H^+(aq,c_5)|Pt(+)$

6.2.2　电极电势的能斯特方程

能斯特从理论上推导了条件改变时电极电势变化的定量关系式,即电极电势的能斯特方程(Nernst equation of electrode potential)。对于任意给定的电极,电极反应通式为

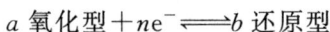

$$a\,氧化型+ne^-\Longrightarrow b\,还原型$$

则
$$E(Ox/Red)=E^{\ominus}(Ox/Red)+\frac{RT}{nF}\ln\frac{[氧化型]^a}{[还原型]^b} \tag{6-12}$$

式中:E 和 $E^{\ominus}$ 分别表示电极在非标准态下及标准态下的电极电势,V;$[氧化型]^a$ 和 $[还原型]^b$ 分别表示电极反应中,在氧化型、还原型一侧各物质的相对浓度以其化学计量数为指数的幂的乘积;n 表示电极反应中所转移的电子数;R 为气体常数;T 为热力学温度;F 为法拉第常数,表示1 mol电子所带的电量,F 的数值为 96485 C·mol^{-1}。

当电极电势的单位为 V,浓度的单位为 mol·L^{-1},压力的单位为 Pa 时,则 $R=8.314$ J·mol^{-1}·K^{-1}。在 298.15 K 时,将式(6-12)中的自然对数用常用对数表示,得

$$E(Ox/Red)=E^{\ominus}(Ox/Red)+\frac{0.0592}{n}\lg\frac{[氧化型]^a}{[还原型]^b} \tag{6-13}$$

应用能斯特方程时需要注意以下几点。

(1)当组成电极反应的物质为固体或纯液体时,它们的浓度不列入能斯特方程中(或用 1 表示),气体则以物质的相对分压来表示,溶液用溶质的相对浓度表示。例如:

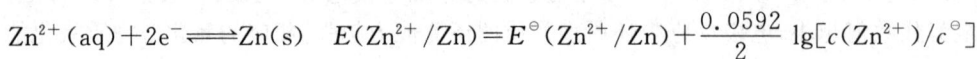

$$Zn^{2+}(aq)+2e^-\Longrightarrow Zn(s)\quad E(Zn^{2+}/Zn)=E^{\ominus}(Zn^{2+}/Zn)+\frac{0.0592}{2}\lg[c(Zn^{2+})/c^{\ominus}]$$

(2)若电极反应中,除氧化型、还原型物质外,还有 H$^+$ 或 OH$^-$ 参加反应,则这些物质的浓度及其在反应式中的化学计量数也应根据电极反应式写在能斯特方程中。例如:

$$Cr_2O_7^{2-}(aq)+14H^++6e^-\Longrightarrow 2Cr^{3+}(aq)+7H_2O$$

$$E(Cr_2O_7^{2-}/Cr^{3+})=E^{\ominus}(Cr_2O_7^{2-}/Cr^{3+})+\frac{0.0592}{6}\lg\frac{[c(Cr_2O_7^{2-})/c^{\ominus}][c(H^+)/c^{\ominus}]^{14}}{[c(Cr^{3+})/c^{\ominus}]^2}$$

【例 6-3】 计算 298.15 K,$c(Cu^{2+})=0.0010$ mol·L^{-1}时的 $E(Cu^{2+}/Cu)$值。

解　从附录 D 中查得　　　　$E^{\ominus}(Cu^{2+}/Cu)=0.34$ V

电极反应为　　　　　　　$Cu^{2+}(aq)+2e^-\Longrightarrow Cu(s)$

$$E(Cu^{2+}/Cu)=E^{\ominus}(Cu^{2+}/Cu)+\frac{0.0592}{2}\lg[c(Cu^{2+})/c^{\ominus}]$$

$$=(0.34+\frac{0.0592}{2}\lg0.0010)V$$

$$=0.251\ V$$

在本例中,当 $c(Cu^{2+})$ 为标准态浓度的 1/1000 时,$E(Cu^{2+}/Cu)$比 $E^{\ominus}(Cu^{2+}/Cu)$小不到 0.1 V,说明电极反应中组分离子浓度的变化对电极电势影响不大。

6.2.3　电池的电动势与反应的摩尔吉布斯函数变的关系

原电池是将化学能转变为电能的装置。依据化学热力学基本原理,对于一个电动势为 $E_{池}$ 的原电池,当电池反应进度为 1 mol 时,有 n mol 的电子通过电路,则电池反应的摩尔吉布斯函数变 $\Delta_r G_m$ 与电动势 $E_{池}$ 之间的关系为

$$\Delta_r G_m = -W_{max} = -nFE_{池} \tag{6-14}$$

如果原电池在标准态下工作,则

$$\Delta_r G_m^{\ominus} = -nFE_{池}^{\ominus} \tag{6-15}$$

$E_{池}^{\ominus}$ 表示标准电动势。

反应的摩尔吉布斯函数变 $\Delta_r G_m$ 可由范特霍夫等温方程式求得,即

$$\Delta_r G_m = \Delta_r G_m^{\ominus} + RT\ln Q$$

由此可得

$$E_{池} = E_{池}^{\ominus} - \frac{RT}{nF}\ln Q \tag{6-16}$$

式(6-16)称为电动势的能斯特方程,Q 指电池反应的反应商。

当 $T=298.15$ K 时,将数值代入,自然对数换成常用对数,式(6-16)可化简为

$$E_{池} = E_{池}^{\ominus} - \frac{0.0592}{n}\lg Q \tag{6-17}$$

应该注意,原电池电动势数据与电池反应计量式书写形式无关。例如:

$$Zn(s) + Cu^{2+}(aq) = Zn^{2+}(aq) + Cu(s)$$

$$E_{池} = E_{池}^{\ominus} - \frac{0.0592}{2}\lg \frac{c(Zn^{2+})/c^{\ominus}}{c(Cu^{2+})/c^{\ominus}}$$

当化学计量数扩大 1 倍时,则电池反应为

$$2Zn(s) + 2Cu^{2+}(aq) = 2Zn^{2+}(aq) + 2Cu(s)$$

反应中所转移电子的物质的量也相应地扩大 1 倍,因此

$$E_{池} = E_{池}^{\ominus} - \frac{0.0592}{4}\lg \frac{[c(Zn^{2+})/c^{\ominus}]^2}{[c(Cu^{2+})/c^{\ominus}]^2}$$

$$= E_{池}^{\ominus} - \frac{0.0592}{2}\lg \frac{c(Zn^{2+})/c^{\ominus}}{c(Cu^{2+})/c^{\ominus}}$$

前面所讨论的都是原电池中通过的电流无限小时,即可逆电极反应或可逆电池反应情况下的电极电势,这种电极电势称为可逆电势或平衡电势。如果原电池中的电流不是无限小,则电动势或电极电势就不能简单地用上述能斯特方程进行计算。

6.3　电极电势的应用

6.3.1　比较氧化剂和还原剂的强弱

电极电势代数值的大小反映了电对中氧化型物质得电子和还原型物质失电子能力的强弱。电极电势代数值越大,则表明该电对中氧化型物质的氧化能力越强,是较强的氧化剂;电极电势代数值越小,则表明该电对中还原型物质的还原能力越强,是较强的还原剂。例如:

电对	电极反应	标准电极电势 $E^{\ominus}(\mathrm{Ox/Red})/\mathrm{V}$
$\mathrm{Zn^{2+}/Zn}$	$\mathrm{Zn^{2+}(aq)+2e^{-} \rightleftharpoons Zn(s)}$	-0.76
$\mathrm{H^{+}/H_2}$	$\mathrm{2H^{+}(aq)+2e^{-} \rightleftharpoons H_2(g)}$	0.00
$\mathrm{Cu^{2+}/Cu}$	$\mathrm{Cu^{2+}(aq)+2e^{-} \rightleftharpoons Cu(s)}$	0.34
$\mathrm{I_2/I^{-}}$	$\mathrm{I_2(s)+2e^{-} \rightleftharpoons 2I^{-}(aq)}$	0.54
$\mathrm{Fe^{3+}/Fe^{2+}}$	$\mathrm{Fe^{3+}(aq)+e^{-} \rightleftharpoons Fe^{2+}(aq)}$	0.77
$\mathrm{Br_2/Br^{-}}$	$\mathrm{Br_2(l)+2e^{-} \rightleftharpoons 2Br^{-}(aq)}$	1.06
$\mathrm{MnO_4^{-}/Mn^{2+}}$	$\mathrm{MnO_4^{-}(aq)+8H^{+}(aq)+5e^{-} \rightleftharpoons Mn^{2+}(aq)+4H_2O}$	1.51

从标准电极电势数据可以看出,在标准条件下,由于 $E^{\ominus}(\mathrm{Zn^{2+}/Zn})<0\ \mathrm{V}$,金属 Zn 能将 $\mathrm{H^{+}}$ 还原为 $\mathrm{H_2}$,而金属 Cu 不能与非氧化性酸反应;$E^{\ominus}(\mathrm{MnO_4^{-}/Mn^{2+}})$ 值较大,说明 $\mathrm{MnO_4^{-}}$ 是较强的氧化剂,能氧化 $\mathrm{I^{-}}$、$\mathrm{Fe^{2+}}$ 和 $\mathrm{Br^{-}}$;$\mathrm{Fe^{3+}}$ 的氧化性比 $\mathrm{I_2}$ 强而比 $\mathrm{Br_2}$ 弱,因此能发生反应 $\mathrm{2Fe^{3+}+2I^{-} \Longrightarrow 2Fe^{2+}+I_2}$,而 $\mathrm{Fe^{3+}}$ 与 $\mathrm{Br^{-}}$ 不能反应;$\mathrm{Fe^{2+}}$ 的还原性比 $\mathrm{Br^{-}}$ 强而比 $\mathrm{I^{-}}$ 弱,因此能发生反应 $\mathrm{2Fe^{2+}+Br_2 \Longrightarrow 2Fe^{3+}+2Br^{-}}$,而 $\mathrm{Fe^{2+}}$ 与 $\mathrm{I_2}$ 不能反应。

在应用标准电极电势判别氧化剂和还原剂的相对强弱时,必须注意前提是离子浓度为 $1.0\ \mathrm{mol \cdot L^{-1}}$。若浓度不为 $1.0\ \mathrm{mol \cdot L^{-1}}$,原则上要根据能斯特方程进行计算后才能进行比较。例如,当介质 pH=6 时:

$$E(\mathrm{MnO_4^{-}/Mn^{2+}})=E^{\ominus}(\mathrm{MnO_4^{-}/Mn^{2+}})+\frac{0.0592}{5}\lg\frac{[c(\mathrm{MnO_4^{-}})/c^{\ominus}][c(\mathrm{H^{+}})/c^{\ominus}]^{8}}{c(\mathrm{Mn^{2+}})/c^{\ominus}}$$

$$=\left[1.51+\frac{0.0592}{5}\lg(10^{-6})^{8}\right]\mathrm{V}=0.94\ \mathrm{V}$$

由于 $E(\mathrm{MnO_4^{-}/Mn^{2+}})<E^{\ominus}(\mathrm{Br_2/Br^{-}})$,在弱酸性条件下 $\mathrm{MnO_4^{-}}$ 不能氧化 $\mathrm{Br^{-}}$,也就是 $\mathrm{MnO_4^{-}}$ 的氧化性比 $\mathrm{Br_2}$ 小。

通常实验室使用的强氧化剂电对的 $E^{\ominus}(\mathrm{Ox/Red})$ 值一般大于 $1.0\ \mathrm{V}$,强还原剂电对的 $E^{\ominus}(\mathrm{Ox/Red})$ 值一般小于 0 V 或在 0 V 附近。在实际化工生产中选用氧化剂或还原剂时,除了考虑电极电势大小外,还要综合考虑性能、成本、安全等因素。

6.3.2 判断氧化还原反应进行的方向

对任意一个化学反应,其自发进行的条件为 $\Delta_r G_m<0$。将一个氧化还原反应设计为原电池时,该反应的 $\Delta_r G_m$ 与原电池电动势 $E_{\text{池}}$ 之间的关系为

$$\Delta_r G_m=-nFE_{\text{池}}$$

当 $E_{\text{池}}>0$ 时,则 $\Delta_r G_m<0$,该反应能自发进行。可见,原电池电动势 $E_{\text{池}}$ 值可作为氧化还原反应自发进行的判据。又由于 $E_{\text{池}}=E(+)-E(-)$,因此,只有电极电势代数值较大的电对的氧化型物质与电极电势代数值较小的电对的还原型物质反应时,才能自发进行,即

强氧化剂＋强还原剂 $\longrightarrow$ 弱还原剂＋弱氧化剂

【例 6-4】 已知:$\mathrm{H_3AsO_4+2H^{+}+2e^{-} \rightleftharpoons H_3AsO_3+H_2O}$,$E^{\ominus}(\mathrm{H_3AsO_4/H_3AsO_3})=0.559\ \mathrm{V}$;

$$\mathrm{I_2+2e^{-} \rightleftharpoons 2I^{-}},\ E^{\ominus}(\mathrm{I_2/I^{-}})=0.54\ \mathrm{V};$$

对于反应 $\mathrm{H_3AsO_3+I_2+H_2O \rightleftharpoons H_3AsO_4+2H^{+}+2I^{-}}$

(1)若溶液的 pH=6,其他离子浓度均为 $1.0\ \mathrm{mol \cdot L^{-1}}$,反应朝哪个方向自发进行?

(2)若溶液中 $c(\mathrm{H^{+}})=6\ \mathrm{mol \cdot L^{-1}}$,其他离子浓度均为 $1.0\ \mathrm{mol \cdot L^{-1}}$,反应朝哪个方向自发进行?

解 (1)对电极反应 $\mathrm{H_3AsO_4+2H^{+}+2e^{-} \rightleftharpoons H_3AsO_3+H_2O}$

$$E(H_3AsO_4/H_3AsO_3) = E^{\ominus}(H_3AsO_4/H_3AsO_3) + \frac{0.0592}{2}\lg\frac{[c(H_3AsO_4)/c^{\ominus}][c(H^+)/c^{\ominus}]^2}{c(H_3AsO_3)/c^{\ominus}}$$

$$= \left[0.559 + \frac{0.0592}{2}\lg(10^{-6})^2\right] V = 0.204 \text{ V}$$

由于 $E^{\ominus}(I_2/I^-)$ 不随 $c(H^+)$ 变化而改变, $E^{\ominus}(I_2/I^-) = 0.54 \text{ V} > E(H_3AsO_4/H_3AsO_3) = 0.204 \text{ V}$,反应自发向右进行。

(2) $E(H_3AsO_4/H_3AsO_3) = E^{\ominus}(H_3AsO_4/H_3AsO_3) + \frac{0.0592}{2}\lg\frac{[c(H_3AsO_4)/c^{\ominus}][c(H^+)/c^{\ominus}]^2}{c(H_3AsO_3)/c^{\ominus}}$

$$= \left(0.559 + \frac{0.0592}{2}\lg6.0^2\right) V = 0.605 \text{ V}$$

由于 $E(H_3AsO_4/H_3AsO_3) = 0.605 \text{ V} > E^{\ominus}(I_2/I^-)$,反应自发向左进行。

6.3.3 判断氧化还原反应进行的限度

化学反应进行的限度可用标准平衡常数 $K^{\ominus}$ 来衡量,即

$$\Delta_r G_m^{\ominus} = -2.303RT\lg K^{\ominus}$$

在标准态下的原电池反应

$$\Delta_r G_m^{\ominus} = -nFE^{\ominus}$$

因此

$$\lg K^{\ominus} = \frac{nFE^{\ominus}}{2.303RT} \tag{6-18}$$

当温度为 298.15 K 时,将有关常数代入得

$$\lg K^{\ominus} = \frac{n[E^{\ominus}(+) - E^{\ominus}(-)]}{0.0592} \tag{6-19}$$

n 为氧化还原反应得失的电子数。可见,氧化还原反应的标准平衡常数 $K^{\ominus}$ 只与标准电动势 $E^{\ominus}$ 有关,而与物质的浓度无关。$E^{\ominus}$ 值越大,$K^{\ominus}$ 值越大,表明正反应进行得越完全。必须指出,利用电极电势大小可以判断氧化还原反应的方向和限度,即反应的可能性,但不能判断反应速率的大小。

【例 6-5】 (1)计算反应 $Ag^+(aq) + Fe^{2+}(aq) \Longrightarrow Ag(s) + Fe^{3+}(aq)$ 的 $K^{\ominus}$。

(2)当 $c(Fe^{3+}) = 0.50 \text{ mol} \cdot L^{-1}$, $c(Fe^{2+}) = c(Ag^+) = 0.010 \text{ mol} \cdot L^{-1}$ 时,该反应向何方向进行?

解 (1)将这个反应设计为原电池,则

$(-)Fe^{3+}(aq) + e^- \Longrightarrow Fe^{2+}(aq)$ $E^{\ominus}(Fe^{3+}/Fe^{2+}) = 0.77 \text{ V}$

$(+)Ag^+(aq) + e^- \Longrightarrow Ag(s)$ $E^{\ominus}(Ag^+/Ag) = 0.80 \text{ V}$

$$\lg K^{\ominus} = \frac{n[E^{\ominus}(+) - E^{\ominus}(-)]}{0.0592} = \frac{0.80 - 0.77}{0.0592} = 0.51$$

$$K^{\ominus} = 3.24$$

(2)

$$Q = \frac{c(Fe^{3+})/c^{\ominus}}{[c(Fe^{2+})/c^{\ominus}][c(Ag^+)/c^{\ominus}]} = \frac{0.50}{0.010 \times 0.010} = 5000$$

$Q > K^{\ominus}$,反应逆向进行。

6.3.4 测定和计算某些化学常数

利用电化学方法可以测定弱电解质的解离常数或难溶电解质的溶度积。

【例 6-6】 已知:298.15 K 时,$Cu^{2+}(aq) + I^-(aq) + e^- \Longrightarrow CuI(s)$,$E^{\ominus}(Cu^{2+}/CuI) = 0.860 \text{ V}$;

     $Cu^{2+}(aq) + e^- \Longrightarrow Cu^+(aq)$,$E^{\ominus}(Cu^{2+}/Cu^+) = 0.16 \text{ V}$。试求 CuI 的溶度积。

解 电极反应 $Cu^{2+}(aq) + I^-(aq) + e^- \Longrightarrow CuI(s)$

$$E^{\ominus}(Cu^{2+}/CuI) = E(Cu^{2+}/Cu^{+})$$

$$= E^{\ominus}(Cu^{2+}/Cu^{+}) + \frac{0.0592}{1} \lg \frac{c(Cu^{2+})/c^{\ominus}}{c(Cu^{+})/c^{\ominus}}$$

标准态下　$c(Cu^{2+}) = c(I^{-}) = 1.0\ mol \cdot L^{-1}$

$$\lg \frac{c(Cu^{2+})}{c(Cu^{+})} = \lg \frac{[c(Cu^{2+})/c^{\ominus}][c(I^{-})/c^{\ominus}]}{[c(Cu^{+})/c^{\ominus}][c(I^{-})/c^{\ominus}]} = \lg \frac{[c(Cu^{2+})/c^{\ominus}][c(I^{-})/c^{\ominus}]}{K_{sp}^{\ominus}(CuI)} = \lg \frac{1}{K_{sp}^{\ominus}(CuI)}$$

所以
$$0.860 = 0.16 + 0.0592 \lg \frac{1}{K_{sp}^{\ominus}(CuI)}$$

解得
$$K_{sp}^{\ominus}(CuI) = 1.50 \times 10^{-12}$$

6.4　氧化还原反应的速率

6.4.1　概述

在氧化还原反应中,平衡常数 K 的大小只能表示氧化还原反应进行的完全程度,不能说明氧化还原反应的速率。例如:H_2 与 O_2 反应生成水,反应的平衡常数高达 10^{41},但在常温下几乎觉察不到该反应的进行,只有在点火或有催化剂存在的条件下,反应才能很快地进行,甚至发生爆炸。又如:$KMnO_4$ 和 $K_2Cr_2O_7$ 溶液的氧化还原反应速率均较小,需要一定时间才能完成。因此,在氧化还原滴定分析中,不仅要从平衡角度来考虑反应的理论可能性,还应从其反应速率来考虑其现实可行性。

某些氧化还原反应的过程比较复杂,反应方程式只表示了反应的最初状态和最终状态,不能说明反应进行的真实历程,实际的反应经历了一系列中间步骤,即反应是分步进行的,其中反应速率最小的一步决定总反应的反应速率。

例如,$K_2Cr_2O_7$ 氧化 Fe^{2+} 的反应:

$$Cr_2O_7^{2-} + 6Fe^{2+} + 14H^+ \Longrightarrow 2Cr^{3+} + 6Fe^{3+} + 7H_2O$$

反应可能经过如下过程完成:

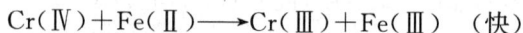

$$Cr(Ⅵ) + Fe(Ⅱ) \longrightarrow Cr(Ⅴ) + Fe(Ⅲ) \quad (快)$$
$$Cr(Ⅴ) + Fe(Ⅱ) \longrightarrow Cr(Ⅳ) + Fe(Ⅲ) \quad (慢)$$
$$Cr(Ⅳ) + Fe(Ⅱ) \longrightarrow Cr(Ⅲ) + Fe(Ⅲ) \quad (快)$$

其中第二步为慢反应,其反应速率决定整个反应的速率。

6.4.2　氧化还原反应速率的影响因素

　1. 反应物浓度

在大多数情况下增加反应物的浓度,可以增大氧化还原反应速率。由于氧化还原反应机理比较复杂,不能简单地从总的氧化还原反应方程式来判断反应物的浓度对反应速度的影响程度。但总的来说,反应物的浓度越大,反应速率越大。

　2. 酸度

酸度可以改变有些氧化还原反应的方向。对有些氧化还原反应,尤其当反应有 H^+ 参加时,适当增加酸度可加快反应。例如:$KMnO_4$ 和 $K_2Cr_2O_7$ 等强氧化剂在酸性溶液中反应速率更大。

3. 温度

对大多数氧化还原反应而言,升高温度可增大反应速率。一般温度每升高 10 ℃,反应速率可增大 2～4 倍。例如:对于 $KMnO_4$ 和 $Na_2C_2O_4$ 的反应,升高温度有利于反应的进行。但是,当反应物易挥发、易分解或加热时容易被氧化时,温度升高也会带来一些不利影响。对上述 $KMnO_4$ 和 $Na_2C_2O_4$ 的反应,温度升高可能导致 $Na_2C_2O_4$ 的分解,所以通常控制反应的温度为 75～85 ℃。对于一些有易挥发、易分解的物质参加的反应,不能用加热的方法来增大反应速率,通常加入催化剂以增大反应速率。

4. 催化剂

1)催化作用

在酸性溶液中,用 $KMnO_4$ 滴定 $Na_2C_2O_4$ 的反应:

$$2MnO_4^- + 5C_2O_4^{2-} + 16H^+ === 2Mn^{2+} + 10CO_2\uparrow + 8H_2O$$

即使加热仍然较慢,若加入适量的 Mn^{2+},就能促使反应迅速进行,其可能的反应过程为

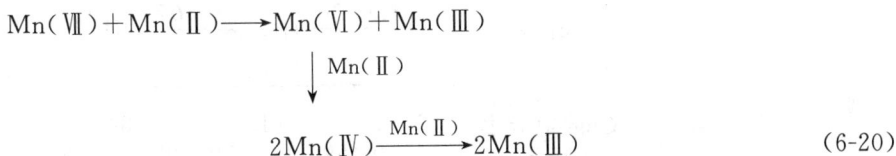

$$Mn(\text{Ⅶ}) + Mn(\text{Ⅱ}) \longrightarrow Mn(\text{Ⅵ}) + Mn(\text{Ⅲ})$$

$$\downarrow Mn(\text{Ⅱ})$$

$$2Mn(\text{Ⅳ}) \xrightarrow{Mn(\text{Ⅱ})} 2Mn(\text{Ⅲ}) \tag{6-20}$$

生成的中间产物 $Mn(\text{Ⅲ})$ 与 $C_2O_4^{2-}$ 反应生成一系列配合物,如 $[MnC_2O_4]^+$(红色)、$[Mn(C_2O_4)_2]^-$(黄色)和 $[Mn(C_2O_4)_3]^{3-}$(红色)等,它们进一步分解为 $Mn(\text{Ⅱ})$ 和 CO_2。

通常情况下,上述反应即使不加入 Mn^{2+},而利用反应后生成的 Mn^{2+} 作为催化剂,也可以加快反应的进行。这种生成物本身能起催化剂作用的反应,称为自身催化反应或自动催化反应。自身催化反应的特点是开始时反应较慢,随着生成物(催化剂)的浓度逐渐增加,反应速率逐渐增大。

2)诱导作用

在氧化还原反应中,不仅催化剂能影响反应的速率,有时一个氧化还原反应的进行还可以促使另一个氧化还原反应的进行。例如:$KMnO_4$ 氧化 Cl^- 的反应很慢,但是当溶液中同时存在 Fe^{2+} 时,MnO_4^- 与 Fe^{2+} 的反应大大加快了 MnO_4^- 氧化 Cl^- 的反应。这里 MnO_4^- 与 Fe^{2+} 的反应称为诱导反应,而 MnO_4^- 氧化 Cl^- 的反应称为被诱导反应。

$$MnO_4^- + 5Fe^{2+} + 8H^+ === Mn^{2+} + 5Fe^{3+} + 4H_2O \quad (\text{诱导反应})$$

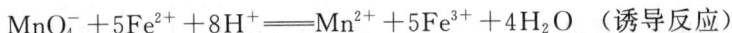

作用体　诱导体

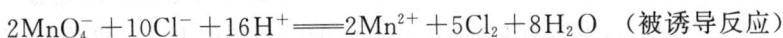

$$2MnO_4^- + 10Cl^- + 16H^+ === 2Mn^{2+} + 5Cl_2 + 8H_2O \quad (\text{被诱导反应})$$

受诱体

反应中 $KMnO_4$ 称为作用体,Fe^{2+} 称为诱导体,Cl^- 称为受诱体。

诱导反应和催化反应是不同的。在催化剂反应中,催化剂参加反应后又恢复到原来的组成,而在诱导反应中,诱导体参加反应后变为其他物质。

要阻止上述被诱导反应的发生,可以在溶液中加入过量的 Mn^{2+}。由式(6-20)可知,$Mn(\text{Ⅶ})$ 在 $Mn(\text{Ⅱ})$ 催化下被还原为 $Mn(\text{Ⅲ})$,而大量的 Mn^{2+} 的存在,可降低 $Mn(\text{Ⅲ})/Mn(\text{Ⅱ})$ 电极电势,从而使 $Mn(\text{Ⅲ})$ 只与 Fe^{2+} 反应而不与 Cl^- 反应。所以在 $MnSO_4$ 存在下,可以在稀 HCl 介质中用 $KMnO_4$ 法测定 Fe^{2+}。

6.5 元素的标准电极电势图及其应用

6.5.1 元素的标准电极电势图

许多元素具有多种氧化数。为了直观地表示同一元素不同氧化数物种的氧化还原能力以及它们之间的关系,物理化学家拉蒂麦尔(Latimer W. M.)提议把同一元素不同氧化数物种按照氧化数降低的顺序从左到右排列成一行,用横线将各物种两两连接,在横线上标出对应电对的标准电极电势数值。例如:

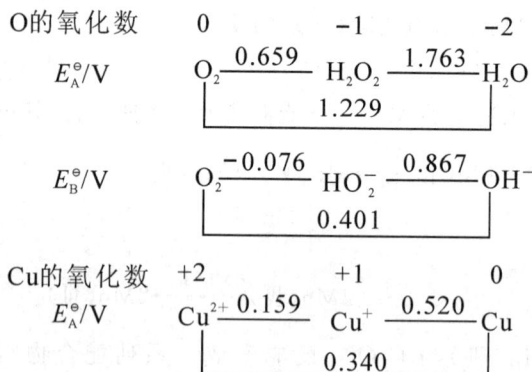

O的氧化数　　　0　　　　　　　−1　　　　　−2

$$E_A^{\ominus}/V \qquad O_2 \xrightarrow{\ 0.659\ } H_2O_2 \xrightarrow{\ 1.763\ } H_2O$$
$$\underset{1.229}{}$$

$$E_B^{\ominus}/V \qquad O_2 \xrightarrow{\ -0.076\ } HO_2^- \xrightarrow{\ 0.867\ } OH^-$$
$$\underset{0.401}{}$$

Cu的氧化数　　+2　　　　　　+1　　　　　0
$$E_A^{\ominus}/V \qquad Cu^{2+} \xrightarrow{\ 0.159\ } Cu^+ \xrightarrow{\ 0.520\ } Cu$$
$$\underset{0.340}{}$$

这种表明元素各种氧化数物种之间标准电极电势变化的关系图,称为元素标准电极电势图(或 Latimer diagram),简称元素电势图。

6.5.2 元素电势图的应用

1. 判断元素各氧化数的氧化还原性的强弱和稳定性

歧化反应是一种自身氧化还原反应。利用元素电势图可以判断歧化过程发生的可能性。在元素电势图中处于中间氧化数物种有可能发生歧化反应而生成两边物种。即中间氧化数物种同时发生还原反应生成右边氧化数降低的物种和发生氧化反应生成左边氧化数升高的物种。用元素电势图通式表示为

$$M^{n-1} \xrightarrow{\ E_{左}^{\ominus}\ } M^{n+} \xrightarrow{\ E_{右}^{\ominus}\ } M^{n+1}$$

若发生还原反应的电对电极电势 $E_{右}^{\ominus}$ 大于发生氧化反应的电对电极电势 $E_{左}^{\ominus}$,歧化反应能自发进行;若发生还原反应的电对电极电势 $E_{右}^{\ominus}$ 小于发生氧化反应的电对电极电势 $E_{左}^{\ominus}$,歧化反应不能自发进行,其逆反应能自发进行。例如,上述 O 的电势图中 H_2O_2 和 Cu 的电势图中 Cu^+ 都能发生歧化反应。

根据元素电势图可直接判断元素各氧化数物种的氧化还原能力的强弱。电势图中电极电势代数值越大,说明该电对中氧化型物种的氧化能力越强;电极电势代数值越小,说明该电对中还原型物种的还原能力越强。例如,从上述 O 的电势图可以看出:①O_2 具有氧化性,酸性溶液中氧化性更强;②H_2O_2 具有氧化还原性,在酸性溶液中氧化性更突出;③H_2O_2 在遇到比它更强的氧化剂(如 $KMnO_4$)时才表现还原性。

2. 计算电对的标准电极电势

利用元素电势图中已知电对的电极电势值可以计算未知电对的电极电势值。设元素电势

图通式为

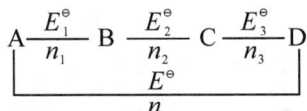

图中 n_1、n_2、n_3、n 分别表示各电对中高氧化数物种氧化数与低氧化数物种氧化数之差。按照标准电极电势与电极反应吉布斯函数变的关系有

$$\Delta G_1^{\ominus} = -n_1 F E_1^{\ominus}, \quad \Delta G_2^{\ominus} = -n_2 F E_2^{\ominus}, \quad \Delta G_3^{\ominus} = -n_3 F E_3^{\ominus}, \quad \Delta G^{\ominus} = -n F E^{\ominus}$$

依据盖斯定律得

$$\Delta G^{\ominus} = \Delta G_1^{\ominus} + \Delta G_2^{\ominus} + \Delta G_3^{\ominus}$$

因此有

$$E^{\ominus} = \frac{n_1 E_1^{\ominus} + n_2 E_2^{\ominus} + n_3 E_3^{\ominus}}{n} \tag{6-21}$$

【例 6-7】 已知 Mn 元素的电势图：

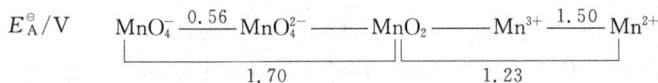

(1) 计算 $E^{\ominus}(MnO_4^{2-}/MnO_2)$ 和 $E^{\ominus}(MnO_2/Mn^{3+})$。

(2) 指出能发生歧化反应的物种，并写出反应方程式。

(3) 计算 $E^{\ominus}(MnO_2/Mn(OH)_2)$。已知：$K_{sp}^{\ominus}(Mn(OH)_2) = 1.9 \times 10^{-13}$。

解　(1) $E^{\ominus}(MnO_4^{2-}/MnO_2) = \frac{1}{2} \times [3E^{\ominus}(MnO_4^{-}/MnO_2) - E^{\ominus}(MnO_4^{-}/MnO_4^{2-})]$

$$= \frac{1}{2} \times (3 \times 1.70 - 0.56) V = 2.27 \ V$$

$$E^{\ominus}(MnO_2/Mn^{3+}) = 2E^{\ominus}(MnO_2/Mn^{2+}) - E^{\ominus}(Mn^{3+}/Mn^{2+})$$

$$= (2 \times 1.23 - 1.50) V = 0.96 \ V$$

(2) MnO_4^{2-} 和 Mn^{3+} 能发生歧化反应。反应式为

$$2Mn^{3+} + 2H_2O \Longrightarrow Mn^{2+} + MnO_2(s) + 4H^+$$

(3) 用 $E^{\ominus}(MnO_2/Mn^{2+})$ 来计算 $E^{\ominus}(MnO_2/Mn(OH)_2)$。在酸性溶液中

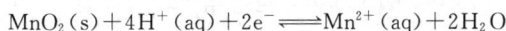

$$E(MnO_2/Mn^{2+}) = E^{\ominus}(MnO_2/Mn^{2+}) + \frac{0.0592}{2} \lg \frac{[c(H^+)/c^{\ominus}]^4}{c(Mn^{2+})/c^{\ominus}}$$

当 $c(OH^-) = 1.0 \ mol \cdot L^{-1}$ 时　　$c(H^+) = 1.0 \times 10^{-14} \ mol \cdot L^{-1}$

$$c(Mn^{2+})/c^{\ominus} = \frac{K_{sp}^{\ominus}(Mn(OH)_2)}{[c(OH^-)/c^{\ominus}]^2} = 1.9 \times 10^{-13}$$

$$E(MnO_2/Mn^{2+}) = E^{\ominus}(MnO_2/Mn^{2+}) + \frac{0.0592}{2} \lg \frac{[c(H^+)/c^{\ominus}]^4}{c(Mn^{2+})/c^{\ominus}}$$

$$= \left[1.23 + \frac{0.0592}{2} \lg \frac{(1.0 \times 10^{-14})^4}{1.9 \times 10^{-13}} \right] V = -0.051 \ V$$

即 $E^{\ominus}(MnO_2/Mn(OH)_2) = -0.051 \ V$，相应的电极反应为

6.6　氧化还原滴定的基本原理

6.6.1　条件电极电势

前面介绍的电极电势能斯特方程表明电极反应式中相关组分浓度变化对电极电势的影

响,忽略了溶液的离子强度和组成变化对电极电势的影响。例如:

电极反应　　　　　　　　　　　　$Fe^{3+} + e^- \rightleftharpoons Fe^{2+}$

当相关组分浓度变化时,电极电势的计算式为

$$E(Fe^{3+}/Fe^{2+}) = E^\ominus(Fe^{3+}/Fe^{2+}) + 0.0592 \lg \frac{c(Fe^{3+})/c^\ominus}{c(Fe^{2+})/c^\ominus}$$

如果该电极反应在一定浓度的 HCl 溶液中进行,不仅溶液的离子强度对电极电势产生影响,而且铁离子水解反应和 Cl^- 配位反应也会对电极电势产生影响。若用 $\gamma(Fe^{3+})$ 和 $\gamma(Fe^{2+})$ 分别表示 Fe^{3+} 和 Fe^{2+} 的活度系数,用 $c(Fe(III))$ 和 $c(Fe(II))$ 分别表示 Fe(III)物种和 Fe(II)物种的总浓度。Fe^{3+} 水解反应和 Cl^- 配位反应产生的 Fe(III)型体物种分别为 $[Fe(OH)]^{2+}$,$[Fe(OH)]_2^+,\cdots,[FeCl]^{2+},[FeCl]_2^+,\cdots$;$Fe^{2+}$ 水解反应和 Cl^- 配位反应而产生的 Fe(II)型体物种分别为 $[Fe(OH)]^+,Fe(OH)_2,\cdots,[FeCl]^+,FeCl_2,\cdots$。则

$$Fe(III) = [Fe(OH)]^{2+} + [Fe(OH)]_2^+ + \cdots + [FeCl]^{2+} + [FeCl]_2^+ + \cdots$$

$$Fe(II) = [Fe(OH)]^+ + Fe(OH)_2 + \cdots + [FeCl]^+ + FeCl_2 + \cdots$$

在化学上将各物种总浓度与电极反应中相关物种浓度之比定义为相关物种的副反应系数(side reaction coefficient)。Fe^{3+} 和 Fe^{2+} 的副反应系数分别表示为 $\alpha(Fe^{3+})$ 和 $\alpha(Fe^{2+})$:

$$\alpha(Fe^{3+}) = \frac{c(Fe(III))}{c(Fe^{3+})}, \quad \alpha(Fe^{2+}) = \frac{c(Fe(II))}{c(Fe^{2+})}$$

考虑离子强度和组成变化对电极电势的影响后,由能斯特方程得到

$$E(Fe^{3+}/Fe^{2+}) = E^\ominus(Fe^{3+}/Fe^{2+}) + 0.0592 \lg \frac{\alpha(Fe^{3+})}{\alpha(Fe^{2+})}$$

$$= E^\ominus(Fe^{3+}/Fe^{2+}) + 0.0592 \lg \frac{\gamma(Fe^{3+})\alpha(Fe^{2+})c(Fe(III))/c^\ominus}{\gamma(Fe^{2+})\alpha(Fe^{3+})c(Fe(II))/c^\ominus} \quad (6\text{-}22)$$

但是当溶液的离子强度较大及副反应很多时,γ 和 α 值都不易求得,因此用式(6-22)计算就很复杂。为了简化计算,将式(6-22)改写为

$$E(Fe^{3+}/Fe^{2+}) = E^\ominus(Fe^{3+}/Fe^{2+}) + 0.0592 \lg \frac{\gamma(Fe^{3+})\alpha(Fe^{2+})}{\gamma(Fe^{2+})\alpha(Fe^{3+})} + 0.0592 \lg \frac{c(Fe(III))/c^\ominus}{c(Fe(II))/c^\ominus}$$

上式中 γ 和 α 在一定条件下是一固定值,因而可将等式右边前两项合并为一个新常数,用 $E^{\ominus\prime}(Fe^{3+}/Fe^{2+})$ 表示,即

$$E^{\ominus\prime}(Fe^{3+}/Fe^{2+}) = E^\ominus(Fe^{3+}/Fe^{2+}) + 0.0592 \lg \frac{\gamma(Fe^{3+})\alpha(Fe^{2+})}{\gamma(Fe^{2+})\alpha(Fe^{3+})}$$

$E^{\ominus\prime}(Fe^{3+}/Fe^{2+})$ 称为电对 Fe^{3+}/Fe^{2+} 在一定条件下的条件电极电势。其通式为

$$E^{\ominus\prime}(Ox/Red) = E^\ominus(Ox/Red) + 0.0592 \lg \frac{\gamma(Ox)\alpha(Red)}{\gamma(Red)\alpha(Ox)} \quad (6\text{-}23)$$

$E^{\ominus\prime}(Ox/Red)$ 称为条件电极电势(conditional electrode potential)。它是在特定条件下,氧化型 Ox(如 Fe(III))和还原型 Red(如 Fe(II))的总浓度均为 $1 \text{ mol} \cdot L^{-1}$ 或两者浓度比为 1 时的实际电极电势。引入条件电极电势后,电极电势的能斯特方程为

$$E(Ox/Red) = E^{\ominus\prime}(Ox/Red) + 0.0592 \lg \frac{c(Ox)/c^\ominus}{c(Red)/c^\ominus} \quad (6\text{-}24)$$

条件电极电势的引入不仅为处理实际问题带来方便,而且获得的结果更加接近真实值。应用条件电极电势比应用标准电极电势能更正确地判断氧化还原反应的方向、顺序和反应完成的程度。在缺少与实验条件一致的条件电极电势数据时,可以采用相近条件下的条件电极电势;对尚无条件电极电势数据的氧化还原反应电对而言,则采用标准电极电势进行粗略计算。

6.6.2　氧化还原滴定指示剂

氧化还原滴定中常用的指示剂可分为三大类。

1. 氧化还原指示剂

氧化还原指示剂本身是具有氧化还原性质的复杂有机化合物,它的氧化型和还原型具有不同颜色,能因氧化还原作用而发生颜色改变。例如,用 $K_2Cr_2O_7$ 标准溶液滴定 Fe^{2+} 溶液,以二苯胺磺酸钠为指示剂,滴定到达化学计量点时,稍微过量的 $K_2Cr_2O_7$ 可使二苯胺磺酸钠由无色的还原型氧化为紫色的氧化型,滴定系统颜色由亮绿色(Cr^{3+} 的颜色)变紫色(二苯胺磺酸钠氧化型的颜色)以指示滴定终点到达。

对于一个具体的氧化还原滴定系统而言,合适的氧化还原指示剂必须同时满足两个条件:一是指示剂变色的电极电势范围要处在氧化还原滴定突跃范围之内;二是要有明显的终点颜色改变。表 6-3 列出常用的氧化还原指示剂的条件电极电势、氧化型和还原型的颜色及指示剂的配制方法。

表 6-3　常用氧化还原指示剂

指　示　剂	条件电极电势 $E^{\ominus\prime}/V$ ($c(H^+)=1.0\ mol \cdot L^{-1}$)	颜色		配　制　方　法
		氧化型	还原型	
二苯胺	0.76	紫色	无色	10 g 二苯胺＋90 g 浓硫酸
二苯胺磺酸钠	0.84	紫红色	无色	0.2 g 二苯胺磺酸钠＋100 g 水
邻苯氨基苯甲酸	0.89	紫红色	无色	0.107 g 邻苯氨基苯甲酸＋1.0 g 碳酸钠＋100 g 水
邻二氮菲亚铁	1.06	浅蓝色	红色	1.485 g 邻二氮菲亚铁＋0.695 g 硫酸亚铁＋100 g 水
硝基邻二氮菲亚铁	1.25	浅蓝色	紫红色	
亚甲基蓝	0.36	浅蓝色	紫红色	0.1 g 亚甲基蓝＋100 g 水

2. 自身指示剂

若标准溶液或被滴定物具有很深颜色,而滴定产物为无色或浅色,则可依据标准溶液或被滴定物本身的颜色变化来指示氧化还原滴定终点,这类物质称为自身指示剂。例如,用 $KMnO_4$ 作滴定剂滴定无色或浅色的溶液时,由于 $KMnO_4$ 本身呈紫红色,反应后还原产物 Mn^{2+} 几乎为无色,滴定到化学计量点时,稍过量的 MnO_4^- 可使溶液呈粉红色而指示反应到达终点。

3. 专属指示剂

专属指示剂是指能与滴定剂或被滴定物发生可逆反应产生特殊颜色,而其自身不具有氧化还原性质的物质。例如,碘量法中淀粉就是专属指示剂。由于可溶性淀粉与游离 I_2 生成蓝色配合物,当 I_2 被完全还原为 I^- 时,蓝色消失;当 I^- 被氧化为 I_2 时,蓝色出现。

一般滴定分析允许误差 $E_t \leqslant 0.1\%$,通过理论计算可知:氧化还原反应的两电对在都只转移 1 个电子时,其条件电极电势之差大于 0.4 V 才能够进行定量滴定;两电对都转移 2 个电子时,其条件电极电势之差大于 0.2 V 才能够进行定量滴定。实际中,有些氧化还原反应的两电对的条件电极电势相差虽然足够大,但不能用于滴定分析。这可能是因为氧化还原反应的速率太小或氧化剂与还原剂之间反应不存在一定的定量关系。

6.6.3　氧化还原滴定曲线

氧化还原滴定曲线与酸碱滴定曲线和配位滴定曲线类似。滴定曲线的横坐标表示滴定剂的加入量,纵坐标表示有关电对的电极电势。对于可逆对称的电对[①],通过理论计算获得的滴定曲线与实验测得的滴定曲线基本吻合。而对不可逆、不对称的电对,实际电极电势与理论计算值相差较大,滴定曲线只能由实验数据绘制。

现以在 $1\ mol \cdot L^{-1}\ H_2SO_4$ 介质中用 $0.1000\ mol \cdot L^{-1}\ Ce(SO_4)_2$ 溶液滴定 $20.00\ mL$ $0.1000\ mol \cdot L^{-1}\ FeSO_4$ 溶液为例说明可逆对称氧化还原电对的滴定曲线。

滴定反应为

$$Ce^{4+}(aq) + Fe^{2+}(aq) \rightleftharpoons Ce^{3+}(aq) + Fe^{3+}(aq)$$

两个半反应及条件电极电势

$$Fe^{3+} + e^- \rightleftharpoons Fe^{2+} \qquad E^{\ominus\prime}(Fe^{3+}/Fe^{2+}) = 0.68\ V$$

$$Ce^{4+} + e^- \rightleftharpoons Ce^{3+} \qquad E^{\ominus\prime}(Ce^{4+}/Ce^{3+}) = 1.44\ V$$

滴定开始后,两电对的电极电势可通过能斯特方程计算,即

$$E(Fe^{3+}/Fe^{2+}) = E^{\ominus\prime}(Fe^{3+}/Fe^{2+}) + 0.0592\ \lg \frac{c(Fe(\text{III}))/c^{\ominus}}{c(Fe(\text{II}))/c^{\ominus}}$$

$$E(Ce^{4+}/Ce^{3+}) = E^{\ominus\prime}(Ce^{4+}/Ce^{3+}) + 0.0592\ \lg \frac{c(Ce(\text{IV}))/c^{\ominus}}{c(Ce(\text{III}))/c^{\ominus}}$$

滴定过程中任何一点达到平衡时两电对的电极电势相等,即

$$E(Fe^{3+}/Fe^{2+}) = E(Ce^{4+}/Ce^{3+})$$

因此,在滴定的不同阶段可选用便于计算电极电势的电对来计算系统的电极电势。

(1)滴定开始到化学计量点前。滴加的 Ce^{4+} 几乎全部被 Fe^{2+} 还原成 Ce^{3+}, Ce^{4+} 浓度极小,不易获得。但滴加 Ce^{4+} 的物质的量与生成 Fe^{3+} 的物质的量几乎相等,这样可利用电对 Fe^{3+}/Fe^{2+} 来计算 E 值。例如,当滴入 $10.00\ mL\ Ce^{4+}$ 溶液,即滴定了 50% 的 Fe^{2+} 时, $c(Fe(\text{III}))/c(Fe(\text{II})) = 1$, $E = E^{\ominus\prime}(Fe^{3+}/Fe^{2+}) = 0.68\ V$;当滴入 $19.98\ mL\ Ce^{4+}$ 溶液,即滴定了 99.9% 的 Fe^{2+} 时, $c(Fe(\text{III}))/c(Fe(\text{II})) = 999/1 \approx 10^3$,此时

$$E(Fe^{3+}/Fe^{2+}) = E^{\ominus\prime}(Fe^{3+}/Fe^{2+}) + 0.0592\ \lg \frac{c(Fe(\text{III}))/c^{\ominus}}{c(Fe(\text{II}))/c^{\ominus}}$$

$$= (0.68 + 0.0592\ \lg 10^3)\ V$$

$$= 0.86\ V$$

(2)化学计量点时。滴加的 Ce^{4+} 与 Fe^{2+} 定量反应生成 Ce^{3+} 和 Fe^{3+}, $c(Ce(\text{IV})) = c(Fe(\text{II}))$, $c(Ce\text{III}) = c(Fe(\text{III}))$,两电对的电极电势相等并用 E_{sp} 表示化学计量点电极电势。

$$E_{sp} = E(Fe^{3+}/Fe^{2+}) = E^{\ominus\prime}(Fe^{3+}/Fe^{2+}) + 0.0592\ \lg \frac{c(Fe(\text{III}))/c^{\ominus}}{c(Fe(\text{II}))/c^{\ominus}}$$

$$E_{sp} = E(Ce^{4+}/Ce^{3+}) = E^{\ominus\prime}(Ce^{4+}/Ce^{3+}) + 0.0592\ \lg \frac{c(Ce(\text{IV}))/c^{\ominus}}{c(Ce(\text{III}))/c^{\ominus}}$$

---

① 对称的电对是指氧化还原半反应中氧化型与还原型的化学计量数相同,如 $Fe^{3+} + e^- \rightleftharpoons Fe^{2+}$;半反应中氧化型与还原型的化学计量数不同的电对为不对称的电对,如 $I_2 + 2e^- \rightleftharpoons 2I^-$。

上述两式相加、化简得

$$E_{sp} = \frac{E^{\ominus'}(Ce^{4+}/Ce^{3+}) + E^{\ominus'}(Fe^{3+}/Fe^{2+})}{2}$$

$$= \frac{0.68 + 1.44}{2} V = 1.06 V$$

(3)化学计量点后。滴加过量的 Ce^{4+}，可利用电对 Ce^{4+}/Ce^{3+} 来计算 E 值。例如，当滴入 20.02 mL Ce^{4+} 溶液，即滴加 0.1% 过量的 Ce^{4+} 时，$c(Ce(IV))/c(Ce(III)) = 1/999 \approx 10^{-3}$，此时

$$E(Ce^{4+}/Ce^{3+}) = E^{\ominus'}(Ce^{4+}/Ce^{3+}) + 0.0592 \lg \frac{c(Ce(IV))/c^{\ominus}}{c(Ce(III))/c^{\ominus}}$$

$$= (1.44 + 0.0592 \lg 10^{-3}) V = 1.26 V$$

在化学计量点前后，Fe^{2+} 剩余 0.1% 和 Ce^{4+} 过量 0.1% 电极电势由 0.86 V 变为 1.26 V，电极电势增加了 0.4 V，呈现滴定突跃。氧化还原滴定突跃的大小与两电对的条件电极电势差值的大小有关。差值越大，突跃越长；反之亦然。

必须指出，氧化还原滴定曲线常常因滴定时介质的不同而改变突跃的长短。

6.6.4 氧化还原滴定前的预处理

在进行氧化还原滴定之前通常要将被测组分处理成能定量、迅速、完全与滴定剂反应的状态，这个过程称为氧化还原滴定前的预处理。用氧化剂将待测组分氧化到一定的氧化数，然后用还原剂滴定，这样的预处理称为预氧化；用还原剂将待测组分还原到一定的氧化数，然后用氧化剂滴定，这样的预处理称为预还原。例如，测定试样中 Mn^{2+} 和 Cr^{3+} 的含量，由于很难找到直接滴定的氧化剂，通常就用强氧化剂 $(NH_4)_2S_2O_8$ 将 Mn^{2+} 和 Cr^{3+} 分别预氧化为 MnO_4^- 和 $Cr_2O_7^{2-}$，过量的 $(NH_4)_2S_2O_8$ 加热煮沸除去，然后用还原剂（如 Fe^{2+}）标准溶液滴定；测定 Sn^{4+} 的含量时，没有合适的还原剂标准溶液，通常在待测溶液中加入过量的金属铝或锌将 Sn^{4+} 还原为 Sn^{2+}，然后用氧化剂（如碘溶液）标准溶液滴定。

预处理中使用的氧化剂或还原剂应符合下列条件。

(1)能将待测组分定量地氧化或还原。

(2)与被处理组分反应速率较大。

(3)反应具有一定的选择性。

(4)过量的氧化剂和还原剂易于除去。

表 6-4 和表 6-5 分别列出预处理中常用的氧化剂和还原剂。

表 6-4 预处理中常用的氧化剂

氧 化 剂	主 要 应 用	反 应 条 件	除 去 方 法
H_2O_2	$Mn(II) \longrightarrow Mn(IV)$	碱性介质中	煮沸分解，加入少量 Ni^{2+} 或 I^- 作催化剂，可加速 H_2O_2 的分解
	$Cr(III) \longrightarrow CrO_4^{2-}$	NaOH 溶液中	
	$Co(II) \longrightarrow Co(III)$	$NaHCO_3$ 溶液中	
$(NH_4)_2S_2O_8$	$Ce^{3+} \longrightarrow Ce^{4+}$ $VO^{2+} \longrightarrow VO_3^-$	酸性介质中	煮沸分解 $2S_2O_8^{2-} + 2H_2O \longrightarrow 4HSO_4^- + O_2$
	$Mn^{2+} \longrightarrow MnO_4^-$ $Cr^{3+} \longrightarrow Cr_2O_7^{2-}$	酸性介质中并加磷酸，Ag^+ 催化	

续表

氧 化 剂	主 要 应 用	反 应 条 件	除 去 方 法
$HClO_4$	$Cr^{3+} \longrightarrow Cr_2O_7^{2-}$ $VO^{2+} \longrightarrow VO_3^-$ $I^- \longrightarrow IO_3^-$	浓 $HClO_4$,加热	冷却到室温,加水稀释,再煮沸以除去生成的 Cl_2
$KMnO_4$	$Cr(\text{III}) \longrightarrow CrO_4^{2-}$	碱性介质中	先加入尿素,再小心加入 $NaNO_3$ 溶液至 MnO_4^- 颜色刚好褪去
	$VO^{2+} \longrightarrow VO_3^-$	冷稀酸介质并有 Cr^{3+} 存在	
	$Ce^{3+} \longrightarrow Ce^{4+}$	F^-、H_3PO_4 或 $H_2P_2O_7^{2-}$ 存在	
$NaBiO_3$	$Ce^{3+} \longrightarrow Ce^{4+}$	HNO_3 溶液中	过滤
	$Mn^{2+} \longrightarrow MnO_4^-$	H_2SO_4 溶液中	
PbO_2	$Mn(\text{II}) \longrightarrow Mn(\text{III})$ $Ce^{3+} \longrightarrow Ce^{4+}$	焦磷酸盐缓冲溶液	过滤

表 6-5　预处理中常用的还原剂

还 原 剂	主 要 应 用	反 应 条 件	除 去 方 法
H_2S	$MnO_4^- \longrightarrow Mn^{2+}$ $Ce^{4+} \longrightarrow Ce^{3+}$ $Fe^{3+} \longrightarrow Fe^{2+}$	强酸性介质	煮沸分解
SO_2	$Fe^{3+} \longrightarrow Fe^{2+}$ $As(\text{V}) \longrightarrow As(\text{III})$ $Cu^{2+} \longrightarrow Cu^+$ $Sb(\text{V}) \longrightarrow Sb(\text{III})$	H_2SO_4 溶液中,SCN^- 催化	煮沸分解或通 CO_2
$SnCl_2$	$Fe^{3+} \longrightarrow Fe^{2+}$ $As(\text{V}) \longrightarrow As(\text{III})$ $Mo(\text{VI}) \longrightarrow Mo(\text{V})$	强酸性介质,加热	快速地加入过量 Hg_2Cl_2 溶液
肼(联氨)	$As(\text{V}) \longrightarrow As(\text{III})$ $Sb(\text{V}) \longrightarrow Sb(\text{III})$	酸性介质中	浓 H_2SO_4 溶液中煮沸
锌汞齐	$Fe^{3+} \longrightarrow Fe^{2+}$ $Ce^{4+} \longrightarrow Ce^{3+}$ $V(\text{V}) \longrightarrow V(\text{II})$	酸性介质中	

6.7　氧化还原滴定法

6.7.1　碘量法

1. 概述

碘量法是利用 I_2 的氧化性和 I^- 的还原性来进行滴定的分析方法,其半反应为

$$I_2 + 2e^- \Longleftrightarrow 2I^-$$

固体 I_2 在水中溶解度很小(298.15 K,I_2 饱和水溶液的浓度为 1.18×10^3 mol·L^{-1}),应

用时通常将 I_2 溶于 KI 溶液,此时 I_2 在溶液中以 I_3^- 形式存在。

$$I_2 + I^- \rightleftharpoons I_3^-$$

则半反应为

$$I_3^- + 2e^- \rightleftharpoons 3I^- \qquad E^{\ominus\prime}(I_3^-/I^-) = 0.545 \text{ V}$$

I_3^- 是较弱的氧化剂,对于还原性比 I^- 强的待测组分可用 I_2 标准溶液直接滴定,这种方法称为直接碘量法(direct iodimetry)。例如,硫化钠总还原能力(因硫化钠中常含的 Na_2SO_3 及 $Na_2S_2O_3$ 等还原性物质也可与 I_2 作用,故称总还原能力)的测定。取一定量的硫化钠试样,在弱酸性溶液中,以淀粉为指示剂,用 I_2 标准溶液直接滴定,反应式为

$$I_2 + H_2S \rightleftharpoons S + 2H^+ + 2I^-$$

因 I_2 在强碱性溶液中可发生歧化反应,故直接碘量法不能在碱性溶液中进行。用这种方法还可以测定 $Sn(II)$、$Sb(III)$、As_2O_3 等还原性物质。

I^- 是中等强度的还原剂,能被一般的氧化剂定量氧化而析出 I_2。例如:

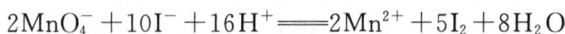

$$2MnO_4^- + 10I^- + 16H^+ \rightleftharpoons 2Mn^{2+} + 5I_2 + 8H_2O$$

析出的 I_2 也以淀粉为指示剂,用还原剂 $Na_2S_2O_3$ 标准溶液滴定,反应式为

$$2S_2O_3^{2-} + I_2 \rightleftharpoons S_4O_6^{2-} + 2I^-$$

因而可间接测定氧化性物质,这种方法称为间接碘量法(indirect iodimetry)。凡能与 KI 定量反应生成 I_2 的氧化性物质及能与过量 I_2 在碱性溶液中反应的有机物质都可用间接碘量法测定。特别指出,滴定剂 $Na_2S_2O_3$ 与 I_2 的反应必须在中性或弱酸性溶液中进行,这是因为在强酸性溶液中 $Na_2S_2O_3$ 易分解,而在碱性溶液中,除 I_2 可发生歧化反应外,$Na_2S_2O_3$ 与 I_2 可同时发生如下反应:

$$S_2O_3^{2-} + 4I_2 + 10OH^- \rightleftharpoons 2SO_4^{2-} + 8I^- + 5H_2O$$

使氧化还原过程复杂化。

2. 碘量法的误差来源与消除误差的方法

碘量法的误差主要来源于两方面:一是 I_2 易挥发;二是 I^- 在酸性介质中易被空气中的 O_2 氧化。防止 I_2 挥发的方法:使用带玻璃塞的锥形瓶;加入过量的 KI(为理论量的 2~3 倍),因生成 I_3^- 而减少 I_2 的挥发;一般在室温下进行反应;开始滴定时,滴定剂宜稍快加入且不要剧烈摇动溶液。防止 I^- 被氧化的方法:溶液的酸度不宜太大,酸度增大会提高 O_2 氧化 I^- 的速率;析出 I_2 后不能让溶液放置过久;Cu^{2+}、NO_3^- 等杂质离子及日光可催化 O_2 对 I^- 的氧化,应设法消除其影响。

3. I_2 标准溶液的配制与标定

I_2 易挥发,腐蚀性强,一般先配成近似浓度的溶液,然后标定。I_2 标准溶液配制方法:称取一定量固体 I_2,加过量 KI 固体,置于研钵中,加少量水研磨使 I_2 全部溶解,然后稀释至一定体积,储存于棕色瓶中,置于暗处,并避免受热和与橡胶等有机物接触。

I_2 标准溶液的浓度用基准物 As_2O_3 标定。先用 NaOH 溶液溶解 As_2O_3 使之生成 $HAsO_2$,然后调节溶液 pH 值至约为 8,以淀粉为指示剂,用 I_2 标准溶液滴定。反应式为

$$2HAsO_2 + 3I_2 + 4H_2O \rightleftharpoons 2HAsO_4^- + 6I^- + 8H^+$$

由于 As_2O_3 是剧毒物,I_2 标准溶液的浓度也可通过与已知浓度的 $Na_2S_2O_3$ 标准溶液比较而求得。

4. $Na_2S_2O_3$ 标准溶液的配制与标定

$Na_2S_2O_3 \cdot 5H_2O$ 常含少量杂质且易潮解和风化,只能配制成近似浓度的溶液,然后标定。

由于水中溶解的 O_2 和 CO_2 以及细菌可使 $Na_2S_2O_3$ 分解,在配制 $Na_2S_2O_3$ 标准溶液时应用新煮沸并冷却的蒸馏水。配好的溶液保存在棕色瓶中,放置一周后才能标定。

$Na_2S_2O_3$ 标准溶液的浓度可用 $K_2Cr_2O_7$、$KBrO_3$、KIO_3 和纯铜等基准物,以间接碘量法标定。以 $K_2Cr_2O_7$ 为例,酸性溶液中与 KI 的反应为

$$Cr_2O_7^{2-} + 6I^- + 14H^+ = 2Cr^{3+} + 3I_2 + 7H_2O$$

析出的 I_2 以淀粉为指示剂,用 $Na_2S_2O_3$ 标准溶液滴定。

5. 应用举例

1)维生素 C 的测定

维生素 C 又称为抗坏血酸,分子中的烯醇基具有较强的还原性,能被 I_2 氧化成二酮基。

$$C_6H_8O_6 + I_2 \longrightarrow C_6H_6O_6 + 2HI$$

用直接碘量法测定。为减少空气中 O_2 对维生素 C 的氧化,滴定时加入 HAc 使溶液呈弱酸性。反应中 $C_6H_8O_6$ 与 I_2 的物质的量之比为 1:1,维生素 C 的质量分数为

$$w(C_6H_8O_6) = \frac{c(I_2)V(I_2) \times \frac{1}{1000}M(C_6H_8O_6)}{m}$$

式中:$c(I_2)$ 为 I_2 标准溶液的物质的量浓度,$mol \cdot L^{-1}$;$V(I_2)$ 为 I_2 标准溶液的体积,mL;$M(C_6H_8O_6)$ 为 $C_6H_8O_6$ 的摩尔质量,$g \cdot mol^{-1}$;m 为样品质量,g。

2)铜的测定

间接碘量法测定铜是基于 Cu^{2+} 与过量 KI 反应析出定量的 I_2,然后用 $Na_2S_2O_3$ 标准溶液滴定,反应式为

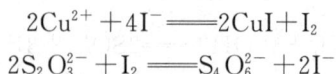

$$2Cu^{2+} + 4I^- = 2CuI + I_2$$
$$2S_2O_3^{2-} + I_2 = S_4O_6^{2-} + 2I^-$$

CuI 沉淀表面对 I_2 的强烈吸附导致测定结果偏低,为此需加入 KSCN 或 NH_4SCN 使之转化为溶解度更小且吸附 I_2 倾向较小的 CuSCN。但 KSCN 或 NH_4SCN 应当在滴定接近终点时加入,否则 I_2 会氧化 SCN^-,同样使测定结果偏低。

为了消除系统误差,间接碘量法测定铜用的 $Na_2S_2O_3$ 标准溶液最好用纯铜标定。测定过程中 Cu^{2+}、I_2 和 $Na_2S_2O_3$ 之间的物质的量之比为 2:1:2,即 Cu^{2+} 与 $Na_2S_2O_3$ 的物质的量之比为 1:1,铜的质量分数为

$$w(Cu) = \frac{c(Na_2S_2O_3)V(Na_2S_2O_3) \times \frac{1}{1000}M(Cu)}{m}$$

式中:$c(Na_2S_2O_3)$ 为 $Na_2S_2O_3$ 标准溶液的物质的量浓度,$mol \cdot L^{-1}$;$V(Na_2S_2O_3)$ 为 $Na_2S_2O_3$ 标准溶液的体积,mL;$M(Cu)$ 为 Cu 的摩尔质量,$g \cdot mol^{-1}$;m 为样品质量,g。

6.7.2　高锰酸钾法

1. 概述

$KMnO_4$ 是强氧化剂,其氧化能力与还原产物、溶液的酸度有关。滴定分析中通常用它在强酸性溶液中被还原为 Mn^{2+} 的反应,其半反应为

$$MnO_4^- + 8H^+ + 5e^- \rightleftharpoons Mn^{2+} + 4H_2O \qquad E^{\ominus}(MnO_4^-/Mn^{2+}) = 1.51 \text{ V}$$

用 $KMnO_4$ 作氧化剂可直接滴定许多还原性物质,如 Fe(Ⅱ)、H_2O_2、草酸盐、As(Ⅲ)等。有些氧化性物质,不能用 $KMnO_4$ 溶液直接滴定,可用间接法测定。例如,测定 MnO_2 的含量

时,可在试样溶液中加入一定量过量的 $Na_2C_2O_4$,反应完成后,再用 $KMnO_4$ 标准溶液滴定剩余的 $Na_2C_2O_4$。利用类似方法可测定 PbO_2、$KClO_4$ 等氧化剂的含量。某些物质虽不具有氧化还原性,但若能与另一类氧化剂或还原剂定量反应,则也可用间接法测定。例如,测定 Ca^{2+} 的含量时,可先将 Ca^{2+} 沉淀为 CaC_2O_4,再用稀 H_2SO_4 溶解 CaC_2O_4,然后用 $KMnO_4$ 标准溶液滴定。很多能定量沉淀为草酸盐的无机物离子可用同样的方法测定。

高锰酸钾法(potassium permanganate method)的优点是 $KMnO_4$ 氧化能力强,可直接或间接地测定许多无机物和有机物;本身有颜色,通常不需另加指示剂。其缺点为标准溶液不太稳定;反应机理比较复杂,易发生副反应;滴定反应选择性比较差。若标准溶液配制、保存得当并严格控制滴定条件,这些缺点基本可以克服。

2. $KMnO_4$ 标准溶液的配制与标定

$KMnO_4$ 中常含少量杂质而不能直接配制准确浓度的标准溶液。同时,由于 $KMnO_4$ 氧化性强,易与蒸馏水中少量有机物、空气中尘埃等还原性物质反应生成 $MnO(OH)_2$,后者及光照又会促进 $KMnO_4$ 分解,因此,$KMnO_4$ 标准溶液不太稳定。

为了获得稳定的 $KMnO_4$ 标准溶液,可称取稍多于理论量的 $KMnO_4$ 固体,溶于一定体积的蒸馏水中,加热至沸并保持微沸 1 h,然后放置 2~3 d 使溶液中可能存在的还原性物质完全氧化。再用微孔玻璃漏斗过滤沉淀,过滤后 $KMnO_4$ 溶液储存于棕色瓶中并保存在暗处。

标定 $KMnO_4$ 标准溶液的基准物很多,如纯铁丝、硫酸亚铁铵、$H_2C_2O_4 \cdot 2H_2O$、$Na_2C_2O_4$ 等。其中 $Na_2C_2O_4$ 不含结晶水,易于提纯,性质稳定,是最常用的基准物。在 H_2SO_4 溶液中,$KMnO_4$ 与 $Na_2C_2O_4$ 的反应为

$$2MnO_4^- + 5C_2O_4^{2-} + 16H^+ = 2Mn^{2+} + 10CO_2\uparrow + 8H_2O$$

为使此反应能定量、快速进行,应在下述条件下滴定。

(1)将被滴定溶液加热至 70~80 ℃。室温时该反应比较慢,高于 90 ℃ 时 $H_2C_2O_4$ 易分解。

(2)溶液的酸度要适宜。酸度偏低时,容易生成 MnO_2 沉淀;酸度太高时,又会促进 $H_2C_2O_4$ 分解。

(3)掌握好滴定速率。开始滴定时,MnO_4^- 与 $C_2O_4^{2-}$ 反应很慢,滴入的 $KMnO_4$ 褪色也较慢。但当 MnO_4^- 与 $C_2O_4^{2-}$ 反应生成少量 Mn^{2+} 时,由于 Mn^{2+} 的催化作用,反应速率会明显加快。因此,在刚开始滴定时,滴定剂要逐滴加入,等少量 Mn^{2+} 生成并起作用后,再加快滴定速率,否则滴入的 $KMnO_4$ 来不及与 $C_2O_4^{2-}$ 反应而在热的酸性溶液中分解,导致结果偏低。分解反应为

$$4MnO_4^- + 12H^+ = 4Mn^{2+} + 5O_2\uparrow + 6H_2O$$

高锰酸钾法滴定终点不太稳定。这是由于空气中还原性气体或尘埃等杂质落入溶液中,使 $KMnO_4$ 分解而造成粉红色消失,所以出现粉红色且半分钟不褪色即为滴定终点。

3. 过氧化氢的测定

商品双氧水中 H_2O_2 含量可用 $KMnO_4$ 标准溶液,于室温下在酸性溶液中直接滴定测得,反应方程式为

$$2MnO_4^- + 5H_2O_2 + 6H^+ = 2Mn^{2+} + 5O_2\uparrow + 8H_2O$$

反应中 MnO_4^- 与 H_2O_2 的物质的量之比为 2∶5,H_2O_2 的质量分数为

$$w(H_2O_2) = \frac{c(KMnO_4)V(KMnO_4) \times \frac{1}{1000} \times \frac{5}{2}M(H_2O_2)}{m}$$

式中:$c(KMnO_4)$为 $KMnO_4$ 标准溶液的物质的量浓度,$mol \cdot L^{-1}$;$V(KMnO_4)$为 $KMnO_4$ 标准溶液的体积,mL;$M(H_2O_2)$为 H_2O_2 的摩尔质量,$g \cdot mol^{-1}$;m 为样品质量,g。

6.7.3　重铬酸钾法

1. 概述

$K_2Cr_2O_7$ 在酸性溶液中与还原剂作用,其中 Cr^{6+} 被还原为 Cr^{3+},其半反应为

$$Cr_2O_7^{2-} + 14H^+ + 6e^- \Longrightarrow 2Cr^{3+} + 7H_2O \qquad E^{\ominus}(Cr_2O_7^{2-}/Cr^{3+}) = 1.36 \text{ V}$$

其氧化能力虽比 $KMnO_4$ 稍弱,但仍是一种较强的氧化剂。用重铬酸钾法(potassium dichromate method)也可测定许多无机物和有机物的含量。与高锰酸钾法相比,重铬酸钾法有如下优点。

(1) $K_2Cr_2O_7$ 容易提纯且稳定,纯品经 $140 \sim 150 \text{ ℃}$ 干燥后可直接配制标准溶液。

(2) $K_2Cr_2O_7$ 溶液相当稳定,在密封容器中可长期保存。

(3) $E^{\ominus}(Cr_2O_7^{2-}/Cr^{3+})$ 与 $E^{\ominus}(Cl_2/Cl^-)$ 相近,室温下不受 Cl^- 影响,可在稀的 HCl 介质中滴定。

2. 铁矿石中全铁量的测定

矿石试样用热、浓的 HCl 溶液溶解后,加入 $SnCl_2$ 趁热将 Fe^{3+} 还原为 Fe^{2+},快速冷却溶液后,过量的 $SnCl_2$ 用 $HgCl_2$ 氧化除去。用水稀释溶液并加入 H_2SO_4-H_3PO_4 混合酸和二苯胺磺酸钠指示剂,立即用 $K_2Cr_2O_7$ 标准溶液滴定至溶液呈现稳定的紫色。主要反应方程式为

$$Sn^{2+} + 2Fe^{3+} \Longrightarrow Sn^{4+} + 2Fe^{2+}$$

$$Sn^{2+} + 2Hg^{2+} + 2Cl^- \Longrightarrow Hg_2Cl_2 + Sn^{4+}$$

$$Cr_2O_7^{2-} + 6Fe^{2+} + 14H^+ \Longrightarrow 2Cr^{3+} + 6Fe^{3+} + 7H_2O$$

反应中 $Cr_2O_7^{2-}$ 与 Fe^{2+} 的物质的量之比为 $1:6$,铁的质量分数为

$$w(Fe) = \frac{c(K_2Cr_2O_7)V(K_2Cr_2O_7) \times \dfrac{1}{1000} \times 6M(Fe)}{m}$$

式中:$c(K_2Cr_2O_7)$为 $K_2Cr_2O_7$ 标准溶液的物质的量浓度,$mol \cdot L^{-1}$;$V(K_2Cr_2O_7)$为 $K_2Cr_2O_7$ 标准溶液的体积,mL;$M(Fe)$为 Fe 的摩尔质量,$g \cdot mol^{-1}$;m 为样品质量,g。

加入 H_3PO_4 使 Fe^{3+} 生成无色$[Fe(PO_4)_2]^{3-}$ 配离子,既消除了 Fe^{3+} 黄色的影响,又降低了电对 Fe^{3+}/Fe^{2+} 的电极电势,可减小终点误差。

重铬酸钾法是测定矿石中全铁量的标准方法。由于测定过程中使用剧毒试剂 $HgCl_2$,为了避免对环境的污染,近年来研究了多种无汞测铁的新方法。

知 识 拓 展

水系锌锰电池:绿色化学在
可持续储能中的革命性实践

习　题

扫码做题

一、填空题

1. 原电池的正极发生 _____ 反应,负极发生 _____ 反应,原电池电流由 _____ 极流向 _____ 极。

2. 至今没有得到 FeI_3 这种化合物的原因是 _____ 。

3. 利用电极电势可判断氧化态物质和还原态物质氧化还原能力的相对强弱。若某电极电势代数值越小,则该电对中 _____ 能力较强;若电极电势代数值越大,则该电对中 _____ 能力越强。

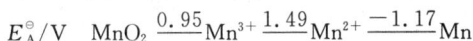

4. 已知 Mn 元素的部分电势图:

$$E_A^{\ominus}/V \quad MnO_2 \xrightarrow{\ 0.95\ } Mn^{3+} \xrightarrow{\ 1.49\ } Mn^{2+} \xrightarrow{\ -1.17\ } Mn$$

电势图中还原性最强的物质是 _____,能发生歧化反应的物质是 _____。

5. 已知 $E^{\ominus}(Cu^{2+}/Cu)=0.34\ V$,$K_{sp}^{\ominus}(Cu(OH)_2)=2.2\times10^{-20}$,则 $E^{\ominus}(Cu(OH)_2/Cu)=$ _____。

6. 氧化还原反应进行的方向一定是电极电势大的电对的 _____ 作为氧化剂与电极电势小的电对的 _____ 作为还原剂反应,直到两电对的电极电势差等于零,即反应达到平衡。

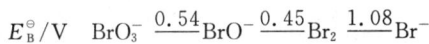

7. 已知 Br 元素的电势图:

$$E_B^{\ominus}/V \quad BrO_3^- \xrightarrow{\ 0.54\ } BrO^- \xrightarrow{\ 0.45\ } Br_2 \xrightarrow{\ 1.08\ } Br^-$$

$E^{\ominus}(BrO_3^-/Br_2)=$ _____,$E^{\ominus}(BrO^-/Br^-)=$ _____,能发生歧化反应的物质是 _____。

二、简答题

1. 用离子-电子法配平下列反应方程式。其中(1)(2)(3)在酸性溶液中,(4)(5)(6)在碱性溶液中。

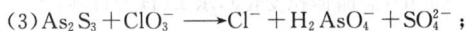

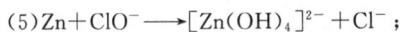

(1) $Cr_2O_7^{2-}+H_2O_2 \longrightarrow Cr^{3+}+O_2+H_2O$;

(2) $ClO_3^-+Fe^{2+} \longrightarrow Cl^-+Fe^{3+}$;

(3) $As_2S_3+ClO_3^- \longrightarrow Cl^-+H_2AsO_4^-+SO_4^{2-}$;

(4) $MnO_4^-+SO_3^{2-} \longrightarrow MnO_4^{2-}+SO_4^{2-}$;

(5) $Zn+ClO^- \longrightarrow [Zn(OH)_4]^{2-}+Cl^-$;

(6) $Ag_2S+Cr(OH)_3 \longrightarrow Ag+HS^-+CrO_4^{2-}$。

2. 金属置于水溶液中,为什么溶解下来的是金属离子而不是金属原子?

3. 将下列氧化还原反应设计为原电池,写出电极反应和原电池符号。

(1) $MnO_4^-+5Fe^{2+}+8H^+ \longrightarrow Mn^{2+}+5Fe^{3+}+4H_2O$;

(2) $Cl_2(g)+2I^- \longrightarrow 2Cl^-+I_2(s)$;

(3) $Zn+CdSO_4 \longrightarrow ZnSO_4+Cd$。

4. 在 298.15 K 时,分别将金属 Fe 和 Cd 插入下述溶液中组成电池,试判断何种金属首先被氧化。

(1) 溶液中 Fe^{2+} 和 Cd^{2+} 的浓度都是 $0.1\ mol\cdot L^{-1}$;

(2) 溶液中 Fe^{2+} 浓度为 $0.1\ mol\cdot L^{-1}$,Cd^{2+} 浓度为 $0.0036\ mol\cdot L^{-1}$。

三、计算题

1. 根据给定条件,判断下列反应自发进行的方向。

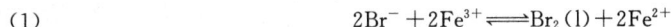

(1) $$2Br^-+2Fe^{3+} \Longrightarrow Br_2(l)+2Fe^{2+}$$

已知:$E^{\ominus}(Br_2(l)/Br^-)=1.06\ V$,$E^{\ominus}(Fe^{3+}/Fe^{2+})=0.77\ V$。

(2)pH=1 和 pH=6,假设其他离子浓度为 $c^{\ominus}$。

$$10Br^- + 2MnO_4^- + 16H^+ \Longrightarrow 2Mn^{2+} + 8H_2O + 5Br_2(l)$$

已知:$E^{\ominus}(MnO_4^-/Mn^{2+}) = 1.51\ V, E^{\ominus}(Br_2(l)/Br^-) = 1.06\ V$。

(3)实验测得 Cu-Ag 原电池 E 值为 0.48 V。

$$(-)Cu \mid Cu^{2+}(0.05\ mol \cdot L^{-1}) \parallel Ag^+(0.50\ mol \cdot L^{-1}) \mid Ag\ (+)$$

$$Cu^{2+} + 2Ag \Longrightarrow Cu + 2Ag^+$$

2. 已知原电池反应:

$$2Cr^{3+} + 3HClO_2 + 4H_2O \Longrightarrow Cr_2O_7^{2-} + 3HClO + 8H^+$$

(1)计算该原电池反应的标准平衡常数。

已知:$E^{\ominus}(HClO_2/HClO) = 1.673\ V, E^{\ominus}(Cr_2O_7^{2-}/Cr^{3+}) = 1.36\ V$。

(2)若溶液的 pH=0,$c(Cr_2O_7^{2-}) = 0.80\ mol \cdot L^{-1}, c(HClO_2) = 0.15\ mol \cdot L^{-1}, c(HClO) = 0.20\ mol \cdot L^{-1}$,测定 $E_{池} = 0.15\ V$,计算溶液中 Cr^{3+} 的浓度。

(3)已知 $Cr_2O_7^{2-}$ 为橙色,Cr^{3+} 为绿色。如果 20.0 mL 1.00 mol·L^{-1} HClO$_2$ 溶液与 20.0 mL 0.50 mol·L^{-1} Cr(NO$_3$)$_3$ 溶液混合,最终溶液(pH=0)为什么颜色?

3. 已知:$MnO_4^- + 8H^+ + 5e^- \Longrightarrow Mn^{2+} + 4H_2O, E^{\ominus}(MnO_4^-/Mn^{2+}) = 1.51\ V; Fe^{3+} + e^- \Longrightarrow Fe^{2+}, E^{\ominus}(Fe^{3+}/Fe^{2+}) = 0.77\ V$。

(1)将这两个半电池组成原电池,用电池符号表示,并计算原电池反应的 $K^{\ominus}$。

(2)当 $c(H^+) = 10.0\ mol \cdot L^{-1}$,其他各离子的浓度均为 1 mol·L^{-1} 时,计算电池反应的 $\Delta_r G_m^{\ominus}$。已知 $F = 96485\ J \cdot V^{-1} \cdot mol^{-1}, R = 8.314\ J \cdot K^{-1} \cdot mol^{-1}$。

4. 已知半电池反应:$Ag^+(aq) + e^- \Longrightarrow Ag(s), E^{\ominus}(Ag^+/Ag) = 0.80\ V$;

$$AgBr(s) + e^- \Longrightarrow Ag(s) + Br^-, E^{\ominus}(AgBr/Ag) = 0.07\ V。$$

试计算 $K_{sp}^{\ominus}(AgBr)$。

5. 计算下列情况下,在 298.15 K 时有关电对的电极电势。

(1)金属铜放在 0.50 mol·L^{-1} 的 Cu^{2+} 溶液中,求 $E(Cu^{2+}/Cu)$。已知:$E^{\ominus}(Cu^{2+}/Cu) = 0.34\ V$。

(2)在上述(1)的溶液中加入固体 Na$_2$S,使溶液中 $c(S^{2-}) = 1.0\ mol \cdot L^{-1}$,求 $E(Cu^{2+}/Cu)$。
已知:$K_{sp}^{\ominus}(CuS) = 6.3 \times 10^{-36}$。

(3)100 kPa 氢气通入 0.10 mol·L^{-1} HCl 溶液中,求 $E(H^+/H_2)$。

(4)在 1.0 L 上述(3)溶液中加入 0.10 mol 固体 NaOH(忽略体积变化),求 $E(H^+/H_2)$。

(5)在 1.0 L 上述(3)溶液中加入 0.10 mol 固体 NaAc(忽略体积变化),求 $E(H^+/H_2)$。
已知:$K_a^{\ominus}(HAc) = 1.8 \times 10^{-5}$。

6. 今有氢电极(氢气压力为 100 kPa),该电极所用的溶液由浓度均为 1.0 mol·L^{-1} 的弱酸(HA)及其钾盐(KA)组成。若将此氢电极(作正极)与另一电极(作负极,且电极电势为 $-0.64\ V$)组成原电池,测得其电动势 $E = 0.38\ V$。问:该氢电极中溶液的 pH 值和弱酸(HA)的解离常数各为多少?

7. 已知反应:$2Ag^+(aq) + Zn(s) \Longrightarrow 2Ag(s) + Zn^{2+}(aq)$。

(1)开始时 Ag$^+$ 和 Zn^{2+} 的浓度分别为 0.10 mol·L^{-1} 和 0.30 mol·L^{-1},求 $E(Ag^+/Ag)$、$E(Zn^{2+}/Zn)$ 和 $E_{池}$。已知:$E^{\ominus}(Ag^+/Ag) = 0.80\ V, E^{\ominus}(Zn^{2+}/Zn) = -0.76\ V$。

(2)计算反应的 $K^{\ominus}$ 和 $\Delta_r G_m^{\ominus}$。

(3)求平衡时溶液中剩余的 Ag$^+$ 浓度。

第7章 原 子 结 构

📚 内容提要

本章以氢原子结构为重点,讨论原子核外电子的运动状态,初步介绍用量子力学研究微观粒子运动的思路和结论,在此基础上重点介绍多电子原子的结构及核外电子的排布规律。最后结合核外电子的分布,讨论元素周期律。

📚 基本要求

※ 了解微观粒子运动的特点,了解原子能级、波粒二象性、波函数、电子云等基本概念。

※ 理解波函数角度分布图、电子云角度分布图和径向分布图。

※ 掌握四个量子数的量子化条件及其物理意义,以及对电子运动状态的描述。

※ 掌握核外电子排布的一般规律,能熟练写出原子核外电子排布式和价层电子构型。

※ 理解原子的电子构型和元素周期律的关系,会从原子的电子层结构说明元素的性质,并熟悉原子半径、电离能、电子亲和能和电负性的概念及其周期性变化。

📚 建议学时

6 学时。

原子(atom)是物质发生化学反应的基本微粒,物质的许多宏观化学性质和物理性质很大程度上是由原子内部结构决定的。因此,要研究物质的化学运动规律,掌握物质的性质、物质发生化学反应的规律以及物质性质和结构之间的关系,预言新物质的合成等都必须首先研究原子结构,特别是原子核外的电子层结构。

人们比较深入地认识原子结构是在 19 世纪末汤姆逊(Thomson J. J.)发现电子、戈德斯坦(Goldstein E.)发现质子及伦琴(Röntgen W. K.)发现放射性之后,在约一个世纪的发展过程中,一批杰出的科学家以其卓越的实验和理论研究、实事求是的科学态度带领学术界以人们未曾预料的速度向真实的原子结构逼近,开创了一个辉煌的科学技术新时代。

7.1 核外电子的运动状态与原子模型

7.1.1 氢原子光谱和玻尔氢原子模型

1. 经典物理学面临的窘境——量子论的提出

1896 年英国物理学家汤姆逊发现电子之后,曾于 1904 年提出"葡萄干布丁"原子模型:原子是正电荷连续分布的球体(半径约为 10^{-8} cm),而电子则以最大的距离分布在该球体之中,就像葡萄干"镶嵌"在松软的蛋糕中一样。但该理论提出不到几年就面临无法解释 α 粒子散射实验结果(实验中出现的大角度偏转现象)的困境。卢瑟福(Rutherford E.)敏锐地认识到这一实验结果的重要性,并在理论与实验事实的矛盾面前毅然放弃了旧理论,重新设计了新的模型,并于 1911 年提出了原子的"含核模型"(nuclear model of the atom):原子中正电荷以及几乎全部的质量集中在原子中心很小的区域中(半径小于 10^{-12} cm),形成原子核,而电子围绕原子核旋转(类似行星绕太阳旋转)。此模型可以很好地解释 α 粒子大角度偏转现象,但遇到了两大难题。①原子大小的问题。19 世纪统计物理学研究表明,原子的大小约为 10^{-8} cm,而在经典物理的框架中考虑卢瑟福模型却找不到一个合理的特征长度。②原子稳定性的问题。按照经典电动力学,任何具有加速度的带电体,运动过程中都会不断地以电磁波的形式放出能量。这样原子中绕核运动的电子体本身能量将不断减小,并逐渐向核靠近,最后一定沿螺旋轨道坠落于核上,原子随之坍塌。根据氢原子大小和电子速率进行计算,只要 1 μs 电子就会落到核上而崩溃。此外,卢瑟福模型原子对外界粒子的碰撞也是很不稳定的。

原子世界真的如此脆弱吗？这样的分析正好与事实相反:原子稳定地存在于自然界中。尖锐的矛盾摆在人们面前,经典物理学遇到了困难,如何解决？

1900 年,普朗克(Planck M.)根据黑体辐射能量密度随频率的分布规律提出了表达光能 (E)与频率(ν)的关系方程,即著名的普朗克方程:

$$E = h\nu \tag{7-1}$$

式中:h 称为普朗克常量(Planck constant),其值为 6.626×10^{-34} J・s。普朗克认为物体吸收或发射电磁辐射只能以"量子"(quantum)的方式进行,每个量子的能量为 $\varepsilon = h\nu$。换言之,物质吸收或发射电磁波只能以 $h\nu$ 的整数倍(如 $h\nu$、$2h\nu$ 等)一份一份地吸收或释放,而不可能是 $h\nu$ 的任何非整数倍,即能量是量子化的。从经典力学来看,这种能量不连续的概念是完全不可能的,因而在相当长的一段时间内这个假设并未引起人们的重视。

直至 1905 年爱因斯坦(Einstein A.)利用量子化的概念成功地解释了曾使经典力学处于尴尬境地的光电效应(photoelectric effect)。爱因斯坦认为辐射场就是由光量子(light quantum)组成的,即入射光本身的能量也按普朗克方程量子化。每一个光量子的能量(E)和辐射频率(ν)的关系也是 $E = h\nu$。他还根据相对论中给出的光动量和能量的关系 $p = E/c$,提出了光量子的动量 p 与辐射波长 λ($\lambda = c/\nu$)的关系:

$$p = \frac{h}{\lambda} \tag{7-2}$$

从此普朗克提出的量子化的概念得到了物理学家的注意,一些人开始利用它思考经典力学中碰到的其他问题,其中最为突出的就是原子结构和原子光谱。

2. 氢原子光谱

太阳光是复色光,通过棱镜发生折射可分解为红、橙、黄、绿、青、蓝、紫等按波长大小次序有规则连续排列的光谱。这种光谱称为连续光谱(continuous spectrum)。

原子经高温火焰、电火花、电弧等激发时也会产生光,所发出的光通过棱镜就可得到原子光谱(atomic spectrum)。如对一个充有低压氢气的放电管施加高电压,使氢原子在电场的激发下发光,并让此光通过狭缝,再经三棱镜或光栅分光后,在屏幕或感光片上可得几条亮线,该谱线称为氢原子光谱,其产生过程如图 7-1 所示。

与日光经过棱镜后得到的谱线不同,原子受激发后得到的谱线是不连续光谱 (incontinuous spectrum),亦称线状光谱(line spectrum)。每种原子都有其特征波长的线状光谱,它们是现代光谱分析的基础:依据谱线特征波长的位置分析样品中存在的元素,即定性分析(qualitative analysis);依据谱线的相对强度来测定样品中各元素的含量,即定量分析 (quantitative analysis)。图 7-2 给出了氢原子在可见光区的发射光谱。

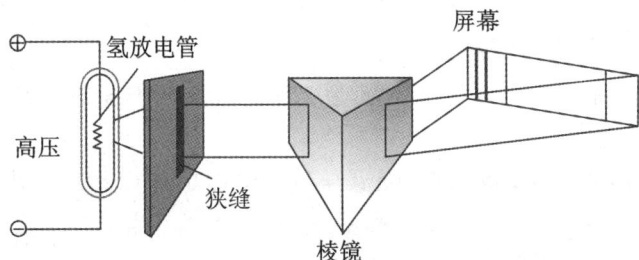

图 7-1　氢原子线状光谱的产生

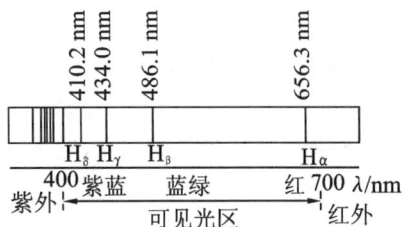

图 7-2　氢原子光谱（可见光区）

氢原子光谱在可见光区有四条明显的谱线，通常用 H_α、H_β、H_γ 和 H_δ 来表示。1885 年，瑞士巴尔麦（Balmer J. J.）把氢原子光谱在可见光区中各谱线的频率总结为经验公式：

$$\nu = 3.292 \times 10^{15} \left(\frac{1}{2^2} - \frac{1}{n^2} \right) \tag{7-3}$$

式中：n 为大于 2 的整数。当 n 为 3、4、5、6 时可计算得到上述四条谱线的频率，可见光区的这一系列谱线被称为巴尔麦谱线系。

随后莱曼（Lyman T.）等人又相继在氢原子的可见光区两侧的紫外光区和红外光区发现了若干谱线，这些谱线分别按发现者的姓氏命名为莱曼谱线系（紫外区）、帕邢（Paschen）谱线系（近红外区）、布拉开（Brackett）谱线系和普丰德（Pfund）谱线系（远红外区）。1913 年瑞典物理学家里德伯（Redberg J.）仔细测定了氢原子各谱线的频率后，提出了计算谱线频率的经验通式：

$$\nu = 3.292 \times 10^{15} \left(\frac{1}{n_1^2} - \frac{1}{n_2^2} \right) \tag{7-4}$$

式中：n_1、n_2 为正整数，且 $n_1 < n_2$，各线系中 n 的允许值见表 7-1。

表 7-1　里德伯方程中 n 的允许取值

线系	n_1	n_2	线系	n_1	n_2
莱曼	1	2,3,4,…	巴尔麦	2	3,4,5,…
帕邢	3	4,5,6,…	布拉开	4	5,6,7,…
普丰德	5	6,7,8,…			

3. 玻尔氢原子模型

经典电磁学理论无法解释氢原子光谱的事实，更说明不了谱线的规律性。原子结构的突破首先归功于丹麦物理学家玻尔（Bohr N.）。玻尔为解决卢瑟福模型的两大矛盾，大胆突破传统，深刻地认识到必须用新的理论和概念来描述原子中电子的运动状态。玻尔在氢原子光谱的基础上，综合了普朗克的量子论和爱因斯坦的光子学说，推断原子中电子的能量也是不连续的，并于 1913 年提出了基于能量量子化的玻尔原子结构模型。该理论包括两个极为重要的假设，它们是对大量实验事实的深刻概括。

1）定态轨道的假设

玻尔认为电子只能围绕原子核在某些特定的（符合一定量子化条件）、有确定能量和半径的固定轨道上运动。电子在这些固定轨道上运动时处于稳定状态，既不发射也不吸收电磁波。因此，这些轨道的能量不随时间发生变化，称为定态轨道。轨道符合的量子化条件是电子的轨道角动量 l 只能等于 $h/(2\pi)$ 的整数倍，即

$$l = mvr = n\frac{h}{2\pi} \tag{7-5}$$

式中:m 为电子质量;v 为电子运动速度;r 是特定轨道的半径;h 是普朗克常量;n 是定态的编号,称为量子数(quantum number),为正整数。

根据经典物理学的观点,电子在绕核运动时所受的向心力 mv^2/r 等于库仑力 $e^2/(4\pi\varepsilon_0 r^2)$,即

$$\frac{mv^2}{r} = \frac{e^2}{4\pi\varepsilon_0 r^2} \tag{7-6}$$

引入轨道量子化条件后,可得

$$r = \frac{\varepsilon_0 h^2}{\pi me^2}n^2 \tag{7-7}$$

2)轨道能量量子化的假设

电子轨道角动量的量子化意味着能量量子化,即轨道所具有的能量是量子化的,电子的能量也是量子化的。电子在轨道中运动只能处于上述条件所限定的几个能量状态,该能量状态称为能级(energy level)。在正常的情况下,电子在离核较近的轨道上运动,处于最低的能量状态,称为基态(ground state)。当原子从外界获得能量时,电子可以从基态跃迁到离核较远的轨道,这些轨道能量较高,称为激发态(exited state)。处于激发态的电子是不稳定的,又会跃迁回基态,同时以辐射的形式释放出多余的能量,产生发射光谱。辐射能量的大小取决于基态和激发态之间的能量差:

$$h\nu = \Delta E = E_2 - E_1 \tag{7-8}$$

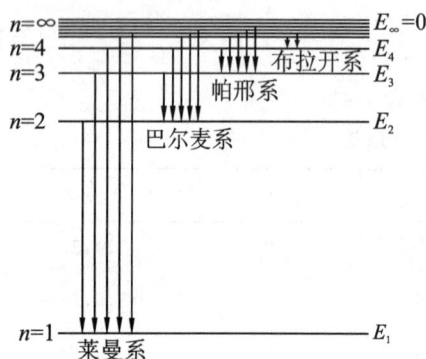

图 7-3 氢原子的各谱线系形成示意图

电子由高能级跃迁到低能级会发射出频率为 $\nu = \Delta E/h$ 的光谱,得到氢原子光谱的五条线系,如图 7-3 所示。

同样,电子由基态跃迁到激发态时,从外部吸收的能量也符合上述关系。

通过以上假设,玻尔计算了处于定态下类氢离子核外电子各定态轨道的半径 r 和能量 E:

$$r = \frac{n^2}{Z}a_0 \tag{7-9}$$

$$E = -2.179 \times 10^{-18}\frac{Z^2}{n^2} \tag{7-10}$$

式中:$a_0 = 52.9$ pm;Z 是核电荷数;n 是量子数。对于氢原子而言,$Z=1$,$n=1$,因而,$r=52.9$ pm,$E = -2.179 \times 10^{-18}$ J。

玻尔理论成功地解释了氢原子光谱。由式(7-10)可知,氢原子中电子的能量取决于量子数 n 的数值,而 n 的取值是量子化的,因而电子的能量也是量子化的,故电子在跃迁时辐射的能量也是不连续的,是线状光谱。同时,玻尔理论对代表氢原子光谱规律的里德伯公式也给予了很好的解释,不但计算得到的谱线频率与实验观测一致,而且可以推导出里德伯公式。

玻尔的量子理论首次打开了认识原子结构的大门,取得很大的成功。但玻尔模型的局限性和存在的问题也逐渐被人们认识到。首先,玻尔理论虽然很成功地解释了氢原子光谱的规律性,但对于更为复杂的原子(即使是只有两个电子的氦原子)的光谱就遇到困难。其次,玻尔理论对谱线的相对强度和谱线的精细组成也无法解释。从理论系统来讲,定态轨道和能量量子化的假设多少带有人为的因素,虽然他引入了量子化的概念,但只是在经典力学连续概念的

基础上勉强加入一些人为的量子化条件和假设,依然没有超越经典力学的范畴,采用的依然是研究宏观物体的方法。随后也有一些科学家对玻尔理论进行了一定的改进,但都没有从根本上解决问题。这使得更多的科学家认识到玻尔理论只不过是"旧瓶装新酒",对其采用补丁式的修改已经行不通了,真正需要的是一场深刻的变革。在这场深刻变革中,勇敢迈出第一步的是法国物理学家德布罗意(de Broglie),他在 1924 年向巴黎大学提交的博士论文《关于量子论的研究》中提出了物质波可能存在的主要论点。

7.1.2　微观粒子的特性

1. 微观粒子的波粒二象性

光的本质是物理学中曾长期争论过的问题。17 世纪,牛顿的光的微粒学说占统治地位。19 世纪,由于光的干涉和衍射实验的成功,加之麦克斯韦证明了光波的电磁性质,光的波动性才被确认。在 20 世纪初,爱因斯坦提出了光子学说,成功地解释了光电效应。物理学家通过大量的实验证明,光既具有波的性质,也具有微粒的性质,即光具有波粒二象性(wave-particle dualism)。

根据爱因斯坦的质能方程 $E=mc^2$、光子能量与频率之间的关系 $E=h\nu$ 及 $c=\lambda\nu$,光的波粒二象性可以表示为

$$mc=\frac{E}{c}=\frac{h\nu}{c} \tag{7-11}$$

$$p=\frac{h}{\lambda} \tag{7-12}$$

在光的波粒二象性和玻尔理论启发下,德布罗意仔细分析了光的微粒说和波动说的发展历史,根据类比的方法,他设想实物粒子也可能具有波动性,即和光一样也具有波粒二象性,而且他认为这两个方面必有类似的关系,普朗克常量必然出现于其中,并推导出高速运动的微观粒子(如电子)的波长为

$$\lambda=\frac{h}{p}=\frac{h}{mv} \tag{7-13}$$

式中:m 是微观粒子的质量;v 是微观粒子的速度;p 是微观粒子的动量。式(7-13)即为著名的德布罗意关系式,这种实物粒子所具有的波称为德布罗意波或物质波。

或许有人认为这个关系式只不过是爱因斯坦光量子关系式的简单变形,其实不然。尽管爱因斯坦的光量子论对德布罗意有重要的影响,但是从光的波粒二象性到实物的波粒二象性却不存在演绎推理。物质波产生于所有物体(包括不带电的物体),可以在真空中传播,因而它既不是电磁波,也不是机械波。

然而,任何大胆的假设在成为真理并被人们接受之前必须经过科学的实验验证。令人振奋的是德布罗意波不久就从实验上得到了证实。1927 年戴维逊(Davisson C. J.)和革末(Germer L. H.)将一束高速电子流(质量为 m、速度为 v)从 A 处射出,通过薄的镍单晶 B(光栅)的晶格狭缝射到感光片 C 上,观察散射电子束的强度和散射角 α 的关系,结果得到完全类似于单色光通过狭缝那样的明暗相间的衍射图像(见图 7-4)。同时,汤姆逊(Thomson G. P.)用薄膜透射法也证实了德布罗意波的存在,并且从实验计算的波长和通过德布罗意公式计算的结果一致。这一重大结果使得德布罗意获得 1929 年诺贝尔物理学奖,戴维逊、汤姆逊获 1937 年诺贝尔物理学奖。

此后,实验进一步证明,不仅电子,其他微观粒子(如质子、中子、原子等)在运动时都具有

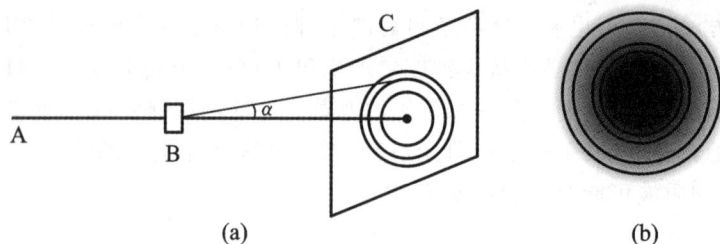

图 7-4　电子衍射实验示意图

波动性。实际上,任何物质在运动时都具有波动性,只不过电子等微观粒子的波长较宏观物体的大,可以测量。而宏观物体的波长很小,至今无法测量,这就是宏观物体的波动性难以觉察的原因。当然,宏观物体仅表现为粒子性,可以用经典力学来描述。

2. 测不准原理

既然宏观物体可以用经典力学描述,那么其在任意瞬间的动量和位置都可通过牛顿定律正确地确定。然而,对于具有波粒二象性的微观粒子情况就不同了。如在经典力学中可以谈论粒子处于某一位置时的动量或速度,而在微观世界中,由于动量总是通过关系式 $\lambda = h/p$ 与波长联系在一起,谈论某一位置的动量就等于谈论某一位置的波长,然而波长根本就不是位置的函数,也就是说"某一位置的波长"是毫无意义的。

1927 年德国物理学家海森堡(Heisenberg W.)经严格推导提出了不确定原理(uncertainty principle),亦称测不准原理:电子在核外的运动空间所处的位置与电子运动的速度两者不能同时准确地测量,其中一个量测得越准确,那么它的共轭量就变得越不确定,即动量误差 Δp 和位置误差 Δx 的乘积为一定值,表示为

$$\Delta x \Delta p = h \tag{7-14}$$

对于某一宏观物体,$m = 10^{-15}$ kg,假设其位置的不确定量 $\Delta x = 10^{-8}$ m,则由测不准原理可得其速度的不确定量 $\Delta v = 10^{-10}$ m·s^{-1},与这一宏观物体的运动速度相比可以忽略不计,这说明它的运动速度和位置是可以同时测定的。但对于微观粒子而言,如电子($m = 9.1 \times 10^{-31}$ kg,运动速度一般为 10^6 m·s^{-1}),由于原子大小的数量级为 10^{-10} m,因而电子运动的不确定量应小于 10^{-10} m 才有意义。按测不准原理可得出该运动电子的速度不确定量 $\Delta v \approx 10^7$ m·s^{-1},甚至超过了电子本身的速度,这说明微观粒子不能同时确定其位置和速度。因此,玻尔理论中定态轨道的概念是错误的,电子运动的轨道不存在。

必须指出,测不准原理并不意味着微观粒子的运动无规律可循。恰恰相反,测不准原理恰好反映了微观粒子的波粒二象性,说明微观粒子的运动规律不同于宏观物体。

微观粒子的波粒二象性和测不准原理使人们认识到要描述核外电子的运动状态、获得电子的运动规律必须通过统计的方法。在电子衍射实验中,如果可以控制电流的强度,假设电子是一个一个地发射出去并依次落到感光片上,每一个电子落到感光片上就会出现一个斑点,这显示了电子的微粒性。这些斑点出现的位置是随机的,这表明电子的运动无确定的轨道。但随时间的增加,到达感光片电子数目增多,感光片上依然会出现规律性的明暗相间的条纹,其结果与大量电子短时间内发射形成的条纹完全一致,这不仅说明了电子运动的波动性,也反映了衍射图像是大量电子的集体行为,符合统计的规律。因此,核外电子的运动具有概率分布的规律,衍射强度大的地方表明粒子出现的机会多(概率大),而衍射强度小的地方说明粒子出现的机会小(概率小)。从这个意义上讲,物质波又称为概率波。

7.1.3　量子力学原子模型

1. 波函数与原子轨道

德布罗意波已经被确认,但如何来描述这种存在于时空中的物质波呢?在经典意义上,某一种波是用相应的物理量随时间和空间而变化的关系来描述的。例如,速度为 v、波长为 λ 的沿 x 轴方向传播的平面机械波,由于传播此波的质点都围绕各自的平衡位置振动,因而用偏离平衡位置的位移 y 随 x 和时间而变化的函数关系来描述机械波。

$$y = A\cos\left[2\pi\left(\frac{x}{\lambda} - vt\right) - \delta\right] \tag{7-15}$$

在经典波的研究中,了解波动状态的根本规律是靠一些波动方程来概括的,由给定的物理条件,通过解波动方程便可得到波的数学函数,从而了解波的性质。那么微观粒子是否也存在波动方程,是否能用它来概括微观粒子运动的普遍规律,并通过求解波动方程而得到描述波的具体函数形式,从而了解微观粒子的运动规律呢?

完成这一工作的是奥地利物理学家薛定谔(Schrödinger E.)。他根据微观粒子波粒二象性的概念,联系驻波的波动方程,并运用德布罗意关系式,创立了波动力学,其核心便是今天众所周知的用来描述微观粒子运动规律的波动方程——薛定谔方程(Schrödinger's equation)。

薛定谔方程是一个二阶偏微分方程:

$$\frac{\partial^2 \Psi}{\partial x^2} + \frac{\partial^2 \Psi}{\partial y^2} + \frac{\partial^2 \Psi}{\partial z^2} + \frac{8\pi^2 m}{h^2}(E - V)\Psi = 0 \tag{7-16}$$

式中:E 是总能量(动能和势能之和);V 是势能;m 是微观粒子的质量;h 是普朗克常量;x、y、z 是空间坐标;Ψ 为薛定谔方程的解,称为波函数(wave function)。可见,在薛定谔方程中,包含着体现粒子性(如 m、E、V)和波动性(Ψ)的两种物理量,能正确地反映核外电子的运动状态。

求解薛定谔方程可以得到一系列的波函数 Ψ 和相对应的一组能量 E。每一个合理的解 Ψ 就代表系统中电子一种可能的运动状态。在量子力学中核外电子的运动状态便可用波函数 Ψ 来描述。若沿用经典物理学的概念,Ψ 就是原子轨道(atomic orbital)的同义词,一般情况下也可称为原子轨道。但一定要注意,Ψ 所描述的"原子轨道"并非经典意义上质点运动所具有的轨迹,它与玻尔假设的固定的原子轨道存在本质的区别。鉴于此,也有人建议将 Ψ 称为原子轨函。

2. 概率密度与电子云

波函数是核外电子运动状态的数学表达式,求解薛定谔方程得到的是一系列的数学方程,将空间某一点的坐标 (x,y,z) 代入波函数 Ψ 中,可求得某一数值,该数值代表空间某一点的什么性质却不清楚,即 Ψ 没有明确的物理意义。

从波动的观点看,电子和光一样产生衍射得到衍射条纹。对于光的衍射条纹是用光强表示明暗程度的,光强正比于波幅的平方,光强在明纹处取得极大值,在暗纹处取得极小值。与之类比,则物质波的强度应正比于 Ψ 振幅的平方,即正比于 $|\Psi|^2$,且明纹处 $|\Psi|^2$ 取极大值。

从粒子的观点看,对于电子束而言,电子束流量大,短时间形成衍射条纹,明纹处说明电子束密度大,暗纹处说明电子束密度小。对微观粒子(电子)而言,一个电子只形成一个感光点,得到的衍射条纹相当于一个电子进行大量的重复行为,明纹处说明电子出现的概率较大。

对于同一实验结果,结合波动和粒子两种观点:感光点密的地方就是电子出现概率较大的

地方,同时也是$|\Psi|^2$取极大值的地方;感光点稀的地方就是电子出现概率较小的地方,同时也是$|\Psi|^2$取极小值的地方。可见电子在空间某区域出现概率的大小是和$|\Psi|^2$成正比的。通常把单位体积内的电子出现的概率称为概率密度,即$|\Psi|^2$表示微观粒子t时刻在离核距离r处单位体积内的概率密度。

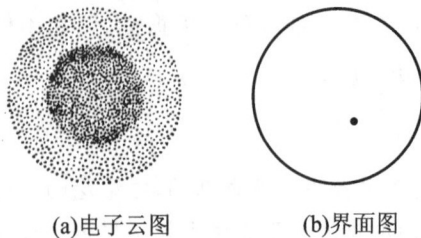

(a)电子云图　　　(b)界面图

图 7-5　电子云图和界面图

如果用小黑点的疏密来表示核外空间各点$|\Psi|^2$的大小,则小黑点较密就表示电子出现的概率密度大,小黑点较稀就表示概率密度小。这样小黑点的疏密就形象地描绘了电子在空间的概率密度分布。用小黑点的疏密来表示电子在核外空间出现概率密度大小而得到的图形称为电子云(electron cloud)图,如图 7-5(a)所示。可见电子云是概率密度的形象化描述,因而有时也将$|\Psi|^2$称为电子云。

除了用电子云形象地描述核外电子运动的概率密度分布外,还可用界面图。所谓界面图,就是将电子出现的概率密度相等的地方连起来形成一个等概率面,选取一个等概率面,使在这个界面内电子出现的概率在95%以上,而在界面外电子出现的概率可以忽略不计。氢原子基态电子的界面图如图 7-5(b)所示,其优点在于可将轨道的大小和形状都描述出来。

3. 波函数的空间图像

在求解薛定谔方程的过程中,常将直角坐标(x,y,z)转化为球坐标(r,θ,ϕ),其变换关系如图 7-6 所示。虽然可以进行坐标变换,但变换后的薛定谔方程依然很难求解,为了形象地了解波函数及$|\Psi|^2$在核外空间的分布性质,常采用图示法。但由于波函数Ψ是空间坐标(r,θ,ϕ)的函数,而三变量函数的几何图形是立体的,也就是说要绘制Ψ随(r,θ,ϕ)的变化关系需要四维坐标,这十分困难。因此,在坐标变换后还需对Ψ进行变量分离,即

$$\Psi(x,y,z)=\Psi(r,\theta,\phi)=R(r)Y(\theta,\phi) \tag{7-17}$$

式中:$R(r)$部分仅是r的函数,与电子离核远近有关,是波函数的径向部分,称为径向波函数(radial wave function)。$Y(\theta,\phi)$与角度θ和ϕ有关,是波函数的角度部分,称为角度波函数(angular wave function)。氢原子若干原子轨道的径向部分和角度部分见表 7-2。可以看出,分离变量后可通过径向分布和角度分布了解原子轨道或电子云的形状和方向,从而了解原子的结构和性质。

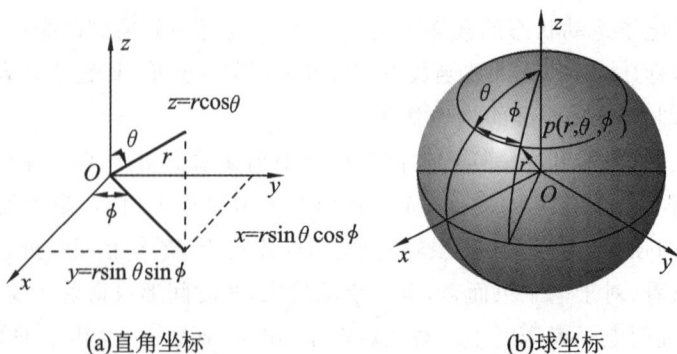

(a)直角坐标　　　(b)球坐标

图 7-6　直角坐标和球坐标的关系

表 7-2　氢原子若干原子轨道径向波函数和角度波函数

原子轨道	波函数 $\Psi(r,\theta,\phi)$	径向波函数 $R(r)$	角度波函数 $Y(\theta,\phi)$
1s	$\sqrt{\dfrac{1}{\pi a_0^3}}\,e^{-r/a_0}$	$2\sqrt{\dfrac{1}{a_0^3}}\,e^{-r/a_0}$	$\sqrt{\dfrac{1}{4\pi}}$
2s	$\dfrac{1}{4}\sqrt{\dfrac{1}{2\pi a_0^3}}\left(2-\dfrac{r}{a_0}\right)e^{-r/a_0}$	$\sqrt{\dfrac{1}{8a_0^3}}\left(2-\dfrac{r}{a_0}\right)e^{-r/a_0}$	$\sqrt{\dfrac{1}{4\pi}}$
2p$_x$	$\dfrac{1}{4}\sqrt{\dfrac{1}{2\pi a_0^3}}\,\dfrac{r}{a_0}e^{-r/a_0}\sin\theta\cos\phi$	$\sqrt{\dfrac{1}{24a_0^3}}\,\dfrac{r}{a_0}e^{-r/a_0}$	$\sqrt{\dfrac{3}{4\pi}}\sin\theta\cos\phi$
2p$_y$	$\dfrac{1}{4}\sqrt{\dfrac{1}{2\pi a_0^3}}\,\dfrac{r}{a_0}e^{-r/a_0}\sin\theta\sin\phi$	$\sqrt{\dfrac{1}{24a_0^3}}\,\dfrac{r}{a_0}e^{-r/a_0}$	$\sqrt{\dfrac{3}{4\pi}}\sin\theta\sin\phi$
2p$_z$	$\dfrac{1}{4}\sqrt{\dfrac{1}{2\pi a_0^3}}\,\dfrac{r}{a_0}e^{-r/a_0}\cos\theta$	$\sqrt{\dfrac{1}{24a_0^3}}\,\dfrac{r}{a_0}e^{-r/a_0}$	$\sqrt{\dfrac{3}{4\pi}}\cos\theta$

1)角度分布图

(1)原子轨道角度分布图。

角度波函数 $Y(\theta,\phi)$ 随角度 θ 和 ϕ 变化关系的图形称为波函数角度分布图或原子轨道角度分布图。此图的作法是：由薛定谔方程求解出角度波函数 $Y(\theta,\phi)$，从坐标原点出发引出方向为 θ 和 ϕ 的直线，并使其长度等于 $|Y|$，连接所有端点，就可得到在空间上闭合的立体曲面，并在曲面上标注 Y 值的正、负号，这样的图形即为波函数角度分布图。

例如，求解薛定谔方程得 1s、2s 轨道的角度波函数为 $1/\sqrt{4\pi}$，是一个与角度无关的函数，所以它的角度分布图是一个以 $1/\sqrt{4\pi}$ 为半径的球面，如图 7-7 所示。

又如 p$_z$ 轨道的角度波函数为

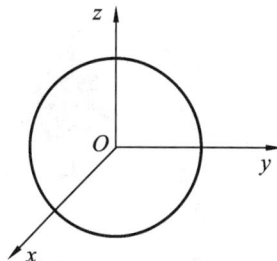

图 7-7　s 轨道的角度分布图

$$Y_{p_z}=\sqrt{\frac{3}{4\pi}}\cos\theta$$

其是一个与 θ 有关而与 ϕ 无关的函数，计算得到不同 θ 的 Y 值（见表 7-3）。

表 7-3　Y 与 θ 的关系

θ	0°	15°	30°	45°	60°	90°	120°	135°	150°	165°	180°
$\cos\theta$	1.00	0.97	0.87	0.71	0.50	0	−0.50	−0.71	−0.87	−0.97	−1.00
Y	0.489	0.474	0.423	0.346	0.244	0	−0.244	−0.346	−0.423	−0.474	−0.489

由计算得到的 Y 值对 θ 或 $\cos\theta$ 作图，得如图 7-8 所示的曲线，由于 Y_{p_z} 不随 ϕ 变化，因而将该曲线绕 z 轴旋转一周就可得到 p$_z$ 轨道的角度分布图。此图分布在 x-y 平面上、下两侧，在平面上的 $Y=0$，因而 x-y 平面是 p$_z$ 轨道的节面。图形还以 z 轴为对称轴呈"8"形分布，习惯上称哑铃形，图中的正、负号表示角度波函数的对称性，并不代表电荷。

用同样的方法，根据各角度波函数 $Y(\theta,\phi)$ 的函数式，可作出其他轨道的角度分布图，p、d 轨道的角度分布图如图 7-9 所示。

波函数的角度分布图突出地表示了原子轨道的极大值方向和原子轨道的对称性，这将在研究化学键的成键方向、能否成键及讨论原子轨道组合形成分子轨道等方面有着重要的应用。

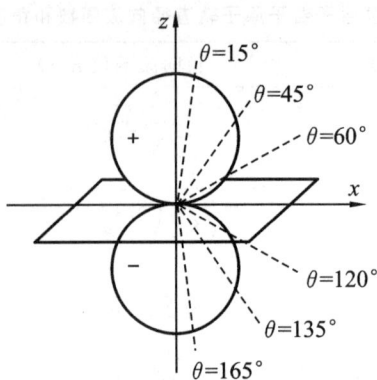

图 7-8　p_z 轨道的角度分布图

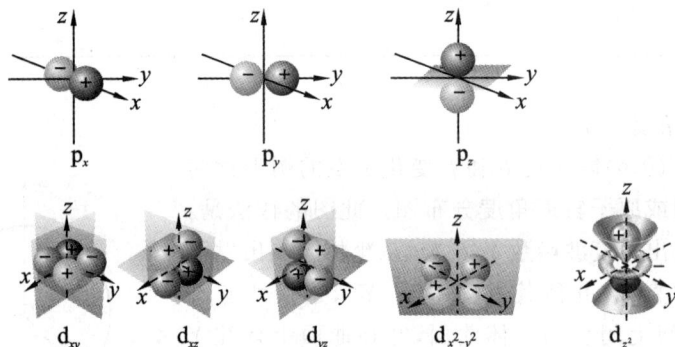

图 7-9　p、d 轨道的角度分布图

（2）电子云角度分布图。

　　由于

$$|\Psi(r,\theta,\phi)|^2 = |R(r)Y(\theta,\phi)| = R^2(r)Y^2(\theta,\phi)$$

因此，$Y(\theta,\phi)$ 的平方随 θ 和 ϕ 变化的图形反映的是电子在核外空间不同角度出现的概率密度的大小，即在图形曲面上任意一点到原点的距离代表了在这个角度 (θ,ϕ) 上 $|Y|^2$ 的大小。图 7-10 是 p、d 轨道的电子云角度分布图。电子云的角度分布图和波函数的角度分布图类似，但有两点区别。

　　①原子轨道角度分布图有正、负之分，而电子云角度分布图因角度函数取平方后无正、负之分。

　　②电子云角度分布图较原子轨道角度分布图"瘦"一些，这是因为 $|Y| < 1$。

　　电子云的角度分布图在讨论分子的空间构型以及价键类型时经常用到。

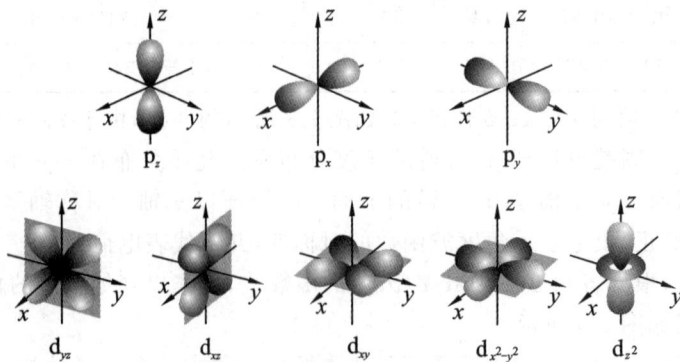

图 7-10　p、d 轨道的电子云角度分布图

2)径向分布图

电子云的径向分布图反映电子在核外空间出现的概率与离核远近的关系。

设想把 s 轨道电子云通过中心分割成具有不同半径的薄球壳,如图 7-11 所示,半径为 r 的球壳体积 $dV = 4\pi r^2 dr$,则在该区域内找到电子的概率 dp 为

$$dp = |\Psi|^2 dV = |\Psi|^2 \times 4\pi r^2 dr \tag{7-18}$$

令
$$D(r) = |\Psi|^2 \times 4\pi r^2 = R^2(r) \times 4\pi r^2 \tag{7-19}$$

$D(r)$ 称为径向分布函数。若 $dr = 1$,则 $D(r)$ 表示电子在半径为 r 的球面上单位厚度的球壳夹层内出现的概率。若以 $D(r)$-r 作图,可得电子云径向分布图。图 7-12 为氢原子基态电子云径向分布图,曲线在 $r = a_0 = 52.9$ pm 处有一极大值,这说明电子云在离核半径为 $r = a_0$ 的球面处出现的概率最大,而球面内或球面外出现的概率较小。需要注意的是,虽然在该处电子出现的概率最大,但此处的概率密度并不是最大的。这是因为在原子核附近尽管概率密度最大,但由于球面半径较小,球壳的体积也很小,因此电子出现的概率也较小;而在离核较远处,球壳的体积较大,但该处电子出现的概率密度很小,因而电子出现的概率也不大。只有在 $r = a_0$ 处才会出现极值,如图 7-13 所示。

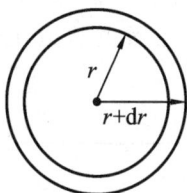

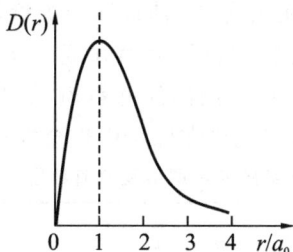

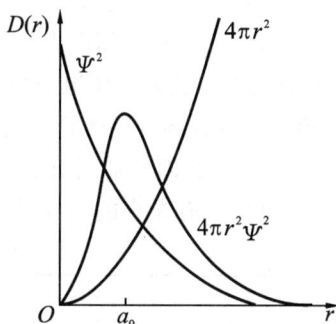

图 7-11　薄球壳剖面图　　图 7-12　氢原子基态电子云径向分布图　　图 7-13　氢原子 1s 轨道 Ψ^2、$4\pi r^2 \Psi^2$ 及 $4\pi r^2$ 的关系

径向分布函数在讨论原子轨道能级的高低、屏蔽效应和钻穿效应等方面有着重要的应用。

7.1.4　量子数

薛定谔方程有无数个解,但这些数学上的解并不是每一个都能表示核外电子的一个轨道。因而在求解薛定谔方程时必须引入三个满足一定条件的参数,这些参数称为量子数。

1. 主量子数

主量子数(principal quantum number)通常用 n 来表示。它表示原子中电子出现概率最大的区域离核的远近,是决定电子能量高低的主要因素。n 越大,离核越远,轨道的能量越高。n 的值可取正整数 $1, 2, \cdots$,迄今已知 n 的最大值为 7。$n = 1$ 表示能量最低、离核最近的第一电子层,以此类推。

在光谱学上用拉丁文表示 n 不同的电子层(见表 7-4)。

表 7-4　电子层

主量子数 n	1	2	3	4	5	6	7
电子层符号	K	L	M	N	O	P	Q

2. 角量子数

角量子数(angular momentum quantum number)全称为轨道角动量量子数,通常用 l 来

表示。它决定轨道角动量的大小,或直观地说,它决定轨道或电子云的空间形状。$l=0$,表示原子轨道或电子云是球形的;$l=1$,表示原子轨道或电子云是哑铃形的;$l=2$,表示原子轨道或电子云是花瓣形的。

l 的取值受限于 n,可取小于 n 的正整数和零,即 $0,1,2,\cdots,n-1$。

每一个 l 值对应于一个亚层(subshell)。像 n 一样,l 也有自己的符号,l 值与光谱学上符号的对应关系见表7-5。

表 7-5　能级符号

角量子数 l	0	1	2	3	4	5	⋯
能级符号	s	p	d	f	g	h	⋯

l 是决定能量的次要因素。当 n 相同而 l 不同时,各亚层的能量按 s、p、d、f 的顺序增大。

3. 磁量子数

磁量子数(magnetic quantum number)通常用 m 来表示,它决定角动量在磁场方向分量的大小,即决定电子云或原子轨道角度分布的空间取向(伸展方向)。

m 的取值取决于 l,可取 $0,\pm 1,\pm 2,\cdots,\pm l$ 共 $2l+1$ 个整数,见表7-6。可见 l 数值越大,空间取向越多,而一种空间取向代表一个原子轨道。因此在角量子数 l 相同的亚层中,有 $2l+1$ 个不同伸展方向的原子轨道,这些轨道能量完全相同,称为等价轨道(equivalent orbital)或简并轨道(degenerate orbital)。简并轨道的数目称为简并度。如 $l=2$ 的 d 亚层,m 可取 0,± 1,± 2 五个数值,即 d 亚层有五个伸展方向不同的简并轨道,简并度为 5。简并轨道在磁场作用下,能量也会有微小的差异,因而其线状光谱在磁场中也会发生分裂。

表 7-6　磁量子数的允许取值及轨道数目

l	0	1	2	3
m	0	$-1,0,1$	$-1,-2,0,1,2$	$-3,-2,-1,0,1,2,3$
轨道数目	1	3	5	7

可见,主量子数决定了电子所处的电子层,角量子数决定了电子处于该层的哪一亚层,而磁量子数则决定了电子处在该亚层的哪一个轨道上。因而,当有一组合理的 n、l、m 时,电子运动的波函数(轨道)Ψ 也随之确定。也就是说,电子的运动轨道可由三个量子数来描述,通常写为 $\Psi_{n,l,m}$。

4. 自旋角动量量子数

光谱实验发现,强磁场存在时光谱图上的每条谱线均由两条十分靠近的谱线组成。为解释此现象,1925 年乌伦贝克(Uhlenbeck G.)和歌德斯密特(Goudsmit S.)提出了电子自旋的假设,认为电子具有不依赖于轨道运动的自旋运动,自旋是电子的一种基本属性。自旋运动可用自旋角动量量子数[①] m_s(spin angular momentum quantum number)来描述。m_s 的允许取值为 $\pm 1/2$,它说明电子自旋角动量有两种取向,代表电子的两种自旋状态,一般用箭头"↑"和"↓"表示。

自旋角动量量子数使电子具有类似于微磁体的性质。在成对电子中,自旋方向相反的两个电子产生的反向磁场相互抵消,不显磁性。

综上所述,若要描述一个电子的总的运动状态,需要四个量子数,通常记为 Ψ_{n,l,m,m_s}。它

---

① 自旋角动量量子数过去称为自旋量子数。

指出了电子能级、原子轨道、电子云的形状、轨道或电子云在空间的取向和电子的自旋方向。如氢原子的一个量子态 $\Psi_{1,0,0,1/2}$，表示该电子处于 K 层，s 亚层，电子云或轨道的形状为球形，电子自旋的方向是"↑"或"↓"，电子的能量是 -2.179×10^{-18} J。

量子力学原子模型克服了玻尔原子模型的缺陷，能够较好地反映核外电子运动的状态和规律。

7.2　核外电子排布与元素周期表

除氢以外，其他元素的核外电子数目都不止一个，它们统称为多电子原子。多电子原子中电子不仅受核的吸引，而且电子之间还存在相互作用，其势能函数比较复杂，导致多电子原子的波动方程不能精确求解。但在中心力场模型的基础上，多电子原子的结构可以看成 n 个电子在各个原子轨道上运动，这些轨道依然可以像氢原子那样用波函数 $\Psi_{n,l,m}$ 来描述（角度波函数和氢原子的完全一致，只是径向波函数不同），但能量与氢原子不同，除了与 n 有关外还和 l 有关，整个原子的能量就等于在核外运动电子的能量之和，整个原子结构就是将原子中所有的电子分布到这些原子轨道上。因此，描述多电子原子的运动状态，关键是解决原子中各电子的能级。

7.2.1　原子轨道近似能级图

多电子原子轨道能级的高低主要是根据光谱实验确定的，也有少数是通过理论推算的。用图示的方法近似表示原子轨道能级的相对高低情况即可得到近似能级图，常见的近似能级图主要有鲍林（Pauling）近似能级图和科顿（Cotton）原子轨道能级图。

1. 鲍林近似能级图

1939 年，鲍林从大量的光谱实验出发，通过某些近似的理论计算，总结出多电子原子中轨道能量高低的顺序，即鲍林近似能级图（approximate energy level diagram），反映了电子按能级高低在核外排布的一般顺序，如图 7-14 所示。

图中一个小圆圈代表一个轨道，同一水平线上的圆圈为简并轨道。箭头所指方向表示轨

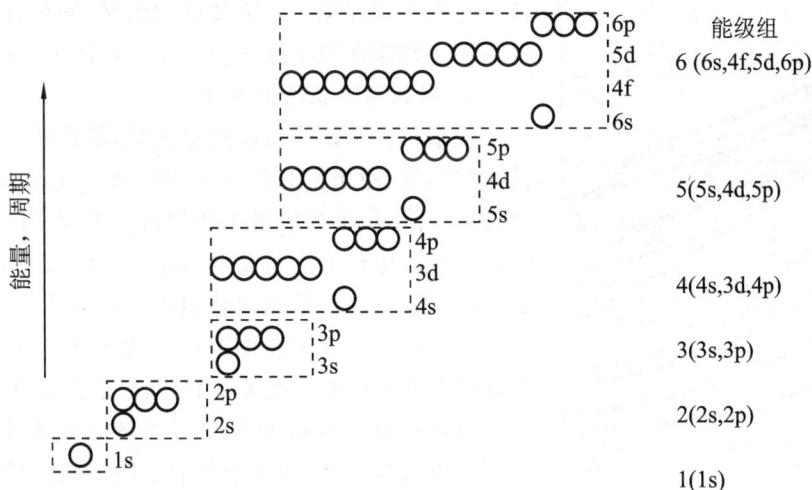

图 7-14　鲍林近似能级图

道能量升高的方向,根据轨道能量的大小将能量接近的若干轨道划为一组,并用虚线方框框出,这样的能级组共有七组(图中第 7 能级组未画出)。相邻能级组之间的能量差较大,而同一能级组中各原子轨道的能量差较小。

从鲍林近似能级图中还可以看出以下几点。

(1)当主量子数 n 相同时,轨道的能级由角量子数 l 决定。l 越大,能级越高。n 相同而轨道能量不同的现象称为能级分裂。例如:

$$E_{ns}<E_{np}<E_{nd}<E_{nf}$$

(2)当角量子数 l 相同,轨道的能级随主量子数 n 的增大而升高。例如:

$$E_{1s}<E_{2s}<E_{3s}<\cdots$$

(3)当主量子数 n 和角量子数 l 都不相同时,主量子数小的能级可能高于主量子数大的能级,即出现所谓的能级交错现象。能级交错出现于第 4 能级组及之后各能级组中。例如:

$$E_{6s}<E_{4f}<E_{5d}$$

按照我国化学家徐光宪的"$n+0.7l$"近似规则(称为徐光宪第一规则),计算各原子轨道能量的相对次序,并将所得到的数值整数部分相同的原子轨道归于一个能级组中,可得出和鲍林近似能级图相同的能级分组结果。

此外,徐光宪从光谱数据总结出其他能级规律。

(1)对于原子的外层电子来说,$n+0.7l$ 值越大,则电子能量越高。

(2)对于离子的外层电子来说,$n+0.4l$ 值越大,则电子能量越高。这称为徐光宪第二规则。当原子失电子时,是先失 ns 轨道上的电子,而不是失$(n-1)d$ 轨道上的电子,即先失最外层电子。

(3)对于原子中较深的内层电子来说,能量高低基本上取决于主量子数 n。因此,讨论原子中内层电子的能量时,把 n 相同的能级合并为一个电子层(如 K、L、M 层等)是合适的。但在讨论原子的价层电子能级时,由于存在能级交错现象,这种划分就不恰当。因此,要注意多电子原子中原子轨道的能级次序和能级组的划分都是以能量的相对大小来定的,而不是按电子层来定的。

根据鲍林近似能级图,各元素基态原子的核外电子可按这一能级顺序填入。需要注意的是,鲍林近似能级图仅仅适用于判断多电子原子中原子轨道能量的近似高低。

2. 科顿原子轨道能级图

光谱实验和量子力学理论证明,随着原子序数或核电荷数的增加,原子核对核外电子的吸引力增强,轨道的能量有所下降,但不同轨道下降的程度不同。而鲍林近似能级图没有考虑轨道能量高低与原子序数的关系,因而它不能反映出不同原子的相同轨道能量的高低。1962 年美国化学家科顿在光谱实验的基础上提出了原子轨道随原子序数改变而变化的科顿原子轨道能级图,如图 7-15 所示。

由科顿原子轨道能级图可以清楚地看出以下几点。①原子序数为 1 时,即对于氢原子轨道的能量只与主量子数有关,不发生能级分裂,而其他原子的轨道均会发生能级分裂。②各能级的能量均随原子序数或核电荷数的递

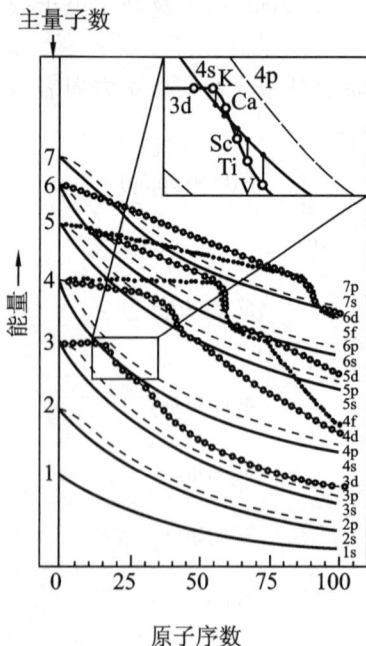

图 7-15 科顿原子轨道能级图

增而递减,但递减的幅度有所不同,d 轨道和 f 轨道能量递减的幅度大于 s 轨道和 p 轨道,因而会出现能级交错现象。如 4s 和 3d 的能级高低顺序是:原子序数 15～20 的原子 $E_{3d} > E_{4s}$,而其他原子 $E_{3d} < E_{4s}$;原子序数更大时 $E_{4d} < E_{5s}$,$E_{4f} < E_{5d}$,即 $E_{np} > E_{ns} > E_{(n-1)d} > E_{(n-2)f}$。当过渡元素的原子参与化学反应时,失去电子的先后顺序为

$$np \rightarrow ns \rightarrow (n-1)d \rightarrow (n-2)f$$

7.2.2 屏蔽效应和钻穿效应

如何理解原子轨道能级图中能级高低的顺序呢?可以从屏蔽效应(shielding effect)和钻穿效应(penetration effect)加以说明。

1. 屏蔽效应

多电子原子和氢原子的最大不同之处就在于多电子原子中核外电子除了受核的引力外,还要受到其余电子对它的排斥力。如果不考虑电子之间的相互作用,那么其能量公式与氢原子和类氢原子的一致,即

$$E = -2.179 \times 10^{-18} \times \left(\frac{Z}{n}\right)^2 \tag{7-20}$$

电子的能量仅取决于主量子数,并随 n 的增大而增大。因此,对于多电子原子可采用一种近似处理的方法,认为多电子原子中某一电子(指定电子)受其余电子的排斥作用的结果可近似看成其余电子削弱了原子核对该电子的吸引作用,即该电子实际上受到核的引力要比原来核电荷 Z 对它的引力小,相当于核电荷数的减少(或者说屏蔽了部分正电荷)。这种在多电子原子中其余电子削弱核电荷对指定电荷的作用称为屏蔽效应,屏蔽效应的强弱可用一个经验常数 σ 来衡量,σ 称为屏蔽常数(shielding constant)。受屏蔽后指定电子实际感受到的正电荷称为有效核电荷(effective nuclear charge),用 Z^* 表示,则

$$Z^* = Z - \sum \sigma \tag{7-21}$$

如此近似处理后,多电子原子就类似于一个类氢原子,可将量子力学对氢原子处理的结果应用于多电子原子,因此,只要将式中 Z 改成 Z^* 即可,即

$$E = -2.179 \times 10^{-18} \times \left(\frac{Z - \sum \sigma}{n}\right)^2 = -2.179 \times 10^{-18} \times \left(\frac{Z^*}{n}\right)^2 \tag{7-22}$$

多电子原子的能量不仅取决于主量子数 n,而且和 σ 有关。而 σ 的数值不仅与其余电子的多少及这些电子所处的轨道有关,还和该电子本身所在的轨道有关。目前还没有办法来精确计算 σ 的数值,只能通过 Slater 规则近似计算。

(1)写出基态原子的核外电子排布式。

(2)将原子核外的电子按如下分组:

1s;2s,2p;3s,3p;3d;4s,4p;4d;4f;5s,5p;5d;…

(3)内层电子对指定电子的屏蔽常数值规定如下。

①被屏蔽电子(即指定电子)右边的各组电子,对被屏蔽电子的屏蔽常数 $\sigma = 0$。

②1s 轨道上的 2 个电子相互间的屏蔽常数 $\sigma = 0.3$,其他同一轨道上的其余电子对指定电子的屏蔽常数 $\sigma = 0.35$。

③当被屏蔽电子是 ns 或 np 电子时,$n-1$ 层轨道上每一个电子对指定电子的屏蔽常数 $\sigma = 0.85$,$n-2$ 层轨道及更内层的每一个电子对 n 层轨道指定电子的屏蔽常数 $\sigma = 1.0$。

④当被屏蔽电子为 nd 或 nf 电子时,则位于它左边的每一个电子对它的屏蔽常数 $\sigma = 1.0$。

(4)将原子中其余电子对被屏蔽电子的屏蔽常数求和,即得其余电子对指定电子总的屏蔽常数 $\sum\sigma$。用原子核电荷数(即原子序数)Z 减去其余电子对指定电子的总屏蔽常数 $\sum\sigma$,就可以得到实际作用于指定电子的有效核电荷 Z^*。

【例 7-1】　试计算 22 号元素 Ti 原子中作用于 4s 和 3d 电子上的有效核电荷。

解　Ti 的原子序数 $Z=22$,其电子排布式为 $1s^2 2s^2 2p^6 3s^2 3p^6 3d^2 4s^2$。

(1)作用在 4s 电子上的屏蔽常数为

$$\sum\sigma = 1\times0.35 + 10\times0.85 + 10\times1.0 = 18.85$$

作用在 4s 电子上的有效核电荷为

$$Z_{4s}^* = Z - \sum\sigma = 22 - 18.85 = 3.15$$

(2)作用在 3d 电子上的屏蔽常数为

$$\sum\sigma = 1\times0.35 + 18\times1.0 = 18.35$$

作用在 3d 电子上的有效核电荷为

$$Z_{3d}^* = Z - \sum\sigma = 22 - 18.35 = 3.65$$

2. 钻穿效应

原子中轨道上的每一个电子可以屏蔽其余电子,当然它也会被其余电子所屏蔽或回避其余电子的屏蔽。回避其余电子屏蔽的这种作用称为钻穿效应。电子距核越近,意味着"钻"得越"深",就会尽可能小地受到其余电子的屏蔽,这样可以增强核对它的吸引力,使其能量降低。这一点不难理解,因为量子力学原子模型明确地说明了核外电子的运动状态只能用统计的规律来描述,电子可以在核外空间的各处出现。

如果把多电子原子的原子轨道近似看成具有适当有效核电荷的氢原子轨道,就可以用氢原子电子云的径向分布加以说明。

从电子云的径向分布可知:不同电子在离核 r 处球面上出现的概率大小不同,出现概率最大的空间离核较远,但离核较近的空间有小峰出现,这说明在离核较近的地方也有电子出现,小峰离核越近,电子的钻穿能力越强。对于 n 相同而 l 不同的电子,钻穿能力随 l 的增大而减小(见图 7-16),导致其受核的吸引力减小,系统的能量升高。由于钻穿能力的强弱为 $ns>np>nd>nf$,因而其能量顺序则为 $E_{ns}<E_{np}<E_{nd}<E_{nf}$。这说明能级分裂不仅仅是屏蔽作用的结果,也是钻穿作用的结果。

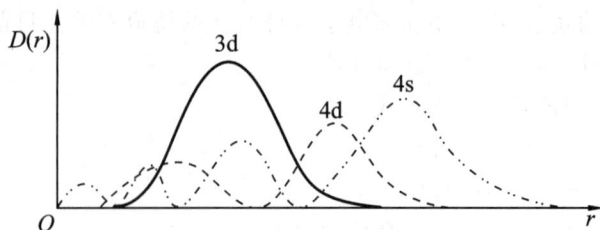

图 7-16　氢原子 3d、4s、4d 电子云的径向分布图

利用钻穿效应也可以解释能级交错的事实,以 3d 和 4s 轨道中的电子为例加以说明。由图 7-16 可见,虽然 4s 的最高峰(出现概率最大)比 3d 的最高峰离核要远,但 4s 电子由于钻穿效应,在离核较近的区域出现 3 个小峰,正是由于这种钻穿效应对能量的降低作用超过了主量子数对能量的升高作用,故 $E_{3d}>E_{4s}$。利用这一点也可以很好地说明其他能级交错现象。

那么如何理解科顿原子轨道能级图中 21 号元素以后的原子 $E_{3d} < E_{4s}$？有人提出这是因为离核较远的最高峰起主导作用。

屏蔽效应和钻穿效应从不同角度说明了多电子原子之间的相互作用对轨道能量的影响。屏蔽效应主要侧重于被屏蔽电子所受的屏蔽作用，而钻穿效应则主要考虑被屏蔽电子回避其余电子对它的屏蔽影响，两者之间互相联系。钻穿和屏蔽这两种作用的总效果最终体现在核电荷的吸引力或轨道的能量上。

7.2.3　多电子原子核外电子的排布

1. 核外电子的排布原则

根据量子力学理论和原子光谱实验，多电子原子核外电子的排布服从构造原理。

1）能量最低原理

基态多电子原子核外电子排布时，电子总是优先占据能量最低的轨道，以使原子处于能量最低的状态，只有能量最低的轨道占满后，电子才依次进入能量较高的轨道，这称为能量最低原理（principle of lowest energy）。根据鲍林近似能级图和能量最低原理，电子填入时遵循下列次序：

$$1s2s2p3s3p4s3d4p5s4d5p6s4f5d6p7s5f6d7p$$

需要注意的是，铬（$Z = 24$）之前的原子严格遵循这一次序，钒（$Z = 23$）之后的原子有时出现例外。

2）泡利不相容原理

同一个原子中不存在四个量子数完全相同的电子，或者说同一个原子中不存在运动状态完全相同的电子，这称为泡利不相容原理（Pauli exclusion principle）。也就是说，当量子数 n、l、m 完全相同时（电子处于同一层、同一亚层和同一轨道），第四个量子数 m_s 就不可能再相等，只能分别取 $+1/2$ 和 $-1/2$。换句话说，同一轨道上最多容纳自旋方向相反的两个电子。

由此原理和 n、l、m 量子数之间的关系，可以推算出各电子层、电子亚层的最大容量，并得到各电子层所能容纳电子数的最大容量为 $2n^2$，如表 7-7 所示。

表 7-7　量子数与各电子层、电子亚层的最大电子容量

主量子数	1	2		3			4			
电子层符号	K	L		M			N			
角量子数	0	0	1	0	1	2	0	1	2	3
电子亚层符号	1s	2s	2p	3s	3p	3d	4s	4p	4d	4f
磁量子数	0	0	0 ± 1	0	0 ± 1	0 ± 1 ± 2	0	0 ± 1	0 ± 1 ± 2	0 ± 1 ± 2 ± 3
亚层轨道数	1	1	3	1	3	5	1	3	5	7
亚层最大容量	2	2	6	2	6	10	2	6	10	14
n 电子层轨道数	1	4		9			16			
n 电子层中电子最大容量	2	8		18			32			

3)洪特规则

1925 年,洪特从大量光谱实验中得出,当电子进入能量相同的简并轨道时,总是尽可能地以自旋平行(自旋角动量量子数相同)的方式占据不同的轨道,这称为洪特规则(Hund's rule)。如 N 原子的三个 2p 电子分别占据 p_x、p_y、p_z 三个简并轨道,且自旋平行,如图 7-17(a)所示。这是因为按这种方式排布电子,原子的能量最低,系统最稳定。如果按图 7-17(b)的方式填充电子,也就是同一个轨道中出现两个电子,则必须提供额外的能量以克服电子间因占据同一轨道而产生的相互排斥力(电子成对能),将使系统能量升高。

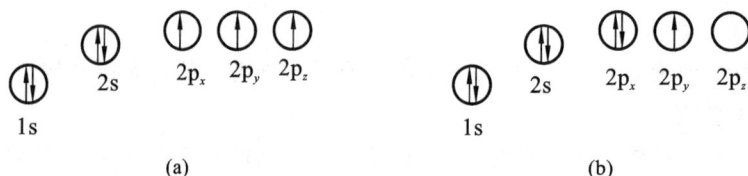

(a)　　　　　　　　　　　　(b)

图 7-17　N 原子电子的不同排布方式

此外,洪特规则还有补充规则,即等价轨道在全充满(p^6、d^{10}、f^{14})、半充满(p^3、d^5、f^7)或全空(p^0、d^0、f^0)状态时,能量较低,原子结构比较稳定。如 $_{24}$Cr 的核外电子排布式为 $1s^2 2s^2 2p^6 3s^2 3p^6 3d^5 4s^1$,而不是 $1s^2 2s^2 2p^6 3s^2 3p^6 3d^4 4s^2$。除 $_{24}$Cr 以外,类似的还有 $_{29}$Cu、$_{42}$Mo、$_{47}$Ag 等。

以上就是多电子原子核外电子排布的一般规律,它适用于大多数基态原子核外电子的排布,得出的电子排布式与光谱实验事实完全一致。但也有部分副族元素不能用上述规则予以圆满解释,这说明电子排布规律还有待于进一步发展和完善。

2. 基态多电子原子核外电子的排布

根据鲍林近似能级图和多电子原子核外电子排布的原则,就可以正确地书写绝大部分元素基态原子的核外电子排布式,亦称核外电子构型(electron configuration)。如 $_{29}$Cu 的核外电子排布式的写法如下:① 根据鲍林近似能级图写出原子轨道的能级顺序——1s2s2p3s3p4s3d4p…②按照核外电子排布的规则填充电子,轨道中的电子数目以数字的形式书写在轨道的右上角,直至所有电子全部填完,即 $1s^2 2s^2 2p^6 3s^2 3p^6 4s^1 3d^{10}$;③按照主量子数由低到高排列整理,将同一主量子数的放在一起,即按电子层从内层到外层书写,即整理为 $1s^2 2s^2 2p^6 3s^2 3p^6 3d^{10} 4s^1$。

如果要标明这些电子的磁量子数和自旋角动量量子数,也可以用图 7-17 所示的方式表示,常称为轨道排布式。图中小圆圈"○"表示 n、l、m 确定的一个轨道(也可以用小方框"□"或小短线"_"表示),上、下箭头表示电子的自旋状态。

为了避免电子排布式书写过长,常将内层电子排布式用相同电子数的稀有气体符号加方括号(原子实)来代替,如 Cr 原子的电子构型 $1s^2 2s^2 2p^6 3s^2 3p^6 3d^5 4s^1$ 也可以表示为[Ar]$3d^5 4s^1$。原子实以外的电子排布称为外层电子构型(价层电子构型),通常化学反应只涉及外层电子的改变。

根据光谱实验数据确定的元素基态原子的电子排布见表 7-8。

表 7-8 基态原子的电子排布

周期	原子序数	元素	电子构型	周期	原子序数	元素	电子构型	周期	原子序数	元素	电子构型
1	1	H	$1s^1$		39	Y	$[Kr]4d^1 5s^2$		77	Ir	$[Xe]4f^{14} 5d^7 6s^2$
	2	He	$1s^2$		40	Zr	$[Kr]4d^2 5s^2$		78	Pt	$[Xe]4f^{14} 5d^9 6s^1$
2	3	Li	$[He]2s^1$		41	Nb	$[Kr]4d^3 5s^2$		79	Au	$[Xe]4f^{14} 5d^{10} 6s^1$
	4	Be	$[He]2s^2$		42	Mo	$[Kr]4d^5 5s^1$		80	Hg	$[Xe]4f^{14} 5d^{10} 6s^2$
	5	B	$[He]2s^2 2p^1$		43	Tc	$[Kr]4d^5 5s^2$	6	81	Tl	$[Xe]4f^{14} 5d^{10} 6s^2 6p^1$
	6	C	$[He]2s^2 2p^2$		44	Ru	$[Kr]4d^7 5s^1$		82	Pb	$[Xe]4f^{14} 5d^{10} 6s^2 6p^2$
	7	N	$[He]2s^2 2p^3$		45	Rh	$[Kr]4d^8 5s^1$		83	Bi	$[Xe]4f^{14} 5d^{10} 6s^2 6p^3$
	8	O	$[He]2s^2 2p^4$	5	46	Pd	$[Kr]4d^{10}$		84	Po	$[Xe]4f^{14} 5d^{10} 6s^2 6p^4$
	9	F	$[He]2s^2 2p^5$		47	Ag	$[Kr]4d^{10} 5s^1$		85	At	$[Xe]4f^{14} 5d^{10} 6s^2 6p^5$
	10	Ne	$[He]2s^2 2p^6$		48	Cd	$[Kr]4d^{10} 5s^2$		86	Rn	$[Xe]4f^{14} 5d^{10} 6s^2 6p^6$
3	11	Na	$[Ne]3s^1$		49	In	$[Kr]4d^{10} 5s^2 5p^1$		87	Fr	$[Rn]7s^1$
	12	Mg	$[Ne]3s^2$		50	Sn	$[Kr]4d^{10} 5s^2 5p^2$		88	Ra	$[Rn]7s^2$
	13	Al	$[Ne]3s^2 3p^1$		51	Sb	$[Kr]4d^{10} 5s^2 5p^3$		89	Ac	$[Rn]6d^1 7s^2$
	14	Si	$[Ne]3s^2 3p^2$		52	Te	$[Kr]4d^{10} 5s^2 5p^4$		90	Th	$[Rn]6d^2 7s^2$
	15	P	$[Ne]3s^2 3p^3$		53	I	$[Kr]4d^{10} 5s^2 5p^5$		91	Pa	$[Rn]5f^2 6d^1 7s^2$
	16	S	$[Ne]3s^2 3p^4$		54	Xe	$[Kr]4d^{10} 5s^2 5p^6$		92	U	$[Rn]5f^3 6d^1 7s^2$
	17	Cl	$[Ne]3s^2 3p^5$		55	Cs	$[Xe]6s^1$		93	Np	$[Rn]5f^4 6d^1 7s^2$
	18	Ar	$[Ne]3s^2 3p^6$		56	Ba	$[Xe]6s^2$		94	Pu	$[Rn]5f^6 7s^2$
4	19	K	$[Ar]4s^1$		57	La	$[Xe]5d^1 6s^2$		95	Am	$[Rn]5f^7 7s^2$
	20	Ca	$[Ar]4s^2$		58	Ce	$[Xe]4f^1 5d^1 6s^2$		96	Cm	$[Rn]5f^7 6d^1 7s^2$
	21	Sc	$[Ar]3d^1 4s^2$		59	Pr	$[Xe]4f^3 6s^2$		97	Bk	$[Rn]5f^9 7s^2$
	22	Ti	$[Ar]3d^2 4s^2$		60	Nd	$[Xe]4f^4 6s^2$		98	Cf	$[Rn]5f^{10} 7s^2$
	23	V	$[Ar]3d^3 4s^2$		61	Pm	$[Xe]4f^5 6s^2$		99	Es	$[Rn]5f^{11} 7s^2$
	24	Cr	$[Ar]3d^5 4s^1$		62	Sm	$[Xe]4f^6 6s^2$	7	100	Fm	$[Rn]5f^{12} 7s^2$
	25	Mn	$[Ar]3d^5 4s^2$		63	Eu	$[Xe]4f^7 6s^2$		101	Md	$[Rn]5f^{13} 7s^2$
	26	Fe	$[Ar]3d^6 4s^2$		64	Gd	$[Xe]4f^7 5d^1 6s^2$		102	No	$[Rn]5f^{14} 7s^2$
	27	Co	$[Ar]3d^7 4s^2$	6	65	Tb	$[Xe]4f^9 6s^2$		103	Lr	$[Rn]5f^{14} 6d^1 7s^2$
	28	Ni	$[Ar]3d^8 4s^2$		66	Dy	$[Xe]4f^{10} 6s^2$		104	Rf	$[Rn]5f^{14} 6d^2 7s^2$
	29	Cu	$[Ar]3d^{10} 4s^1$		67	Ho	$[Xe]4f^{11} 6s^2$		105	Db	$[Rn]5f^{14} 6d^3 7s^2$
	30	Zn	$[Ar]3d^{10} 4s^2$		68	Er	$[Xe]4f^{12} 6s^2$		106	Sg	$[Rn]5f^{14} 6d^4 7s^2$
	31	Ga	$[Ar]3d^{10} 4s^2 4p^1$		69	Tm	$[Xe]4f^{13} 6s^2$		107	Bh	$[Rn]5f^{14} 6d^5 7s^2$
	32	Ge	$[Ar]3d^{10} 4s^2 4p^2$		70	Yb	$[Xe]4f^{14} 6s^2$		108	Hs	$[Rn]5f^{14} 6d^6 7s^2$
	33	As	$[Ar]3d^{10} 4s^2 4p^3$		71	Lu	$[Xe]4f^{14} 5d^1 6s^2$		109	Mt	$[Rn]5f^{14} 6d^7 7s^2$
	34	Se	$[Ar]3d^{10} 4s^2 4p^4$		72	Hf	$[Xe]4f^{14} 5d^2 6s^2$		110	Ds	
	35	Br	$[Ar]3d^{10} 4s^2 4p^5$		73	Ta	$[Xe]4f^{14} 5d^3 6s^2$		111	Rg	
	36	Kr	$[Ar]3d^{10} 4s^2 4p^6$		74	W	$[Xe]4f^{14} 5d^4 6s^2$		112	Cn	
5	37	Rb	$[Kr]5s^1$		75	Re	$[Xe]4f^{14} 5d^5 6s^2$				
	38	Sr	$[Kr]5s^2$		76	Os	$[Xe]4f^{14} 5d^6 6s^2$				

7.2.4　原子的电子层结构与元素周期表

基态原子电子层结构随原子序数递增而呈现周期性的变化,这不仅反映了元素性质的周期性,而且揭示了元素从量变到质变的规律。元素的性质是原子序数的周期性函数,如果按照该规律把众多的元素组织在一起形成系统,就称为元素周期系,元素周期系的具体表现形式便是元素周期表。

元素周期表是门捷列夫(Mendeleev)在 1896 年首先提出的,在随后 100 多年的发展过程中,人们曾排列出各种各样的周期表,但最常用的是门捷列夫提出的短周期表和瑞士化学家维尔纳(Werner)提出的长周期表。本章以长周期表讨论元素周期表与核外电子排布的关系。

长周期表的轮廓按照近似能级图分为 7 行 18 列,表中的行称为周期(period),列称为族(group 或 family)。

1. 周期

周期表中的七个周期对应于七个能级组,其关系见表 7-9。当主量子数每增加一个数值,就增加一个能级组,也就增加一个新的电子层,周期表中就增加一个周期,即原子具有的电子层数与该元素所在的周期数具有对应关系,这是元素性质呈周期性变化的根本原因。各周期起始于 s 区元素并终止于 p 区元素,这对应于各能级组中亚层或轨道能量的高低,即电子填入的起始轨道(s 轨道)和终止轨道(p 轨道)。由于能级交错现象,一个能级组中包含的能级数目有所不同,故元素周期有长、短之分。但各周期中所包含的元素个数对应于各能级组中电子的最大容量。包含 2、8、18 及 32 种元素的周期分别称为特短周期、短周期、长周期和特长周期。

表 7-9　周期和能级组的关系

周期	周期名称	能级组	能级组内电子填充次序	起止元素	所含元素个数
1	特短周期	1	$1s^{1\sim2}$	$_1H\rightarrow_2He$	2
2	短周期	2	$2s^{1\sim2}\rightarrow2p^{1\sim6}$	$_3Li\rightarrow_{10}Ne$	8
3	短周期	3	$3s^{1\sim2}\rightarrow3p^{1\sim6}$	$_{11}Na\rightarrow_{18}Ar$	8
4	长周期	4	$4s^{1\sim2}\rightarrow3d^{1\sim10}4p^{1\sim6}$	$_{19}K\rightarrow_{36}Kr$	18
5	长周期	5	$5s^{1\sim2}\rightarrow4d^{1\sim10}5p^{1\sim6}$	$_{37}Rb\rightarrow_{54}Xe$	18
6	特长周期	6	$6s^{1\sim2}\rightarrow4f^{1\sim14}\rightarrow5d^{1\sim10}\rightarrow6p^{1\sim6}$	$_{55}Cs\rightarrow_{86}Rn$	32
7	特长周期(未完全周期)	7	$7s^{1\sim2}\rightarrow5f^{1\sim14}\rightarrow6d^{1\sim7}$	$_{87}Fr\rightarrow$未完	

2. 族

周期表中 18 列依次称为第 1 族到第 18 族,也可用罗马数字 Ⅰ、Ⅱ、Ⅲ 等表示。其中 1～2 和 13～18 列共 8 列为主族元素,以符号 ⅠA～ⅧA[①] 表示。主族元素的最后一个电子填入 ns 或 np 亚层上,其价层电子构型为 $nsnp$,价电子总数等于族数。

3～12 列(其中ⅧB族也称Ⅷ族,3 列共 9 种元素)共 10 列称为副族元素或过渡元素,以符号 ⅠB～ⅧB 表示。副族元素价层电子构型不仅包括最外层的 s 电子,还包括 $(n-1)d$ 亚层甚至 $(n-2)f$ 亚层的电子。其中ⅠB 和ⅡB 族元素由于 $(n-1)d$ 亚层已经填满,所以其最外层的电子数等于其族数;ⅢB～ⅦB 族元素的族数等于最外层的 s 电子和次外层 $(n-1)d$ 亚层的电子数目之和,即价电子数;Ⅷ族情况较为特殊,其价电子数分别为 8、9 和 10。

---

① 1988 年 IUPAC 建议周期表中不再分为 A、B 族,而用阿拉伯数字 1～18 表示 18 个纵列。

副族元素最外层只有 1~2 电子,它们之间的差异主要在于次外层的电子数不同,而次外层上的电子对元素性质影响较小,因此,副族元素在性质上的差异不像主族元素那样明显。排列在ⅢB族中的镧系(lanthanide)和锕系(actinide)各有 15 种元素,称为内过渡元素(inner transition element)。它们之间的差异仅在于$(n-2)$f 亚层,因此性质极为相似,在自然界往往共生。

3. 元素的分区

根据元素的价层电子构型不同,可以把周期表中元素所处的位置分为 s、p、d、ds 和 f 五个区(block),如图 7-18 所示。在元素分区中,s 区和 p 区元素称主族元素;d 区和 ds 区构成过渡元素区,其中第 4、5 和 6 周期的过渡元素又分别称为第 1、2 和 3 过渡系。

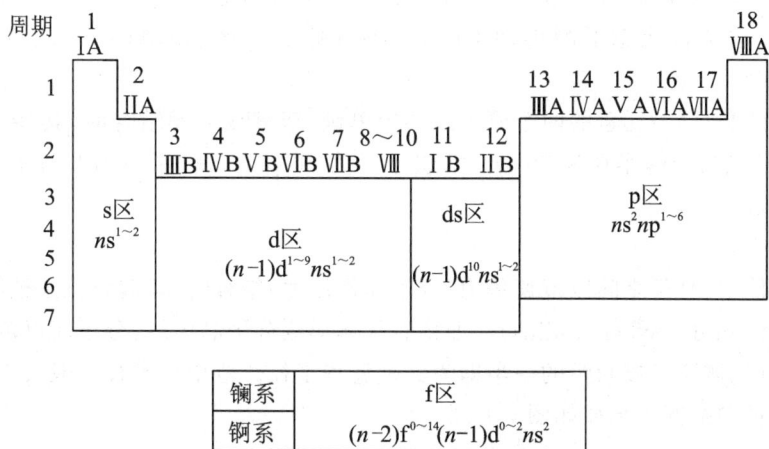

图 7-18 元素的分区示意图

对周期表的分区实际上也是根据前述原子核外电子分布规律来进行的,是在将元素划分成不同周期和不同族的基础上,在更大范围内阐述了元素性质的相似性。周期的划分对应于原子结构中的主量子数 n,族的划分则对应于原子结构中价层电子数的多少,而元素的分区则对应于原子结构中角量子数 l,这更进一步说明了原子结构的相似性决定了原子性质的相似性。

【例 7-2】 已知某元素的原子序数为 50,请写出该元素的核外电子排布式,并推断它在周期表中的位置及该元素的符号。

解 由基态原子核外电子排布原则知其核外电子排布式为

$$1s^2 2s^2 2p^6 3s^2 3p^6 3d^{10} 4s^2 4p^6 4d^{10} 5s^2 5p^2$$

其价层电子构型为 $5s^2 5p^2$,电子进入了第 5 能级组,价电子总数为 4,因而该元素在周期表中位于第 5 周期ⅣA族,且电子最后进入的是 p 轨道,因此属 p 区元素,可推测该元素为 Sn。

7.3 元素基本性质的周期性

原子结构和元素性质的特征可以通过一些能表达原子特性的原子参数(atomic parameter)来描述,重要的原子参数有原子半径(atomic radius)、电离能(ionization energy)、电子亲和能(electron affinity)、电负性(electronegativity)等,这些参数与原子的电子层结构的周期性变化密切相关,在元素周期表中呈规律性的变化。

1. 原子半径

按照量子力学的观点,电子在核外运动没有固定的轨道,电子云也没有明确的界面,用界面图表示原子轨道时,只要求包含 90% 的概率,因此原子并不存在固定的半径。但由于现实物质中原子总是与其他原子相邻,如果将原子视为球体,那么两原子的核间距即为两原子的半径之和,核间距的一半即为原子半径。迄今为止,所有的原子半径都是在结合状态下测定的,是相邻原子的平均核间距。

根据原子之间作用力的不同,原子半径分为三种类型。

1)共价半径

同种元素的两个原子间以共价单键连接时,它们核间距的一半称为该原子的共价半径(covalent radius)。核间距可以通过晶体衍射或光谱实验测得。如两个 Cl 原子以共价键结合形成 Cl_2 分子,在结合状态下测得两 Cl 原子核间距为 198 pm,则 Cl 原子的共价半径为 99 pm。

需要注意的是,同一元素的两个原子以共价单键、双键或三键结合时,其共价半径有所不同,如 N 原子的共价单键半径为 70 pm,双键半径为 60 pm,三键半径为 55 pm。通常所说的共价半径指单键半径。

2)范德华半径

在分子晶体中,分子之间以范德华力(分子间作用力)结合时,非键合原子核间距的一半称为范德华半径(van der Waals radius)。如稀有气体形成分子晶体时,分子间以范德华力结合,因此,同种稀有气体原子核间距的一半即其范德华半径。范德华半径一般大于共价半径,Cl 原子的共价半径和范德华半径如图 7-19 所示。

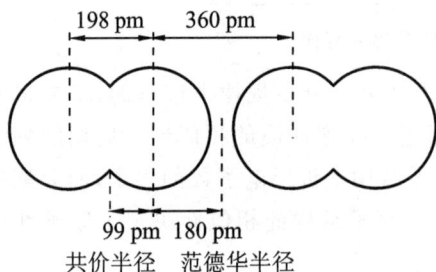

图 7-19　Cl 原子的共价半径和范德华半径

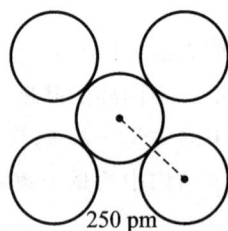

图 7-20　Ni 原子的金属半径

3)金属半径

在金属单质的晶体中,金属原子之间采用密堆积的方式结合在一起,其相邻金属原子核间距的一半称为金属半径(metallic radius)。如 Ni 原子的金属半径为 125 pm,如图 7-20 所示。一般金属半径也比共价半径大 10%～15%。

表 7-10 列出了各元素的原子半径。元素的原子半径呈周期性的变化,原子半径的大小主要取决于原子的有效核电荷和核外电子结构,其变化规律可以总结如下。

(1)同一周期中原子半径的变化主要受到两个相反因素的作用:一方面从左到右随原子序数的增加,核电荷增加,原子核对外层电子的吸引力增加,原子半径逐渐减小;另一方面,随核外电子数的增加,电子之间的排斥力增强,原子半径相应增大。因此,原子半径的变化按长周期和短周期有所不同。在短周期中,由于增加的电子不足以完全屏蔽增加的核电荷,因而从左到右有效核电荷逐渐增加,原子半径逐渐减小。

表 7-10　元素的原子半径 r　　　　　　　　　　　　单位:pm

H 37																	He 122
Li 152	Be 111											B 88	C 77	N 70	O 66	F 64	Ne 160
Na 186	Mg 160											Al 143	Si 117	P 110	S 104	Cl 99	Ar 191
K 227	Ca 197	Sc 161	Ti 145	V 132	Cr 125	Mn 124	Fe 124	Co 125	Ni 125	Cu 128	Zn 133	Ga 122	Ge 122	As 121	Se 117	Br 114	Kr 198
Rb 248	Sr 215	Y 181	Zr 160	Nb 143	Mo 136	Tc 136	Ru 133	Rh 135	Pd 138	Ag 144	Cd 149	In 163	Sn 141	Sb 141	Te 137	I 133	Xe 220
Cs 265	Ba 217	Hf 154	Ta 143	W 137	Re 137	Os 137	Ir 136	Pt 138	Au 144	Hg 160	Tl 170	Pb 175	Bi 155	Po 167	At 145	Rn	

La 187.7	Ce 182.5	Pr 182.8	Nd 182.1	Pm 181	Sm 180.2	Eu 204.2	Gd 180.2	Tb 178.2	Dy 177.3	Ho 176.6	Er 175.7	Tm 174.6	Yb 194.0	Lu 173.4
Ac 187.8	Th 179.8	Pa 160.6	U 138.5	Np 131.0	Pu 151	Am 184	Cm	Bk	Cf	Es	Fm	Md	No	Lr

注:非金属原子的半径为单键共价半径;稀有气体的原子半径为范德华半径;金属原子的半径为金属半径。

在长周期中,过渡元素的原子半径减小的幅度要小于主族元素,这是因为 d 区过渡元素电子是填充在次外层的 d 轨道,这样增加的电子对最外层电子的屏蔽作用就相对大些(屏蔽常数为 0.85),因而有效核电荷增加相对较小,原子半径减小缓慢。到长周期的后半部分过渡元素(ⅠB、ⅡB),由于 d 轨道已经填满,d^{10} 电子有较大的屏蔽作用,因而原子半径略有增大,而当电子填入最外层并进入 p 区时,由于有效核电荷增加,原子半径又逐渐减小。

对于长周期的内过渡元素而言,从左至右,原子半径整体上也是减小的,只是幅度更小,这是因为内过渡元素新增加的电子是填入 $(n-2)$ f 轨道上,它们对外层的电子屏蔽作用更大(屏蔽常数为 1.0),有效核电荷增加更小,因此原子半径增加更为缓慢。如镧系元素从 $_{57}$La 到 $_{71}$Lu 经历了 13 种元素,原子半径仅仅缩小了 14.3 pm,这种镧系元素原子半径逐渐缩小的幅度远远小于非过渡元素的现象称为镧系收缩(lanthanide contraction)。由于镧系收缩,镧系以后的各元素(如 Hf、Ta、W 等)的原子半径也相应地缩小,致使它们的半径与第 5 周期的同族元素 Zr、Nb、Mo 非常接近,相应的性质也非常相近,在自然界中往往共生,难以分离。

(2)在同一族中,从上到下电子构型完全相同,尽管核电荷数增多,但电子层数增多对原子半径的大小起决定性作用,所以原子半径显著增加。副族元素由上到下原子半径变化不明显,特别是第二过渡系和第三过渡系的元素,由于镧系收缩,它们的原子半径非常相近。

2. 电离能

要使元素基态的气态原子失去电子成为正离子,需要消耗一定的能量以克服核对电子的引力,所需要的这个能量称为电离能,常用符号 I 表示。使一个基态的气态原子失去一个电子形成 +1 氧化数的离子时所需要的能量为该元素的第一电离能,用符号 I_1 表示;从 +1 氧化数气态离子再失去一个电子变为 +2 氧化数离子所需的能量为第二电离能,符号为 I_2,其余以此类推。电离能为正值,单位一般为 $kJ \cdot mol^{-1}$。由于正离子电荷数越大,离子半径就越小,核对电子的吸引力越大,失去电子所需的能量越高,因此,同一原子的各级电离能大小为 $I_1 < I_2 < I_3 < \cdots$。铝的电离能数据如下:

	I_1	I_2	I_3	I_4	I_5	I_6
电离能/($kJ \cdot mol^{-1}$)	577	1817	2745	11578	14831	18378

　　电离能可由实验测得,通常所说的电离能如果没有特殊说明即为第一电离能,表 7-11 列出了各元素原子的第一电离能。电离能的大小取决于有效核电荷、原子半径及电子层结构等,它们在周期表中也呈现周期性的变化,图 7-21 显示了部分元素原子第一电离能的周期性变化规律。

表 7-11　元素的第一电离能 　　　　　　　　　　　　单位:kJ·mol⁻¹

H 1310																	He 1370
Li 519	Be 900											B 799	C 1096	N 1401	O 1310	F 1680	Ne 2080
Na 494	Mg 736											Al 577	Si 786	P 1060	S 1000	Cl 1260	Ar 1520
K 418	Ca 590	Sc 632	Ti 661	V 648	Cr 653	Mn 716	Fe 762	Co 757	Ni 736	Cu 745	Zn 908	Ga 577	Ge 762	As 966	Se 941	Br 1140	Kr 1350
Rb 402	Sr 548	Y 636	Zr 669	Nb 653	Mo 694	Tc 699	Ru 724	Rh 745	Pd 803	Ag 732	Cd 866	In 556	Sn 707	Sb 833	Te 870	I 1010	Xe 1170
Cs 376	Ba 502		Hf 531	Ta 760	W 779	Re 762	Os 841	Ir 887	Pt 866	Au 891	Hg 1010	Tl 590	Pb 716	Bi 703	Po 812	At 920	Rn 1040

La 540	Ce 528	Pr 523	Nd 530	Pm 536	Sm 543	Eu 547	Gd 592	Tb 564	Dy 572	Ho 581	Er 589	Tm 597	Yb 603	Lu 524
Ac	Th 590	Pa 570	U 590	Np 600	Pu 5851	Am 578	Cm 581	Bk 601	Cf 608	Es 619	Fm 627	Md 635	No 642	Lr

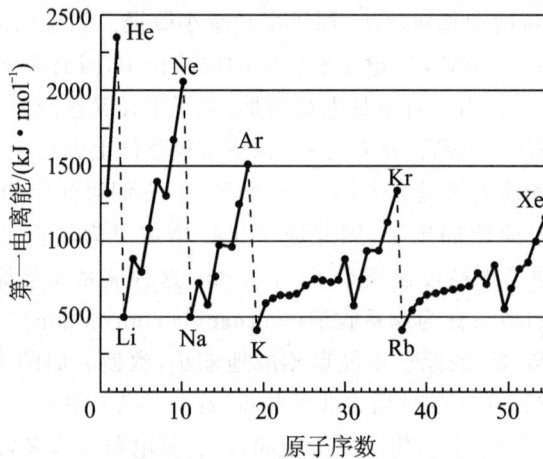

图 7-21　元素的第一电离能

　　在同一周期中,元素由左向右电离能总体上是增大的,增大的幅度随周期数的增大而减小。对于短周期元素,从左到右元素的有效核电荷逐渐增加,半径逐渐减小,故元素的电离能逐渐增大;对于长周期中过渡元素,由于电子填入$(n-1)$d 或$(n-2)$f 轨道,最外层电子基本相同,有效核电荷增加不多,原子半径减小较为缓慢,因此电离能增加远不如主族元素显著;稀有气体由于其原子具有稳定的电子结构,故电离能在各周期中最大。

　　在各周期中,电离能的变化有一些起伏。Be、Mg、N、P、Zn、Cd 和 Hg 的电离能高于各自左右的两种元素,这和洪特规则的"等价轨道全满、半满或全空是比较稳定的结构"相一致。

　　在同一主族中,由上而下随着原子半径增大,第一电离能逐渐减小。ⅠA 族最下方的铯(Cs)第一电离能最小,是最活泼的金属。

　　电离能的大小反映了原子失去电子的难易程度,即元素金属性的强弱。电离能愈小,原子失去电子愈易,金属性愈强;电离能愈大,原子失去电子愈难,非金属性愈强。若两元素的电离能相近,那么其化学性质也相近,它们在地球化学作用过程中经常相互形成类质同象并共同迁移富集。

电离能还可以说明元素呈现的氧化数,如 Al 的 I_1、I_2、I_3 远小于 I_4,故 Al 常形成 $+3$ 氧化数。

3. 电子亲和能

使元素的一个基态的气态原子获得一个电子形成氧化数为 -1 的气态负离子时所放出的能量,称为该元素的第一电子亲和能,常用符号 A_1 表示,单位为 $kJ \cdot mol^{-1}$。与电离能一样,有的元素也有第二、第三电子亲和能。例如:

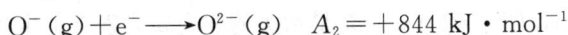

$$O(g) + e^- \longrightarrow O^-(g) \qquad A_1 = -141 \ kJ \cdot mol^{-1}$$
$$O^-(g) + e^- \longrightarrow O^{2-}(g) \qquad A_2 = +844 \ kJ \cdot mol^{-1}$$

A_1 为负值,说明系统放出能量,相当于系统能量降低;A_2 是正值,说明难于接受第二个电子,如要接受此电子必须给系统做功,这相当于系统能量增加,因而为正值[①]。

表 7-12 列出了常见元素的第一电子亲和能,图 7-22 描述了部分元素第一电子亲和能在周期表中的变化规律。同一周期中,从左到右原子的半径逐渐减小,最外层电子数逐渐增多,易结合电子形成稳定结构,因此元素的电子亲和能逐渐增大,且同周期中以卤素的电子亲和能最大。氮族元素的稳定结构使其电子亲和能反而较小。同一族中,从上到下电子亲和能减小。

表 7-12　部分元素的第一电子亲和能　　　　　单位:$kJ \cdot mol^{-1}$

H −72.9																	He (21)
Li −59.8	Be (240)											B −23	C −122	N	O −141	F −322	Ne (29)
Na −52.9	Mg (230)											Al −44	Si −120	P −74	S −200.4	Cl −348.7	Ar (35)
K −48.4	Ca (156)	Sc	Ti (−37.7)	V (−90.4)	Cr −63	Mn	Fe (−56.2)	Co (−90.3)	Ni (−123)	Cu −123	Zn (87)	Ga −36	Ge −116	As −77	Se −195	Br −324.5	Kr (39)
Rb −46.9	Sr	Y	Zr	Nb	Mo −96	Tc	Ru	Rh	Pd	Ag	Cd (58)	In −34	Sn −121	Sb −101	Te −190.1	I −295	Xe (40)
Cs −45.5	Ba (52)		Hf	Ta −80	W −50	Re (−15)	Os	Ir	Pt −205.3	Au −222.7	Hg	Tl −50	Pb −100	Bi −100	Po (−180)	At (−270)	Rn (40)

注:未加括号的为实验值,加括号的为理论计算值。

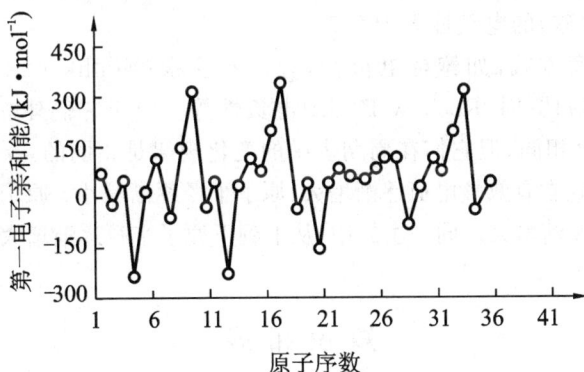

图 7-22　元素的第一电子亲和能

[①] 有的教材中认为电子亲和能是电子亲和反应焓变的负值,如 $O(g) + e^- \longrightarrow O^-(g)$,$\Delta H = 141 \ kJ \cdot mol^{-1}$,故 $A_1 = -141 \ kJ \cdot mol^{-1}$。本书采用和热力学相同的办法来描述。

电子亲和能的大小反映了原子得到电子的难易程度,即元素非金属性的强弱。$-A_1$ 值越大,表示该原子越容易获得电子,其非金属性也就越强。因为电子亲和能的测定比较困难,所以目前测得数据较少,准确性也较差,其应用也不广泛。

4. 电负性

电离能和电子亲和能都从一个侧面反映了原子得失电子能力的强弱,但原子难失去电子并不等于一定容易得到电子,而难得到电子也不一定就容易失去电子,因此并不能仅仅用电离能来衡量元素的金属性或用电子亲和能来衡量元素的非金属性。为了全面地衡量分子中原子争夺电子的能力,1932 年鲍林首先提出了电负性的概念。

鲍林根据分子的键能和热力学数据,提出了电负性的标度公式,定义电负性为"元素的原子在分子中吸引电子的能力"。他首先指定最活泼的非金属元素 F 的电负性为 4.0,然后比较各元素原子吸引电子能力的强弱,计算出了元素的相对电负性。部分元素的电负性列于表7-13。

表 7-13　元素的电负性

H 2.1																	He —
Li 1.0	Be 1.5											B 2.0	C 2.5	N 3.0	O 3.5	F 4.0	Ne —
Na 0.9	Mg 1.2											Al 1.5	Si 1.8	P 2.1	S 2.5	Cl 3.0	Ar —
K 0.8	Ca 1.0	Sc 1.3	Ti 1.5	V 1.6	Cr 1.6	Mn 1.5	Fe 1.8	Co 1.9	Ni 1.9	Cu 1.9	Zn 1.6	Ga 1.6	Ge 1.8	As 2.0	Se 2.4	Br 2.8	Kr —
Rb 0.8	Sr 1.0	Y 1.2	Zr 1.4	Nb 1.6	Mo 1.8	Tc 1.9	Ru 2.2	Rh 2.2	Pd 2.2	Ag 1.9	Cd 1.7	In 1.7	Sn 1.8	Sb 1.9	Te 2.1	I 2.5	Xe —
Cs 0.7	Ba 0.9	La~Lu 1.0~ 1.2	Hf 1.3	Ta 1.5	W 1.7	Re 1.9	Os 2.2	Ir 2.2	Pt 2.2	Au 2.4	Hg 1.9	Tl 1.8	Pb 1.9	Bi 1.9	Po 2.0	At 2.2	Rn —
Fr 0.7	Ra 0.9	Ac 1.1	Th 1.3	Pa 1.4	U 1.4												

电负性是一个相对值,无单位,是元素的原子在分子中吸引成键电子能力的相对大小的量度。元素电负性的数值愈大,表示原子在分子中吸引电子的能力愈强,即非金属性愈强,它较全面地反映了元素金属性和非金属性的强弱。一般来说,金属元素(除金和铂系)的电负性小于 2.0,非金属元素(除硅)的电负性大于 2.0。

电负性有多种标度方式,如鲍林电负性(χ_P)、密立根(Mulliken R. S.)电负性、阿莱德(Allred A. L.)电负性和罗周(Rochow E. G.)电负性等。由于它们建立的基础不同,因此电负性在数值上也不完全相同,但它们在周期表中的变化规律是相同的。

同一周期中,从左到右有效核电荷逐渐增大,原子半径逐渐减小,原子在分子中吸引电子的能力逐渐增加,电负性逐渐增大。同一主族中,从上到下原子半径逐渐增大,电负性依次减小。

知 识 拓 展

门捷列夫与

元素周期律

习　　题

扫码做题

一、填空题

1. M^{3+} 3d 轨道上有 3 个电子,表示电子可能的运动状态的四个量子数是_____,该原子的核外电子排布是_____,M 属于_____周期_____族的元素,它的名称是_____。

2. 原子最外层电子数最多是_____;原子次外层电子数最多是_____;已填满的各周期所包含元素的数目分别是_____;镧系元素包括原子序数从_____至_____,共_____个。

3. 化学元素中,第一电离能最小的是_____,第一电离能最大的是_____。

4. 基态 He^+ 的电离能是_____ J。

5. 周期表中 d 区元素原子的价层电子构型特征是_____。

6. 符号"5d"表示电子的主量子数 n 等于_____,角量子数 l 等于_____,该电子亚层最多可以有_____种空间取向,该电子亚层最多可容纳_____个电子。

7. s 区、p 区、d 区和 ds 区元素原子的价层电子构型分别为_____、_____、_____和_____。

8. 如果第 7 周期是完全周期,其最终的 ⅥA 族元素原子的价层电子构型为_____,其原子序数应为_____。

9. 角度分布图以原子核为中心呈球形对称的轨道称为_____轨道,以通过原子核的空间坐标轴为对称轴呈轴对称的轨道称为_____轨道。

10. 多电子原子核外电子填充的顺序是_____。

二、简答题

1. 微观粒子的运动和宏观物体运动的区别是什么?

2. 泡利不相容原理的要点是什么?

3. 预测 113 号元素原子的性质。

4. S 原子的电子构型为 $1s^2 2s^2 2p^6 3s^2 3p^4$,写出 4 个 3p 电子可能的各套量子数。

5. 把合适的量子数填入下表。

序号	n	l	m	m_s
1		3	+1	+1/2
2	3		−1	−1/2
3	4	0		
4	4		+3	−1/2

6. 量子力学中的原子轨道和玻尔理论中的原子轨道有何区别?

7. 写出原子序数为 29、74 的元素的名称、符号、电子排布式,说明所在的周期和族。

8. 什么是镧系收缩? 镧系收缩对元素的性质产生哪些影响?

三、计算题

1. 与速率为 6.07×10^6 m·s^{-1} 的自由电子相关的德布罗意波的波长是多少?

2. 计算氢原子从 $n=4$ 跃迁到 $n=2$ 所产生的谱线的波长。

3. 计算基态氢原子的电离能。

4. 计算 $_{21}$Sc 的 E_{3d} 和 E_{4s}。

5. K 原子一条光谱线的频率为 7.47×10^{14} s^{-1},求此波长光子的能量。已知:$h=6.63\times10^{-34}$ J·s。

第 8 章　化学键和分子结构

📚 内容提要

　　本章在近代原子结构理论的基础上,重点讨论分子的形成过程,认识化学键的本质。介绍的化学键理论有离子键理论、共价键理论(包括现代价键理论、杂化轨道理论、价层电子对互斥理论、分子轨道理论)、金属键理论(包括金属键的改性共价键理论、金属键的能带理论)。讨论分子极性和变形性及离子极化方面的问题,认识分子间作用力和氢键的本质。简单介绍晶体结构方面的理论,如晶体与非晶体的差异,晶体的内部结构,离子晶体、金属晶体、分子晶体和原子晶体的特征及其性质等。

📚 基本要求

　　※ 了解化学键的定义和分类,理解化学键的本质。

　　※ 掌握离子键的形成及其特点,理解晶格能、离子的特征、离子极化的概念。

　　※ 掌握现代价键理论和杂化轨道理论的基本要点及其应用;了解分子轨道理论和价层电子对互斥理论,能用它们解释简单分子的结构。

　　※ 理解分子的极性和变形性、分子间作用力和氢键的本质,能用这些理论解释物质某些性质。

　　※ 了解晶体与非晶体的特征、晶体的内部结构;了解金属键的能带理论,能用能带理论初步解释固体的某些物理性质。

　　※ 掌握离子晶体、金属晶体、分子晶体和原子晶体的特征及其性质。

📚 建议学时

　　10 学时。

8.1　离子键理论

8.1.1　离子键的形成及特点

　　自然界有一类化合物(如盐类、碱类和某些氧化物),大多数是结晶状的固体,易溶于水,熔点较高并在水溶液中或熔融状态下能导电。这类化合物的成键本质直到 20 世纪初人们探知原子的电子层结构后才得以认识。1916 年,德国化学家科塞尔(Kossel W.)在近代原子结构理论的基础上提出了离子键理论(ionic bond theory),其基本论点如下。

　　(1)当活泼的金属原子(电离能小)与活泼的非金属原子(电子亲和能大)相遇时,金属原子可以失去外层电子,而非金属原子可获得电子,都变成具有稀有气体稳定结构的正、负离子。

　　(2)正、负离子间因库仑引力而相互靠近,充分接近时它们的外层电子及原子核之间又会产生排斥力。当正、负离子间的库仑引力和排斥力达平衡时,形成了稳定的离子键(ionic bond)。以离子键结合的化合物称为离子化合物。例如,离子化合物 NaCl 的形成过程:

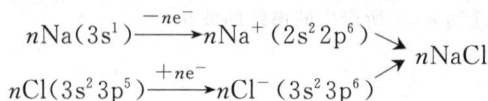

$$n\mathrm{Na}(3\mathrm{s}^1)\xrightarrow{-n e^-}n\mathrm{Na}^+(2\mathrm{s}^2\,2\mathrm{p}^6)$$
$$n\mathrm{Cl}(3\mathrm{s}^2\,3\mathrm{p}^5)\xrightarrow{+n e^-}n\mathrm{Cl}^-(3\mathrm{s}^2\,3\mathrm{p}^6)$$
$$\searrow\!\!\!\!\!\nearrow\ n\mathrm{NaCl}$$

与其他类型的化学键相比,离子键具有以下特点。

(1)离子键的本质是电性的。原子间相互作用产生电子转移后,形成的正、负离子之间通过静电作用而形成离子键。

(2)离子键既没有方向性,也没有饱和性。由于离子电场通常是球形对称的,在条件允许时可在空间任何方向与相反电荷的离子相互作用,因此离子键没有方向性;当两个异电荷离子相互吸引成键后,由于离子间作用力无方向性,各自仍具有吸引异电荷的能力,只要空间许可,每种离子均可结合更多的异电荷离子,因此离子键无饱和性。

(3)键的离子性与成键原子的电负性差有关。对于 AB 型单键化合物,A、B 两原子电负性差越大,键的离子性越强。但实验表明,即使电负性最小的 Cs 与电负性最大的 F 形成的离子化合物,键的离子性也不是 100%,而为 92%,还有 8%的共价性。因此,通常用离子性百分数来表示键的离子性与共价性的相对大小。当两原子的电负性差值大于1.7时,单键的离子性百分数大于 50%,离子键占优势,形成的化合物为离子化合物;当两原子的电负性差值小于 1.7时,单键的离子性百分数小于 50%,共价键占优势,形成的化合物为共价化合物。

8.1.2 离子键的强度

离子键的强度用晶格能(lattice energy)的大小来量度。晶格能是指在 298.15 K、标准条件下,由彼此分离的气态正、负离子相互作用形成单位物质的量的固态离子化合物时所放出的能量,用符号 ΔU 表示,单位为 $kJ \cdot mol^{-1}$。实验表明晶格能与晶体的类型,正、负离子的电荷数和正、负离子的核间距有关。在晶体类型相同时,晶格能的大小与正、负离子电荷数成正比,与正、负离子的核间距成反比。离子电荷越高,核间距越小,晶格能越大,硬度越大。表 8-1 给出部分 NaCl 型离子化合物的晶格能和熔点。

表 8-1 部分 NaCl 型离子化合物的晶格能和熔点

化合物	离子的电荷	核间距/nm	晶格能/($kJ \cdot mol^{-1}$)	熔点/K
NaF	+1,−1	0.231	923	1266
NaCl	+1,−1	0.282	786	1074
NaBr	+1,−1	0.298	747	1020
NaI	+1,−1	0.323	704	977
MgO	+2,−2	0.210	3791	3125
CaO	+2,−2	0.240	3401	2887
SrO	+2,−2	0.257	3223	2703
BaO	+2,−2	0.275	3054	2191

晶格能既可以通过热化学实验数据计算求得,也可根据理论化学进行推算,且两者的结果相当接近,这说明离子键理论基本上是正确的。下面介绍依据热化学数据用波恩-哈珀循环法计算晶格能。以 NaCl 为例,设计的波恩-哈珀循环如下(数据单位为 $kJ \cdot mol^{-1}$):

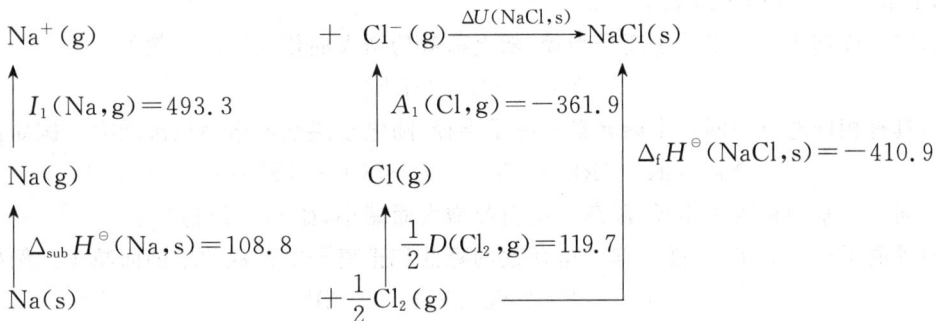

$$
\begin{array}{ccc}
Na^+(g) & + \quad Cl^-(g) \xrightarrow{\ \Delta U(NaCl,s)\ } NaCl(s) \\
\uparrow I_1(Na,g)=493.3 & \uparrow A_1(Cl,g)=-361.9 \\
Na(g) & Cl(g) \qquad\quad \Delta_f H^{\ominus}(NaCl,s)=-410.9 \\
\uparrow \Delta_{sub}H^{\ominus}(Na,s)=108.8 & \uparrow \frac{1}{2}D(Cl_2,g)=119.7 \\
Na(s) & + \frac{1}{2}Cl_2(g)
\end{array}
$$

$$\Delta_f H^{\ominus}(NaCl,s) = I_1(Na,g) + \Delta_{sub} H^{\ominus}(Na,s) + A_1(Cl,g) + \frac{1}{2}D(Cl_2,g) + \Delta U(NaCl,s)$$

$$\Delta U(NaCl,s) = \Delta_f H^{\ominus}(NaCl,s) - \left[I_1(Na,g) + \Delta_{sub} H^{\ominus}(Na,s) + A_1(Cl,g) + \frac{1}{2}D(Cl_2,g) \right]$$

$$= (-410.9 - 493.3 - 108.8 + 361.9 - 119.7) \text{ kJ} \cdot \text{mol}^{-1} = -770.8 \text{ kJ} \cdot \text{mol}^{-1}$$

8.1.3 离子的特征

1. 离子电荷

在普通的离子化合物中,正离子电荷等于中性金属原子失去电子的数目,负离子电荷等于中性非金属原子得到电子的数目。这样的正、负离子具有稀有气体原子的稳定结构,称为简单离子。此外,在离子化合物中也存在多原子的正、负离子,如 NH_4^+、SO_4^{2-} 等,这些离子电荷等于其组成元素原子氧化数的代数和。

ⅠA、ⅡA、ⅢA 和 ⅠB、ⅡB、ⅢB 族原子形成电荷数与族数相等的简单正离子(Cu^{2+}、Hg^+、In^+、Tl^+ 例外,B 除外),如 Li^+、Na^+、K^+、Be^{2+}、Mg^{2+}、Ba^{2+}、Al^{3+}、Cu^+、Ag^+、Zn^{2+}、Hg^{2+}、Sc^{3+}、Y^{3+}、La^{3+} 等,但并不意味着这些离子总是形成离子化合物,如 Li^+、Be^{2+}、Al^{3+}、Hg^{2+} 可形成不少共价化合物。ⅣA、ⅤA 族原子通常形成电荷数等于族数减去 2 的稳定简单离子,如 Sn^{2+}、Pb^{2+}、Sb^{3+}、Bi^{3+}。其余各族元素形成稳定简单离子的电荷数通常为 +2 和 +3,如 Mn^{2+}、Ni^{2+}、Fe^{2+}、Fe^{3+} 等。一般正离子的电荷数不大于 +4,电荷数为 +4 的离子往往是由半径较大而电离能较小的过渡元素和内过渡元素形成的,如 Th^{4+}、Ce^{4+} 等。

最常见的负离子是ⅦA 族元素形成的电荷数为 -1 的离子。其次,O 元素、S 元素能形成电荷数为 -2 的离子,N 元素可形成电荷数为 -3 的离子,如 N^{3-}。周期表中负离子的电荷数一般不大于 3。氢元素可形成电荷数为 1 的正、负离子,H^+ 几乎都形成共价物,很难存在于离子化合物中,而 H^- 存在于活泼金属与氢形成的离子化合物中。

2. 离子半径

从量子力学观点考虑,原子和离子的半径是无法严格测定的,但可用间接的方法确定。第 7 章已介绍原子半径的确定方法,这里只简单介绍离子半径的确定方法及变化规律。

离子半径一般可通过实验方法和理论推算方法来确定。实验方法确定离子半径的思路是用 X 射线衍射法测出各种离子晶体中正、负离子的核间距,然后再将核间距分割为正、负离子。但是以离子键连接的正、负离子实际上没有明确界面,不同的分割方法得出不同结果。推算离子半径的方法也很多,最常用的是鲍林利用核电荷数和屏蔽常数推算出的一套离子半径。常用的离子半径数据有戈德施米特(Goldschmidt)离子半径和鲍林离子半径。表 8-2 列出的为鲍林离子半径。

离子半径变化规律大致如下。

(1)同一周期主族元素的正离子半径,随电荷数的增大而依次减小。例如:

$$Na^+ > Mg^{2+} > Al^{3+}$$

(2)具有相同电荷的同一主族元素的离子半径,随电子层数递增而依次增大。例如:

$$Na^+ < K^+ < Rb^+ < Cs^+, \quad F^- < Cl^- < Br^- < I^-$$

(3)同一元素的正离子半径,随离子电荷数增大而减小,如 $Fe^{2+} > Fe^{3+}$。

(4)等电子离子的半径,随负离子电荷数的降低和正离子电荷数的增加而减小。例如:

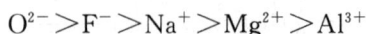

$$O^{2-} > F^- > Na^+ > Mg^{2+} > Al^{3+}$$

表 8-2　鲍林离子半径

离子	半径/pm	离子	半径/pm	离子	半径/pm	离子	半径/pm	离子	半径/pm
Ag^+	126	Co^{3+}	63	Hg^{2+}	110	Nb^{5+}	70	Si^{4+}	41
Al^{3+}	50	Cr^{2+}	84	I^-	216	Ni^{2+}	72	Sr^{2+}	113
As^{3-}	222	Cr^{3+}	69	In^+	132	Ni^{3+}	62	Sn^{2+}	112
As^{5+}	47	Cr^{6+}	52	In^{3+}	81	O^{2-}	140	Sn^{4+}	71
Au^+	137	Cs^+	169	K^+	133	P^{3-}	212	Te^{2-}	221
B^{3+}	20	Cu^+	96	La^{3+}	115	P^{5+}	34	Ti^{2+}	90
Ba^{2+}	135	Cu^{2+}	70	Li^+	60	Pb^{2+}	120	Ti^{3+}	78
Be^{2+}	31	Eu^{2+}	112	Lu^{3+}	93	Pb^{4+}	84	Ti^{4+}	68
Bi^{5+}	74	Eu^{3+}	103	Mg^{2+}	65	Pd^{2+}	86	Tl^+	140
Br^-	195	F^-	136	Mn^{2+}	80	Ra^{2+}	140	Tl^{3+}	95
C^{4-}	260	Fe^{2+}	76	Mn^{3+}	66	Rb^+	148	U^{4+}	97
C^{4+}	15	Fe^{3+}	64	Mn^{4+}	54	S^{2-}	184	V^{2+}	88
Ca^{2+}	99	Ga^+	113	Mn^{7+}	46	S^{6+}	29	V^{3+}	74
Cd^{2+}	97	Ga^{3+}	62	Mo^{6+}	62	Sb^{2-}	245	V^{4+}	60
Ce^{3+}	111	Ge^{2+}	93	N^{3-}	171	Sb^{5+}	62	V^{5+}	59
Ce^{4+}	101	Ge^{4+}	53	N^{5+}	11	Sc^{3+}	81	Y^{3+}	93
Cl^-	181	H^-	208	Na^+	95	Se^{2-}	198	Zn^{2+}	74
Co^{2+}	74	Hf^{4+}	81	NH_4^+	148	Se^{6+}	42	Zr^{4+}	80

注：表中 H^- 数据(208 pm)偏大，一般用 140 pm。

3. 离子的电子构型

简单负离子的外层电子构型大多为稀有气体稳定电子构型，即 8 电子型，而正离子则随元素在周期表中的不同位置，显示出多种电子构型。正离子的电子构型大致可分为以下几种。

(1)2 电子构型：最外层为 2 电子的离子，如 Li^+、Be^{2+}。

(2)8 电子构型：最外层为 8 电子的离子，如 Na^+、Mg^{2+}、Al^{3+} 等。

(3)9～17 电子构型：最外层电子数在 9～17 之间的不饱和构型的离子，如 Fe^{2+}、Fe^{3+}、Cr^{3+}、Mn^{2+}、Co^{2+}、Cu^{2+} 等。

(4)18 电子构型：最外层为 18 电子的离子，如 Ag^+、Cu^+、Zn^{2+} 等。

(5)18+2 电子构型：最外层为 2 电子、次外层为 18 电子的离子，如 Pb^{2+}、Sn^{2+}、Bi^{3+}、Sb^{3+} 等。

8.1.4　离子的特征对离子键强度的影响

由于离子键是正、负离子间的静电作用力，因此离子电荷和离子半径是影响离子键强度的重要因素。在不存在离子极化作用的条件下，离子电荷数越大，正、负离子相互作用越大，离子键强度越大；离子半径越大，正、负离子相互作用的距离就越远，离子键强度越小。例如，NaF 中离子键的强度比 NaCl 的大，而比 MgF_2 的小，因前者 Cl^- 的半径比 F^- 的大，后者 Mg^{2+} 的电荷比 Na^+ 的电荷高。

离子的电子构型对离子键强度也有较大的影响。在离子电荷相同、半径相近时，离子的电子构型对离子键强度起决定性作用。例如,Cu^+ 与 Na^+ 电荷相同,Cu^+ 半径为 96 pm 而 Na^+ 半径为 95 pm,极为相近,但在水中 NaCl 的溶解度远大于 CuCl 的,是典型的离子型化合物,而 CuCl 是共价型化合物,这说明 NaCl 与 CuCl 中的键强度有很大差别。这是因为 Cu^+ 是 18 电子构型,而 Na^+ 是 8 电子构型。还有很多物质从形式上观察是离子型化合物,实际上从物质性质上判断已不是离子型物质,这些现象可用离子极化理论来解释。

8.2 共价键理论

8.2.1 现代价键理论

离子键理论能很好地解释离子化合物的形成和特性,但不能说明单质及化学性质相近的元素组成的化合物的形成。在离子键概念提出的同年,美国化学家路易斯(Lewis G. N.)提出共价键的概念。他认为:分子中每个原子应具有稀有气体原子的电子层构型,分子中原子可通过原子间电子配对(或称共用电子对)来实现这一构型。这种原子间通过共用电子对而形成的化学键称为共价键(covalent bond),以共价键结合的分子称为共价分子。利用电子配对的方法可解释很多小分子结构,如 HCl 分子,共用一对电子后使 H 原子和 Cl 原子都达稀有气体构型;再如 N_2 分子,共用三对电子后使每个 N 原子都达到稀有气体构型。但无法说明分子的稳定性。随着量子力学的发展,人们对共价键本质有了深入的认识。

1. 电子配对的量子力学解释

1927 年,海特勒(Heitler)和伦敦(London)应用量子力学处理两个氢原子组成的系统,计算求得 H_2 的能量曲线(见图8-1)。从能量曲线可以看出:如果两个 H 原子外层的单电子自旋方向相同,当它们相互靠近,即核间距逐渐变小时,系统能量逐渐升高,不能形成稳定分子;如果两个氢原子外层的单电子自旋方向相反,当它们相互靠近,即核间距逐渐变小时,系统能量逐渐降低。核间距减小到某一值(R_0)时,系统能量最低。再继续减小核间距,系统能量迅速增大。这说明形成了稳定的 H_2 分子。理论计算得 R_0 为 87 pm,实验测定的 H_2 分子的核间距为 74 pm,而 H 原子的玻尔半径为 53 pm。

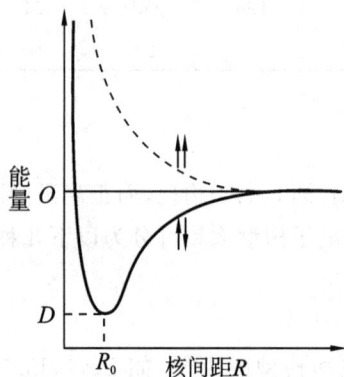

图 8-1 H_2 形成过程能量
随核间距的变化

量子力学原理可解释两个 H 原子的外层单电子配对形成共价键的过程:形成分子的两个 H 原子单电子的自旋方向相反时,随着核间距的减小,成键电子的原子轨道相互叠加,系统能量降低,到达平衡位置时两核之间出现一个电子概率密度最大的区域。这一区域既可降低两核间的正电排斥,又可增加两原子核对核间负电荷的吸引,都有利于共价键的形成。可见,共价键是由成键电子的原子轨道重叠而形成的。把量子力学处理 H_2 分子的形成和结论推及一般共价分子就发展为价键理论(valence bond theory),俗称电子配对法。

2. 成键原理

价键理论的基本要点如下。

(1)A、B 两原子互相接近时,自旋方向相反的价层单电子可以配对,形成共价键。两原子间配对一对电子的称为共价单键,配对两对、三对电子的分别称为共价双键和共价三键,分别简称单键(single bond)、双键(double bond)和三键(triple bond)。

（2）成键电子的原子轨道重叠越多，形成的共价键越牢固，即最大重叠原理。

共价键的特征如下。

（1）共价键的本质是电性的。共价键的结合力是两原子核对共用电子对形成的负电区域的吸引力，它的强弱与共用电子对的数目和原子轨道重叠方式有关。一般共用电子对数目越多，结合力越大，如共价三键、双键、单键的结合力依次减小。

（2）共价键具有饱和性。饱和性是指每种元素的原子能提供用于形成共价键的轨道数是一定的，因而共价分子中每个原子最大成键数也是一定的。例如最简单的 H 元素，H 原子有 1 个单电子和 1s 轨道，只能形成 H_2 分子，因为 1 个轨道只能容纳 2 个自旋方向相反的电子。但是，H 原子与 N 原子能形成 NH_3 分子，因为 N 原子价层有 4 个轨道（1 个 2s、3 个 2p），共有 5 个电子，其中有 3 个单电子。

（3）共价键具有方向性。除 s 轨道外，p、d、f 原子轨道在核外空间都有一定的伸展方向，即在某个特定方向上电子出现的概率密度最大。在形成共价键时，只有成键原子轨道对称性相同的部分沿着一定方向，才能发生最大限度的重叠，形成的共价键才牢固，分子的能量才最低。分子的空间构型就是由共价键的方向性决定的。

3. 共价键的类型

根据是否有极性，共价键可分为极性共价键（polar covalent bond）和非极性共价键（nonpolar covalent bond）。共价键的极性与成键原子的电负性有关。电负性越大，吸引电子对能力越大。共用电子对发生偏移的共价键称为极性共价键，共用电子对不发生偏移的共价键称为非极性共价键。非金属单质分子中的共价键都是非极性共价键。共价化合物分子中的共价键都是极性共价键，且成键原子电负性差值越大，键的极性越强。

根据成键原子轨道重叠部分的对称性，将共价键分为 σ 键（σ bond）、π 键（π bond）和 δ 键（δ bond）。

（1）σ 键。若成键原子轨道对称性相同部分沿着键轴（两核间连线）方向以"头碰头"的方式发生轨道重叠，重叠部分绕键轴呈现圆柱形对称性分布，这样的共价键称为 σ 键。图 8-2 为 s，p 原子轨道不同组合方式形成的 σ 键。图 8-2（a）是 s 轨道与 s 轨道的重叠，简写为 σ(s-s)，如 H_2 分子，由于 s 轨道是球形对称的，两个 H 原子的 1s 轨道重叠形成 σ(s-s)；图 8-2（b）是 s 轨道与 p_x 轨道重叠，简写为 σ(s-p_x)，如 HCl 分子中，Cl 原子的价层电子构型为 $3s^2 3p^5$，H 原子 1s 轨道与 Cl 原子有单电子的 $3p_x$ 轨道重叠形成的 σ(s-p_x)键；图 8-2（c）是 p_x 轨道与 p_x 轨道重叠，简写为 σ(p_x-p_x)，如 Cl_2 分子中，每个 Cl 原子的单电子的 $3p_x$ 轨道沿键轴方向重叠形成 σ(p_x-p_x)键。

（2）π 键。若成键原子轨道对称性相同部分以平行或"肩并肩"的方式发生轨道重叠，重叠部分对键轴所在的特定平面具有反对称性分布，即重叠部分对等地分布在包含键轴的平面上、下两侧，形状相同而对称性相反，这样的共价键称为 π 键。图 8-2（d）表示 p_z 轨道与 p_z 轨道重叠，简写为 π(p_z-p_z)。

N_2 分子的结构是含有 σ 键和 π 键的典型例子。N 原子的价层电子构型为 $2s^2 2p^3$，用 2p 轨道上 3 个单电子成键，这样 N_2 分子中就有 1 个 σ(p_x-p_x)和 2 个相互垂直的 π 键，分别为 π(p_z-p_z)和 π(p_y-p_y)，如图 8-3 所示。

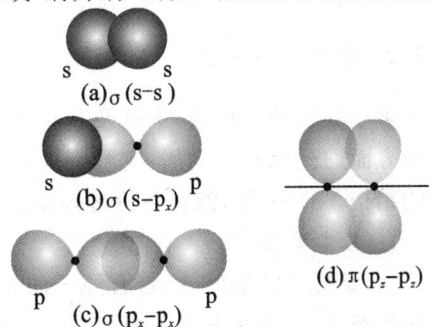

(a) σ(s-s)

(b) σ(s-p_x)

(c) σ(p_x-p_x)

(d) π(p_z-p_z)

图 8-2　σ 键和 π 键示意图

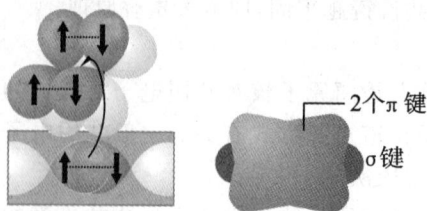

图 8-3　N_2 分子的结构示意图

图 8-4　δ键示意图

（3）δ键。若成键原子轨道对称性相同部分以"面并面"的方式发生轨道重叠（通过键轴有两个节面），这样的共价键称为δ键。例如，原子轨道 d_{xy} 与 d_{xy} 可形成 δ 键，如图 8-4 所示。在配位化学中讨论多核配合物及金属原子间成键时会用到 δ 键。

此外，还有一类共价键，其共用电子对不是由成键的两个原子分别提供，而是由其中一个原子单方面提供。这种由一个成键原子提供电子对为两个成键原子所共用而形成的共价键称为配位键（coordinate covalent bond）。例如 CO 分子，C 原子和 O 原子的价层电子构型分别为 $2s^2 2p^2$ 和 $2s^2 2p^4$，它们都用 2p 轨道上的电子成键。除 C 原子与 O 原子分别用 2p 轨道上的 2 个单电子形成 1 个 σ 键和 1 个 π 键外，C 原子空的 2p 轨道与 O 原子含电子对的 2p 轨道形成 1 个配位 π 键。配位键的形成条件是：成键的一个原子的价层提供孤对电子，另一个原子价层提供可接受电子的空轨道。只要条件具备，分子内、分子间、离子间以及分子与离子间都可形成配位键。例如，NH_4^+、$[Cu(NH_3)_4]^{2+}$、$Fe(CO)_5$ 等中都含有配位键。

4. 共价键的性质

键能（bond energy）是指 298.15 K、标准态下每断开 1 mol 气态分子 AB 内的共价键使其成为气态的 A 和 B 时的焓变，常用符号 E 来表示。例如，298.15 K，标准态下 H—Cl 键的键能 $E(H—Cl)$ 为 413 kJ·mol^{-1}。常用键能来表示共价键的强度。键能越大，表明共价键越牢固。

一般利用光谱实验可以测定分子中化学键的解离能。对于双原子分子，键能就是键解离能；对于多原子分子，由于某种键可能不止 1 个，键的逐级解离能是不同的，则该键的键能为同种键的逐级解离能的平均值。例如，在 CH_4 分子中有 4 个 H—C 键，实验测得它们的逐级解离能是不同的，而 H—C 键的键能等于 H—C 键的解离能之和的 1/4。键能也可利用物质的生成焓数据计算。

键长（bond length）是指分子内成键两原子核间的平均距离。理论上用量子力学近似方法可计算键长，实验中可用分子光谱或 X 射线衍射方法测定键长。一般来说，成键原子间的键长越短，表示该键越强，分子越稳定。

键角（bond angle）是指分子中两个相邻化学键之间的夹角，是反映分子空间构型的主要因素之一。

8.2.2　杂化轨道理论

关于共价键的形成、本质及其特点，用价键理论能比较成功地解释，但在解释分子的空间构型方面遇到困难。例如，实验测得 CH_4 分子为正四面体结构，显然用价键理论无法解释这样的结构。1931 年，鲍林在价键理论基础上提出杂化轨道理论（hybrid orbital theory）。

1. 基本要点

（1）某原子成键时，在键合原子的作用下，若干个能级相近的价层原子轨道有可能改变原来的状态，混合起来并重新组合成一组利于成键的新轨道，这组新轨道称为杂化轨道（hybrid orbital），这一过程称为原子轨道的杂化（hybridization）。

（2）通过原子轨道的杂化，组合成能量和成分都相同的杂化轨道，这样的杂化称为**等性杂化**；当有孤对电子参与原子轨道的杂化而组合成不完全等同的杂化轨道时，这样的杂化称为**不等性杂化**。杂化轨道的数目等于参与杂化的原子轨道数目之和。

（3）各种杂化轨道均由分布在原子核两侧的大、小叶瓣组成，轨道的伸展方向是指大叶瓣的伸展方向，为简明起见，杂化轨道示意图中往往不画出小叶瓣。

（4）杂化轨道成键时，要满足最大重叠原理和化学键间最小排斥原理。即原子轨道重叠越多，形成的化学键越稳定；杂化轨道之间的夹角越大，形成的化学键的键角越大，化学键之间的排斥力越小，生成的分子越稳定。表 8-3 给出常见类型杂化轨道的性质和所形成分子的性质。

表 8-3　常见类型杂化轨道的性质与所形成分子的性质

项目	杂化类型							
	sp	sp^2	sp^3			dsp^2(sp^{2}d)	dsp^3(sp^{3}d)	d^{2}sp^3(sp^{3}d^2)
杂化的原子轨道数目	2	3	4			4	5	6
杂化轨道的数目	2	3	4	4	4	4	5	6
杂化轨道间的夹角	180°	120°	109°28′	107°18′	104°45′	90°、180°	90°、120°、180°	90°、180°
杂化轨道空间构型	直线形	平面三角形	正四面体	四面体	四面体	四面体或平面正方形	三角双锥形	八面体
杂化轨道的成键能力	依　　　　次　　　　增　　　　强　　→							
形成分子的几何构型	直线形	平面三角形	正四面体	三角锥	折线形	四面体或平面正方形	三角双锥形	八面体
键角	180°	120°	109°28′	107°18′	104°45′	90°、180°	90°、120°、180°	90°、180°
实例	BeCl$_2$ HgCl$_2$	BF$_3$ SO$_3$	CH$_4$ SiH$_4$	NH$_3$	H$_2$O H$_2$S	[Ni(CN)$_4$]$^{2-}$	Fe(CO)$_5$ PCl$_5$	[Fe(CN)$_6$]$^{3-}$ [FeF$_6$]$^{3-}$

2. 应用举例

（1）BeCl$_2$ 分子。BeCl$_2$ 分子是由 Be 原子的 sp 杂化轨道与 Cl 原子的 p 轨道形成的。Be 价层电子构型为 2s^2，Cl 价层电子构型为 3s^{2}3p^5，BeCl$_2$ 分子形成过程如图 8-5 所示。

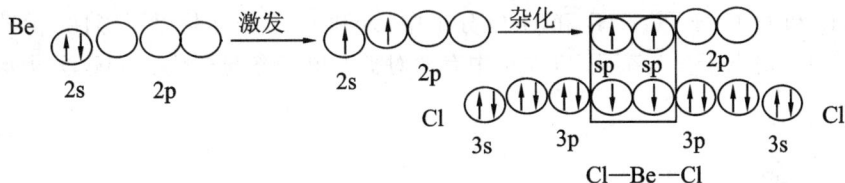

图 8-5　BeCl$_2$ 分子形成过程示意图

图 8-6 是 sp 杂化轨道示意图。实验测得 BeCl$_2$ 分子键角为 180°，是直线形分子。

（2）BF$_3$ 分子。BF$_3$ 分子中，B 价层电子构型为 2s^{2}2p^1，是以 sp^2 杂化的，3 个 sp^2 杂化轨道之间的夹角为 120°。图 8-7 是 sp^2 杂化轨道示意图。

B 的每个杂化轨道与 F 的具有单电子的 2p 轨道重叠成键。实验测得 BF$_3$ 的分子键角为

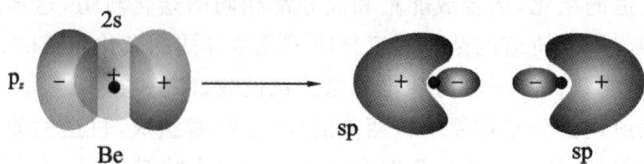

图 8-6　sp 杂化轨道示意图

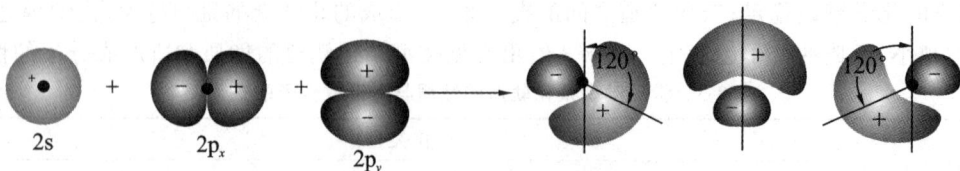

图 8-7　sp^2 杂化轨道示意图

120°,是平面三角形分子。BF_3 分子形成过程如图 8-8 所示。

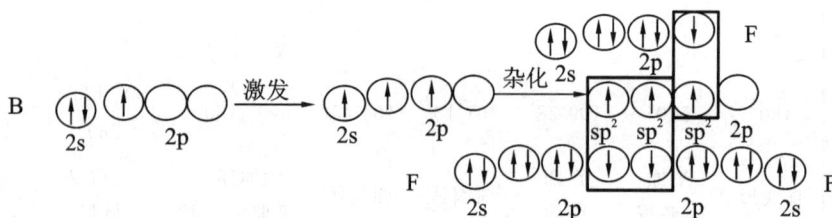

图 8-8　BF_3 分子形成过程示意图

(3)CH_4 分子。CH_4 分子中,C 价层电子构型为 $2s^2 2p^2$,是以 sp^3 杂化的,即 1 个 s 轨道、3 个 p 轨道进行 sp^3 杂化,形成正四面体形 sp^3 杂化轨道,杂化轨道间的夹角为 109°28′。图 8-9 是 sp^3 杂化轨道示意图。

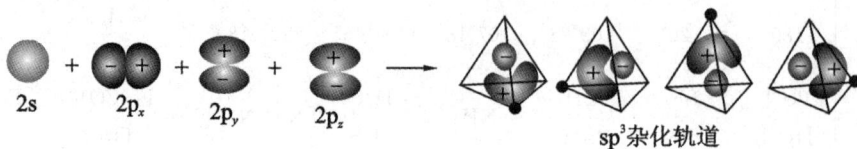

图 8-9　sp^3 杂化轨道示意图

4 个 H 原子分别用 1s 轨道与 C 原子的 4 个 sp^3 杂化轨道成键,形成 CH_4 分子。实验测得 CH_4 分子键角为 109°28′,是正四面体形分子,图 8-10 是 CH_4 分子结构示意图。

(4)NH_3 和 H_2O 分子。NH_3 和 H_2O 分子中,N 和 O 原子都是以不等性 sp^3 杂化的。N 原子中有一对孤对电子参与杂化,O 原子中有两对孤对电子参与杂化。NH_3 分子形成过程如图 8-11 所示。

图 8-10　CH_4 分子结构示意图

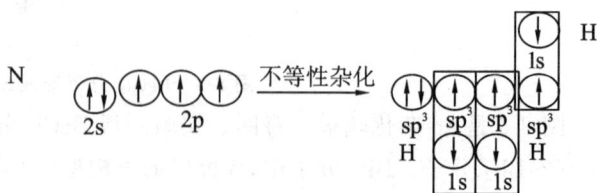

图 8-11　NH_3 分子形成过程示意图

图 8-12 是 NH_3 和 H_2O 分子结构示意图。实验测得 NH_3 分子的键角为 $107°18'$，H_2O 分子的键角为 $104°45'$。

3. 大 Ⅱ 键

在多原子分子中,各原子未参与杂化的相互平行的 p 轨道彼此重叠,形成垂直于分子平面的多中心 π 键。这种多中心 π 键又称非定域 π 键或共轭 π 键,简称大 Ⅱ 键,用符号 Π_a^b 表示。其中 a 为组成大 Ⅱ 键的原子数,b 为组成的大 Ⅱ 键中的电子数。

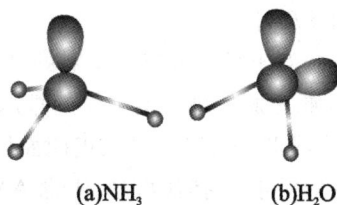

图 8-12　NH_3 和 H_2O 分子结构示意图

在多原子分子中,要形成大 Ⅱ 键必须满足三个条件。

(1)分子中的这些原子都在同一平面上。

(2)每一个原子要有一互相平行的 p 轨道。

(3)p 轨道数目的 2 倍大于 p 电子数。

例如在 HNO_3 分子中,N 原子与 3 个 O 原子在同一平面上,呈平面三角形分布,分子中存在 Π_3^4 键。HNO_3 分子中的中心原子 N 用 1 个 s 轨道、2 个 p 轨道进行 sp^2 杂化,还剩下充满电子的垂直于杂化轨道平面的 p 轨道。N 原子的 3 个 sp^2 杂化轨道分别与 3 个 O 原子各 1 个 p 轨道成键,形成 3 个 σ 键;在 3 个 O 原子中,其中一个 O 原子的另一个 p 轨道与 H 原子的 s 轨道形成 σ 键,其他 2 个 O 原子各有 1 个含有 1 个电子的垂直于分子平面的 p 轨道。这样 N 原子与 2 个 O 原子就形成 Π_3^4 键。图 8-13 表示 HNO_3 的成键过程及分子结构示意图。

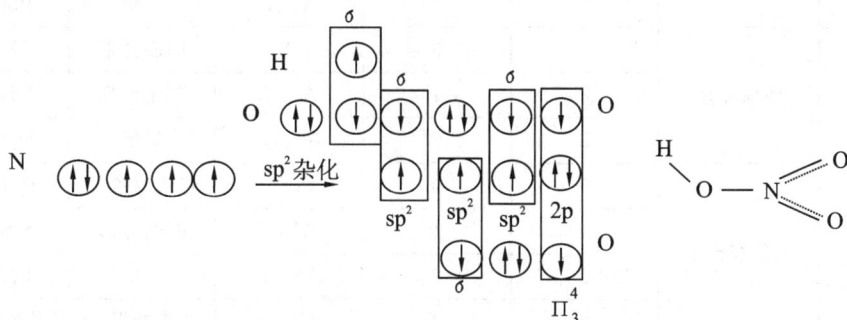

图 8-13　HNO_3 的成键过程及分子结构示意图

8.2.3　价层电子对互斥理论

杂化轨道理论可以解释一些分子的空间构型,但对于任意分子来说,究竟采用哪种类型的杂化轨道,有时是难以确定的。20 世纪中叶,吉列斯比(Gillespie R. J.)和尼霍尔姆(Nyholm R. S.)在前人研究基础上提出价层电子对互斥理论(valence shell electron pair repulsion theory),简称 VSEPR 法,用来解释和预见分子的空间构型。

价层电子对互斥理论认为,在共价分子或离子中,中心原子的价层电子对(包括成键电子对和孤电子对)由于静电排斥作用而趋向尽可能彼此远离,使分子尽可能采用对称结构。成键电子对是指中心原子与周围原子形成共价键的成对电子,成键电子对数等于分子中共价键数目,用 BP 表示;孤电子对数是指中心原子没有形成共价键的成对电子数,用 LP 表示;中心原子价层电子对数用 VP 表示。则 VP＝BP＋LP。

分子的空间构型是指成键原子的空间几何排布,即成键电子对的空间排布。下面介绍利用价层电子对互斥理论判断共价分子或离子空间构型的原则及其简单应用。

1. 原则

(1)对于只有成键电子对的 AX_m 型分子,VP 等于 m。根据几何原理,当 m 为 2、3、4、5、6 时,要使 A 原子周围电子对的排斥力最小,分子的空间构型应是以 A 原子为中心、X 原子为顶点的直线形、平面三角形、正四面体形、三角双锥形、正八面体形。

(2)对于含有孤电子对的 AX_mE_n 型分子,E 代表孤电子对原子,n 代表孤电子对数。$VP = BP + LP, BP = m, LP = n = \frac{1}{2}$(A 原子价层电子总数 $- m$ 个 X 原子未成对电子数),LP 若为小数,应进为整数。由于成键电子对受两个原子核的吸引,电子云比较紧缩,而孤电子对只受中心原子的吸引,电子云比较"肥大",对邻近电子对的斥力较大,因此不同的价层电子对之间的斥力大小顺序为

孤电子对之间>孤电子对与成键电子对>成键电子对与成键电子对

表 8-4 给出了价层电子对与分子空间构型的对应关系。

表 8-4 价层电子对与分子空间构型的对应关系

价层电子对数	价层电子对几何分布	成键电子对数	孤电子对数	分子类型 AX_mE_n	分子几何构型	实 例
2	直线形	2	0	AX_2	直线形	$BeCl_2$、CO_2
3	平面三角形	3	0	AX_3	平面三角形	BF_3、SO_3
		2	1	AX_2E	V 形	$PbCl_2$、SO_2
4	四面体形	4	0	AX_4	四面体形	CH_4、SO_4^{2-}
		3	1	AX_3E	三角锥形	NH_3、SO_3^{2-}
		2	2	AX_2E_2	V 形	H_2O、ClO_2^-
5	三角双锥形	5	0	AX_5	三角双锥形	PCl_5、AsF_5^-
		4	1	AX_4E	四面体形	SF_4、$TeCl_4$
		3	2	AX_3E_2	T 形	ClF_3、BrF_3
		2	3	AX_2E_3	直线形	XeF_2、I_3^-
6	八面体形	6	0	AX_6	八面体形	SF_6、$[FeF_6]^{3-}$
		5	1	AX_5E	四棱锥形	IF_5
		4	2	AX_4E_2	正方形	XeF_4

(3)对于 AX_mE_n 型负离子或正离子,$VP = BP + LP, BP = m, LP = n = \frac{1}{2}$(A 原子价层电子总数 $- m$ 个 X 原子未成对电子数 $\frac{+ 负}{- 正}$ 离子电荷数),LP 若为小数应进为整数。例如 PO_4^{3-},$BP = m = 4, LP = \frac{1}{2} \times (5 - 4 \times 2 + 3) = 0, VP = BP + LP = 4$,$PO_4^{3-}$ 分子构型为正四面体形;又如 SO_3^{2-},$BP = m = 3, LP = \frac{1}{2} \times (6 - 3 \times 2 + 2) = 1, VP = BP + LP = 4$,$SO_3^{2-}$ 分子构型为三角锥形;再如 NH_4^+,$BP = m = 4, LP = \frac{1}{2} \times (5 - 4 \times 1 - 1) = 0, VP = BP + LP = 4$,$NH_4^+$ 分子构型为正四面体形。

(4)分子中含有多重键时,由于重键比单键包含的电子数目多,所以其斥力大小顺序为

三键>双键>单键

2. 应用举例

(1)CO_2。CO_2 分子中,C 原子有 4 个价电子,O 原子有 2 个未成对电子,BP$=m=2$,LP$=\frac{1}{2}\times(4-2\times2)=0$,VP$=BP+LP=2$,$CO_2$ 的分子构型是直线形。

(2)BF_3、SO_3 与 SO_2。BF_3 分子中没有未成对电子,$m=3$,BF_3 的分子构型是平面三角形;SO_3 分子中,S 原子有 6 个价电子,O 原子有 2 个未成对电子,BP$=m=3$,LP$=\frac{1}{2}\times(6-3\times2)=0$,VP$=BP+LP=3$,$SO_3$ 的分子构型是平面三角形;SO_2 分子中,BP$=m=2$,LP$=\frac{1}{2}\times(6-2\times2)=1$,VP$=BP+LP=3$,$SO_2$ 的分子构型是 V 形。

(3)CH_4、NH_3 与 ClO_2^-。CH_4 分子中没有未成对电子,$m=4$,CH_4 的分子构型是正四面体形;NH_3 分子中,$m=3$,LP$=\frac{1}{2}\times(5-3\times1)=1$,VP$=BP+LP=4$,$NH_3$ 的分子构型是三角锥形;ClO_2^- 离子中,Cl 有 7 个价层电子,O 有 2 个未成对电子,带有 1 个负电荷,$m=2$,LP$=\frac{1}{2}\times(7-2\times2+1)=2$,VP$=BP+LP=4$,$ClO_2^-$ 的分子构型是 V 形。

(4)SF_4、ClF_3 和 XeF_2。SF_4 分子中,$m=4$,LP$=\frac{1}{2}\times(6-4\times1)=1$,VP$=BP+LP=5$,该分子中一个孤电子对处于平伏位置时,电子对的排斥力最小,所以 SF_4 的分子构型是不规则四面体形,如图 8-14(a)所示;ClF_3 中,$m=3$,LP$=\frac{1}{2}\times(7-3\times1)=2$,VP$=BP+LP=5$,该分子中两个孤电子对处于平伏位置时,电子对的排斥力最小,所以 ClF_3 的分子构型是 T 形,如图 8-14(b)所示;XeF_2 分子中,$m=2$,LP$=\frac{1}{2}\times(8-2\times1)=3$,VP$=BP+LP=5$,三个孤电子对处于平伏位置时,电子对的排斥力最小,所以 XeF_2 的分子构型是直线形,如图 8-14(c)所示。

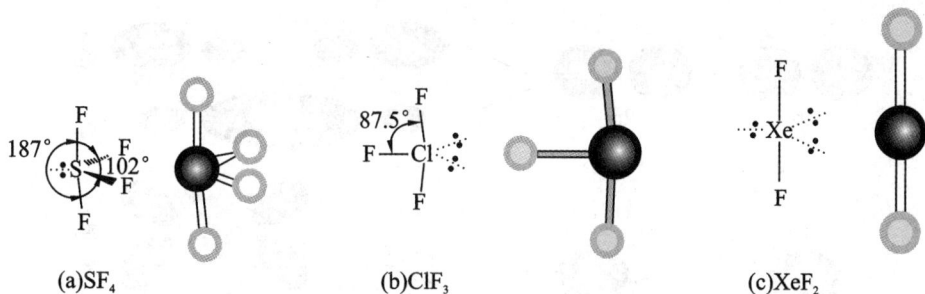

(a)SF_4　　　　　　(b)ClF_3　　　　　　(c)XeF_2

图 8-14　几种分子的空间构型

(5)SF_6、IF_5 与 XeF_4。SF_6 分子中没有未成对电子,$m=6$,SF_6 的分子构型是八面体形;IF_5 分子中,$m=5$,LP$=\frac{1}{2}\times(7-5\times1)=1$,VP$=BP+LP=6$,有一个孤电子对,$IF_5$ 的分子构型是四棱锥形;XeF_4 中,$m=4$,LP$=\frac{1}{2}\times(8-4\times1)=2$,VP$=BP+LP=6$,两个孤电子对处于直立对位时,电子对的排斥力最小,所以 XeF_4 的分子构型是正方形。

8.2.4　分子轨道理论

20 世纪 60 年代,把处理原子轨道的理论和方法推广到分子系统,从而形成了分子轨道理论(molecular orbital theory)，它可以解释一些价键理论不能解释的问题，如 O_2 分子的磁性问题、氢分子离子 H_2^+ 等。下面简要地介绍分子轨道理论及其简单的应用。

1. 基本要点

分子轨道理论的基本要点如下。

(1)在分子中电子不从属于某些特定的原子，而是在整个分子范围内运动，每个电子运动状态可以用波函数来描述，称为分子轨道(molecular orbital)。

(2)分子轨道由原子轨道线性组合而成，分子轨道的数目等于互相组合的原子轨道数目之和。组合成的分子轨道包含相同数目的成键分子轨道(bonding molecular orbital)和反键分子轨道(antibonding molecular orbital)或一定数目的非键轨道(nonbonding orbital)。

(3)成键分子轨道的能量一般比原子轨道能量低，反键分子轨道的能量一般比原子轨道能量高，非键轨道能量等于原子轨道能量。

(4)原子轨道组合成分子轨道时，应遵循能量近似原则、最大重叠原则、对称性匹配原则。

(5)每个分子轨道都有各自相应的能量，分子轨道中电子的排布遵循原子轨道电子排布规律，即泡利不相容原理、能量最低原理、洪特规则。

(6)根据原子轨道组合的方式不同，分子轨道分为 σ 分子轨道、π 分子轨道，电子进入 σ 或 π 分子轨道形成的化学键称为 σ 键或 π 键。

σ 分子轨道是指原子轨道以"头碰头"方式组合而形成的分子轨道，π 分子轨道是指原子轨道以"肩并肩"方式组合而形成的分子轨道。只有一个空间伸展方向的具有球形对称的 s 原子轨道与 s 原子轨道只能形成 σ 分子轨道，而有三个空间伸展方向的 p 原子轨道与 p 原子轨道可以形成 σ 分子轨道和 π 分子轨道。图 8-15 为原子轨道组合形成分子轨道的示意图。

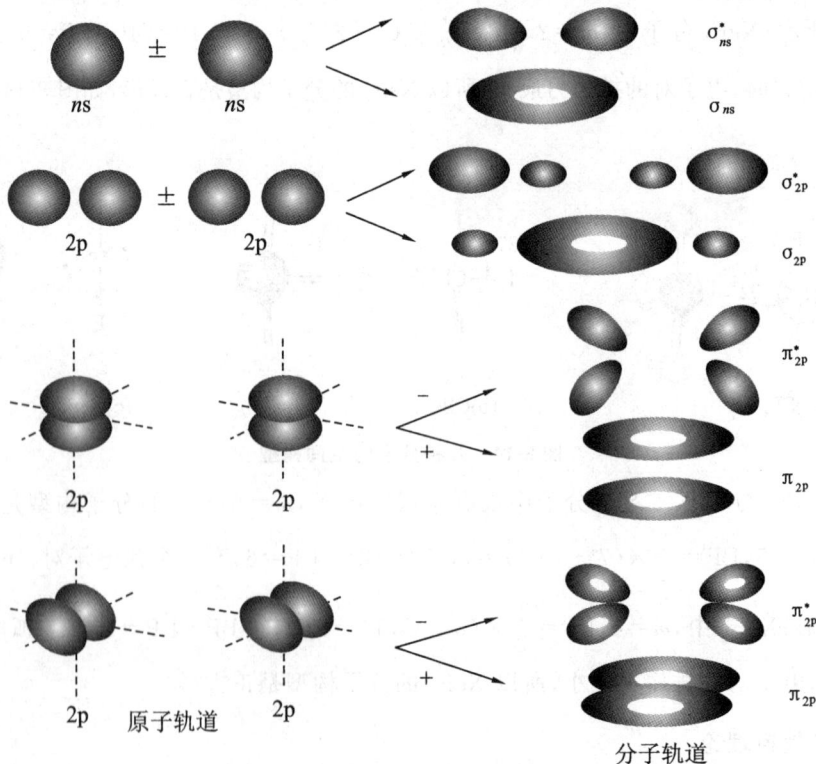

图 8-15　原子轨道组合形成分子轨道示意图

2. 应用举例

任意分子的每个分子轨道都有确定的能量。利用量子力学理论可以计算分子轨道的能量,但是该计算一般很复杂。目前主要借助光谱实验来确定分子轨道的能量。图 8-16 所示为第 2 周期元素组成的同核双原子分子相对能级。图 8-16(a)适用于 O_2 和 F_2 分子,图 8-16(b)适用于除 O_2 和 F_2 分子外的其他分子。

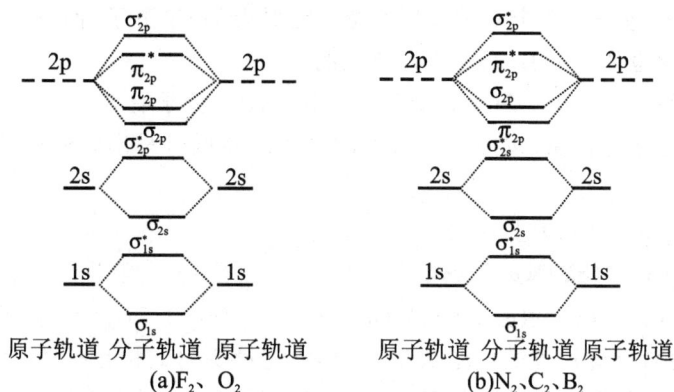

图 8-16　第 2 周期元素组成的同核双原子分子相对能量

下面应用分子轨道理论来描述同核双原子分子的结构。

(1)F_2 分子。F 原子的电子层结构为 $1s^2 2s^2 2p^5$,F_2 分子由两个 F 原子组成。实验证明,F_2 分子中的 18 个电子在各分子轨道中的分布为

$$F_2\left[(\sigma_{1s})^2(\sigma_{1s}^*)^2(\sigma_{2s})^2(\sigma_{2s}^*)^2(\sigma_{2p_x})^2(\pi_{2p_y})^2(\pi_{2p_z})^2(\pi_{2p_y}^*)^2(\pi_{2p_z}^*)^2\right]$$

其中 σ_{1s} 和 σ_{1s}^* 轨道上的电子为内层电子。量子力学认为,内层电子离核近,受到核吸引强,实际上对形成分子不起作用,也称非键电子。外层的 σ_{2s} 与 σ_{2s}^*、π_{2p_y} 与 $\pi_{2p_y}^*$、π_{2p_z} 与 $\pi_{2p_z}^*$ 中,一为成键,一为反键,能量变化一升一降相互抵消,对成键没有贡献。对成键起作用的是 σ_{2p_x} 轨道上的 2 个电子,$(\sigma_{2p_x})^2$ 表示 1 个 σ 键。因此,在 F_2 分子中 2 个 F 原子以 1 个 σ 键结合,这一点与价键理论的看法一致。

(2)O_2 分子。O 原子的电子层结构为 $1s^2 2s^2 2p^4$,O_2 分子由两个 O 原子组成。实验证明,O_2 分子中的 16 个电子在各分子轨道中的分布为

$$O_2\left[(\sigma_{1s})^2(\sigma_{1s}^*)^2(\sigma_{2s})^2(\sigma_{2s}^*)^2(\sigma_{2p_x})^2(\pi_{2p_y})^2(\pi_{2p_z})^2(\pi_{2p_y}^*)^1(\pi_{2p_z}^*)^1\right]$$

其中 σ_{1s} 和 σ_{1s}^* 轨道上的电子为内层电子。σ_{2s} 与 σ_{2s}^*,一为成键,一为反键,能量变化一升一降相互抵消,对成键没有贡献。对成键起作用的是 σ_{2p_x}、π_{2p_y}、π_{2p_z} 轨道上各 2 个电子,$\pi_{2p_y}^*$ 和 $\pi_{2p_z}^*$ 上各 1 个电子。由于 $\pi_{2p_y}^*$ 和 $\pi_{2p_z}^*$ 为简并轨道,最后 2 个电子填入该分子轨道时,需按洪特规则以自旋平行分占轨道;$(\sigma_{2p_x})^2$ 表示 1 个 σ 键,$(\pi_{2p_y})^2(\pi_{2p_y}^*)^1$ 和 $(\pi_{2p_z})^2(\pi_{2p_z}^*)^1$ 表示三电子 π 键。三电子 π 键中有未成对电子存在,可以解释 O_2 分子的顺磁性。解释 O_2 分子顺磁性是分子轨道理论的成功点之一。

(3)N_2 分子。N 原子的电子层结构为 $1s^2 2s^2 2p^3$,N_2 分子由两个 N 原子组成。实验证明,N_2 分子中的 14 个电子在各分子轨道中的分布为

$$N_2\left[(\sigma_{1s})^2(\sigma_{1s}^*)^2(\sigma_{2s})^2(\sigma_{2s}^*)^2(\pi_{2p_y})^2(\pi_{2p_z})^2(\sigma_{2p_x})^2\right]$$

其中 σ_{1s} 和 σ_{1s}^* 轨道上的电子为内层电子。σ_{2s} 与 σ_{2s}^* 一为成键,一为反键,能量变化一升一降相互抵消,对成键没有贡献。对成键起作用的是 π_{2p_y}、π_{2p_z} 和 σ_{2p_x} 轨道中各 2 个电子,$(\sigma_{2p_x})^2$ 表示 1 个 σ 键,$(\pi_{2p_y})^2$ 和 $(\pi_{2p_z})^2$ 各表示 1 个 π 键。所以在 N_2 分子中 2 个 N 原子以 1 个 σ 键和 2

个 π 键结合,这一点与价键理论的看法一致。

(4)C_2 与 B_2 分子。C 原子与 B 原子的电子层结构分别为 $1s^2 2s^2 2p^2$ 和 $1s^2 2s^2 2p^1$。实验证明,C_2 与 B_2 分子轨道中电子分布分别为

$$C_2\left[(\sigma_{1s})^2(\sigma_{1s}^*)^2(\sigma_{2s})^2(\sigma_{2s}^*)^2(\pi_{2p_y})^2(\pi_{2p_z})^2\right]$$

$$B_2\left[(\sigma_{1s})^2(\sigma_{1s}^*)^2(\sigma_{2s})^2(\sigma_{2s}^*)^2(\pi_{2p_y})^1(\pi_{2p_z})^1\right]$$

实验发现了 C_2 和 B_2 分子。2 个 C 原子以 2 个 π 键结合为 C_2 分子,而 B_2 分子是以 2 个未成对电子结合的,实验也证实了 B_2 分子是顺磁性的。

(5)He_2、Be_2 和 Ne_2 分子。He_2 分子有 4 个电子,Be_2 分子有 8 个电子,Ne_2 分子有 20 个电子,假如这三种分子都存在,按照分子轨道能量相对高低可写出它们的分子轨道中电子分布,分别为

$$He_2\left[(\sigma_{1s})^2(\sigma_{1s}^*)^2\right]$$

$$Be_2\left[(\sigma_{1s})^2(\sigma_{1s}^*)^2(\sigma_{2s})^2(\sigma_{2s}^*)^2\right]$$

$$Ne_2\left[(\sigma_{1s})^2(\sigma_{1s}^*)^2(\sigma_{2s})^2(\sigma_{2s}^*)^2(\sigma_{2p_x})^2(\pi_{2p_y})^2(\pi_{2p_z})^2(\pi_{2p_y}^*)^2(\pi_{2p_z}^*)^2(\sigma_{2p_x}^*)^2\right]$$

由于进入成键轨道与反键轨道的电子数目一样多,能量变化上相互抵消,因此从理论上推测 He_2、Be_2 和 Ne_2 分子是不存在的。事实上,He_2、Be_2 和 Ne_2 分子至今还没有发现。

3. 键级与键的强弱

分子轨道理论中引入一个键参数——键级,用来描述分子中化学键的强弱。键级定义为分子中净成键电子数的一半,即

$$键级 = \frac{净成键电子数}{2} = \frac{成键轨道上的电子数 - 反键轨道上的电子数}{2}$$

例如,N_2 的键级为 3,O_2 的键级为 2,H_2 的键级为 1。一般来说,键级越大,键能越大,分子越稳定。键级为零时,分子不可能存在。键级可以为分数,如 H_2^+ 的键级为 0.5。

需要指出,键级只能定性地推断键能大小,粗略地预测分子结构的稳定性。事实上,键级相同的分子其稳定性也可能有差别。

8.3　分子的极性与变形性

8.3.1　分子的极性

对于简单的双原子共价分子,键的极性就体现出分子的极性。例如,非极性共价键的 H_2、Cl_2、O_2 等分子都是非极性分子,而极性共价键的 HF、HCl、CO 等分子都是极性分子。对于多原子共价分子,就无法以键的极性来直接推断分子的极性。例如,H_2O 和 CO_2 分子都由 3 个原子和 2 个极性共价键组成,但 H_2O 是极性分子而 CO_2 是非极性分子。因此,分子的极性问题有必要深入地讨论。

任何分子都由带正电荷的原子核和带负电荷的核外电子组成,且正、负电荷数量相等,整个分子是电中性的。任何物体的质量可被认为集中在其重心上。这样,参照物理学中重心的概念,设想在任何分子中,每一种电荷(正电荷或负电荷)的量都集中于某一点,称其为"电荷中心"。如果某分子的正、负电荷中心不重合在同一点上,那么这两个中心又可看做分子的两个极(正极和负极),这种分子称为极性分子(polar molecule);如果某分子的正、负电荷中心重合于同一点,那么这种分子就是非极性分子(nonpolar molecule)。

依据上述观点很容易解释双原子分子的极性问题。由同种元素组成的分子(如 H_2、Cl_2、O_2 等)的正、负电荷中心重合,是非极性分子;由不同元素组成的分子(如 HF、HCl、CO 等),由于元素电负性的差异使正、负电荷中心不重合,则为极性分子。对于多原子分子,即使分子中含有极性共价键,如果分子的空间构型对称,正、负电荷中心可重合于一点,则分子为非极性分子,如 CO_2、CH_4 等;如果分子的空间构型不对称,正、负电荷中心不能重合于一点,则分子为极性分子,如 H_2O、CH_3Cl 等。因此,对于多原子分子,分子是否有极性取决于分子的组成和分子的几何构型。

特别强调,共价键的极性和共价分子的极性是两个不同的概念。根据相邻原子间共用电子对是否偏移来判断共价键的极性,而根据整个分子正、负电荷中心是否重合来判断分子的极性。

8.3.2　分子的偶极矩

分子极性的强弱通常用分子的偶极矩(dipole moment)来衡量。偶极矩(μ)定义为分子中电荷中心(正电荷或负电荷)上的电荷量(q)与正、负电荷中心距离(d)的乘积。即

$$\mu = qd$$

对于极性分子来说,正、负电荷中心所带的电荷量以及它们之间的距离不能分别测定,但分子的偶极矩的具体数值可以通过实验测得。偶极矩是矢量,既有数值又有方向,其数值的单位为库·米($C \cdot m$),数量级通常在 10^{-30} $C \cdot m$ 上,规定其方向是由正极到负极。如果通过实验测得某分子的偶极矩不为 0,则该分子为极性分子,并且数值越大,分子极性越强;如果测得分子的偶极矩为 0,则该分子为非极性分子。

此外,还可以根据偶极矩数值验证和推断某些分子的几何构型。例如,实验测得 BF_3 分子的偶极矩为 0,说明该分子为非极性分子,具有对称结构,由几何学原理可推断为平面正三角形构型。表 8-5 给出了部分分子的偶极矩与几何构型。

表 8-5　部分分子的偶极矩与几何构型

分子	$\mu/(10^{-30} \ C \cdot m)$	几何构型	分子	$\mu/(10^{-30} \ C \cdot m)$	几何构型
H_2	0	直线形	HF	6.4	直线形
N_2	0	直线形	HCl	3.61	直线形
CO_2	0	直线形	HBr	2.63	直线形
CS_2	0	直线形	HI	1.27	直线形
BF_3	0	平面三角形	H_2O	6.23	V 形
CH_4	0	正四面体	H_2S	3.67	V 形
CCl_4	0	正四面体	SO_2	5.33	V 形
CO	0.33	直线形	NH_3	5.00	三角锥形
NO	0.53	直线形	PH_3	1.83	三角锥形

8.3.3　分子的变形性

孤立的极性分子本身存在偶极,通常称这种偶极为固有偶极或永久偶极(permanent dipole)。孤立的非极性分子不存在偶极。如果把分子置于电场中,分子中的正、负电荷分布将会发生怎样的变化呢?设想将一个非极性分子和一个极性分子分别放到平行板电容器中间,则负极板吸引正电荷的原子核,正极板吸引带负电荷的电子云。这样非极性分子的电子

非极性分子
$\mu = 0$

μ(诱导)

极性分子
μ

$\mu + \mu$(诱导)

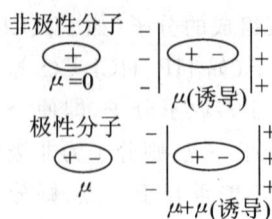

图 8-17　分子在电场中的变形极化

云与原子核发生相对位移,使正、负电荷中心彼此分离,分子出现偶极(极性);极性分子的偶极将会增强,如图 8-17 所示。这种因电场作用而使分子产生的偶极称为诱导偶极(induced dipole),用 μ(诱导)表示。在电场作用下,分子产生诱导偶极的过程称为分子的变形极化(polarization)。因电场的作用而使分子中电子云与核发生相对位移,分子外形发生变化的性质称为分子的变形性(molecular deformability)。一般来说,电场越强,分子的变形越显著,诱导偶极越大。当外电场撤除后,诱导偶极随即消失。

　　分子变形性大小用分子的诱导极化率来量度。单位电场中分子被极化而产生的诱导偶极矩称为分子的诱导极化率,简称极化率,用符号 α 表示,可通过实验测定。当电场一定时,极化率越大的分子,变形性也越大。

　　极性分子本身存在正、负两极,作为一个微电场,极性分子与极性分子之间或极性分子与非极性分子之间都会发生极化作用产生诱导偶极。这种极化作用对分子间作用力的产生具有重要的意义。

8.4　分子间作用力和氢键

8.4.1　分子间作用力

　　自然界中物质在固、液、气三态间的转化,表明组成物质的分子之间还存在相互作用,这种作用力被范德华(van der Waals)首先发现,故称范德华力(van der Waals force)。分子间作用力比化学键弱得多,并因分子间距离的增大而迅速减弱,却是决定物质熔点、沸点、溶解度等物理性质的一个重要因素。

　　1. 取向力

　　极性分子存在固有偶极。当两个极性分子相互靠近时,同极相斥,异极相吸,使分子发生相对的转动,按一定的取向排列,从而使系统处于比较稳定的状态。这种极性分子与极性分子之间固有偶极的取向及其静电引力称为取向力(orientation force),如图 8-18(a)所示。取向力的大小与分子极性强弱(或偶极矩的大小)和系统温度有关。分子的极性越强,取向力越大;系统温度越高,分子取向越困难,取向力越小。例如,硅烷(SiH_4)、磷化氢(PH_3)和硫化氢(H_2S),这三种分子的相对分子质量接近,都不存在氢键,但熔点和沸点相差较大,其原因就是三种分子偶极矩不同,偶极矩越大,取向力越大,熔点、沸点越高。

　　2. 诱导力

　　当极性分子与非极性分子相互靠近时,极性分子固有偶极形成的电场可使非极性分子发生变形极化而产生诱导偶极,这样极性分子固有偶极与非极性分子诱导偶极间的静电引力称为诱导力(induced force),如图 8-18(b)所示。极性分子与极性分子相互取向后,各自形成的电场也会使对方发生变形极化而产生诱导偶极,因此,诱导力也存在于极性分子与极性分子之间。诱导力的大小主要与极性分子极性的强弱和非极性分子变形性大小有关。极性分子偶极矩越大,非极性分子变形性越大,诱导力越大。例如,稀有气体在水中溶解度随周期数的增加而增大,其原因就是随周期数的递增,原子体积也递增,在水分子的固有偶极诱导下产生的诱导偶极逐渐增加,水分子与稀有气体间的诱导力逐渐增加。

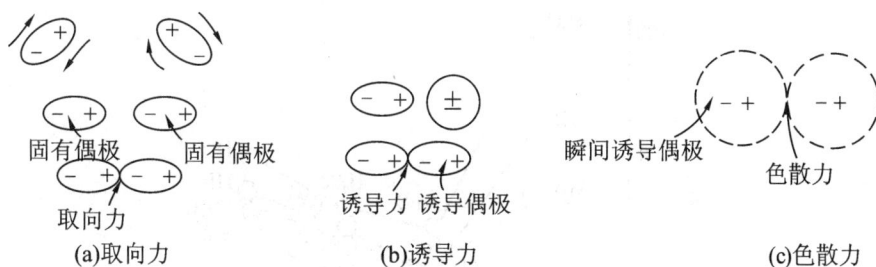

固有偶极　　固有偶极

取向力

(a)取向力

诱导力　诱导偶极

(b)诱导力

瞬间诱导偶极

色散力

(c)色散力

图 8-18　三种分子间作用力产生示意图

3. 色散力

任何分子中的电子都在不停地运动,原子核也在不停地振动。对非极性分子来说,虽然从宏观上看正、负电荷中心重合,但不停运动的电子和不停振动的原子核在某一瞬间的相对位移,使分子的正、负电荷中心暂时不重合,由此产生的偶极称为瞬间偶极(instantaneous dipole)。实际上,在极性分子中也存在瞬间偶极。瞬间偶极存在的时间尽管极为短暂,但不停地出现,异极相邻的状态也不断地重现,从而产生作用力。分子之间由于瞬间偶极而产生的作用力称为色散力(dispersion force),如图 8-18(c)所示。色散力的大小主要与分子相对分子质量和分子的变形性有关。例如,对于结构相似的同系物,随着相对分子质量递增,色散力逐渐增大,同系物的熔、沸点逐渐升高。

取向力、诱导力和色散力统称为分子间作用力。在非极性分子之间只存在色散力,在极性分子与非极性分子之间存在色散力和诱导力,在极性分子之间存在色散力、诱导力和取向力。可见,色散力存在于一切分子之间。实验表明,在除极性很大且分子间存在氢键之外,对大多数分子来说,色散力是分子间主要的作用力。三种力的相对大小一般为

色散力≫取向力＞诱导力

分子间作用力对物质的物理性质的影响是多方面的。除对物质的熔、沸点有影响外,分子间作用力对液体的互溶度,固、气态非电解质在液体中的溶解度以及共价型物质的硬度等都有影响。

8.4.2　氢键

当 H 原子与电负性较大而半径较小的原子(如 F、O、N 等)形成共价型氢化物时,由于原子间共用电子对强烈移动,H 原子几乎呈质子状态。这个 H 原子可和另一个电负性大且含有孤对电子的原子产生静电吸引作用,这种吸引力称为氢键(hydrogen bond)。例如,缔合分子$(HF)_n$ 中存在氢键,NH_3 与 H_2O 分子间存在氢键,某些分子内也可以形成氢键,如 HNO_3 分子。

用通式 X—H…Y 表示氢键,X、Y 为电负性大而原子半径小的非金属原子。X 和 Y 可以是同种元素,也可以是不同元素。氢键的存在很普遍,对它的研究也在逐渐深入,但目前关于氢键的键长有两种定义,为 X—H…Y 或 H…Y 的长度;键能为断开单位物质的量的H…Y键所需的能量。氢键具有方向性和饱和性。Y 原子与 X—H 接近时,将尽可能沿 X—H 键轴方向,从而使 X 与 Y 间的距离最远,形成的氢键最强,系统更稳定。若为分子内氢键,方向性就不严格。

氢键的强弱与分子间作用力相当,比化学键弱得多,但对物质的某些物理性质影响较大。例如,NH_3、H_2O 和 HF 的熔、沸点远高于其同系物,这就是氢键影响的结果。图 8-19 为 ⅣA～ⅦA族元素氢化物的熔点变化情况。存在氢键的液体,黏度较大;溶剂与溶质之间形成氢键,可提高物质的溶解度。

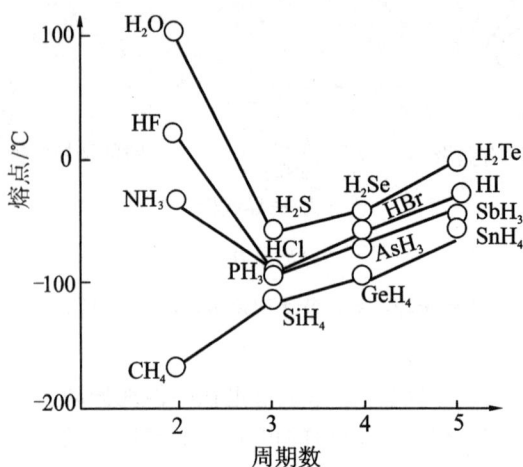

图 8-19　ⅣA～ⅦA 族元素氢化物的熔点变化

8.5　离子极化和变形性

8.5.1　离子极化

离子和分子一样,也有变形性。虽然孤立的简单离子带有电荷,但正、负电荷中心重合,不存在偶极。设想把离子放入电场中,依据分子极化理论,离子也会发生变形产生诱导偶极,这样的过程称为离子极化。在离子晶体中,每个带电粒子自身就可产生电场,因而离子极化现象普遍存在于离子晶体中。

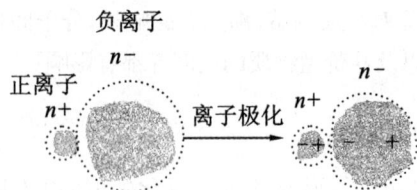

图 8-20　离子相互极化示意图

离子晶体中,正离子的电场可使负离子发生极化,即正离子吸引负离子的电子云,从而使负离子发生变形;同时,负离子的电场可使正离子发生极化,即负离子排斥正离子的电子云而使正离子发生变形,结果正、负离子都形成诱导偶极,如图 8-20 所示。显然,离子极化的强弱取决于离子的极化力和离子的变形性。

8.5.2　离子的极化力

正离子失去外层电子,离子半径较小,通常正离子的极化力占优势地位。离子极化力的强弱与离子的电荷、离子的半径及离子的电子构型等因素有关。离子电荷越多,半径越小,产生的电场越强,离子的极化力越强。当离子的电荷相同、半径相近时,离子的电子构型决定离子极化力的强弱。18 电子(如 Cu^+、Hg^{2+} 等)、18+2 电子(如 Sn^{2+}、Bi^{3+} 等)以及 2 电子(如 Li^+、Be^{2+})构型的离子具有最强极化力,9～17 电子(即过渡元素离子)构型的离子的极化力次之,8 电子(即简单离子)构型的离子的极化力最弱。

8.5.3　离子的变形性

负离子得到电子,离子半径较大,受正离子极化,负离子的变形性一般占优势地位。离子的变形性大小主要取决于离子半径大小,与离子电荷和离子的电子构型也有关系。通常离子的半径越大,变形性越大。对电子构型相同的离子,负离子的变形性大于正离子的变形性,如 $O^{2-}>F^->Ne>Na^+>Mg^{2+}>Al^{3+}>Si^{4+}$。离子电荷相同、离子半径相近时,18 电子、$18+2$ 电子、$9\sim17$ 电子构型的离子比稀有气体构型离子的变形性大得多。

离子的变形性大小也可用离子极化率来量度。与分子极化率的定义相似,离子在单位电场中被极化所产生的诱导偶极矩称为离子极化率(α)。在电场一定时,α 值越大,离子的变形性越大。

8.5.4 离子的相互极化作用

当正离子同负离子一样,也容易变形时,负离子被极化所产生的诱导偶极反过来诱导变形性大的非稀有气体型正离子,使正离子也发生变形,而正离子所产生的诱导偶极会加强正离子对负离子的极化能力,使负离子诱导偶极再增强,这种效应称为离子的相互极化作用(或称离子的附加极化作用),如图 8-21 所示。

离子极化对化学键的键型、晶体构型以及化合物性质有一定的影响。当极化力强、变形性又大的正离子与变形性大的负离子相互接触时,由于正、负离子相互极化作用显著,负离子的电子云便会向正离子方向偏移,同时,正离子的电子云也会发生相应的变形。这样导致正、负离子外层轨道不同程度地发生重叠,从而使核间距缩短,键的极性减弱,键型可能从离子键向共价键过渡。CuCl 的溶解度远小于 NaCl 的溶解度就是这个原因。

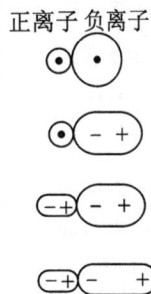

正离子 负离子

图 8-21 离子的相互极化示意图

8.6 晶 体 结 构

8.6.1 晶体内部(微观)结构简介

晶体又可分为单晶体(monocrystal)和多晶体(polycrystal)。晶体的扩散性与可压缩性均很差。

晶体与非晶体性质上的差异反映了两者内部结构的差别。应用 X 射线研究表明,晶体内部微粒(分子、离子或原子)的排列是有次序、有规律的,并在不同的方向上总是按照某种确定的规则重复地排列。这种有次序的周期性排列称为晶体的远程有序。

为了便于研究晶体中微粒的排列规律,法国晶体学家布喇菲(Bravais A.)提出:把晶体中规则排列的微粒抽象为几何学中的点,并称其为节点,节点的总和称为空间点阵(space lattice)。沿一定的方向按某种规则把节点连接起来,得到描述各种晶体内部结构的几何图形,就称为晶格。按照晶格节点在空间的位置,晶格可有多种形状。

在晶格中,能表现晶体结构一切特征的最小单位称为晶胞。晶胞与单位点阵相对应,是存在于晶体中的实际概念。晶胞的大小和形状可由平行六面体的 3 条边长 a、b、c 和 3 个夹角 α、β、γ 来描述,这 6 个值称为晶胞参数或点阵参数(lattice parameter)。按照晶胞参数之间的关系,可将晶体分为七大晶系和十四种晶格,见表 8-6。

表 8-6　七大晶系和十四种晶格

项目	简单格子	体心格子	面心格子	底心格子
立方晶系 $a=b=c$ $\alpha=\beta=\gamma=90°$	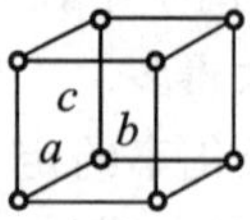 立方P	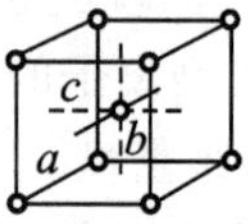 立方I	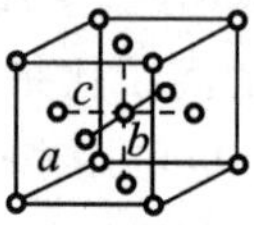 立方F	—
四方晶系 $a=b\neq c$ $\alpha=\beta=\gamma=90°$	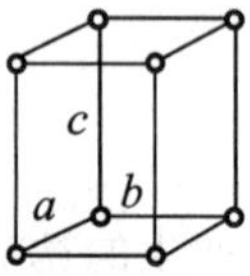 四方P	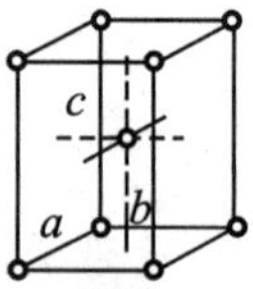 四方I	与体 心同	与简 单同
正交晶系 $a\neq b\neq c$ $\alpha=\beta=\gamma=90°$	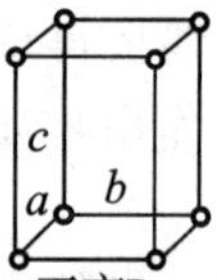 正交P	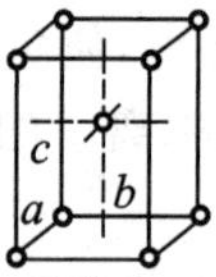 正交I	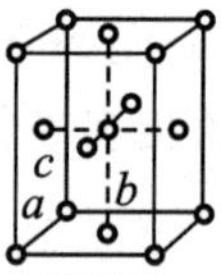 正交F	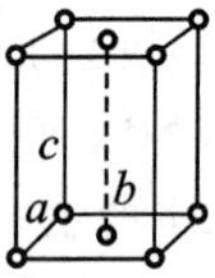 正交C
三方晶系 $a=b=c$ $\alpha=\beta=\gamma\neq90°$	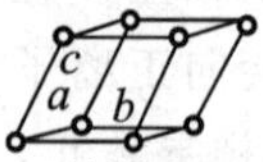 单斜P	—	与简 单同	—
单斜晶系 $a\neq b\neq c$ $\alpha=\gamma=90°$ $\beta\neq90°$	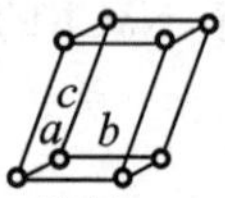 单斜P	与简 单同	与简 单同	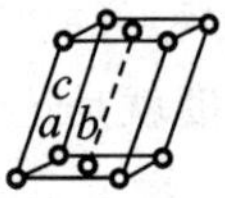 单斜C
三斜晶系 $a\neq b\neq c$ $\alpha\neq\beta\neq\gamma\neq90°$	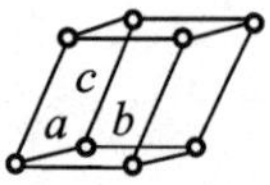 三斜P	与简 单同	与简 单同	与简 单同
六方晶系 $a=b\neq c$ $\alpha=\beta=90°$ $\gamma=120°$	—	—	—	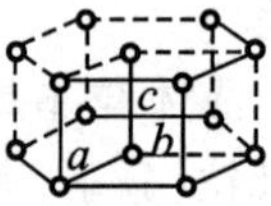 六方P

　　根据晶格节点上微粒的种类和微粒间结合力的不同,晶体又可分为离子晶体、金属晶体、分子晶体和原子晶体。

8.6.2　离子晶体及其性质

　　在离子晶体中,晶体节点上有规则地排列正、负离子,它们之间存在较强的静电引力,形成离子键,因而离子晶体一般熔点较高,硬度较大,质脆(由于晶体受到冲击力时,各层离子位置发生错动,吸引力大大减弱而易破碎),易溶于水,且水溶液或熔融状态下能导电,难于挥发。例如,NaCl 晶体是一种典型的离子晶体,如图 8-22(a)所示。在 NaCl 晶体中,Cl^- 和 Na^+ 按一定的规则在空间相隔排列着,每个 Cl^- 的周围有 6 个 Na^+,每个 Na^+ 周围有 6 个 Cl^-。晶体中与一个粒子相邻的其他粒子总数称为配位数。NaCl 晶体的配位数都为 6,Na^+ 和 Cl^- 数目比为 1∶1,其化学组成习惯以 NaCl 表示。

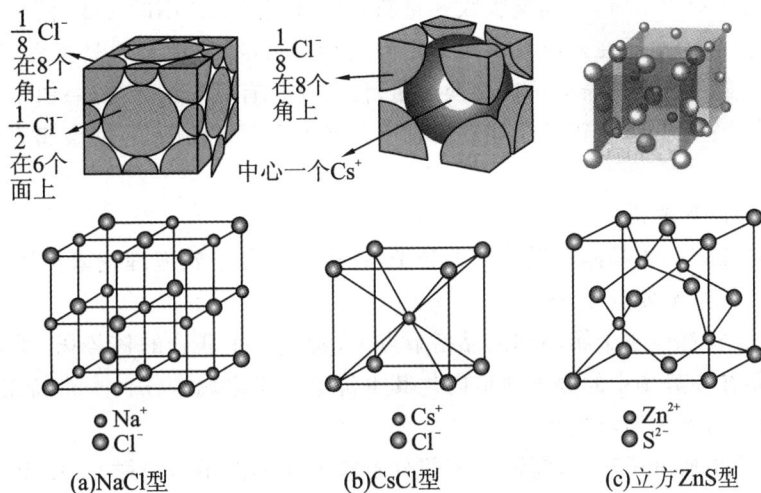

图 8-22 AB 型离子晶体的典型结构

AB 型离子晶体有三种典型的结构类型,分别为 NaCl 型、CsCl 型和立方 ZnS 型,如图8-19所示。

离子晶体的构型与外界条件有关。当外界条件改变时,晶体的构型也可能改变。例如 CsCl 晶体,在常温下是 CsCl 型,但在高温下可转化为 NaCl 型。这种化学组成相同而晶体构型不同的现象称为同质多晶现象。

离子化合物常温下一般为离子晶体。离子晶体的稳定性用晶格能来描述。影响晶格能大小的因素主要有离子电荷数与离子的半径。对于晶体构型相同的离子化合物,离子所带电荷越多,核间距越小,晶格能越大。

利用晶格能数据可以解释和预测离子晶体的某些物理性质。通常晶格能越大,离子晶体越稳定。晶格能可通过热化学计算或理论计算获得。

8.6.3 金属晶体及其性质

周期表中大多数元素是金属元素,室温下金属单质都是固体(汞除外),即金属晶体。金属晶体和许多合金通常显示出离子型物质和共价型物质所不具有的某些特性,如有金属光泽、优良的导热导电性,富有延展性等。利用金属键理论(metallic bond theory)可以解释金属的特性。目前有两种金属键理论:一种是应用共价键理论来研究金属晶体而形成的金属键的改性共价键理论,又称金属键的自由电子模型;另一种是应用分子轨道理论来研究金属晶体中原子间的结合力而逐步发展形成的金属键的能带理论(energy band theory)或固体能带理论,又称金属键的量子力学模型。

1. 金属键的改性共价键理论

同非金属元素原子相比,金属元素的原子半径较大,电负性和电离能较小,价电子容易脱离原子核的束缚。当很多金属原子聚集在一起形成金属晶体时,价电子可以自由地由一个原子运动到另一个原子,这样好像价电子为很多原子所共用,把这样的价电子称为自由电子,自由电子与金属离子间的作用力称为金属键(metallic bond),金属键没有方向性和饱和性,这种观点被称为金属键的改性共价键理论。

这种理论虽然简单,但可以定性地解释金属的大多数特征。例如,自由电子不受某种具有特征能量和方向的键的束缚,因而能吸收并重新发射很宽波长范围的光线,使金属晶体不透明且具有金属光泽;自由电子在外电场影响下定向流动形成电流,使金属具有良好的导电性;自由电子的运动和金属离子的振动可以交换热量,使金属具有良好的导热性;由于自由电子的存在,当外力作用于金属晶体时正离子间的滑动不会导致金属键的断裂,使金属表现出良好的延展性。

2. 金属键的能带理论

能带理论把任何一块晶体看做一个大分子,然后应用分子轨道理论来描述金属晶体内电子的运动状态。其基本要点如下。

(1)假设原子核都位于金属晶体内晶格节点上,构成一个联合的核势场,所有电子按照分子建造原理分布在核势场中的分子轨道内。其中价电子不隶属于任何一个特定的原子,可以在金属原子间运动,称为离域电子。

(2)原子轨道组成分子轨道,每两个相邻分子轨道间的能量差极微小,以至于实际能级无法分清楚。这样把由 n 条能级相同的原子轨道组成的能量几乎连续的 n 条分子轨道总称为能带(energy band)。

(3)按照组合能带的原子轨道能级以及电子在能带中分布的不同,将能带分为价带(valence band)、导带(conduction band)和禁带(forbidden energy gap)等。价带(又称满带)是指金属分子轨道中能量最高的全部充满电子的能带;导带(又称半满带)是指金属分子轨道中没有充满电子,且电子可在其中自由运动的高能量的能带;禁带是指金属晶体中能带和能带之间的区域,电子在该区域不能停留。各种能带的能量不同,不同禁带能量的大小用间隙能表示。间隙能越大,禁带越宽。金属中相邻的能带有时可以互相重叠。图 8-23 为金属锂和金属镁能带形成示意图。

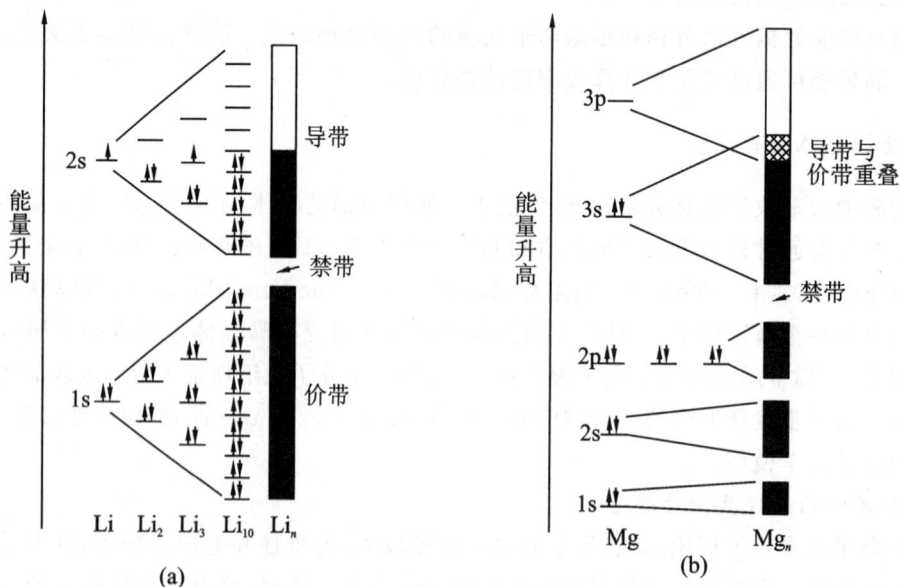

图 8-23　金属锂和金属镁能带形成示意图

能带的存在通过 X 射线衍射研究已被证实。利用能带理论可以阐明金属的一些特性。例如,在外加电场的作用下,金属导体内导带中的电子在能带中做定向运动,形成电流,所以金属能导电,如图8-24(a)所示。光照时导带中的电子可以吸收光能跃迁到能量较高的能带上,当电子跃回时把吸收的能量又射出来,使金属具有金属光泽。局部加热时,电子运动和核的振动可以传热,使金属具有导热性。受机械力作用时,原子在导带中电子的润滑下可以相互滑动而不破坏能带,使金属具有延展性。

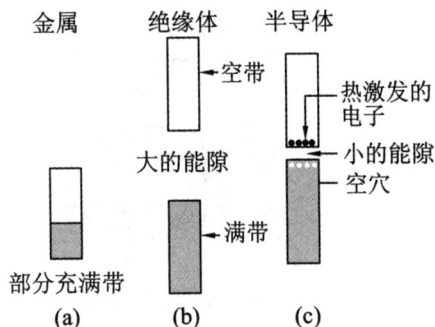

图 8-24　导体、绝缘体和半导体的能带示意图

半导体与绝缘体的能带特征相似,但禁带的间隙能大小有差别。半导体的间隙能一般小于 3 eV,绝缘体的间隙能一般大于 5 eV,如图 8-24(b)(c)所示。在有外电场作用时,绝缘体价带上电子难以越过禁带而跃迁到导带,但对半导体,由于禁带较窄,价带上电子容易越过禁带跃迁到导带,从而增强导电能力。另外,温度升高,半导体的导电能力剧增,也是由于半导体禁带间隙能较小。

3. 金属晶体的内部结构

金属原子只有少数的价电子参与成键,为了形成稳定的金属晶体,金属原子将倾向于最紧密的方式堆积起来,使每个原子都被较多的原子所包围,因此金属晶体的配位数较大,金属单质的密度也较大。利用 X 射线衍射实验已经证实了金属密堆积构型。

金属密堆积构型有三种:六方密堆积、体心立方密堆积和面心立方密堆积,如图 8-25 所示。

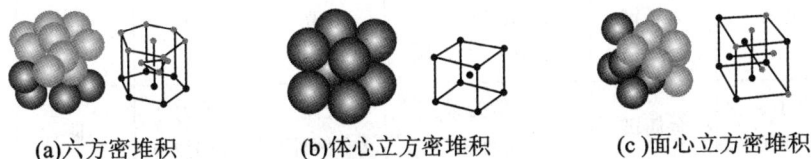

(a)六方密堆积　　　　(b)体心立方密堆积　　　　(c)面心立方密堆积

图 8-25　金属晶体的密堆积构型

8.6.4　分子晶体与原子晶体

1. 分子晶体

凡靠分子间作用力(有时还可能是氢键)结合而成的晶体统称为分子晶体。分子晶体晶格节点上排列的是分子(或稀有气体单原子分子)。图 8-26 为固体 CO_2(即干冰),是一种典型的分子晶体。C 原子和 O 原子以共价键结合成 CO_2 分子,再以整个 CO_2 分子占据晶格节点位置。不同的分子晶体,分子的排列方式可能不同,但分子之间都以分子间作用力结合。

分子间作用力比离子键、共价键弱得多,因此,分子晶体物质一般熔点低,硬度小,易挥发,不导电。大多数非金属单质、稀有气体和非金属之间的化合物及大部分有机化合物,在固态时都是分子晶体。有些分子晶体中还存在氢键,如冰、草酸、硼酸等。

2. 原子晶体

在晶体中,晶格节点上排列着原子,原子之间通过共价键结合,这样的晶体称为原子晶体。图 8-27 所示为金刚石的晶体结构。在金刚石晶体中,每个 C 原子以 sp^3 杂化形式与相邻的 4

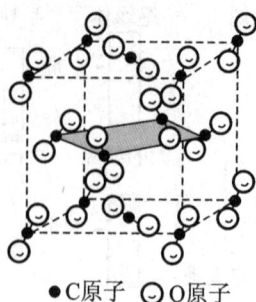

●C原子 ○O原子

图 8-26　干冰的晶体结构

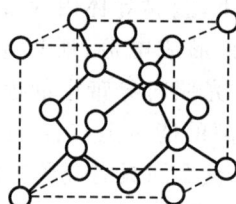

图 8-27　金刚石的晶体结构

个 C 原子结合,形成 4 个等同 C—Cσ 键,把晶体内所有 C 原子连接成一个整体。原子晶体中不存在独立的分子。

单质硅、单质硼、碳化硅(SiC)、石英(SiO_2)、碳化硼(B_4C)、氮化硼(BN)、氮化铝(AlN)等属于原子晶体。

原子晶体以共价键结合,因此晶体的熔点高,硬度大,即使融化也不导电。金刚石是硬度最大的物质,硬度定为 10 级,其他物质的硬度是与金刚石比较而得到的。

四种晶体的结构特征和性质特征见表 8-7。

表 8-7　四种晶体的结构特征和性质特征

类型	结 构 特 征			性 质 特 征			
	晶格节点上的粒子种类	粒子间作用力	粒子在晶体中堆积方式	熔、沸点	硬度	延展性	导电性
离子晶体	正、负离子	离子键	一般负离子为最密堆积,正离子填入空隙中	较高	较大	差	差(但熔融或水溶液能导电)
金属晶体	原子、正离子	金属键	一般为最密堆积	较高(有例外)	较大(有例外)	良	良
分子晶体	分子	分子间作用力、氢键	球形或接近球形的分子为最密堆积	低	小	差	差(有些极性分子水溶液能导电)
原子晶体	原子	共价键	都不是最密堆积,空间利用率和配位数低	高	大	差	差

知 识 拓 展

莱纳斯·鲍林:用杂化轨道与共振论
重塑化学世界的科学巨匠

习　题

扫码做题

一、填空题

1. 根据原子轨道重叠的方式的不同,在 C_2H_4 分子中,C 与 H 之间形成＿＿＿＿键,C 与 C 之间形成＿＿＿＿和＿＿＿＿键。

2. CCl_4、NH_3、$HgCl_2$ 和 BF_3 的中心原子在成键时采用的杂化轨道方式依次为＿＿＿＿、＿＿＿＿、＿＿＿＿和＿＿＿＿,它们的空间构型依次为＿＿＿＿、＿＿＿＿、＿＿＿＿和＿＿＿＿。

3. 原子轨道线性组合成分子轨道时,必须符合的三个原则是＿＿＿＿、＿＿＿＿和＿＿＿＿。

4. CO 与 N_2 是等电子体,可根据 N_2 的分子轨道图来确定 CO 的分子轨道电子的分布,则其分布式为＿＿＿＿,键级为＿＿＿＿,呈＿＿＿＿磁性,其稳定性比 CO＿＿＿＿。

5. 离子相互极化使 Hg^{2+} 与 S^{2-} 结合生成的化合物的键型由＿＿＿＿向＿＿＿＿转化,化合物的晶型由＿＿＿＿向＿＿＿＿转化,该物质的熔点＿＿＿＿,颜色＿＿＿＿,溶解度＿＿＿＿。

6. 金属晶体最常见的三种堆积方式为＿＿＿＿、＿＿＿＿和＿＿＿＿。

二、简答题

1. 键能、键解离能和原子化能有何区别和联系?

2. 以 O_2 分子为例,说明价键理论与分子轨道理论的优、缺点。

3. 离子键的键能和晶格能的含义是否相同?

4. 原子轨道在形成化学键时为什么要进行杂化?

5. 用杂化轨道理论解释 BCl_3 是平面三角形分子而 NCl_3 是三角锥形分子。

6. 写出 O_2^+、O_2、O_2^-、O_2^{2-}、O_2^{3-} 的分子轨道电子分布式,计算其键级,比较其稳定性,并说明其磁性。

7. 应用同核双原子分子轨道能级图,写出下列分子或离子的分子轨道电子分布式,计算其键级,并推断它们是否可以存在。

H_2^+,He_2^+,C_2,Be_2,B_2,N_2^+,O_2^+。

8. 指出下列化合物的中心原子可能采用的杂化轨道类型,并预测其分子的几何构型。

CO_2,H_2S,BBr_3,PH_3,SiH_4,$SnCl_2$,CCl_2F_2,SF_6。

9. 已知 NaF 中键的离子性比 CsF 小,但 NaF 的晶格能比 CsF 大。请解释。

10. 比较下列各组分子键角的大小,并简述理由。

(1)CF_4 与 PF_3;　　(2)$HgCl_2$ 与 BCl_3;　　(3)OF_2 与 Cl_2O;

(4)PF_3 与 NF_3;　　(5)SiF_4 与 SF_6;　　(6)H_2O 与 NH_3。

11. 指出下列物质在晶体中质点间的作用力、晶体类型、熔点高低。

NaCl,CO_2,SiC,CH_3Cl,SiO_2,N_2,NH_3,Cu,Kr。

12. 判断下列各组分子之间存在何种形式的分子间作用力。

(1)CS_2 与 CCl_4;　　(2)H_2O 与 N_2;　　(3)CH_3Cl 与 CH_3OH;

(4)H_2O 与 NH_3;　　(5)$C_2H_5OC_2H_5$;　　(6)CH_3COOH。

13. 解释下列实验现象:

(1)$BeCl_2$ 的熔点低于 $MgCl_2$;　　　　(2)CaO 的熔点高于 BaO;

(3)NaF 的熔点高于 NaCl;　　　　(4)$FeCl_3$ 的熔点低于 $FeCl_2$;

(5)金刚石比石墨硬度大；　　　　　　　(6)$SiCl_4$ 比 CCl_4 易水解。

14. 试用离子极化理论预测下列化合物的溶解度的相对大小。

(1)$BeCl_2$、$CaCl_2$、$HgCl_2$；　　　　　(2)ZnS、CdS、HgS；

(3)$LiCl$、KCl、$CuCl$；　　　　　　(4)PbF_2、$PbCl_2$、PbI_2。

第9章　配合物与配位平衡

内容提要

本章在物质结构基本理论的基础上,介绍关于配位化合物和配位滴定的基本知识和基础理论。重点介绍配位化合物的定义、组成、类型、命名法和基本性质,用价键理论和晶体场理论讨论配位键的本质及其对配离子的形成、空间构型和配合物性质的一些解释,在此基础上讨论配位化合物在溶液中的稳定常数和条件稳定常数、配位滴定原理以及配合物和配位滴定的应用。

基本要求

※ 掌握配合物的基本概念、组成和命名。

※ 熟悉配合物的价键理论,并能用其解释配合物的磁性、空间构型、稳定性等性质。

※ 了解晶体场理论的要点、八面体场中 d 轨道的分裂、分裂能和稳定化能、EDTA 及其螯合物的分析特性。

※ 掌握配位平衡稳定常数、条件稳定常数和副反应系数的有关计算。

※ 了解金属指示剂的作用原理、常用金属指示剂的使用条件及配位滴定的应用。

※ 熟悉配位滴定曲线和滴定突跃。

建议学时

10 学时。

配位化合物(coordination compound)简称配合物,是一类非常重要的化合物。最早见于文献的配合物是 18 世纪初普鲁士人狄斯巴赫(Diesbach J. J.)在制备美术颜料时发现的普鲁士蓝(即亚铁氰化铁 $Fe_4[Fe(CN)_6]_3$)。但真正标志配合物被开始研究的是 1798 年法国化学家塔索尔特(Tassert B. M.)发现的 $CoCl_3 \cdot 6NH_3$,19 世纪后人们又陆续发现了许多配合物,积累了更多的实验事实。1893 年瑞士化学家维尔纳(Werner A.)提出了配位理论,奠定了配位化学的基础。1940 年以后,分离技术、配合催化和生物无机化学以及近代化学键理论的发展乃至社会生产和科学技术的发展推动了配位化学的发展。

然而,在很长时期内建立在配位平衡基础上的配位滴定并未得到很大的发展,这是因为大多数无机配位剂与被测物质之间存在不确定的化学计量关系,1945 年瑞士化学家施瓦岑巴赫(Schwarzenbach G.)提出以 EDTA 为代表的一系列氨羧配位剂,配位滴定法才得到广泛的应用。迄今为止,元素周期表中的大多数金属元素和部分非金属元素可以使用配位滴定法进行测定。

目前,配位化学已经渗透到有机化学、分析化学、结构化学、催化动力学、量子化学和生命科学等多个领域,其研究成果在冶金、电镀、分离技术、照相、制革、食品、医药、环保等领域应用广泛,在原子能、火箭、生命过程奥秘探索、化学模拟固氮等尖端技术领域也有重要作用,已成为世界范围内研究工作中极为活跃的学科领域。配合物的数量已超过一般无机化合物,约占无机物总数的 75%。随着社会的发展、科学技术水平的提高,配位化学将在解决国民经济中的实际问题和发展化学键的理论方面不断作出新的贡献。

9.1　配合物的基本概念

9.1.1　配合物的定义、组成

1. 配合物的定义

常见的简单化合物中，H_2O、HCl、NH_3 等是共价型化合物，而 $NaCl$、$CuSO_4$、KNO_3、$Al_2(SO_4)_3$ 等由离子键结合而成，这些简单化合物都是符合经典的化学键理论的。这些简单化合物可以相互结合形成某些复杂的化合物。例如，向 $CuSO_4$ 溶液中滴加氨水，开始有蓝色的碱式硫酸铜沉淀 $Cu_2(OH)_2SO_4$ 生成。当氨水过量时，蓝色沉淀消失，变成深蓝色的溶液。向该深蓝色溶液中加入乙醇，立即有深蓝色晶体析出，通过化学分析确定其组成为 $CuSO_4 \cdot 4NH_3 \cdot H_2O$。向由该晶体配制的溶液中滴加稀 $NaOH$ 溶液，无蓝色的 $Cu(OH)_2$ 沉淀析出，说明该溶液中几乎不存在 Cu^{2+}；若向该溶液中滴加 $BaCl_2$ 溶液，则出现白色的 $BaSO_4$ 沉淀，说明溶液中存在 SO_4^{2-}。溶液导电实验证明该溶液中主要存在两种离子：SO_4^{2-} 和复杂离子 $[Cu(NH_3)_4]^{2+}$。利用 X 射线结构分析技术确知该复杂离子由 4 个 NH_3 与 1 个 Cu^{2+} 结合而成，这种复杂离子称为配离子(complexion)。例如：

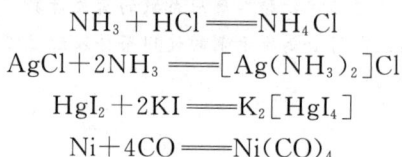

$$NH_3 + HCl \rightleftharpoons NH_4Cl$$
$$AgCl + 2NH_3 \rightleftharpoons [Ag(NH_3)_2]Cl$$
$$HgI_2 + 2KI \rightleftharpoons K_2[HgI_4]$$
$$Ni + 4CO \rightleftharpoons Ni(CO)_4$$

根据现代结构理论可知，$[Cu(NH_3)_4]^{2+}$、$[Ag(NH_3)_2]^+$、$[HgI_4]^{2-}$、$[Ni(CO)_4]$ 等是靠配位键结合起来的。这一类不符合经典化学键理论，靠配位键结合组成的复杂化合物，称为配合物。中国化学会在 1979 年将配合物定义如下：配合物是由可以给出孤电子对或多个不定域电子的一定数目的离子或分子(称为配体)和具有接受孤电子对或多个不定域电子的空位原子或离子(统称中心原子)按一定的组成和空间构型所形成的化合物。这与 1980 年国际纯粹与应用化学联合会(International Union of Pure and Applied Chemistry，IUPAC)对配合物的定义基本相同。

$[Cu(NH_3)_4]^{2+}$、$[Co(NH_3)_6]^{3+}$、$[Co(NH_3)_5H_2O]^{3+}$、$[HgI_4]^{2-}$、$[Ag(NH_3)_2]^+$ 等复杂离子中都含有配位键，都是配离子。由它们组成的相应化合物(如 $[Cu(NH_3)_4]SO_4$、$[Co(NH_3)_6]Cl_3$、$[Co(NH_3)_5H_2O]Cl_3$、$K_2[HgI_4]$ 和 $[Ag(NH_3)_2]Cl$ 等)都是配合物。

复盐是由两种或两种以上的同种晶形的简单盐类所组成的化合物。如明矾 $KAl(SO_4)_2 \cdot 12H_2O$ 就是复盐，在明矾晶体中存在 K^+、Al^{3+}、SO_4^{2-} 和 H_2O 等简单离子或分子，其水溶液犹如简单无机盐 K_2SO_4 和 $Al_2(SO_4)_3$ 的混合水溶液。复盐晶体中不含配离子，因而复盐不是配合物。

2. 配合物的组成

配合物是由内界和外界两部分组成的，结构如图 9-1 所示。内界为配合物的特征部分，是中心离子和配体之间通过配位键结合而成的一个相当稳定的整体，在配合物的化学式中以方括号标明。方括号外的离子，离中心较远，构成外界。内界与外界之间以离子键结合，溶于水时配合物解离为内界和外界两部分。需要注意的是，有些配合物不存在外界，如 $[PtCl_2(NH_3)_2]$、$[CoCl_3(NH_3)_3]$ 等。

$$[Cu(NH_3)_4]SO_4 \qquad\qquad K_4[Fe(CN)_6]$$

内界　　　外界 　　　　　　　外界　　　内界

$[Cu(NH_3)_4]^{2+}$　　SO_4^{2-} 　　　　$(K^+)_4$　　$[Fe(CN)_6]^{4-}$

中心离子　配体 　　　　　　　中心离子　　配体

Cu^{2+}　　$(NH_3)_4$ 　　　　　　Fe^{2+}　　$(CN^-)_6$

配位原子　配位数 　　　　　　配位原子　　配位数

(a) 　　　　　　　　　　(b)

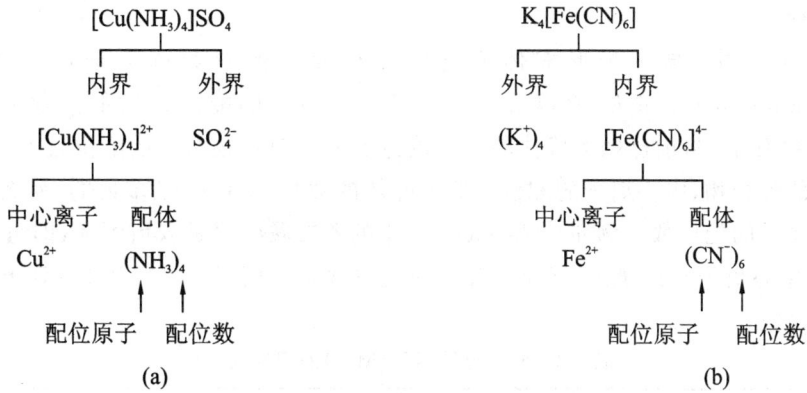

图 9-1　配合物的组成

配合物的内界由形成体和配体以配位键结合而成。

1)形成体

中心离子或中心原子统称为配合物的形成体。中心离子绝大多数是正离子,其中以过渡金属离子居多,如 Fe^{3+}、Cu^{2+}、Co^{2+}、Ag^+ 等;少数高氧化数的非金属离子也可作为中心离子,如 $[BF_4]^-$、$[SiF_6]^{2-}$ 中的 B(III)、Si(IV)等。

2)配体和配位原子

在配合物中与形成体结合的离子或中性分子称为配位体,简称配体(complexing agent, ligand),如 $[Cu(NH_3)_4]^{2+}$ 中的 NH_3、$[Fe(CN)_6]^{3-}$ 中的 CN^- 等。在配体中提供孤对电子与形成体形成配位键的原子称为配位原子,如配体 NH_3 中的 N。常见的配位原子为电负性较大的非金属原子 N、O、S、C 和卤素等原子。由形成体结合一定数目的配体所形成的结构单元称为配位个体,如 $[Cu(NH_3)_4]^{2+}$、$[Ni(CO)_4]$ 等,凡含有配位个体的化合物统称为配合物。

根据一个配体中所含配位原子数目的不同,可将配体分为单齿配体(monodentate ligand, unidentate ligand)和多齿配体(polydentate ligand, multidentate ligand)。单齿配体是只含有一个配位原子的配体,可提供一对孤对电子与形成体成键,如 NH_3、OH^-、Br^-、Cl^-、I^-、CN^-、SCN^- 等。多齿配体是一个配体中含有两个或两个以上的配位原子的配体,如草酸根($C_2O_4^{2-}$)、氨基乙酸(NH_2CH_2COOH)、乙二胺四乙酸(ethylene diamine tetraacetic acid, EDTA)、乙二胺(ethylene diamine, en)等。常见配体和配位原子见表 9-1。

表 9-1　常见配体和配位原子

类型	中性分子		负离子			
	配体	配位原子	配体	配位原子	配体	配位原子
单齿配体	H_2O　水	O	F^-　氟	F	CN^-　氰	C、N
	NH_3　氨	N	Cl^-　氯	Cl	ONO^-　亚硝酸根	O
	CO　一氧化碳	C	Br^-　溴	Br	SCN^-　硫氰酸根	S
	CH_3NH_2　甲胺	N	I^-　碘	I	NCS^-　异硫氰酸根	N
			OH^-　氢氧根	O		
多齿配体	乙二胺(en)		邻菲罗啉(o-Phen)		联吡啶(bpy)　乙二胺四乙酸(H_4EDTA)	

3)配位数

在配位个体中,与一个形成体成键的配位原子的总数称为该形成体的配位数(coordination number)。例如,在$[Cu(NH_3)_4]^{2+}$中,Cu^{2+}的配位数为4,$[CoCl_3(NH_3)_3]$中Co^{3+}的配位数为6。目前已知形成体的配位数为1～14,其中最常见的配位数为6和4。由单齿配体形成的配合物,中心离子的配位数等于配体的数目;若配体是多齿的,那么配体的数目不等于中心离子的配位数。例如,$[Cu(en)_2]^{2+}$中的乙二胺(en)是双齿配体,即每一个en有2个N原子与中心离子Cu^{2+}配位,在此,Cu^{2+}的配位数是4而不是2。表9-2列出一些常见金属离子的配位数。

表 9-2 常见金属离子(M^{n+})的配位数(n)

M^+	n	M^{2+}	n	M^{3+}	n	M^{4+}	n
Cu^+	2、4	Cu^{2+}	4、6	Fe^{3+}	6	Pt^{4+}	6
Ag^+	2	Zn^{2+}	4、6	Cr^{3+}	6		
Au^+	2、4	Cd^{2+}	4、6	Co^{3+}	6		
		Pt^{2+}	4	Sc^{3+}	6		
		Hg^{2+}	2、4	Au^{3+}	4		
		Ni^{2+}	4、6	Al^{3+}	4、6		
		Co^{2+}	4、6				

形成体配位数的大小一般取决于形成体和配体的性质(如电荷、半径和核外电子分布等)。由表9-2可见,中心离子正电荷越多,配位数越大,因此中心离子对配体的吸引能力越强,越容易形成高配位。中心离子半径较大时,其周围可容纳较多的配体,易形成高配位(第5、6周期的原子或离子易形成高配位),但中心离子半径过大时,它对配体的吸引力减小,有时配位数反而减少,如$[HgCl_4]^{2-}$中Hg^{2+}(101 pm)只能形成配位数为4的配离子。配体的负电荷越多,虽然增加了与中心离子的引力,但同时也增加了配体之间的斥力,配位数反而减小,如$[SiO_4]^{4-}$中Si的配位数比$[SiF_6]^{2-}$中Si的配位数小。配体的半径增大时,中心离子周围可容纳配体减少,故配位数减小,如$[AlCl_4]^-$与$[AlF_6]^{3-}$。

影响配位数的因素还有配体浓度、反应温度等,配体浓度大、反应温度低时,易形成高配位配合物。

4)配离子的电荷

形成体和配体电荷的代数和即为配离子的电荷。例如,$K_3[Fe(CN)_6]$中配离子的电荷可根据Fe^{3+}和6个CN^-电荷的代数和判定为−3,也可根据配合物的外界离子(3个K^+)电荷判定$[Fe(CN)_6]^{3-}$的电荷为−3。常见配离子的电荷如表9-3所示。

表 9-3 常见配离子的电荷

配合物	$[Co(NH_3)_6]Cl_3$	$K_2[HgI_4]$	$[Ag(NH_3)_2]Cl$	$K_3[Fe(CN)_6]$	$[Cu(en)_2]SO_4$
配离子的电荷	+3	−2	+1	−3	+2

9.1.2 配合物的命名和类型

1. 命名

配合物的命名方法基本上遵循无机化合物的命名原则,在命名时都是负离子名称在前,正离子名称在后。

若为配位正离子化合物,则称为"某化某"或"某酸某",如配位正离子化合物$[CrCl_2(H_2O)_4]Cl$、$[Ag(NH_3)_2]OH$ 和$[Cu(NH_3)_4]SO_4$ 分别命名为氯化二氯·四水合铬(Ⅲ)、氢氧化二氨合银(Ⅰ)和硫酸四氨合铜(Ⅱ)。可以看出,配离子和外界之间都加"化"或"酸",类似于氢氧化钠、氯化钠和硫酸铜的命名。若为配位负离子化合物,则在配位负离子与外界正离子之间用"酸"字连接,若外界为氢离子,则在配位负离子之后缀以"酸"字即可,如配位负离子化合物 $K_2[PtCl_6]$ 和 $H_2[PtCl_6]$ 分别命名为六氯合铂(Ⅳ)酸钾和六氯合铂(Ⅳ)酸,配离子和外界之间都加"酸",类似于硫酸钾和硫酸的命名。

根据中国化学会无机化学专业委员会所定的无机物命名原则的规定,按照下列顺序依次命名配离子的内界组成:[配体数-配体名称-"合"-中心原子(中心原子的氧化数)]。用带括号的罗马数字表示形成体的氧化数。此外,不同配体名称之间以"·"分开。例如:

$[CrCl_2(H_2O)_4]Cl$	氯化二氯·四水合铬(Ⅲ)
$K[PtCl_3NH_3]$	三氯·氨合铂(Ⅱ)酸钾
$K[PtCl_3(C_2H_4)]$	三氯·乙烯合铂(Ⅱ)酸钾
$[PtCl_4(NH_3)_2]$	四氯·二氨合铂(Ⅳ)
$H_2[SiF_6]$	六氟合硅(Ⅳ)酸
$K_4[Fe(CN)_6]$	六氰合铁(Ⅱ)酸钾

在命名时还须注意以下几点。

(1)同类配体的名称按配位原子元素符号的英文字母顺序排列,如$[Co(NH_3)_5H_2O]Cl_3$命名为三氯化五氨·一水合钴(Ⅲ)。

(2)如配位原子相同,含原子数目少的在前;配位原子相同,且配体中含原子数目又相同,按非配位原子的元素符号英文字母顺序排列,如$[PtNH_2(NO_2)(NH_3)_2]$ 和$[PtCl(NO_2)(NH_3)_4]CO_3$分别命名为氨基·硝基·二氨合铂(Ⅱ)和碳酸一氯·硝基·四氨合铂(Ⅳ)。

(3)带倍数词头的无机含氧酸根负离子配体,命名时要用括号括起来,即使不含倍数词头,但含有一个以上代酸原子,也要用括号,如 $Na_3[Ag(S_2O_3)_2]$ 和 $K[CoCl(SCN)_2(en)_2]$ 分别命名为二(硫代硫酸根)合银(Ⅰ)酸钠和一氯·二(硫氰酸根)·二(乙二胺)合钴(Ⅲ)酸钾。

(4)某些易混淆的酸根依配位原子的不同而分别命名。如—ONO(O 为配位原子)称亚硝酸根,而—NO_2(N 为配位原子)称硝基;—SCN(S 为配位原子)称硫氰酸根,—NCS(N 为配位原子)称异硫氰酸根。如 $[Co(NO_2)_3(NH_3)_3]$ 和 $NH_4[Cr(NCS)_4(NH_3)_2]$ 分别命名为三硝基·三氨合钴(Ⅲ)和四(异硫氰酸根)·二氨合铬(Ⅲ)酸铵。

2. 配合物的类型

1)简单配合物

简单配合物是一类由单齿配体(如 NH_3、H_2O、X^- 等)有规律地排列在中心离子周围,与其直接配位形成的配合物,如$[Cu(NH_3)_4]SO_4$、$[Ag(NH_3)_2]Cl$、$K_2[PtCl_4]$和 $Na_3[AlF_6]$等。另外,大量水合物实际上也是以水为配体的简单配合物,这类配合物也称为维尔纳型配合物,一般没有环状结构。例如:

$CuSO_4 \cdot 5H_2O$	$[Cu(H_2O)_4]SO_4 \cdot H_2O$
$FeSO_4 \cdot 7H_2O$	$[Fe(H_2O)_6]SO_4 \cdot H_2O$
$CrCl_3 \cdot 6H_2O$	$[Cr(H_2O)_6]Cl_3$

2)螯合物

螯合物(chelate,旧称内络盐)是由中心离子和多齿配体结合而成的具有环状结构的配合物。例如,Cu^{2+} 与两个乙二胺形成两个五原子环的螯合离子 $[Cu(en)_2]^{2+}$:

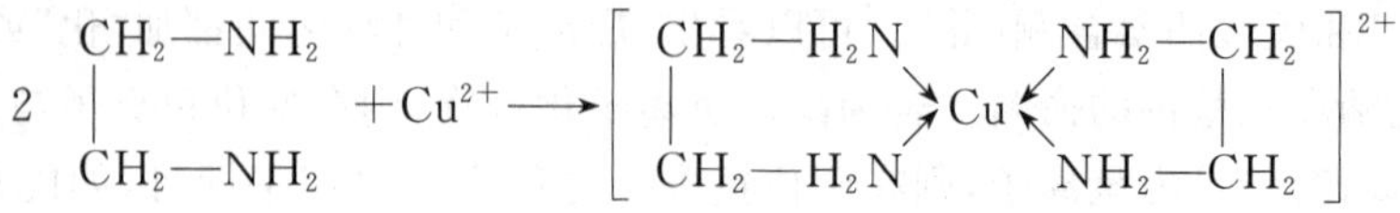

$$2\ \begin{array}{c} CH_2-NH_2 \\ | \\ CH_2-NH_2 \end{array} + Cu^{2+} \longrightarrow \left[\begin{array}{cc} CH_2-H_2N & NH_2-CH_2 \\ | \quad\searrow Cu \swarrow\quad | \\ CH_2-H_2N & NH_2-CH_2 \end{array} \right]^{2+}$$

乙二胺　　　　　　　　　　　二(乙二胺)合铜(Ⅱ)配离子

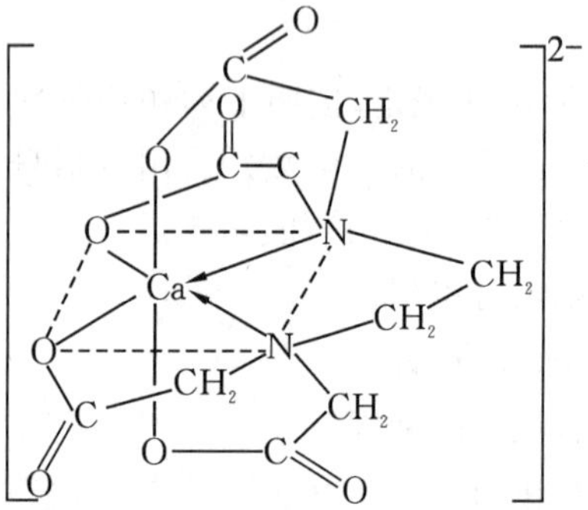

图 9-2　$[Ca(EDTA)]^{2-}$ 的
结构示意图

在 $[Cu(en)_2]^{2+}$ 中,每个乙二胺分子有两个配位氮原子可与中心离子结合,好像螃蟹双螯钳住中心离子,所以通常把形成螯合物的配体称为螯合剂(chelating agent)。表 9-1 列出的乙二胺四乙酸(H_4EDTA),具有 4 个可置换的 H^+ 和 6 个配位原子(两个氨基氮原子和 4 个羧基氧原子),是应用最广的氨羧螯合剂,大多数金属离子能与它形成很稳定的具有五原子环的螯合物。螯合物的环称为螯环。螯环的形成使螯合物具有特殊的稳定性。$[Ca(EDTA)]^{2-}$ 的结构如图 9-2 所示。

3)多核配合物

多核配合物是指一个配合物中有两个或两个以上的中心离子,即一个配位原子同时与两个中心离子结合所形成的配合物。在钴氨溶液的氧化过程中往往会生成多核配合物。$[Co(NH_3)_6]^{2+}$ 在空气中氧化可能是通过这种多核中间体而进行的,其中两个 Co 原子以过氧基及氨基作为桥而被连接起来。

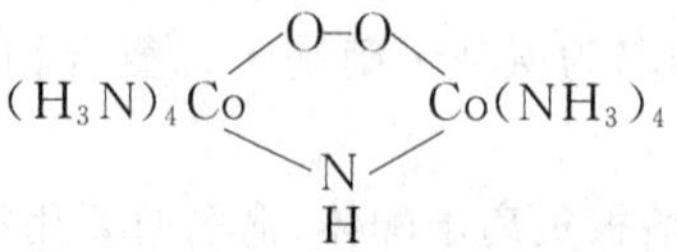

$$(H_3N)_4Co \begin{array}{c} O-O \\ \diagdown\quad\diagup \\ \diagup\quad\diagdown \\ N \\ H \end{array} Co(NH_3)_4$$

这类配合物很多。许多盐的水解是经生成多核配合物,最后聚合脱水生成水合金属氧化物,如 Fe^{3+}、Cr^{3+} 等的水解均经此过程。

4)羰合物

以 CO 为配体的配合物称为羰基配合物(简称羰合物)。CO 几乎可以和全部过渡金属形成稳定的配合物,如 $[Fe(CO)_5]$、$[Ni(CO)_4]$、$[Co_2(CO)_8]$ 等。羰合物在结构、性质上都是比较特殊的一类配合物。

在羰合物中,C 原子提供孤电子对给中心金属原子的空轨道以形成 σ 配键;另一方面,CO 分子以空的 π_{2p}^* 反键轨道接受金属原子 d 轨道上的孤电子对,形成反馈 π(d-p)键,双方的键合称为 σ-π 配键,双方的电子授受作用正好互相结合,其结果使 M—C 键比共价单键略强。由此类配体形成的化合物中,金属原子常处于低正氧化数、零氧化数,甚至负氧化数。

羰合物一般是中性分子,如 $[Fe(CO)_5]$、$[Ni(CO)_4]$、$[Cr(CO)_6]$、$[Mn_2(CO)_{10}]$ 等;也有少数是配离子,如 $[V(CO)_6]^-$、$[Cr(CO)_4]^-$、$[Mn(CO)_6]^+$ 等。研究发现:它们的组成都符合有效原子序数规则(简称 EAN)。此规则是西奇威克(Sidgwick N. V.)在 1927 年提出的,他认为过渡金属配合物的中心(形成体)倾向于与一定数目的配体结合,以使自身周围的电子数等于同周期稀有气体元素的电子数(称为有效原子序数)。例如 $[Ni(CO)_4]$ 中,Ni 原子序数为 28,

核外电子为 28，4 个羰基(CO)共提供 8 个电子，所以在[Ni(CO)$_4$]分子中，Ni 原子周围共具有 36（即 28+8）个电子，相当于具有第 4 周期 Kr 原子的电子构型。换言之，过渡金属形成配合物时，趋向于采取$(n-1)$d^{10}ns^2np^6电子构型，因此 EAN 规则也称 18 电子规则。可用此规则验证 [Cr(CO)$_6$]、[Fe(CO)$_5$]、[Mn(CO)$_6$]$^+$、[V(CO)$_6$]$^-$稳定存在的可能性。

羰合物熔、沸点一般不高，较易挥发(注意有毒！)，不溶于水，一般易溶于有机溶剂，广泛用于制纯金属。羰合物与其他过渡金属有机化合物在配位催化领域应用广泛。

5）原子簇状化合物

原子簇状化合物是指具有两个或两个以上金属原子以金属与金属(M—M 键)直接结合而形成的化合物，简称簇合物。过渡金属簇合物有很多类型，按配体不同分为羰基簇、卤素簇等，按金属原子数不同分为二核簇、三核簇、四核簇(金属原子数分别为 2、3、4，其余以此类推)等。

最简单的双核簇合物是[Re$_2$Cl$_8$]$^{2-}$，如图 9-3 所示。

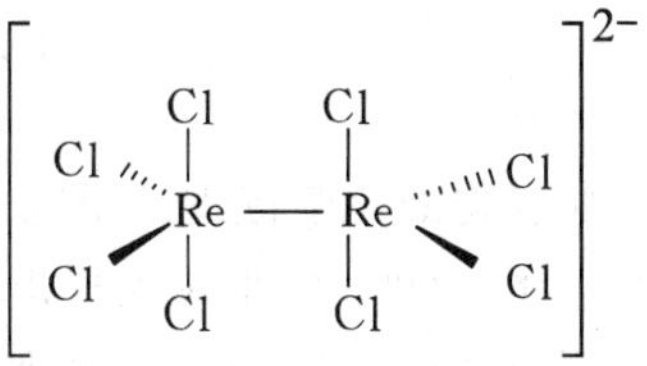

Re、Re 之间形成了多重键。Re—Re 键长特别短(约 224 pm)，比金属 Re 中 Re—Re 键长(约 276 pm)短很多，而且两个 Re 原子上的 Cl 原子之间距离(332 pm)也短于两个 Cl 原子的范德华半径之和，使 Re—Cl 键处于排斥力最大的位置。[Re$_2$Cl$_8$]$^{2-}$共有 24 个价电子，8 个 Re—Cl 键用去 16

图 9-3　[Re$_2$Cl$_8$]$^{2-}$ 结构示意图

个，剩下 8 个用来形成 Re—Re 键，它们填充在一个 σ、两个 π 和一个 δ 分子轨道中，共有 4 个成键分子轨道，相当于一个四重键。因此 Re—Re 键长缩短很多，键能较大(为 300～500 kJ·mol^{-1})，[Re$_2$Cl$_8$]$^{2-}$能够稳定存在。

6）同多酸、杂多酸型配合物

一个 PO$_4^{3-}$ 中的一个 O^{2-} 被另一个 PO$_4^{3-}$ 取代可形成 P$_2$O$_7^{4-}$，P$_2$O$_7^{4-}$ 称为同多酸配合物。如果 PO$_4^{3-}$ 中的 O^{2-} 被 Mo$_3$O$_{10}^{2-}$ 取代，形成的[PO$_3$(Mo$_3$O$_{10}$)]$^{3-}$ 则称为杂多酸配合物。常用试剂 12-钨酸(H$_8$W$_{12}$O$_{40}$)是同多酸，12-磷钨酸(H$_3$[P(W$_3$O$_{10}$)$_4$])则是杂多酸。除 P(Ⅴ)、Mo(Ⅵ)外，形成同多酸、杂多酸的还有五价的 V、Nb、Ta，六价的 Cr、Te 和 Re 以及四价的 Ti、V、Cr、Mo、W 等，种类繁多。

7）大环配合物

大环配合物是环骨架上带有 O、N、S、P 或 As 等多个配位原子的多齿配体形成的环状配合物。

大环配体主要有两种类型。一是冠醚，它是配位能力很强的配体，由于环上的配位原子数目较一般非环状配体配位原子数目多，能与大小相匹配的金属离子甚至碱金属、碱土金属离子形成稳定的配合物(如[Cs(C$_{20}$H$_{24}$O$_6$)(SCN)$_2$]$_2$)。冠醚配合物已广泛用于许多有机反应或金属有机反应，例如它们能使 KMnO$_4$ 或 KOH 溶于苯或其他非极性溶剂中，从而增强它们在氧化还原或酸碱反应中的作用。二是穴醚和球醚。大环配合物大量存在于自然界中，在生物体内也起重要作用，例如人体血液中具有载氧功能的血清蛋白、在光合作用中起捕集光能作用的叶绿素。同时大环配合物在元素分离分析以及仿生化学等领域也有广泛用途。不同孔径的穴醚和球醚形成的配合物在研究生命化学中有重要价值。

8）夹心配合物

1951 年制得的第一个夹心配合物为双环戊二烯基合铁(Ⅱ)：

$$2C_5H_5Na+FeCl_2 \longrightarrow [(C_5H_5)_2Fe]+2NaCl$$

1,3-环戊二烯的结构为平面结构，C$_5$H$_5$Na 为其钠盐。环戊二烯基(C$_5$H$_5$—)又称茂。

$[(C_5H_5)_2Fe]$俗称二茂铁,为橘色晶体。其结构经 X 射线研究确定,Fe^{2+} 被夹在两个反向平行的茂环之间,形成夹心配合物。在茂环内,每个碳原子上各有一个垂直于茂环平面的 2p 轨道,由这 5 个 2p 轨道及其未成键的 p 电子组成 Π_5^6 键,再通过所有这些 π 电子与 Fe^{2+} 形成夹心配合物。它是一种没有极性且很稳定的固体,像苯一样有芳香性,这类 π 配合物中 Fe 原子也符合 18 电子规则。

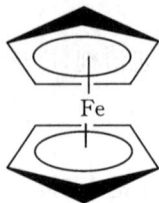

二茂铁(见图 9-4)及其衍生物可用做火箭燃料等的添加剂、硅树脂和橡胶的熟化剂、紫外光的吸收剂等。钴、镍也能形成夹心配合物,如 $[(C_5H_5)_2Co]$、$[(C_5H_5)Ni]^+$。实际上许多过渡金属(如 Ti、V、Zr、Cr、Mn 等)也能形成这类化合物,但两环不一定是反向平行排列的。

图 9-4　二茂铁

9.2　配合物的化学键理论

配合物的化学键理论研究中心离子与配体是怎样键合的,阐明中心离子与配体之间键合力的本质。1893 年维尔纳提出用副价来扩充化合价的概念,认为一个原子在其主价已满足的情况下,还能以副价再与其他原子或基团结合,以此对配合物结构进行解释。1916 年科塞尔和路易斯分别提出离子键和共价键理论并应用于解释配合物的形成。但这些理论都没有解决究竟配合物中心离子与配体之间结合的本质是什么这个问题。直到 1931 年,鲍林把杂化轨道理论应用到配合物中,提出了配合物的价键理论,较好地说明了配合物的空间构型以及其他一些性质。几十年来,人们提出的配合物的化学键理论主要有价键理论、晶体场理论和配位场理论(分子轨道理论)等。本节只介绍价键理论和晶体场理论。

9.2.1　价键理论

1. 基本要点

配合物的价键理论(valence bond theory)是鲍林把杂化轨道理论应用到配合物而形成的。该理论的核心是中心离子(或原子,下同)与配体形成配离子时,中心离子以适当的空的杂化轨道接纳配体所提供的孤对电子而形成配位键。其要点如下。

(1)配合物的中心离子 M 同配体 L 之间以 σ 配位键(简称 σ 配键)结合。配体提供孤对电子,是电子给予体(donor),中心离子提供空轨道以接受配体提供的孤对电子,是电子的接受体(acceptor)。两者之间形成配位键,一般表示为 M←L。

(2)当配体接近形成体时,中心离子的价层空轨道在配体的影响下使能量相近的轨道(如 3d、4s、4p)进行杂化形成杂化轨道,这些杂化轨道同时与配位原子含孤对电子的原子轨道重叠形成配离子。由于杂化轨道的类型、数目不同,因而配离子的空间结构、配位数及稳定性也有所不同。

(3)中心离子采用哪些轨道进行杂化,既与中心离子的价层电子结构有关,又和配体中配位原子的电负性有关。

下面通过几个实例来说明配合物价键理论。

1)空间构型为直线形的配合物

氧化数为+1 的中心离子易形成配位数为 2 的配合物。如$[Ag(NH_3)_2]^+$,Ag^+ 的价电子轨道电子排布为 $4d^{10}5s^05p^0$,4d 轨道已全充满,故可提供 5s 和 5p 空轨道,理论上可接受 4 对孤对电子形成配位数为 4 的配合物。但由于 Ag^+ 电荷少,半径大,对配体吸引力较弱,当与

NH_3 配合时,Ag^+ 的 1 个 5s 轨道和 1 个 5p 空轨道进行 sp 杂化,形成 2 个等价的 sp 杂化轨道,各接受一个 NH_3 中配位原子 N 的一对孤对电子形成两个配位键。sp 杂化轨道呈直线形,故 $[Ag(NH_3)_2]^+$ 配离子的空间构型为直线形。

$[Ag(NH_3)_2]^+$ 中 Ag^+ 的 sp 杂化为

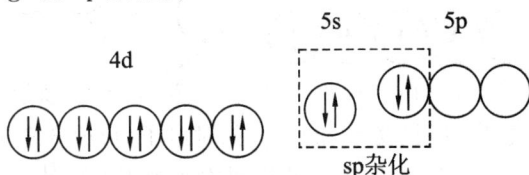

2)空间构型为四面体和平面正方形的配合物

配位数为 4 的配合物有四面体和平面正方形两种构型,以 $[Ni(NH_3)_4]^{2+}$ 和 $[Ni(CN)_4]^{2-}$ 为例。Ni^{2+} 的价电子轨道中的电子排布为

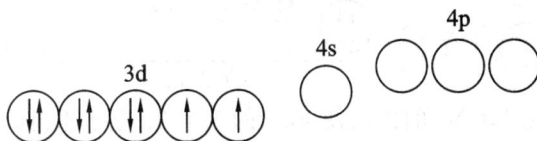

当 Ni^{2+} 与 NH_3 配位形成配位数为 4 的配合物 $[Ni(NH_3)_4]^{2+}$ 时,Ni^{2+} 的 1 个 4s 轨道和 3 个 4p 轨道杂化,形成 4 个等价的 sp^3 杂化轨道,其空间构型为正四面体,即 $[Ni(NH_3)_4]^{2+}$ 是正四面体构型的配合物。

$[Ni(NH_3)_4]^{2+}$ 中 Ni^{2+} 的 sp^3 杂化为

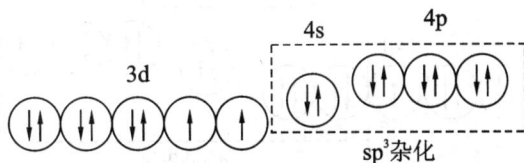

当 Ni^{2+} 与配位能力很强的配体(如 CN^-)配位时,由于 CN^- 中配位原子 C 的电负性较小,易给出孤对电子,对中心离子 Ni^{2+} 的影响较大,使其电子层结构发生重排。3d 轨道中的 8 个电子挤入 4 个 3d 轨道,空出 1 个 3d 轨道,于是 1 个 3d 轨道、1 个 4s 轨道和 2 个 4p 轨道杂化形成 4 个等价的 dsp^2 杂化轨道,与 4 个 CN^- 形成 4 个配位键。由于 dsp^2 杂化轨道方向指向平面正方形的 4 个顶点,Ni^{2+} 位于正方形中心,4 个 CN^- 分别占据 4 个角,因此,$[Ni(CN)_4]^{2-}$ 的空间构型为平面正方形。

$[Ni(CN)_4]^{2-}$ 中 Ni^{2+} 的 dsp^2 杂化为

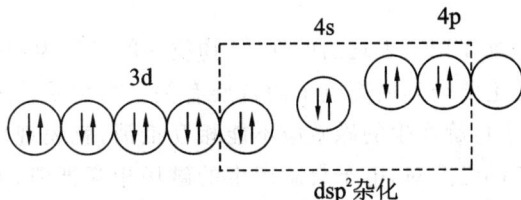

3)空间构型为八面体的配合物

配位数为 6 的配合物大多具有八面体构型,它们可能采用 sp^3d^2 或 d^2sp^3 杂化轨道。以

$[FeF_6]^{3-}$ 和 $[Fe(CN)_6]^{3-}$ 配离子为例。

Fe^{3+} 的价电子轨道中电子排布为

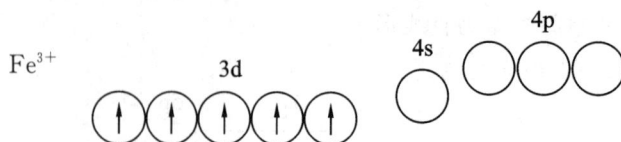

当 Fe^{3+} 与 F^- 形成配离子时,Fe^{3+} 提供 1 个 4s 轨道、3 个 4p 轨道和 2 个 4d 轨道,经 sp^3d^2 杂化形成 6 个 sp^3d^2 杂化轨道,各接受 F^- 的一对孤对电子,形成 6 个配位键。由于 sp^3d^2 杂化轨道呈正八面体构型,因此 $[FeF_6]^{3-}$ 配离子的空间构型为正八面体。

$[FeF_6]^{3-}$ 中 Fe^{3+} 的 sp^3d^2 杂化为

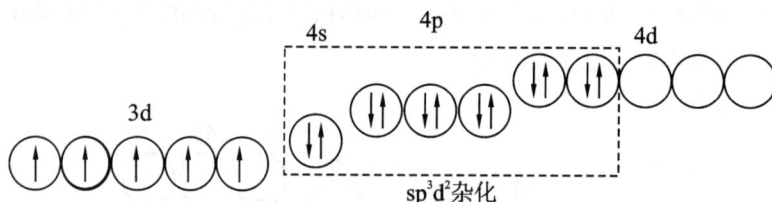

当 Fe^{3+} 与 CN^- 配位时,CN^- 的作用使 Fe^{3+} 的 5 个 3d 电子重排,5 个电子挤入 3 个 3d 轨道,空出了 2 个 3d 轨道;这样 2 个 3d 轨道、1 个 4s 轨道和 3 个 4p 轨道杂化可形成 6 个等价的 d^2sp^3 杂化轨道,接受 6 个 CN^- 提供的 6 对孤对电子成键。由于 d^2sp^3 杂化轨道呈正八面体构型,故 $[Fe(CN)_6]^{3-}$ 配离子的空间构型也为正八面体。

$[Fe(CN)_6]^{3-}$ 中 Fe^{3+} 的 d^2sp^3 杂化为

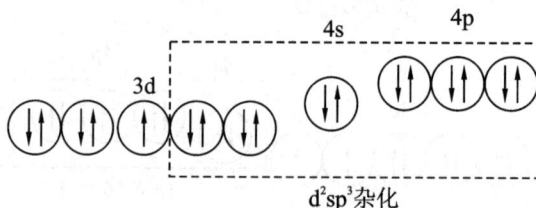

2. 价键理论的应用

1)判断配合物的空间构型

中心离子(原子)的价层空轨道在配体的影响下杂化,这些杂化轨道与配位原子孤对电子的轨道重叠形成配位键。因此,中心离子的配位数不同,其杂化轨道的类型不同,配合物的空间构型亦不同;即使配位数相同,也可因中心离子和配体的种类和性质不同而使杂化类型不同,致使形成的配离子具有各自的空间构型。表 9-4 列出了常见配离子的杂化轨道类型和空间构型。

2)判断配合物的磁性

物质的磁性是在外磁场作用下表现出的性质,物质一般可分为顺磁性物质、反磁性物质和铁磁性物质。物质的磁性主要与其内部电子的自旋有关。当物质被置于外磁场中时,若有未成对电子,这些未成对电子自旋产生的磁效应不能相互抵消,就表现出顺磁性,这种物质称为顺磁性物质。若内部电子都已配对,电子自旋产生的磁场相互抵消,不被外磁场吸引,这种物质称为反磁性或抗磁性物质。除此之外,还有一类能被磁场强烈吸引的物质,当外磁场除去以后,这些物质仍保持一定磁性,称为铁磁性物质。铁、钴、镍及其合金都是铁磁性物质。磁性是配合物的一个重要性质,通过配合物的磁性大小还可进一步了解配合物的内部结构。

表 9-4　常见配离子的杂化轨道类型和空间构型

杂化轨道		配位数	配离子的空间构型	示　例
杂化方式	轨道数			
sp	2	2	直线形	$[Cu(NH_3)_2]^+$、$[Ag(CN)_2]^-$、$[Ag(NH_3)_2]^+$
sp^2	3	3	平面三角形	$[HgI_3]^-$、$[CuCl_3]^{2-}$
sp^3	4	4	正四面体	$[ZnCl_4]^{2-}$、$[BF_4]^-$、$[Cd(NH_3)_4]^{2+}$、$[Ni(NH_3)_4]^{2+}$
dsp^2	4	4	平面正方形	$[Pt(NH_3)_2Cl_2]$、$[AuF_4]^-$、$[Cu(NH_3)_4]^{2+}$、$[Ni(CN)_4]^{2-}$
dsp^3	5	5	三角双锥形	$[Fe(CO)_5]$、$[CuCl_5]^{3-}$
sp^3d^2	6	6	正八面体	$[Ti(H_2O)_6]^{3+}$、$[FeF_6]^{3-}$、$[Mn(H_2O)_6]^{2+}$
d^2sp^3	6			$[Fe(CN)_6]^{3-}$、$[Co(NH_3)_6]^{3+}$、$[Cr(NH_3)_6]^{3+}$

　　物质的磁性常用磁矩 μ 表示,单位为玻尔磁子,符号为 B. M. 。物质磁矩 μ 的值可通过磁天平测定。由于 μ 的大小与物质中的未成对电子数 n 有关,故可根据物质内部已知的未成对电子数按下式计算 μ 值:

$$\mu = \sqrt{n(n+2)} \text{ B. M.} \tag{9-1}$$

　　若求得 $\mu=0$,则为反磁性物质;$\mu>0$,则为顺磁性物质。

3)判断配合物的类型

配合物有两种类型,若形成体全部以最外层轨道(ns、np、nd 轨道)杂化成键,所形成的配键称为外轨配键,对应的配合物称为外轨型配合物(outer orbital coordination compound)。若形成体使用了次外层轨道及最外层轨道(($n-1$)d、ns、np)杂化成键,所形成的配键称为内轨配键,对应的配合物称为内轨型配合物(inner orbital coordination compound)。

外轨型配合物的特点:配体对中心离子的影响较小;配位前后中心离子的 d 轨道电子分布没有发生变化,未成对电子数保持不变,配合物的磁性与中心离子是自由离子时的磁性相同;配位键的离子性较强,共价性较弱。$[FeF_6]^{3-}$、$[Ag(NH_3)_2]^+$、$[Ni(NH_3)_4]^{2+}$ 等都属于外轨型配合物。

内轨型配合物的特点:配体对中心离子影响较大,使中心离子的 d 轨道电子发生了重排,空出次外层的($n-1$)d 轨道参加杂化与配体成键,未成对电子数减小甚至为零,导致配合物的磁性减小。内轨型配合物由于采用内层轨道成键,($n-1$)d 轨道较 nd 轨道能量更低,配位键的稳定性比外轨型更强,键的共价性较强,稳定性较好,在水溶液中一般较难解离为简单离子。$[Ni(CN)_4]^{2-}$、$[Fe(CN)_6]^{3-}$、$[Fe(CO)_5]$、$[Cr(H_2O)_6]^{3+}$ 等都属于内轨型配合物。

配合物的类型主要取决于中心离子的电子构型、中心离子所带的电荷和配位原子的电负性。具有 d^{10} 构型的中心离子(如 Zn^{2+}、Cd^{2+}、Ag^+ 等),($n-1$)d 轨道已全充满,只能形成外轨型配合物;具有 d^8 构型的中心离子(如 Ni^{2+}、Pd^{2+}、Pt^{2+} 等)多形成内轨型配合物;具有 $d^4 \sim d^7$ 构型的中心离子(如 Fe^{2+}、Fe^{3+}、Co^{3+} 等)既可形成内轨型配合物,也可形成外轨型配合物。

中心离子的电荷增多有利于形成内轨型配合物。原因是其对配位原子的孤对电子引力增强,利于内层 d 轨道参与成键。例如,$[Co(NH_3)_6]^{3+}$ 为内轨型配合物,$[Co(NH_3)_6]^{2+}$ 为外轨型配合物。

中心离子与配位原子的电负性相差较大时,易于形成外轨型配合物;相差较小时,则倾向于形成内轨型配合物。因此,一般来说,电负性较大的配位原子(如 F、O 等)易形成外轨型配合物,因为在这样的条件下,中心离子(或原子)与配体之间成键的电子云集中于靠近配位原子的一方,有利于中心离子(或原子)的最外层 d 轨道与配体成键。反之,电负性较小的配位原子(如 C、P 或 As)则较易形成内轨型配合物,如$[Fe(CN)_6]^{3-}$ 等。而 N、Cl 等配位原子有时形成外轨型配合物,有时形成内轨型配合物。

另外,相同中心离子形成的内轨型配合物一般比其外轨型配合物所含未成对电子数目要少(或为零)。未成对电子数越少,磁矩就小。因此内轨型配合物也称为低自旋配合物,相应的外轨型配合物也称为高自旋配合物。

3. 价键理论的优、缺点

配合物的价键理论简明地说明了配位键的形成、配位数和配离子的空间构型、磁性和稳定性等问题。但由于没有充分考虑配体对中心离子的影响,它无法解释过渡金属离子配合物的稳定性随中心离子的 d 电子数不同而变化的事实,也不能解释配离子的吸收光谱和特征颜色;不能很好地说明为何 CN^-、CO 等配体常形成内轨型配合物而 X^-、H_2O 等常形成外轨型配合物。此外,对于磁矩的说明也有一定局限性,虽能推出未成对电子数,但无法确定其位置,因而仍较难判断中心离子的杂化类型和配合物的空间构型。如配离子$[Cu(NH_3)_4]^{2+}$ 的磁矩为2.0B.M.,推测出它有一个未成对电子。按照价键理论,八面体形的$[Co(CN)_6]^{4-}$ 离子应是内轨型配合物。Co^{2+} 的 d^7 电子构型中有一个未成对电子被激发到较高 4d 轨道上,所以它容易丢失而被氧化,是强还原剂,性质极不稳定,这符合实验事实。但平面四方形$[Cu(NH_3)_4]^{2+}$

中 d^9 构型的 Cu^{2+} 价层电子排布为 $3d^9 4s^0 4p^0$，配位原子 N 的电负性较大，应为 sp^3 杂化，形成正四面体构型。但经 X 射线实验证明，$[Cu(NH_3)_4]^{2+}$ 呈平面正方形构型，由此推测中心离子 Cu^{2+} 应采用 dsp^2 杂化，此时 1 个 3d 电子应激发到 4p（或 4s）轨道上，此电子能量较高，容易失去而生成 $[Cu(NH_3)_4]^{3+}$，但事实上 $[Cu(NH_3)_4]^{2+}$ 相当稳定，对此现象价键理论不能作出满意的解释。

价键理论不能满意地说明高低自旋产生原因，尤其不能解释配合物普遍存在特殊颜色等光谱现象。不能对二茂铁、二苯铬等这样的夹心配合物的结构作出合理的解释。由于这些局限性，价键理论已逐渐被晶体场理论取代。

9.2.2　晶体场理论

皮赛（Bethe H.）和范弗莱克（von Vleck）先后在 1929 年和 1932 年提出了晶体场理论（crystal field theory），该理论直到 25 年后因为成功地解释了 $[Ti(H_2O)_6]^{3+}$ 的光谱特性和过渡金属配合物结构及光学、磁学等许多性质，才为化学界所重视并得到推广应用和发展。

1. 基本要点

晶体场理论与价键理论不同，它不是从共价键的角度考虑配合物的成键，而是一种静电理论。该理论把配合物的中心离子和配体看成点电荷，认为形成体和配体的结合完全是靠静电引力作用，同时考虑了带负电荷的配体对中心离子外层电子及配体之间的排斥作用。它把由带负电荷的配体或极性分子对带正电荷的中心离子产生的静电场称为晶体场（crystal field）。该理论的基本要点如下：

(1) 中心离子处于带负电荷的配体所形成的晶体场时，中心离子与配体之间的结合完全靠静电作用力，类似离子晶体中正、负离子之间（或偶极分子与离子之间）的静电排斥和吸引，并不形成共价键，这也是配合物稳定的主要原因。

(2) 中心离子的 d 轨道在配体的静电场影响下发生能级分裂，即中心离子的 5 个能量相同的价层简并 d 轨道会分裂成两组或两组以上的能量不同的轨道，其中有些轨道的能量升高，有些轨道能量降低，分裂的情况主要取决于中心离子和配体的本质以及配体的空间分布。

(3) 中心离子 d 轨道分裂后，电子将重新分布，系统的能量降低，变得比未分裂时稳定，给配合物带来了额外的稳定化能，这与晶体场的空间构型和配体有关。

d 轨道根据角度分布的极大值在空间取向不同可分为 d_{xy}、d_{yz}、d_{xz}、d_{z^2}、$d_{x^2-y^2}$ 5 种。在自由离子状态时，这 5 个 d 轨道的能量是相等的。如果该离子处于球形对称的负静电场的球心上，d 电子因受到负电场的排斥使轨道的能量有所上升，但由于每个 d 轨道受到的斥力完全相等，因而能级并没有分裂。当该离子处于配体所形成的晶体场时，由于静电场不是球形对称的，每个 d 轨道空间分布不同，受到的斥力也不同，因而 d 轨道的能量变化不同，造成了 d 轨道的能级分裂。现以配位数为 6、空间结构为八面体的配合物为例说明。

假设 6 个配体位于以中心离子为中心的八面体的 6 个顶角，如图 9-5(a) 所示。那么，当 6 个配体分别沿着直角坐标轴 $\pm x$、$\pm y$、$\pm z$ 方向与中心离子接近时，中心离子的 d_{z^2} 和 $d_{x^2-y^2}$ 轨道的伸展方向（电子云密度）与配体迎头相撞靠得很近，如图 9-5(b)(c) 所示，这 2 个轨道上的电子受配体的静电斥力大，其能量升高较大。而对于 d_{xy}、d_{yz}、d_{xz} 3 个 d 轨道，它们在坐标轴的夹角平分线上伸展，与配体错开，使配体插入它们的空隙中，如图 9-5(d)(e)(f) 所示，显然这 3 个 d 轨道上电子受配体的静电斥力较 d_{z^2} 和 $d_{x^2-y^2}$ 轨道要小得多，因此这 3 个轨道的能量升高要比前 2 个轨道少，但仍比中心离子处于自由状态时要高。

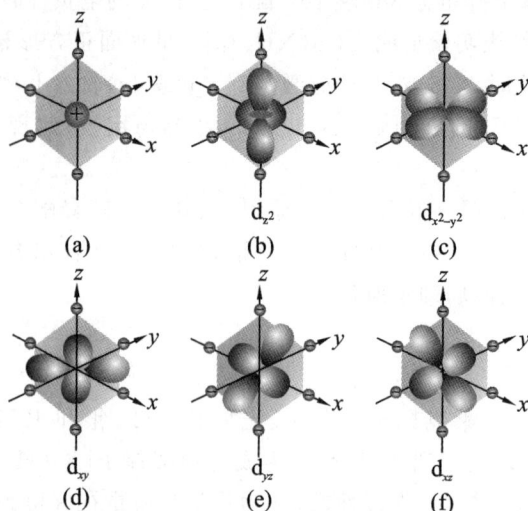

图 9-5　正八面体配位场中配体与金属 d 轨道的相互作用

这样,原来简并的 5 个 d 轨道在八面体场中被分裂成两组,如图 9-6 所示。一组为能量较高的 d_{z^2} 和 $d_{x^2-y^2}$ 轨道,是二重简并轨道,称为 d_γ(或 e_g)轨道[①];另一组为能量较低的 d_{xy}、d_{xz}、d_{yz} 轨道,是三重简并轨道,称为 d_ε(或 t_{2g})轨道。

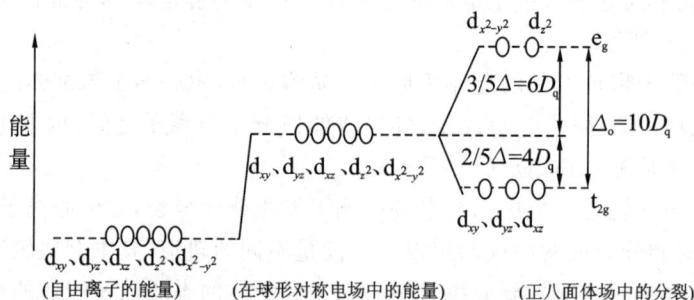

图 9-6　d 轨道在正八面体场中的能级分裂

　　d 轨道在不同几何构型的配合物中,因晶体场的对称性不同,其能级分裂的情况不同。分裂后最高能级 e_g 与最低能级 t_{2g} 之间的能量差称为晶体场分裂能(crystal field splitting energy),用"Δ"表示,单位为 kJ·mol^{-1}。图 9-6 中,Δ_o 表示正八面体场中 d 轨道的分裂能,下标"o"表示八面体。正八面体场中分裂能数值为 $10D_q$。$E(d_\gamma)$ 和 $E(d_\varepsilon)$ 分别表示 d_γ 和 d_ε 轨道的能量。

　　根据
$$\Delta_o = E(d_\gamma) - E(d_\varepsilon) = 10D_q \tag{9-2}$$
按照量子力学原理,d 轨道在分裂前、后的总能量保持不变。通常将中心离子分裂前的能量视为零,即
$$2E(d_\gamma) + 3E(d_\varepsilon) = 0$$
则
$$E(d_\varepsilon) = -4D_q = -0.4\Delta_o \tag{9-3}$$
$$E(d_\gamma) = 6D_q = 0.6\Delta_o \tag{9-4}$$

---

① "e"表示二重简并,"t"表示三重简并,下标"g"表示轨道对八面体的中心呈对称性。

由此可知,在八面体场中,d 轨道发生能级分裂。当一个电子处在 d_ε 轨道中,将使系统能量下降 $4D_q$;若一个电子处在 d_γ 轨道,将使系统能量升高 $6D_q$。

晶体场分裂能是晶体场理论的重要参数,其值的大小直接影响配合物的性质。不同晶体场的 d 轨道有不同的能级分裂,各 d 轨道的能量列于表 9-5 中。

表 9-5　几种晶体场中 d 轨道能量

项目		配位数	能量/D_q					
			d_{xy}	d_{yz}	d_{xz}	$d_{x^2-y^2}$	d_{z^2}	Δ
晶体场类型	正八面体	6	−4.00	−4.00	−4.00	6.00	6.00	10.00
	正四面体	4	1.78	1.78	1.78	−2.67	−2.67	4.45
	平面正方形	4	2.28	−5.14	−5.14	12.28	−4.28	17.42
	直线形	2	−6.28	1.14	1.14	−6.28	10.28	16.56

相同构型配合物的 Δ 与中心离子的种类、价态、在周期表中的位置以及配体的电荷或偶极矩有密切关系。中心离子电荷越高,半径越大,Δ 就越大。通常第二过渡元素比第一过渡元素大 $40\%\sim50\%$,第三过渡元素比第二过渡元素大 $20\%\sim25\%$。而同种中心离子,分裂能则随配体所形成的配位场的强弱而异。根据光谱实验数据,人们总结了一个光谱化学序列来表示配体形成的配位场强弱的顺序。由弱至强大致顺序如下:

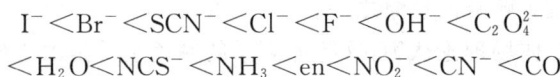

$$I^-<Br^-<SCN^-<Cl^-<F^-<OH^-<C_2O_4^{2-}$$
$$<H_2O<NCS^-<NH_3<en<NO_2^-<CN^-<CO$$

对于不同的中心离子顺序虽略有不同,但大体说来,卤素离子作为配体时是弱场配体,而以 O、S 和 N 作为配位原子的配体是中等强度的配体,以 C 作为配位原子的 CN^- 和 CO 等配体是强场配体。

值得注意的是,D_q 并不是一固定的能量单位,即便是同一种构型的配合物,如果组成不同,分裂能也会不同。例如 $[Fe(CN)_6]^{3-}$ 和 $[FeF_6]^{3-}$,尽管中心离子的分裂能都表示成 $\Delta_o=10D_q$,但 $[Fe(CN)_6]^{3-}$ 的分裂能远远大于 $[FeF_6]^{3-}$ 的分裂能,即前者的 D_q 代表的能量值大于后者的 D_q 代表的能量值。另外,电子在分裂的 d 轨道上的排布符合能量最低原理和洪特原则。当两电子自旋反平行配对处于同一轨道时,需要消耗一定能量,称为电子成对能(P)。而电子排布在简并轨道上时其自旋互相平行会获得额外的稳定能,因此电子排布在简并轨道时将首先自旋平行分占各简并轨道(洪特原则)。在正八面体场下的 d 轨道分裂成能量较高的二重简并轨道 e_g 与较低的三重简并轨道 t_{2g}。当第四个电子填充时,是填入 t_{2g} 轨道使电子配对,还是进入 e_g 轨道,保持电子自旋平行,这要比较 P 与 Δ_o 的大小才能确定。当配位场分裂能 Δ_o 大于 P 时,电子将占据能量较低的 t_{2g} 轨道,即电子配对。

配合物 $[Fe(CN)_6]^{3-}$ 中配体 CN^- 是强场,满足 $\Delta_o>P$ 的条件,因此 5 个 d 电子在 t_{2g} 轨道上两两配对,电子构型为 t_{2g}^5,未成对电子数目为 1,为低自旋配合物。当 $\Delta_o<P$ 时,电子不配对而优先进入 e_g 轨道,电子构型为 $t_{2g}^3e_g^2$,系统更稳定(能量更低)。如在配合物 $[FeF_6]^{3-}$ 中,配体 F^- 是弱场,满足 $\Delta_o<P$,于是 5 个 d 电子分占 t_{2g} 与 e_g 轨道,且自旋平行,形成了高自旋配合物。这样晶体场理论就能更为合理地解释配合物的磁性。

轨道发生能级分裂后,d 电子在分裂后的轨道中重新排布,使得配合物系统能量降低,这个总能量的降低值称为晶体场稳定化能(crystal field stabilization energy),用符号 CFSE 表示,晶体场稳定化能越负(代数值越小),配合物越稳定。

根据 d_ε 和 d_γ 的相对能量和分布的电子数,可以计算配合物的稳定化能。例如,在正八面体配合物中,若 d_ε 轨道中电子数为 m,d_γ 轨道中电子数为 n,且比自由离子多 p 对成对电子,则

$$CFSE = [mE(d_\varepsilon) + nE(d_\gamma)]D_q + pP$$

由于正八面体场中每一个 d_ε 和 d_γ 轨道上的电子相对能量分别为 $-4D_q$ 和 $6D_q$,则

$$CFSE(\text{八面体}) = m(-4D_q) + n(6D_q) + pP$$

如 $[Fe(H_2O)_6]^{3+}$ 和 $[Fe(CN)_6]^{3-}$,它们的中心离子 Fe^{3+} 为 d^5 构型,d 电子排布分别为 $d_\varepsilon^3 d_\gamma^2$ 和 $d_\varepsilon^5 d_\gamma^0$。其晶体场稳定化能计算如下。

$$[Fe(H_2O)_6]^{3+} \qquad CFSE = 3 \times (-4D_q) + 2 \times (6D_q) = 0D_q$$

$$[Fe(CN)_6]^{3-} \qquad CFSE = 5 \times (-4D_q) + 0 \times (6D_q) + 2P = -20D_q + 2P$$

这说明当构型相同时,同一种金属离子与强场配体形成配合物的晶体场稳定化能往往大于与弱场配体形成的配合物的稳定化能。可见晶体场稳定化能与中心离子的 d 电子数、晶体场的场强和配合物的几何构型有关。

2. 晶体场理论的应用

1) 解释配合物的颜色

过渡金属离子的配合物大多具有特征颜色,例如 $[Cu(H_2O)_4]^{2+}$ 为蓝色,$[Co(H_2O)_6]^{2+}$ 为粉红色,$[V(H_2O)_6]^{3+}$ 为绿色,$[Ti(H_2O)_6]^{3+}$ 为紫红色等。物质产生颜色的原因是多方面的,这也是目前化学上较难解释的现象之一。

对于配合物来讲,晶体场理论认为,这些配离子的颜色主要是由于作为中心离子的过渡金属离子 d 轨道上电子没有填充满($d^1 \sim d^9$),电子可以在获得光能后在 d_ε 和 d_γ 轨道之间发生 d-d 跃迁。可见光的波数范围为 13200~25000 cm^{-1},而实现这种跃迁所需的能量——分裂能 Δ,一般为 10000~30000 cm^{-1},基本处于可见光的能量范围内。当配离子吸收一定波长的可见光发生 d-d 跃迁后,配离子就会显示与吸收光互补的透过光的颜色。吸收光色和互补色的关系如下:

吸收光色	红	橙	黄	绿
互补色	青	青蓝	蓝	紫

由于不同配离子的分裂能 Δ 不同,d-d 跃迁时吸收光的波长不同,因此配离子的颜色不同。吸收光的波长越短,跃迁所需能量越大,亦即 Δ 越大,配离子吸收较短波长的光波,其颜色偏向于较长波长的颜色。因此,可以根据分裂能 Δ 的大小,判断配离子的颜色。如由光谱实验测得钛的水合配离子 $[Ti(H_2O)_6]^{3+}$ 的 Δ 为 20400 cm^{-1}。它可吸收 500 nm 的蓝绿光,透射或反射的光是互补的红紫色,这与实际观察到的紫色是一致的。

d^0 和 d^{10} 由于 d 轨道全空或全满,不会产生 d-d 跃迁,配合物无色,如 $[Zn(H_2O)_4]^{2+}$ 无色。

2) 解释配合物的磁性

配合物磁性大小与配离子中未成对电子数目有关。晶体场理论可通过比较配离子的电子配对能 P 和分裂能 Δ 的相对大小,判断 d 电子在分裂后的 d 轨道中的排列状况,推知未成对电子数目,并由 $\mu = \sqrt{n(n+2)}$ B.M. 式计算出磁矩 μ,而得知配合物磁性的强弱。

例如,$[Fe(CN)_6]^{3-}$ 中心离子 Fe^{3+} 的 d 电子排布 $d_\varepsilon^5 d_\gamma^0$,未成对电子数为 1,计算出磁矩为 1.73 B.M.;$[FeF_6]^{3-}$ 中,Fe^{3+} 的 d 电子排布为 $d_\varepsilon^3 d_\gamma^2$,未成对电子数为 5,磁矩 $\mu = 5.92$ B.M.。因此,$[FeF_6]^{3-}$ 的磁性大于 $[Fe(CN)_6]^{3-}$ 的磁性。

晶体场理论可以合理地解释配合物的颜色、磁性和稳定性,比价键理论更有说服力。但这

一理论过分强调配合物中心离子和配体间的静电作用,而忽略了两者间的共价性质,也有不足之处。例如,它不能解释光谱化学序列中配体强弱的顺序,不能说明为什么中性的 CO 配体的配体场分裂能 Δ 特别大,也不能满意地解释[Ni(CO)₄]、[Fe(CO)₅]等以中性原子和中性分子形成的羰合物等,而这些可用配位场理论解释。我国化学家唐敖庆在配位场理论计算系统化和标准化方面作出了重要贡献。

$$9.3 \quad 配 \ 位 \ 平 \ 衡$$

9.3.1　配合物的稳定常数和不稳定常数

1. 配位平衡常数

若在[Cu(NH₃)₄]SO₄ 溶液中加 BaCl₂ 溶液,会产生 BaSO₄ 白色沉淀,这说明配合物外界和内界的结合类似于强电解质。若加入少量 NaOH 溶液,却得不到 Cu(OH)₂ 沉淀;若加入Na₂S 溶液,则可得到黑色的 CuS 沉淀,这说明[Cu(NH₃)₄]²⁺在水溶液中只能微弱地解离出Cu²⁺和 NH₃,类似于弱电解质。实际上在[Cu(NH₃)₄]SO₄ 溶液中既存在 Cu²⁺和 NH₃ 的配位反应,也存在[Cu(NH₃)₄]²⁺的解离反应:

$$[Cu(NH_3)_4]^{2+} \Longrightarrow Cu^{2+} + 4NH_3$$

正反应是配离子的解离反应,逆反应则是配离子的生成反应,这两者之间的平衡称为配位平衡(coordination equilibrium);与之相对应的标准平衡常数分别称为配离子的解离常数(instability constant)和生成常数(stability constant),分别用符号 $K_d^\ominus$ 和 $K_f^\ominus$ 表示。$K_d^\ominus$ 是配离子不稳定性的量度,对相同配位数的配离子来说,$K_d^\ominus$ 越大,表示配离子越易解离;$K_f^\ominus$ 是配离子稳定性的量度,$K_f^\ominus$ 越大,表示该配离子在水中越稳定。因而 $K_d^\ominus$ 和 $K_f^\ominus$ 又分别称为不稳定常数和稳定常数,分别表示为

$$K_d^\ominus = K_{不稳}^\ominus = \frac{[c\,(Cu^{2+})/c^\ominus][c\,(NH_3)/c^\ominus]^4}{c\,([Cu(NH_3)_4]^{2+})/c^\ominus} \xrightarrow{简写} \frac{[Cu^{2+}][NH_3]^4}{[[Cu(NH_3)_4]^{2+}]} \tag{9-5}$$

$$K_f^\ominus = K_{稳}^\ominus = \frac{c\,([Cu(NH_3)_4]^{2+})/c^\ominus}{[c\,(Cu^{2+})/c^\ominus][c\,(NH_3)/c^\ominus]^4} \xrightarrow{简写} \frac{[[Cu(NH_3)_4]^{2+}]}{[Cu^{2+}][NH_3]^4} \tag{9-6}$$

显然任何一个配离子的 $K_f^\ominus$ 与 $K_d^\ominus$ 互为倒数关系: $K_f^\ominus = \dfrac{1}{K_d^\ominus}$

在溶液中配离子的生成是分步进行的,因此每一步都有配位平衡和相应的稳定常数,这类稳定常数称为逐级稳定常数(或分步稳定常数,stepwise stability constant)。例如:

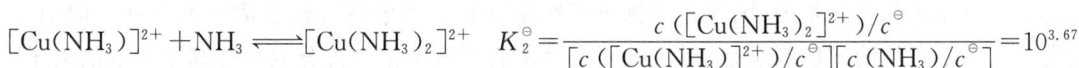

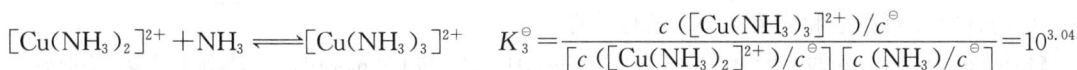

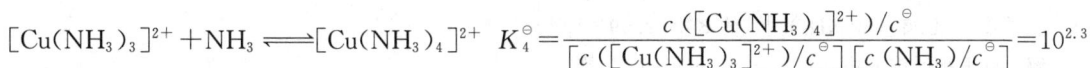

$$Cu^{2+} + NH_3 \Longrightarrow [Cu(NH_3)]^{2+} \qquad K_1^\ominus = \frac{c\,([Cu(NH_3)]^{2+})/c^\ominus}{[c\,(Cu^{2+})/c^\ominus][c\,(NH_3)/c^\ominus]} = 10^{4.31}$$

$$[Cu(NH_3)]^{2+} + NH_3 \Longrightarrow [Cu(NH_3)_2]^{2+} \qquad K_2^\ominus = \frac{c\,([Cu(NH_3)_2]^{2+})/c^\ominus}{[c\,([Cu(NH_3)]^{2+})/c^\ominus][c\,(NH_3)/c^\ominus]} = 10^{3.67}$$

$$[Cu(NH_3)_2]^{2+} + NH_3 \Longrightarrow [Cu(NH_3)_3]^{2+} \qquad K_3^\ominus = \frac{c\,([Cu(NH_3)_3]^{2+})/c^\ominus}{[c\,([Cu(NH_3)_2]^{2+})/c^\ominus][c\,(NH_3)/c^\ominus]} = 10^{3.04}$$

$$[Cu(NH_3)_3]^{2+} + NH_3 \Longrightarrow [Cu(NH_3)_4]^{2+} \qquad K_4^\ominus = \frac{c\,([Cu(NH_3)_4]^{2+})/c^\ominus}{[c\,([Cu(NH_3)_3]^{2+})/c^\ominus][c\,(NH_3)/c^\ominus]} = 10^{2.3}$$

配离子的逐级稳定常数之间差别一般并不大,大多是均匀地逐级减小。

[Cu(NH₃)₄]²⁺总的生成反应为

$$Cu^{2+} + 4NH_3 \rightleftharpoons [Cu(NH_3)_4]^{2+}$$

$$K_f^{\ominus} = \frac{c([Cu(NH_3)_4]^{2+})/c^{\ominus}}{[c(Cu^{2+})/c^{\ominus}][c(NH_3)/c^{\ominus}]^4} = K_1^{\ominus}K_2^{\ominus}K_3^{\ominus}K_4^{\ominus} = 10^{13.32}$$

由此可见,配离子的总稳定常数等于各逐级稳定常数的乘积,一些常见配离子的总稳定常数列于表 9-6 中。

将各逐级稳定常数的乘积称为各级累积稳定常数(cumulative formation constant),用 β_i 表示。如 $[Cu(NH_3)_4]^{2+}$ 的各级累积稳定常数 β_i 与各逐级稳定常数 $K_i^{\ominus}$ 的关系如下:

$$\beta_1 = K_1^{\ominus} \tag{9-7}$$

$$\beta_2 = K_1^{\ominus}K_2^{\ominus} \tag{9-8}$$

$$\beta_3 = K_1^{\ominus}K_2^{\ominus}K_3^{\ominus} \tag{9-9}$$

$$\beta_4 = K_1^{\ominus}K_2^{\ominus}K_3^{\ominus}K_4^{\ominus} \tag{9-10}$$

可见最高级的累积稳定常数 β_n 等于配离子的总稳定常数 $K_f^{\ominus}$。

表 9-6 一些常见配离子的总稳定常数

配离子	$K_f^{\ominus}$	配离子	$K_f^{\ominus}$
$[AgCl_2]^-$	1.10×10^5	$[Cu(en)_2]^{2+}$	1.00×10^{20}
$[AgI_2]^-$	5.50×10^{11}	$[Cu(NH_3)_2]^+$	7.24×10^{10}
$[Ag(CN)_2]^-$	1.26×10^{21}	$[Cu(NH_3)_4]^{2+}$	2.09×10^{13}
$[Ag(NH_3)_2]^+$	1.12×10^7	$[Fe(NCS)_2]^+$	2.29×10^2
$[Ag(SCN)_2]^-$	3.72×10^7	$[Fe(CN)_6]^{4-}$	1.00×10^{35}
$[Ag(S_2O_3)_2]^{3-}$	2.88×10^{13}	$[Fe(CN)_6]^{3-}$	1.00×10^{42}
$[AlF_6]^{3-}$	6.90×10^{19}	$[FeF_6]^{3-}$	2.04×10^{14}
$[Au(CN)_2]^-$	1.99×10^{38}	$[HgCl_4]^{2-}$	1.17×10^{15}
$[Ca(EDTA)]^{2-}$	1.00×10^{11}	$[HgI_4]^{2-}$	6.76×10^{29}
$[Cd(en)_2]^{2+}$	1.23×10^{10}	$[Hg(CN)_4]^{2-}$	2.51×10^{41}
$[Cd(NH_3)_4]^{2+}$	2.78×10^7	$[Mg(EDTA)]^{2-}$	4.37×10^8
$[Co(NCS)_4]^{2-}$	1.00×10^3	$[Ni(CN)_4]^{2-}$	1.99×10^{31}
$[Co(NH_3)_6]^{2+}$	1.29×10^5	$[Ni(NH_3)_6]^{2+}$	5.50×10^8
$[Co(NH_3)_6]^{3+}$	1.58×10^{35}	$[Zn(CN)_4]^{2-}$	5.01×10^{16}
$[Cu(CN)_2]^-$	1.00×10^{24}	$[Zn(NH_3)_4]^{2+}$	2.88×10^9

2. 配离子稳定常数的应用

1)计算配合物溶液中有关离子的浓度

利用稳定常数可以进行配合物溶液中有关离子浓度的计算。由于一般配离子的各逐级稳定常数之间彼此相差并不大,因此在计算离子浓度时必须考虑各逐级配离子的存在。但由于在实际工作中所加的配位剂总是过量的,因而可认为溶液中绝大部分成分是高配位数的离子,在一般的计算中可按总稳定常数 $K_f^{\ominus}$ 进行计算。

【例 9-1】 计算溶液中与 1.0×10^{-3} mol $\cdot$ L^{-1} $[Cu(NH_3)_4]^{2+}$ 和 1.0 mol $\cdot$ L^{-1} NH$_3$ 处于平衡状态时游离 Cu^{2+} 的浓度。(已知 $[Cu(NH_3)_4]^{2+}$ 的 $K_f^{\ominus} = 2.09 \times 10^{13}$)

解 设平衡时溶液中 $c(Cu^{2+}) = x$ mol $\cdot$ L^{-1},则

$$Cu^{2+} + 4NH_3 \rightleftharpoons [Cu(NH_3)_4]^{2+}$$

平衡浓度/(mol $\cdot$ L^{-1}) x 1.0 1.0×10^{-3}

$$K_f^{\ominus}=\frac{c\left(\left[Cu(NH_3)_4\right]^{2+}\right)/c^{\ominus}}{\left[c\left(Cu^{2+}\right)/c^{\ominus}\right]\left[c\left(NH_3\right)/c^{\ominus}\right]^4}=\frac{1.0\times10^{-3}}{x}=2.09\times10^{13}$$

$$x=4.8\times10^{-17}$$

虽然可以按上式进行简单计算,但并非溶液中绝对不存在$[Cu(NH_3)]^{2+}$、$[Cu(NH_3)_2]^{2+}$和$[Cu(NH_3)_3]^{2+}$,因此不能认为配离子中Cu^{2+}与NH_3之比是1∶4。上例中因有过量NH_3存在,且$[Cu(NH_3)_4]^{2+}$的总稳定常数$K_f^{\ominus}$又很大,故忽略配离子的解离是合理的。

2)比较不同配合物的稳定性

对于具有相同组成类型(即中心离子及配体个数都相同)的配合物,可以直接通过对比相应的$K_f^{\ominus}$来比较其稳定性大小。查表知:$[Cu(NH_3)_4]^{2+}$,$K_f^{\ominus}=2.09\times10^{13}$;$[Zn(NH_3)_4]^{2+}$,$K_f^{\ominus}=2.88\times10^9$。由于$K_f^{\ominus}\left([Cu(NH_3)_4]^{2+}\right)>K_f^{\ominus}\left([Zn(NH_3)_4]^{2+}\right)$,可以判定配离子$[Cu(NH_3)_4]^{2+}$比$[Zn(NH_3)_4]^{2+}$稳定。

但对于不是相同组成类型的配合物,则需要通过计算来判定。如$K_f^{\ominus}\left([Ni(en)_3]^{2+}\right)=2.1\times10^{18}$,$K_f^{\ominus}\left([Ni(CN)_4]^{2-}\right)=1.99\times10^{31}$。$[Ni(CN)_4]^{2-}$的$K_f^{\ominus}$大,表面看应是它的稳定性大,但实际不是,由于它们不是相同组成类型不能比较,因而只能由计算来判定。可计算相同浓度配离子溶液中心离子的浓度,此浓度如果越大,则说明此配离子在溶液中解离越多,也就越不稳定。

9.3.2　配位平衡的移动

配位平衡也是动态平衡,当外界条件发生改变时,配位平衡也会发生移动。如当系统发生酸碱反应、沉淀反应或氧化还原反应,或生成更稳定的配合物时,配位平衡都会发生移动。因此,系统的酸度变化、沉淀剂的加入、另一配位剂的加入和氧化剂或还原剂的存在等都会影响配位平衡,此时,该系统是涉及配位平衡和其他平衡的多重平衡。

1. 酸度对配位平衡的影响

在配位平衡中存在配离子、游离的金属离子和配体,因此当溶液的酸度改变时常发生两类副反应。一类是在溶液酸度增大时弱酸根配体(如CN^-、CO_3^{2-}、$C_2O_4^{2-}$)和碱性配体(如NH_3、en)[①]结合质子生成弱酸,使配体浓度降低,平衡向着解离的方向移动。这种现象称为配体的酸效应。如向平衡$[FeF_6]^{3-}(aq)\Longleftrightarrow Fe^{3+}(aq)+6F^-(aq)$中加入少量酸时,$F^-$结合$H^+$生成HF,平衡向着$[FeF_6]^{3-}$解离的方向移动。

另一类副反应是某些易水解的高价金属离子在pH值增大时和溶液中的OH^-生成一系列的羟基配合物或氢氧化物沉淀,使金属离子浓度降低,平衡向着解离的方向移动。这种现象称为金属离子的水解效应。如向平衡$[FeF_6]^{3-}(aq)\Longleftrightarrow Fe^{3+}(aq)+6F^-(aq)$中加入少量碱或适当稀释时,由于$Fe^{3+}$水解,平衡向着$[FeF_6]^{3-}$解离的方向移动。

$$Fe(OH)_3$$
$$+OH^-\Updownarrow$$
$$[FeF_6]^{3-}(aq)\Longleftrightarrow Fe^{3+}(aq)+6F^-(aq)$$
$$\Updownarrow +H^+$$
$$HF$$

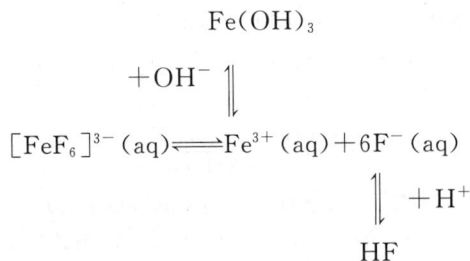

① 按照酸碱质子理论的观点,无论是弱酸根配体还是碱性配体,都属于质子碱,可与H^+结合。

2. 沉淀反应对配位平衡的影响

沉淀反应和配位平衡之间的关系可以看成沉淀剂和配位剂共同争夺金属离子的多重平衡过程。在配离子的溶液中加入适当的沉淀剂,可以使配位平衡发生移动而生成沉淀,即平衡向生成沉淀的方向移动。如向$[Ag(NH_3)_2]^+$溶液中加入少量 KI 溶液,可观察到黄色沉淀 AgI 生成。这是由于中心离子 Ag^+ 与 I^- 生成 AgI 沉淀而使配离子受到破坏,从而使配位平衡向配离子解离的方向移动:

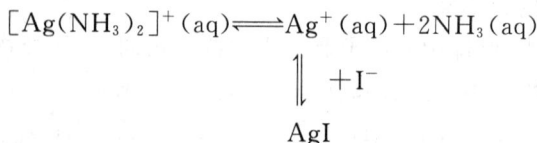

$$[Ag(NH_3)_2]^+(aq) \Longrightarrow Ag^+(aq) + 2NH_3(aq)$$
$$\Updownarrow\ +I^-$$
$$AgI$$

相反,也可以用配位平衡来破坏沉淀溶解平衡,即在沉淀中加入一定量的配位剂,也可以使平衡向生成配离子的方向移动。如向 AgCl 沉淀中加入氨水,则沉淀溶解生成 $[Ag(NH_3)_2]^+$。

可见,配位平衡和沉淀溶解平衡之间存在相互影响、相互制约、相互转化的关系。沉淀和配合物之间能否相互转化,除了和参与反应的沉淀剂和配位剂的用量有关外,还和沉淀的溶度积常数、配合物的稳定常数有关。

【例 9-2】 将 $1.0\ mL\ 1.0\ mol \cdot L^{-1}\ Cd(NO_3)_2$ 溶液与 $1.0\ L\ 5.0\ mol \cdot L^{-1}\ NH_3 \cdot H_2O$ 混合,通过计算说明将生成 $Cd(OH)_2$ 还是 $[Cd(NH_3)_4]^{2+}$。(已知$[Cd(NH_3)_4]^{2+}$的$K_f = 2.78 \times 10^7$,$Cd(OH)_2$ 的 $K_{sp}^\ominus = 5.3 \times 10^{-15}$,$NH_3 \cdot H_2O$ 的 $K_b^\ominus = 1.8 \times 10^{-5}$)

解 $Cd(NO_3)_2$ 和 $NH_3 \cdot H_2O$ 混合后

$$c(Cd^{2+}) = \frac{1.0 \times 1.0 \times 10^{-3}}{1.0 + 1.0 \times 10^{-3}}\ mol \cdot L^{-1} = 1.0 \times 10^{-3}\ mol \cdot L^{-1}$$

$$c(NH_3) = \frac{5.0 \times 1.0}{1.0 + 1.0 \times 10^{-3}}\ mol \cdot L^{-1} = 5.0\ mol \cdot L^{-1}$$

设 $NH_3 \cdot H_2O$ 解离产生的 $c(OH^-) = x\ mol \cdot L^{-1}$,则

$$NH_3(aq) + H_2O(aq) \Longrightarrow NH_4^+(aq) + OH^-(aq)$$

平衡时 $c_B/c^\ominus$　　　　　$5.0 - x$　　　　　x　　　　　x

$$K_b^\ominus = \frac{x^2}{5.0 - x} = 1.8 \times 10^{-5}$$

$$x = 9.5 \times 10^{-3}$$

根据反应商规则判断有无 $Cd(OH)_2$ 的生成。

$$Q = [c(Cd^{2+})/c^\ominus][c(OH^-)/c^\ominus]^2 = 1.0 \times 10^{-3} \times (9.5 \times 10^{-3})^2$$
$$= 9.0 \times 10^{-8} > K_{sp}^\ominus(Cd(OH)_2)$$

因而溶液中有 $Cd(OH)_2$ 沉淀生成,但 $Cd(OH)_2$ 是否溶于 $(5.0 - 9.5 \times 10^{-3})\ mol \cdot L^{-1}\ NH_3 \cdot H_2O$ 还需要通过计算说明。设平衡 $c([Cd(NH_3)_4]^{2+}) = y\ mol \cdot L^{-1}$,则

$$Cd(OH)_2(s) + 4NH_3(aq) \Longrightarrow [Cd(NH_3)_4]^{2+}(aq) + 2OH^-$$

平衡时 $c_B/c^\ominus$　　　　　　$5.0 - 4y$　　　　　y　　　　　$2y$

$$K^\ominus = \frac{[c([Cd(NH_3)_4]^{2+})/c^\ominus][c(OH^-)/c^\ominus]^2}{[c(NH_3)/c^\ominus]^4}$$
$$= K_f^\ominus([Cd(NH_3)_4]^{2+})K_{sp}^\ominus(Cd(OH)_2)$$
$$= 2.78 \times 10^7 \times 5.3 \times 10^{-15} = 1.5 \times 10^{-7}$$

$$1.5 \times 10^{-7} = \frac{y \times (2y)^2}{(5.0 - 4y)^4}$$

$$y = 0.029$$

由此可以看出 $Cd(OH)_2$ 在 $5.0\ mol\cdot L^{-1}NH_3\cdot H_2O$ 中的溶解度为 $0.029\ mol\cdot L^{-1}$,而溶液中的 Cd^{2+} 完全生成沉淀($1.0\times10^{-3}\ mol\cdot L^{-1}$)再全部溶于氨水生成的$[Cd(NH_3)_4]^{2+}$浓度也只有 $1.0\times10^{-3}\ mol\cdot L^{-1}$,远小于 $0.029\ mol\cdot L^{-1}$,因而溶液中只有$[Cd(NH_3)_4]^{2+}$生成。

3. 氧化还原对配位平衡的影响

氧化还原反应和配位反应之间也相互影响。在配位平衡系统中加入能与中心离子发生反应的氧化剂或还原剂,会降低金属离子的浓度,使得配位平衡发生移动。如向$[Ag(CN)_2]^-$溶液中加入金属锌,由于锌可以把 Ag^+ 还原为单质银,溶液中 Ag^+ 浓度便会减小。

$$[Ag(CN)_2]^-(aq)\Longrightarrow Ag^+(aq)+2CN^-(aq)$$

此平衡将向配离子解离的方向移动。同时锌被氧化为 Zn^{2+},另一平衡建立起来:

$$Zn^{2+}(aq)+4CN^-(aq)\Longrightarrow[Zn(CN)_4]^{2-}(aq)$$

总反应式为

$$2[Ag(CN)_2]^-(aq)+Zn\Longrightarrow[Zn(CN)_4]^{2-}(aq)+2Ag$$

【**例 9-3**】 已知电极反应:$Cu^{2+}+2e^-\!=\!\!=\!Cu$,$E^\ominus(Cu^{2+}/Cu)=0.34\ V$。在溶液中加入 NaOH 则产生 $Cu(OH)_2$ 沉淀,达平衡时如果 OH^- 浓度为 $1\ mol\cdot L^{-1}$,求电极反应 $Cu(OH)_2+2e^-\Longrightarrow Cu+2OH^-$ 的标准电极电势。

解法一　在溶液中加入 NaOH 后的沉淀反应为

$$Cu^{2+}+2OH^-\Longrightarrow Cu(OH)_2$$

达平衡时,如果 OH^- 为 $1\ mol\cdot L^{-1}$,则铜离子浓度为

$$c(Cu^{2+})=\frac{K_{sp}^\ominus(Cu(OH)_2)}{c^2(OH^-)}=\frac{2.2\times10^{-20}}{1^2}\ mol\cdot L^{-1}=2.2\times10^{-20}\ mol\cdot L^{-1}$$

由于铜离子浓度的降低,则此时电极电势为

$$E(Cu^{2+}/Cu)=E^\ominus(Cu^{2+}/Cu)+\frac{0.0592}{2}\lg c(Cu^{2+})$$

$$=\left[0.34+\frac{0.0592}{2}\lg(2.2\times10^{-20})\right]\ V=-0.242\ V$$

此电极电势即为 $Cu(OH)_2+2e^-\Longrightarrow Cu+2OH^-$ 的标准电极电势。

解法二　此题可理解为计算铜棒插在 $Cu(OH)_2$ 沉淀中的标准电极电势 $E^\ominus$,此时存在两个电极反应:

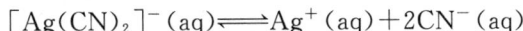

$$Cu^{2+}+2e^-\!=\!\!=\!Cu$$

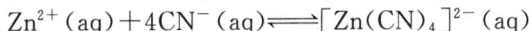

$$Cu(OH)_2+2e^-\!=\!\!=\!Cu+2OH^-$$

$$E(Cu^{2+}/Cu)=E^\ominus(Cu^{2+}/Cu)+\frac{0.0592}{2}\lg c(Cu^{2+})$$

$$E(Cu(OH)_2/Cu)=E^\ominus(Cu(OH)_2/Cu)+\frac{0.0592}{2}\lg\frac{1}{c^2(OH^-)}$$

将上述电对组成原电池,当电池电动势等于零时,则

$$E^\ominus(Cu(OH)_2/Cu)=E^\ominus(Cu^{2+}/Cu)+\frac{0.0592}{2}\lg\left[c^2(OH^-)c(Cu^{2+})\right]$$

$$=E^\ominus(Cu^{2+}/Cu)+\frac{0.0592}{2}\lg K_{sp}^\ominus$$

$$=\left[0.34+\frac{0.0592}{2}\lg(2.2\times10^{-20})\right]\ V=-0.242\ V$$

4. 配位平衡之间的转化

在配离子反应中,一种配离子可以转化为另一种更稳定的配离子,即平衡向生成更难解离的配离子的方向移动,两种配离子的稳定常数相差越大,转化越容易。转化反应的难易可用转化反应平衡常数来衡量,对于相同组成类型的配离子,通常可根据配离子的 $K_f^\ominus$ 来判断反应进行的方向。例如:

$$[Fe(NCS)_6]^{3-}(aq) + 6F^-(aq) \Longleftrightarrow [FeF_6]^{3-}(aq) + 6NCS^-(aq)$$

$$K_f^{\ominus}([Fe(NCS)_6]^{3-}) = 1.2 \times 10^9 \ll K_f^{\ominus}([FeF_6]^{3-}) = 2.0 \times 10^{15}$$

因此,若向$[Fe(NCS)_6]^{3-}$溶液中加入足量的NH_4F,则$[Fe(NCS)_6]^{3-}$将转化生成$[FeF_6]^{3-}$。

9.4 配合物的应用

9.4.1 螯合物的稳定性

螯环的形成使螯合物具有特殊的稳定性。表 9-7 列出一些金属离子与乙二胺形成的螯合物和与 NH_3 形成的一般配合物的稳定常数。表中数据表明,螯合物比结构相似而且配位原子相同的非螯形配合物稳定。

表 9-7　某些配合物的稳定常数

螯合物	$K_f^{\ominus}$	一般配合物	$K_f^{\ominus}$
$[Cu(en)_2]^{2+}$	1.00×10^{20}	$[Cu(NH_3)_4]^{2+}$	2.09×10^{13}
$[Zn(en)_2]^{2+}$	6.76×10^{10}	$[Zn(NH_3)_4]^{2+}$	2.88×10^9
$[Co(en)_3]^{2+}$	6.60×10^{13}	$[Co(NH_3)_6]^{2+}$	1.29×10^5
$[Ni(en)_2]^{2+}$	2.14×10^{18}	$[Ni(NH_3)_6]^{2+}$	5.50×10^8

螯合物特殊的稳定性可以从结构和热力学的角度予以说明。从结构的角度来看:螯合物的稳定性与螯环的大小和多少有关,螯合物的螯环大多数是五元环和六元环,这两种环的键角分别为 108°和 120°,有利于成键。若是四元环或七元环,则键角分别为 90°和 128.6°,这样环张力较大,不易形成。而且一个多齿配体与中心离子形成的螯环数越多,螯合物越稳定。如在螯合物$[Ca(EDTA)]^{2-}$中,有 5 个五原子环,因而它很稳定,利用这种性质可以测定硬水中Ca^{2+}、Mg^{2+}的含量。

从热力学的角度来看,螯合反应的标准摩尔吉布斯函数变取决于反应的焓变和系统的熵变,前者主要来源于反应前后键能的变化,一般是负值,后者则取决于系统的混乱程度。如简单配合物$[Ni(H_2O)_6]^{2+}$和螯合物$[Ni(en)_3]^{2+}$之间的转化反应:

$$[Ni(H_2O)_6]^{2+} + 3en \Longleftrightarrow [Ni(en)_3]^{2+} + 6H_2O$$

反应前后都是 6 个 O→Ni 键,键能变化不大,因而焓变不大。但反应前后的分子数增加了,由 3 个 en 变成了 6 个 H_2O,这导致系统的混乱度增加。因而,在焓因素和熵因素中后者起了较大的作用,因而$[Ni(en)_3]^{2+}$更稳定。

很多螯合物具有特殊的颜色及很高的稳定性,在溶液中很少有逐级解离现象,利用螯合物的这些特点常在分析化学上进行定性、定量测定,如丁二酮肟就是检验 Ni^{2+} 的特效试剂,即镍试剂。

9.4.2 配合物的具体应用

配合物化学已成为当代化学的前沿领域之一,它的发展打破了传统的无机化学和有机化学之间的界限,配合物新奇的特殊性能在生产实践中取得了重大应用。下面从几个方面进行简要介绍。

1. 在分析化学方面的应用

1)离子的分析、鉴定

在欲分析、分离的系统中加入配体,可利用所形成的配合物性质,如溶解度、稳定性及颜色等的差异对系统所含成分进行定性、定量的分析与分离。在不同的场合下,配体可作为沉淀剂、萃取剂、滴定剂、显色剂、掩蔽剂、离子交换中的淋洗剂等,应用于各种分析方法与分离技术中。

(1)形成有色配离子。例如在溶液中 NH_3 与 Cu^{2+} 能形成深蓝色的 $[Cu(NH_3)_4]^{2+}$,借此配位反应可以鉴定 Cu^{2+}。

(2)形成难溶有色配合物。例如丁二酮肟在弱碱性介质中与 Ni^{2+} 可形成鲜红色难溶的二(丁二酮肟)合镍(Ⅱ)沉淀,借此以鉴定 Ni^{2+},也可用于 Ni^{2+} 含量的分析测定。

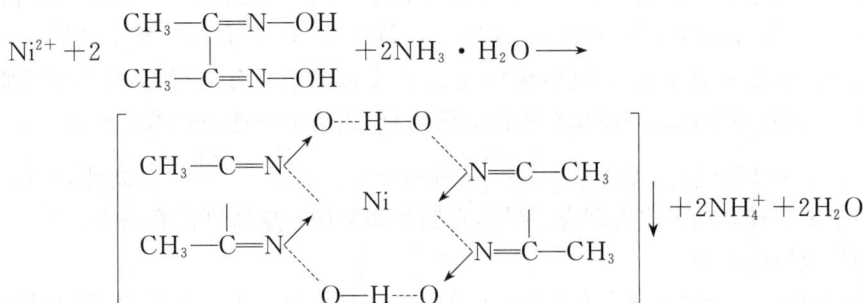

$$Ni^{2+}+2\ \begin{matrix}CH_3{-}C{=}N{-}OH\\ |\\ CH_3{-}C{=}N{-}OH\end{matrix}\ +2NH_3\cdot H_2O\longrightarrow$$

$$\begin{bmatrix}CH_3{-}C{=}N\\ |\\ CH_3{-}C{=}N\end{bmatrix}\begin{matrix}O{\cdots}H{-}O\\ Ni\\ O{-}H{\cdots}O\end{matrix}\begin{matrix}N{=}C{-}CH_3\\ |\\ N{=}C{-}CH_3\end{matrix}\ \downarrow +2NH_4^++2H_2O$$

(3)进行定量分析。日常生活中,锅炉用水要进行水的硬度的监控,若使用硬水将造成锅炉内壁严重结垢(主要是 $CaCO_3$、$MgCO_3$ 等),不但阻碍传热,损耗燃料,严重时还会堵塞管道,甚至发生爆炸。EDTA 是分析常用的试剂,水质中的 Ca^{2+} 和 Mg^{2+} 的含量用 EDTA 作螯合剂可以进行定量分析。

2)离子的分离

在提炼核燃料铀时,利用磷酸三丁酯(TBP)的煤油(溶剂)溶液从硝酸铀酰 $(UO_2)(NO_3)_2$ 的水溶液中萃取分离出铀。这就是利用了萃取剂 TBP 能与 UO_2^{2+} 形成配合物 $(UO_2)(NO_3)_2\cdot$ 2TBP 的性质。此配合物易溶于有机溶剂煤油中,再经反复萃取可将它与其他杂质分离。再如,在含有 Zn^{2+} 和 Al^{3+} 的溶液中加入过量氨水:

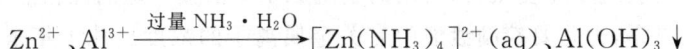

$$Zn^{2+}、Al^{3+}\xrightarrow{\text{过量 } NH_3\cdot H_2O}[Zn(NH_3)_4]^{2+}(aq)、Al(OH)_3\downarrow$$

由于形成了可溶性的 $[Zn(NH_3)_4]^{2+}$ 而达到分离 Zn^{2+} 与 Al^{3+} 的目的。

3)离子的掩蔽

加入配位剂 KSCN 鉴定 Co^{2+} 时,Co^{2+} 与配位剂将发生下列反应:

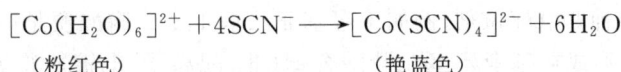

$$[Co(H_2O)_6]^{2+}+4SCN^-\longrightarrow[Co(SCN)_4]^{2-}+6H_2O$$
$$\text{(粉红色)}\qquad\qquad\qquad\text{(艳蓝色)}$$

但是如果溶液中同时含有 Fe^{3+},Fe^{3+} 也可与 SCN^- 反应,形成血红色的 $[Fe(SCN)]^{2+}$,妨碍了对 Co^{2+} 的鉴定。若事先在溶液中加入足量的配位剂 NaF(或 NH_4F),使 Fe^{3+} 形成更为稳定的无色配离子 $[FeF_6]^{3-}$,这样就可以排除 Fe^{3+} 对 Co^{2+} 的干扰作用。在分析化学上,这种排除干扰作用的效应称为掩蔽效应,所用的配位剂称为掩蔽剂。

2. 在配位催化方面的应用

在有机合成中,凡利用配位反应而产生的催化作用称为配位催化。由于催化活性高,选择性专一以及反应条件温和,配位催化广泛应用于石油化学工业生产中。例如,用 Wacker 法由乙烯合成乙醛时采用 $PdCl_2$ 和 $CuCl_2$ 的稀 HCl 溶液催化,借助 $[PdCl_3(C_2H_4)]^-$、$[PdCl_2(OH)(C_2H_4)]^-$ 等中间产物的形成,使 C_2H_4 分子活化,在常温常压下就能比较容易地将乙烯氧化成乙醛,转化率高达 95%。其反应式为

$$C_2H_4 + 1/2O_2 \xrightarrow{\text{PdCl}_2+\text{CuCl}_2,\text{HCl 溶液}} CH_3CHO$$

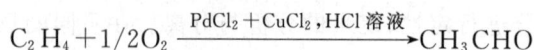

这是一个配位催化反应,这个过程已工业化。

另一个配位催化的著名例子是 Ziegler-Natta 催化剂。在正己烷或庚烷的悬浮溶液中,该催化剂可使烯烃定向聚合成线性的立体规整的高分子。

3. 在冶金工业方面的应用

1)高纯金属的制备

绝大多数过渡元素能与 CO 形成金属羰合物。与常见的相应金属化合物相比较,它们容易挥发,受热易分解成金属和 CO。利用上述特性,工业上采用羰基化精炼技术制备高纯金属。先将含有杂质的金属制成羰合物并使之挥发以与杂质分离,然后加热分解制得纯度很高的金属。例如,制造铁芯和催化剂用的高纯铁粉,正是采用这种技术生产的:

$$Fe(\text{细粉}) + 5CO \xrightarrow{473\text{ K},20\text{ MPa}} [Fe(CO)_5] \xrightarrow{473\sim523\text{ K}} Fe(\text{高纯}) + 5CO$$

由于金属羰合物大多有剧毒、易燃,在制备和使用时应特别注意安全。

2)贵金属的提取

众所周知,贵金属很难氧化,从其矿石中提取有困难。但是当有合适的配位剂存在时,可利用配合物的形成来提取金属。Au 的提取为典型的实例,CN^- 对 Au 有极强的配位作用,形成 $[Au(CN)_2]^-$:

$$4Au + 8CN^- + 2H_2O + O_2 \longrightarrow 4[Au(CN)_2]^- + 4OH^-$$

在 NaCN 溶液中,由于 $E^{\ominus}([Au(CN)_2]^-/Au)$ 比 $E^{\ominus}(O_2/OH^-)$ 小得多,Au 的还原性增强,容易被 O_2 氧化,形成 $[Au(CN)_2]^-$ 而溶解。然后用锌粉从溶液中置换出金。

$$2[Au(CN)_2]^- + Zn \longrightarrow 2Au + [Zn(CN)_4]^{2-}$$

4. 在电镀工业方面的应用

欲获得牢固、均匀、致密、光亮的镀层,金属离子在阴极镀件上的还原速度不应太快,倘若电解时金属离子在阴极还原速度太快,析出的金属原子无法按一定的晶格点阵排列,将使镀层晶粒粗大、疏松、无光泽,为此要控制镀液中有关金属离子的浓度。几十年来,镀 Cu、Ag、Au、Zn、Sn 等工艺中采用 NaCN,可使有关金属离子转变为氰配离子,以降低镀液中简单金属离子的浓度。由于氰化物有剧毒,20 世纪 70 年代以来人们开始研究无氰电镀工艺,无氰电镀一直是人们所追求的"绿色"目标。

目前已研究出多种非氰配位剂,例如 1-羟基亚乙基-1,1-二膦酸便是一种较好的电镀通用配位剂,它与 Cu^{2+} 可形成羟基亚乙基二膦酸合铜(Ⅱ)配离子,电镀所得镀层达到质量标准。用于电镀的配体,含氮的有包括乙二胺在内的多乙烯多胺;含磷的有多聚磷酸盐类、焦磷酸盐或有机多膦(含 C—P 键)酸类;含氧的有羟基酸类,如葡萄糖酸、酒石酸、柠檬酸及苹果酸等。

5. 在生物、医药学方面的应用

生物体内各种各样起着特殊催化作用的酶,几乎都与有机金属配合物密切相关。例如,植物进行光合作用所必需的叶绿素,是以 Mg^{2+} 为中心的复杂配合物;植物固氮酶是铁、钼的蛋白质配合物。

人体必需的金属离子绝大多数以配合物的形式存在于体内,它们的功能主要是促使酶活化,催化体内各种生化反应,因而是控制体内正常代谢活动的关键因素。若体内存在有害金属离子(如重金属 Pb^{2+}、Hg^{2+}、Cd^{2+})和放射性元素 U 等,可以选择合适的螯合剂与它们配位而排出体外,此法称为螯合疗法,所用的螯合剂称为解毒剂。在医学上,常利用配位反应治疗人体中某些元素的中毒。例如,EDTA 的钙盐是人体铅中毒的高效解毒剂。对于铅中毒患者,可注射溶于生理盐水或葡萄糖溶液的 $Na_2[Ca(EDTA)]$。

$$Pb^{2+} + [Ca(EDTA)]^{2-} \longrightarrow [Pb(EDTA)]^{2-} + Ca^{2+}$$

$[Pb(EDTA)]^{2-}$ 及剩余的 $[Ca(EDTA)]^{2-}$ 均可随尿排出体外,从而达到解铅毒的目的。但是切不可用 Na_2H_2EDTA 代替 $Na_2[Ca(EDTA)]$ 作注射液,它会使人体缺钙。

另外,治疗糖尿病的胰岛素、治疗血吸虫病的酒石酸锑钾以及抗癌药顺铂(顺式二氯•二氨合铂)、二氯茂钛等都属于配合物。现已证实多种顺铂及其一些类似物对子宫癌、肺癌、睾丸癌有明显疗效,最近还发现金的配合物 $[Au(CN)_2]^-$ 有抗病毒作用。人们还尝试用含 Rh、Pd、Ir、Cu、Ni、Fe、Ti、Zr、Sn 等元素的某些配合物来治疗癌症,目前配合物已成为抗癌新药的一条很有价值的探索途径。

某些配合物具有特殊光、电、热、磁等功能,这对于电子、激光和信息等高新技术的开发具有重要的应用前景。

9.5　配位滴定原理

和酸碱滴定一样,配位滴定(complexometric titration,complexometry)是建立在配位反应基础上的。由于无机配位剂往往只含有一个配位原子,形成的配合物稳定性不高且存在逐级配位现象,各级配合物的稳定常数相差不大,溶液中往往同时存在多种形式的配离子,被测离子与配位剂之间没有确定的计量关系,而且在滴定时滴定突跃不明显,有些反应找不到合适的指示剂,因而一般无机配位剂很少用于滴定分析(但有些可作为掩蔽剂)。分析科学中最常用的配位剂是氨羧类配位剂(分子中含有氨基和羧基),目前研究过的氨羧配位剂有几十种,但有实际应用的不过几种,如氨三乙酸(NTA 或 ATA)、乙二醇二乙醚二胺四乙酸(EGTA)、乙二胺四丙酸(EDTP)、2-羟乙基乙二胺三乙酸(HEDTA)和乙二胺四乙酸(ethylene diamine tetra acetic acid,EDTA)等,其中以乙二胺四乙酸最为重要。通常所说的配位滴定法主要指 EDTA 滴定法,故后面主要介绍 EDTA 滴定。

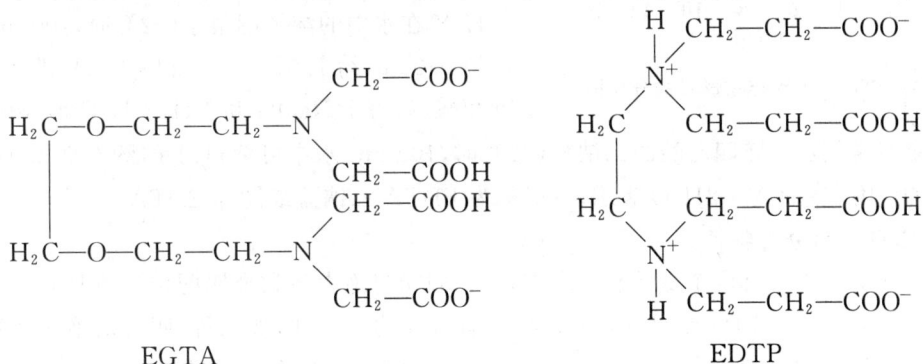

EGTA　　　　　　　　　　EDTP

9.5.1　EDTA 及其分析特性

1. EDTA

EDTA 是一种四元酸,常用 H_4Y 表示,在水溶液中,两个羧基上的氢原子转移到氮原子上形成双偶极离子,其结构式为

$$HOOCH_2C \quad \overset{H}{\underset{+}{N}} \quad CH_2COO^-$$

$$^-OOCH_2C \overset{+}{N}-CH_2-CH_2-\overset{+}{N}H \quad CH_2COOH$$

H_4Y 溶于水,当溶液酸度较大时,两个羧酸根可再接受两个 H^+,此时 EDTA 相当于六元酸,用 H_6Y^{2+} 表示,所以 EDTA 具有六级解离常数。因而,EDTA 溶液存在 H_6Y^{2+}、H_5Y^+、H_4Y、H_3Y^-、H_2Y^{2-}、HY^{3-} 和 Y^{4-} 七种型体,它们的逐级稳定常数和累积稳定常数列于表9-8。表中所列的反应是质子化反应,所以其稳定常数也称为质子化常数(protonation constant),相应的累积稳定常数也称为累积质子化常数(cumulative protonation constant)。

表 9-8　EDTA 的各级稳定常数和累积稳定常数

平　衡	逐级稳定常数	累积稳定常数
$Y^{4-}+H^+ \rightleftharpoons HY^{3-}$	$K_1^\ominus=10^{10.34}$	$\beta_1^H=10^{10.34}$
$HY^{3-}+H^+ \rightleftharpoons H_2Y^{2-}$	$K_2^\ominus=10^{6.24}$	$\beta_2^H=10^{16.58}$
$H_2Y^{2-}+H^+ \rightleftharpoons H_3Y^-$	$K_3^\ominus=10^{2.75}$	$\beta_3^H=10^{19.33}$
$H_3Y^-+H^+ \rightleftharpoons H_4Y$	$K_4^\ominus=10^{2.07}$	$\beta_4^H=10^{21.40}$
$H_4Y+H^+ \rightleftharpoons H_5Y^+$	$K_5^\ominus=10^{1.6}$	$\beta_5^H=10^{23.0}$
$H_5Y^++H^+ \rightleftharpoons H_6Y^{2+}$	$K_6^\ominus=10^{0.9}$	$\beta_6^H=10^{23.9}$

图 9-7　EDTA 各种存在形式的分布图

根据 EDTA 的六级稳定常数可计算并绘出各种型体的分布系数与溶液 pH 值的关系图,如图9-7所示。pH 值不同时,各种型体的分布系数 δ 是不同的。在 pH<0.9 的强酸性溶液中,EDTA 主要以 H_6Y^{2+} 型体存在;在 pH=2.75~6.24 的溶液中,EDTA 主要以 H_2Y^{2-} 型体存在;在 pH=6.24~10.34 的溶液中,EDTA 主要以 HY^{3-} 型体存在;在 pH>12 的溶液中,EDTA 主要以 Y^{4-} 型体存在[①]。

H_4Y 在水中的溶解度很小(22℃时,100 mL 水中可溶解 0.02 g,约 7.0×10^{-4} mol·L^{-1}),难溶于有机溶剂和酸,易溶于 NaOH 和 $NH_3\cdot H_2O$ 形成钠盐,因而在滴定时常用乙二胺四乙酸的二钠盐(22℃时,100 mL 水中可溶11.1 g,约 0.3 mol·L^{-1},pH=4.5),用 $Na_2H_2Y\cdot2H_2O$ 表示,一般称为 EDTA 二钠盐或简称 EDTA。

2. EDTA 的分析特性

EDTA 分子中含有两个氨基和四个羧基,它们能与绝大多数金属配位生成具有五元环的螯合物。金属离子与 EDTA 形成的螯合物具有很高的稳定性,如三价、四价及绝大多数的二价金属离子与 EDTA 形成的配合物的 $\lg K_f^\ominus>15$,即使与 EDTA 配位倾向很小的碱土金属,与 EDTA 形成的配合物的 $\lg K_f^\ominus$ 也在 8~11 范围内,所以也可用 EDTA 滴定。EDTA 的广泛配位性能使配位滴定广泛应用成为可能,但同时也导致了实际滴定中组分之间相互干扰,配位作用的普遍性和实际滴定时的选择性构成了矛盾,因此滴定时应尽可能提高选择性。

① 从严格意义上讲,在任何 pH 值下,这七种型体都同时存在,但在某一 pH 值下,只有某些型体占优势。

EDTA 与金属形成的配合物还具有配位比固定的特点。由于多数金属的配位数为 4 或 6,因而 1 个 EDTA 分子就可以满足要求,所以一般形成金属与 EDTA 物质的量之比为 1∶1 的配合物(锆(Ⅳ)、钼(Ⅴ)等少数金属离子形成 2∶1 的配合物),这种固定配比不但给配位滴定带来了可能性,而且给计算带来了方便。有些金属离子在高酸度时形成 MHY 和碱性较强时形成 M(OH)Y,但由于在这种配合物中,配位比依然为 1∶1,因此即使生成这些配合物也不影响结果。

反应速率和滴定终点的判断是实际滴定分析中需要考虑的两个方面。EDTA 与金属离子配位形成的配合物大多数带有电荷,水溶性好,因而反应速率一般也比较大(个别反应速率小,需加热),这也是 EDTA 能广泛应用的一个重要条件。

无色金属离子与 EDTA 形成的配合物为无色,显然这有利于用指示剂确定反应的终点。有色金属离子与 EDTA 反应生成的配合物颜色较金属离子有所加深,当离子浓度较大时会影响目视终点的观测,这时需要控制好浓度。

9.5.2　副反应系数和条件稳定常数

EDTA 与大多数金属离子形成 1∶1 的配合物:

$$M^{n+} + Y^{4-} \Longrightarrow MY^{n-4}$$

为简便起见,省去电荷,写成

$$M + Y \Longrightarrow MY$$

反应达到平衡时,稳定常数(绝对稳定常数)为

$$K_{MY}^{\ominus} = \frac{[MY]}{[M][Y]} \tag{9-11}$$

该常数表示在没有副反应时金属离子与 EDTA 形成配合物的稳定性。一些常见金属离子与 EDTA 的配合物的稳定常数 $K_{MY}^{\ominus}$ 见表 9-9。但在实际反应中会存在各种不同程度的副反应,因此采用配合物的实际稳定常数(条件稳定常数,conditional stability constant)才能说明配位反应的完全程度。

表 9-9　一些常见金属离子与 EDTA 的配合物的稳定常数

M	Ag^+	Al^{3+}	Ba^{2+}	Be^{2+}	Bi^{3+}	Ca^{2+}	Cd^{2+}	Co^{2+}	Co^{3+}	Cr^{3+}
$\lg K_{MY}^{\ominus}$	7.32	16.5	7.78	9.2	27.8	11.0	16.36	16.26	41.4	23.4
M	Ca^{2+}	Fe^{2+}	Fe^{3+}	Hg^{2+}	Mg^{2+}	Mn^{2+}	Ni^{2+}	Pb^{2+}	Sn^{2+}	Zn^{2+}
$\lg K_{MY}^{\ominus}$	18.70	14.27	24.23	21.5	9.12	13.81	18.5	17.88	18.3	16.36

1. 影响配位反应的主要因素

在配位滴定中,M 和 Y 生成 MY 的反应是主反应,M、Y 及 MY 在溶液中还能发生一系列的副反应,具体如图 9-8 所示。

从图 9-8 可以看出:Y 的副反应包括配位剂 Y 的酸效应以及 Y 和其他共存离子 N 的配位效应;M 的副反应包括金属离子 M 的水解效应(或羟基配位效应)和与 L(辅助配位剂、缓冲剂、掩蔽剂等)的配位效应;MY 的副反应包括形成酸式、碱式或混合配合物。这些副反应的发生对 EDTA 能否滴定 M 离子影响很大,其中 M、Y 的副反应使配合物的稳定性降低,对滴定不利,而 MY 的副反应则对滴定有利。

$$M \quad + \quad Y \quad \Longleftrightarrow \quad MY$$

主反应

$$OH^- \quad L \quad H^+ \quad N \quad OH \quad H^+$$

$$M(OH) \quad ML \quad HY \quad NY \quad MOHY \quad MHY$$

$$\vdots \quad\quad \vdots \quad\quad \vdots$$

$$M(OH)_m \quad ML_n \quad H_6Y$$

副反应

| 羟基配位效应 | 辅助配位效应 | 酸效应 | 共存离子效应 | 混合配位效应 |

$$\underbrace{\alpha_{M(OH)} \quad \alpha_{M(L)}}_{\alpha_M} \quad \underbrace{\alpha_{Y(H)} \quad \alpha_{Y(N)}}_{\alpha_Y} \quad \underbrace{\alpha_{MY(H)} \quad \alpha_{MY(OH)}}_{\alpha_{MY}}$$

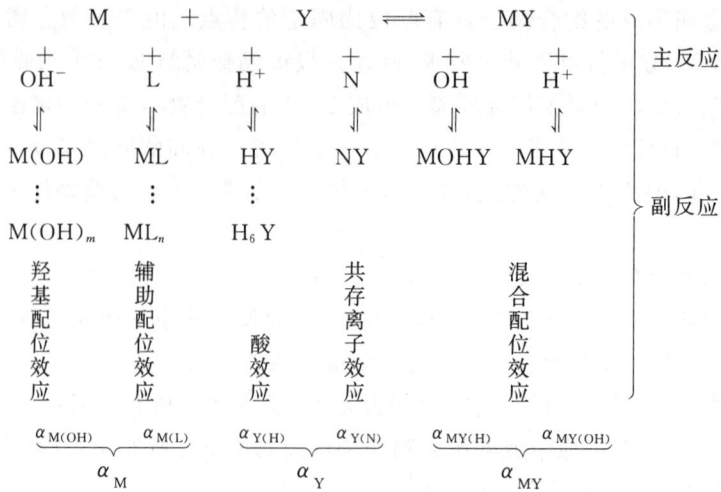

图 9-8　配位滴定的副反应示意图

显然,处理这种复杂的化学平衡十分繁杂,但从配位滴定的角度考虑,很少要求准确地知道溶液中各物种的真实浓度,通常只需了解主反应的完全程度。为了定量说明副反应的大小,引入副反应系数 α(side reaction coefficient),定义如下:

$$\alpha = \frac{总浓度}{某分布形式的平衡浓度} \tag{9-12}$$

对于 M 来讲,未与 Y 配位的金属离子不只是以游离金属离子 M 的形态存在,它们还可能以 $M(OH)$,$M(OH)_2$,$\cdots$,$M(OH)_m$ 以及 ML,ML_2,$\cdots$,ML_n 形式存在,它们的总浓度用带撇号的 $[M']$ 来表示。

1)Y 的副反应系数 α_Y

Y 的副反应系数用符号 α_Y 表示。由于在溶液中未与 M 配位的配位剂 Y 不仅仅以游离态的 Y 存在,还可能以 HY,HY_2,$\cdots$,HY_6 以及 NY 等形式存在,因而 α_Y 定义为

$$\alpha_Y = \frac{[Y']}{[Y]}$$

$$= \frac{[Y^{4-}]+[HY^{3-}]+[H_2Y^{2-}]+[H_3Y^-]+[H_4Y]+[H_5Y^+]+[H_6Y^{2+}]+[NY]}{[Y^{4-}]} \tag{9-13}$$

当 $\alpha_Y = 1$ 时 $[Y'] = [Y]$,表示没有副反应,α_Y 越大,游离态所占比例相对越小,配位剂的副反应越严重,因而 α_Y 可用来表征配位剂发生副反应的程度。

Y 的副反应由 Y 和 H^+ 及 Y 和 N 配位两部分组成,其副反应系数可分别用 $\alpha_{Y(H)}$ 和 $\alpha_{Y(N)}$ 表示。$\alpha_{Y(H)}$ 描述了由于 H^+ 的存在而使得 EDTA 参与主反应能力下降的现象,该现象称为 EDTA 酸效应,因而 $\alpha_{Y(H)}$ 称为酸效应系数。$\alpha_{Y(N)}$ 描述了溶液中因共存离子的存在使得 Y 参与主反应能力下降的大小,由于共存离子存在而使得主反应能力下降的现象称为共存离子效应。其表达式分别为

$$\alpha_{Y(H)} = \frac{[Y^{4-}]+[HY^{3-}]+[H_2Y^{2-}]+[H_3Y^-]+[H_4Y]+[H_5Y^+]+[H_6Y^{2+}]}{[Y^{4-}]} \tag{9-14}$$

$$\alpha_{Y(N)} = \frac{[Y^{4-}]+[YN]}{[Y^{4-}]} = 1+[N]K_{NY} \tag{9-15}$$

显然

$$\alpha_Y = \alpha_{Y(H)} + \alpha_{Y(N)} - 1 \tag{9-16}$$

由于 Y 的副反应以酸效应为主,因而后面只讨论酸效应系数。

$$\alpha_{Y(H)} = \frac{[Y^{4-}] + [HY^{3-}] + [H_2Y^{2-}] + [H_3Y^{-}] + [H_4Y] + [H_5Y^{+}] + [H_6Y^{2+}]}{[Y^{4-}]}$$

$$= 1 + \frac{[H^+]}{K_6^{\ominus}} + \frac{[H^+]^2}{K_6^{\ominus}K_5^{\ominus}} + \frac{[H^+]^3}{K_6^{\ominus}K_5^{\ominus}K_4^{\ominus}} + \frac{[H^+]^4}{K_6^{\ominus}K_5^{\ominus}K_4^{\ominus}K_3^{\ominus}} + \frac{[H^+]^5}{K_6^{\ominus}K_5^{\ominus}K_4^{\ominus}K_3^{\ominus}K_2^{\ominus}} + \frac{[H^+]^6}{K_6^{\ominus}K_5^{\ominus}K_4^{\ominus}K_3^{\ominus}K_2^{\ominus}K_1^{\ominus}}$$

$$= 1 + \beta_1^H[H^+] + \beta_2^H[H^+]^2 + \beta_3^H[H^+]^3 + \beta_4^H[H^+]^4 + \beta_5^H[H^+]^5 + \beta_6^H[H^+]^6 \qquad (9\text{-}17)$$

显然,$\alpha_{Y(H)}$ 只和 EDTA 的逐级解离常数(累积稳定常数)和溶液的 pH 值有关。当温度一定时,累积稳定常数为定值,因此 $\alpha_{Y(H)}$ 只随 pH 值发生变化。溶液的 pH 值越小,$\alpha_{Y(H)}$ 越大,酸效应越明显。一般来说,$\alpha_{Y(H)} > 1$,当 pH $\geqslant$ 12 时,$\alpha_{Y(H)} \approx 1$。根据累积稳定常数可以计算出在给定酸度下的 $\alpha_{Y(H)}$。

【例 9-4】 计算在 pH = 5 时 EDTA 的酸效应系数,若此时 EDTA 各种存在形式的总浓度为 $0.02 \text{ mol} \cdot \text{L}^{-1}$,则 $[Y^{4-}]$ 为多少? 已知:$\beta_1^H \sim \beta_6^H$ 分别为 $10^{10.34}$、$10^{16.58}$、$10^{19.33}$、$10^{21.40}$、$10^{23.0}$、$10^{23.9}$。

解 根据 $\alpha_{Y(H)}$ 的定义式及 EDTA 的累积稳定常数值可得

$$\alpha_{Y(H)} = 1 + \beta_1^H[H^+] + \beta_2^H[H^+]^2 + \beta_3^H[H^+]^3 + \beta_4^H[H^+]^4 + \beta_5^H[H^+]^5 + \beta_6^H[H^+]^6$$

$$= 1 + 10^{10.34-5} + 10^{16.58-10} + 10^{19.33-15} + 10^{21.40-20} + 10^{23.0-25} + 10^{23.9-30}$$

$$= 10^{6.60}$$

$$[Y^{4-}] = \frac{[Y']}{\alpha_{Y(H)}} = \frac{0.02}{10^{6.60}} \text{ mol} \cdot \text{L}^{-1} = 5.0 \times 10^{-9} \text{ mol} \cdot \text{L}^{-1}$$

在类似计算中,虽然涉及的项较多,但在给定的条件下只有少数几项是主要的,通常比最大项小两个数量级以上的项均可以忽略。由于 $\alpha_{Y(H)}$ 较大,涉及的指数差别也很大,故通常用指数或对数的形式表示,且由于 $\alpha_{Y(H)}$ 是比较重要的数值,为应用方便,前人已经将计算结果列成表,见表 9-10。

表 9-10　不同 pH 值时的 $\lg\alpha_{Y(H)}$

pH 值	$\lg\alpha_{Y(H)}$	pH 值	$\lg\alpha_{Y(H)}$	pH 值	$\lg\alpha_{Y(H)}$	pH 值	$\lg\alpha_{Y(H)}$	pH 值	$\lg\alpha_{Y(H)}$	pH 值	$\lg\alpha_{Y(H)}$
0.0	23.64	2.1	13.16	4.2	8.04	6.3	4.20	8.4	1.87	10.5	0.20
0.1	23.06	2.2	12.82	4.3	7.84	6.4	4.06	8.5	1.77	10.6	0.16
0.2	22.47	2.3	12.50	4.4	7.64	6.5	3.92	8.6	1.67	10.7	0.13
0.3	21.89	2.4	12.19	4.5	7.44	6.6	3.79	8.7	1.57	10.8	0.11
0.4	21.32	2.5	11.90	4.6	7.24	6.7	3.67	8.8	1.48	10.9	0.09
0.5	20.75	2.6	11.62	4.7	7.04	6.8	3.55	8.9	1.38	11.0	0.07
0.6	20.18	2.7	11.35	4.8	6.84	6.9	3.43	9.0	1.28	11.1	0.06
0.7	19.62	2.8	11.09	4.9	6.65	7.0	3.32	9.1	1.19	11.2	0.05
0.8	19.08	2.9	10.84	5.0	6.45	7.1	3.21	9.2	1.10	11.3	0.04
0.9	18.54	3.0	10.60	5.1	6.26	7.2	3.10	9.3	1.01	11.4	0.03
1.0	18.01	3.1	10.37	5.2	6.07	7.3	2.99	9.4	0.92	11.5	0.02
1.1	17.49	3.2	10.14	5.3	5.88	7.4	2.88	9.5	0.83	11.6	0.02
1.2	16.98	3.3	9.92	5.4	5.69	7.5	2.78	9.6	0.75	11.7	0.02
1.3	16.49	3.4	9.70	5.5	5.51	7.6	2.68	9.7	0.67	11.8	0.01
1.4	16.02	3.5	9.48	5.6	5.33	7.7	2.57	9.8	0.59	11.9	0.01
1.5	15.55	3.6	9.27	5.7	5.15	7.8	2.47	9.9	0.52	12.0	0.01
1.6	15.11	3.7	9.06	5.8	4.98	7.9	2.37	10.0	0.45	12.1	0.01
1.7	14.68	3.8	8.85	5.9	4.81	8.0	2.27	10.1	0.39	12.2	0.005
1.8	14.27	3.9	8.65	6.0	4.65	8.1	2.17	10.2	0.33	13.0	0.0008
1.9	13.88	4.0	8.44	6.1	4.49	8.2	2.07	10.3	0.28	13.9	0.0001
2.0	13.51	4.1	8.24	6.2	4.34	8.3	1.97	10.4	0.24		

2)M 的副反应系数 α_M

M 的副反应系数用符号 α_M 表示,注脚中的 M 表示是 M 的副反应系数。由于在溶液中未与 Y 配位的金属离子 M 不仅仅是以游离态的 M 存在,它还可能以 $ML,ML_2,\cdots,ML_n$ 以及 $M(OH),M(OH)_2,\cdots,M(OH)_m$ 等形式存在,因而 α_M 定义为

$$\alpha_M = \frac{[M']}{[M]}$$
$$= \frac{[M]+[ML]+[ML_2]+\cdots+[ML_n]+[M(OH)]+[M(OH)_2]+\cdots+[M(OH)_m]}{[M]}$$

$$(9\text{-}18)$$

由上可以看出,在配位滴定中金属离子既可能和辅助配位剂[①]发生副反应,也可能因水解而发生副反应。由 M 和辅助配位剂配位而使得主反应反应能力下降的现象称为辅助配位效应,其大小可用辅助配位剂引起副反应时的副反应系数,即辅助配位效应系数 $\alpha_{M(L)}$ 来衡量。M 因水解而形成各种羟基配合物或多核羟基配合物的现象称为水解效应或羟基配位效应,其副反应系数称为水解效应系数,常用 $\alpha_{M(OH)}$ 来表示。它们的表达式分别为

$$\alpha_{M(L)} = \frac{[M]+[ML]+[ML_2]+\cdots+[ML_n]}{[M]}$$
$$= \frac{[M](1+K_1^{\ominus}[L]+K_1^{\ominus}K_2^{\ominus}[L]^2+\cdots+K_1^{\ominus}K_2^{\ominus}\cdots K_n^{\ominus}[L]^n)}{[M]}$$
$$= 1+\beta_1[L]+\beta_2[L]^2+\cdots+\beta_n[L]^n \qquad (9\text{-}19)$$

同理 $$\alpha_{M(OH)} = 1+\beta_1[OH^-]+\beta_2[OH^-]^2+\cdots+\beta_m[OH^-]^m \qquad (9\text{-}20)$$

显然 $$\alpha_M = \alpha_{M(L)}+\alpha_{M(OH)}-1 \approx \alpha_{M(L)}+\alpha_{M(OH)} \qquad (9\text{-}21)$$

需要说明的是 $\alpha_{M(L)}$ 和 $\alpha_{M(OH)}$ 表达式中 $\beta_1 \sim \beta_n$ 分别指辅助配位剂形成配合物和羟基配合物的累积稳定常数。可以看出 $\alpha_{M(L)}$ 仅是[L]的函数,当[L]一定时,$\alpha_{M(L)}$ 也为定值,而 $\alpha_{M(OH)}$ 是[OH$^-$]的函数,[OH$^-$]越大,水解效应越严重。金属离子的 $\alpha_{M(OH)}$ 随 pH 值的变化见表 9-11。

表 9-11 金属离子的 $\lg\alpha_{M(OH)}$

项目		pH 值												
		1	2	3	4	5	6	7	8	9	10	11	12	13	14
金属离子	Ag$^+$										0.1	0.5	2.3	5.1
	Al^{3+}				0.4	1.3	5.3	9.3	13.3	17.3	21.3	25.3	29.3	33.3
	Ba^{2+}												0.1	0.5
	Bi^{3+}	0.1	0.5	1.4	2.4	3.4	4.4	5.4						
	Ca^{2+}												0.3	1.0
	Cd^{2+}								0.1	0.5	2.0	4.5	8.1	12.0
	Ce^{4+}	1.2	3.1	5.1	7.1	9.1	11.1	13.1						
	Co^{2+}								0.1	0.4	1.1	2.2	4.2	7.2	10.2

---

① 在配位滴定中为了控制溶液的酸度,防止金属离子水解及消除共存离子 N 的干扰需加入缓冲剂、掩蔽剂,加入的这些物质均称为辅助配位剂。如在氨性溶液中滴定 Zn^{2+}、Cu^{2+} 和 Cd^{2+} 等,氨既是缓冲剂,又是辅助配位剂,可防止 Zn^{2+} 等在高 pH 值下产生沉淀。如果这些配位剂也能与 M 形成配合物,则主反应将会受到影响。

续表

项目		pH 值												
		1	2	3	4	5	6	7	8	9	10	11	12	13	14
金属离子	Cu^{2+}								0.2	0.8	1.7	2.7	3.7	4.7	5.7
	Fe^{2+}									0.1	0.6	1.5	2.5	3.5	4.5
	Fe^{3+}			0.4	1.8	3.7	5.7	7.7	9.7	11.7	13.7	15.7	17.7	19.7	21.7
	Hg^{2+}			0.5	1.9	3.9	5.9	7.9	9.9	11.9	13.9	15.9	17.9	19.9	21.9
	La^{3+}										0.3	1.0	1.9	2.9	3.9
	Mg^{2+}											0.1	0.5	1.3	2.3
	Mn^{2+}										0.1	0.5	1.4	2.4	3.4
	Ni^{2+}									0.1	0.7	1.6			
	Pb^{2+}						0.1	0.5	1.4	2.7	4.7	7.4	10.4	13.4	
	Th^{4+}				0.2	0.8	1.7	2.7	3.7	4.7	5.7	6.7	7.7	8.7	9.7
	Zn^{2+}									0.2	2.4	5.4	8.5	11.8	15.5

【例 9-5】　计算在 pH=11，$[NH_3]=0.1\ mol\cdot L^{-1}$ 时的 $\lg\alpha_M$ 值。已知：锌氨配离子的 $\beta_1\sim\beta_4$ 分别为 $10^{2.27}$、$10^{4.61}$、$10^{7.01}$、$10^{9.06}$；锌羟基配离子的 $\beta_1\sim\beta_4$ 分别为 $10^{4.4}$、$10^{11.30}$、$10^{14.14}$、$10^{17.60}$。

解　根据 $\alpha_M=\alpha_{M(L)}+\alpha_{M(OH)}-1$，所以

$$\alpha_{Zn(NH_3)}=1+\beta_1[NH_3]+\beta_2[NH_3]^2+\beta_3[NH_3]^3+\beta_4[NH_3]^4$$
$$=1+10^{2.27-1}+10^{4.61-2}+10^{7.01-3}+10^{9.06-4}$$
$$=10^{5.1}$$
$$\alpha_{Zn(OH)}=1+\beta_1[OH^-]+\beta_2[OH^-]^2+\beta_3[OH^-]^3+\beta_4[OH^-]^4$$
$$=1+10^{4.4-3}+10^{11.30-6}+10^{14.14-9}+10^{17.60-12}$$
$$=10^{5.4}$$
$$\alpha_{Zn}=\alpha_{Zn(OH)}+\alpha_{Zn(NH_3)}-1=10^{5.1}+10^{5.4}-1=10^{5.7}$$

3）MY 的副反应系数 α_{MY}

M 和 Y 反应生成 MY 后，在酸度较高的溶液中可进一步与 H^+ 配位生成 MHY：

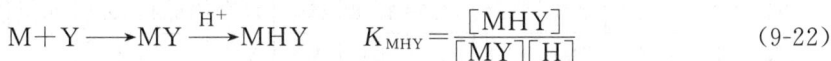

$$M+Y\longrightarrow MY\xrightarrow{\ H^+\ }MHY \qquad K_{MHY}=\frac{[MHY]}{[MY][H]} \tag{9-22}$$

在碱性较高的溶液中，MY 与 OH^- 进一步配位生成 MOHY：

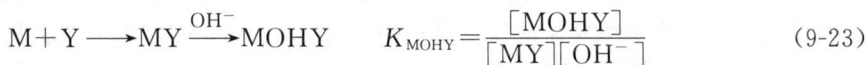

$$M+Y\longrightarrow MY\xrightarrow{\ OH^-\ }MOHY \qquad K_{MOHY}=\frac{[MOHY]}{[MY][OH^-]} \tag{9-23}$$

它们的大小可分别用 $\alpha_{MY(H)}$ 和 $\alpha_{MY(OH)}$ 来表示。

$$\alpha_{MY(H)}=\frac{[MY]+[MHY]}{[MY]}=1+[H]K_{MHY} \tag{9-24}$$

$$\alpha_{MY(OH)}=\frac{[MY]+[MOHY]}{[MY]}=1+[OH^-]K_{MOHY} \tag{9-25}$$

由于酸式配合物和碱式配合物大多数不稳定，如 Mg^{2+}、Zn^{2+}、Co^{3+} 的 $\lg K_{MHY}^{\ominus}$ 分别为 3.85、3.0 和 2.98，Zn^{2+}、Fe^{3+} 和 Bi^{3+} 的 $\lg K_{MOHY}^{\ominus}$ 依次为 2.1、6.46 和 2.9，因而在通常的测定中可以不予考虑，在多数计算中可以忽略不计。

2. 条件稳定常数

考虑了 EDTA 及金属离子的副反应后，配合物 MY 的条件稳定常数即实际稳定常数为

$$K'^{\ominus}_{MY}=\frac{[(MY)']}{[M'][Y']}=\frac{\alpha_{MY}[MY]}{\alpha_M[M]\alpha_Y[Y]}=\frac{\alpha_{MY}}{\alpha_M\alpha_Y}K^{\ominus}_{MY} \tag{9-26}$$

取对数,得
$$\lg K'^{\ominus}_{MY}=\lg K^{\ominus}_{MY}+\lg\alpha_{MY}-\lg\alpha_M-\lg\alpha_Y \tag{9-27}$$

显然 $K'^{\ominus}_{MY}$ 比 $K^{\ominus}_{MY}$ 更能客观地反映在具体条件下主反应进行的程度,条件改变,$K'^{\ominus}_{MY}$ 也随之改变,因此 $K'^{\ominus}_{MY}$ 称为条件稳定常数(表观稳定常数或有效稳定常数)。显然,副反应系数 α_M、α_Y 越大,$K'^{\ominus}_{MY}$ 越小,配合物的实际稳定性越低。表 9-12 是校正酸效应、水解效应和生成酸式或碱式配合物效应后的条件稳定常数。

表 9-12　校正酸效应、水解效应和生成酸式或碱式配合物效应后的条件稳定常数

项目		pH 值														
		0	1	2	3	4	5	6	7	8	9	10	11	12	13	14
金属离子	Ag^+					0.7	1.7	2.8	3.9	5.0	5.9	6.8	7.1	6.8	5.0	2.2
	Al^{3+}			3.0	5.4	7.5	9.6	10.4	8.5	6.6	4.5	2.4				
	Ba^{2+}						1.3	3.0	4.4	4.5	6.4	7.3	7.7	7.8	7.7	7.3
	Bi^{3+}	1.4	5.3	8.6	10.6	11.8	12.8	13.6	14.0	14.1	14.0	13.9	13.3	12.4	11.4	10.4
	Ca^{2+}					2.2	4.1	5.9	7.3	8.4	9.3	10.2	10.6	10.7	10.4	9.7
	Cd^{2+}		1.0	3.8	6.0	7.9	9.9	11.7	13.1	14.2	15.0	15.5	14.4	12.0	8.4	4.5
	Co^{2+}		1.0	3.7	5.9	7.8	9.7	11.5	12.9	13.9	14.5	14.7	14.0	12.1		
	Cu^{2+}		3.4	6.1	8.3	10.2	12.2	14.4	15.4	16.3	16.6	16.6	16.1	15.7	15.6	15.6
	Fe^{2+}			1.5	3.7	5.7	7.7	9.5	10.9	12.0	12.8	13.2	12.7	11.8	10.8	9.8
	Fe^{3+}	5.1	8.2	11.5	13.9	14.7	14.8	14.6	14.1	13.7	13.6	14.0	14.3	14.4	14.4	14.4
	Hg^{2+}	3.5	6.5	9.2	11.1	11.8	11.3	11.1	10.5	9.6	8.8	8.4	7.7	6.8	5.8	4.8
	La^{3+}			1.7	4.6	6.8	8.8	10.6	12.0	13.1	14.0	14.6	14.3	13.5	12.5	11.5
	Mg^{2+}						2.1	3.9	5.3	6.4	7.3	8.2	8.5	8.2	7.4	
	Mn^{2+}			1.4	3.6	5.5	7.4	9.2	10.6	11.7	12.6	13.4	13.4	12.6	11.6	10.6
	Ni^{2+}		3.4	6.1	8.2	10.1	12.0	13.8	15.2	16.2	17.1	17.4	16.9			
	Pb^{2+}		2.4	5.2	7.4	9.4	11.4	13.2	14.5	15.2	15.2	14.8	13.9	10.6	7.6	4.6
	Th^{4+}	1.8	5.8	9.5	12.4	14.5	15.8	16.7	17.4	18.2	19.1	20.0	20.4	20.5	20.5	20.5
	Zn^{2+}	21.4	17.4	13.7	10.8	8.6	6.6	4.8	3.4	2.3	1.4	0.5	0.1	0	0	0

【例 9-6】　在 $0.1\ mol\cdot L^{-1}[AlF_6]^{3-}$ 溶液中,当 $c(F^-)=0.01\ mol\cdot L^{-1}$ 时,求:①溶液中的 Al^{3+} 浓度,并指出溶液中配合物的主要存在形式;② pH=6.00、$0.10\ mol\cdot L^{-1}$ AlY 溶液中 AlY 的 $K'^{\ominus}_{MY}$。已知:$[AlF_6]^{3-}$ 的逐级稳定常数 $\beta_1\sim\beta_6$ 分别为 $10^{6.10}$、$10^{11.15}$、$10^{15.00}$、$10^{17.75}$、$10^{19.37}$、$10^{19.84}$,$\lg K^{\ominus}_{MY}=16.3$。

解　①$\alpha_{Al(F)}=1+\beta_1[F^-]+\beta_2[F^-]^2+\cdots+\beta_6[F^-]^6$

$\qquad\qquad=1+10^{6.10-2}+10^{11.15-2\times2}+10^{15.00-2\times3}+10^{17.75-2\times4}+10^{19.37-2\times5}+10^{19.84-2\times6}$

$\qquad\qquad=10^{9.54}$

$$[Al^{3+}]=\frac{0.1}{10^{9.54}}mol\cdot L^{-1}=10^{-10.54}\ mol\cdot L^{-1}=2.9\times10^{-11}\ mol\cdot L^{-1}$$

比较 $\alpha_{Al(F)}$ 式中各项,可知配合物的主要存在形式为 $[AlF_3]$、$[AlF_4]^-$ 和 $[AlF_5]^{2-}$。

②查表知 pH=6.00 时,$\lg\alpha_{Y(H)}=4.65$,$\lg\alpha_{M(OH)}=1.3$。

$$\lg K'^{\ominus}_{MY}=\lg K^{\ominus}_{MY}+\lg\alpha_{MY}-\lg\alpha_M-\lg\alpha_Y$$

$$=16.3-(9.54+1.3-1)-4.65$$

$$=1.81$$

$$K'^{\ominus}_{MY} = 10^{1.81} = 64.56$$

虽然影响配位滴定主反应的因素很多,但一般情况下若系统中无共存离子干扰,且没有其他辅助配位剂时,影响主反应的主要因素是 EDTA 的酸效应及金属离子的水解效应。当金属离子不发生水解时,则只有 EDTA 的酸效应,实际滴定中一般主要考虑 EDTA 的酸效应和金属离子的水解效应。

3. 准确滴定单一金属离子的条件及酸度范围的确定

溶液的酸度是控制 Y^{4-} 浓度和金属离子水解能力的重要因素,因而 EDTA 的酸效应和金属离子的水解效应决定了配位滴定中 pH 值的范围。根据酸效应可以确定滴定时所允许的最低 pH 值,由金属离子水解生成沉淀可确定滴定所允许的最高 pH 值。

滴定允许的最低 pH 值是由配位滴定的误差要求和终点判断的准确度决定的。一般滴定允许的相对误差为 $\pm 0.1\%$,而终点判断的准确度 $|pM| \geqslant 0.3$。假设在此条件下金属离子的起始浓度为 c_M,$[MY] \approx c_M$,平衡时未参加反应的金属离子和 EDTA 均为 0.1%,则

$$K'^{\ominus}_{MY} = \frac{[MY]}{[M'][Y']} \geqslant \frac{c_M}{0.1\% c_M \times 0.1\% c_M} = \frac{1}{10^{-6} c_M} \tag{9-28}$$

得准确滴定单一金属离子的条件:

$$\lg\left(\frac{c_M}{c^{\ominus}} K'^{\ominus}_{MY}\right) \geqslant 6 \tag{9-29}$$

一般情况下,c_M 约为 $0.01\ \text{mol}\cdot\text{L}^{-1}$,则此时

$$\lg K'^{\ominus}_{MY} \geqslant 8 \tag{9-30}$$

若能满足上述条件,则滴定的相对误差小于 0.1%。由于不同金属离子的 K_{MY} 不同,因而滴定各种金属离子所允许的最高酸度也就不同。若不考虑金属离子 M 的副反应,则对单一金属离子滴定系统而言,$K'^{\ominus}_{MY}$ 只取决于 $\alpha_{Y(H)}$,即

$$\lg K'^{\ominus}_{MY} = \lg K^{\ominus}_{MY} - \lg \alpha_{Y(H)} \tag{9-31}$$

$$\lg \alpha_{Y(H)} \leqslant \lg K^{\ominus}_{MY} - 8 \tag{9-32}$$

也就是说,EDTA 的酸效应 $\alpha_{Y(H)}$ 有一个极大值,对应有一个最高酸度(最小 pH 值)。根据式 (9-32) 可以计算出不同金属离子滴定时的最高酸度,且以各种金属离子被准确滴定的最低 pH 值为纵坐标、以其相应的 $\lg K^{\ominus}_{MY}$(或 $\lg \alpha_{Y(H)}$)为纵坐标,可绘制成如图 9-9 所示的一条曲线,该曲线称为 EDTA 的酸效应曲线。由图 9-9 可以判断 EDTA 配位滴定中金属离子之间是否存在干扰及干扰程度的大小。

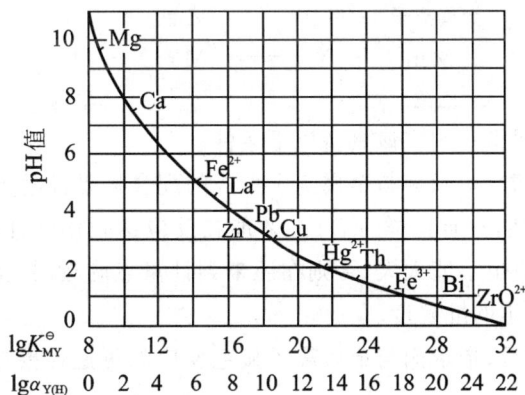

图 9-9　EDTA 的酸效应曲线($c_M = 0.01\ \text{mol}\cdot\text{L}^{-1}$)

金属离子最低酸度一般可由 $M(OH)_n$ 的溶度积求得或通过查金属离子的 $\lg\alpha_{M(OH)}$ 表得到。当这两种方法得到的 pH 值不同时,原则上取较小的一个。最高酸度和最低酸度之间的酸度范围通常称为适宜酸度范围。

【例 9-7】 计算用 EDTA 滴定 $0.01\ mol \cdot L^{-1}\ Zn^{2+}$ 的最高酸度和最低酸度。已知 $\lg K_{ZnY}^{\ominus} = 16.50$,$K_{sp}^{\ominus}(Zn(OH)_2) = 1.2 \times 10^{-17}$。

解 首先确定最高酸度(最低 pH 值)。准确滴定 Zn^{2+} 的条件为

$$\lg\left(\frac{c_M}{c} K_{MY}^{\prime\ominus}\right) \geqslant 6$$

若 Zn^{2+} 无副反应,因为 $\lg K_{MY}^{\prime\ominus} = \lg K_{MY}^{\ominus} - \lg\alpha_{Y(H)}$,则

$$\lg\alpha_{Y(H)} \leqslant \lg K_{ZnY}^{\ominus} - \lg c_M - 6 = 16.5 - 2 - 6 = 8.50$$

由表可知 $\lg\alpha_{Y(H)} = 8.50$ 时,相应的 pH 值约为 4.0,因而最高酸度为 $4.0\ mol \cdot L^{-1}$。

其次确定最低酸度(最高 pH 值),若不生成氢氧化物沉淀,则有

$$Q = [Zn^{2+}][OH^-]^2 \leqslant K_{sp}^{\ominus}(Zn(OH)_2)$$

$$[OH^-] \leqslant \sqrt{K_{sp}^{\ominus}(Zn(OH)_2)/[Zn^{2+}]} = \sqrt{1.2 \times 10^{-17}/0.01}\ mol \cdot L^{-1} = 3.46 \times 10^{-8}\ mol \cdot L^{-1}$$

$$pH = 6.54$$

9.5.3 金属指示剂

配位滴定确定终点的方法有电位法、光度法和指示剂法,其中指示剂法是一种常用的方法。

1. 金属指示剂变色原理

和酸碱指示剂类似,金属指示剂必须能和金属离子 M 发生作用,因而它本身必须是配位剂。其次,金属指示剂的游离态和与金属结合成配合物的两种状态必须具有不同的颜色,以指示溶液中金属离子浓度的变化情况。常见的金属指示剂多为弱酸或弱碱的有机染料。

滴定前,加入被测金属离子溶液中的少量指示剂与少部分的金属离子形成配合物 MIn,溶液显示 MIn 的颜色,大部分金属离子仍然处于游离状态。滴定剂 Y 滴入后,游离的金属离子首先与 Y 生成 MY,当快到化学计量点时,与 In 配位的金属离子被 Y 夺取,释放出指示剂 In,溶液的颜色由原来 MIn 的乙色变为 In 的甲色,指示反应终点到达,金属指示剂 HIn 的变色过程可用方程式表示为

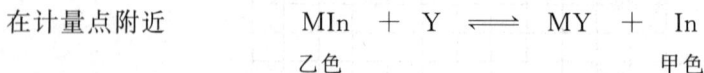

滴定开始至计量点前　　　M ＋ In ⇌ MIn

　　　　　　　　　　金属离子　甲色　　　乙色

在计量点附近　　　　　MIn ＋ Y ⇌ MY ＋ In

　　　　　　　　　　乙色　　　　　　　　　甲色

通常一个良好的金属指示剂应该具备以下条件。

(1)从热力学的角度看,指示剂与金属离子形成的配合物要有适当的稳定性,且 MIn 的稳定性要低于 MY 的稳定性,只有这样,EDTA 才能在反应达到化学计量点时置换出指示剂而指示终点。但两者的差值也不能太大,否则在还未到计量点附近时,上述反应就会发生,会造成终点提前到达,影响滴定的准确度。

(2)从动力学的角度看,指示剂与金属离子显色反应的可逆性要好,以便使终点颜色变化敏锐。

(3)在滴定的 pH 值范围内,游离指示剂的颜色及指示剂与金属离子配合物的颜色要显著

不同,使终点变色明显。

除此之外,在使用金属指示剂时还应注意以下几个问题。

(1)必须注意指示剂的封闭和僵化现象。若金属离子和指示剂的配合物较金属离子与 EDTA 的配合物稳定,或虽然金属离子与指示剂的配合物不如金属离子与 EDTA 的配合物稳定,但由于动力学方面的原因造成金属离子和指示剂生成的配合物解离速度慢,使指示剂在终点时颜色不能发生逆转,这种现象称为指示剂的封闭。消除封闭的方法视情况而定。如被测离子对指示剂有封闭现象,可更换指示剂或采用返滴定法;若共存离子对指示剂有封闭现象,可通过加入掩蔽剂加以消除。如在 pH=10 时以铬黑 T 为指示剂用 EDTA 测定水的硬度时,水中的 Fe^{3+}、Al^{3+} 和 Cu^{2+} 等杂质都会封闭指示剂,此时可加入三乙醇胺或 NH_4F 掩蔽 Fe^{3+}、Al^{3+},加入 KCN 掩蔽 Cu^{2+}、Co^{2+} 等。

若由于指示剂或指示剂金属离子配合物 MIn 在溶液中的溶解度太小,EDTA 的置换反应速度降低,这种现象称为指示剂的僵化。若发生这种现象,可通过加热或在溶液中加入有机溶剂来增加其溶解度。

(2)必须注意指示剂是否稳定。有些指示剂很不稳定,易受日光、空气和氧化剂作用而分解,有时必须配制成固体混合物使用,如钙指示剂常用固体 NaCl 或 KCl 作稀释剂。

(3)金属指示剂的使用对溶液 pH 值有一定的要求。由于金属指示剂本身既是配位剂又是多元弱酸或多元弱碱,因而在不同 pH 值条件下其主要存在形式不同,颜色也不同。如铬黑 T 在 pH<6 时呈红色,pH=8～11 时呈蓝色,pH>12 时呈橙色。为了简化起见,同样也可以采用条件稳定常数进行处理。

因　　　　　　　　　　　　$$K_{\mathrm{MIn}}'^{\ominus} = \frac{[\mathrm{MIn}]}{[\mathrm{M}'][\mathrm{In}']} \tag{9-33}$$

当 $[\mathrm{MIn}]/[\mathrm{In}']=1$ 时,溶液呈现甲色(In)和乙色(MIn)的混合色,即指示剂的理论变色点,此时金属离子浓度若以 pM' 表示,则

$$\mathrm{pM}' = \lg K_{\mathrm{MIn}}'^{\ominus}$$

同理又由于

$$K_{\mathrm{MIn}}'^{\ominus} = \frac{[\mathrm{MIn}]}{[\mathrm{M}'][\mathrm{In}']} = K_{\mathrm{MIn}}^{\ominus} \frac{1}{\alpha_{\mathrm{M}} \alpha_{\mathrm{In(H)}}} \tag{9-34}$$

$$\lg K_{\mathrm{MIn}}'^{\ominus} = \lg K_{\mathrm{MIn}}^{\ominus} - \lg \alpha_{\mathrm{M}} - \lg \alpha_{\mathrm{In(H)}} \tag{9-35}$$

因此　　　　　　$$\mathrm{pM}' = \lg K_{\mathrm{MIn}}'^{\ominus} = \lg K_{\mathrm{MIn}}^{\ominus} - \lg \alpha_{\mathrm{M}} - \lg \alpha_{\mathrm{In(H)}} \tag{9-36}$$

式(9-36)表明在金属指示剂的理论变色点时金属离子的 pM' 等于 MIn 的条件稳定常数 $K_{\mathrm{MIn}}'^{\ominus}$ 的对数,而 $K_{\mathrm{MIn}}'^{\ominus}$ 与 α_{M} 和 $\alpha_{\mathrm{In(H)}}$ 有关,因而金属指示剂的理论变色点不是一个固定的数值。以上讨论的仅仅是 M 和 In 形成 1∶1 配合物的情形,形成 1∶2 或 1∶3 配合物的计算就更为复杂。目前由于指示剂的各种常数还不是很完备,因而不少指示剂变色点的 pH 值是通过实验测定的。

2. 常用金属指示剂

配位滴定中所使用的金属指示剂种类繁多,用途各异,表 9-13 列举了一些常用的金属指示剂及其使用情况。

表 9-13 常用的金属指示剂及其使用情况

指　示　剂	颜色变化		适宜的 pH 值范围	直接滴定离子	指示剂配制	注　意　事　项
	In	MIn				
铬黑 T 简称 BT 或 EBT	蓝色	酒红色	8～11	pH=10,Mg^{2+}、Zn^{2+}、Cd^{2+}、Pb^{2+}、Mn^{2+}、稀土离子等	1∶100 NaCl（固体）	Fe^{3+}、Al^{3+}、Cu^{2+}、Ni^{2+}、Co^{2+}、Ti^{4+} 等封闭指示剂；酸性条件聚合,碱性条件易氧化,需加三乙醇胺防聚合,加盐酸羟胺防氧化
钙指示剂 简称 NN	蓝色	酒红色	12～13	pH=12～13,Ca^{2+}	1∶100 NaCl（固体）	Fe^{3+}、Al^{3+}、Cu^{2+}、Ni^{2+}、Co^{2+}、Ti^{4+}、Mn^{2+} 等封闭指示剂；三乙醇胺掩蔽 Al^{3+}、Ti^{4+} 及 Fe^{3+},KCN 掩蔽 Cu^{2+}、Ni^{2+}、Co^{2+}
二甲酚橙 简称 XO	黄色	紫红色	＜6.3	pH＜1,ZrO^{2+}; pH=1～3.5,Bi^{3+}、Th^{4+}; pH=5～6,Zn^{2+}、Pb^{2+}、Cd^{2+}、稀土离子等	0.5% 水溶液	Fe^{3+}、Al^{3+}、Ti^{4+}、Ni^{2+} 等封闭指示剂；用抗坏血酸还原 Fe^{3+}、Ti^{4+},用氟化物和邻二氮菲分别掩蔽 Al^{3+} 和 Ni^{2+}
酸性铬蓝 K	蓝色	红色	8～13	pH=10,Mg^{2+}、Zn^{2+}、Mn^{2+}; pH=13,Ca^{2+}	1∶100 NaCl（固体）	
磺基水杨酸 简称 ssal	无色	紫红色	1.5～2.5	pH=1.8～2.5,Fe^{3+}	5% 水溶液	FeY 呈黄色;加热
α-吡啶基-β-偶氮萘酚 简称 PAN	黄色	紫红色	2～12	pH=2～3,Th^{4+}、Bi^{3+}; pH=4～5,Cu^{2+}、Ni^{2+}、Zn^{2+}、Cd^{2+}、Pb^{2+}、Mn^{2+}、Fe^{2+}	0.1% 乙醇溶液	溶解度小,为防止僵化需加热

　　值得注意的是,以 CuY 和 PAN 混合液配制的 Cu-PAN 间接指示剂可以测定多种金属离子,这种指示剂比单独使用 PAN 更为普遍。该指示剂的作用原理如下。

　　滴定开始时,溶液呈紫红色:

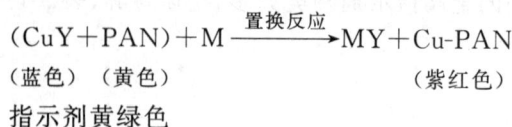

$$(CuY+PAN)+M \xrightarrow{\text{置换反应}} MY+Cu\text{-}PAN$$
（蓝色）（黄色）　　　　　　　　（紫红色）

指示剂黄绿色

滴定终点附近：

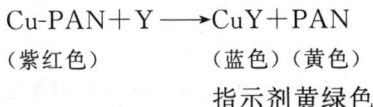

$$Cu\text{-}PAN + Y \longrightarrow CuY + PAN$$

（紫红色）　　　　　（蓝色）（黄色）

指示剂黄绿色

由于滴定前加入的 CuY 和滴定后生成的 CuY 是相等的,故加入的 CuY 不影响测定结果。该指示剂可在 pH＝2～12 范围内使用。

9.5.4 滴定曲线

在配位滴定中,随着滴定剂 EDTA 的不断加入,溶液中的金属离子浓度不断降低,pM 或 pM′值不断增大,在计量点前后出现 pM 或 pM′的突跃,如果以 pM 或 pM′为纵坐标、以加入 EDTA 标准溶液的体积或滴定分数为横坐标作图,则可得到配位滴定曲线。

若被滴定金属离子的浓度为 c_M,体积为 V_M,用浓度为 c_Y 的 EDTA 进行滴定,滴定分数用 t 表示,则

$$c_M \frac{1}{1+t} = [M'] + [MY'] \tag{9-37}$$

$$c_Y \frac{1}{1+t} = [Y'] + [MY'] \tag{9-38}$$

$$K'^{\ominus}_{MY} = \frac{[MY']}{[M'][Y']} \tag{9-39}$$

如果 $K'^{\ominus}_{MY}$ 足够大,忽略产物向反应物的转化,联立三个方程解得

$$\left. \begin{array}{ll} pM' = -\lg\left(\dfrac{1-t}{1+t}\dfrac{c_M}{c^{\ominus}}\right) & 0 < t < 1 \\[2ex] pM' = \lg 2 + \dfrac{1}{2}\left(\lg K'^{\ominus}_{MY} - \lg \dfrac{c_M}{c^{\ominus}}\right) & t = 1 \\[2ex] pM' = \lg K'^{\ominus}_{MY} + \lg \dfrac{c_Y}{c^{\ominus}} + \lg(t+1) - \lg\dfrac{c_M}{c^{\ominus}} & t > 1 \end{array} \right\} \tag{9-40}$$

【**例 9-8**】 pH＝12 时,用 0.0200 mol·L⁻¹EDTA 标准溶液滴定 20.00 mL0.0200 mol·L⁻¹ Ca²⁺ 溶液,①试计算在化学计量点附近的 pCa 值;②利用式(9-40)计算不同滴定分数时的 pCa 值。已知 pH＝12 时 CaY 配合物的 $K^{\ominus}_{MY} = 10^{10.69}$,$\lg \alpha_Y = 0.01 \approx 0$。

解

①由于 $\lg \alpha_Y = 0.01 \approx 0$,因此 $\alpha_Y = 1$

$$K'^{\ominus}_{MY} = K^{\ominus}_{MY} = 10^{10.69}$$

滴定前溶液中的 Ca²⁺ 浓度为

$$[Ca^{2+}] = 0.0200 \text{ mol·L}^{-1}$$

$$pCa = -\lg[Ca^{2+}] = -\lg 0.0200 = 1.70$$

当已加入的 EDTA 溶液为 19.98 mL 时,此时溶液中还剩余 Ca²⁺ 0.02 mL,所以

$$[Ca^{2+}] = \frac{0.0200 \times 0.02}{20.00 + 19.98} \text{ mol·L}^{-1} = 1.0 \times 10^{-5} \text{ mol·L}^{-1}$$

$$pCa = -\lg[Ca^{2+}] = 5.00$$

化学计量点时 Ca²⁺ 与 EDTA 几乎完全配位生成 CaY,所以

$$[CaY] = 0.0200 \times \frac{20.00}{20.00 + 20.00} \text{ mol·L}^{-1} = 0.01 \text{ mol·L}^{-1}$$

由于 $\alpha_Y = 1$,因此 $[Y] = [Y'],\quad [Y] = [Ca^{2+}]$

$$[Ca^{2+}] = \sqrt{\frac{0.01}{10^{10.69}}} \text{ mol} \cdot L^{-1} = 4.5 \times 10^{-7} \text{ mol} \cdot L^{-1}$$

$$pCa = -lg[Ca^{2+}] = 6.34$$

化学计量点后,设加入的 EDTA 溶液为 20.02 mL,此时 EDTA 过量 0.02 mL,则

$$[Y] = \frac{0.0200 \times 0.02}{20.00 + 20.02} \text{ mol} \cdot L^{-1} = 9.9 \times 10^{-6} \text{ mol} \cdot L^{-1}$$

$$[Ca^{2+}] = \frac{[CaY]}{[Y]K_{MY}^{\ominus}} = \frac{0.01}{10^{10.69} \times 9.9 \times 10^{-6}} \text{ mol} \cdot L^{-1} = 1 \times 10^{-7.69} \text{ mol} \cdot L^{-1}$$

$$pCa = -lg[Ca^{2+}] = 7.69$$

②代入式(9-40)计算的 pCa 值见表 9-14。

表 9-14　滴定过程中 pCa 的变化

加入 EDTA 溶液		pCa	加入 EDTA 溶液		pCa
V/mL	t		V/mL	t	
0.00	0.000	1.70	20.02	1.001	7.69
10.00	0.500	2.18	20.20	1.010	8.69
19.80	0.990	4.00	22.00	1.100	9.69
19.98	0.999	5.00	30.00	1.500	10.39
20.00	1.000	6.34	40.00	2.000	10.69

根据【例 9-8】的计算结果绘制出如图 9-10 所示滴定曲线。

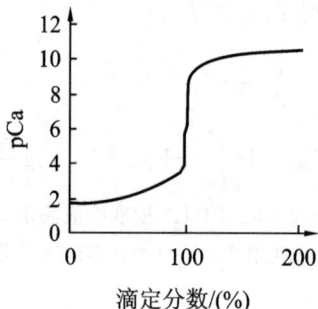

图 9-10　0.0200 mol·L⁻¹ EDTA 滴定 20.00 mL 0.0200 mol·L⁻¹ Ca²⁺ 滴定曲线

由图 9-10 可以看出在配位滴定中也存在滴定突跃,那么突跃范围的大小是否也和酸碱滴定一样与被滴定物的起始浓度和反应平衡常数有关? 由式(9-40)可知,金属离子的起始浓度 c_M 基本上只影响化学计量点和滴定曲线化学计量点以前的部分,c_M 越大,突跃起点越低,突跃范围越大,不同金属离子浓度下的滴定曲线如图 9-11 所示。$K_{MY}^{\prime\ominus}$ 基本上仅影响化学计量点及化学计量点以后曲线的变化,$K_{MY}^{\prime\ominus}$ 越大,突跃终点越高,突跃范围越大。由于 $K_{MY}^{\prime\ominus}$ 和酸效应、辅助配位效应及水解效应有关,因此,这些因素对突跃的大小有一定的影响。如不同 pH 值条件下的滴定曲线如图 9-12 所示。如果被滴定的离子是易与其他配位剂配位或水解的离子,化学计量点前一段曲线因 pH 值对辅助配位剂配位效应的影响而改变,而化学计量点后一段曲线的位置主要因 pH 值对 EDTA 酸效应的影响而改变。

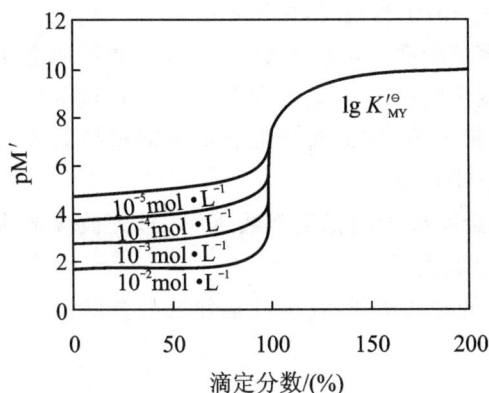

图 9-11 金属离子浓度对滴定曲线的影响

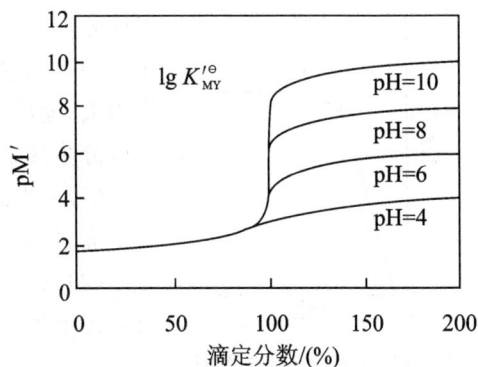

图 9-12 pH 值对滴定曲线的影响

9.5.5 干扰的消除

前面提到 EDTA 能与多种金属离子配位,即具有普遍性,若溶液中存在两种或多种金属离子,其他离子的存在可能对待测离子的测定造成干扰,此时如何提高其选择性?

设混合溶液中含有 M、N 两种金属离子,浓度分别为 c_M 和 c_N,与 EDTA 形成配合物的条件稳定常数分别为 $K'^{\ominus}_{MY}$ 和 $K'^{\ominus}_{NY}$。若滴定的允许误差为 $\pm 0.1\%$,终点判断的准确度为 $|\Delta pM| \geqslant 0.3$,则滴定 M 时,N 不产生干扰的条件为

$$\lg \frac{c_M K'^{\ominus}_{MY}}{c_N K'^{\ominus}_{NY}} \geqslant 6 \tag{9-41}$$

将式(9-41)展开、整理得

$$\lg \frac{K^{\ominus}_{MY}}{K^{\ominus}_{NY}} + \lg \frac{c_M}{c_N} + \lg \frac{\alpha_M}{\alpha_N} \geqslant 6 \tag{9-42}$$

为提高配位滴定的选择性,可以适当改变不等式左边三项指标使不等式成立。一般采取的措施有控制酸度、沉淀掩蔽降低 c_N、配位掩蔽增加 α_N 或氧化还原掩蔽使离子价态发生改变而扩大稳定常数的差值。

1. 选择合适的酸度分别滴定

若金属离子 M 和 N 满足相互无干扰的条件,且 M 满足单一离子滴定条件 $\lg(\frac{c_M}{c} K'^{\ominus}_{MY}) \geqslant 6$,表明可通过控制酸度在 N 存在的条件下滴定 M。若同时还满足 $\lg(\frac{c_N}{c} K'^{\ominus}_{NY}) \geqslant 6$,则表明在滴定 M 后可重新调节酸度直接滴定金属离子 N。

但混合离子控制酸度滴定与单一离子滴定不同,对混合离子系统,溶液中存在如下平衡:

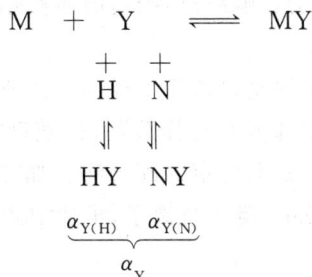

$$
\begin{array}{ccc}
M & + \quad Y & \rightleftharpoons \quad MY \\
+ & + & \\
H & N & \\
\Updownarrow & \Updownarrow & \\
HY & NY & \\
\end{array}
$$

$$\underbrace{\alpha_{Y(H)} \quad \alpha_{Y(N)}}_{\alpha_Y}$$

在不同酸度条件下 α_Y 和 $K'^{\ominus}_{MY}$ 是不同的,它们的关系可用图 9-13 表示。

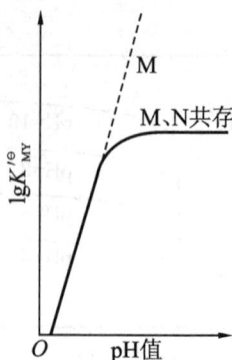

图 9-13　$\lg K'^{\ominus}_{MY}$-pH 关系图

从图 9-12 可见,单一离子滴定时,由于 $\alpha_Y = \alpha_{Y(H)} + \alpha_{Y(N)} - 1$,因而 $\alpha_Y = \alpha_{Y(H)}$,它随溶液酸度的增加而增大,$K'^{\ominus}_{MY}$ 随酸度的增加而减小。而混合离子滴定时由于 $\alpha_{Y(N)}$ 的存在,$K'^{\ominus}_{MY}$ 随酸度的增加先增大,随后达到一个最大值,因而对于混合离子通过控制酸度进行分步滴定应按如下步骤进行。

(1)由大到小列出金属离子的稳定常数 $K^{\ominus}_{MY}$,首先被滴定的离子应属 $K^{\ominus}_{MY}$ 最大的金属离子。

(2)判断 $K^{\ominus}_{MY}$ 最大的金属离子 M 与其最邻近的金属离子 N 间有无干扰。

$$\lg\left(\frac{c_M}{c^{\ominus}}K'^{\ominus}_{MY}\right) - \lg\left(\frac{c_N}{c^{\ominus}}K'^{\ominus}_{NY}\right) = \Delta\lg\left(\frac{c}{c^{\ominus}}K^{\ominus}\right) \geqslant 6$$

若计算结果符合上述不等式,则说明在滴定 M 时 N 的存在无干扰。

(3)计算 M 被准确滴定的酸度范围,选择合适的指示剂用 EDTA 进行滴定。合适酸度判断分两种情况:当 $\alpha_{Y(H)} \geqslant \alpha_{Y(N)}$ 时,则 $\alpha_Y \approx \alpha_{Y(H)}$,此时和单一离子滴定时情况相同,按照单一离子滴定时的酸度选择确定适宜的酸度范围;当 $\alpha_{Y(N)} \geqslant \alpha_{Y(H)}$ 或 $\alpha_{Y(N)} \approx \alpha_{Y(H)}$,即 $\alpha_Y \approx \alpha_{Y(N)}$[①] 时,则

$$K'^{\ominus}_{MY} = \frac{K^{\ominus}_{MY}}{\alpha_{Y(N)}}$$

为使 $K'^{\ominus}_{MY}$ 最大,只要能保证 M 不水解,都可以 $\alpha_{Y(N)} = \alpha_{Y(H)}$ 时的 pH 值作为滴定的适宜酸度,而最高酸度还是按照单一离子滴定方式选定。

当 MY 和 NY 稳定性差别不大,甚至 $K^{\ominus}_{MY}$ 比 $K^{\ominus}_{NY}$ 还小,无法满足 $\Delta\lg(\frac{c}{c^{\ominus}}K^{\ominus}) \geqslant 6$ 时,就不能用控制酸度的方法分步滴定,必须采用其他方法提高滴定的选择性。

2. 使用掩蔽和解蔽的方法

加入一种试剂使之与干扰离子 N 生成稳定的物质,降低干扰离子 N 的浓度,使 N 与 EDTA 的配位能力显著下降,减小 N 对被测离子的干扰,这种方法称为掩蔽法(masking method),加入的试剂称为掩蔽剂(masking agent)。使用掩蔽法时干扰离子 N 的量不能太大,否则应采用预分离的方法消除干扰离子。

1)沉淀掩蔽法

利用掩蔽剂与干扰离子生成沉淀而消除干扰的方法称为沉淀掩蔽法。如在 Ca^{2+}、Mg^{2+} 共存的溶液中,Mg^{2+} 干扰 Ca^{2+} 的测定,可通过加入 NaOH 溶液至 pH>12,使 Mg^{2+} 生成 $Mg(OH)_2$ 沉淀,在沉淀共存的情况下直接用 EDTA 滴定 Ca^{2+}。某些沉淀反应不完全,特别是过饱和现象使沉淀效率不高或沉淀吸附被测离子,这些现象会造成滴定准确性降低,沉淀过多或沉淀颜色较深、体积庞大等也会影响终点观察,因而实际应用中较少使用沉淀掩蔽法。

2)配位掩蔽法

利用配位反应降低干扰离子浓度以消除干扰的方法称为配位掩蔽法,它是应用最广泛的一种方法。这种方法是向溶液中加入一种掩蔽剂,掩蔽剂只与共存干扰离子 N 作用,而不与被测离子 M 作用或只能与 M 生成不稳定的配合物。如在 pH=10 时测定 Pb^{2+},Cu^{2+}、Zn^{2+} 有干扰,可用氰化物掩蔽 Cu^{2+}、Zn^{2+} 等干扰离子,虽然 Pb^{2+} 也会与氰化物生成配合物,但该配

---

①　$\alpha_{Y(N)} = \alpha_{Y(H)}$,实际上 $\alpha_Y = 2\alpha_{Y(H)}$。

合物不稳定,在用 EDTA 滴定时会解离出 Pb^{2+},因此可用 EDTA 测定 Pb^{2+}。值得注意的是,掩蔽剂与 N 形成的配合物应为无色或浅色,不能影响终点的判断,而且掩蔽剂在使用时必须符合测定的 pH 值范围,常用的掩蔽剂列于表 9-15。

表 9-15　常用的掩蔽剂

名　　称	pH 值范围	被掩蔽的离子	备　　注
KCN	>8	Co^{2+}、Ni^{2+}、Cu^{2+}、Zn^{2+}、Hg^{2+}、Cd^{2+}、Ag^+、Tl^+、铂系元素离子	
NH_4F	4~6	Al^{3+}、$Ti(Ⅳ)$、Sn^{4+}、Zr^{4+}、$W(Ⅵ)$等	用 NH_4F 较 NaF 好,加入后 pH 值变化不大
	10	Al^{3+}、Mg^{2+}、Ca^{2+}、Sr^{2+}、Ba^{2+}、稀土离子	
三乙醇胺(TEA)	10	Al^{3+}、Sn^{4+}、$Ti(Ⅵ)$、Fe^{3+}	与 KCN 并用可提高掩蔽效果
	11~12	Al^{3+}、Fe^{3+}、Mn^{2+}(少量)	
2,3-二巯基丙醇	10	Zn^{2+}、Pb^{2+}、Bi^{3+}、Sb^{3+}、Sn^{4+}、Cd^{2+}、Hg^{2+}、Ag^+ 及少量 Co^{2+}、Ni^{2+}、Cu^{2+}、Fe^{3+}	
酒石酸	1.2	Sb^{3+}、Sn^{4+}、Fe^{3+}	抗坏血酸存在下
	2	Sn^{4+}、Fe^{3+}、Mn^{2+}	
	5.5	Sn^{4+}、Fe^{3+}、Al^{3+}、Ca^{2+}	
	6~7.5	Cu^{2+}、Mg^{2+}、Fe^{3+}、Al^{3+}、Mo^{4+}、Sb^{3+}	
	10	Sn^{4+}、Al^{3+}	
柠檬酸	5~6	UO_2^{2+}、Th^{4+}、Sr^{2+}	
	7	UO_2^{2+}、Th^{4+}、Zr^{2+}、Ti^{4+}、Nb^{5+}、Mo^{4+}、W^{6+}、Ba^{2+}、Fe^{3+}、Cr^{3+}	

当多种离子共存时,将一些离子掩蔽后对某种离子进行滴定,滴定后可再加入另一种试剂来破坏这些离子(或一种离子)与掩蔽剂生成的配合物,使该种离子从配合物中释放出来,恢复其参与某一反应的能力,这种方法称为解蔽法,所采用的试剂称为解蔽剂。如在 pH=10 的 NH_3-NH_4Cl 缓冲溶液中测定铜合金中铅和锌含量时,可加入 KCN 掩蔽 Cu^{2+} 和 Zn^{2+},用 EDTA 单独滴定 Pb^{2+},滴定结束后再加入甲醛,使 Zn^{2+} 解蔽释放出来,再用 EDTA 滴定 Zn^{2+}:

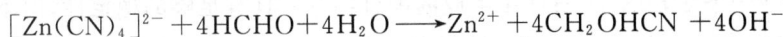

$$[Zn(CN)_4]^{2-}+4HCHO+4H_2O \longrightarrow Zn^{2+}+4CH_2OHCN+4OH^-$$

而 $[Cu(CN)_4]^{2-}$ 很稳定,不和甲醛作用,不干扰 Zn^{2+} 测定。

3)氧化还原掩蔽法

当干扰离子具有其他的氧化数,并且其他氧化数的同元素离子对滴定无干扰时,往往可采用加入氧化剂或还原剂的方法掩蔽干扰离子,这种方法称为氧化还原掩蔽法。如 Fe^{3+} 干扰 Bi^{3+}、Zr^{4+}、Th^{4+} 等离子的测定,此时可加入抗坏血酸或羟胺等,将 Fe^{3+} 还原为 Fe^{2+},由于配合物 Fe^{2+}-EDTA 的稳定性比 Fe^{3+}-EDTA 低得多,因而能避免干扰。

9.6 配位滴定的方法和应用

9.6.1 配位滴定的方法

采用不同的滴定方式不仅可扩大配位滴定的应用范围,而且可提高滴定的选择性。常用的滴定方法有以下四种。

1. 直接滴定法

若金属离子与 EDTA 的反应满足准确滴定的要求,就可以用 EDTA 标准溶液直接滴定待测金属离子。这种方法是将分析溶液调至所需酸度,加入其他必要的辅助试剂及指示剂,然后用 EDTA 标准溶液进行滴定,根据消耗标准溶液的体积计算试样中被测组分的含量。该方法具有方便、快速的优点,可能引入的误差也较少,故在可能的情况下应尽量采用直接滴定法。实际上大多数金属离子可以采用 EDTA 进行直接滴定。表 9-16 列出了几种常见金属的直接滴定方法。

表 9-16 直接滴定示例

被测金属离子	pH 值	指 示 剂	滴 定 条 件
Fe^{3+}	2	磺基水杨酸	加热至 50~60 ℃
Cu^{2+}	2.5~10	PAN	加入乙醇或加热
	8	紫脲酸铵	
Mg^{2+}	10	铬黑 T	
Ca^{2+}	12~13	钙指示剂或紫脲酸铵	
Pb^{2+}	9~10	铬黑 T	氨缓冲溶液,酒石酸为辅助配位剂

2. 返滴定法

返滴定法是在试液中先加入过量的 EDTA 标准溶液使其与待测离子完全反应,然后用另一种金属离子的标准溶液滴定过量的 EDTA,根据两种标准溶液用量来计算被测物质含量的一种方法。该方法适用于待测离子与 EDTA 配位速率较小、采用直接滴定时找不到合适的指示剂、被测离子在滴定 pH 值下易水解或封闭指示剂等情况。如 Al^{3+} 易形成一系列多羟基配合物,但这类羟基配合物与 EDTA 反应速率较小,且 Al^{3+} 封闭指示剂。因此测定 Al^{3+} 时应在 pH=3 的溶液中加入一定量过量的 EDTA,煮沸,待反应完全后用乌洛托品(六亚甲基四胺)调 pH 值,用 Cu^{2+} 标准溶液返滴定剩余的 EDTA。

该方法要求返滴定剂 N 与 EDTA 生成的配合物 NY 具有足够的稳定性,但不宜超过被测离子配合物 MY 的稳定性,否则在滴定过程中会发生 $N+MY \rightleftharpoons NY+M$ 的置换反应,引起测定结果偏低或终点不敏锐。

3. 间接滴定法

间接滴定法是在试液中先加入能与 EDTA 形成稳定配合物的一定量过量的金属离子作为沉淀剂,沉淀待测离子,剩余的沉淀剂再用 EDTA 滴定的一种方法,必要时也可将沉淀分离、溶解后再用 EDTA 滴定。该方法适用于待测离子不能与 EDTA 形成配合物(如 SO_4^{2-})或形成的配合物不稳定(如 Na^+、Li^+、K^+ 等)的情况,如测定 PO_4^{3-} 时先加入一定量过量的 $Bi(NO_3)_3$,使之产生 $BiPO_4$ 沉淀,而剩余的 Bi^{3+} 再用 EDTA 滴定。

4. 置换滴定法

置换滴定法中既可以置换金属离子,也可以置换 EDTA。如 Ag^+ 与 EDTA 的配合物不稳定,酸性溶液中受酸效应的影响,碱性溶液中会生成 AgOH 沉淀,而在氨性溶液中受到辅助配位效应 $\alpha_{Ag(NH_3)}$ 的影响,因而不能用 EDTA 直接滴定 Ag^+。但将 $[Ni(CN)_4]^{2-}$ 加入 Ag^+ 溶液中可发生下述置换反应:

$$2Ag^+ + [Ni(CN)_4]^{2-} \rightleftharpoons 2[Ag(CN)_2]^- + Ni^{2+}$$

若加入的 $[Ni(CN)_4]^{2-}$ 过量,则试液中的 Ag^+ 可完全转变成 $[Ag(CN)_2]^-$。故可采用 EDTA 滴定置换出来的 Ni^{2+},从而求得 Ag^+ 的含量。

在多种金属离子共存下测定其中一种离子时,常采用置换 EDTA 的方法。如锡青铜(含 Sn^{4+}、Cu^{2+}、Zn^{2+} 和 Pb^{2+})中 Sn^{4+} 的测定,可在试样中加入过量的 EDTA 将可能存在的离子与 Sn^{4+} 一起配位,用 Zn^{2+} 溶液回滴除去过量的 EDTA,然后在上述溶液中加入 NH_4F 选择性地将 SnY 中的 EDTA 释放出来,再用 Zn^{2+} 滴定释放出来的 EDTA,即可求得 Sn^{4+} 的含量。

9.6.2 配位滴定的应用

1. 乙二胺四乙酸标准溶液的配制与滴定

常用的乙二胺四乙酸标准溶液浓度为 $0.01\sim0.05\ mol\cdot L^{-1}$。经精制的乙二胺四乙酸二钠盐可以用于直接配制标准溶液,但由于精制过程比较麻烦,而水和其他试剂中又经常含有金属离子,降低滴定剂的浓度,故乙二胺四乙酸标准溶液经常采用间接法配制。

间接法配制是先将乙二胺四乙酸二钠盐配制成近似浓度,然后用基准物(如金属 Zn、ZnO、$CaCO_3$ 或 $MgSO_4 \cdot 7H_2O$ 等)标定,而且最好采用被测定离子的金属或金属盐基准物质进行标定,这样可以使标定条件和测定条件尽可能接近,以提高测定的准确度。

2. 水中钙、镁含量的测定

含有钙、镁盐类的水称为硬水(hard water),钙、镁含量的高低可以用硬度来表示。硬度通常可以分为总硬度和钙、镁硬度。总硬度(total hardness)是指钙、镁的总量,钙、镁硬度则指钙、镁各自的含量。水的总硬度是将水中的钙、镁均折合为 CaO 或 $CaCO_3$ 计算的,每升水含 1 mgCaO 称为 1 度,每升水含 10 mgCaO 称为 1 德国度。

水的硬度可以通过消耗乙二胺四乙酸标准溶液的体积而求得,方法是先根据消耗 EDTA 的总量计算钙、镁总量,然后计算钙含量,最后根据钙、镁总量和钙含量求出镁的含量。

1)钙、镁总量的测定

准确移取一定体积的待测水样,用 NH_3-NH_4Cl 缓冲溶液将水样调至 $pH=10$,以铬黑 T 为指示剂。由于铬黑 T 和 Y^{4-} 与 Ca^{2+}、Mg^{2+} 都能生成配合物,且它们的稳定性顺序为

$$[CaY]^{2-} > [MgY]^{2-} > [MgIn]^- > [CaIn]^-$$

因此,待测试样中加入的少量指示剂首先与 Mg^{2+} 生成酒红色的 $[MgIn]^-$,滴定剂 EDTA 与游离的 Ca^{2+} 先反应完全后,再与 Mg^{2+} 进行配位,直至最后夺取 $[MgIn]^-$ 中的 Mg^{2+},而游离出铬黑 T,滴定过程中溶液由酒红色变为蓝色。

2)钙的测定

准确移取同样体积的待测水样,调节 $pH=12$,使得溶液中 Mg^{2+} 以 $Mg(OH)_2$ 沉淀析出而不干扰 Ca^{2+} 测定。然后加入铬黑 T 指示剂,此时由于生成 $[CaIn]^-$ 溶液呈红色。当滴定剂进行滴定时首先和游离的 Ca^{2+} 配位,并在化学计量点时夺取与指示剂配位的 Ca^{2+},使溶液呈指示剂颜色——蓝色,指示终点到达。

知 识 拓 展

阿尔弗雷德·韦尔纳:颠覆
化学认知的"配位理论之父"

习 题

扫码做题

一、填空题

1. EDTA 是一种_____元酸,在水溶液中有_____种存在形式。

2. 考虑了酸效应、配位效应等副反应的稳定常数称为_____,它可以说明配合物_____
_____稳定程度。

3. 配合物 $Na_2[SiF_6]$ 的名称是_____。

4. 配合物三氯化三乙二胺合钴的化学式是_____。

5. $[Zn(NH_3)_4]^{2+}$ 的中心离子氧化数是_____,配位数是_____。

二、简答题

1. 以下为使用 EDTA 配位滴定法测定自来水硬度的实验方案:"准确分取 100.00 mL 水样于锥形瓶中,加入几滴盐酸,加热煮沸数分钟,冷却溶液,加入 3 mL200 g·mL^{-1}三乙醇胺溶液、5 mLpH=10 的缓冲溶液、1 mL20 g·mL^{-1}硫化钠溶液,再加入 3 滴铬黑 T 溶液,用 EDTA 滴定至蓝色为终点。"说明实验中所加入的各种试剂的作用。

2. 试用价键理论说明下列配离子的键型(内轨/外轨)、几何构型和磁性大小。
   (1)$[Co(NH_3)_6]^{2+}$;(2)$[Co(CN_6)]^{4-}$。

3. 设计 Zn^{2+}、Mg^{2+} 混合液中两组分浓度的测定方案,并指出主要的测定条件、必要试剂和测定步骤。

4. CN^- 与(1)Ag^+;(2)Ni^{2+};(3)Fe^{3+};(4)Zn^{2+} 形成配离子,试根据价键理论讨论其杂化类型、几何构型和磁性。

5. 为何大多数过渡元素的配离子是有色的,而大多数 $Zn(II)$ 的配离子为无色的?

6. 为何 AgI 不能溶于过量氨水中,却能溶于 KCN 溶液中?

三、计算题

1. 称取含磷试样 0.2000 g,处理成可溶性的磷酸盐,在一定条件下,定量沉淀为 $MgNH_4PO_4$,过滤,洗涤沉淀,用盐酸溶解沉淀,调节溶液酸度,使 pH=10,用 0.02000 mol·L^{-1} EDTA 溶液滴定至终点,消耗 30.00 mL,求试样中 P_2O_5 的质量分数。已知:$M(P_2O_5)=142.0$ g·mol^{-1}。

2. pH=10 的 NH_3-NH_4Cl 缓冲溶液中,同时存在 Ag^+ 和 Zn^{2+},且 $c(Ag^+)=c(Zn^{2+})=0.010$ mol·L^{-1},若用 EDTA 滴定 Zn^{2+},通过计算说明 Ag^+ 是否有干扰。已知:$K^{\ominus}(AgY)=10^{7.32}$,$K^{\ominus}(ZnY)=10^{16.50}$;Zn-$NH_3$ 的累积稳定常数为:$\beta_1=10^{2.27}$,$\beta_2=10^{4.01}$,$\beta_3=10^{7.01}$,$\beta_4=10^{9.26}$。Ag-NH_3 的累积稳定常数为:$\beta_1=10^{3.40}$,$\beta_2=10^{7.10}$。

3. 测定铅锡合金中铅锡的含量。称取试样 0.115 g,用王水溶解后,加入 0.05161 mol·L^{-1}EDTA 溶液 20.00 mL,调节 pH≈5,使铅、锡定量配位,用 0.02023 mol·L^{-1}Pb(Ac)$_2$ 溶液回滴过量的 EDTA,消

耗了 13.75 mL。加入 1.5 g NH_4F，置换 EDTA，仍用相同浓度的 $Pb(Ac)_2$ 溶液滴定，又消耗了 25.64 mL。计算合金中铅锡的质量分数。已知：$A_r(Pb)=207.2$，$A_r(Sn)=118.7$。

4. 用 0.0500 mol·L^{-1} EDTA 溶液滴定 100.00 mL 0.0100 mol·L^{-1} Zn^{2+} 溶液，设滴定反应为 $H_2Y+Zn^{2+} \Longrightarrow ZnY+2H^+$，滴定开始时，pH=5.50，若溶液中没有缓冲溶液，滴定至终点时，溶液的 pH 值为多少？通过计算说明 EDTA 配位滴定时加入缓冲溶液的必要性。

5. 计算反应 $CuS(s)+4NH_3(aq) \Longrightarrow [Cu(NH_3)_4]^{2+}(aq)+S^{2-}(aq)$ 的 K 值，评述用氨水溶解 CuS 的效果。已知：$K_{sp}^{\ominus}(CuS)=1\times10^{-36}$，$K_f^{\ominus}([Cu(NH_3)_4]^{2+})=4.8\times10^{12}$。

6. 0.02 mol·L^{-1} $AgNO_3$ 溶液和 2.04 mol·L^{-1} 氨水等体积混合，反应达到平衡时，溶液中 Ag^+ 浓度是多少？在 1.0 L 此溶液中加入 10^{-3} mol KCl 固体（体积忽略不计），是否有 AgCl 沉淀生成？

7. 已知：$I_2+2e^- \Longrightarrow 2I^-$，$E^{\ominus}=0.536$ V；$Fe^{3+}+e^- \Longrightarrow Fe^{2+}$，$E^{\ominus}=0.77$ V；$K_f^{\ominus}([Fe(CN)_6]^{4-})=10^{35}$，$K_f^{\ominus}([Fe(CN)_6]^{3-})=10^{42}$。试判断 $2[Fe(CN)_6]^{3-}+2I^- \Longrightarrow 2[Fe(CN)_6]^{4-}+I_2$ 能否在标准条件下（反应物与产物的浓度均为 1.0 mol·L^{-1}）自发进行？

第 10 章　可见光分光光度法

内容提要

　　本章以朗伯-比尔定律为基础,简单介绍吸光度、透光率、摩尔吸光系数、显色反应、显色剂等概念,着重讨论分光光度法对显色反应和显色剂的要求,介绍物质对光的吸收的基本原理、分光光度计的主要部件、分光光度法的主要应用等。

基本要求

　　※ 掌握分光光度法的基本定律——朗伯-比尔定律。

　　※ 掌握吸光度、透光率、摩尔吸光系数、显色反应、显色剂等基本概念。

　　※ 理解分光光度法对显色反应和显色剂的要求。

　　※ 熟悉分光光度计的主要部件及用途。

　　※ 掌握用标准曲线法测定微量组分的浓度的原理及做法。

建议学时

　　8 学时。

　　基于物质对光的选择性吸收而建立起来的分析方法称为吸光光度法,它包括比色法(colorimetric method)和分光光度法(spectrophotometry)。比色法是通过比较有色溶液颜色深浅来确定有色物质含量的,分光光度法是通过物质对光的选择性吸收来测定组分含量的。根据物质对不同波长范围的光的吸收,分光光度法可分为紫外分光光度法(ultra violet spectrophotometry)、可见光分光光度法(visible spectrophotometry)、红外分光光度法(infrared spectrophotometry)等。

　　可见光分光光度法具有灵敏度高、准确性好、仪器设备简单、操作简便快捷等特点,许多无机物可直接或间接地用此法进行测定。此法不仅用于组分定性、定量分析,还可用于对化学平衡及配合物组成的研究等。

10.1　分光光度法基本原理

10.1.1　物质对光的选择性吸收与物质颜色的关系

　　1. 物质对光的选择性吸收

　　光是一种电磁波。人眼能感觉到的可见光的波长范围是 $400 \sim 750$ nm。单色光(chromatic light)是仅具有单一波长的光,复合光是由不同波长的光所组成的。人眼所见的白光(如日光等)和各种有色光,实际上都是包含一定波长范围的复合光(polychromatic light)。

　　物质呈现的颜色与光有着密切的关系。一束白光通过三棱镜,可分解为红、橙、黄、绿、青、蓝、紫七种色光,这种现象称为光的色散。

不同物质对光的吸收具有选择性。溶液呈现不同的颜色是由于溶液中的质点(分子或离子)选择性地吸收某种波长的光引起的。当复合光通过某溶液时,某些波长的光被溶液吸收,而另一些波长的光则透过,溶液的颜色由透射光的波长决定。透射光与吸收光称为互补色光,如绿光和紫光互补,蓝光和黄光互补等。当白光通过 NaCl 溶液时,各种波长的光全部透过,NaCl 溶液透明无色;当白光通过 $CuSO_4$ 溶液时,黄光被吸收,溶液呈蓝色;$KMnO_4$ 溶液因吸收绿光而呈紫红色。物质呈现颜色与吸收光颜色的互补关系如表 10-1 所示。

表 10-1　物质颜色与吸收光颜色的互补关系

物 质 颜 色	吸 收 光		物 质 颜 色	吸 收 光	
	颜色	波长/nm		颜色	波长/nm
黄绿色	紫色	400～450	紫色	黄绿色	560～580
黄色	蓝色	450～480	蓝色	黄色	580～600
橙色	绿蓝色	480～490	绿蓝色	橙色	600～650
红色	蓝绿色	490～500	蓝绿色	红色	650～760
紫红色	绿色	500～560			

固体物质呈现不同的颜色是由于其对不同波长的光吸收、透射、反射、折射的程度不同。如果物质对各种波长的光全部吸收,则呈现黑色;如果完全反射,则呈现白色;如果对各种波长的光吸收程度差不多,则呈现灰色;如果选择性地吸收某些波长的光,那么该物质的颜色就由它所反射或透射光的颜色来决定。

2. 吸收曲线

任何一种溶液,对不同波长的光的吸收程度是不同的。溶液对各种单色光的吸收程度用吸光度 A(absorbance)来描述。以波长 λ(单位为 nm)为横坐标,以测得的吸光度 A 为纵坐标,可得一条曲线,称为吸收曲线。图 10-1 所示为浓度不同的 $KMnO_4$ 溶液的吸收曲线。

从曲线中可以看出以下几点。

(1) $KMnO_4$ 溶液对不同波长的光具有选择性吸收。对 525 nm 的绿光吸收最多,此光的波长称为最大吸收波长,用 λ_{max} 表示。对红光和紫光的吸收很少。

(2)不同浓度的 $KMnO_4$ 溶液的吸收曲线形状相似,最大吸收波长不变,说明物质的吸收曲线是一种特征曲线。

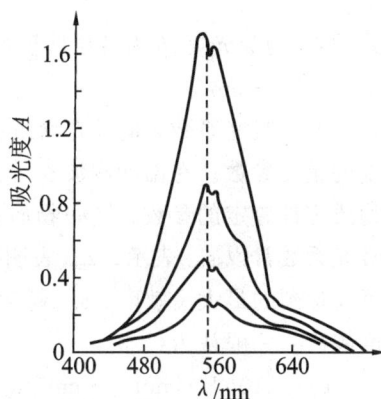

图 10-1　浓度不同的 $KMnO_4$ 溶液的吸收曲线

但浓度不同时,同一波长时的吸光度不同,说明吸光度 A 与溶液浓度 c 有关。

(3)在最大吸收峰附近,吸光度测量的灵敏度最高。这一特性可作为物质定量分析时选择入射光波长的依据。因此,吸收曲线是分光光度法中选择测定波长的重要依据。

10.1.2　朗伯-比尔定律

朗伯-比尔定律是分光光度法进行定量分析的理论依据。如图 10-2 所示,当一束平行单色光垂直通过某一均匀溶液(设溶液浓度为 c,液层厚度为 b,入射光强度为 I_0,透射光强度为 I_t)时,溶液吸收了光能,光的强度就要减弱。溶液的浓度越大,液层越厚,则光被吸收得越多,透过溶液的光强度(即透射光的强度 I_t)越弱。溶液的吸光度 A 与光强度的关系如下:

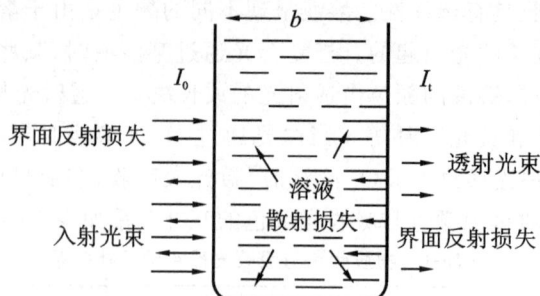

图 10-2 溶液对光的吸收作用

$$A = \lg \frac{I_0}{I_t} \tag{10-1}$$

透光率 (transmittance)描述入射光透过溶液的程度,用 T 表示:

$$T = \frac{I_t}{I_0} \tag{10-2}$$

透光率的负对数即为吸光度:

$$A = -\lg T \tag{10-3}$$

1760 年朗伯(Lambert)提出,溶液的浓度一定时,溶液对光的吸收程度与液层厚度成正比;1852 年比尔(Beer)又提出光的吸收程度与吸光物质的浓度成正比。两者合称朗伯-比尔定律,又称光吸收定律。其数学表达式为

$$A = \varepsilon b c \tag{10-4}$$

式中:A 为吸光度;b 为液层厚度(光程),cm;c 为物质的量浓度,mol·L^{-1};ε 为摩尔吸光系数,L·mol^{-1}·cm^{-1}。

摩尔吸光系数 ε 是吸光物质在一定波长和溶剂条件下的特征常数,是表征显色反应灵敏度的重要参数。在温度和波长等条件一定时,ε 仅与吸光物质本身的性质有关,因此,ε 可作为物质定性鉴定的参数。同一物质在不同波长下的 ε 是不同的,在最大吸收波长 λ_{max} 处的摩尔吸光系数常以 ε_{max} 表示。ε_{max} 表明该吸光物质最大限度的吸光能力,也反映光度法测定该物质可能达到的最大灵敏度。ε_{max} 越大,表明该物质的吸光能力越强,用光度法测定该物质的灵敏度越高。一般认为:

$\varepsilon_{max} < 10^4$ L·mol^{-1}·cm^{-1},显色反应灵敏度低;

$\varepsilon_{max} = 10^4 \sim 5 \times 10^4$ L·mol^{-1}·cm^{-1},显色反应为中等灵敏度;

$\varepsilon_{max} = 5 \times 10^4 \sim 10^5$ L·mol^{-1}·cm^{-1},显色反应为高等灵敏度;

$\varepsilon_{max} > 10^5$ L·mol^{-1}·cm^{-1},显色反应为超高灵敏度。

由 $\varepsilon = A/bc$ 可以看出,摩尔吸光系数 ε 在数值上等于浓度为 1 mol·L^{-1}、液层厚度为 1 cm 时该溶液在某一波长下的吸光度。但由于分光光度法只适用于测定微量组分,不能直接测得像 1 mol·L^{-1} 这样高浓度溶液的吸光度,因此,通常根据低浓度时的吸光度间接求得摩尔吸光系数 ε。

若溶液浓度单位为 g·L^{-1},则有色物质的吸光系数用 a 表示,朗伯-比尔定律表示为

$$A = a b c \tag{10-5}$$

a 的单位是 L·g^{-1}·cm^{-1},a 与 ε 的关系为

$$\varepsilon = M a \tag{10-6}$$

【例 10-1】　浓度为 4.0×10^{-4} g・L^{-1} 的 Fe^{2+} 溶液与邻二氮菲反应生成橙红色配合物,该配合物在波长为 508 nm、比色皿厚度为 2.0 cm 时,测得 $A=0.152$。计算邻二氮菲亚铁的 ε 和 a。

解　根据 $A=abc$,得

$$a=\frac{A}{bc}=\frac{0.152}{2.0\times4.0\times10^{-4}}\ L\cdot g^{-1}\cdot cm^{-1}=1.9\times10^2\ L\cdot g^{-1}\cdot cm^{-1}$$

$$\varepsilon=Ma=55.85\times1.9\times10^2\ L\cdot mol^{-1}\cdot cm^{-1}=1.1\times10^4\ L\cdot mol^{-1}\cdot cm^{-1}$$

朗伯-比尔定律广泛应用于紫外、可见、红外光区的吸收测量。该定律不仅适用于溶液,也适用于其他均匀、非散射的吸光物质(包括气体和固体)。

分光光度法也适用于多组分系统。在多组分系统中,若系统中各组分间无相互作用,则各组分 i 的吸光度 A_i 有加和性。设系统中有 n 个组分,则在任一波长 λ 处的总吸光度 A 为

$$A=A_1+A_2+\cdots+A_n=\varepsilon_1bc_1+\varepsilon_2bc_2+\cdots+\varepsilon_nbc_n \tag{10-7}$$

10.1.3　偏离朗伯-比尔定律的原因

根据朗伯-比尔定律,当入射光波长及吸收池光程一定时,吸光度 A 与吸光物质的浓度 c 呈线性关系。以某物质的标准溶液浓度 c 为横坐标,以吸光度 A 为纵坐标,绘出 A-c 曲线,称为标准曲线。在相同条件下测定待测溶液的吸光度,即可通过标准曲线求得待测溶液的浓度。

在实际工作中,尤其当溶液浓度较高时,标准曲线往往偏离直线,即曲线向上或向下弯曲,产生正偏离或负偏离。这种现象称为对朗伯-比尔定律的偏离(如图 10-3 所示)。引起这种偏离的因素很多,归结起来可分为两大类。

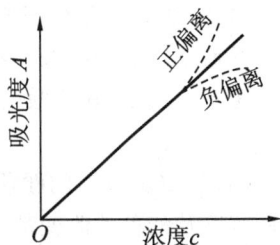

图 10-3　对朗伯-比尔定律的偏离

1. 非单色光引起的偏离

朗伯-比尔定律成立的前提之一是入射光为单色光,但即使是现代高精度分光光度计也难以获得真正的单色光。大多数分光光度计只能获得近乎单色光的狭窄光带,它仍然是具有一定波长范围的复合光,而复合光可导致对朗伯-比尔定律的正偏离或负偏离。

要克服非单色光引起的偏离,首先应选择较好的单色器。此外还应将入射波长选定在待测物质的最大吸收波长 λ_{max} 处,这不仅是因为在 λ_{max} 处具有最大灵敏度,还因为在 λ_{max} 附近的一段范围内吸收曲线较平坦,即在 λ_{max} 附近各波长光下吸光物质的摩尔吸光系数 ε 大体相等。图 10-4(a)所示为吸收曲线与选用谱带之间的关系,图 10-4(b)所示为标准曲线。若选用吸光度随波长变化不大的谱带 M 的复合光作入射光,则吸光度变化较小,即 ε 的变化较小,引起的偏离也较小,A 与 c 基本呈线性关系。若选用谱带 N 的复合光测量,则 ε 的变化较大,A 随波长的变化较明显,因此出现较大偏离,A 与 c 不呈线性关系。

2. 由于溶液本身的物理或化学因素引起的偏离

1)介质不均匀引起的偏离

朗伯-比尔定律只适用于均匀溶液,当被测试液是胶体、悬浊液或乳浊液时,入射光通过溶液后,除了被溶液吸收外,还有部分因散射而损失,使透光率减小,实测吸光度增加,导致偏离朗伯-比尔定律。

2)化学因素引起的偏离

按照朗伯-比尔定律的假定,所有的吸光质点之间不发生相互作用,但实验证明只有在稀溶液($c<10^{-2}$ mol・L^{-1})中才基本成立。当溶液浓度较大时,吸光质点间可能发生缔合等相

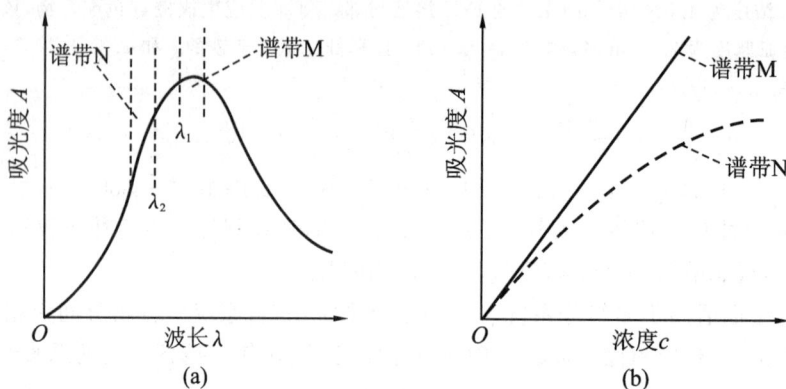

图 10-4　复合光对朗伯-比尔定律的影响

互作用,直接影响了它对光的吸收。因此,朗伯-比尔定律只适用于稀溶液。

　　另外,溶液中存在解离、缔合、互变异构、配合物的形成等化学平衡,化学平衡与浓度、pH 值等其他条件密切相关。不同条件可导致吸光质点浓度变化,吸光性质发生变化而偏离朗伯-比尔定律。例如,在铬酸盐或重铬酸盐溶液中存在下列平衡:

$$2CrO_4^{2-} + 2H^+ \rightleftharpoons Cr_2O_7^{2-} + H_2O$$

CrO_4^{2-}、$Cr_2O_7^{2-}$ 的颜色不同,吸光性质也不同。用光度法测定 CrO_4^{2-} 或 $Cr_2O_7^{2-}$ 含量时,溶液浓度及酸度的改变都会导致平衡移动而发生对朗伯-比尔定律的偏离,为此应加入强碱或强酸作为缓冲溶液以控制酸度,如用光度法测定 $0.001\ mol \cdot L^{-1}\ K_2Cr_2O_7$ 的 $HClO_4$ 溶液及 $0.05\ mol \cdot L^{-1}\ K_2CrO_4$ 的 KOH 溶液,均能获得非常满意的结果。

10.2　可见光分光光度计

　　可见光分光光度法采用由棱镜或光栅等色散元件构成的单色器得到纯度较高的单色光。分光光度法采用分光光度计测量溶液的透光率或吸光度。其基本原理:光源发射的光经单色器获得实验所需的单色光,再透过吸收池照射到光电元件(光电管或光电池)上,所产生的光电流大小与透射光的强度成正比,通过测量光电流强度即可得到溶液的透光率或吸光度。

　　分光光度计的种类和型号繁多,其基本部件包括光源、单色器、吸收池、检测器和结果显示记录系统。

　　国内最常见的可见光分光光度计是 721 系列和 722 系列,721 系列分光光度计工作波段为 360～800 nm,采用光电管作检测器,灵敏度较高。

10.2.1　光源

　　在吸光度的测量中,要求光源发出的所需波长范围内的连续光谱具有足够的强度,并在一定时间内保持稳定。

　　在可见光区测量时,一般用钨丝灯作光源。钨丝加热到白炽状态时,其辐射波长范围为 320～2500 nm。温度升高,辐射总强度增大,在可见光区的强度分布也增大,但同时会缩短灯的寿命。碘钨灯通过在灯泡内引入少量碘蒸气较好地克服了这一缺点,具有更大的发光强度和更长的使用寿命。在近紫外-可见分光光度计中广泛用碘钨灯作光源。钨丝灯的温度取决于电源电压,电源电压的微小波动会引起钨丝灯光强度的很大变化,要保持光源的稳定性,必须配有很好的稳压电源。

10.2.2　单色器

单色器是能将光源发射的连续光(复合光)分解为单色光并从中选出任一波长单色光的光学系统,一般由棱镜或光栅等色散元件以及狭缝和透镜组成。图 10-5 为棱镜单色器示意图。

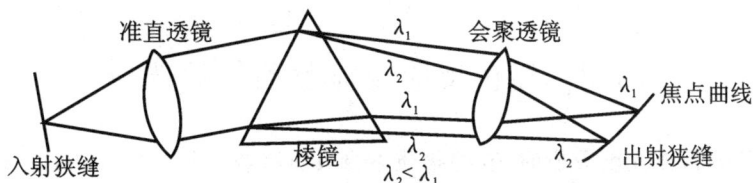

图 10-5　棱镜单色器示意图

转动棱镜或移动出射狭缝的位置,就可使所需波长的光通过狭缝进入吸收池。单色光的纯度取决于色散元件的色散特性和出射狭缝的宽度。使用棱镜单色器可以获得纯度较高的单色光(半峰宽 5~10 nm),且可以方便地改变测定波长。在 380~800 nm 区域,采用玻璃棱镜较合适。

通过单色器的出射光束中通常混有少量与仪器所示波长很不一致的杂色光。其来源之一是光学部件表面尘埃的散射。杂色光的存在会影响吸光度的测量,因此应该保持仪器光学部件的清洁。

光栅根据光的衍射和干涉原理将复合光色散为不同波长的单色光,然后使所需波长的光通过狭缝照射到吸收池上。它的分辨率比棱镜大,可用的波长范围也较宽。目前多数精密分光光度计已采用全息光栅。

10.2.3　吸收池

吸收池又称比色皿,用于盛装溶液,能透过所需波长范围内的光线。在可见光区,采用无色透明、能耐腐蚀的玻璃来制作比色皿。大多数仪器配有液层厚度为 0.5 cm、1 cm、2 cm、3 cm 等的一套比色皿,同样厚度的比色皿之间的透光率相差应小于 0.5%。比色皿具有光学洁净的一对互相平行并垂直于光束的光学窗,使用比色皿时应注意保持清洁、透明,避免磨损透光面。

10.2.4　检测器

检测器通常是将透过比色皿的光信号变成可测的电信号的装置,要求检测器对测定波长范围内的光有快速、灵敏的响应,最重要的是产生的光电流与照射于检测器上的光强度成正比。常用的检测器有光电池、光电管和光电倍增管。

10.2.5　结果显示记录系统

早期的单光束分光光度计常采用悬镜式光点反射检流计测量光电流,其读数标尺上有两种刻度,即等刻度的透光率 $T(0\sim100\%)$ 和非等刻度的吸光度 $A(\infty\sim0)$,如图 10-6 所示。当吸光度较大时,读数误差较大。20 世纪 80 年代后,采用屏幕显示(吸收曲线、操作条件和结果均可在屏幕上显示),并利用微机进行仪器自动控制和结果处理,提高了仪器的自动化程度和测量精度。

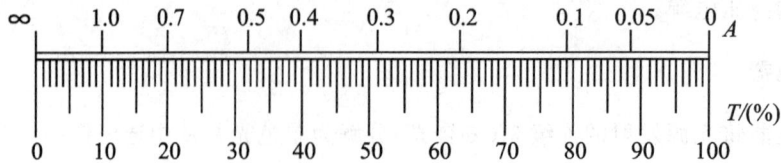

图 10-6　吸光度与透光率标尺刻度

10.3　显色反应及显色条件的选择

在进行比色分析或光度分析时,有些物质本身具有吸收可见光的性质,可直接用可见光分光光度法测定。但大多数物质本身在可见光区没有吸收或虽有吸收但摩尔吸光系数很小,因此不能直接用可见光分光光度法测定。这时首先要将待测组分转化为有色化合物,然后进行比色或光度测定。将待测物质转化为有色物质的反应称为显色反应,与待测物质形成有色化合物的试剂称为显色剂。

显色反应可分为氧化还原反应和配位反应,其中配位反应是最常用的显色反应。

10.3.1　显色反应及其选择

在显色反应中,同一组分常可与多种显色剂反应,生成不同的有色物质,在选择显色反应时,应考虑以下因素。

(1)灵敏度高。光度法一般用于微量组分的测定,因此选择灵敏的显色反应是应考虑的主要方面。有色物质摩尔吸光系数 ε 的大小是显色反应灵敏度高低的重要标志,生成的有色物质的摩尔吸光系数 ε 应大于 10^4 L·mol^{-1}·cm^{-1}。

(2)选择性好。选择性好指显色剂仅与一个组分或少数几个组分发生显色反应。仅与某一组分发生反应的特效(或专属)显色反应几乎不存在,所用的显色剂往往会与试样中共存组分不同程度地发生反应而产生干扰。在分析工作中,尽量选用干扰少(即选择性高)或干扰易除去的显色反应。高选择性的获得也可借助于加入掩蔽剂、控制反应条件等。一般来说,在满足测定灵敏度要求的前提下,常常根据选择性的高低来选择显色剂。

(3)显色剂在测定波长处无明显吸收。显色剂在测定波长处无明显吸收,试剂空白较小,可以提高测定的准确度。通常把显色剂与有色化合物两者最大吸收波长之差 $\Delta\lambda_{max}$ 称为对比度,一般要求对比度在 60 nm 以上。

(4)生成的有色化合物组成恒定。化学性质稳定可以保证在测定过程中吸光物质浓度不变,否则将影响吸光度测量的准确度和重现性。

10.3.2　显色剂

无机显色剂与金属离子形成的配合物在稳定性、灵敏度和选择性方面较差,一般较少使用。目前仍有一定实用价值的无机显色剂仅有硫氰酸盐(测定 Fe^{3+}、Mo(Ⅵ)、W(Ⅴ)等)、钼酸铵(测定 P、Si、W 等)、过氧化氢(测定 V^{5+}、Ti^{4+} 等)等几种。

有机显色剂能与金属离子形成稳定配合物,具有较高的灵敏度和选择性。

有机显色剂及其产物的颜色与其分子结构有密切关系。分子中含有一个或一个以上某些不饱和基团(共轭系统)的有机化合物,往往是有颜色的,这些基团称为发色团(或生色团),如偶氮基(—N=N—)、醌基、亚硝基(—N=O)等。

另外,有些含孤对电子的基团,如 —NH₂、—NHR、—OR、—OH、—SH、—Cl、—Br 等,虽本身没有颜色,但它们的存在会影响有机试剂及其与金属离子的配合物的颜色,这些基团称为助色团。有机显色剂一般含有多个生色团和助色团,当金属离子与有机试剂形成配合物时,由于助色团的影响,通常会发生电荷转移跃迁和配合物内电子跃迁,使产物的最大吸收波长红移,颜色加深,产生很强的紫外-可见吸收光谱。

有机显色剂的种类繁多,其结构及具体应用可参见有关书籍。

10.3.3　显色条件的选择

1. 显色条件

分光光度法是测定显色反应到达平衡后溶液的吸光度,因此要得到准确的分析结果,必须根据有关化学平衡的基本原理,了解影响显色反应的因素,控制适当的条件,使显色反应完全和稳定。显色反应往往会受显色剂的用量、系统的酸度、显色反应温度、显色反应时间、溶剂等因素影响。合适的显色反应条件一般是通过实验来确定的。

1)显色剂用量

根据化学平衡原理,为保证显色反应进行完全,需加入过量显色剂,但不能过量太多,因为过量显色剂的存在有时会导致副反应的发生,从而影响测定。确定显色剂用量的具体方法:保持其他条件不变,仅改变显色剂用量,分别测定其吸光度,以显色剂浓度为横坐标,以吸光度为纵坐标,绘制 A-c_R 曲线,可得图 10-7 所示的几种情况。

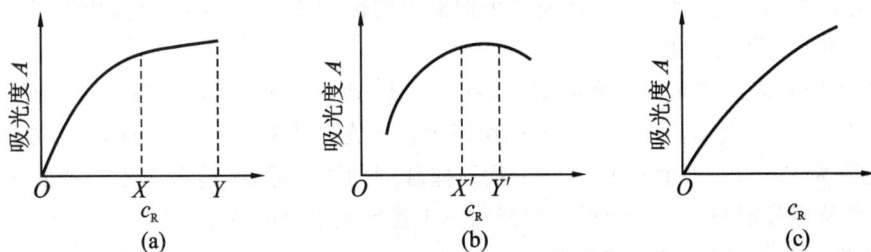

图 10-7　吸光度与显色剂用量关系曲线

图 10-7 中(a)的显色剂用量达到一定量后吸光度变化不大,显色剂用量可选范围(图中 XY 段)较宽;(b)与(a)不同的是显色剂过多会使吸光度变小,只能选择吸光度大且平坦的范围($X'Y'$ 段);(c)的吸光度随显色剂用量的增加而增大,这可能是由于生成颜色不同的多级配合物造成的,这种情况下必须非常严格地控制显色剂的用量。

2)反应系统的酸度

酸度对显色反应的影响是多方面的。许多显色剂本身就是有机弱酸(碱),且带有酸碱指示剂的性质,酸度变化会影响它们的解离平衡和显色反应进行程度;另外酸度降低可能使金属离子形成各种形式的羟基配合物乃至沉淀。某些多级配合物的组成可能随酸度变化而改变,如 Fe^{3+} 与磺基水杨酸的显色反应,当 pH=2~3 时,生成组成为 1:1 的紫红色配合物;当 pH=4~7 时,生成组成为 1:2 的橙红色配合物;当 pH=8~10 时,生成组成为 1:3 的黄色配合物。

一种金属离子与某种显色剂反应的适宜酸度范围是通过实验来确定的。确定的方法:固定待测组分及显色剂浓度,改变溶液 pH 值,测其吸光度,作出吸光度-pH 曲线,如图 10-8 所示。

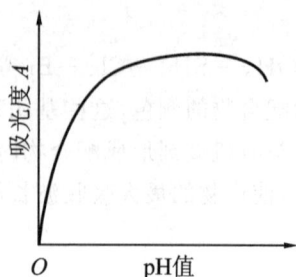

图 10-8　吸光度与 pH 值的关系

适宜酸度可在吸光度较大且恒定的平坦区域所对应的 pH 值范围中选择。控制溶液酸度的有效办法是加入适宜的缓冲溶液,但同时应考虑由此可能引起的干扰。

3)显色反应的温度

多数显色反应在室温下即可很快进行,但有些显色反应需在较高温度下才能较快完成。这种情况下需注意升高温度带来有色化合物的热分解问题。适宜的温度也是通过实验确定的。

4)显色反应的时间

大多数显色反应需要一定时间才能完成。时间的长短又与温度的高低有关,有的有色物质在放置时受到空气的氧化或发生光化学反应,颜色会变浅。因此,必须通过实验作出显色温度下的吸光度-时间曲线,求出适宜的显色时间。

5)溶剂

由于溶质与溶剂分子的相互作用对可见吸收光谱有影响,因此在选择显色反应条件的同时需选择合适的溶剂。一般尽量采用水相测定。如果水相测定不能满足测定要求(如灵敏度差、干扰无法消除等),则应考虑使用有机溶剂。如 $[Co(SCN)_4]^{2-}$ 在水溶液中大部分解离,加入等体积的丙酮后,因水的介电常数减小而降低了配合物的解离度,溶液显示配合物的天蓝色,可用于钴的测定。对于大多数不溶于水的有机物的测定,常使用脂肪烃、甲醇、乙醇和乙醚等有机溶剂。

2. 共存离子的干扰及消除

光度分析中,若共存离子有色或与显色剂形成的配合物有色,都将干扰待测组分的测定,通常采用下列方法消除干扰。

(1)加入掩蔽剂。如光度法测定 Ti^{4+},可加入 H_3PO_4 作掩蔽剂,使共存的 Fe^{3+}(黄色)生成无色的 $[Fe(PO_4)_2]^{3-}$,消除干扰。又如用铬天青 S 光度法测定 Al^{3+},用抗坏血酸作掩蔽剂,将 Fe^{3+} 还原为 Fe^{2+},从而消除 Fe^{3+} 的干扰。掩蔽剂的选择原则:掩蔽剂不与待测组分反应;掩蔽剂本身及掩蔽剂与干扰组分的反应产物不干扰待测组分的测定。

(2)选择适当的显色条件,如酸度。

(3)分离干扰离子。在不能掩蔽的情况下,一般可采用沉淀、有机溶剂萃取、离子交换和蒸馏挥发等分离方法除去干扰离子,其中以有机溶剂萃取在分光光度法中应用最多。

另外,选择适当的光度测量条件(如合适的波长与参比溶液等)也能在一定程度上消除干扰离子的影响。

综上所述,建立一种新的光度分析方法,必须通过实验对上述各种条件进行研究,应用某一显色反应进行测定时,必须对这些条件进行适当的控制,并使试样的显色条件与绘制标准曲线时的条件一致,这样才能得到重现性好且准确度高的分析结果。

10.3.4　吸光度测量条件的选择

在光度法测定中,为使测定方法有较高的灵敏度和准确度,除了要注意选择适当的显色反应和控制显色条件外,还应从仪器角度选择较佳的测定条件,以尽量保证测定结果的准确度。

1. 入射光波长的选择

入射光的波长应根据吸收曲线,选择溶液具有最大吸收时的波长 λ_{max} 为宜,因为在最大吸收波长 λ_{max} 处不仅能获得高灵敏度,而且能减少由非单色光引起的对朗伯-比尔定律的偏离。

但若在 λ_{max} 处有共存离子干扰,则可考虑选择灵敏度稍低但能避免干扰的入射光波长。如图 10-9 所示,1-亚硝基-2-萘酚-3,6-二磺酸钠显色剂及其钴配合物在 420 nm 处均有最大吸收,如在此波长下测定钴,则未反应的显色剂会发生干扰而降低测定的准确度。因此,必须选择在 500 nm 处测定,在此波长下显色剂无吸收,而钴配合物则有一吸收平台。用此波长测定,灵敏度虽有所下降,但可以消除干扰,提高测定的准确度和选择性。有时为测定高浓度组分,也选用灵敏度稍低的吸收波长作为入射波长,保证标准曲线有足够的线性范围。

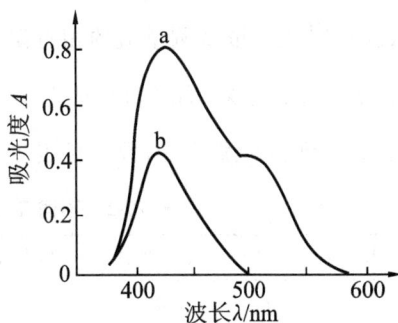

图 10-9　吸收曲线

a—钴配合物;

b—1-亚硝基-2-萘酚-3,6-二磺酸钠

2. 参比溶液的选择

在吸光度测定中,将发生反射、吸收和透射等作用,由于溶液的某种不均匀性所引起的散射以及溶剂、试剂(如显色剂、缓冲溶液、掩蔽剂等)对光的吸收,会导致透射光强度减弱,为使光强度减弱仅与溶液中待测物质的浓度有关,单波长分光光度计采用参比溶液进行校正。即在相同的比色皿中装入参比溶液,调节仪器使吸光度为零(称为工作零点),待测溶液的吸光度为

$$A=\lg\frac{I_0}{I_t}\approx\lg\frac{I_{参比}}{I_{试液}} \tag{10-8}$$

以通过参比池的光强度为入射光强度,这样测得的吸光度才能真实地反映待测物质对光的吸收。

一般选择参比溶液的原则有以下几条。

(1)如果仅待测组分与显色剂的反应产物在测定波长处有吸收,而被测试液、显色剂及其他试剂均无吸收,则可用纯溶剂作参比溶液。

(2)如果显色剂或其他试剂在测定波长处略有吸收,而试液本身无吸收,则可用"试剂空白"(不加被测试样的试剂溶液)作参比溶液。

(3)若待测试液本身在测定波长处有吸收,而显色剂等无吸收,可用"试样空白"(不加显色剂的被测试液)作参比溶液。

(4)若显色剂、试液中其他组分在测定波长处有吸收,则可在试液中加入适当掩蔽剂将待测组分掩蔽后再加显色剂作为参比溶液。

3. 吸光度读数范围的选择

对于给定的分光光度计,其透光率读数误差 ΔT 是一定的(一般为 ±0.2% 至 ±2%)。但由于透光率与浓度的非线性关系,在不同的透光率读数范围内,同样大小的读数误差 ΔT 所产生的浓度误差 Δc 是不同的。根据朗伯-比尔定律

$$A=\lg\frac{I_0}{I_t}=-\lg T=\varepsilon bc$$

即

$$-\lg T=\varepsilon bc$$

将上式微分

$$-d\lg T=-\frac{0.434}{T}dT=\varepsilon bdc$$

两式相除得

$$\frac{dc}{c}=\frac{0.434}{T\lg T}dT$$

以有限值表示可得

$$\frac{\Delta c}{c}=\frac{0.434}{T\lg T}\Delta T \tag{10-9}$$

式中:$\dfrac{\Delta c}{c}$ 表示浓度测量值的相对误差。式(10-9)表明,浓度的相对误差不仅与仪器的透光率读数误差 ΔT 有关,而且与其透光率 T 有关。假设仪器的 $\Delta T = \pm 0.5\%$,则可计算出不同 T 值时的浓度相对误差 $\dfrac{\Delta c}{c}$,数据见表 10-2。

表 10-2 不同 T(或 A)时的浓度相对误差(假定 $\Delta T = \pm 0.5\%$)

透光率 $T/(\%)$	吸光度 A	浓度相对误差/(%)	透光率 $T/(\%)$	吸光度 A	浓度相对误差/(%)
95	0.022	± 10.3	40	0.399	± 1.36
90	0.046	± 5.3	30	0.523	± 1.38
80	0.097	± 2.8	20	0.699	± 1.55
70	0.155	± 2.0	10	1.000	± 2.17
60	0.222	± 1.63	3	1.523	± 4.75
50	0.301	± 1.44	2	1.699	± 6.38

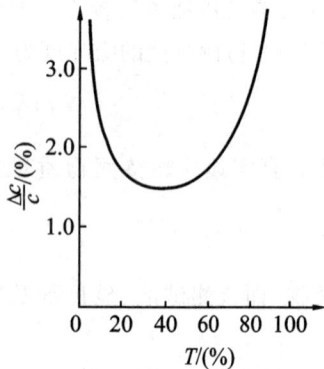

图 10-10 $\Delta c/c\text{-}T$ 关系曲线
($\Delta T = \pm 0.5\%$)

根据表 10-2 中数据,可以绘出溶液浓度相对误差 $\dfrac{\Delta c}{c}$(只考虑正值时)与其透光率 T 的关系曲线,如图 10-10 所示。

用数学上求极值的方法可求出浓度相对误差最小值。$\Delta T = \pm 0.5\%$ 时,浓度测量的相对误差(只考虑正值时)最小值为 1.4%,相应的透光率 $T_{min} = 0.368$,吸光度 $A_{min} = 0.434$。

由图可见,浓度相对误差与透光率读数有关。当 $\Delta T = \pm 0.5\%$ 时,T 落在 10%~70%(吸光度读数 A 为 0.15~1.0)范围内,浓度测量的相对误差较小,为 1.4%~2.2%。光度测量时,吸光度读数过高或过低,浓度测量的相对误差都将增大。因此,普通分光光度法不适用于高含量或极低含量组分的测定。

在上述讨论中,假定透光率的绝对误差 ΔT 与透光率无关,ΔT 是由仪器刻度读数所引起的误差。实际上由于仪器设计及制造水平不同,ΔT 可能不同。影响透光率测量误差的因素很多,难以找到误差函数的准确表达式,实际工作中应参照仪器说明书,具体问题具体分析,使测定值在适宜的吸光度范围内。通常采取的措施还有控制待测溶液的浓度(如浓溶液稀释)和选择适当厚度的比色皿。

4. 提高光度测定灵敏度和选择性的途径

虽然光度法本身灵敏度较高,但是对一些痕量组分的测定还需提高灵敏度。另外,许多显色反应的选择性不高,故测定复杂组分试样受到限制。提高测定的灵敏度和选择性可以采用多种途径,如合成新的高灵敏度有机显色剂、采用多元配合物显色系统、将分离富集和测定相结合。

10.4 分光光度法的应用

分光光度法主要用于微量组分含量的测定,也可以用于高含量组分的测定、多组分分析、化学平衡研究和配合物组成的测定。

10.4.1　微量组分测定的基本方法——标准曲线法

1. 标准曲线法

将一系列不同浓度的标准溶液、试液在相同条件下显色、定容。在选定的实验条件下用分光光度计分别测出各自的吸光度，作 A-c 标准曲线，如图 10-11 所示。再由试液的吸光度 A_x 从标准曲线上查出其对应的浓度 c_x，即可求出待测物质的浓度或质量分数。

【例 10-2】　用邻二氮菲分光光度法测定试液中的 Fe 含量。其过程如下。取 50 mL 容量瓶 6 个，分别准确移取 10 mg·L^{-1} 铁标准溶液 2.0 mL、4.0 mL、6.0 mL、8.0 mL 和 10.0 mL 于 5 个容量瓶中，另一个容量瓶中不加铁标准溶液（配制空白溶液，作参比）。然后各加入等量盐酸羟胺（还原 Fe^{3+}），摇匀，经 2 min 后，再各加 NaAc 溶液（控制溶液酸度）及邻二氮菲（显色剂），用水稀释至刻度，摇匀。用 2 cm 比色皿，在最大吸收波长（510 nm）处，测定各溶液的吸光度，数据如表 10-3 所示。

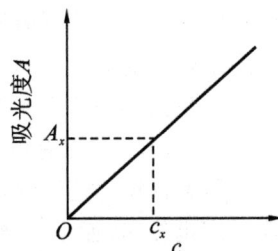

图 10-11　标准曲线

表 10-3　铁标准溶液稀释后的吸光度

序　号	参　比	1	2	3	4	5
铁标准溶液体积/mL	0.00	2.00	4.00	6.00	8.00	10.00
c(Fe)/(mg·L^{-1})	0.000	0.400	0.800	1.200	1.600	2.000
吸光度 A	0.000	0.140	0.275	0.410	0.565	0.715

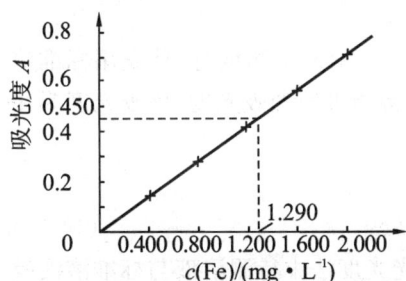

图 10-12　邻二氮菲分光光度法测定 Fe 含量的标准曲线

取试液 2.00 mL 于 50 mL 容量瓶中，加入与配制标准系列溶液时相同的盐酸羟胺、NaAc 溶液、邻二氮菲，用水稀释至刻度，摇匀。用 2 cm 比色皿，在 510 nm 处测定吸光度为 0.450。求试液中的 Fe 含量。

解　按表 10-3 中数据作 A-c 标准曲线（见图 10-12）。

在 A-c 标准曲线上查得 $A=0.450$ 时，c(Fe)$=1.290$ mg·L^{-1}，说明试液 2.00 mL 稀释为 50 mL 后其中 Fe 的浓度为 1.290 mg·L^{-1}。因此，原试液中 Fe 的浓度为

$$c(\text{Fe})=\frac{50.0}{2.00}\times 1.290 \text{ mg·}L^{-1}=32.25 \text{ mg·}L^{-1}$$

2. 标准比较法

在一些情况下，测定微量组分的浓度也可采用标准比较法：将已知浓度的标准溶液 c_s 和试液 c_x，在相同条件下显色、定容，分别测定其吸光度 A_s 和 A_x。根据朗伯-比尔定律

$$A_s=\varepsilon_s b_s c_s,\quad A_x=\varepsilon_x b_x c_x$$

对于同一物质，用同一波长及相同厚度的比色皿测定时有

$$\varepsilon_s=\varepsilon_x,\quad b_s=b_x$$

则

$$A_s:A_x=c_s:c_x$$

即

$$c_x=\frac{A_x}{A_s}c_s \tag{10-10}$$

与标准曲线法相比，标准比较法更简单、快捷。但标准曲线法可以在一定程度上消除一些测定过程中的误差，故有较高的准确度。因此，在对分析结果要求较高的情况下，一般采用标准曲线法。

3. 目视比色法

用眼睛比较溶液颜色的深浅以测定物质含量的方法,称为目视比色法。常用的目视比色法是标准系列法。其方法如下:向一套由同种材料制成、大小和形状相同的平底玻璃管(称为比色管)中分别加入一系列不同量的标准溶液和待测溶液,在相同的实验条件下,再加入等量的显色剂和其他试剂,稀释至一定刻度,然后从管口垂直向下观察,比较待测溶液与标准溶液颜色的深浅。若待测溶液与某一标准溶液颜色深度一致,则说明两者浓度相等;若待测溶液颜色介于两标准溶液之间,则取其浓度平均值作为待测溶液的浓度。

目视比色法的主要缺点是准确度不高,如果待测液中存在其他有色物质,甚至无法进行测定。另外,由于许多有色溶液颜色不稳定,标准系列不能久存,经常需在测定时配制,比较麻烦。

尽管目视比色法存在上述缺点,但其仪器简单,操作方便,比色管液层较厚使观察颜色的灵敏度也较高,而且不要求有色溶液严格服从朗伯-比尔定律,因而广泛应用于准确度要求不高的常规分析中。

10.4.2 高含量组分的测定——示差法

分光光度法广泛应用于微量组分的测定,对于常量或高含量组分的测定无能为力,这是因为当待测组分浓度高时,测得的吸光度常常会偏离朗伯-比尔定律。即使不发生偏离,也会因测得的吸光度超出适宜的读数范围产生较大的测量误差。若采用示差分光光度法(简称示差法),则能较好地解决这一问题。

示差法与普通分光光度法的主要区别在于它们所采用的参比溶液不同。示差法以适当浓度(接近试样浓度)的标准溶液作参比进行测量。

设待测溶液的浓度为 c_x,标准溶液浓度为 c_s,c_s 稍低于 c_x。示差法测定时,首先用标准溶液 c_s 作参比调节仪器透光率 T 为 $100\%(A=0)$。然后测定待测溶液的吸光度,该吸光度为相对吸光度 ΔA,根据朗伯-比尔定律有

$$A_x = \varepsilon b c_x, \quad A_s = \varepsilon b c_s$$
$$\Delta A = A_x - A_s = \varepsilon b c_x - \varepsilon b c_s = \varepsilon b \Delta c \qquad (10\text{-}11)$$

上式表明示差法所测得的吸光度实际上相当于普通分光光度法中待测溶液与标准溶液吸光度之差 ΔA,ΔA 与待测溶液和标准溶液的浓度差 Δc 成正比。若用标准溶液 c_s 作参比,测定一系列 Δc 已知的标准溶液的相对吸光度 ΔA,以 ΔA 为纵坐标、Δc 为横坐标,绘制 ΔA-Δc 工作曲线,即示差法的标准曲线。再由测得的待测溶液的相对吸光度 ΔA,即可从标准曲线上查得相应的 Δc,根据 $c_x = c_s + \Delta c$ 计算得出待测溶液的浓度 c_x。假设普通分光光度法中,浓度为 c_s 的标准溶液的透光率 $T_s = 10\%$,而示差法中该标准溶液作为参比溶液,其透光率调至 $T_r = 100\%(A=0)$,这相当于将仪器透光率标尺扩大了 10 倍,如图 10-13 所示。若待测溶液 c_x 在普通分光光度法中的透光率 $T_x = 5\%$,则示差法中 $T_r = 50\%$,此读数落在透光率的适宜范围内,从而提高了 Δc 测量的准确度。

参比溶液的浓度对示差法的准确度有影响。图 10-14 中 b、d、e 是不同 T_s 的溶液作参比时的误差曲线(假定 $\Delta T = \pm 0.5\%$)。随着参比溶液浓度的增加(T_s 减小),浓度相对误差也减小。若参比溶液选择适当,即待测溶液与参比溶液的浓度差较小,示差法的准确度较高,接近滴定分析法的准确度。

应用示差法时,要求仪器光源有足够的发射强度或能增大光电流的放大倍数,以便能调节示差法所用参比溶液的透光率为 100%。因此,示差法要求仪器具有质量较高的单色器和足

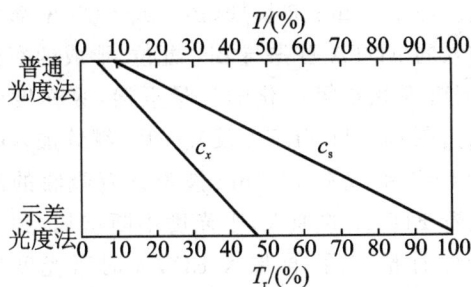

图 10-13　示差法标尺扩展原理

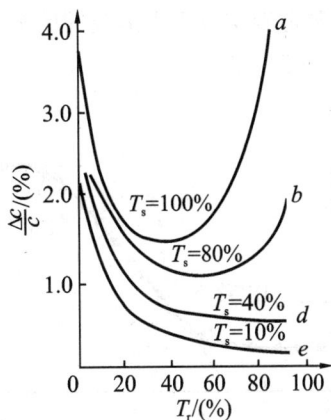

图 10-14　不同浓度的参比溶液的影响

够稳定的电子系统。

10.4.3　多组分分析

应用分光光度法,常常在同一试样溶液中不进行分离即可对多个组分直接进行测定,从而大大减少分析操作步骤,避免在分离过程中产生误差。此法对含量较低的组分效果更好。

假定溶液中存在两种组分 x 和 y,它们的吸收光谱一般有以下两种情况。

若吸收光谱不重叠或至少可找到某一波长时 x 有吸收而 y 无吸收,在另一波长下 y 有吸收而 x 无吸收,如图 10-15 所示,则可在不同波长下分别测定组分 x 和 y。

若吸收光谱重叠较严重,如图 10-16 所示,从图中可以看出,在波长 λ_1 和波长 λ_2 下 x 和 y 两组分的吸光度差 ΔA 较大,分别在波长 λ_1 和 λ_2 下测得混合试液的吸光度 A_1 和 A_2,由吸光度值的加和性可得方程组:

$$\begin{cases} A_1 = \varepsilon_{x1}bc_x + \varepsilon_{y1}bc_y \\ A_2 = \varepsilon_{x2}bc_x + \varepsilon_{y2}bc_y \end{cases} \tag{10-12}$$

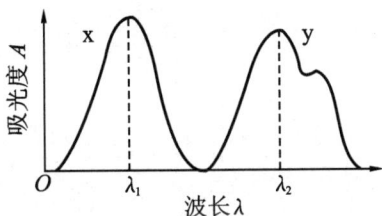

图 10-15　吸收光谱不重叠

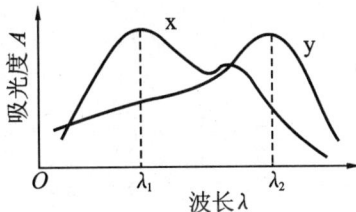

图 10-16　吸收光谱重叠

式中:c_x 和 c_y 分别为组分 x 和 y 的物质的量浓度;ε_{x1} 和 ε_{y1} 分别为组分 x 和 y 在波长 λ_1 时的摩尔吸光系数;ε_{x2} 和 ε_{y2} 分别为组分 x 和 y 在波长 λ_2 时的摩尔吸光系数。

摩尔吸光系数可以分别由 x、y 的纯溶液在两种波长下测得。解方程组即可求出 c_x 和 c_y 的值。

原则上对任何数目的混合组分都可以用此法测定。但在实际应用中通常仅限于两个或三个组分的系统,如果利用计算机来处理测定结果,则不受此限制。

10.4.4　光度滴定

光度滴定通常是用经过改装的分光光度计来进行的,改装后的仪器在光路中插入了滴定装置。测定滴定过程中溶液的吸光度,并绘制滴定剂体积-吸光度的曲线,根据滴定曲线就可以确定滴定终点。

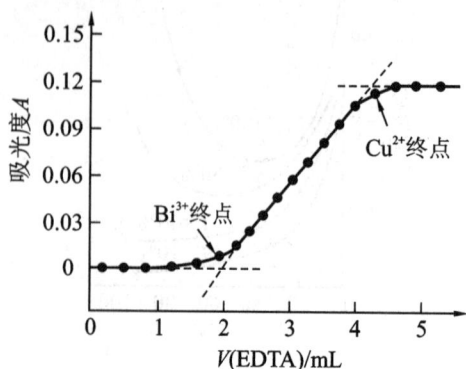

图 10-17　光度滴定法滴定曲线

图 10-17 是用 EDTA 连续滴定 Bi^{3+} 和 Cu^{2+} 的滴定曲线。在 745 nm 波长处,Bi^{3+} 或 EDTA 都无吸收。加入的 EDTA 首先与 Bi^{3+} 配位,形成的配合物也无吸收,因此在第一化学计量点前,吸光度不发生变化。在 Bi^{3+} 与 EDTA 反应完后,继续加入的 EDTA 与 Cu^{2+} 形成在 745 nm 波长处有吸收的配合物。随着 EDTA 的加入,吸光度不断增加,到达 Cu^{2+} 的化学计量点后,再加入 EDTA 时吸光度也不会发生变化。这样由滴定曲线就可以确定两个滴定终点。

光度滴定法确定终点很灵敏,还可以克服目视滴定中的干扰,而且实验数据是在远离化学计量点的区域测得的,终点是由直线外推法得到的,故平衡常数较小的滴定反应也可用光度法进行滴定。光度法确定终点已应用于氧化还原滴定、酸碱滴定、配位滴定及沉淀滴定等中。

知 识 拓 展

**微型化分光光度计:分光
光度技术的新革命**

习　　题

扫码做题

一、填空题

1. 吸光光度法是基于_____而建立起来的分析方法。

2. 朗伯-比尔定律:$A = \varepsilon b c$。其中 ε 代表_____,单位是_____;b 代表_____,单位是_____;c 代表_____,单位是_____。其公式的物理定义是_____。

3. 一块蓝色滤光片,它对波长 470 nm 的_____色光线有最大的透光率。其好坏由半宽度的大小决定,若半宽度越小,说明_____。

4. 吸光光度法对显色反应的要求是_____。

5. 目视比色法与分光光度法主要应用于测定_____组分,其中目视比色法的特点是_____,应用场景是_____;分光光度法的特点是_____,应用场景是_____。

6. 分光光度法的应用主要是_____(要求写两种)。

7. 要使浓度的相对误差比较小(1.4%～2.2%),一般应使 A 的读数范围在_____,或透光率的读数范

围在 _____。

8. 有甲、乙两个不同浓度的同一有色物质的溶液,在同一厚度及同一波长下测得的 A 分别为 0.20、0.30,如果甲的浓度为 $4.0\times10^{-4}\,mol\cdot L^{-1}$,则乙的浓度为 _____。

二、简答题

1. 偏离朗伯-比尔定律的原因是什么?
2. 分光光度计各主要部件的作用分别是什么?
3. 为什么物质对光具有选择性的吸收?
4. 简述物质产生颜色的原因。

三、计算题

1. $5.0\times10^{-5}\,mol\cdot L^{-1}$ $KMnO_4$ 溶液,在 $\lambda=525\,nm$ 处用 2.0 cm 比色皿测得吸光度 $A=0.224$。
   (1)计算 $KMnO_4$ 溶液在此波长下的吸光系数 a 和摩尔吸光系数 ε;
   (2)若仪器透光率绝对误差 $\Delta T=0.4\%$,计算浓度的相对误差 $\Delta c/c$。

2. 某试液用 2 cm 比色皿测量时透光率为 45%,若改用 1 cm 或 3 cm 比色皿,透光率和吸光度分别等于多少?

3. 为了配制锰的标准溶液,将 15 mL 0.500 mol · L^{-1} 的 $KMnO_4$ 溶液稀释到 500 mL。取此标准溶液 1 mL,2 mL,3 mL,…,10 mL,放入 10 支比色管中,加水稀释至 100 mL,制成一组标准色阶。称取钢样 0.150 g,溶于酸,经适当处理将锰氧化成 MnO_4^- 后稀释到 250 mL。取此试液 100 mL 放入比色管内,溶液颜色与第三个标准溶液接近,求钢中锰的质量分数。

4. 取钢样 1.00 g 溶于酸中,将其中锰氧化成高锰酸盐,准确配制成 250 mL 溶液,测得其吸光度为 $5.0\times10^{-4}\,mol\cdot L^{-1}$ $KMnO_4$ 溶液的 1.8 倍。计算钢中锰的质量分数。

5. 某含铁约 0.2% 的试样,用邻二氮菲亚铁光度法($\varepsilon=1.1\times10^4\,L\cdot mol^{-1}\cdot cm^{-1}$)测定。试样溶解后稀释至 50 mL,用 1.0 cm 比色皿在 508 nm 波长下测定吸光度。若 $\Delta T=0.5\%$,为了使吸光度测量引起的浓度相对误差最小,应当称取试样多少克? 如果所使用的分光光度计透光率最适宜读数范围为 0.20~0.70,测定溶液含铁的物质的量浓度范围应控制在多少?

6. 用磺基水杨酸法测定微量铁。将 0.2160 g $NH_4Fe(SO_4)_2\cdot12H_2O$ 溶于水中稀释至 500 mL 配成标准溶液。根据下列数据,绘制标准曲线。

标准铁溶液体积 V/mL	0.0	2.0	4.0	6.0	8.0	10.0
吸光度 A	0.0	0.165	0.320	0.480	0.630	0.790

取某试液 5.0 mL,稀释至 250 mL。取此稀释液 2.0 mL,在与绘制标准曲线相同的条件下显色和测定吸光度,测得 $A=0.500$,求试液中铁含量($mg\cdot mL^{-1}$)。

7. NO_2^- 在 355 nm 波长处 $\varepsilon_{355}=23.3\,L\cdot mol^{-1}\cdot cm^{-1}$,$\varepsilon_{355}/\varepsilon_{302}=2.50$。$NO_3^-$ 在 355 nm 波长处的吸收可以忽略,在 302 nm 波长处 $\varepsilon_{302}=7.24\,L\cdot mol^{-1}\cdot cm^{-1}$。今有一含 NO_2^- 和 NO_3^- 的试液,用 1 cm 比色皿测得 $A_{302}=1.20$,$A_{355}=0.85$。计算试液中 NO_2^- 和 NO_3^- 的浓度。

第三编 元素知识

第 11 章　s 区元素

📖 内容提要

　　碱金属、碱土金属是金属活泼性最强的两族元素,位于元素周期表的 s 区,本章重点介绍碱金属和碱土金属单质、各类氧化物、氢氧化物、盐类的性质,系统学习单质及重要化合物的性质。

📖 基本要求

　　※ 掌握碱金属、碱土金属的通性,单质的结构、性质、存在、制备及钾、钠、钙、镁的用途。
　　※ 掌握碱金属、碱土金属重要化合物(氢化物、氧化物、过氧化物)的一般性质。
　　※ 熟悉碱金属和碱土金属氢氧化物的碱性变化规律。
　　※ 掌握重要盐类的溶解性、热稳定性等性质的变化规律。
　　※ 了解锂、铍的特性及锂和镁、铍和铝的相似性和对角线规则。

📖 建议学时

　　4 学时。

　　s 区元素包括周期表中ⅠA 和ⅡA 族。ⅠA 族由锂(Li)、钠(Na)、钾(K)、铷(Rb)、铯(Cs)及钫(Fr)六种元素组成。由于钠和钾的氢氧化物是典型的"碱",故本族元素有"碱金属"之称。锂、铷、铯是轻稀有金属,钫是放射性元素。ⅡA 族由铍(Be)、镁(Mg)、钙(Ca)、锶(Sr)、钡(Ba)及镭(Ra)六种元素组成。由于钙、锶、钡的氧化物性质介于"碱"族与"土"族元素之间(第ⅢA 族元素有时称为土族元素,其中铝最典型,铝的氧化物为黏土的主要成分,既难溶又难熔),故有"碱土金属"之称。现在习惯上把铍和镁也包括在碱土金属之内。铍也属于轻稀有金属,镭是放射性元素。

　　锂矿石中最重要的是锂辉石($LiAlSi_2O_6$)。钠主要以 NaCl 形式存在于海洋、盐湖及岩石中。钾的主要矿物是钾石盐($2KCl \cdot MgCl_2 \cdot 6H_2O$),我国青海钾盐储量占全国的 96.8%。铍的主要矿物是绿柱石($3BeO \cdot Al_2O_3 \cdot 6SiO_2$)。镁主要以菱镁矿($MgCO_3$)、白云石($MgCa(CO_3)_2$)等形式存在。钙、锶、钡以碳酸盐、硫酸盐等形式存在,如方解石($CaCO_3$)、石膏($CaSO_4 \cdot 2H_2O$)、天青石($SrSO_4$)、重晶石($BaSO_4$)。

　　本章重点介绍碱金属和碱土金属单质、各类氧化物、氢氧化物、盐类的性质。

11.1　s 区元素通性

11.1.1　s 区元素的基本性质

碱金属和碱土金属的一些基本性质,分别列于表 11-1 和表 11-2 中。

表 11-1　碱金属的性质

项　　目	Li	Na	K	Rb	Cs
原子序数	3	11	19	37	55
价层电子构型	$2s^1$	$3s^1$	$4s^1$	$5s^1$	$6s^1$
主要氧化数	+1	+1	+1	+1	+1
固体密度(20 ℃)/(g·cm^{-3})	0.53	0.97	0.86	1.53	1.88
熔点/℃	180.5	97.82	63.25	38.89	28.40
沸点/℃	1342	882.9	760	686	669.3
硬度(金刚石的硬度为 10)	0.6	0.4	0.5	0.3	0.2
金属半径/pm	152	186	227	248	265
离子半径/pm	76	102	138	152	167
第一电离能 I_1/(kJ·mol^{-1})	520	496	419	403	376
第二电离能 I_2/(kJ·mol^{-1})	7298	4562	3051	2632	2234
电负性	1.0	0.9	0.8	0.8	0.7
$E^{\ominus}(M^+/M)$/V	−3.040	−2.713	−2.924	−2.98	−3.026

表 11-2　碱土金属的性质

项　　目	Be	Mg	Ca	Sr	Ba
原子序数	4	12	20	38	56
价层电子构型	$2s^2$	$3s^2$	$4s^2$	$5s^2$	$6s^2$
主要氧化数	+2	+2	+2	+2	+2
固体密度(20 ℃)/(g·cm^{-3})	1.85	1.74	1.54	2.6	3.51
熔点/℃	1278	648.8	839	769	725
沸点/℃	2970	1107	1484	1384	1640
硬度(金刚石的硬度为 10)	4	2.0	1.5	1.8	
金属半径/pm	111	160	197	215	217
离子半径/pm	45	72	100	118	136
第一电离能 I_1/(kJ·mol^{-1})	899	738	590	549	503
第二电离能 I_2/(kJ·mol^{-1})	1757	1451	1145	1064	965
第三电离能 I_3/(kJ·mol^{-1})	14849	7733	4912	4138	
电负性	1.5	1.2	1.0	1.0	0.9
$E^{\ominus}(M^{2+}/M)$/V	−1.99	−2.356	−2.84	−2.89	−2.92

11.1.2　s 区元素单质的物理性质

由于ⅠA 和ⅡA 族元素的原子最外层分别只有 1 个和 2 个 s 电子,在同一周期中这些原子具有较大的原子半径和较少的核电荷,故 I A、II A 族金属晶体中的金属键很不牢固,单质的熔、沸点较低,硬度较小。又由于碱土金属比碱金属原子半径小,核电荷多,因此碱土金属单质的熔点和沸点都比碱金属单质高,密度和硬度比碱金属大。Li 的密度为 0.53 g·cm^{-3},是最轻的金属。碱金属单质和 Ca、Sr、Ba 均可用刀切割,其中最软的是 Cs。

碱金属单质和碱土金属单质表面都具有银白色光泽,在同周期中碱金属是金属性最强的元素,碱土金属的金属性比碱金属弱,在同族元素中随着原子序数的增加,元素的金属性依次递增。碱金属尤其是 Cs 和 Rb,失去电子的倾向很大,当受到光的照射时,金属表面的电子易逸出,因此,常用来制造光电管。如用铯光电管制成的自动报警装置,可在远处报告火警;用铯光电管制成的天文仪器可由星光转变的电流大小测出太空中星体的亮度,推算出星体与地球的距离。

11.1.3　s 区元素的标准电极电势和单质的溶解反应

I A 和 II A 族元素常见的氧化数分别为 +1 和 +2,这与它们的族数相一致。常见的 I A、II A 族元素的化合物以离子型为主。因为 Li^+、Be^{2+} 的半径远小于同族其他正离子,所以锂、铍的化合物具有一定程度的共价性。

1. s 区元素的标准电极电势

碱金属和碱土金属同族元素的标准电极电势随原子序数增加而降低,但 Li 的标准电极电势比 Cs 还低,这是由于 Li 有较小的半径,易与水分子结合生成水合离子而释放出较多能量($\Delta H_h^\ominus$ 代数值最小)而造成的。

可以用焓变来粗略估计金属锂电极电势的大小。假设原电池:

$$(-)M|M^+(1 \text{ mol} \cdot L^{-1}) \parallel H^+(1 \text{ mol} \cdot L^{-1})|H_2(100 \text{ kPa}),Pt(+)$$

原电池反应:

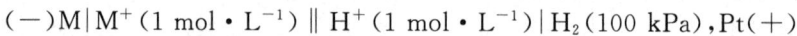

$$M(s)+H^+(aq) \rightleftharpoons M^+(aq)+1/2H_2(g)$$

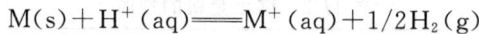

$$\Delta_r G_m^\ominus = -nFE^\ominus = -nF[E^\ominus(H^+/H_2)-E^\ominus(M^+/M)] = nFE^\ominus(M^+/M)$$

对于碱金属如不考虑 $\Delta_r S_m^\ominus$ 的影响,可以近似用标准摩尔反应焓 $\Delta_r H_m^\ominus$ 代替标准摩尔反应吉布斯函数变 $\Delta_r G_m^\ominus$ 来加以说明。为求 $\Delta_r G_m^\ominus$,可设计如下过程:

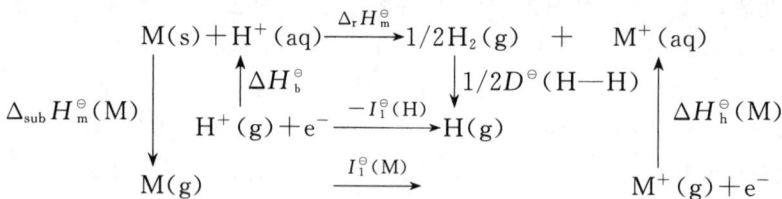

根据以上过程,可以计算出碱金属在水溶液中转变为水合离子过程的焓变。有关数据列于表 11-3。

从表 11-3 可看出,$\Delta_r H_m^\ominus(Li)$ 是同族元素中最小的。这是因为尽管锂的升华和电离过程

表 11-3　碱金属转变为水合离子过程的有关数据

项目	Li	Na	K	Rb	Cs
$\Delta_{sub} H_m^\ominus/(kJ \cdot mol^{-1})$	161	108.7	90	85.8	78.8
$I_1/(kJ \cdot mol^{-1})$	520	496	419	403	376
$\Delta H_h^\ominus/(kJ \cdot mol^{-1})$	−519	−409	−322	−293	−264
$\Delta_r H_m^\ominus/(kJ \cdot mol^{-1})$	−275.0	−241.3	−250.0	−241.2	−246.2

吸收的能量较大,但 Li^+ 水合过程所放出的能量特别大,从而导致整个过程焓变最小,放出的能量最多,即 Li 形成 Li^+(aq)的倾向最大,可以粗略估计 Li 的 $E^\ominus$(Li^+/Li)值在碱金属中是最小的。

2. s 区元素单质的溶解反应

碱金属和碱土金属可溶于液氨,形成深蓝色溶液,其溶解反应为

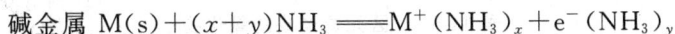

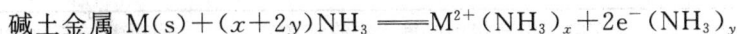

碱金属　$M(s)+(x+y)NH_3 = M^+(NH_3)_x + e^-(NH_3)_y$

碱土金属　$M(s)+(x+2y)NH_3 = M^{2+}(NH_3)_x + 2e^-(NH_3)_y$

碱金属和碱土金属氨溶液具有较强的导电性,能发生与金属本身相同的化学反应。稀的碱金属氨溶液是优良的还原剂。例如,钾的液氨溶液可还原 Ni(Ⅱ),制得 Ni(Ⅰ)配合物:

$$2K_2[Ni(CN)_4]+2K^+(NH_3)+2e^-(NH_3) \xrightarrow{306\ K} K_4[Ni_2(CN)_6](NH_3)+2KCN$$

碱金属和碱土金属的氨溶液不稳定,特别是过渡金属化合物的存在可催化使其分解为氨基化物,如:

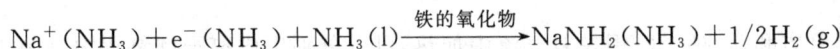

$$Na^+(NH_3)+e^-(NH_3)+NH_3(l) \xrightarrow{铁的氧化物} NaNH_2(NH_3)+1/2H_2(g)$$

但在无水、不接触空气及不存在过渡金属化合物的条件下,其溶液可在液氨沸点（$-33\ ℃$）下长时间保存。

碱金属还可溶于醚和烷基胺中,金属钠在乙二胺中的溶解可用下式表示:

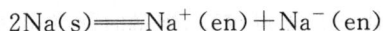

$$2Na(s) = Na^+(en)+Na^-(en)$$

11.2　s 区单质的还原性

11.2.1　概述

碱金属单质和碱土金属单质的化学性质活泼,可与空气中氧、水及许多非金属直接反应,而且碱金属单质的化学活泼性比碱土金属单质更强,表现出很强的还原性,其中一些重要的化学反应见表 11-4。

表 11-4　碱金属单质和碱土金属单质的一些重要反应

金　属	直接与金属反应的物质	反　应　式
碱金属	H_2	$2M+H_2 = 2MH$
碱土金属		$M+H_2 = MH_2$
碱金属	H_2O	$2M+2H_2O = 2MOH+H_2$
Ca、Sr、Ba		$M+2H_2O = M(OH)_2+H_2$
Mg		$M+2H_2O(g) = M(OH)_2+H_2$
碱金属	卤素	$2M+X_2 = 2MX$
碱土金属		$M+X_2 = MX_2$
Li	N_2	$6M+N_2 = 2M_3N$
Mg、Ca、Sr、Ba		$3M+N_2 = M_3N_2$
碱金属	S	$2M+S = M_2S$
Mg、Ca、Sr、Ba		$M+S = MS$
Li	O_2	$4M+O_2 = 2M_2O$
Na		$2M+O_2 = M_2O_2$
K、Rb、Cs		$M+O_2 = MO_2$
Ca、Sr、Ba		$2M+O_2 = 2MO$

11.2.2　s区单质与氧的反应

碱金属单质和碱土金属单质能形成多种类型的氧化物:正常氧化物(含有 O^{2-})、过氧化物(含有 O_2^{2-})、超氧化物(含有 O_2^-)、臭氧化物(含有 O_3^-)。见表 11-5。

表 11-5　s区元素形成的氧化物

氧　化　物	在空气中直接形成氧化物的元素	间接形成氧化物的元素
正常氧化物	Li、Be、Mg、Ca、Sr、Ba	ⅠA、ⅡA 族所有元素
过氧化物	Na	除 Be 外的所有元素
超氧化物	Na、K、Rb、Cs	除 Be、Mg、Li 外的所有元素

11.2.3　s区单质与氢的反应

碱金属单质和镁、钙、锶、钡在氢气流中加热,可以分别生成离子型氢化物。例如:

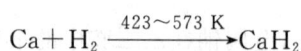

$$2Na+H_2 \xrightarrow{653\ K} 2NaH$$

$$Ca+H_2 \xrightarrow{423\sim573\ K} CaH_2$$

离子型氢化物均为白色晶体,熔、沸点较高,熔融时能导电,稳定性比同类型其他离子晶体差。离子型氢化物剧烈水解放出氢气,如:

$$MH+H_2O == MOH+H_2$$

CaH_2 常用做野外的生氢剂。离子型氢化物具有强还原性。例如:金属钛的冶炼,反应式为

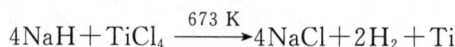

$$LiH+Ti_2O \longrightarrow LiOH+2Ti$$

$$4NaH+TiCl_4 \xrightarrow{673\ K} 4NaCl+2H_2+Ti$$

离子型氢化物能形成配位氢化物,反应式为

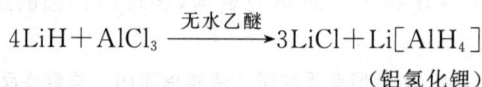

$$4LiH+AlCl_3 \xrightarrow{无水乙醚} 3LiCl+Li[AlH_4]$$

$$(铝氢化锂)$$

11.2.4　s区单质与水的反应

钠、钾与水反应很激烈,锂的标准电极电势比铯还小,但它与水反应时还不如钠激烈,一方面因为锂的升华熔很大,不易熔化,因而反应速率很小;另一方面,反应生成的氢氧化锂的溶解度较小,覆盖在金属表面上,也使反应速率减少。同周期的碱土金属单质与水反应不如碱金属单质剧烈。碱金属单质与水作用的反应式为

$$2M+2H_2O \longrightarrow 2MOH+H_2$$

11.3　s区元素的化合物

11.3.1　氧化物和氢氧化物的性质

1. 氧化物

1)正常氧化物

碱金属中的锂和所有碱土金属单质在空气中燃烧时,分别生成正常氧化物 Li_2O 和 MO。

其他碱金属的正常氧化物是用金属与它们的过氧化物或硝酸盐反应而制得的。例如：

$$Na_2O_2 + 2Na = 2Na_2O$$

$$2KNO_3 + 10K = 6K_2O + N_2$$

碱土金属氧化物也可以由它们的碳酸盐或硝酸盐加热分解而得到。例如：

$$CaCO_3 \xrightarrow{\triangle} CaO + CO_2$$

$$2Sr(NO_3)_2 \xrightarrow{强热} 2SrO + 4NO_2 + O_2$$

碱金属和碱土金属氧化物的一些性质分别列于表 11-6 和表 11-7 中。碱土金属的氧化物均为白色粉末，在水中溶解度一般较小。由于正、负离子都是带有两个单位电荷，而且 M—O 核间距又较小，MO 具有较大晶格能，因此它们的硬度和熔点都很高。根据这种特性，BeO 和 MgO 常用来制造耐火材料和金属陶瓷。特别是 BeO，还具有反射放射线的能力，常用做原子反应堆外壁砖块材料。

表 11-6　碱金属氧化物的性质

项目	Li_2O	Na_2O	K_2O	Rb_2O	Cs_2O
颜色	白色	白色	淡黄色	亮黄色	橙红色
熔点/℃	>1700	1275	350(分解)	400(分解)	400(分解)

表 11-7　碱土金属氧化物的性质

项目	BeO	MgO	CaO	SrO	BaO
熔点/℃	2530	2852	2614	2430	1918
硬度(金刚石的硬度为10)	9	5.6	4.5	3.5	3.3
M—O 核间距/pm	165	210	240	257	277

氧化镁按制取工艺及产品的致密程度不同，有重质和轻质之分：

$$MgO + H_2O \longrightarrow Mg(OH)_2 \xrightarrow{\triangle} MgO + H_2O$$

（天然苦土粉）　　　　　　　　　　　（重质）

$$5MgCl_2 + 5Na_2CO_3 + H_2O = Mg(OH)_2 \cdot 4MgCO_3 + 10NaCl + CO_2$$

$$\xrightarrow{\triangle} 5MgO + 4CO_2 + H_2O$$

（轻质）

重质氧化镁水泥是一种很好的建筑材料，和木屑、刨花一起可制成质轻、隔音、绝热、耐火的纤维板。轻质氧化镁水泥比重质氧化镁水泥贵三倍，是制坩埚的原料和油漆、纸张的填料。CaO 是重要的建筑材料，在冶炼厂中用做助剂，以除去硫、磷、硅等杂质，在化工中用做制取电石(CaC_2)的原料，还可用做生产钙的化学试剂，用于污水处理、造纸等，其产量仅次于硫酸。

2)过氧化物和超氧化物

过氧化物(peroxide)是含有过氧基(—O—O—)的化合物，可看做 H_2O_2 的衍生物。除铍外，所有碱金属和碱土金属都能形成离子型过氧化物。

除了锂、铍、镁外，碱金属和碱土金属都能形成超氧化物(superoxide)。其中，钠、钾、铷、铯在过量的氧气中燃烧可直接生成超氧化物。例如：

$$K + O_2 = KO_2$$

Na₂O₂ 是化工中最常用的碱金属过氧化物。纯 Na_2O_2 为白色粉末,工业品一般为浅黄色。工业上制备 Na_2O_2 用熔钠与已除去二氧化碳的干燥空气反应制备:

$$2Na + O_2 = Na_2O_2$$

纯 $Na_2O_2 \cdot 8H_2O$ 用饱和 NaOH(分析纯)溶液和 42% H_2O_2 溶液混合制备:

$$2NaOH + H_2O_2 \xrightarrow{273\ K} Na_2O_2 + 2H_2O$$

Na_2O_2 在碱性介质中是强氧化剂,常用做熔矿剂,以使既不溶于水又不溶于酸的矿石被氧化分解为可溶于水的化合物。例如:

$$2Fe(CrO_2)_2 + 7Na_2O_2 = 4Na_2CrO_4 + Fe_2O_3 + 3Na_2O$$

Na_2O_2 也用于纺织物、纸浆的漂白。Na_2O_2 在熔融时几乎不分解,但遇到棉花、木炭或铝粉等还原性物质时,就会发生爆炸,故使用 Na_2O_2 时要特别小心。

室温下,过氧化物、超氧化物与水或稀酸反应生成过氧化氢,过氧化氢又分解而放出氧气:

$$Na_2O_2 + 2H_2O = 2NaOH + H_2O_2$$

$$Na_2O_2 + H_2SO_4 = Na_2SO_4 + H_2O_2$$

$$2KO_2 + 2H_2O = 2KOH + H_2O_2 + O_2$$

$$2KO_2 + H_2SO_4 = K_2SO_4 + H_2O_2 + O_2$$

$$2H_2O_2 = 2H_2O + O_2$$

过氧化物和超氧化物与二氧化碳反应放出氧气:

$$2Na_2O_2 + 2CO_2 = 2Na_2CO_3 + O_2$$

$$4KO_2 + 2CO_2 = 2K_2CO_3 + 3O_2$$

因此,过氧化物和超氧化物常用做防毒面具、高空飞行、潜水的供氧剂。

3)臭氧化物和低氧化物

在低温下通过 O_3 与粉末状无水碱金属(除 Li 外)的氢氧化物反应,并用液氨提取,即可得到红色的 MO_3 固体:

$$3MOH(s) + 2O_3(g) = 2MO_3(s) + MOH \cdot H_2O(s) + 1/2O_2(g)$$

室温下,臭氧化物缓慢分解为 MO_2 和 O_2:

$$MO_3 = MO_2 + 1/2O_2$$

臭氧化物与水反应,则生成 MOH 和 O_2:

$$4MO_3 + 2H_2O = 4MOH + 5O_2$$

Rb 和 Cs 除可形成以上氧化物外,还可形成低氧化物,如低温时,Rb 发生不完全氧化反应可得到 Rb_6O,它在 -7.3 ℃ 以上时分解为 Rb_9O_2:

$$2Rb_6O \xrightarrow{-280.3\ K\ 以上} Rb_9O_2 + 3Rb$$

Cs 可形成一系列低氧化物,如 Cs_7O(青铜色)、Cs_4O(红紫色)、$Cs_{11}O_3$(紫色晶体)、$Cs_{3+x}O$(为非化学计量物质)等。

2. 氢氧化物

碱金属和碱土金属的氧化物(除 BeO、MgO 外)与水作用,即可得到相应的氢氧化物,同时伴随着大量热的释放:

$$M_2O + H_2O = 2MOH$$

$$MO + H_2O = 2M(OH)_2$$

碱金属和碱土金属的氢氧化物均为白色固体,易潮解,在空气中吸收 CO_2 生成碳酸盐。

由于碱金属氢氧化物对纤维、皮肤有强烈的腐蚀作用,故称为苛性碱。

1)氢氧化物的酸碱性

(1)R—O—H 规则。

通常用 R—O—H 规则说明氢氧化物酸碱性递变规律。

氧化物的水合物都可以用通式 $R(OH)_n$ 表示,其中 R 代表成碱或成酸元素的离子。R—O—H 在水中有两种解离方式:

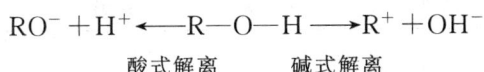

$$RO^- + H^+ \longleftarrow R—O—H \longrightarrow R^+ + OH^-$$
$$\qquad \text{酸式解离} \qquad \text{碱式解离}$$

R—O—H 究竟进行酸式解离还是进行碱式解离,与正离子的极化作用有关。卡特雷奇(Cartledge G. H.)提出以“离子势”来衡量正离子极化作用的强弱。

$$离子势(\Phi) = \frac{正离子电荷(Z)}{负离子半径(r)}$$

在 R—O—H 中,若 R 的 Φ 值大,其极化作用强,氧原子的电子云将偏向 R,使 O—H 键极性增强,则 R—O—H 按酸式解离;若 R 的 Φ 值小,R—O 键的极性强,则 R—O—H 按碱式解离。据此,有人提出用 $\sqrt{\Phi}$ 值作为判断 R—O—H 酸碱性的标度。若 $\sqrt{\Phi} < 7$,则 R—O—H 呈碱性;若 $\sqrt{\Phi}$ 值为 7~10,则 R—O—H 呈两性;若 $\sqrt{\Phi} > 10$,则 R—O—H 呈酸性。

现以第三周期元素氧化物的水合物为例,说明它们的酸碱性递变与 $\sqrt{\Phi}$ 值的关系(见表 11-8)。用离子势判断氧化物水合物的酸碱性只是一个经验规律,它对某些物质是不适用的,如 $Zn(OH)_2$ 的 Zn^{2+} 半径为 0.074 nm,$\sqrt{\Phi} = 5.2$,按酸碱性的标度 $Zn(OH)_2$ 应为碱性,而实际上 $Zn(OH)_2$ 为两性。

表 11-8　第三周期元素氧化物水合物的性质

元　　素	Na	Mg	Al	Si	P	S	Cl
氧化物的水合物	NaOH	$Mg(OH)_2$	$Al(OH)_3$	H_2SiO_3	H_3PO_4	H_2SO_4	$HClO_4$
R^{n+} 半径/nm	0.102	0.072	0.0535	0.040	0.038	0.029	0.027
$\sqrt{\Phi}$ 值	3.13	5.27	7.49	10	11.5	14.4	16.1
酸碱性	强碱	中强碱	两性	弱酸	中强酸	强酸	最强酸

(2)氢氧化物的碱性。

碱金属和碱土金属氢氧化物(除 $Be(OH)_2$ 外)均呈碱性,同族元素氢氧化物的碱性均随金属元素原子序数的增加而增强:

$$\text{LiOH} \qquad \text{NaOH} \qquad \text{KOH} \qquad \text{RbOH} \qquad \text{CsOH} \longrightarrow$$

中强碱　　　　强碱　　　　　强碱　　　　　强碱　　　　　强碱

$$\text{Be(OH)}_2 \quad \text{Mg(OH)}_2 \quad \text{Ca(OH)}_2 \quad \text{Sr(OH)}_2 \quad \text{Ba(OH)}_2 \longrightarrow$$

两性　　　　中强碱　　　　强碱　　　　　强碱　　　　　强碱

其中 $Be(OH)_2$ 是两性氢氧化物,它既溶于酸,也能溶于碱:

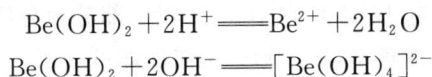

$$Be(OH)_2 + 2H^+ =\!=\!= Be^{2+} + 2H_2O$$
$$Be(OH)_2 + 2OH^- =\!=\!= [Be(OH)_4]^{2-}$$

碱土金属元素氢氧化物的 $\sqrt{\Phi}$ 值及酸碱性见表 11-9。

表 11-9 碱土金属元素氢氧化物的 $\sqrt{\Phi}$ 值及酸碱性

元 素	Be	Mg	Ca	Sr	Ba
氢氧化物	$Be(OH)_2$	$Mg(OH)_2$	$Ca(OH)_2$	$Sr(OH)_2$	$Ba(OH)_2$
R^{n+} 半径/nm	0.045	0.072	0.100	0.118	0.136
$\sqrt{\Phi}$ 值	6.67	5.27	4.47	4.12	3.83
酸碱性	两性	中强碱	强碱	强碱	强碱

2)氢氧化物的溶解性

碱金属氢氧化物都易溶于水,仅 LiOH 溶解度较小。碱土金属氢氧化物在水中的溶解度比碱金属氢氧化物小得多,并且同族元素的氢氧化物的溶解度随着原子序数的增加逐渐增大,这是因为随着正离子半径的增大,正离子和负离子之间的吸引力逐渐减小,易被水分子拆开。同理,在同一周期内,从 M(Ⅰ)到 M(Ⅱ)随着离子半径的减小和离子电荷的增多,氢氧化物的溶解度减小。

碱土金属氢氧化物中,比较重要的是氢氧化钙($Ca(OH)_2$),即熟石灰。它的溶解度不大,且随温度升高而减小。如果配成石灰水,浓度小而碱性弱,不便使用;若配成石灰乳,在石灰乳中存在如下平衡:

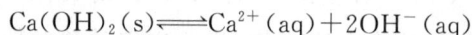

$$Ca(OH)_2(s) \rightleftharpoons Ca^{2+}(aq) + 2OH^-(aq)$$

随着 OH^- 的消耗,平衡就向右移动,石灰乳中的固体小颗粒能继续溶解,供给 OH^-。当需要 OH^- 浓度不大的碱时,如果 Ca^{2+} 的存在并不妨碍所进行的反应,则可以使用价廉易得的石灰乳。

11.3.2 常见盐类

碱金属、碱土金属最常见的盐类有卤化物、硫酸盐、硝酸盐、碳酸盐和磷酸盐。在此着重介绍它们的共性和锂盐、铍盐的特殊性。

1. 盐类的性质

1)晶体类型

绝大多数碱金属、碱土金属的盐类晶体属于离子晶体,它们具有较高的熔点和沸点,常温下是固体,熔化时能导电。只有 Be^{2+} 半径小,电荷较多,极化力较强,当它与易变形的负离子(如 Cl^-、Br^-、I^-)结合时,其化合物已过渡为共价化合物。例如:$BeCl_2$ 有较低的熔点,易于升华,能溶于有机溶剂中,这些性质表明 $BeCl_2$ 是共价化合物。

2)颜色

碱金属离子(M^+)和碱土金属离子(M^{2+})都是无色的。只要负离子是无色的,如 X^-(卤素离子)、O^{2-}、NO_3^-、ClO_3^-、CO_3^{2-} 等,其化合物就是无色或白色的(少数氧化物例外)。若负离子是有色的,则其化合物常显负离子的颜色。例如:CrO_4^{2-} 是黄色的,$BaCrO_4$ 和 K_2CrO_4 也是黄色的;MnO_4^- 是紫红色的,$KMnO_4$ 也是紫红色的。

3)热稳定性

一般来说,碱金属盐具有较高的热稳定性。卤化物在高温时挥发而不分解;硫酸盐在高温时既不挥发又难分解;碳酸盐除 Li_2CO_3 在 1000 ℃以上部分地分解为 Li_2O 和 CO_2 外,其余皆不分解;唯有硝酸盐的热稳定性较差,加热到一定温度即可分解:

$$4LiNO_3 \xrightarrow{923\ K} 2Li_2O + 4NO_2\uparrow + O_2\uparrow$$

$$2NaNO_3 \xrightarrow{1103\ K} 2NaNO_2 + O_2 \uparrow$$

$$2KNO_3 \xrightarrow{903\ K} 2KNO_2 + O_2 \uparrow$$

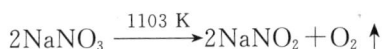

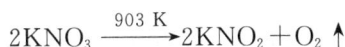

碱土金属的碳酸盐在常温下是稳定的（$BeCO_3$ 除外），只有在强热的情况下，才能分解为相应的 MO 和 CO_2。

4）溶解度

碱金属的盐类一般易溶于水。仅有少数碱金属盐微溶于水，一类是若干锂盐，如 LiF、Li_2CO_3、Li_3PO_4 等；另一类是 K^+、Rb^+、Cs^+ 同某些较大负离子所成的盐，如高氯酸钾（$KClO_4$）、六氯合铂酸钾（K_2PtCl_6）、四苯硼酸钾（$KB(C_6H_5)_4$）、六氯合锡酸铷（Rb_2SnCl_6）等。

碱土金属的盐类中，铍盐多数是易溶的，镁盐有部分易溶，而钙、锶、钡的盐则多为难溶。随着原子序数的增加，硫酸盐和铬酸盐的溶解度递减，氟化物的溶解度递增。

铍盐和可溶性钡盐均有毒。

2．K^+、Na^+、Mg^{2+}、Ca^{2+}、Ba^{2+} 的鉴定

K^+、Na^+、Mg^{2+}、Ca^{2+}、Ba^{2+} 的鉴定反应见表 11-10。

表 11-10 K^+、Na^+、Mg^{2+}、Ca^{2+}、Ba^{2+} 的鉴定

离子	鉴定试剂	鉴 定 反 应
Na^+	KH_2SbO_4	$Na^+ + H_2SbO_4^- \xrightarrow{\text{中性或弱碱性}} NaH_2SbO_4 \downarrow$（白色）
K^+	$Na_3[Co(NO_2)_6]$	$2K^+ + Na^+ + [Co(NO_2)_6]^{3-} \xrightarrow{\text{中性或弱酸性}} K_2Na[Co(NO_2)_6] \downarrow$（亮黄色）
Mg^{2+}	镁试剂	$Mg^{2+} + 镁试剂 \xrightarrow{\text{碱性}} 天蓝色沉淀$
Ca^{2+}	$(NH_4)_2C_2O_4$	$Ca^{2+} + C_2O_4^{2-} =\!=\!= CaC_2O_4 \downarrow$（白色）
Ba^{2+}	K_2CrO_4	$Ba^{2+} + CrO_4^{2-} =\!=\!= BaCrO_4 \downarrow$（黄色）

（1）K^+ 的鉴定。取含 K^+ 试液 3～4 滴，加入 4～5 滴 $Na_3[Co(NO_2)_6]$ 溶液，用玻棒搅拌并摩擦试管内壁，片刻后有黄色沉淀生成，表示有 K^+ 存在。

NH_4^+ 与 $Na_3[Co(NO_2)_6]$ 作用能生成黄色 $(NH_4)_2Na[Co(NO_2)_6]$ 沉淀，干扰 K^+ 的鉴定，应预先用灼烧法除去 NH_4^+。或者将沉淀在沸水浴中加热 1～2 min，$(NH_4)_2Na[Co(NO_2)_6]$ 沉淀会完全分解，而 $K_2Na[Co(NO_2)_6]$ 沉淀无变化。这样可在 NH_4^+ 浓度为 K^+ 浓度的 100 倍时鉴定 K^+。

（2）Na^+ 的鉴定。取含 Na^+ 的试液 3～4 滴，加 6 mol·L^{-1} HAc 溶液 1 滴及乙酸铀酰锌溶液 7～8 滴，用玻棒在试管内壁摩擦，如有黄色晶体沉淀，表示有 Na^+ 存在：

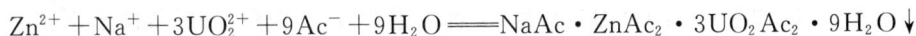

$$Zn^{2+} + Na^+ + 3UO_2^{2+} + 9Ac^- + 9H_2O =\!=\!= NaAc \cdot ZnAc_2 \cdot 3UO_2Ac_2 \cdot 9H_2O \downarrow$$

（3）Mg^{2+} 的鉴定。取含 Mg^{2+} 的试液 1 滴，加 6 mol·L^{-1} NaOH 溶液及对硝基苯偶氮间苯二酚（简称镁试剂）各 1～2 滴，搅匀后，如有天蓝色沉淀生成（沉淀组成尚不清楚），表示有 Mg^{2+} 存在。反应必须在碱性溶液中进行，如溶液中 NH_4^+ 浓度过大，会降低溶液中 OH^- 浓度，妨碍 Mg^{2+} 的检出。故在鉴定之前，需要加碱煮沸溶液，除去大量铵盐，如只有少量铵盐，对 Mg^{2+} 的鉴定无影响。

3. 某些盐类的生产和应用

1)碳酸钠(Na₂CO₃)

碳酸钠又称为纯碱、苏打,它是基本化工产品之一,除了用做化工原料外,还用于玻璃、造纸、肥皂、洗涤剂的生产及水处理等。

碳酸钠常用索尔维(Solvay)法来生产。该法是用饱和食盐水吸收氨气和二氧化碳制得溶解度较小的 NaHCO₃,再将 NaHCO₃ 煅烧即生成 Na₂CO₃,其反应为

$$NaCl+NH_3+CO_2+H_2O \xrightarrow{\text{冷}} NaHCO_3+NH_4Cl$$

$$2NaHCO_3 \xrightarrow{473\ K} Na_2CO_3+CO_2+H_2O$$

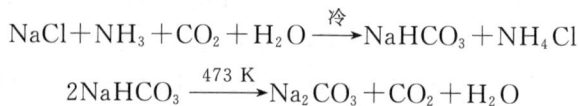

析出 NaHCO₃ 后,母液用消石灰来回收氨以循环使用:

$$2NH_4Cl+Ca(OH)_2 == 2NH_3+CaCl_2+2H_2O$$

所需的 CO₂ 和 CaO 由石灰石煅烧来制取:

$$CaCO_3 \xrightarrow{\text{煅烧}} CaO+CO_2$$

索尔维法具有技术成熟、原料来源丰富且价廉等优点,但食盐利用率低,氨损失大,CaCl₂ 废渣造成环境污染。我国杰出的工业化学家侯德榜对氨碱法作了重大改革,将制碱与合成氨创造性地连为一体,于 1943 年发明了"侯氏联合制碱法",又称氨碱法。该法先采用半煤气转化合成氨,同时有 CO₂ 放出;再采用合成氨系统提供的 NH₃ 和 CO₂ 来制碱,副产品 NH₄Cl 则作为化肥。此法使 NaCl 的利用率高达 96% 以上,降低了成本,实现了连续化生产,对世界制碱工业作出了重大贡献。目前我国生产纯碱的基地主要在天津、大连、青岛、湖北和四川自贡。

2)碳酸氢钠(NaHCO₃)

碳酸氢钠又称为小苏打、重碳酸钠或焙碱,常用于食品、医疗等工业。若制取纯度较高的碳酸氢钠,可在 Na₂CO₃ 溶液中通入 CO₂ 使其析出:

$$Na_2CO_3+CO_2+H_2O == 2NaHCO_3$$

3)氯化钠(NaCl)

氯化钠是日常生活和工业生产中不可缺少的物质,除供食用外,是制造几乎所有其他钠、氯化合物的常用原料。

我国有漫长的海岸线和丰富的内陆盐湖资源,四川自贡地区拥有含有大量食盐的地下卤水,江苏淮阴的大盐矿储量比自贡的大 10 倍,为我国人民生活和工业用盐提供了丰富的资源。

氯化钠的提取方法则根据盐的用途不同而异,可直接以盐水的形式用于化学工业,也可由盐水晒制而得,这样直接得到的食盐,含有硫酸钙、硫酸镁等杂质,称为粗盐。把粗盐溶于水,加入适量 BaCl₂(或 Ba(OH)₂)、Na₂CO₃ 和 NaOH,使其杂质沉淀析出,经过滤、蒸发、浓缩,即可得到精盐。

4)硫酸钙(CaSO₄)

二水硫酸钙(CaSO₄·2H₂O)称为石膏,又称为生石膏,为白色粉末,微溶于水。

半水硫酸钙(CaSO₄·1/2H₂O)又称为熟石膏,也为白色粉末,有吸潮性,熟石膏粉末与水混合,可逐渐硬化并膨胀,故可用来制造模型、塑像、粉笔和石膏绷带等。

工业上用氯化钙与硫酸铵反应,得到二水硫酸钙:

$$CaCl_2+(NH_4)_2SO_4+2H_2O == CaSO_4·2H_2O+2NH_4Cl$$

二水硫酸钙经煅烧、脱水,可得到半水硫酸钙。

知 识 拓 展

火药的启示与追赶:徐寿
与晚清科技觉醒之路

锂电池与绿色化学:从古迪纳夫
到可持续发展的能源革命

习　题

扫码做题

一、填空题

1. 周期表(主族元素)中具有对角线关系的元素是 _____。

2. 欲将 $PbSO_4$ 与 $BaSO_4$ 分离,常加入 _____ 或 _____ 溶液。

3. 填写下列有工业价值的矿物的化学成分:
   (1)萤石 _____ ;(2)生石膏 _____ ;
   (3)重晶石 _____ ;(4)天青石 _____ 。

4. 在 $CaSO_4$、$Ca(OH)_2$、CaC_2O_4、$CaCl_2$ 四种物质中,溶解度最小的估计是 _____。

5. 预测钫(Fr)元素的某些性质:单质熔点很 _____ ;其氯化物的晶格类型是 _____ ;在空气中加热所得到的氧化物属于 _____ ;电极电势很 _____ ;其氢氧化物的碱性很 _____。

6. ⅠA 族 _____ 和ⅡA 族 _____ 能直接和氮作用生成氮化物。

7. 由 $MgCl_2 \cdot 6H_2O$ 制备无水 $MgCl_2$ 的化学反应方程式是 _____。

8. 锌钡白是由 _____ 组成的。

9. 在碱金属的氢氧化物中,溶解度最小的是 _____。

二、简答题

1. 试述分离 $Be(OH)_2$ 和 $Mg(OH)_2$ 具体的方法。

2. 试述除去液氨中微量的水的方法。

3. 比较下列元素金属性(非金属性)的相对强弱:K、Ca、Mg、Al、P、O、S、F、As。

4. 离子键无饱和性和方向性,而离子晶体中每个离子有确定的配位数,两者有无矛盾?

5. 用离子极化理论解释 Na_2S 晶体易溶于水而 ZnS 晶体难溶于水。

6. 在ⅠA 族中,由锂到铯金属的解离能逐渐减小,但为什么锂的标准电极电势近似地与铯的标准电极电势相当? 为什么标准电极电势低的锂与水作用时不如钠与水作用强烈?

7. 将白色固体 A 加强热,得到白色的固体 B 和无色的气体,将气体通入 $Ca(OH)_2$ 饱和溶液中得到白色固体 C。如果将少量 B 加入水中,所得到 B 溶液能使红色石蕊试纸变蓝。B 的水溶液被盐酸中和后,经蒸发得白色固体 D。用 D 作焰色实验,火焰为绿色。如果 B 的水溶液与硫酸反应后,得到白色沉淀 E,E 不溶于盐酸。试确定 A、B、C、D 各是什么物质,并写出相应的反应方程式。

8. 解释 s 区元素氢氧化物的递变规律。

9. 写出 Na_2O_2 分别与 CO_2、SiO_2、Al_2O_3、SO_2、$Fe(CrO_2)_2$ 反应的方程式。

10. A、B、C、D、E 五种元素,A 是ⅠA 族第 5 周期元素,B 是第 3 周期元素,E 是第 1 周期元素,B、C、D、E 的价电子数分别为 2、2、7 和 1,五种元素的原子序数从小到大的顺序依次是 E、B、C、D、A。C 和 D 的次外层电子数均为 18,问:A、B、C、D、E 各是什么元素?

第 12 章 p 区元素

📚 内容提要

除稀有气体外,p 区共有 25 种元素,其中有 10 种金属元素和 15 种非金属元素,本章主要讨论这些元素单质及其重要化合物的性质、制备、用途。着重阐述各族元素单质、氢化物、含氧酸及其盐的氧化还原性,并用元素电势图来说明其变化的规律性。本章还着重讨论重要无机分子的空间结构和氧、硫、氮、磷、硼等原子在化合物中的成键特点。位于 p 区中间的由非金属—金属—金属组成的元素族,存在性质递变规律,形成的化合物具有共价化合物或离子化合物的特征,对此本章进行较为详细的阐述,并通过对硼及其重要化合物性质、结构的剖析来说明缺电子原子的成键特点。

📚 基本要求

※ 掌握 p 区元素单质及其化合物的氧化性及其变化规律。

※ 掌握元素电势图。学会用元素电势图说明单质及其化合物的氧化还原性(包括判断反应进行的方向和限度)。

※ 掌握氢化物、含氧酸及其盐的性质。掌握氢卤酸的酸性强弱。了解卤素含氧酸的强度及变化规律、氯的含氧酸及其盐的氧化性。

※ 掌握氧、臭氧、过氧化氢、硫及其重要化合物的结构和性质。

※ 掌握 HNO_2 及其盐的性质,HNO_3 及其盐的结构、性质,硝酸盐热分解的一般规律。了解磷酸盐的溶解性,次磷酸、亚磷酸、焦磷酸、偏磷酸结构式的书写、命名和主要性质。

※ 了解从氮到铋稳定氧化态的递变规律和惰性电子对效应。了解锗、锡、铅的氧化物,氢氧化物的酸碱性,掌握 $Sn(Ⅱ)$ 的还原性、水解性和 $Pb(Ⅳ)$ 的氧化性,$Pb(Ⅱ)$ 的溶解性,从而掌握高、低价化合物氧化还原性的变化规律。

※ 了解缺电子化合物的成键特点和桥键的形成。

※ 掌握非金属元素及其化合物重要性质的递变规律。

📚 建议学时

8 学时。

12.1 p 区元素性质简论

12.1.1 p 区元素通性

p 区元素包括周期表中的 ⅢA～ⅦA 和零族元素,该区元素沿 B—Si—As—Te—At 对角线分为两部分,对角线右上方为非金属元素(含对角线上的元素),对角线左下方为 10 种金属元素。除氢外,非金属元素集中在该区。

p 区元素具有以下特点。

(1) 与 s 区元素相似,p 区自上而下同族元素原子半径逐渐增大,元素的金属性逐渐增强而非金属性逐渐减弱。除ⅦA族外,都是由典型的非金属元素经准金属过渡到典型的金属元素。

（2）p 区元素（零族除外）原子的价层电子构型为 $ns^2np^{1\sim5}$，ns、np 电子均可成键，因此它们具有多种氧化数，这点不同于 s 区元素。并且随着价层 np 电子的增多，失电子趋势减弱，逐渐变为共用电子，甚至得到电子。所以 p 区非金属元素除有正氧化数外，还有负氧化数。ⅢA～ⅤA 族同族元素自上往下低氧化数化合物的稳定性增强，高氧化数化合物的稳定性减弱，这种现象称为惰性电子对效应。

（3）p 区金属的熔点一般较低，见表 12-1。

表 12-1　p 区金属的熔点

元　素	Al	Ga	In	Tl	Ge	Sn	Pb	Sb	Bi
熔点/℃	660.4	29.78	156.6	303.5	973.4	231.88	327.5	630.5	271.3

（4）p 区某些金属具有半导体的性质，是制造半导体的重要原料，如超纯锗、砷化镓、锑化镓等。

12.1.2　卤族元素概述

卤族元素又称为卤素，是周期表ⅦA 族元素氟（F）、氯（Cl）、溴（Br）、碘（I）、砹（At）的总称。卤素的希腊文原意为成盐元素。在自然界，氟主要以萤石（CaF_2）和冰晶石（Na_3AlF_6）等矿物存在，氯、溴、碘主要以钠、钾、钙、镁的无机盐形式存在于海水中，海藻是碘的重要来源，砹为放射性元素，微量且短暂地存在于铀和钍的蜕变产物中。有关卤素的基本性质列于表 12-2 中。

卤素原子的价层电子构型为 ns^2np^5，与稳定的 8 电子构型 ns^2np^6 比较，缺少一个电子；核电荷是同周期元素中最多的（稀有气体除外），原子半径是同周期元素中最小的，故它们最容易得电子。卤素和同周期元素相比较，其非金属性是最强的。在本族内由于自上而下电负性逐渐减小，因而从氟到碘非金属性依次减弱。

从表 12-2 可以看出，卤素原子的第一电离能都很大，这决定了卤素原子在化学变化中要失去电子成为正离子是很困难的。事实上，在卤素中只有电离能最小、半径最大的碘才有这种可能，碘可以形成碘盐 $I(CH_3COO)_3$、$I(ClO_4)_3$ 等。

表 12-2　卤素的基本性质

项目	元素			
	F	Cl	Br	I
原子序数	9	17	35	53
价层电子构型	$2s^22p^5$	$3s^23p^5$	$4s^24p^5$	$5s^25p^5$
主要氧化数	-1、0	-1、0、$+1$、$+3$、$+7$、$+5$	-1、0、$+1$、$+3$、$+7$、$+5$	-1、0、$+1$、$+3$、$+7$、$+5$
原子半径/pm	64	99	114	133
第一电离能 I_1/(kJ·mol^{-1})	1681	1251	1140	1008
电子亲和能 Y_1/(kJ·mol^{-1})	-327.9	-349	-324.7	-295.1
电负性	4.0	3.0	2.8	2.5

卤素在化合物中最常见的氧化数为 -1。因为氟的电负性最大，所以氟不可能表现出正氧化数。其他元素，如与电负性较大的元素化合，可以表现出正氧化数 $+1$、$+3$、$+5$ 和 $+7$，而且

相邻氧化数之间的差数均为 2。这是由于卤素原子的价层电子构型为 ns^2np^5，其中 6 个电子已成对，1 个电子未成对，所以当参加反应时，先是未成对的电子参与成键，以后每拆开一对电子就可多形成两个共价键。例如形成卤素的含氧酸及其盐或卤素互化物。卤素互化物是由两种卤素组成的二元化合物，它们的组成可用 XX'_n 表示($n=1,3,5,7$)。其中 X' 的电负性大于 X，两者的电负性相差越大，n 值也越大。由于它们均为卤素，电负性差值不会很大，所以它们之间形成共价化合物。

当有多种氧化数的元素与氟元素化合时，往往呈现最高氧化数，如 AsF_5、SF_6 和 IF_7 等。这是由于氟原子半径小，空间位阻不大，因此中心原子的周围可以容纳较多的氟原子，而对氯、溴、碘原子则较为困难。

12.1.3　氧族元素概述

周期表ⅥA族包括氧(O)、硫(S)、硒(Se)、碲(Te)、钋(Po)五种元素，这些元素统称为氧族元素。在自然界中氧和硫能以单质存在，由于很多金属在地壳中以氧化物和硫化物的形式存在，故这两种元素常称为成矿元素。硒和碲为稀散元素，常存在于重金属的硫化物矿中，在自然界中不存在单质，它们都是半导体材料。钋是放射性元素。它们的一些基本性质列于表12-3 中。

表 12-3　氧族元素的基本性质

项目	元　素				
	O	S	Se	Te	Po
原子序数	8	16	34	52	84
价层电子构型	$2s^22p^4$	$3s^23p^4$	$4s^24p^4$	$5s^25p^4$	$6s^26p^4$
主要氧化数	-1、-2、0	-2、0、$+4$、$+6$	-2、0、$+2$、$+4$、$+6$	-2、0、$+2$、$+4$、$+6$	
原子半径/pm	66	104	117	137	153
离子半径 $r(M^{2-})$/pm	140	184	198	221	
离子半径 $r(M^{6+})$/pm		29	42	56	67
第一电离能 I_1/(kJ·mol^{-1})	1314	1000	941	869	812
电子亲和能 Y_1/(kJ·mol^{-1})	-141	-200.4	-195	-190.2	-173.7
电负性	3.5	2.5	2.4	2.1	2.0

从表 12-3 可以看出，氧族元素从上往下原子半径和离子半径逐渐增大，电离能和电负性逐渐变小。因而随着原子序数的增加，元素的金属性逐渐增强，而非金属性逐渐减弱。氧和硫是典型的非金属元素，硒和碲是准金属元素，而钋是金属元素。

氧族元素的价层电子构型为 ns^2np^4，其原子有获得两个电子达到稀有气体的稳定电子层结构的趋势，表现出较强的非金属性。它们在化合物中的常见氧化数为 -2。氧在ⅥA族中的电负性最大(仅次于氟)，可以和大多数金属元素形成二元离子型化合物。硫、硒、碲与大多数金属元素化合时主要形成共价化合物。氧族元素与非金属元素或金属性较弱的元素化合时皆形成共价化合物。硫、硒、碲的原子外层存在可利用的 d 轨道，有可能形成氧化数为 $+2$、$+4$、$+6$ 的化合物。氧除了与氟化合时显正氧化数外，其氧化数一般表现为 -2，在过氧化物中为 -1。

12.1.4　氮族元素概述

　　周期表ⅤA族的氮(N)、磷(P)、砷(As)、锑(Sb)、铋(Bi)五种元素统称为氮族元素。自然界的氮绝大部分以单质状态存在于空气中。与氮相反,磷在自然界不存在单质,均以化合物形态存在,最重要的矿石是磷矿石,其主要成分为 $Ca_3(PO_4)_2$。砷、锑、铋是亲硫元素,自然界的砷、锑、铋主要以硫化物矿存在,如雄黄(As_4S_4)、雌黄(As_2S_3)、辉锑矿(SbS_3)、辉铋矿(Bi_2S_3)等。氮族元素的一些基本性质列于表 12-4 中。

表 12-4　氮族元素的基本性质

项目	元素				
	N	P	As	Sb	Bi
价层电子构型	ns^2np^3				
主要氧化数	-3、0、$+3$、$+5$　(N 还有$+1$、$+2$、$+4$)				
原子半径/pm	70	110	121	141	146
第一电离能 $I_1/(kJ \cdot mol^{-1})$	1402	1012	944	832	703
电子亲和能 $Y_1/(kJ \cdot mol^{-1})$	-58	74	77	101	100
电负性	3.04	2.19	2.18	2.05	2.02

　　从表 12-4 可以看出,氮族元素基本性质自氮到铋变化的规律性强,第一种元素氮和其他元素相比发生突变,这和ⅦA、ⅥA族元素性质变化规律相似,主要是原子半径或离子半径从氮到铋依次增大和从氮到磷突增的缘故。与ⅦA、ⅥA族元素不同,氮族的氮、磷是典型非金属元素,而铋是金属元素,中间两种元素砷和锑介于非金属元素和金属元素之间,属于准金属元素。氮族各元素从上到下呈现出从典型非金属经过准金属而到金属的一个完整过渡。

　　氮族元素价层电子构型为 ns^2np^3,有获得 3 个电子形成 M^{3-} 的趋势,但获得电子的能力比ⅥA族的元素差,实际上只有半径小、电负性大的氮和磷可以形成极少数氧化数为-3的具有离子键特征的固态化合物,如 Li_3N、Mg_3N_2、Na_3P、Ca_3P_2 等。随着半径增大,电负性减少,氮族其他元素不能形成同类化合物,ns^2np^3 的价电子结构似乎预示它们可以失去 5 个价电子形成 M^{5+} 或失去 3 个 p 电子形成 M^{3+},实际上不仅没有 M^{5+} 的离子化合物($SbCl_5$、As_2S_5、Sb_2S_5 均为非离子化合物),就是 M^{3+} 的离子化合物也只有在半径大的元素中才能形成,如 BiF_3、SbF_3(接近离子化合物)。As^{3+}、Sb^{3+}、Bi^{3+} 简单离子也只在强酸中存在。

　　形成共价化合物是氮族元素的特征。氮、磷主要形成氧化数为$+5$的化合物,砷、锑氧化数为$+5$和$+3$的化合物都是常见的。由于惰性电子对效应,价层的 ns^2 这一电子对稳定性增加,氧化数为$+5$的化合物显示强氧化性,因而金属铋氧化数为$+3$的化合物比氧化数为$+5$的化合物要稳定得多。氮族元素从氮到铋由高氧化数($+5$)稳定地过渡到低氧化数($+3$)的趋势和它们的半径、电子层结构及电子云的图像有密切的关系。

12.1.5　碳族元素概述

　　周期表ⅣA族包括碳(C)、硅(Si)、锗(Ge)、锡(Sn)、铅(Pb)五种元素,这些元素统称为碳族元素。它们在自然界的丰度差异较大。硅在地壳中的丰度为 26.3%,仅次于氧,居第二位。硅是矿物界的主要元素,它以大量的硅酸盐矿和石英矿存在于自然界。碳在地壳的丰度为 0.087%,含量不高,但它的化合物是地球上最多的,主要以碳酸盐矿、金刚石矿、石墨矿的形式存在,大气中的 CO_2、煤、石油、天然气等碳氢化合物以及动植物体中的脂肪、蛋白质、淀粉、纤维素等都是含碳的化合物。锗、锡、铅在地壳中含量(质量分数)分别为0.0007%、0.004%和0.0016%,主要矿石有硫银锗矿($4Ag_2S \cdot GeS_2$)、锗石矿($Cu_2S \cdot FeS \cdot GeS_2$)、锡石矿($SnO_2$)、方铅矿($PbS$)等。锗含量极少且分布很分散,而锡、铅虽然含量不多,但很容易从矿石中提炼,早在远古时期就被人们使用。锡、铅是国民经济中常用的金属之一,我国的锡石矿蕴藏量十分丰富,云南个旧锡矿举世闻名,称为锡都。碳族元素的基本性质列于表12-5中。

表 12-5　碳族元素的基本性质

项目	元素				
	C	Si	Ge	Sn	Pb
价层电子构型	ns^2np^2				
主要氧化数	0、+2、+4				
原子半径/pm	77	117	122	140	147
离子半径 $r(M^{2+})$/pm			73	93	120
第一电离能 I_1/(kJ·mol^{-1})	1086.4	786.5	762.2	708.6	715.5
电子亲和能 Y_1/(kJ·mol^{-1})	122.5	119.6	115.8	120.6	101.3
电负性	2.55	1.90	2.01	1.96	2.33

　　从表12-5可以看出,碳族元素和其他p区元素相似,其性质变化呈现出明显的规律性,第一种元素碳和其他元素相比性质变化较大,同样是由于碳族元素的原子半径或离子半径自上而下依次增大和从碳到硅突增。和ⅤA族相似,碳族元素也是从典型的非金属元素(碳、硅)通过准金属元素(锗)到典型的金属元素(锡、铅)的完整过渡族。另外和p区其他各族相比,碳族元素的第4周期元素锗的性质已表现出"反常",即其性质更接近第3周期的硅,而远离第5周期的锡。这主要是次外层$3d^{10}$电子的效应明显增加的缘故。

　　碳族元素价层电子构型为ns^2np^2,从电离能数据可以看出碳族元素要将4个电子全部失去成为+4价离子是十分困难的,事实上也不存在游离的+4价离子。是否能获得4个电子成为游离的-4价离子?由于它们的电负性不大,吸电子能力弱,-4价离子也是不存在的。只有半径较大的Ge、Sn、Pb才能失去2个p电子成为+2价离子,而且只有Pb^{2+}才有稳定的水合离子。形成共价化合物是本族元素的特征。碳、硅主要形成氧化数为+4的化合物。氧化数为+4、+2的锗、锡都常见,氧化数为+4的铅很不稳定,主要以氧化数为+2的化合物存在,有的已成为稳定离子化合物。碳族元素从碳到铅由高氧化数(+4)稳定过渡到低氧化数(+2)的趋势的原因和ⅤA族元素相似。

　　碳和硅虽然都是同族的非金属元素,但在形成化合物时,有着各自的特点。碳是第2周期元素,外层有效轨道是s、p,它可以sp^3、sp^2、sp的不同杂化类型形成数目不等的σ键,但配位数不能超过4。又因它的半径很小,除形成σ键外,还可以形成p-pπ多重键(双键、三键),这是碳的化合物种类繁多的原因之一。硅是第3周期元素,半径较大,一般不能形成多重键,但它的外层除s、p轨道外,还有有效d轨道可以参加成键,配位数可以达到6。

12.1.6　硼族元素概述

　　周期表ⅢA族包括硼(B)、铝(Al)、镓(Ga)、铟(In)、铊(Tl)五种元素,这些元素统称为硼族元素。除硼为非金属外,其余均为金属。由于镓、铟、铊性质的相似性,这三种元素常被称为镓分族。铝在地壳中的含量(质量分数)为7.73%,居第三位,主要以长石、云母、高岭土等硅铝酸盐形式存在,铝土矿($Al_2O_3 \cdot nH_2O$)、冰晶石(Na_3AlF_6)是炼铝的原料。硼在地壳中的含量(质量分数)不多(0.001%),但存在富集矿,如硼镁矿($Mg_2B_2O_5 \cdot H_2O$)和硼砂($Na_2B_4O_7 \cdot 10H_2O$)。我国西藏盛产硼砂。镓、铟、铊在地壳中的含量(质量分数)分别为0.0015%、0.00001% 和 0.00003%,没有单独富集矿,很分散,属于稀散元素。自 20 世纪 60 年代合成出一系列硼氧化合物开始,不仅研究了硼原子成键特点、硼单质和化合物的结构,而且研制出一系列有重要应用价值的硼化合物,用于医药、玻璃和陶瓷工业等,致使硼化学成为 20 年来无机化学领域内发展最快的学科。镓、铟、铊在半导体、原子能等方面都有重要用途。

硼族元素的基本性质列于表 12-6 中。可以看出,硼族元素性质变化也呈现出明显的规律性。和其他周期元素相比,从硼到铝元素性质变化较大。硼是本族唯一的非金属,从铝到铊均为活泼金属,由于镓是第 4 周期元素,d 电子云分布弥散,使有效核电荷增大,导致镓的原子共价半径缩小到和上周期的铝原子相同,电离能等性质也相近,而与第 5 周期的铟相差较大,出现了规律性中的差异性。第 6 周期的铊也表现出这种现象,因为铊元素原子的 f 电子云分布更加弥散,铊的有效核电荷更大,致使许多性质和第 5 周期的铟相差不大。这种同一族元素性质自上而下呈现规律性变化的同时,第 2、4、6 周期元素性质出现差异性的现象,称为元素性质的第 2 周期性或次级周期性,这种现象存在于 p 区各族中。

表 12-6　硼族元素的基本性质

项目	元素				
	B	Al	Ga	In	Tl
价层电子构型	ns^2np^1				
主要氧化数	+1、+3				
缺电子特征	硼可形成多中心缺电子键,铝可形成配位键				
原子半径/pm	88	125	125	150	155
离子半径 $r(M^{3+})$/pm	23	51	62	81	95
第一电离能 I_1/(kJ · mol^{-1})	800.6	577.6	578.8	558.3	589.3
$(I_1+I_2+I_3)$/(kJ · mol^{-1})	6887.4	5139.1	5520.8	5083.9	5438.3
电子亲和能 Y_1/(kJ · mol^{-1})	23	44	36	34	50
电负性	2.04	1.61	1.81	1.78	2.04

硼族元素原子的价层电子构型为 ns^2np^1,由于硼为第 2 周期元素,原子半径很小(88 pm),电负性大(2.04),失去 3 个电子的总电离能高(6887.4 kJ · mol^{-1}),所以无论是晶体还是水溶液中形成三价硼离子是十分困难的。硼不存在离子化合物。由于硼的非金属性不如 ⅣA 族的碳强,硼只能通过共用电子形成共价化合物。

从铝到铊各元素的原子半径、电离能虽然彼此相差不大,它们成键却和硼原子的差别很大,可以失去 1 个乃至 3 个电子形成离子键,不过,+3 价的化合物仍有一定程度的共价性。如 $AlCl_3$ 是共价化合物,在水溶液中存在 Al^{3+} 水合离子。+1价铊的化合物是稳定离子化合物。而由于 $6s^2$ 惰性电子对效应,+3 价铊的化合物不稳定,是强氧化剂。因此,硼族元素从硼到铊高氧化数(+3)稳定性逐渐减弱,而低氧化数(+1)稳定性逐渐增强,这一规律在硼族最为突出,这是因为 $6s^2$ 惰性电子对效应随族数的递增而影响越来越小。

硼原子的价电子层有 4 个轨道($2s$、$2p_x$、$2p_y$、$2p_z$),而只有 3 个价电子,其激发态的价层电子构型如下:

（图：2s 轨道 ↑↓，2p$_x$ 2p$_y$ 2p$_z$ 轨道 ↑ □ □　→　2s ↑、2p$_x$ ↑、2p$_y$ ↑、2p$_z$ □）

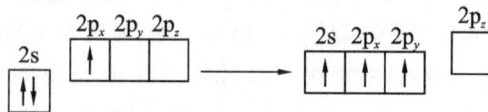

这种价电子层中价层轨道数超过价电子数的原子,在形成共价键时,称为缺电子原子。除硼原子外,常见的还有铝、铍等原子(见表 12-7)。中心原子价层轨道数超过成键电子对数的化合物称为缺电子化合物。硼族+3 价单分子化合物(如 BF_3、$AlCl_3$ 等)是典型的缺电子化合物。缺电子原子在形成共价键时,往往采用接受电子形成双聚分子或稳定化合物和形成多中心键(即较多中心原子靠较少电子结合起来的一种离域共价键)的方式来弥补成键电子的不足。

表 12-7　p 区元素缺电子特征的三种情况

元素种类	原子电子数情况	价电子数与价层轨道数的关系
B、Al、Be	缺电子原子	价电子数<价层轨道数
C、Si 、H	等电子原子	价电子数=价层轨道数
N、P、O、S 、X	多电子原子	价电子数>价层轨道数

注:按照元素原子的价电子数与价层轨道数相对多少分。

其中,缺电子特征表现在:①可形成多中心缺电子键,如 B_2H_6 中有 3c-2e 键(三中心-两电子键);②可形成配位键,如 Al_2Cl_6 中有配位键。

12.2　p 区元素单质的结构、性质和用途

12.2.1　卤素单质的结构、物理性质和用途

1. 卤素单质的结构和物理性质

卤素单质皆为双原子分子,固态时为分子(非极性)晶体,因此熔点、沸点都比较低。随着卤素原子半径的增大和核外电子数目的增多,卤素分子之间的色散力逐渐增大,因而卤素单质的熔点、沸点、汽化焓和密度等物理性质按 F—Cl—Br—I 顺序依次增大。卤素单质的一些物理性质见表 12-8。

表 12-8　卤素单质的物理性质

项目	卤素单质			
	F_2	Cl_2	Br_2	I_2
聚集状态	气	气	液	固
颜色	浅黄色	黄绿色	红棕色	紫黑色
熔点/℃	−219.6	−101	−7.2	113.5
沸点/℃	−188	−34.6	58.78	184.3
$\Delta_{vap}H_m^{\ominus}/(kJ \cdot mol^{-1})$	6.32	20.41	30.71	46.61
溶解度/$[g \cdot (100\ gH_2O)^{-1}]$	和水发生反应	0.732	3.58	0.029
密度/$(g \cdot cm^{-3})$	1.11(l)	1.57(l)	3.12(l)	4.93(s)

在常温下,氟、氯是气体,溴是易挥发的液体,碘是固体。氯在常温下加压便成为黄色液体,利用这一性质,可将氯液化装在钢瓶中储运。固态碘在熔化前已具有相当大的蒸气压,适

当加热即可升华,利用碘的这一性质,可将粗碘进行精制。

卤素单质均有颜色,随着相对分子质量的增大,卤素单质颜色依次加深。

卤素单质在水中的溶解度不大(氟与水激烈反应例外)。氯、溴、碘的水溶液分别称为氯水、溴水和碘水。卤素单质在有机溶剂中的溶解度比在水中的溶解度大得多。溴可溶于乙醇、乙醚、氯仿、四氯化碳、二硫化碳等溶剂,溴溶液的颜色随溴浓度的增大而从黄色逐渐变为棕红色。碘溶液的颜色随溶剂的不同而有所差异,一般来说,在介电常数较大的溶剂(如水、醇、醚和酯)中,碘呈棕色或红棕色;在介电常数较小的溶剂(如四氯化碳和二硫化碳)中,则呈本身蒸气的紫色。碘溶液颜色的不同是由于碘在极性溶剂中形成溶剂化物,而在非极性或弱极性溶剂中碘不发生溶剂化作用,溶解的碘以分子状态存在。

碘难溶于水,但易溶于碘化物溶液(如碘化钾)中,这主要是由于生成 I_3^-:

$$I_2 + I^- \rightleftharpoons I_3^-$$

此反应是因为 I^- 接近 I_2 分子时,使 I_2 分子极化产生诱导偶极,然后彼此以静电吸引形成 I_3^-。I_3^- 可以解离而生成 I_2,故多碘化物溶液的性质实际上和碘溶液相同。实验室常用此反应获得高浓度的碘水溶液。氯和溴也能形成 Cl_3^- 和 Br_3^-,不过这两种离子都很不稳定。

气态卤素单质均有刺激性气味,强烈刺激眼、鼻、气管等黏膜,吸入较多蒸气会严重中毒(其毒性从氟到碘依次减小),甚至会造成死亡,所以使用卤素单质时应特别小心。若不慎猛吸入一口氯气,将引起呼吸困难,甚至窒息,此时应立即到室外,也可吸入少量氨气解毒,严重时须及时抢救。液溴对皮肤能造成难以痊愈的灼伤,若溅到身上,应立即用大量水冲洗,再用5‰NaHCO_3 溶液淋洗后敷上油膏。

2. 卤素的用途

氟用于制备六氟化铀(UF_6),它是富集核燃料的重要化合物。含氟化合物的应用在 20 世纪有了显著发展,聚四氟乙烯是耐高温绝缘材料,氟化烃可作为血液的临时代用品,以挽救患者的生命。在原子能工业中氟化石墨(化学式为 $(CF)_n$)是一种性能优异的无机高聚物,与金属锂可制成高能量电池,氟化物玻璃(主要成分为 ZrF_4、BaF_2、NaF)可制作光电纤维。

氯是一种重要的工业原料,主要用于合成盐酸、聚氯乙烯、漂白粉、农药、有机溶剂、化学试剂等,氯也用于自来水消毒,但近年来逐渐改用臭氧或二氧化氯作消毒剂,因为发现氯能与水中所含的烃形成致癌的卤代烃。

溴用于染料、感光材料、药剂、农药、无机溴化物和溴酸盐的制备,也用于军事上制造催泪性毒剂。

碘和碘化钾的酒精溶液(碘酒)在医药上用做消毒剂,碘仿(CHI_3)用做防腐剂。碘化物是重要的化学试剂,也用于防治甲状腺肿,食用加碘盐中加入的是 KIO_3。碘化银用于制造照相底片和人工降雨。

12.2.2　氧气和臭氧

1. 氧气

氧的单质有两种同素异形体,即 O_2 和 O_3(臭氧)。在 30 亿年前空气中的氧气很少,它是随着绿色植物的诞生而逐渐增多的。

氧气是无色、无味的气体,在 $-183\ ℃$ 凝结为淡蓝色液体,常在 15 MPa 压力下把氧气装入钢瓶内储存。虽然氧气在水中的溶解度很小,但它是水中各种生物赖以生存的重要条件。

氧分子的解离能较大:

$$O_2 \longrightarrow 2O \qquad\qquad D^{\ominus}(O_2)=498.34 \text{ kJ} \cdot \text{mol}^{-1}$$

所以在常温下,氧气的反应性能较差,仅能使一些还原性强的物质(如 NO、$SnCl_2$、KI 等)氧化。而在加热条件下,除卤素、少数贵金属(如 Au、Pt 等)以及稀有气体外,氧气几乎能与所有的元素直接化合成相应的氧化物。

液态氧的化学活性相当高,与许多金属、非金属,特别是有机物接触时,易发生爆炸性反应。因此,储存、运输和使用液态氧时须格外小心。

氧是生命元素,在自然界是循环的。氧气有广泛的用途,富氧空气或纯氧用于医疗和高空飞行,大量的纯氧用于炼钢。氢氧焰和氧炔焰用来切割和焊接金属。液氧常用做制冷剂和火箭发动机的助燃剂。

2. 臭氧

1)臭氧层的作用

氧分子通过电子流、质子流或短波辐射的作用以及在原子氧的产生过程(如 H_2O_2 的分解)中都可能有臭氧生成,如高空中 O_2 受阳光中的紫外光照射会形成 O_3:

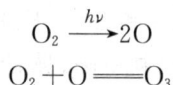

$$O_2 \xrightarrow{h\nu} 2O$$
$$O_2 + O \Longrightarrow O_3$$

雷雨季节,空气中的氧气经电火花的作用,可产生少量臭氧。

在离地面 20~40 km 的高空,尤其是在 20~25 km,存在较多的臭氧,形成了薄薄的臭氧层。它能吸收太阳光的紫外辐射,为保护地面上一切生物免受太阳的强烈辐射提供了一个防御屏障——臭氧层。

近年来,由于人类大量使用了矿物燃料(如汽油、柴油)和氯氟烃,大气中 NO、NO_2 等氮氧化物和氯氟化碳($CFCl_3$、CF_2Cl_2 等)含量过多,引起臭氧过多分解,使臭氧层遭到破坏,因此,应采取积极措施来保护臭氧层。

2)臭氧的分子结构

臭氧的分子结构如图 12-1(a)所示。组成臭氧分子的三个氧原子呈 V 形排列,三个氧原子均采取 sp^2 杂化,如图 12-1(b)所示。中心氧原子的一个 sp^2 杂化轨道为孤电子对所占,另外两个未成对电子则分别与两旁氧原子的 sp^2 杂化轨道上未成对电子形成两个(sp^2-sp^2)σ键;中心氧原子未参与杂化的 p 轨道上有一对电子,两旁的氧原子未参与杂化的 p 轨道上各有一个电子,这些未参与杂化的 p 轨道互相平行,彼此重叠形成了垂直于分子平面的三中心四电子大 Ⅱ 键,以 Π_3^4 表示。这种大 Ⅱ 键是不定域(或离域)、不固定在两个原子之间的 Ⅱ 键。臭氧分子中无未成对电子,故为反磁性物质。

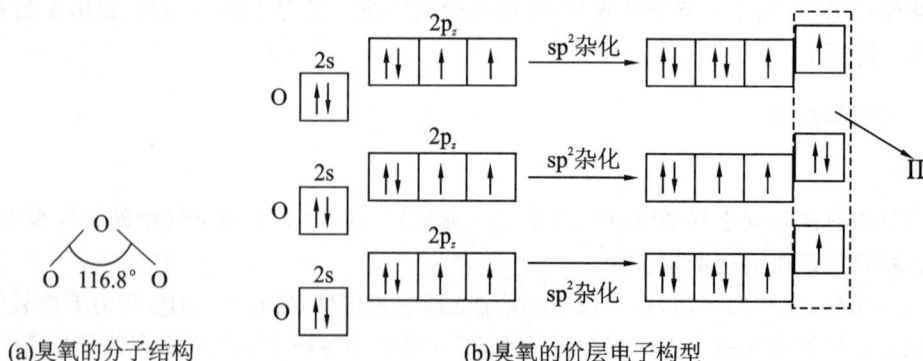

图 12-1　臭氧的分子结构及价层电子构型

3)臭氧的性质和用途

臭氧是蓝色气体,具有特殊的鱼腥臭味,故称为臭氧。臭氧在 $-112\ ℃$ 凝聚为深蓝色液体,在 $-192.7\ ℃$ 凝结为黑紫色固体。臭氧比氧气易溶于水,在常温下缓慢分解,$200\ ℃$ 以上分解较快。臭氧分解时放热:

$$2O_3 \Longrightarrow 3O_2 \qquad \Delta_r H_m^{\ominus} = -286\ kJ \cdot mol^{-1}$$

纯臭氧易爆炸。

12.2.3　碳、硅、锗、锡、铅的结构、物理性质及用途

碳的同素异形体主要有金刚石和石墨,它们都是由碳原子组成的,只是晶形不同,从而引起外形和性质的不同;锗是一种灰白色的脆性金属,晶体结构属金刚石型;锡有三种同素异形体——灰锡、白锡和脆锡,它们的晶形可以相互转化;铅为灰蓝色、质地很软的金属,其剖面有金属光泽,会很快与空气中的氧、水和二氧化碳发生作用而变成暗灰色(如表 12-9、表 12-10 所示)。

表 12-9　C、Si、Ge、Sn、Pb 的物理性质

性　　质	C		Si	Ge	Sn	Pb
	金刚石	石墨				
熔点/K	>3823	3925(升华)	1700	1210	505	601
沸点/K	5100	5100	2873	3103	2533	2013
硬度(莫氏硬度)	10	1	7	6.25	1.8	1.5
密度/(g · cm^{-3})	3.51	2.25		5.38	7.285(α-Sn)	11.35

表 12-10　C、Si、Ge、Sn、Pb 的结构及用途

单质	结　　构	用　　途
C	碳的同素异形体主要有金刚石和石墨;无定形碳如木炭、焦炭实际为石墨的微晶;富勒烯是 1985 年发现的碳的第三种晶体形态,如有 C$_{28}$、C$_{30}$、C$_{50}$、C$_{60}$、C$_{76}$、C$_{80}$、C$_{90}$、C$_{94}$……C$_{240}$、C$_{540}$ 等,其中 C$_{60}$ 这一碳原子簇比较稳定,它是由 60 个碳原子组成的,具有 32 面体的空心球结构	金刚石的折光率大且对光的色散作用特别强,是很高贵的装饰品。金刚石极硬(1000 kg · mm^{-2}),熔点极高(尚不知确切值),工业上用来制钻头,常用来切割金属、玻璃和矿石;石墨用来制造电极、坩埚、原子反应堆中的中子减速剂、颜料和铅笔芯。 活性炭广泛用于制糖工业的脱色
Si	硅有晶体和无定形两种,晶体硅的结构与金刚石的结构相似,为原子晶体	高纯硅单晶体是最重要的半导体材料
Ge	锗晶体结构属金刚石型	晶态锗也是重要的半导体材料
Sn	锡有三种同素异形体:灰锡、白锡、脆锡。白锡为银白带蓝色金属,有延展性,$286\sim434\ K$ 能稳定存在。若低于 $286\ K$,白锡缓慢转为粉末状的灰锡	锡制品若长期处在低温(280 K 以下),会自行毁坏。由于一旦开始毁坏,则迅速蔓延,这种现象被称为"锡疫"
Pb	铅为灰蓝色、质地很软的金属,剖面有金属光泽,可与空气中的氧、水和二氧化碳发生作用而变成暗灰色	铅主要用于制电缆、铅蓄电池、耐酸设备及 X 射线的防护材料

12.3 p 区元素单质及化合物的氧化还原性

p 区元素由于外层电子较多,在单质和化合物中常表现出丰富的氧化还原性。本节将从一些常见元素电势图,讨论其性质。

12.3.1 典型元素电势图

(1)卤素电势图如图 12-2 所示。

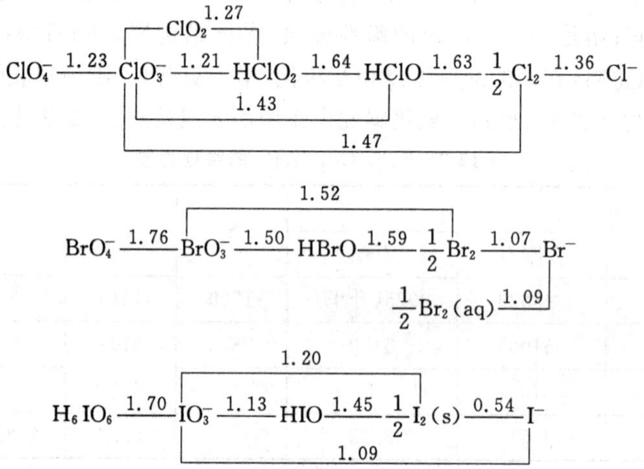

(a)卤素电势图($E_A^{\ominus}/V$)

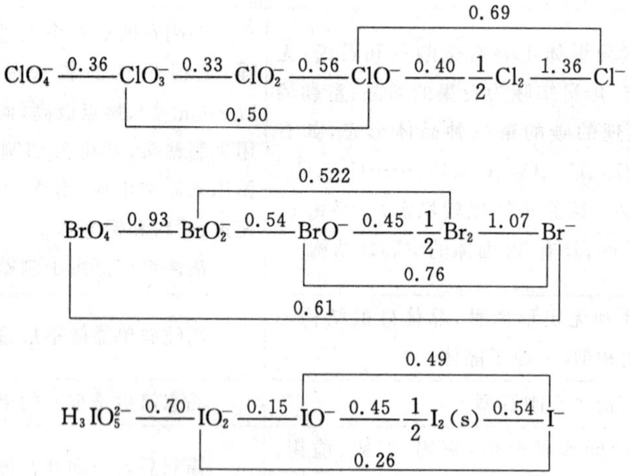

(b)卤素电势图($E_B^{\ominus}/V$)

图 12-2 卤素电势图

（2）氧族元素电势图如图 12-3 所示。

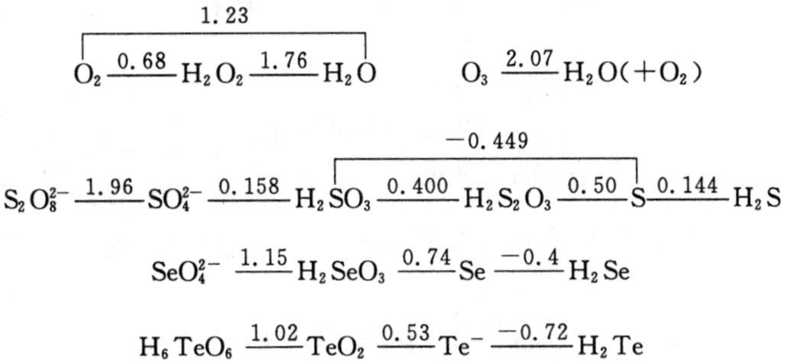

$$O_2 \xrightarrow{0.68} H_2O_2 \xrightarrow{1.76} H_2O \quad (1.23)$$

$$O_3 \xrightarrow{2.07} H_2O(+O_2)$$

$$S_2O_8^{2-} \xrightarrow{1.96} SO_4^{2-} \xrightarrow{0.158} H_2SO_3 \xrightarrow{0.400} H_2S_2O_3 \xrightarrow{0.50} S \xrightarrow{0.144} H_2S \quad (-0.449)$$

$$SeO_4^{2-} \xrightarrow{1.15} H_2SeO_3 \xrightarrow{0.74} Se \xrightarrow{-0.4} H_2Se$$

$$H_6TeO_6 \xrightarrow{1.02} TeO_2 \xrightarrow{0.53} Te^- \xrightarrow{-0.72} H_2Te$$

(a)氧族元素电势图（$E_A^{\ominus}/V$）

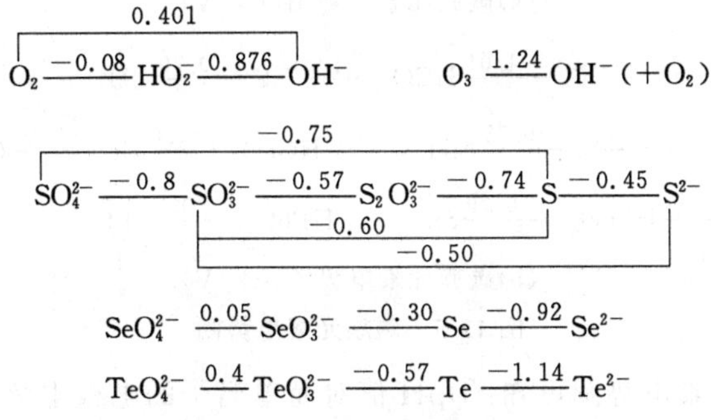

$$O_2 \xrightarrow{-0.08} HO_2^- \xrightarrow{0.876} OH^- \quad (0.401)$$

$$O_3 \xrightarrow{1.24} OH^-(+O_2)$$

$$SO_4^{2-} \xrightarrow{-0.8} SO_3^{2-} \xrightarrow{-0.57} S_2O_3^{2-} \xrightarrow{-0.74} S \xrightarrow{-0.45} S^{2-}$$
(−0.75, −0.60, −0.50)

$$SeO_4^{2-} \xrightarrow{0.05} SeO_3^{2-} \xrightarrow{-0.30} Se \xrightarrow{-0.92} Se^{2-}$$

$$TeO_4^{2-} \xrightarrow{0.4} TeO_3^{2-} \xrightarrow{-0.57} Te \xrightarrow{-1.14} Te^{2-}$$

(b)氧族元素电势图（$E_B^{\ominus}/V$）

图 12-3 氧族元素电势图

（3）氮族元素电势图如图 12-4 所示。

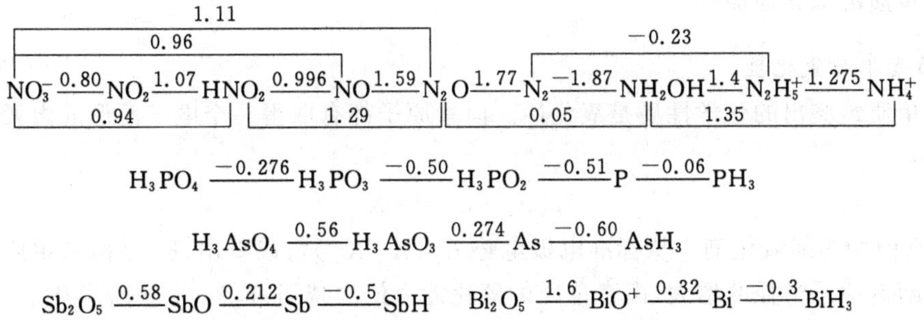

$$NO_3^- \xrightarrow{0.80} NO_2 \xrightarrow{1.07} HNO_2 \xrightarrow{0.996} NO \xrightarrow{1.59} N_2O \xrightarrow{1.77} N_2 \xrightarrow{-1.87} NH_2OH \xrightarrow{1.4} N_2H_5^+ \xrightarrow{1.275} NH_4^+$$
(1.11, 0.96, 0.94, 1.29, −0.23, 0.05, 1.35)

$$H_3PO_4 \xrightarrow{-0.276} H_3PO_3 \xrightarrow{-0.50} H_3PO_2 \xrightarrow{-0.51} P \xrightarrow{-0.06} PH_3$$

$$H_3AsO_4 \xrightarrow{0.56} H_3AsO_3 \xrightarrow{0.274} As \xrightarrow{-0.60} AsH_3$$

$$Sb_2O_5 \xrightarrow{0.58} SbO \xrightarrow{0.212} Sb \xrightarrow{-0.5} SbH \quad Bi_2O_5 \xrightarrow{1.6} BiO^+ \xrightarrow{0.32} Bi \xrightarrow{-0.3} BiH_3$$

(a)氮族元素电势图（$E_A^{\ominus}/V$）

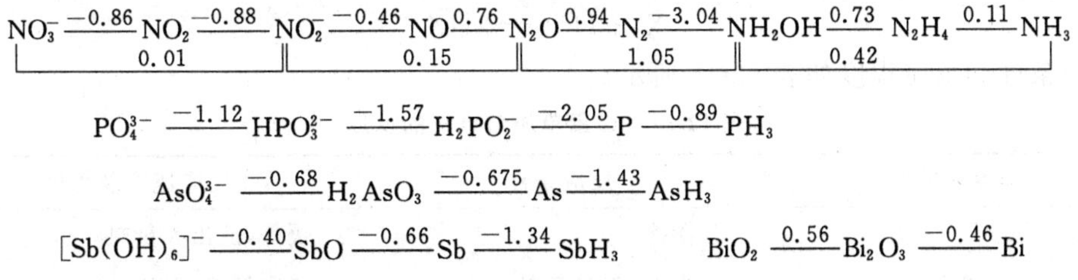

$$NO_3^- \xrightarrow{-0.86} NO_2 \xrightarrow{-0.88} NO_2^- \xrightarrow{-0.46} NO \xrightarrow{0.76} N_2O \xrightarrow{0.94} N_2 \xrightarrow{-3.04} NH_2OH \xrightarrow{0.73} N_2H_4 \xrightarrow{0.11} NH_3$$
(0.01, 0.15, 1.05, 0.42)

$$PO_4^{3-} \xrightarrow{-1.12} HPO_3^{2-} \xrightarrow{-1.57} H_2PO_2^- \xrightarrow{-2.05} P \xrightarrow{-0.89} PH_3$$

$$AsO_4^{3-} \xrightarrow{-0.68} H_2AsO_3 \xrightarrow{-0.675} As \xrightarrow{-1.43} AsH_3$$

$$[Sb(OH)_6]^- \xrightarrow{-0.40} SbO \xrightarrow{-0.66} Sb \xrightarrow{-1.34} SbH_3 \quad BiO_2 \xrightarrow{0.56} Bi_2O_3 \xrightarrow{-0.46} Bi$$

(b)氮族元素电势图（$E_B^{\ominus}/V$）

图 12-4 氮族元素电势图

(4)碳族元素电势图如图 12-5 所示。

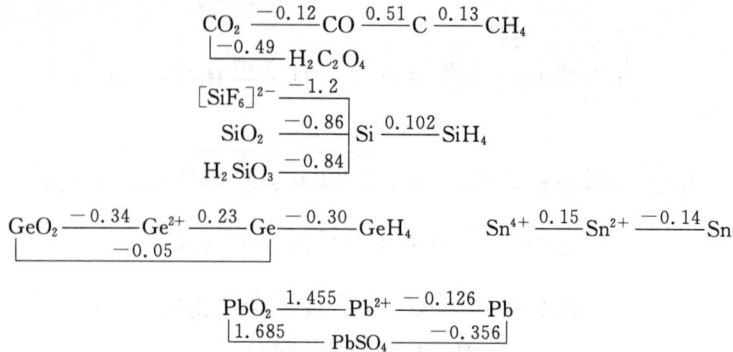

$$CO_2 \xrightarrow{-0.12} CO \xrightarrow{0.51} C \xrightarrow{0.13} CH_4$$
$$\overline{\quad -0.49 \quad} H_2C_2O_4$$

$$[SiF_6]^{2-} \xrightarrow{-1.2}$$
$$SiO_2 \xrightarrow{-0.86} Si \xrightarrow{0.102} SiH_4$$
$$H_2SiO_3 \xrightarrow{-0.84}$$

$$GeO_2 \xrightarrow{-0.34} Ge^{2+} \xrightarrow{0.23} Ge \xrightarrow{-0.30} GeH_4 \qquad Sn^{4+} \xrightarrow{0.15} Sn^{2+} \xrightarrow{-0.14} Sn$$
$$\overline{\quad -0.05 \quad}$$

$$PbO_2 \xrightarrow{1.455} Pb^{2+} \xrightarrow{-0.126} Pb$$
$$\overline{\quad 1.685 \quad} PbSO_4 \xrightarrow{-0.356}$$

(a)碳族元素电势图($E_A^{\ominus}/V$)

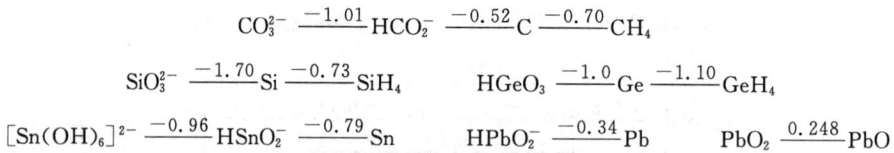

$$CO_3^{2-} \xrightarrow{-1.01} HCO_2^- \xrightarrow{-0.52} C \xrightarrow{-0.70} CH_4$$

$$SiO_3^{2-} \xrightarrow{-1.70} Si \xrightarrow{-0.73} SiH_4 \qquad HGeO_3 \xrightarrow{-1.0} Ge \xrightarrow{-1.10} GeH_4$$

$$[Sn(OH)_6]^{2-} \xrightarrow{-0.96} HSnO_2^- \xrightarrow{-0.79} Sn \qquad HPbO_2^- \xrightarrow{-0.34} Pb \qquad PbO_2 \xrightarrow{0.248} PbO$$

(b)碳族元素电势图($E_B^{\ominus}/V$)

图 12-5　碳族元素电势图

从以上各族常见元素电势图可知:①pH 值对简单离子的电极电势无影响,而对含氧酸根的影响较大,pH 值越小,含氧酸根的氧化性越强,则电极电势越正;②在同一周期内,各元素最高氧化态含氧酸的氧化性从左到右依次增强;③对同一元素不同氧化态的含氧酸,其高氧化态的含氧酸有较强的氧化性。

12.3.2　单质的氧化还原性

1. 卤素单质氧化性

卤素单质最突出的化学性质是氧化性。卤素原子都有取得一个电子而形成卤素负离子的强烈趋势:

$$1/2X_2 + e^- = X^-$$

除 I_2 外,它们均为强氧化剂。从标准电极电势 $E^{\ominus}(X_2/X^-)$ 可以看出,F_2 是卤素单质中最强的氧化剂。随着原子半径的增大,卤素单质的氧化能力依次减弱:$F_2 > Cl_2 > Br_2 > I_2$。

1)卤素单质与其他单质的反应

卤素单质都能与氢气反应:

$$X_2 + H_2 = 2HX$$

反应条件和反应程度如表 12-11 所示。

表 12-11　卤素单质与氢气的反应

卤素单质	反应条件	反应速率及程度
F_2	阴冷	爆炸,放出大量热
Cl_2	常温、强光照射	反应缓慢,爆炸
Br_2	常温	速率比氯小,需要催化剂
I_2	高温	反应缓慢,是可逆反应

氟能氧化所有金属以及除氮、氧以外的非金属单质(包括某些稀有气体),反应非常激烈,常伴随着燃烧和爆炸。氟与铜、镍和镁作用时,由于生成金属氟化物保护膜,可阻止进一步被氧化,因此氟可以储存在铜、镍、镁或它们的合金制成的容器中。氯也能发生类似的反应,但反应比氟平稳得多。氯在干燥的情况下不与铁作用,因此可将氯储存于铁罐中。溴和碘在常温下可以和活泼金属直接作用,与其他金属的反应需在加热情况下进行。

2)卤素单质与水的反应

卤素单质与水可发生两类反应。第一类是卤素单质对水的氧化作用:

$$2X_2+2H_2O \Longrightarrow 4HX+O_2$$

第二类是卤素单质的水解作用,即卤素单质的歧化反应:

$$X_2+H_2O \Longrightarrow H^++X^-+HXO$$

F_2 氧化性强,只能与水发生第一类反应,且反应激烈:

$$2F_2+2H_2O \Longrightarrow 4HF+O_2$$

Cl_2 在日光下缓慢地置换水中的氧。Br_2 与水非常缓慢地反应而放出氧气,但当溴化氢浓度高时,HBr 会与氧作用而析出 Br_2。碘不能置换水中的氧,相反,氧可作用于 HI 溶液使 I_2 析出:

$$4I^-+4H^++O_2 \Longrightarrow 2I_2+2H_2O$$

Cl_2、Br_2、I_2 与水主要发生第二类反应,此类歧化反应是可逆的,25 ℃时反应的平衡常数分别为 4.2×10^{-4}、7.2×10^{-9}、2.0×10^{-13}。可见,从 Cl_2 到 I_2 反应进行程度越来越小。从其水解反应式可知,加酸能抑制卤素的水解;加碱则促进水解,生成卤化物和次卤酸盐。

2. O_3 的氧化性

O_3 的氧化性比 O_2 强,能氧化许多不活泼单质(如 Hg、Ag、S 等),也可使碘化钾溶液中的碘析出,此反应常作为 O_3 的鉴定反应:

$$O_3+2I^-+2H^+ \Longrightarrow I_2+O_2+H_2O$$

利用 O_3 的强氧化性和它不容易导致二次污染这一优点,在实际中用它来净化空气和废水。臭氧还可用做棉、麻、纸张的漂白剂和皮毛的脱臭剂。空气中微量的臭氧不仅能杀菌,还能刺激中枢神经、加速血液循环。但地表空气中臭氧含量超过 $1\ \mu g\cdot g^{-1}$时,有损人体健康和植物生长。

3. 碳、硅、锗、锡、铅的还原性

1)碳的还原性

碳在常温很稳定,除氟外,许多试剂不和它作用。碳的活性随温度的升高而迅速增强,在高温时,它非常活泼。单质碳都能在充足的空气中燃烧成 CO_2:

$$C+O_2 \Longrightarrow CO_2$$

空气不足时,则生成 CO:

$$2C+O_2 \Longrightarrow 2CO$$

碳在高温时还可以和氢、硫、硅、硼等化合,如:

$$C+2S \xrightarrow{1970\ K} CS_2$$

碳和钙、铁、铝或它们的氧化物共同加热时生成碳化物,如:

$$CaO+3C \Longrightarrow CaC_2+CO$$

碳是工业上常用的还原剂,可以冶炼金属和制造水煤气:

$$3C + Fe_2O_3 =\!\!=\!\!= 2Fe + 3CO$$

$$C + ZnO =\!\!=\!\!= Zn + CO$$

$$C(红热) + H_2O(g) =\!\!=\!\!= H_2 + CO$$

单质碳不和一般酸、碱反应,但有氧化性的浓酸可以使它氧化,如:

$$C + 4HNO_3 =\!\!=\!\!= CO_2 + 4NO_2 + 2H_2O$$

$$C + 2H_2SO_4 =\!\!=\!\!= CO_2 + 2SO_2 + 2H_2O$$

2) 硅的还原性

在通常条件下,单质硅很不活泼,只能和单质氟反应,但在高温下能和氯气、氧气、氮气以及碳发生作用。

单质硅和任何单酸都不反应,但可溶于 HF-HNO$_3$ 混酸中:

$$18HF + 4HNO_3 + 3Si =\!\!=\!\!= 3H_2SiF_6 + 4NO + 8H_2O$$

单质硅溶于强碱放出氢气:

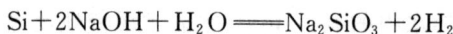

$$Si + 2NaOH + H_2O =\!\!=\!\!= Na_2SiO_3 + 2H_2$$

单质硅在这里不是发生歧化反应而是放出氢气。这个方法所得的氢气纯度很高,是当前制纯氢的方法之一,而且效果较好。

3) 锗、锡、铅的还原性

从标准电极电势可知,锗、锡、铅都属于中等活泼金属。

在通常情况下,锗、锡既不与氧也不与水作用;铅可与空气反应生成氧化铅或碱式碳酸铅,在空气存在下,可与水缓慢作用:

$$2Pb + O_2 + 2H_2O =\!\!=\!\!= 2Pb(OH)_2$$

但在高温下,三种金属都可与氧反应。

在加热时三者都可以和硫、氯作用,如:

$$Ge + 2Cl_2 =\!\!=\!\!= GeCl_4$$

$$Sn + 2Cl_2 =\!\!=\!\!= SnCl_4$$

$$Pb + Cl_2 =\!\!=\!\!= PbCl_2$$

锗、锡、铅和碱反应如下(铅反应极慢):

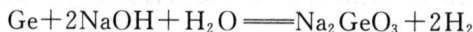

$$Ge + 2NaOH + H_2O =\!\!=\!\!= Na_2GeO_3 + 2H_2$$

$$Sn + NaOH + H_2O =\!\!=\!\!= NaHSnO_2 + H_2$$

锗、锡、铅也可与酸反应。其中,锗的金属性最弱,它只能和浓的氧化性酸反应。

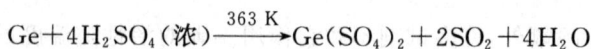

$$Ge + 4H_2SO_4(浓) \xrightarrow{363\ K} Ge(SO_4)_2 + 2SO_2 + 4H_2O$$

$$Ge + 4HNO_3(浓) =\!\!=\!\!= GeO_2 \cdot H_2O + 4NO_2 + H_2O$$

锡在稀盐酸中难溶,但可迅速溶于热浓盐酸中:

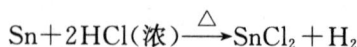

$$Sn + 2HCl(浓) \xrightarrow{\triangle} SnCl_2 + H_2$$

锡和冷稀硝酸作用生成 Sn(NO$_3$)$_2$,但浓硝酸可将它转为不溶于水的 H$_2$SnO$_3$:

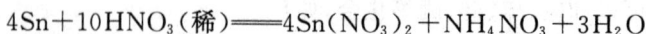

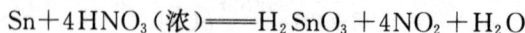

$$4Sn + 10HNO_3(稀) =\!\!=\!\!= 4Sn(NO_3)_2 + NH_4NO_3 + 3H_2O$$

$$Sn + 4HNO_3(浓) =\!\!=\!\!= H_2SnO_3 + 4NO_2 + H_2O$$

后者说明锡具有一定的非金属性。铅的金属性最强,与酸反应均生成二价的铅盐,它和浓硝酸反应如下:

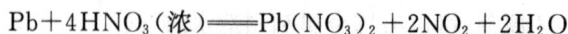

$$Pb + 4HNO_3(浓) =\!\!=\!\!= Pb(NO_3)_2 + 2NO_2 + 2H_2O$$

另外,铅在有氧存在的条件下,可溶于乙酸,生成易溶的乙酸铅:

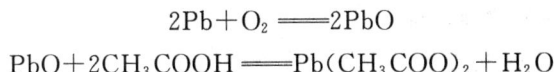

$$2Pb + O_2 \longrightarrow 2PbO$$

$$PbO + 2CH_3COOH \longrightarrow Pb(CH_3COO)_2 + H_2O$$

12.3.3　化合物的氧化还原性

1. 重要的卤素化合物

1)卤化氢

(1)卤化氢和氢卤酸性质概述。

卤化氢均为具有强烈刺激性气味的无色气体。在空气中易与水蒸气结合而形成白色酸雾。卤化氢是极性分子,极易溶于水,其水溶液称为氢卤酸。液态卤化氢不导电,这表明它们是共价型化合物而非离子型化合物。卤化氢的一些重要性质列于表 12-12 中。

表 12-12　卤化氢的一些性质

项目	HF	HCl	HBr	HI
熔点/ ℃	-83.1	-114.8	-88.5	-50.8
沸点/ ℃	19.54	-84.9	-67	-35.38
$\Delta_f H_m^\ominus /(kJ \cdot mol^{-1})$	-271.1	-92.307	-36.4	26.48
键能/$(kJ \cdot mol^{-1})$	568.6	431.8	365.7	298.7
$\Delta_{vap} H_m^\ominus /(kJ \cdot mol^{-1})$	30.31	16.12	17.62	19.77
分子偶极矩/$(10^{-30}\ cm)$	6.40	3.61	2.65	1.27
表观解离度(0.1 mol·L^{-1},18 ℃)/(%)	10	93	93.5	95
溶解度/$[g \cdot (100\ g(H_2O))]^{-1}$	35.3	42	49	57

从表 12-12 中数据可以看出,卤化氢的性质依 HCl—HB—HI 的顺序有规律地变化。只有 HF 在许多性质上表现出例外,如它的熔点、沸点和标准摩尔汽化焓偏高。HF 这些独特性质与其分子间存在氢键、形成缔合分子有关。从化学性质来看,卤化氢和氢卤酸也表现出规律性的变化,同样 HF 也表现出一些特殊性。

氢卤酸中以氢氟酸和盐酸有较大的实用意义。常用的浓盐酸,HCl 的质量分数为 37%,密度为 1.19 g·cm^{-3},浓度为 12 mol·L^{-1}。盐酸是一种重要的工业原料和化学试剂,用于制造各种氯化物。在皮革工业、焊接、电镀、搪瓷和医药部门也有广泛应用。此外,也用于食品工业(合成酱油、味精等)。氢氟酸(或 HF 气体)能和 SiO$_2$ 反应生成气态 SiF$_4$:

$$SiO_2 + 4HF \longrightarrow SiF_4 + 2H_2O$$

利用这一反应,氢氟酸被广泛用于分析化学中,用以测定矿物或钢样中 SiO$_2$ 的含量,还用在玻璃器皿上刻蚀标记和花纹,毛玻璃和灯泡的"磨砂"就是用氢氟酸腐蚀的。通常氢氟酸储存在塑料容器里。氟化氢有"氟源"之称,利用它制取单质氟和许多氟化物。氟化氢对皮肤会造成令人痛苦的难以治疗的灼伤(对指甲也有强烈的腐蚀作用),使用时要注意安全。

(2)卤化氢和氢卤酸的还原性。

HX 还原能力的递变顺序为 HI>HBr>HCl>HF,事实上 HF 不能被一般氧化剂所氧化;HCl 较难被氧化,与一些强氧化剂(如 F$_2$、MnO$_2$、KMnO$_4$、PbO$_2$ 等)反应才显还原性;Br$^-$ 和 I$^-$ 的还原性较强,空气中的氧就可以使它们氧化为单质。溴化氢溶液在日光、空气作用下可变为棕色;碘化氢溶液即使在阴暗处,也会逐渐变为棕色。

(3)卤化氢和氢卤酸的热稳定性。

卤化氢的热稳定性是指其受热是否易分解为单质:

$$2HX \Longrightarrow H_2 + X_2$$

卤化氢的热稳定性大小可由标准摩尔生成焓来衡量。从表12-12数据看出,随卤化氢分子标准摩尔生成焓代数值的依次增大,它们的热稳定性按从HF到HI的顺序急剧下降。HI(g)加热到200 ℃左右就明显地开始分解,而HF(g)能在1000 ℃稳定地存在。另一方面,也可从键能来判断同一系列化合物的热稳定性,通常键能大的化合物比键能小的化合物更稳定。

2)卤素的含氧酸及其盐

(1)卤素的含氧酸及其盐概述。

除氟外,卤素均可形成正氧化数的含氧酸及其盐,表12-13列出了卤素的含氧酸。

表 12-13　卤素的含氧酸

氧化数	名　　称	氯的含氧酸	溴的含氧酸	碘的含氧酸
+1	次卤酸	$HClO$	$HBrO$	HIO
+3	亚卤酸	$HClO_2$	$HBrO_2$	—
+5	卤酸	$HClO_3$	$HBrO_3$	HIO_3
+7	高卤酸	$HClO_4$	$HBrO_4$	HIO_4、H_5IO_6

卤素的含氧酸不稳定,大多只能存在于水溶液中,至今尚未得到游离的纯酸,如各种次卤酸,亚卤酸,卤酸中的氯酸、溴酸,高卤酸中的高溴酸等。

①在$E_A^\ominus$图中,几乎所有电对的电极电势都有较大的正值,表明在酸性介质中,卤素单质及各种含氧酸均有较强的氧化性,它们作为氧化剂时的还原产物一般为X^-。

②在$E_B^\ominus$图中,除X_2/X^-电对的电极电势与$E_A^\ominus$值相同外,其余电对的电极电势虽为正值,但均相应变小,表明在碱性介质中,卤素各种含氧酸盐的氧化性已大为降低(NaClO除外),说明含氧酸的氧化性强于其盐。

③许多中间氧化数物质由于$E^\ominus$(右)$>E^\ominus$(左),因而存在发生歧化反应的可能性。

(2)次氯酸及其盐。

氯气和水作用生成次氯酸和盐酸:

$$Cl_2 + H_2O \Longrightarrow HClO + HCl$$

此反应为可逆反应,所得的次氯酸浓度很小,如往氯水中加入能和HCl作用的物质(如HgO、Ag_2O、$CaCO_3$等),则可使反应继续向右进行,从而得到浓度较大的次氯酸溶液。例如:

$$2Cl_2 + 2HgO + H_2O \Longrightarrow HgO \cdot HgCl_2 + 2HClO$$

次氯酸是很弱的酸($K_a^\ominus = 4.0 \times 10^{-8}$),比碳酸还弱,且很不稳定,只存在于稀溶液中,其分解有以下三种方式:

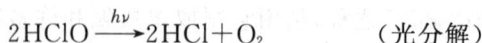

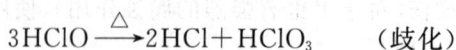

$$2HClO \xrightarrow{h\nu} 2HCl + O_2 \quad (光分解)$$
$$3HClO \xrightarrow{\triangle} 2HCl + HClO_3 \quad (歧化)$$
$$2HClO \xrightarrow{\triangle} Cl_2O + H_2O \quad (脱水)$$

把氯气通入冷碱溶液,可生成次氯酸盐,反应式如下:

$$Cl_2 + 2NaOH \Longrightarrow NaClO + NaCl + H_2O$$

$$2Cl_2 + 3Ca(OH)_2 \xrightarrow{313\ K\ 以下} Ca(ClO)_2 + CaCl_2 \cdot Ca(OH)_2 \cdot H_2O + H_2O$$

漂白粉是次氯酸钙 $Ca(ClO)_2$ 和碱式氯化钙 $CaCl_2 \cdot Ca(OH)_2 \cdot H_2O$ 的混合物,有效成分是其中的次氯酸钙 $Ca(ClO)_2$。次氯酸盐(或漂白粉)的漂白作用主要是基于次氯酸的氧化性。漂白粉中的 $Ca(ClO)_2$ 可以说只是潜在的强氧化剂,使用时必须加酸,使之转变成 $HClO$ 后才有强氧化性,发挥其漂白、消毒作用。如棉织物的漂白是先将其浸入漂白粉液,然后用稀酸溶液处理。二氧化碳可从漂白粉中将弱酸 $HClO$ 置换出来:

$$Ca(ClO)_2 + CaCl_2 \cdot Ca(OH)_2 \cdot H_2O + 2CO_2 = 2CaCO_3 + CaCl_2 + 2HClO + H_2O$$

所以浸泡过漂白粉的织物,在空气中晾晒也能产生漂白作用。漂白粉对呼吸系统有损害,与易燃物混合易引起燃烧、爆炸。

(3)氯酸及其盐。

用氯酸钡与稀硫酸反应可制得氯酸:

$$Ba(ClO_3)_2 + H_2SO_4 = BaSO_4 + 2HClO_3$$

氯酸仅存在于溶液中,若将其含量提高到 40% 即分解,含量再高就会迅速分解并发生爆炸:

$$3HClO_3 = 2O_2 + Cl_2 + HClO_4 + H_2O$$

氯酸是强酸,其强度接近盐酸,氯酸又是强氧化剂,如它能将碘氧化为碘酸:

$$2HClO_3 + I_2 = 2HIO_3 + Cl_2$$

氯酸钾是最重要的氯酸盐,它是无色透明晶体,在催化剂存在时,200 ℃下 $KClO_3$ 即可分解为氯化钾和氧气:

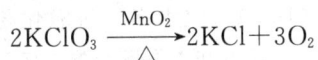

$$2KClO_3 \xrightarrow[\triangle]{MnO_2} 2KCl + 3O_2$$

如果没有催化剂,400 ℃左右时,氯酸钾主要分解成高氯酸钾和氯化钾:

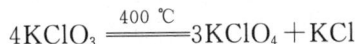

$$4KClO_3 \xrightarrow{400\ ℃} 3KClO_4 + KCl$$

固体 $KClO_3$ 是强氧化剂,与易燃物质(如硫、磷、碳)混合后,经摩擦或撞击就会爆炸,因此可用来制造炸药、火柴及烟火等。氯酸盐通常在酸性溶液中显氧化性。如 $KClO_3$ 在中性溶液中不能氧化 KI,但酸化后,即可将 I^- 氧化为 I_2:

$$ClO_3^- + 6I^- + 6H^+ = 3I_2 + Cl^- + 3H_2O$$

氯酸钾有毒,内服 2~3 g 可以致命。工业上制备氯酸钾采用无隔膜槽电解饱和食盐水溶液先制得 $NaClO_3$,然后与 KCl 反应,得到 $KClO_3$,降温后 $KClO_3$ 溶解度变小即可从溶液中分离出来:

$$2NaCl + 2H_2O \xrightarrow{电解} Cl_2 + H_2 + 2NaOH$$

$$3Cl_2 + 6NaOH \xrightarrow{\triangle} NaClO_3 + 5NaCl + 3H_2O$$

$$NaClO_3 + KCl \xrightarrow{冷却} KClO_3 + NaCl$$

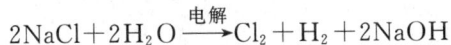

(4)高氯酸及其盐。

用浓硫酸与高氯酸钾作用,可制得高氯酸:

$$KClO_4 + H_2SO_4 = KHSO_4 + HClO_4$$

然后用减压蒸馏法,把 $HClO_4$ 从反应混合物中分离出来。

工业上采用电解法氧化氯酸盐以制备高氯酸。在阳极区生成高氯酸盐,酸化后,再减压蒸馏可得市售的 $HClO_4$(质量分数为 60%):

$$NaClO_3 + H_2O = NaClO_4 + H_2$$

$$NaClO_4 + HCl = HClO_4 + NaCl$$

无水高氯酸是无色、黏稠状液体，冷、稀溶液比较稳定，浓高氯酸不稳定，受热分解：

$$4HClO_4 \xrightarrow{\triangle} 2Cl_2 + 7O_2 + 2H_2O$$

浓 $HClO_4$（质量分数＞60％）与易燃物相遇会发生猛烈爆炸，但冷的稀酸没有明显的氧化性。$HClO_4$ 是最强的无机酸之一。

高氯酸盐则较稳定，$KClO_4$ 的热分解温度高于 $KClO_3$。高氯酸盐一般是可溶的，但 K^+、Rb^+、Cs^+、NH_4^+ 的高氯酸盐溶解度很小。有些高氯酸盐有较显著的水合作用，如无水高氯酸镁（$Mg(ClO_4)_2$）是高效干燥剂。

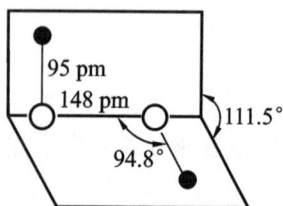

图 12-6 H_2O_2 分子的空间结构示意图

○—氧原子；●—氢原子

2. 重要氧族化合物

1）过氧化氢

（1）过氧化氢的分子结构。

过氧化氢分子中有一过氧基（—O—O—），每个氧原子各连着一个氢原子，两个氢原子和两个氧原子不在同一平面上。在气态时，H_2O_2 的空间结构如图 12-6 所示，两个氢原子像在半展开书本的两页纸上，两面的夹角为 111.5°，氧原子在书的夹缝上，键角 $\angle OOH$ 为 94.8°，O—O 和 O—H 的键长分别为 148 pm 和 95 pm。

（2）过氧化氢的性质。

纯过氧化氢是近乎无色的黏稠液体，分子间有氢键，由于极性比水强，在固态和液态时分子缔合程度比水大，所以它的沸点（150 ℃）比水高。过氧化氢与水可以任何比例互溶，通常所用的双氧水为过氧化氢的水溶液。商品浓度（质量分数）有 30％ 和 3％ 两种。化学性质方面，过氧化氢主要表现为对热不稳定性、强氧化性、弱还原性和极弱的酸性。

① 对热不稳定性。

由于过氧基—O—O—内过氧键的键能较小，因此过氧化氢分子不稳定，易分解：

$$2H_2O_2(l) = 2H_2O(l) + O_2(g) \quad \Delta_r H_m^{\ominus} = -196.06 \text{ kJ} \cdot \text{mol}^{-1}$$

纯过氧化氢在避光和低温下较稳定，常温下分解缓慢，但 153 ℃ 时发生爆炸性分解。过氧化氢在碱性介质中分解较快；微量杂质、重金属离子（Fe^{3+}、Mn^{2+}、Cr^{3+}、Cu^{2+}）与 MnO_2 等，以及粗糙的活性表面均能加速过氧化氢的分解。为防止过氧化氢分解，通常将其储存在光滑塑料瓶或棕色玻璃瓶中并置于阴凉处，若能再放入一些稳定剂（如微量的锡酸钠、焦磷酸钠和 8-羟基喹啉等），则效果更好。

② 弱酸性。

H_2O_2 具有极弱的酸性：

$$H_2O_2 \rightleftharpoons H^+ + HO_2^- \quad K_1^{\ominus} = 2.3 \times 10^{-12}$$

H_2O_2 的 $K_2^{\ominus}$ 更小，其数量级约为 10^{-25}。

H_2O_2 可与碱反应，例如：

$$H_2O_2 + Ba(OH)_2 \rightleftharpoons BaO_2 + 2H_2O$$

为此 BaO_2 可视为 H_2O_2 的盐。

③ 氧化还原性。

过氧化氢中氧的氧化数为 -1（处于中间氧化数），因此 H_2O_2 既有氧化性，又有还原性。

H_2O_2 在酸性和碱性介质中的标准电极电势如下：

$$H_2O_2 + 2H^+ + 2e^- \rightleftharpoons 2H_2O \qquad E^\ominus = 1.763 \text{ V（酸性介质）}$$

$$O_2 + 2H^+ + 2e^- \rightleftharpoons H_2O_2 \qquad E^\ominus = 0.695 \text{ V（酸性介质）}$$

$$HO_2^- + H_2O + 2e^- \rightleftharpoons 3OH^- \qquad E^\ominus = 0.867 \text{ V（碱性介质）}$$

$$O_2 + H_2O + 2e^- \rightleftharpoons HO_2^- + OH^- \qquad E^\ominus = -0.076 \text{ V（碱性介质）}$$

过氧化氢可将黑色的 PbS 氧化为白色的 $PbSO_4$：

$$PbS + 4H_2O_2 =\!=\!= PbSO_4 + 4H_2O$$

这一反应用于油画的漂白。在碱性介质中，H_2O_2 可以把 $[Cr(OH)_4]^-$ 氧化为 CrO_4^{2-}：

$$2[Cr(OH)_4]^- + 3H_2O_2 + 2OH^- =\!=\!= 2CrO_4^{2-} + 8H_2O$$

过氧化氢还原性较弱，只有遇到比它更强的氧化剂时才表现出还原性。例如：

$$2MnO_4^- + 5H_2O_2 + 6H^+ =\!=\!= 2Mn^{2+} + 5O_2 + 8H_2O$$

$$Cl_2 + H_2O_2 =\!=\!= 2HCl + O_2$$

前一反应用来测定 H_2O_2 的含量，后一反应在工业上常用于去除残氯。

一般来说，H_2O_2 的氧化性比还原性要显著得多，因此，它主要用做氧化剂。H_2O_2 作为氧化剂的主要优点是它的还原产物是水，不会给反应系统引入新的杂质，而且过量部分很容易在加热下分解成 H_2O 及 O_2，O_2 可从系统中逸出，从而不会增加新的物质。

（3）过氧化氢的制备和用途。

实验室中可用冷的稀硫酸或稀盐酸与过氧化钠反应制备过氧化氢：

$$Na_2O_2 + H_2SO_4 + 10H_2O \xrightarrow{\text{低温}} Na_2SO_4 \cdot 10H_2O + H_2O_2$$

工业上制备过氧化氢目前主要有两种方法：电解法和蒽醌法。

①电解法：首先电解硫酸氢铵饱和溶液制得过二硫酸铵：

$$2NH_4HSO_4 \xrightarrow{\text{电解}} (NH_4)_2S_2O_8 + H_2$$

然后加入适量稀硫酸使过二硫酸铵水解，即得到过氧化氢：

$$(NH_4)_2S_2O_8 + 2H_2O \xrightarrow{H_2SO_4} 2NH_4HSO_4 + H_2O_2$$

生成的硫酸氢铵可循环使用。

②蒽醌法：以 H_2 和 O_2 为原料，在有机溶剂（重芳烃和氢化萜松醇）中，在 2-乙基蒽醌和钯（Pd）的催化作用下制得过氧化氢，总反应如下：

$$H_2 + O_2 \xrightarrow{\text{2-乙基蒽醌, 钯}} H_2O_2$$

与电解法相比，蒽醌法能耗低，原料易得，2-乙基蒽醌能重复使用，所以生产上常用此法。

过氧化氢的用途主要是基于它的氧化性，稀的（质量分数为 3%）和质量分数为 30% 的过氧化氢溶液是实验室常用的氧化剂。目前生产的 H_2O_2 有半数以上用做漂白剂，用于漂白纸浆、织物、皮革、油脂、象牙以及合成物等。化工生产中 H_2O_2 用于制取过氧化物（如过硼酸钠、过乙酸等）、环氧化合物、氢醌以及药物（如头孢菌素）等。

2）硫化氢

硫蒸气能和氢气直接化合生成硫化氢。实验室中常用硫化亚铁与稀盐酸作用来制备硫化氢气体：

$$FeS + 2H^+ =\!=\!= Fe^{2+} + H_2S$$

硫化氢是无色、有腐蛋臭味的有毒气体，有麻醉中枢神经的作用，吸入大量 H_2S 时会因中毒而造成昏迷甚至死亡。工业上 H_2S 在空气中的最大允许含量为 $0.01\ mg \cdot L^{-1}$。

由于 H_2S 有毒,存放和使用不方便,因此分析化学中常以硫代乙酰胺作代用品。这是由于硫代乙酰胺缓慢水解:

$$CH_3CSNH_2 + 2H_2O \Longrightarrow CH_3COO^- + NH_4^+ + H_2S$$

产生的 H_2S 在溶液中可及时反应,减少对空气的污染。

H_2S 是极性分子,但极性比水弱。由于分子间形成氢键的倾向很小,因此其熔点(-86 ℃)、沸点(-71 ℃)比水低。完全干燥的 H_2S 稳定,不与空气中氧作用。H_2S 在空气中燃烧,生成二氧化硫和水;若空气供应不足,则生成硫和水:

$$2H_2S + 3O_2 \Longrightarrow 2SO_2 + 2H_2O$$

$$2H_2S + O_2 \Longrightarrow 2S + 2H_2O$$

硫化氢气体能溶于水,在 20 ℃时,1 体积水能溶解 2.6 体积的硫化氢。硫化氢饱和溶液的浓度约为 $0.1\ mol \cdot L^{-1}$,其溶液为硫化氢水溶液(氢硫酸)。氢硫酸是很弱的二元酸,在水溶液中有如下解离作用:

$$H_2S \Longrightarrow H^+ + HS^- \qquad K_{a_1}^{\ominus} = 1.1 \times 10^{-7}$$

$$HS^- \Longrightarrow H^+ + S^{2-} \qquad K_{a_2}^{\ominus} = 1.3 \times 10^{-13}$$

硫化氢中硫原子处于低氧化数(-2)状态,因此硫化氢具有还原性。由标准电极电势数据可以看出,无论是在酸性介质还是碱性介质中,S^{2-} 均具有还原性,且在碱性介质中还原性稍强:

$$S + 2H^+ + 2e^- \Longrightarrow H_2S \qquad E^{\ominus} = 0.144\ V(酸性介质)$$

$$S + 2e^- \Longrightarrow S^{2-} \qquad E^{\ominus} = 0.407\ V(碱性介质)$$

S^{2-} 一般被氧化为 S。当硫化氢溶液放置在空气中时,容易被空气中的氧所氧化而析出单质硫,使溶液变混浊。

在酸性介质中,I_2、Fe^{3+} 等可将 S^{2-} 氧化为 S。例如:

$$H_2S + 2FeCl_3 \Longrightarrow S + 2FeCl_2 + 2HCl$$

但遇强氧化剂时,可将 S^{2-} 氧化为 H_2SO_4。例如:

$$H_2S + 4Cl_2 + 4H_2O \Longrightarrow H_2SO_4 + 8HCl$$

3)硫的氧化物、含氧酸及其盐

(1)硫的氧化物。

硫的氧化物主要有两种,即二氧化硫 SO_2 和三氧化硫 SO_3。SO_2 为无色、具有强烈刺激性气味的气体,易液化。液态 SO_2 是一种良好的非水溶剂,可生成 $SnBr_4 \cdot SO_2$、$2TiCl_4 \cdot SO_2$ 等溶剂化物。

在 SO_2 中,S 的氧化数为 $+4$,所以 SO_2 既有氧化性,又有还原性,而还原性较为显著。例如用接触法制硫酸时,SO_2 就会被空气氧化。SO_2 只有在强还原剂作用下才表现出氧化性。例如 500 ℃时,SO_2 在铝矾土的催化作用下可被 CO 还原:

$$SO_2 + 2CO \Longrightarrow 2CO_2 + S$$

从焦炉气中回收单质硫就是利用这一反应。

有些有机物能与 SO_2 或 H_2SO_3 发生加成反应,生成一种无色的加成物而使有机物褪色,故 SO_2 具有漂白作用。

大气中的 SO_2 遇水蒸气形成的酸雾随雨水降落,导致雨水的 $pH < 5$,故称为酸雨。酸雨能使树叶中的养分、土壤中的碱性养分失去,对人类的健康、自然界的生态平衡威胁极大。当空气中 SO_2 含量超过 $0.01\ g \cdot m^{-3}$ 时,就可造成严重危害,如使人、畜死亡,农作物大面积减

产,森林被毁坏,建筑物被腐蚀。我国的能源事业主要依靠煤炭和石油,而我国的煤炭、石油一般含硫量较高,因此,火力发电厂、钢铁厂、冶炼厂、化工厂和炼油厂排放出的大量的 CO_2 和 SO_2,是造成我国大气污染的主要原因。为了消除大气污染,可以利用燃烧不完全的产物 CO 将工厂烟道气中的 SO_2 还原成硫,这样既可防止 CO 及 SO_2 对大气的污染,也可回收硫。另外也可用石灰乳吸收:

$$Ca(OH)_2 + SO_2 = CaSO_3 + H_2O$$

纯净的 SO_3 是易挥发的无色固体,它是强氧化剂,可以使单质磷燃烧,也可以将碘化物氧化为单质碘:

$$10SO_3 + P_4 = 10SO_2 + P_4O_{10}$$
$$SO_3 + 2KI = K_2SO_3 + I_2$$

SO_3 在工业上主要用来生产硫酸。

(2)硫的含氧酸及其盐。

根据硫含氧酸的结构类似性,可将其分为四个系列:亚硫酸系列、硫酸系列、连硫酸系列、过硫酸系列(也可分为"焦""代""连""过"酸),见表 12-14。

表 12-14 硫的若干含氧酸

分类	名称	化学式	硫的平均氧化数	结构式	存在形式
亚硫酸系列	亚硫酸	H_2SO_3	+4	O⫶HO—S—OH	盐
	连二硫酸	$H_2S_2O_4$	+3	O O⫶⫶HO—S—S—OH	盐
硫酸系列	硫酸	H_2SO_4	+6	O⫶HO—S—OH⫶O	酸、盐
	硫代硫酸	$H_2S_2O_3$	+2	O⫶HO—S—OH⫶S	盐
	焦硫酸	$H_2S_2O_7$	+6	O O⫶⫶HO—S—O—S—OH⫶⫶O O	酸、盐
连硫酸系列	连多硫酸$H_2S_xO_6$$(x=3\sim6)$其中连四硫酸$H_2S_4O_6$		+2.5	O O⫶⫶HO—S—S$_{x-2}$—S—OH⫶⫶O OO O⫶⫶HO—S—S—S—S—OH⫶⫶O O	盐盐

分类	名称	化学式	硫的平均氧化数	结构式	存在形式
过硫酸系列	过一硫酸	H_2SO_5	$+6$	$\begin{array}{c} O \\ \parallel \\ HO-S-O-OH \\ \parallel \\ O \end{array}$	酸、盐
	过二硫酸	$H_2S_2O_8$	$+6$	$\begin{array}{c} O \quad\quad O \\ \parallel \quad\quad \parallel \\ HO-S-O-O-S-OH \\ \parallel \quad\quad \parallel \\ O \quad\quad O \end{array}$	酸、盐

所谓"焦酸"，是指两个含氧酸分子失去一分子水所得的产物，如焦硫酸是指两个硫酸分子脱去一分子水的产物。"代酸"是指氧原子被其他原子取代的含氧酸，如硫代硫酸就是硫酸中的一个氧原子被硫原子取代的产物。"连酸"是指中心原子相互连在一起的含氧酸，如连多硫酸就属此类。"过酸"是指含有过氧基的含氧酸。

①亚硫酸及其盐。

二氧化硫溶于水生成很不稳定的亚硫酸，亚硫酸只存在于水溶液中，游离状态的亚硫酸尚未制得。SO_2 溶于水的反应为

$$SO_2 + H_2O \Longleftrightarrow H_2SO_3$$

有人认为 SO_2 在水溶液中基本上是以 $SO_2 \cdot H_2O$ 形式存在。

亚硫酸为中强酸，在溶液中分步解离：

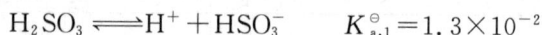

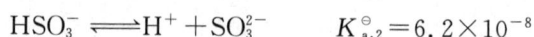

$$H_2SO_3 \Longleftrightarrow H^+ + HSO_3^- \qquad K_{a,1}^\ominus = 1.3 \times 10^{-2}$$
$$HSO_3^- \Longleftrightarrow H^+ + SO_3^{2-} \qquad K_{a,2}^\ominus = 6.2 \times 10^{-8}$$

当酸与亚硫酸盐作用时，平衡向左移动，产生 SO_2，这是实验室制取 SO_2 的方法，也是鉴定 SO_3^{2-} 的方法。

亚硫酸可形成两系列盐，即正盐和酸式盐。绝大多数的正盐（K^+、Na^+、NH_4^+ 除外）不溶于水，酸式盐都溶于水。在含有不溶性钙盐的溶液中通入 SO_2，可使其转变为可溶性的酸式盐：

$$CaSO_3 + SO_2 + H_2O \Longleftrightarrow Ca(HSO_3)_2$$

亚硫酸及其盐中硫的氧化数为 $+4$，既有氧化性，又有还原性，从其元素电势图可以看出，它们以还原性为主。例如：

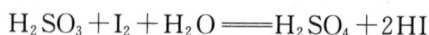

$$H_2SO_3 + I_2 + H_2O \Longrightarrow H_2SO_4 + 2HI$$
$$2H_2SO_3 + O_2 \Longrightarrow 2H_2SO_4$$

亚硫酸盐比亚硫酸具有更强的还原性。例如：

$$SO_3^{2-} + Cl_2 + H_2O \Longrightarrow SO_4^{2-} + 2Cl^- + 2H^+$$

只有在较强还原剂的作用下，才表现出氧化性。例如：

$$H_2SO_3 + 2H_2S \Longrightarrow 3S + 3H_2O$$

亚硫酸盐受热易分解：

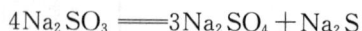

$$4Na_2SO_3 \Longrightarrow 3Na_2SO_4 + Na_2S$$

亚硫酸盐有很多用途，造纸工业用 $Ca(HSO_3)_2$ 溶解木质素以制造纸浆；亚硫酸钠和亚硫

酸氢钠用于染料工业;漂白织物时用做去氯剂。此外,亚硫酸盐还广泛用于香料、皮革、食品加工、医药等工业中。

②硫酸及其盐。

硫酸是重要的化工产品,有上千种化工产品需要以硫酸为原料。硫酸近一半的产量用于化肥生产,此外还大量用于农药、染料、医药、化学纤维以及石油、冶金、国防和轻工业等部门。我国硫酸年产量居世界第三位。

工业上主要采取接触法制取硫酸。硫铁矿或硫黄在空气中焙烧,得到 SO_2:

$$4FeS_2 + 11O_2 =\!\!=\!\!= 2Fe_2O_3 + 8SO_2$$

$$S + O_2 =\!\!=\!\!= SO_2$$

在 450 ℃左右通过催化剂(V_2O_5),使 SO_2 氧化为 SO_3,然后用质量分数为 98.3% 的浓硫酸吸收 SO_3,即得浓硫酸。

(a)硫酸的结构。H_2SO_4 分子呈正四面体形,其中的 S—O 键键长比共价单键的键长要短。这是因为硫与氧形成 σ 键的同时,中心硫原子的 d 轨道与氧原子的 p 轨道互相重叠,形成了附加的 p-dπ 键,使 S—O 键具有某种程度的双键性质。H_2SO_4 的成键过程和分子结构见图 12-7。

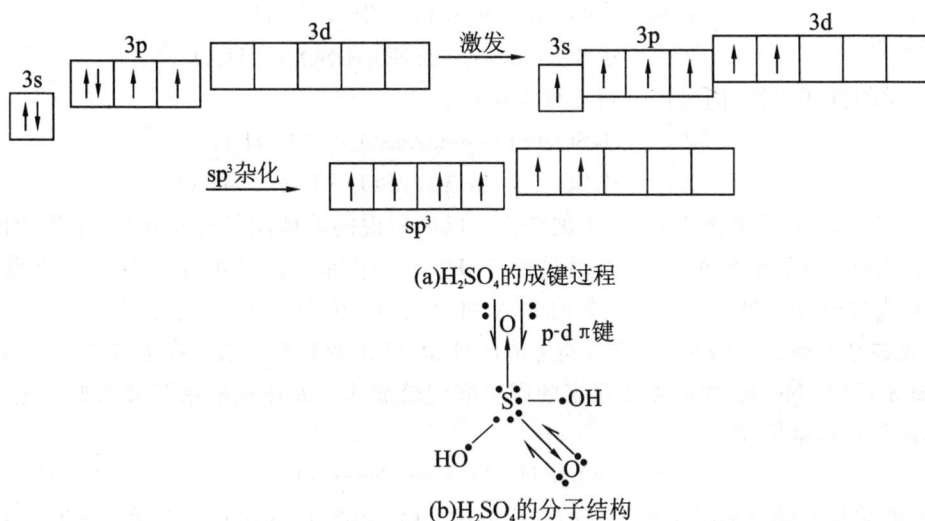

(a)H_2SO_4的成键过程

(b)H_2SO_4的分子结构

图 12-7　H_2SO_4 的成键过程和分子结构示意图

中心硫原子的 3s、3p 轨道上的成对电子中的一个被激发,同时进行 sp^3 杂化,四个 sp^3 杂化轨道与四个氧原子形成四个 σ 键,其中未与 H 相连的两个氧原子还可与硫原子的 3d 电子形成 p-dπ 键,这两个氧原子与硫原子之间的键可近似地看做双键(一个 σ 键、一个 p-dπ 键)。ClO_4^-、PO_4^{3-}、SiO_4^{4-} 等含氧酸根的结构与 SO_4^{2-} 的结构类似。

(b)硫酸的性质。纯硫酸是无色油状液体,10.4 ℃时凝固,质量分数为 98% 的硫酸的沸点是 338 ℃,利用浓硫酸沸点高的性质,将其与某些挥发性酸的盐共热,可以将挥发性酸置换出来。如浓硫酸分别与固体硝酸盐、氯化物反应,可以制备挥发性的硝酸和盐酸:

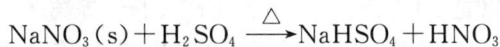

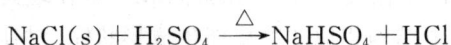

$$NaNO_3(s) + H_2SO_4 \xrightarrow{\triangle} NaHSO_4 + HNO_3$$

$$NaCl(s) + H_2SO_4 \xrightarrow{\triangle} NaHSO_4 + HCl$$

硫酸是二元酸中酸性最强的。它的第一步解离是完全的,但第二步解离并不完全,

HSO_4^- 相当于中强电解质:

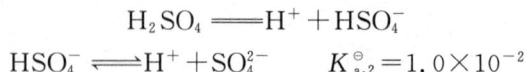

$$H_2SO_4 \Longrightarrow H^+ + HSO_4^-$$

$$HSO_4^- \Longrightarrow H^+ + SO_4^{2-} \qquad K_{a,2}^\ominus = 1.0 \times 10^{-2}$$

在含氧酸中,H_2SO_4 是比较稳定的,一般温度下并不分解,但在其沸点以上的高温下可分解为 SO_3 和 H_2O。浓硫酸有强吸水性,它与水混合时,形成水合物放出大量的热,可使水局部沸腾而飞溅,所以在配制稀硫酸时,只能在搅拌下将浓硫酸慢慢倒入水中,切不可将水倒入浓硫酸中。浓硫酸因其吸水能力,可用来干燥不与之发生反应的各种气体,如氯气、氢气、二氧化碳等。浓硫酸不仅可以吸收气体中的水分,而且还能从一些有机物中夺取与水分子组成相当的氢和氧,使这些有机物碳化。如蔗糖被浓硫酸脱水:

$$C_{12}H_{22}O_{11} \Longrightarrow 12C + 11H_2O$$

因此,浓硫酸能严重地破坏动植物组织,如损坏衣服和烧伤皮肤等,使用时必须注意安全。万一浓硫酸溅到皮肤上,应立即用大量水冲洗,然后再用2%小苏打溶液或稀氨水冲洗。

热、浓 H_2SO_4 是较强的氧化剂,可与许多金属或非金属反应,本身一般被还原为 SO_2。例如:

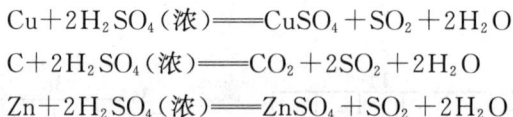

$$Cu + 2H_2SO_4(浓) \Longrightarrow CuSO_4 + SO_2 + 2H_2O$$

$$C + 2H_2SO_4(浓) \Longrightarrow CO_2 + 2SO_2 + 2H_2O$$

$$Zn + 2H_2SO_4(浓) \Longrightarrow ZnSO_4 + SO_2 + 2H_2O$$

由于锌的强还原性,同时还进行下列反应:

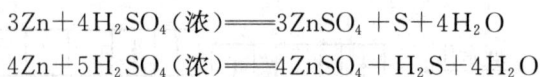

$$3Zn + 4H_2SO_4(浓) \Longrightarrow 3ZnSO_4 + S + 4H_2O$$

$$4Zn + 5H_2SO_4(浓) \Longrightarrow 4ZnSO_4 + H_2S + 4H_2O$$

但 Al、Fe、Cr 在冷的浓 H_2SO_4 中被钝化。以上所说的浓硫酸具有氧化性,是指成酸元素中硫的氧化性,而稀硫酸的氧化作用是由于 H_2SO_4 中解离出来的 H^+ 夺电子所致,故稀 H_2SO_4 只能与电极电势顺序在氢以前的金属(如 Zn、Mg、Fe 等)反应,放出 H_2。

(c)硫酸盐和矾。硫酸是二元酸,能生成两种盐,即正盐和酸式盐。在酸式盐中,仅最活泼的碱金属元素(如 Na、K)才能形成稳定的固态酸式硫酸盐。如在硫酸钠溶液内加入过量的硫酸,即结晶析出硫酸氢钠:

$$Na_2SO_4 + H_2SO_4 \Longrightarrow 2NaHSO_4$$

酸式硫酸盐大部分易溶于水。硫酸盐中除 $BaSO_4$、$PbSO_4$、$SrSO_4$ 等难溶,$CaSO_4$、Ag_2SO_4 稍溶于水外,其余都易溶于水,可溶性硫酸盐从溶液中析出时常带有结晶水,如 $CuSO_4 \cdot 5H_2O$、$FeSO_4 \cdot 7H_2O$ 等。

这种带结晶水的过渡金属硫酸盐俗称矾。如 $CuSO_4 \cdot 5H_2O$ 称为胆矾或蓝矾,$FeSO_4 \cdot 7H_2O$ 称为绿矾,$ZnSO_4 \cdot 7H_2O$ 称为皓矾等。但化学上真正称为矾的应为符合通式 $M(I)_2SO_4 \cdot M(II)SO_4 \cdot 6H_2O$ 的复盐(如著名的摩尔盐 $(NH_4)_2SO_4 \cdot FeSO_4 \cdot 6H_2O$)和符合通式 $M(I)_2SO_4 \cdot M(III)_2(SO_4)_3 \cdot 24H_2O$ 的复盐(如常见的明矾(或铝钾矾)$K_2SO_4 \cdot Al_2(SO_4)_3 \cdot 24H_2O$,简式为 $KAl(SO_4)_2 \cdot 12H_2O$)。经验表明,体积较大的 M^+(半径 >100 pm)和体积较小的 M^{3+}(半径为 $50 \sim 70$ pm)比较容易形成矾晶体。M^+ 可以是碱金属离子或 NH_4^+、Ti^+ 等离子;M^{3+} 可以是 Al^{3+}、Fe^{3+}、Co^{3+}、Cr^{3+}、Ti^{3+} 等离子,这些离子的半径相近,在晶格中可以互相替代。而 Li^+ 半径较小,镧系元素的 M^{3+} 半径较大,所以它们都不能形成矾。

化学上把某些组成不同而结构相似的物质能生成形状完全相同的晶体的现象称为类质同晶现象,这种物质称为类质同晶物质。矾都是类质同晶物质。当这类物质存在于同一溶液中时,它们能一起结晶出来。如将无色的铝钾矾($KAl(SO_4)_2 \cdot 12H_2O$)和深紫色的铬钾矾($KCr(SO_4)_2 \cdot 12H_2O$)的混合物溶于水中,静置溶液使之结晶,得到的是层状混合晶体(即共晶)。活泼金属的硫酸盐在高温下是稳定的,如 Na_2SO_4、K_2SO_4、$BaSO_4$ 等,在 1000 ℃ 也不会分解。一些重金属的硫酸盐(如 $CuSO_4$、Ag_2SO_4 等)会分解成金属氧化物或单质。例如:

$$CuSO_4 =\!=\!= CuO + SO_3$$

$$2Ag_2SO_4 =\!=\!= 4Ag + 2SO_3 + O_2$$

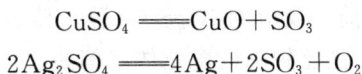

许多硫酸盐具有重要用途,如明矾是常用的净水剂、媒染剂,胆矾是消毒杀菌剂和农药,绿矾是农药、药物和制墨水的原料,而芒硝($Na_2SO_4 \cdot 10H_2O$)是化工原料。

③焦硫酸及其盐。

焦硫酸是一种无色晶状固体,熔点为 35 ℃,由等物质的量的三氧化硫和纯硫酸化合而成:

$$SO_3 + H_2SO_4 =\!=\!= H_2S_2O_7$$

焦硫酸可看做由两分子硫酸脱去一分子水所得的产物:

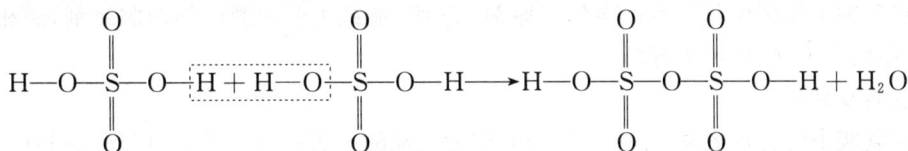

焦硫酸与水作用又可生成硫酸:

$$H_2S_2O_7 + H_2O =\!=\!= 2H_2SO_4$$

焦硫酸比硫酸具有更强的氧化性、吸水性和腐蚀性。它还是良好的磺化剂,可用来制造某些染料、炸药和其他有机磺酸类化合物。酸式硫酸盐受热到熔点以上时,首先脱水转变为焦硫酸盐:

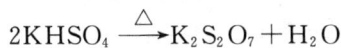

$$2KHSO_4 \xrightarrow{\triangle} K_2S_2O_7 + H_2O$$

把焦硫酸盐进一步加热,则失去 SO_3 而生成硫酸盐:

$$K_2S_2O_7 \xrightarrow{\triangle} K_2SO_4 + SO_3$$

为了使某些不溶于水也不溶于酸的金属矿物(如 Cr_2O_3、Al_2O_3 等)溶解,常用 $KHSO_4$ 或 $K_2S_2O_7$ 与这些金属氧化物共熔,生成可溶性的该金属的硫酸盐。例如:

$$Al_2O_3 + 3K_2S_2O_7 \xrightarrow{\triangle} Al_2(SO_4)_3 + 3K_2SO_4$$

$$Cr_2O_3 + 3K_2S_2O_7 \xrightarrow{\triangle} Cr_2(SO_4)_3 + 3K_2SO_4$$

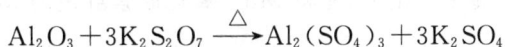

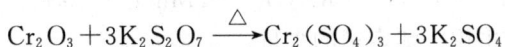

分析化学中用硫酸氢钾或焦硫酸钾作为酸性熔矿剂,即基于此性质。

④硫代硫酸及其盐。

硫代硫酸钠($Na_2S_2O_4 \cdot 5H_2O$)商品名为海波,俗称大苏打。将硫粉溶于沸腾的亚硫酸钠溶液中便可得到:

$$Na_2SO_3 + S \xrightarrow{\triangle} Na_2S_2O_3$$

$S_2O_3^{2-}$ 可看做 SO_4^{2-} 中的一个 O 原子被 S 原子所取代的产物。硫代硫酸钠是无色透明晶体,易溶于水,溶液呈弱碱性。它在中性、碱性溶液中很稳定,在酸性溶液中不稳定,易分解成单质硫和二氧化硫:

$$S_2O_3^{2-} + 2H^+ =\!=\!= S + SO_2 + H_2O$$

常用此反应鉴定 $S_2O_3^{2-}$。

　　硫代硫酸钠是中强还原剂,与强氧化剂(如氯、溴等)作用时,被氧化成硫酸钠;与较弱的氧化剂(如碘)作用时,被氧化成连四硫酸钠:

$$S_2O_3^{2-}+4Cl_2+5H_2O \Longrightarrow 2SO_4^{2-}+8Cl^-+10H^+$$

$$2S_2O_3^{2-}+I_2 \Longrightarrow S_4O_6^{2-}+2I^-$$

　　在纺织和造纸工业中,利用前一反应的 $Na_2S_2O_3$ 除去残氯;在分析化学的碘量法中,利用后一反应来定量测定碘。$S_2O_3^{2-}$ 是比较强的配位体。例如:

$$AgX+2S_2O_3^{2-} \Longrightarrow [Ag(S_2O_3)_2]^{3-}+X^- \quad (X 为 Cl、Br)$$

　　在照相技术中,常用硫代硫酸钠将未曝光的溴化银溶解。

　　重金属的硫代硫酸盐难溶且不稳定。如 Ag^+ 与 $S_2O_3^{2-}$ 生成的白色沉淀 $Ag_2S_2O_3$,在溶液中迅速分解,颜色经黄色、棕色,最后成黑色 Ag_2S。用此反应可鉴定 $S_2O_3^{2-}$ 或 Ag^+:

$$S_2O_3^{2-}+2Ag^+ \Longrightarrow Ag_2S_2O_3$$

$$Ag_2S_2O_3+H_2O \Longrightarrow Ag_2S+H_2SO_4$$

　　硫代硫酸钠主要用做化工生产中的还原剂,纺织、造纸工业中漂白物的脱氯剂,照相工艺的定影剂,还用于电镀、鞣革等部门。

　　⑤过硫酸及其盐。

　　硫的含氧酸中含有过氧基(—O—O—)的称为过硫酸。过硫酸可视为过氧化氢的衍生物。

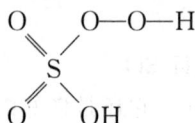
过一硫酸　　　　　　　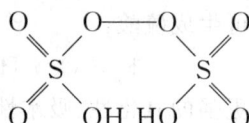
过二硫酸

　　过二硫酸是无色晶体,在 65 ℃时熔化并分解,它有强的吸水性,能使有机物碳化。过二硫酸不稳定,易水解生成硫酸和过氧化氢:

$$H_2S_2O_8+H_2O \Longrightarrow H_2SO_4+H_2SO_5$$

$$H_2SO_5+H_2O \Longrightarrow H_2SO_4+H_2O_2$$

　　$K_2S_2O_8$ 和 $(NH_4)_2S_2O_8$ 是重要的过二硫酸盐,均为强氧化剂:

$$S_2O_8^{2-}+2e^- \Longrightarrow 2SO_4^{2-} \quad E_A^{\ominus}=1.96\ V$$

　　过二硫酸盐在 Ag^+ 催化作用下,能将 Mn^{2+} 氧化成紫红色的 MnO_4^-:

$$2Mn^{2+}+5S_2O_8^{2-}+8H_2O \xrightarrow{Ag^+} 2MnO_4^-+10SO_4^{2-}+16H^+$$

　　此反应在钢铁分析中用于测定锰的含量。

　　过硫酸及其盐不稳定。例如,$K_2S_2O_8$ 受热易分解:

$$2K_2S_2O_8 \xrightarrow{\triangle} 2K_2SO_4+2SO_3+O_2$$

　　⑥连二亚硫酸钠($Na_2S_2O_4$)。

　　连二亚硫酸钠是一种白色粉状固体,以二水合物形式($Na_2S_2O_4 \cdot 2H_2O$)存在,俗称保险粉。在无氧条件下,用锌粉还原亚硫酸氢钠即可制得连二亚硫酸钠:

$$2NaHSO_3+Zn \Longrightarrow Na_2S_2O_4+Zn(OH)_2$$

　　连二亚硫酸钠能溶于冷水,但其水溶液很不稳定,可以分解成硫代硫酸盐:

$$2S_2O_4^{2-}+H_2O \Longrightarrow S_2O_3^{2-}+2HSO_3^-$$

　　连二亚硫酸钠是很强的还原剂:

$$S_2O_3^{2-}+H_2O-2e^- \Longrightarrow S_2O_4^{2-}+2H^+ \quad E_A^{\ominus}=-1.12\ V$$

连二亚硫酸钠能还原碘、碘酸盐、O_2、Ag^+、Cu^{2+} 等。例如：

$$Na_2S_2O_4 + O_2 + H_2O \Longrightarrow NaHSO_3 + NaHSO_4$$

此反应用于氧气的分析。

连二亚硫酸钠主要用于印染工业，它能保证印染织品色泽鲜艳，不被空气中的氧气氧化，因而称为保险粉。它还被用来防止水果、食品的腐烂。

3. 重要氮化合物

1）亚硝酸及其盐

HNO_2 中 N 以两个 sp^2 杂化轨道分别与羟基氧和氧原子形成 σ 键，N 和 O 原子之间还形成一个 π 键。

亚硝酸根离子的结构呈 V 形，NO_2^- 中的 N 采取两个 sp^2 杂化轨道分别与氧原子形成 σ 键，此外还形成一个三中心四电子大 Π 键（Π_3^4）。

（1）HNO_2 是一元弱酸（比 HAc 略强）。

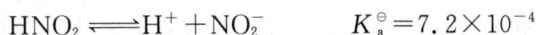

$$HNO_2 \Longrightarrow H^+ + NO_2^- \qquad K_a^{\ominus} = 7.2 \times 10^{-4}$$

（2）HNO_2 很不稳定，只能存在于冷稀溶液中，从未得到过游离酸。浓缩或受热时按下式分解：

$$2HNO_2 \Longrightarrow N_2O_3 + H_2O \Longrightarrow NO + NO_2 + H_2O$$

此反应可用于 NO_2^- 的鉴定（$NO_2^- + H^+ \Longrightarrow HNO_2$，$HNO_2$ 不稳定，产生特有的现象）。

（3）虽然 HNO_2 不稳定，但其盐可通过下述反应制得：

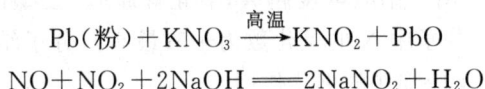

$$Pb(粉) + KNO_3 \xrightarrow{高温} KNO_2 + PbO$$

$$NO + NO_2 + 2NaOH \Longrightarrow 2NaNO_2 + H_2O$$

（4）氧化还原性。

亚硝酸无论在酸性或碱性介质中，其氧化性都大于还原性。亚硝酸是一种强氧化剂，氧化性比稀硝酸还强，是一种快速氧化剂，这可能与 HNO_2 在酸性溶液中存在下列平衡有关：

$$H^+ + HNO_2 \Longrightarrow NO^+ + H_2O$$

NO^+ 起氧化作用。一般还原剂都能被 HNO_2 快速氧化，而 HNO_2 本身被还原成 NO：

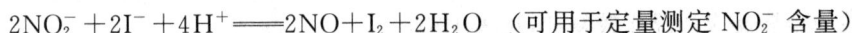

$$2HNO_2 + 2NaI + H_2SO_4 \Longrightarrow I_2 + 2NO + 2H_2O + Na_2SO_4$$

$$2NO_2^- + 2I^- + 4H^+ \Longrightarrow 2NO + I_2 + 2H_2O \quad （可用于定量测定 NO_2^- 含量）$$

$$NO_2^- + Fe^{2+} + 2H^+ \Longrightarrow NO + Fe^{3+} + H_2O$$

和亚硝酸不同，稀硝酸不能氧化 I^-。

当亚硝酸根遇到强氧化剂（如 $K_2Cr_2O_7$、Cl_2、Br_2 等）时，可表现为还原剂，被氧化成硝酸根：

$$5NO_2^- + 2MnO_4^- + 6H^+ \Longrightarrow 5NO_3^- + 2Mn^{2+} + 3H_2O$$

2）硝酸及其盐

硝酸及其盐是重要的化工原料和化学试剂，下面着重讨论其结构和性质。

（1）HNO_3 及 NO_3^- 的结构。

① HNO_3 的结构。HNO_3 中的 N 原子采取 sp^2 杂化轨道分别与羟基氧和氧原子形成 3 个 σ 键，N 原子中未参与杂化的 p 轨道中的两个电子与两个非羟基氧在 O—N—O 间形成三中心四电子大 Π 键（Π_3^4），HNO_3 可形成分子内氢键，如图 12-8 所示。

② NO_3^- 的结构。由于 HNO_3 分子中 H^+ 的解离，硝酸根从 H 得到一个电子，结构如图 12-9 所示。NO_3^- 也是平面三角形结构。N 原子的 3 个 sp^2 杂化轨道与 3 个 O 原子各自的 1

图 12-8　HNO_3 分子内氢键示意图

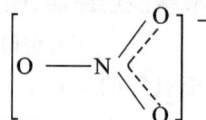

图 12-9　NO_3^- 的结构示意图

个 2p 轨道(均含 1 个电子)组成 3 个 σ 键外,3 个 O 原子上另 1 个 2p 轨道(均含 1 个电子)与 N 原子被孤电子对占据的 2p 轨道,加上外来 1 个电子共同组成 1 个四中心六电子的离域 Π_4^6 键,NO_3^- 是对称性很好的离子。

从结构上看,HNO_3 是一个不稳定分子,当硝酸浓度越大(HNO_3 含量越高)时,硝酸就越不稳定,硝酸盐溶液则一般不具有氧化性。

(2)硝酸的性质。

纯 HNO_3 为无色液体,具有挥发性、强酸性。相对密度为 1.522,在 231 K 凝结成无色晶体,沸点为 356 K。HNO_3 受热或光照分解。NO_2 可溶于 HNO_3 中,使溶液颜色由黄色变为棕色。

$$4HNO_3 \xrightarrow{\triangle 或 h\nu} 4NO_2 + O_2 + 2H_2O$$

硝酸与空气中的水蒸气结合形成酸雾而冒烟。硝酸和水可以按任何比例混合。市售硝酸含 HNO_3 68%～70%,溶有 NO_2 10%～15%。含 HNO_3 86%～97.5%且溶有 NO_2 的硝酸呈红棕色,称为"发烟硝酸"。

硝酸的强氧化性最为突出。硝酸浓度越大,氧化性越强(发烟硝酸的氧化性比纯硝酸还强)。这主要是由于 HNO_3 分子中 N 的氧化数为 +5(最高),分子结构不对称,分解的产物有 NO_2 和 O_2,而 NO_2 又起使反应加快的催化作用。

①硝酸与非金属反应生成非金属含氧酸和 NO,Cl_2、O_2 除外。

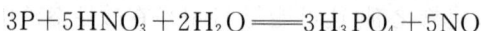

$$3C + 4HNO_3 = 3CO_2 + 4NO + 2H_2O$$
$$3P + 5HNO_3 + 2H_2O = 3H_3PO_4 + 5NO$$
$$S + 2HNO_3 = H_2SO_4 + 2NO$$
$$3I_2 + 10HNO_3 = 6HIO_3 + 10NO + 2H_2O$$
$$3HNO_3 + B = H_3BO_3 + 3NO_2$$

②硝酸与金属反应情况比较复杂,见表 12-15。

表 12-15　金属在硝酸中溶解

与 HNO_3 反应的金属	浓 HNO_3 中的产物	稀 HNO_3 中的产物	极稀 HNO_3 中的产物
活泼金属	金属硝酸盐+NO_2	金属硝酸盐+N_2O	金属硝酸盐+NH_4NO_3
不活泼金属	金属硝酸盐+NO_2	金属硝酸盐+NO	
Sn、W、Sb 等	难溶氧化物+NO_2		
Au、Pt、Ir 等	不反应(能与王水反应)		
Fe、Al、Cr 等	在冷浓 HNO_3 中钝化		

由表 12-15 可知:(a)除 Au、Pt、Ru、Rh、Ir、Ti、Ta、Nb 外,硝酸可以和几乎所有的金属反应;(b)Al、Cr、Fe 可溶于稀硝酸,在冷、浓硝酸中由于钝化而不会溶解,经硝酸钝化后的 Al、Cr、Fe 表面生成一层致密的氧化膜,也不再溶于稀硝酸,因而工业上可用铝制容器来盛浓硝酸;(c)浓硝酸和金属反应产物以 NO_2 为主,稀硝酸与金属反应产物则以 NO 为主,当活泼金

属和稀硝酸作用,产物可以是 N_2O,例如:

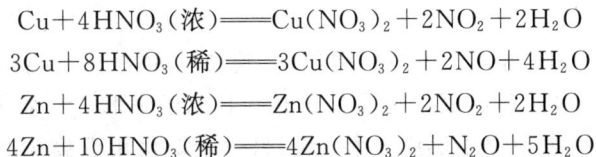

$$Cu + 4HNO_3(浓) \rightleftharpoons Cu(NO_3)_2 + 2NO_2 + 2H_2O$$

$$3Cu + 8HNO_3(稀) \rightleftharpoons 3Cu(NO_3)_2 + 2NO + 4H_2O$$

$$Zn + 4HNO_3(浓) \rightleftharpoons Zn(NO_3)_2 + 2NO_2 + 2H_2O$$

$$4Zn + 10HNO_3(稀) \rightleftharpoons 4Zn(NO_3)_2 + N_2O + 5H_2O$$

若硝酸很稀,还可以形成铵盐:

$$4Zn + 10HNO_3(极稀) \rightleftharpoons 4Zn(NO_3)_2 + NH_4NO_3 + 3H_2O$$

③HNO_3 被还原的产物取决于两因素。

(a)金属还原性的强弱。还原性越强,HNO_3 被还原程度越大。

(b)HNO_3 的浓度,因还存在如下平衡:

$$2HNO_3 + NO \rightleftharpoons 3NO_2 + H_2O$$

$c(HNO_3)$ 增大,平衡向右移动,主要产物为 NO_2;$c(HNO_3)$ 减小,平衡向左移动,主要产物为 NO。所以硝酸浓度越小,其被还原的程度越大,但这不能说明稀 HNO_3 氧化性比浓 HNO_3 强。

值得注意的是,"含氧酸的氧化能力"和"本身被还原的程度"是两个不同概念。"浓硝酸的氧化性比稀硝酸的氧化性强"是指它们的氧化能力。浓硝酸被还原到 NO_2(N 的氧化数变化 1),而稀硝酸被还原到 NO(N 的氧化数变化 3)以至更低氧化数的氮的化合物,这是指硝酸被还原的程度。氧化能力强的氧化剂,本身被还原的程度并不一定就大,硝酸系统内存在的平衡使 HNO_3 浓度也成为影响因素。

(3)硝酸盐的氧化性。

酸化后的硝酸盐具有氧化性,用此可进行 NO_3^- 的鉴定:

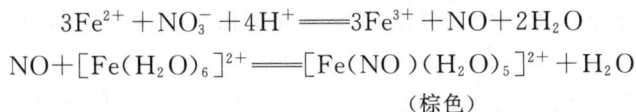

$$3Fe^{2+} + NO_3^- + 4H^+ \rightleftharpoons 3Fe^{3+} + NO + 2H_2O$$

$$NO + [Fe(H_2O)_6]^{2+} \rightleftharpoons [Fe(NO)(H_2O)_5]^{2+} + H_2O$$

$$(棕色)$$

用这两个反应鉴定 NO_3^- 的实验即为著名的棕色环实验。

NO_2^- 也可用此方法鉴定,区别在于鉴定 NO_3^- 时酸化用浓 H_2SO_4,而鉴定 NO_2^- 时用 HAc 酸化即可使溶液呈棕色。由于 NO_2^- 的存在会干扰 NO_3^- 的鉴定,可利用如下反应排除干扰:

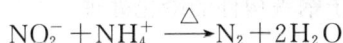

$$NO_2^- + NH_4^+ \xrightarrow{\triangle} N_2 + 2H_2O$$

4. 磷的含氧酸及其盐

1)磷的含氧酸类型

磷的含氧酸有多种形式,较重要的见表 12-16。

表 12-16　磷的含氧酸

项目	正磷酸	焦磷酸	三聚磷酸	偏磷酸	亚磷酸	次磷酸
分子式	H_3PO_4	$H_4P_2O_7$	$H_5P_3O_{10}$	HPO_3	H_3PO_3	H_3PO_2
氧化数	+5	+5	+5	+5	+3	+1
结构式	$\begin{matrix} O \\ \parallel \\ HO-P-OH \\ \mid \\ OH \end{matrix}$	$\begin{matrix} O \quad O \\ \parallel \quad \parallel \\ HO-P-O-P-OH \\ \mid \quad\quad \mid \\ OH \quad OH \end{matrix}$	$\begin{matrix} O \quad\; O \quad\; O \\ \parallel \quad\; \parallel \quad\; \parallel \\ HO-P-O-P-O-P-OH \\ \mid \quad\quad \mid \quad\quad \mid \\ OH \quad\; OH \quad\; OH \end{matrix}$	$\begin{matrix} O \\ \parallel \\ P=O \\ \mid \\ OH \end{matrix}$	$\begin{matrix} H \\ \mid \\ HO-P=O \\ \mid \\ OH \end{matrix}$	$\begin{matrix} H \\ \mid \\ H-P=O \\ \mid \\ OH \end{matrix}$
酸类型	三元酸	四元酸	五元酸	一元酸	二元酸	一元酸

2) (正)磷酸

(1)磷酸的结构。

H_3PO_4 分子中有 p-dπ 键(与 H_2SO_4 类似)。其结构如图 12-10 所示。它由一个单一的 P—O 四面体构成。分子中 P 原子采取 sp^3 杂化,3 个杂化轨道与羟基氧原子形成 3 个 σ 键,另一个杂化轨道被孤电子对占据,和另一个氧原子形成 1 个 σ 配键。这个氧原子上的两个孤电子对和 P 原子两个 3d 轨道形成 2 个 p-dπ 配键(反馈键),使原来的 σ 配键键长缩短、键能增大,接近双键,用 P→O 表示。H_3PO_4 晶体为层状结构,在每一层中,每个 $PO(OH)_3$ 分子通过氢键和周围其他分子相连,其中四个短氢键,两个长氢键。

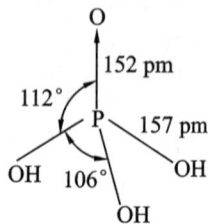

图 12-10 磷酸的结构

(2)磷酸的性质。

纯磷酸是无色晶体,熔点为 315 K,进一步加热即逐渐脱水,故它本身没有沸点。它能和水以任何比例混溶,市售磷酸为无色黏稠状的浓溶液,含 H_3PO_4 85%。磷酸是三元中强酸,其逐级解离常数在 298.15 K 时,分别为 $K_1 = 7.08 \times 10^{-3}$,$K_2 = 6.31 \times 10^{-8}$,$K_3 = 4.17 \times 10^{-13}$。

(3)磷酸具有配位能力。

磷酸可以和许多金属离子形成配合物,在分析化学中为了掩蔽 Fe^{3+}(浅黄色)的干扰,常用 H_3PO_4 与 Fe^{3+} 形成无色可溶性的配合物 $H_3[Fe(PO_4)_2]$、$H[Fe(HPO_4)_2]$ 等。

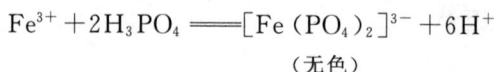

$$Fe^{3+} + 2H_3PO_4 === [Fe(PO_4)_2]^{3-} + 6H^+$$
$$\text{(无色)}$$

(4)磷酸具有缩合性。

受热时,磷酸分子间可以发生缩合作用,形成多磷酸(同多酸)。例如:

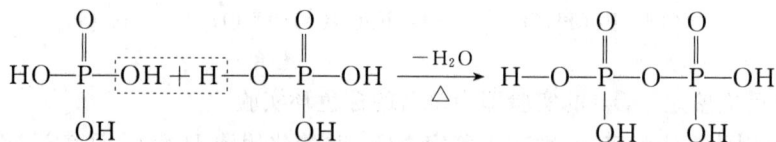

一般缩合酸的酸性比正酸的酸性强,如 $H_4P_2O_7$ 的酸性强于 H_3PO_4 的酸性。

磷酸用于制备磷酸盐,也用于钢铁构件的磷化处理。

5. 重要碳族化合物

1)锡、铅的氧化物及其水合物

锡、铅都能生成两类氧化物:一氧化物(MO)和二氧化物(MO_2)。这些氧化物都具有不同程度的两性,前者偏碱性,后者偏酸性,它们都不溶于水,对应的氢氧化物只能从其盐溶液加碱制得。这些氢氧化物实际上是一些组成不定的氧化物的水合物:$xMO \cdot yH_2O$ 和 $xMO_2 \cdot yH_2O$,通常把它们的化学式写成 $M(OH)_2$ 和 $M(OH)_4$。这些氢氧化物也具有不同程度的两性,碱性最显著的 $Pb(OH)_2$ 仍为偏碱的两性,酸性最显著的 $Ge(OH)_4$ 也只不过是一种弱酸($K_1 = 8 \times 10^{-10}$)。它们在水溶液中,均有两种解离方式:

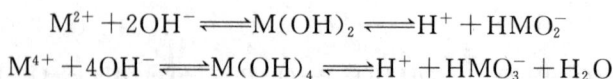

$$M^{2+} + 2OH^- \Longleftrightarrow M(OH)_2 \Longleftrightarrow H^+ + HMO_2^-$$
$$M^{4+} + 4OH^- \Longleftrightarrow M(OH)_4 \Longleftrightarrow H^+ + HMO_3^- + H_2O$$

锡、铅对应于 +2、+4 的氧化数有两系列氧化物及其水合物,如表 12-17 所示。

由于惰性电子对效应,PbO_2 是强氧化剂,如:

$$PbO_2 + 4HCl(浓) === PbCl_2 + Cl_2 + 2H_2O$$

表 12-17　锡、铅对应于 +2、+4 的氧化数的化合物性质

氧化数	化合物	性　质	
+2	SnO		难溶于水,呈两性
	Sb(OH)$_2$	白色沉淀	
	PbO		
	Pb(OH)$_2$	白色沉淀,两性偏碱	
+4	SnO$_2$		难溶于水,呈两性
	Sb(OH)$_4$		
	PbO$_2$	棕黑色沉淀	
	Pb(OH)$_4$	两性偏碱	

$$5PbO_2 + 2Mn^{2+} + 4H^+ = 2MnO_4^- + 5Pb^{2+} + 2H_2O$$

2) Sn(Ⅱ) 的还原性

由惰性电子对效应可知,Sn(Ⅱ)显示还原性。Sn(Ⅱ)在酸性介质中以 Sn^{2+} 形式存在,在碱性介质中以 $[Sn(OH)_4]^{2-}$ 形式存在,它们都有还原性,且在碱性介质中更强。酸性介质中的反应(可用于鉴定 Sn^{2+}):

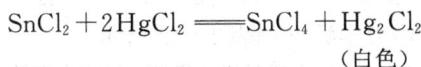

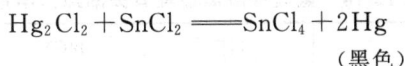

$$SnCl_2 + 2HgCl_2 = SnCl_4 + Hg_2Cl_2$$
$$（白色）$$
$$Hg_2Cl_2 + SnCl_2 = SnCl_4 + 2Hg$$
$$（黑色）$$

空气中 O_2 即可将 Sn^{2+} 氧化为 Sn^{4+}:

$$2Sn^{2+} + O_2 + 4H^+ = 2Sn^{4+} + 2H_2O$$
$$Sn^{2+} + 2Fe^{3+} = Sn^{4+} + 2Fe^{2+}$$

碱性介质中的反应(可用于鉴定 Bi^{3+}):

$$3[Sn(OH)_4]^{2-} + 2Bi^{3+} + 6OH^- = 2Bi + 3[Sn(OH)_6]^{2-}$$
$$（黑色）$$

12.4　氢化物和含氧酸的酸性

12.4.1　电子密度

电子密度是指某原子吸引带正电荷的原子或原子团的能力。它的大小与原子所带的负电荷数和原子体积或原子半径有关。若原子所带的负电荷数高,原子半径小,则电子密度大。对于氢化物,与质子直接相连的原子的电子密度越大,该原子对质子的引力将越强,质子越难解离,则酸性越弱。

如同一周期的氢化物 NH$_3$—H$_2$O—HF,从左到右,同质子相连的原子半径相差不大,但所带的负电荷数依次降低,从而使这些原子的电子密度减小,对质子的引力也依次减小,故氢化物的酸性依次增强。而在同一族中,与同一质子相连的原子所带的电荷数相同,但由于原子半径从上到下依次增大,而使这些原子的电子密度减小。同样氢化物水溶液的酸性依次增强。

12.4.2　氢化物的酸碱性

1. 氢卤酸的酸性

在氢卤酸中,按氟—氯—溴—碘的顺序,酸性依次增强,氢氯酸(盐酸)、氢溴酸和氢碘酸均为强酸,只有氢氟酸为弱酸。与一般弱电解质不同,氢氟酸的解离度随浓度的增大而增加,浓度大于 5 mol·L^{-1}时,已变成强酸。这一反常现象是因为生成了缔合离子 HF_2^-、$H_2F_3^-$ 等,促使 HF 进一步解离,故溶液酸性增强。

$$HF \rightleftharpoons H^+ + F^- \qquad K^\ominus(HF) = 6.3 \times 10^{-4}$$

$$F^- + HF \rightleftharpoons HF_2^- \qquad K^\ominus(HF_2^-) = 5.1$$

对于氢卤酸酸性强度的规律性,可从热力学角度进行说明。氢卤酸解离过程的热力学循环如下所示:

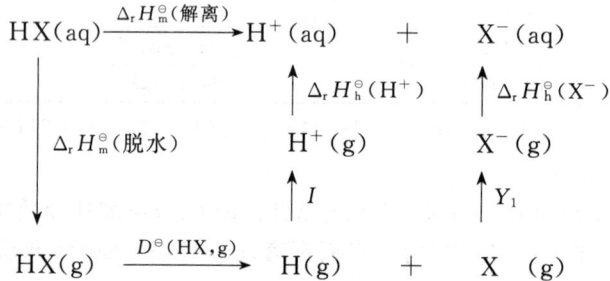

$$\begin{array}{ccccc}
HX(aq) & \xrightarrow{\Delta_r H_m^\ominus(解离)} & H^+(aq) & + & X^-(aq) \\
\downarrow\Delta_r H_m^\ominus(脱水) & & \uparrow\Delta_r H_h^\ominus(H^+) & & \uparrow\Delta_r H_h^\ominus(X^-) \\
& & H^+(g) & & X^-(g) \\
& & \uparrow I & & \uparrow Y_1 \\
HX(g) & \xrightarrow{D^\ominus(HX,g)} & H(g) & + & X(g)
\end{array}$$

$$\Delta_r H_m^\ominus(解离) = \Delta_r H_m^\ominus(脱水) + D^\ominus(HX,g) + I + Y_1 + \Delta_r H_h^\ominus(H^+) + \Delta_r H_h^\ominus(X^-)$$

HX(aq)解离过程有关的热力学数据如表 12-18 所示。

表 12-18　氢卤酸解离过程有关的热力学数据

项　　　目	HF	HCl	HBr	HI
$\Delta_r H_m^\ominus(脱水)/(kJ \cdot mol^{-1})$	48	18	21	23
$D^\ominus(HX,g)/(kJ \cdot mol^{-1})$	568.6	431.8	365.7	298.7
$I_1(H)/(kJ \cdot mol^{-1})$	1311	1311	1311	1311
$Y_1(X)/(kJ \cdot mol^{-1})$	-322	-348	-324	-295
$\Delta_r H_h^\ominus(H^+)/(kJ \cdot mol^{-1})$	-1091	-1091	-1091	-1091
$\Delta_r H_h^\ominus(X^-)/(kJ \cdot mol^{-1})$	-515	-381	-347	-305
$\Delta_r H_m^\ominus(解离)/(kJ \cdot mol^{-1})$	-3	-60	-64	-58
$T\Delta_r S_m^\ominus/(kJ \cdot mol^{-1})$	-29	-13	-4	4
$\Delta_r G_m^\ominus/(kJ \cdot mol^{-1})$	26	-47	-60	-62

根据 $\Delta_r G_m^\ominus = -RT\ln K^\ominus$,HF、HCl、HBr 和 HI 在 298.15 K 时的 $K_a^\ominus$ 依次等于 10^{-4}、10^8、10^{10}、10^{11}。从表中的热力学数据不难看出氢氟酸是弱酸。首先,在 HX 系列中,HF 解离过程焓变的代数值最大(放热最少),这是因为 HF 键解离能大、脱水焓大(HF 溶液中存在氢键)以及氟的电子亲和能的代数值比预期值偏高;其次,熵变代数值最小。这些均导致 $\Delta_r G_m^\ominus(HF)$ 最大,$K^\ominus(HF) \ll 1$。

2. 氧族氢化物水溶液的酸性

氧族氢化物有水(H_2O)、硫化氢(H_2S)、硒化氢(H_2Se)、碲化氢(H_2Te),其水溶液(二元弱酸)酸性由弱到强变化:

	H_2O	H_2S	H_2Se	H_2Te
$K_{a,1}$	1.1×10^{-16}	9.1×10^{-8}	1.7×10^{-4}	2.3×10^{-3}
$K_{a,2}$	$< 10^{-36}$	1.1×10^{-12}	约 10^{-10}	约 10^{-5}

递　增 →

12.4.3　含氧酸的性质

1. 卤素含氧酸

次卤酸都是极弱的一元酸,仅存在于溶液中,它们的强度按 HClO—HBrO—HIO 的顺序依次减弱。亚卤酸也是弱酸,但比相应的次卤酸强,很不稳定,仅存在于溶液中,至今 HIO_2 是否存在仍无法确定。卤酸都是强酸,按 $HClO_3$—$HBrO_3$—HIO_3 的顺序,酸性依次减弱,热稳定性依次增强。氯、溴、碘都能形成高卤酸。高氯酸的水溶液很稳定,加热至近沸点也不分解。高氯酸是已知酸中的最强酸,高碘酸通常有两种形式——正高碘酸(H_5IO_6)和偏高碘酸(HIO_4),在强酸性溶液中主要以 H_5IO_6 形式存在。H_5IO_6 在 373 K 时真空蒸馏,可逐步失水转为偏高碘酸。高碘酸的酸性比高氯酸和高溴酸的酸性弱得多,它的 $K_1 = 2.3 \times 10^{-2}$,$K_2 = 4 \times 10^{-9}$,$K_3 = 1 \times 10^{-15}$。

下面列出一些卤素含氧酸的解离常数(K_a)和酸性强度的变化规律:

氯的含氧酸	HClO	$HClO_2$	$HClO_3$	$HClO_4$	
K_a	2.88×10^{-8}	1.1×10^{-2}	10	10^8	
溴的含氧酸	HBrO	$HBrO_2$	$HBrO_3$	$HBrO_4$	递
K_a	2.51×10^{-9}				增
碘的含氧酸	HIO	HIO_2	HIO_3	H_5IO_6	
K_a	2.29×10^{-11}		1.6×10^{-1}	2.3×10^{-2}	

$$递\quad增 \longrightarrow$$

可见,同一卤素不同氧化态的含氧酸,其酸性随着氧化数的增加而加大;同一卤族不同元素(氧化态相同)形成的含氧酸,其酸性按卤素原子序数增大的顺序依次减弱。这一规律可以用 R—O—H 经验规则解释。将含氧酸写成 R—O—H,在水溶液中,H^+ 解离程度与 R^{n+}(中心离子)对 O 的引力有关,R^{n+} 半径越小、电荷越高,则它对 O 的引力越强,H^+ 就容易解离,ROH 的酸性就越强。该经验规则同样适用于其他主族元素的含氧酸,能说明同一周期不同元素(族价)所形成的含氧酸酸性由左至右依次增强的事实。

2. 硫、氯含氧酸的对比

硫和氯都是第 3 周期元素,位置相邻,它们都能形成各种含氧酸。氯的含氧酸比较简单,只因氧化数不同而有高、正、亚、次之分,硫的含氧酸比较复杂,有焦酸,同时还有过酸、连酸之分。硫、氯的各种含氧酸中只有氧化数与族数相等的含氧酸能以纯酸形式存在,其余通常存在于水溶液中。现将两元素常见的不同氧化数的含氧酸的主要性质进行对比。

1)水溶液的酸性

硫的含氧酸	H_2SO_3	H_2SO_4			
$K_{a,2}$	1.02×10^{-7}	1.2×10^{-2}			递
氯的含氧酸	HClO	$HClO_2$	$HClO_3$	$HClO_4$	增
$K_{a,2}$	2.88×10^{-8}	1.1×10^{-2}	10	10^8	

$$递\quad增 \longrightarrow$$

2）氧化性

硫的含氧酸		H₂SO₃	H₂SO₄	

硫的含氧酸　　　　　　　　H₂SO₃　　H₂SO₄

$E_A^\ominus / V$　　　　　　　0.45　　0.36　　　　　　递

氯的含氧酸　HClO　HClO₂　HClO₃　HClO₄　增

$E_A^\ominus / V$　1.63　1.62　1.47　1.34

递　减

必须指出：热浓 H₂SO₄ 和热浓 HClO₄ 的氧化性是特别强的；水溶液中 HClO₂ 的氧化性也很强。

3）热稳定性

硫、氯这两种元素的含氧酸，除正酸外，一般受热容易分解。

硫的含氧酸　　　　H₂SO₃　　　　　　　H₂SO₄

氯的含氧酸　　HClO　HClO₂　HClO₃　HClO₄

递　增

4）氧族含氧酸的 K_1 和 $E^\ominus$

氧化数为 +4 的含氧酸，其酸性按 H₂SO₃—H₂SeO₃—H₂TeO₃ 的顺序依次减弱，如表 12-19所示。它们也都具有氧化性和还原性，但和亚硫酸不同，亚硒酸和亚碲酸是以氧化性为主，而且比较稳定，从标准电极电势值可以看出，它们可以把亚硫酸氧化成硫酸，本身被还原成单质：

$$2SO_2 + H_2O + H_2SeO_3 = 2H_2SO_4 + Se$$

$$2SO_2 + H_2O + H_2TeO_3 = 2H_2SO_4 + Te$$

从烟道灰和某些工业淤泥中回收硒、碲，正是利用了这两个反应。氧化数为 +6 的含氧酸中，硒酸和碲酸的氧化性比硫酸还强，是很强的氧化剂。

表 12-19　氧族含氧酸的 K_1 和 $E^\ominus$

氧族含氧酸	解离常数 K_1	$E^\ominus / V$
H₂SO₃	1.5×10^{-2}	0.45
H₂SeO₃	2.4×10^{-3}	0.73
H₂TeO₃	2.0×10^{-3}	0.53
H₂SO₄	完全解离（稀）	0.172
H₂SeO₄	完全解离（稀）	1.15
H₆TeO₆	6.0×10^{-7}	1.02

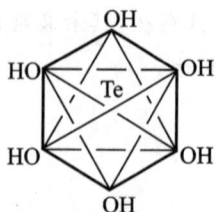

**图 12-11　H₆TeO₆
酸的结构**

浓硒酸与盐酸的混合液，具有类似王水的性质，可以溶解金和铂。稀溶液中，硫酸和硒酸都是强酸，而碲酸则是一种很弱的酸。X 射线衍射实验表明，碲酸分子中碲原子采用 sp³d² 杂化，6 个 OH⁻ 从八面体的 6 个顶点向碲原子靠近，组成碲酸分子，如图 12-11所示，分子间通过氢键相连形成碲酸晶体。

3. As、Sb、Bi 的氧化物及其水合物

As、Sb、Bi 的正氧化数有两种，即 +3、+5，所以对应的氧化物及其水合物有两个系列。

1）氧化物及其水合物类型、溶解性、酸碱性

As、Sb、Bi 的氧化物及其水合物的酸碱性变化规律如表 12-20 所示。

表 12-20　As、Sb、Bi＋3、＋5 的氧化数的化合物的酸碱性变化规律

＋3 氧化数的化合物	＋5 氧化数的化合物	
As$_2$O$_3$（砒霜，剧毒）	As$_2$O$_5$	酸
H$_3$AsO$_3$（可溶，两性偏酸）	H$_3$AsO$_4$（可溶，中强酸）	性
Sb$_2$O$_3$（沉淀）	Sb$_2$O$_5$（沉淀）	递
Sb(OH)$_3$（白色沉淀，两性）	H$_3$SbO$_4$（沉淀，两性偏酸）	减
Bi$_2$O$_3$（沉淀）	Bi$_2$O$_5$（沉淀，极不稳定，弱酸性）	
Bi(OH)$_3$（白色沉淀，弱碱性）		

酸性递增

2）氧化还原性

由于惰性电子对效应，按 As—Sb—Bi 的顺序：As(Ⅲ)—Sb(Ⅲ)—Bi(Ⅲ)化合物的还原性减弱；As(Ⅴ)—Sb(Ⅴ)—Bi(Ⅴ)化合物的氧化性增强（见表 12-21）。

砷酸盐、锑酸盐在强酸性溶液中才显出明显的氧化性，如：

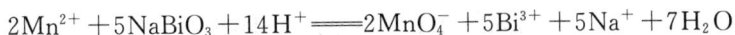

$$H_3AsO_4 + 2H^+ + 2I^- = H_3AsO_3 + I_2 + H_2O$$
$$2Mn^{2+} + 5NaBiO_3 + 14H^+ = 2MnO_4^- + 5Bi^{3+} + 5Na^+ + 7H_2O$$

要使 Bi(Ⅲ)变为 Bi(Ⅴ)，需在碱性介质中用强氧化剂：

$$Bi(OH)_3 + Cl_2 + 3NaOH = NaBiO_3 + 2NaCl + 3H_2O$$

表 12-21　As、Sb、Bi＋3、＋5 的氧化数的化合物的氧化还原性变化规律

元素	＋3 氧化数的化合物		＋5 氧化数的化合物		氧化数的转变
As	稳	还	稳	氧	As 氧化数易由＋3→＋5
Sb	定性↓	原性↓	定性↓	化性↓	
Bi	递增	递减	递减	递增	Bi 氧化数易由＋5→＋3

12.5　盐类的性质

12.5.1　盐类的溶解性

1. 硫化物和多硫化物

1）硫化物

氢硫酸与碱反应可形成正盐和酸式盐，酸式盐均易溶于水，而正盐中除碱金属（包括 NH$_4^+$）的硫化物和 BaS 易溶于水外，碱土金属硫化物微溶于水（BeS 难溶），其他硫化物大多难溶于水，并具有特征的颜色。

大多数金属硫化物难溶于水。从结构方面来看，S^{2-} 的半径比较大，因此变形性较大，在与重金属离子结合时，由于离子相互极化作用，这些金属硫化物中的 M—S 键表现出共价性，造成此类硫化物难溶于水。显然，金属离子的极化作用越强，其硫化物溶解度越小。根据硫化物在酸中的溶解情况，将其分为四类，见表 12-22。

表 12-22 硫化物的分类

项目	溶于稀盐酸 (0.3 mol·L⁻¹ HCl)	难溶于稀盐酸		
		溶于浓盐酸	难溶于浓盐酸	
			溶于浓硝酸	仅溶于王水
物质	MnS(肉色) CoS(黑色) ZnS(白色) NiS(黑色) FeS(黑色)	SnS(褐色) Sb₂S₃(橙色) SnS₂(黄色) Sb₂S₅(橙色) PbS(黑色) CdS(黄色) Bi₂S₃(暗棕色)	CuS(黑色) As₂S₃(浅黄) Cu₂S(黑色) As₂S₆(浅黄) Ag₂S(黑色)	HgS(黑色) Hg₂S(黑色)
$K_{sp}^{\ominus}$	$K_{sp}^{\ominus}>10^{-24}$	$10^{-24}>K_{sp}^{\ominus}>10^{-30}$	$K_{sp}^{\ominus}<10^{-30}$	$K_{sp}^{\ominus}\ll10^{-30}$

现以 MS 型硫化物为例,结合上述分类情况进行讨论。

(1)不溶于水,但溶于稀盐酸的硫化物。此类硫化物的 $K_{sp}^{\ominus}>10^{-24}$,与稀盐酸反应即可有效地降低 S^{2-} 浓度而使之溶解。例如:

$$ZnS+2H^+ \!=\!=\! Zn^{2+}+H_2S$$

(2)不溶于水和稀盐酸,但溶于浓盐酸的硫化物。此类硫化物的 $K_{sp}^{\ominus}$ 在 $10^{-30}\sim10^{-24}$,与浓盐酸作用除产生 H_2S 气体外,还生成配合物,降低了金属离子的浓度。例如:

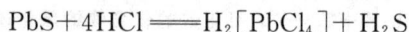

$$PbS+4HCl \!=\!=\! H_2[PbCl_4]+H_2S$$

(3)不溶于水和盐酸,但溶于浓硝酸的硫化物。此类硫化物的 $K_{sp}^{\ominus}<10^{-30}$,与浓硝酸可发生氧化还原反应,溶液中的 S^{2-} 被氧化为 S,S^{2-} 浓度大为降低而导致硫化物的溶解。例如:

$$3CuS+8HNO_3 \longrightarrow 3Cu(NO_3)_2+3S+2NO\uparrow+4H_2O$$

(4)仅溶于王水的硫化物。对于 $K_{sp}^{\ominus}$ 更小的硫化物(如 HgS)来说,必须用王水才能溶解。因为王水不仅能使 S^{2-} 氧化,还能使 Hg^{2+} 与 Cl^- 结合,从而使硫化物溶解。反应式如下:

$$3HgS+2HNO_3+12HCl \!=\!=\! 3H_2[HgCl_4]+3S+2NO\uparrow+4H_2O$$

由于氢硫酸是弱酸,因此硫化物都有不同程度的水解性。例如:碱金属硫化物 Na_2S 溶于水,因水解而使溶液呈碱性。工业上常利用其价格便宜代替 NaOH 作为碱使用,因而硫化钠俗称为"硫化碱"。其水解反应式如下:

$$S^{2-}+H_2O \Longleftrightarrow HS^-+OH^-$$

碱土金属硫化物遇水也会发生水解。例如:

$$2CaS+2H_2O \Longleftrightarrow Ca(HS)_2+Ca(OH)_2$$

某些氧化数较高的金属的硫化物(如 Al_2S_3、Cr_2S_3 等)遇水发生完全水解:

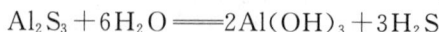

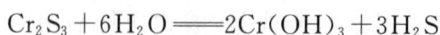

$$Al_2S_3+6H_2O \!=\!=\! 2Al(OH)_3\downarrow+3H_2S\uparrow$$

$$Cr_2S_3+6H_2O \!=\!=\! 2Cr(OH)_3\downarrow+3H_2S\uparrow$$

因此,这些金属硫化物在水溶液中是不存在的。制备这些硫化物必须用干法,如用金属铝粉和硫粉直接化合生成 Al_2S_3。

可溶性硫化物可用做还原剂,制造硫化染料、脱毛剂、农药和鞣革,也用于制荧光粉。

2)多硫化物

在可溶硫化物的浓溶液中加入硫粉时,硫溶解而生成相应的多硫化物。例如:

$$Na_2S+(x-1)S \!=\!=\! Na_2S_x \qquad (x=2\sim6)$$

其中,S_x^{2-} 称为多硫离子。随着硫原子数(x)的增加,其颜色从黄色经过橙黄色而变为红色。实验室配制的 $(NH_4)_2S$ 溶液,久置时颜色会由无色变为黄色、橙色甚至红色,就是由于 $(NH_4)_2S$ 易被空气氧化,产物 S 溶于 $(NH_4)_2S$ 生成 $(NH_4)_2S_x$(多硫化铵)所致。反应式如下:

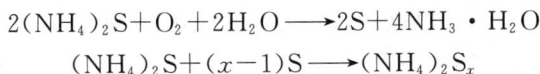

$$2(NH_4)_2S + O_2 + 2H_2O \longrightarrow 2S + 4NH_3 \cdot H_2O$$
$$(NH_4)_2S + (x-1)S \longrightarrow (NH_4)_2S_x$$

故 $(NH_4)_2S$ 溶液宜现配现用。

多硫化氢 H_2S_x 为黄色液体,将酸作用于多硫化钠(如 Na_2S_x)即可生成不稳定的 H_2S_2。H_2S_2 分子与 H_2O_2 分子的形状相似,其盐 BaS_2 也与 BaO_2 相似。自然界中的黄铁矿 FeS_2 即为铁的多硫化物。

多硫化物与过氧化物相似,都具有氧化性和还原性。例如:

氧化性　　　　　　　　$SnS + S_2^{2-} =\!=\!= SnS_3^{2-}$(硫代锡酸根)

还原性　　　　　　　　$4FeS_2 + 11O_2 =\!=\!= 2Fe_2O_3 + 8SO_2$

多硫化物在酸性溶液中很不稳定,易歧化分解为硫化氢和单质硫:

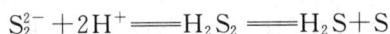

$$S_2^{2-} + 2H^+ =\!=\!= H_2S_2 =\!=\!= H_2S + S$$

多硫化物在分析化学中是常用的试剂,在制革工业中用做原皮的脱毛剂,农业上用做杀虫剂。

2. 铅盐的难溶性

大多数铅盐难溶,易溶的有 $Pb(NO_3)_2$、$Pb(OAc)_2$(铅糖,弱电解质)。可溶性铅盐有毒。

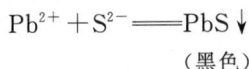

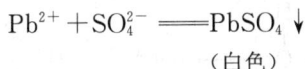

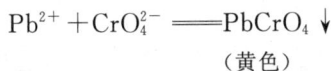

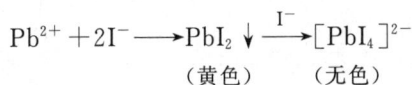

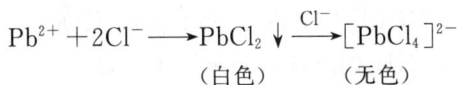

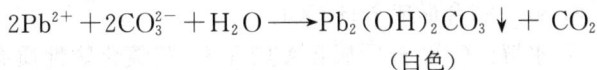

$$Pb^{2+} + S^{2-} =\!=\!= PbS \downarrow$$
$$\text{(黑色)}$$

$$Pb^{2+} + SO_4^{2-} =\!=\!= PbSO_4 \downarrow$$
$$\text{(白色)}$$

$$Pb^{2+} + CrO_4^{2-} =\!=\!= PbCrO_4 \downarrow$$
$$\text{(黄色)}$$

$$Pb^{2+} + 2I^- \longrightarrow PbI_2 \downarrow \xrightarrow{I^-} [PbI_4]^{2-}$$
$$\text{(黄色)} \qquad \text{(无色)}$$

$$Pb^{2+} + 2Cl^- \longrightarrow PbCl_2 \downarrow \xrightarrow{Cl^-} [PbCl_4]^{2-}$$
$$\text{(白色)} \qquad \text{(无色)}$$

$$2Pb^{2+} + 2CO_3^{2-} + H_2O \longrightarrow Pb_2(OH)_2CO_3 \downarrow + CO_2$$
$$\text{(白色)}$$

其中,$PbSO_4$ 溶于浓 H_2SO_4、HAc 溶液中;$PbCrO_4$ 为铬黄颜料,可用于鉴定 Pb^{2+} 或 CrO_4^{2-};$PbCl_2$ 溶于热水;$Pb_2(OH)_2CO_3$ 可用做铅白颜料。

12.5.2　盐类的水解

卤化物与水作用是卤化物最具特征性的一类反应。离子型卤化物大多数易溶于水,在水中解离成金属离子和卤素离子。共价型卤化物绝大多数遇水立即发生水解反应。例如:

$$BF_3 + 3H_2O =\!=\!= H_3BO_3 + 3HF$$
$$SiCl_4 + 4H_2O =\!=\!= H_4SiO_4 + 4HCl$$
$$PCl_3 + 3H_2O =\!=\!= H_3PO_3 + 3HCl$$
$$BrF_5 + 3H_2O =\!=\!= HBrO_3 + 5HF$$

一般生成含氧酸和氢卤酸。这个过程通常认为是水分子中氧原子上的孤电子对首先进攻中心原子,然后消去小分子,依次逐步进行而实现。如 $SiCl_4$ 极易水解是由于 Si 属第 3 周期元素,原子外层具有能量较低、可参与成键的 3d 空轨道,Si 的配位数最高可达 6,$SiCl_4$ 遇水时,H_2O 分子首先进入 Si 原子的一个 3d 轨道,然后消去一个 HCl 分子:

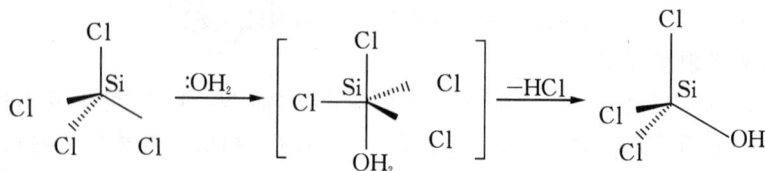

反应继续进行:

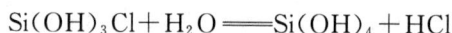

$$HOSiCl_3 + H_2O \Longrightarrow Si(OH)_2Cl_2 + HCl$$

$$Si(OH)_2Cl_2 + H_2O \Longrightarrow Si(OH)_3Cl + HCl$$

$$Si(OH)_3Cl + H_2O \Longrightarrow Si(OH)_4 + HCl$$

NCl_3 水解反应如下:

$$NCl_3 + 3H_2O \Longrightarrow NH_3 + 3HClO$$

N 原子周围已满 8 个电子,N 是第 2 周期元素,其原子外层没有有效 d 轨道。NCl_3 之所以能够水解,是因为在 NCl_3 分子中,N 原子外层虽有 8 个电子,但由于 N 的电负性比 Cl 大,整个分子电子云偏向 N,使 N 上的孤电子对更加突出,同时 N 的最大配位数可以是 4,于是 N 上的孤电子对首先和 H_2O 中带正电性的 H 原子结合,然后消去 HOCl,直至反应完全:

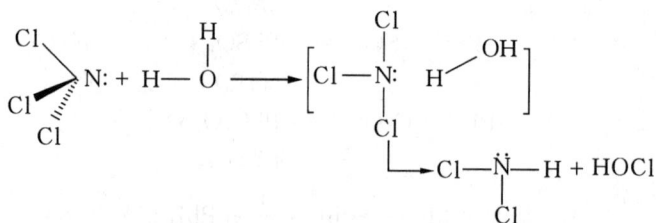

反应继续进行:

$$NHCl_2 + H_2O \Longrightarrow NH_2Cl + HOCl$$

$$NH_2Cl + H_2O \Longrightarrow NH_3 + HOCl$$

当然,HOCl 还可和 NH_3 结合形成 NH_4OCl。

通常条件下,CCl_4 不水解。C 和 Si 同属ⅣA 族元素,其氯化物性质有这样大的差别可以从热力学分析。例如:

$$CCl_4 + 2H_2O(l) \Longrightarrow CO_2 + 4HCl \qquad \Delta_r G_m^\ominus = -232.3 \ kJ \cdot mol^{-1}$$

$$SiCl_4 + 2H_2O(l) \Longrightarrow SiO_2 + 4HCl \qquad \Delta_r G_m^\ominus = -140.5 \ kJ \cdot mol^{-1}$$

两者都应水解,而且 CCl_4 的趋势更大,然而通常条件下,CCl_4 不具备水解条件。C 是第 2 周期元素,外层 2s、2p 轨道参加成键,最大配位数为 4,而水解前,CCl_4 中 C 的配位数已达 4,不能再接受配位体了,水分子就无进攻之地,因而通常条件下 CCl_4 是不水解的。但每个原子都有能量更高的原子轨道,C 原子也不例外,只是这些轨道能量太高,一般不被利用。若使用过热蒸汽来供给足够的能量,C 原子的空轨道就可能被利用,水解反应也就能够发生。因此 CCl_4 在过热蒸汽中的水解反应:

$$CCl_4 + H_2O(过热蒸汽) \Longrightarrow COCl_2 + 2HCl$$

　　SF_6 分子中的中心 S 原子(第 3 周期元素)尽管有可利用的 d 轨道,但它的配位数已达饱和(配位数为 6),水分子同样不能进攻,因此 SF_6 也是不水解的共价型卤化物。

　　$SnCl_2$ 是实验室常用试剂。基于 $SnCl_2$ 的水解性及还原性,在配制和保存 $SnCl_2$ 溶液时,先将 $SnCl_2$ 固体溶在浓 HCl 溶液中,再加水稀释至所需浓度以抑制水解;然后在配制的 $SnCl_2$ 溶液中加入锡粒以防止氧化:

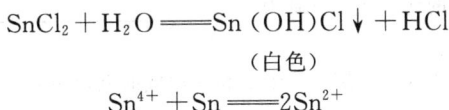

$$SnCl_2 + H_2O \Longrightarrow Sn(OH)Cl \downarrow + HCl$$
$$\text{(白色)}$$
$$Sn^{4+} + Sn \Longrightarrow 2Sn^{2+}$$

12.5.3　含氧酸盐的热稳定性

　　硝酸盐的热分解性是十分特殊的。大多数硝酸盐易溶,但其热分解性随金属离子不同而异。通常,硝酸盐在常温下稳定,在高温下分解,分解产物有三种情况(除 NH_4NO_3 外),如表 12-23 所示。例如:

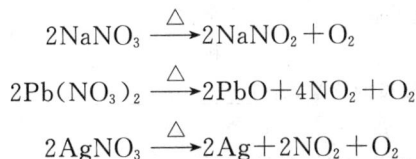

$$2NaNO_3 \xrightarrow{\triangle} 2NaNO_2 + O_2$$
$$2Pb(NO_3)_2 \xrightarrow{\triangle} 2PbO + 4NO_2 + O_2$$
$$2AgNO_3 \xrightarrow{\triangle} 2Ag + 2NO_2 + O_2$$

表 12-23　不同硝酸盐的热分解产物

项目	金属活泼性		
	比 Mg 强	在 Mg 与 Cu 之间	比 Cu 弱
分解产物	金属亚硝酸盐＋O_2	金属氧化物＋NO_2＋O_2	金属单质＋NO_2＋O_2
举例	$NaNO_3$	$Pb(NO_3)_2$	$AgNO_3$

　　所有硝酸盐的分解产物都有 O_2,所以若将硝酸盐与可燃物混合、加热会爆炸。硝酸盐可用来作焰火、火药。绝大多数亚硝酸盐易溶,且均有毒,但 $AgNO_2$ 难溶(淡黄)。

知 识 拓 展

酸雨治理的绿色化学
革命:从"被动治理"到
"源头控制"的范式转型

石墨烯的传奇:从"胶带
撕出"的诺贝尔奖
到量子革命的曙光

习　　题

扫码做题

一、填空题

1. CO、CO_2、HCO_3^-、H_2CO_3、H_2O、NH_3、N_2、SCN^-、HAc 等物质,在 BCl_3 中可作为质子酸的有 _____ _____ ;可作为路易斯碱的有 _____ 。

2. 用 $NaBiO_3$ 作氧化剂,将 Mn^{2+} 氧化为 MnO_4^- 时,要用 HNO_3 酸化,而不能用 HCl,这是因为 _____ _____ 。

3. 安福粉、保险粉和红矾钾的化学成分分别为 _____ 、 _____ 和 _____ 。

4. 在 ⅢA 至 ⅤA 各族中,第 4 到第 6 周期元素最高氧化数的氧化物的水合物,酸性最强的是 _____ _____ ,碱性最强的是 _____ 。

5. BH_3 不能以单分子形式存在,而 BX_3 则以单分子存在,这是因为 _____ 。

6. 长期放置的 Na_2S 或$(NH_4)_2S$ 溶液会变混浊,原因是 _____ 。

7. 配制 $SnCl_2$ 溶液需 _____ 。

8. 漂白粉的有效成分是 _____ 。

9. H_2S、H_2Se、H_2Te、H_2SeO_3 中酸性最弱的是 _____ 。

10. 臭氧分子中,中心原子氧采取 _____ 杂化。

11. $BiCl_3$ 的水解产物是 _____ 和 _____ 。

12. 写出多聚偏磷酸和磷钼酸铵的化学式: _____ ; _____ 。

13. PbO 俗称 _____ 。

14. 乙硼烷的分子式中硼-硼原子间的化学键是 _____ 。

15. 实验室存放白磷的方法是 _____ 。

二、完成下列化学反应方程式

1. $PbSO_4 + 4OH^- + Cl_2 \longrightarrow$
2. $SiH_4 + 2KMnO_4 \longrightarrow$
3. $I_2 + 5Cl_2 + 12OH^- \longrightarrow$
4. $4H^+ + 4I^- + O_2 \longrightarrow$
5. $3Cl_2 + I^- + 3H_2O \longrightarrow$
6. $3[Sn(OH)_3]^+ + 2Bi^{3+} + 9OH^- \longrightarrow$
7. $NaBiO_3(s) + 6HCl(浓) \longrightarrow$
8. $P_4 + 3OH^- + 3H_2O \longrightarrow$
9. $Pb_3O_4 + 15I^- + 8H^+ \longrightarrow$
10. $2PbO_2 + 2H_2SO_4 \longrightarrow$

三、简答题

1. C 与 Si 均为ⅣA族元素,为什么 SiO_2 的熔点高达 1710 ℃,而 CO_2 的熔点很低,常温下为气体?

2. 为什么 AlF_3 的沸点高达 1290 ℃,而 $AlCl_3$ 只有 160 ℃?

3. Cl 的电负性比 O 小,但为什么很多金属比较容易同氯作用,而与氧作用较难?

4. 氮和磷是同族元素,为什么氮形成双原子分子,而磷形成 P_4 分子?

5. 为什么在实验室内 H_2S、Na_2S 和 Na_2SO_3 溶液不能长期保存?

6. 有一种白色的固体 A,加入油状无色液体 B,可得紫黑色固体 C。C 微溶于水,加入 A 后溶解度增大,成棕色溶液 D。将 D 分成两份:一份中加一种无色溶液 E;另一份通入气体 F,也变成无色透明溶液。E 溶液遇到盐酸变为乳白色混浊液。将气体 F 通入溶液 E,在所得的溶液中加 $BaCl_2$ 溶液有白色沉淀,该沉淀物不溶于 HNO_3。请分别写出 A、B、C、D、E、F 的分子式。

第 13 章　ds 区元素

内容提要

ds 区元素包括ⅠB 和ⅡB 族元素,价层电子构型为$(n-1)d^{10}ns^{1\sim2}$。ds 区元素由于位于 d 区和 p 区元素之间,在性质上往往具有 d 区元素向 p 区元素过渡的特征。本章除了阐述 ds 区元素通性外,主要比较全面地讨论铜、银、锌、汞的单质及各类化合物性质上的特点,并对 Cu(Ⅰ)和 Cu(Ⅱ)、Hg(Ⅰ)和 Hg(Ⅱ)之间的相互转化以及与碱金属、碱土金属族分别进行比较分析。

基本要求

※ 掌握 ds 区元素的单质及其重要化合物的性质和用途。
※ 了解铜、金、锌、汞的冶炼原理。
※ 掌握 Cu(Ⅰ)和 Cu(Ⅱ)、Hg(Ⅰ)和 Hg(Ⅱ)之间的相互转化和转化条件。
※ 掌握ⅠA 与ⅠB、ⅡA 与ⅡB 及ⅠB 与ⅡB 族元素性质的比较。

建议学时

8 学时。

13.1　ds 区元素概述

13.1.1　铜族元素概述

周期表 ds 区ⅠB 族(铜分族)包含铜(Cu)、银(Ag)、金(Au)及铹(Rg,放射性元素),目前对铹了解甚少。

在自然界中,铜族元素除了以硫化物矿和氧化物矿形式存在外,还以单质形式存在。常见的矿物有辉铜矿(Cu_2S)、孔雀石($Cu_2(OH)_2CO_3$)、黄铜矿($CuFeS_2$)、赤铜矿(Cu_2O)、蓝铜矿($Cu_3(OH)_2(CO_3)_2$)、辉银矿(Ag_2S)、碲金矿($AuTe_2$)及角银矿($AgCl$)等。

我国铜矿主要分布在江西省(占全国 22.2%),其次是云南、甘肃、浙江、西藏等省(自治区),但多为贫矿,广东省阳春市石碌矿中的孔雀石储量居世界第一。我国早在 3000 多年前的商代就开始采铜,比罗马帝国早近千年。我国银矿资源居世界第七位,且以伴生银矿为主,如甘肃省有较大的含银铅锌矿,另外,湖北省、陕西省南部也发现几处较大的银矿。

铜、银、金均有以单质状态存在的矿物。目前已知最大的自然铜块重 42 t,金以单质形式散存于岩石(岩脉金)或沙砾(冲积金)中。世界上南非金矿资源最丰富,其次是美国。我国黄金矿藏主要分布在山东、河南、甘肃、黑龙江和新疆等省(自治区)。1872 年在澳大利亚新南威尔士恩德山金矿中曾采出重达 260 kg 的金矿块,其中含金 93.3 kg。

根据西方传说,古代地中海的塞浦路斯(Cyprus)岛是出产铜的地方,因而由此得到铜的拉丁名称"cuprum"和它的元素符号 Cu,英文中"copper"也源于此;拉丁文中的"银"是 argentum,来自希腊文"argyro",是"明亮"的意思;"金"是 aurum,来自"aurora"一词,是"灿烂"

的意思。因此,银和金的化学元素符号分别为 Ag 和 Au。

铜族元素价层电子构型为$(n-1)d^{10}ns^1$,氧化数有 +1、+2、+3,铜、银、金最常见的氧化数分别为 +2、+1、+3。铜族金属离子具有较强的极化力,本身变形性又大,所以它们的二元化合物一般有相当程度的共价性。与其他过渡元素类似,易形成配合物。

在酸性溶液中,铜、银、金的标准电极电势如图 13-1 所示。

$$Cu^{3+} \xrightarrow{2.4} Cu^{2+} \xrightarrow{0.159} Cu^+ \xrightarrow{0.520} Cu$$
$$+0.340$$

$$Ag^{3+} \xrightarrow{1.8} Ag^{2+} \xrightarrow{1.98} Ag^+ \xrightarrow{0.80} Ag$$

$$Au^{3+} \xrightarrow{1.36} Au^+ \xrightarrow{1.83} Au$$
$$1.52$$

图 13-1　铜、银、金元素电势图$(E_A^{\ominus}/V)$

13.1.2　锌族元素概述

周期表 ds 区 ⅡB 族(锌分族)包括锌(Zn)、镉(Cd)、汞(Hg)及 Cn(鎶,放射性元素)。

锌主要以氧化物或硫化物的形式存在于自然界,重要的矿石有闪锌矿(ZnS)、红锌矿(ZnO)、菱锌矿($ZnCO_3$)等。我国锌矿资源丰富,著名的锌矿产地为湖南省长宁水口山和临湘桃林。闪锌矿锌含量低,经浮选法得到含 ZnS 40%~60% 的精矿,然后焙烧为氧化锌,用焦炭在 1200~1300 ℃下还原,蒸馏出 Zn:

焙烧　　　　　　　　$2ZnS + 3O_2 \mathrel{=\!=\!=} 2ZnO + 2SO_2$

热还原　　　　　　　　$2C + O_2 \mathrel{=\!=\!=} 2CO$

　　　　　　　　　$ZnO + CO \mathrel{=\!=\!=} Zn + CO_2$

现在较先进的湿法炼锌是 20 世纪 80 年代出现的,它是直接将精矿加压浸出的"全湿法"工艺:

$$2ZnS + 2H_2SO_4 + O_2 \mathrel{=\!=\!=} 2ZnSO_4 + 2H_2O + 2S$$

所得溶液经净化后电解可得纯度为 99.5% 的锌,再经熔炼可获得纯度为 99.9999% 的锌。

锌族元素的价层电子构型为$(n-1)d^{10}ns^2$,由于$(n-1)d$电子未参与成键,故锌族元素的性质与典型过渡元素有较大区别,而与 p 区(第 4、5、6 周期)元素接近,如氧化数主要为 +2,汞有 +1 价(总是以双聚离子$[—Hg—Hg—]^{2+}$的形式存在),锌族元素的离子无色,金属键较弱而硬度、熔点较低。

锌、镉、汞的标准电极电势如图 13-2 所示。

由元素电势图可看出,锌族元素的金属活泼性比铜族强,除 Hg 外,Zn、Cd 是较活泼金属。活泼性按 Zn—Cd—Hg 顺序减弱,Zn 和 Cd 化学性质较接近,汞和它们相差较大,类似于铜族元素。

锌族元素的 M^{2+} 均无色,所以它们的许多化合物也无色。但是,由于 M^{2+} 具有 18 电子构型外壳,其极化能力和变形性按 Zn^{2+}—Cd^{2+}—Hg^{2+} 的顺序而增强,以致 Cd^{2+} 特别是 Hg^{2+} 与易变形的负离子形成的化合物,往往显色并具有较低的溶解度。

锌族元素一般能形成较稳定的配合物。

$$Zn^{2+} \xrightarrow{-0.7626} Zn \qquad\qquad Zn(OH)_2 \xrightarrow{-1.249} Zn$$

$$Cd^{2+} \xrightarrow{>-0.6} Cd_2^{2+} \xrightarrow{<-0.6} Cd \qquad\qquad [Zn(CN)_4]^{2-} \xrightarrow{-1.26} Zn$$

$$\underset{-0.403}{\underline{\qquad\qquad\qquad}}$$

$$Hg^{2+} \xrightarrow{0.911} Hg_2^{2+} \xrightarrow{0.796} Hg \qquad\qquad [Cd(OH)_4]^{2-} \xrightarrow{-0.622} Cd$$

$$\underset{0.853\,5}{\underline{\qquad\qquad\qquad}}$$

$$HgCl_2 \xrightarrow{0.63} Hg_2Cl_2 \xrightarrow{0.2682} Hg \qquad\qquad HgO \xrightarrow{0.072\,4} Hg_2O \xrightarrow{0.123} Hg$$

$$\text{饱和溶液} \qquad\qquad\qquad\qquad\qquad\qquad \underset{0.085\,35}{\underline{\qquad\qquad\qquad}}$$

$$(a)E_A^{\ominus}/V \qquad\qquad\qquad\qquad (b)E_B^{\ominus}/V$$

图 13-2　锌、镉、汞元素电势图

13.2　ds 区金属单质的物理性质及用途

13.2.1　铜族单质的物理性质及用途

铜、银、金是人类最早熟悉的金属,纯铜为红色,金为黄色,银为银白色。它们的密度都大于 5 g·cm^{-3},都是重金属,其中金的密度最大,为 19.3 g·cm^{-3}。与前所述的过渡元素相比,其熔、沸点相对较低,硬度小,有极好的延展性和可塑性,金尤为突出,1 g 金可以拉成长达 3.4 km 的金线,也能碾压成 0.0001 mm 厚的金箔。这三种金属导热、导电能力极强,尤以银为最,铜是最通用的导体。

铜、银、金能与许多金属形成合金,其中铜的合金品种最多,如黄铜(Cu 60%,Zn 40%)、青铜(Cu 80%,Sn 15%,Zn 5%)、白铜(Cu 50%~70%,Ni 18%~20%,Zn 13%~15%)等。其中黄铜表面经抛光可呈金黄色,是仿金首饰的材料。银表面反射光线能力强,过去用做眼镜、保温瓶、太阳能反射镜等。

铜、银的用途很广,除作钱币、饰物外,铜大量用来制造电线电缆,广泛用于电子工业和航天工业以及各种化工设备,如热交换器、蒸馏器等。铜合金主要用于制造齿轮等机械零件、热电偶、刀具等。铜是生命必需的微量元素,故有"生命之素"之称。银主要用于电镀、制镜、感光材料、化学试剂、电池、催化剂、药物等方面及补牙齿用的银汞齐等。金主要用于黄金储备、铸币、电子工业及制造首饰。早在 1993 年,中国个人黄金消费总量已达 250 t,占世界黄金需求量的 15%,居世界第一位。为使金饰品变得坚硬且便宜些,通常与适量的 Ag 和 Cu 熔炼成保持金黄色的合金,其中金的质量分数用"K"表示,1 K 为 4.166%。1 K 等于金属质量的 1/24,所以纯金为 24 K,18 K 表示含金量为 75%。金在镶牙、电子工业和航天工业方面也有重要的用途,例如哥伦比亚号航天飞机制造中就用了约 40 kg 的黄金。

我国公元前两千余年已能生产黄金。金在自然界中分散分布,金矿含金品位很低,需要先经富集后再提炼,我国五代时期就有氰化物可溶解金的记载,比西方早了 800 年。氰化法提金是用稀 NaCN(质量分数为 0.03%~0.2%)溶液处理粉碎后的精金矿,通入空气,使 Au(或 Ag)溶解,残渣分离后,用 Zn 或 Al 将 Au 置换出来,其化学反应式如下:

$$4Au + 8CN^- + O_2 + 2H_2O =\!=\!= 4[Au(CN)_2]^- + 4OH^-$$

$$2[Au(CN)_2]^- + Zn =\!=\!= 2Au + [Zn(CN)_4]^{2-}$$

然后用电解法精炼,可以制得纯度为 99.95% 的金。溶金的原理是在 CN$^-$ 的存在下,由于

$$E^{\ominus}([Au(CN)_2]^-/Au)=-0.596 \text{ V}<E^{\ominus}(O_2/OH^-)=0.40 \text{ V}$$

使溶金反应得以进行。

　　氰化法提金浸出率高(含 As、Sb 等金矿石除外),是目前仍在采用的传统提金方法,但其浸出速率较小,且氰化法所用的 NaCN 有剧毒,世界各国都在寻找新的提金方法。目前研究较多、比较有现实意义的无氰提金工艺主要有硫脲法、水氯化法和溴化法,它们的溶金反应分别简要表示如下:

$$Au+2SCN_2H_4(硫脲)+Fe^{3+}\Longrightarrow[Au(SCN_2H_4)_2]^+ +Fe^{2+}$$
$$E^{\ominus}([Au(SCN_2H_4)_2]^+/Au)=0.38 \text{ V}$$
$$2Au+3Cl_2+2HCl\Longrightarrow2H[AuCl_4] \qquad E^{\ominus}([AuCl_4]^-/Au)=1.002 \text{ V}$$
$$2Au+2HBr+3Br_2\Longrightarrow2H[AuBr_4] \qquad E^{\ominus}([AuBr_4]^-/Au)=0.854 \text{ V}$$

　　硫脲法溶金速率是氰化法的 12 倍,且毒性比氰化物小得多,但硫脲耗量大,生产成本高,而且有设备腐蚀问题;水氯化法提金回收率高、浸出快速、生产成本较低,但 Cl₂ 耗量太大且有毒;溴化法提金浸出速率大,但溴易挥发也有毒,还有设备腐蚀等问题。

　　我国银资源 90% 以上为伴生矿,我国产银几乎全是从重有色金属生产中综合回收的。所以从银废料中回收银已引起化学工作者的关注。银废料的存在形式、状态、品位高低不同,回收工艺不同。例如:含银废水的处理一般是先让其富集为 AgCl,然后采用还原剂或电解方法回收银,其简单流程如图 13-3 所示。

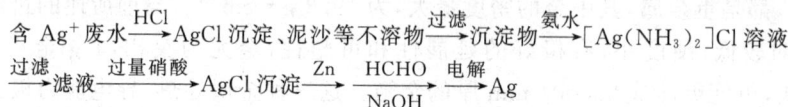

含 Ag⁺ 废水 $\xrightarrow{\text{HCl}}$ AgCl 沉淀、泥沙等不溶物 $\xrightarrow{\text{过滤}}$ 沉淀物 $\xrightarrow{\text{氨水}}$ [Ag(NH₃)₂]Cl 溶液
$\xrightarrow{\text{过滤}}$ 滤液 $\xrightarrow{\text{过量硝酸}}$ AgCl 沉淀 $\xrightarrow[\text{NaOH}]{\text{Zn　HCHO}}$ $\xrightarrow{\text{电解}}$ Ag

图 13-3　含银废水的简单处理流程

13.2.2　锌族单质的物理性质及用途

　　锌、镉、汞均为银白色金属,其中锌略带蓝白色。锌族元素单质的熔、沸点较低,按 Zn—Cd—Hg 的顺序降低,这与 p 区金属类似,而比 d 区和铜族金属低得多。常温下,汞是唯一的液态金属,有"水银"之称。汞受热均匀膨胀且不润湿玻璃,故用于制造温度计。室内空气中即使只含有微量的汞蒸气,也有害于人体健康。若不慎将汞撒落,可用锡箔把它"沾起"(形成锡汞齐),再在可能有残汞的地方撒上硫粉以形成无毒的 HgS。应采用铁罐或厚瓷瓶作容器储存汞,汞的上面加水封,以防汞蒸发。

　　Zn、Cd、Hg 相互之间或和其他金属可形成合金。大量金属锌用于制锌铁板(白铁皮)和干电池,锌与铜形成的合金(黄铜)应用也很广泛。在冶金工业上,锌粉作为还原剂应用于金属镉、金、银的冶炼。

　　汞能溶解许多金属形成汞齐,汞齐是汞的合金。钠汞齐与水反应放出氢,在有机合成中常用做还原剂。利用汞与某些金属形成汞齐的特点,自矿石中提取金、银等;银锡合金用汞溶解制得银锡汞齐,它能在很短的时间内硬化,有很好的强度,故作为补牙的填充材料。

13.3　ds 区元素单质及化合物的氧化还原性

13.3.1　ds 区元素单质的还原性

　　1. 铜、银、金

　　铜、银、金的化学活泼性较差。

1)与氧的反应

在干燥空气中铜很稳定,当有二氧化碳及湿气存在,则表面上生成绿色的碱式碳酸铜("铜绿"的主要成分,它没有保护内层金属的能力,是"秦俑"的绿色颜料):

$$2Cu+O_2+H_2O+CO_2 \Longrightarrow Cu_2(OH)_2CO_3$$

金是在高温下唯一不与氧气发生反应的金属,可谓"真金不怕火炼",在自然界中仅与碲形成天然化合物(碲化金)。

银的活泼性介于铜和金之间。银在室温下不与氧气、水作用,即使在高温下也不与氢气、氮气或碳作用,与卤素反应较慢,但在室温下与含有 H_2S 的空气接触时,表面因蒙上一层 Ag_2S 而发暗,这是银币和银首饰变暗的原因。

$$4Ag+2H_2S+O_2 \Longrightarrow 2Ag_2S+2H_2O$$

2)与酸的反应

铜、银不溶于非氧化性稀酸,但能与硝酸、热的浓硫酸作用:

$$Cu+4HNO_3(浓) \Longrightarrow Cu(NO_3)_2+2NO_2+2H_2O$$
$$3Cu+8HNO_3(稀) \Longrightarrow 3Cu(NO_3)_2+2NO+4H_2O$$
$$Cu+2H_2SO_4(浓) \Longrightarrow CuSO_4+SO_2+2H_2O$$
$$2Ag+2H_2SO_4(浓) \Longrightarrow Ag_2SO_4+SO_2+2H_2O$$
$$Ag+2HNO_3(65\%) \Longrightarrow AgNO_3+NO_2+H_2O$$

金不溶于单一的无机酸中,但能溶于王水(浓 HCl 与浓 HNO_3 的配比为 3:1 的混合液)中:

$$Au+HNO_3+4HCl \Longrightarrow H[AuCl_4]+NO+2H_2O$$

而银遇王水因表面生成 AgCl 薄膜而阻止反应继续进行。

2. 锌、镉、汞

锌和镉的化学性质相似,而汞的化学活泼性差得多。

1)与氧的反应

锌在加热条件下可以和绝大多数非金属发生化学反应,在 1000 ℃时,锌在空气中燃烧生成氧化锌,汞需加热至沸才缓慢与氧作用生成氧化汞,它在 500 ℃以上又重新分解成氧和汞:

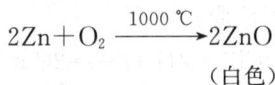
$$2Zn+O_2 \xrightarrow{1000\ ℃} 2ZnO$$
(白色)

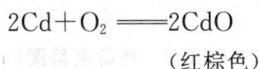
$$2Cd+O_2 \Longrightarrow 2CdO$$
(红棕色)

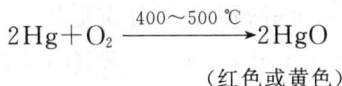
$$2Hg+O_2 \xrightarrow{400\sim500\ ℃} 2HgO$$
(红色或黄色)

生成的氧化物的稳定性按 ZnO—CdO—HgO 的顺序下降。

2)与硫等非金属的作用

锌、镉、汞均能与硫粉作用,生成相应的硫化物。

汞在室温下就可以与硫粉作用,由于汞呈液态,接触面积较大,且两者亲和力较强,可以形成硫化汞,因此可以把硫粉撒在有汞的地方,防止有毒的汞蒸气进入空气中。若空气中已有汞蒸气,可以把碘升华为气体,使汞蒸气与碘蒸气相遇,生成 HgI_2,以除去空气中的汞蒸气。

3)锌的两性

锌与铝相似,具有两性,既可溶于酸,也可溶于碱:

$$Zn + 2H^+ = Zn^{2+} + H_2$$

$$Zn + 2OH^- + 2H_2O = [Zn(OH)_4]^{2-} + H_2$$

与铝不同的是,锌与氨水能形成配离子而溶解:

$$Zn + 4NH_3 + 2H_2O = [Zn(NH_3)_4](OH)_2 + H_2$$

另外,锌在潮湿空气中,表面生成的一层致密碱式碳酸盐 $Zn(OH)_2 \cdot ZnCO_3$ 起保护作用,使锌有防腐蚀的性能,故铜、铁等制品表面常镀锌防腐。

$$2Zn + O_2 + H_2O + CO_2 = Zn(OH)_2 \cdot ZnCO_3$$

13.3.2　ds 区元素典型化合物的氧化还原性

1. 铜(Ⅰ)和铜(Ⅱ)的相互转化

铜的常见化合物的氧化数为 +1 和 +2。Cu(Ⅰ)为 d^{10} 构型,没有 d-d 跃迁,Cu(Ⅰ)的化合物一般是白色或无色的。Cu(Ⅱ)为 d^9 构型,它们的化合物中常因 Cu^{2+} 发生 d-d 跃迁而呈现颜色。从 Cu^+ 的价层电子构型($3d^{10}$)看,Cu(Ⅰ)化合物应该是稳定的,自然界中也确有含 Cu_2O 和 Cu_2S 的矿物存在。但在水溶液中,Cu^+ 易发生歧化反应,生成 Cu^{2+} 和 Cu。由于 Cu^{2+} 所带的电荷比 Cu^+ 多,半径比 Cu^+ 小,Cu^{2+} 的水合焓($-2100 \text{ kJ} \cdot \text{mol}^{-1}$)比 Cu^+($-593 \text{ kJ} \cdot \text{mol}^{-1}$)的小得多,因此在水溶液中 Cu^+ 不如 Cu^{2+} 稳定。

由铜的电势图可知,在酸性溶液中,Cu^+ 易发生歧化反应:

$$2Cu^+ \rightleftharpoons Cu^{2+} + Cu$$

$$K^{\ominus} = \frac{c(Cu^{2+})/c^{\ominus}}{c^2(Cu^+)/(c^{\ominus})^2} = 2 \times 10^6$$

Cu^+ 歧化反应的平衡常数相当大,反应进行得很彻底。为使 Cu(Ⅱ)转化为 Cu(Ⅰ),必须有还原剂存在;同时要降低溶液中 Cu^+ 的浓度,使之成为难溶物或难解离的配合物。CuCl 的制备就是其中一例。

由图 13-4 可知,$E^{\ominus}(Cu^{2+}/CuCl)$ 大于 $E^{\ominus}(CuCl/Cu)$,故 Cu^{2+} 可将 Cu 氧化为 CuCl。若用 SO_2 代替铜作还原剂,则可发生下列反应:

$$2Cu^{2+} + SO_2 + 2Cl^- + 2H_2O = 2CuCl + SO_4^{2-} + 4H^+$$

$$Cu^{2+} \xrightarrow{0.559} CuCl(s) \xrightarrow{0.12} Cu$$

图 13-4　CuCl 制备电势图($E_A^{\ominus}/V$)

又如 $CuSO_4$ 溶液与 KI 反应,可得到白色 CuI 沉淀:

$$2Cu^{2+} + 4I^- = 2CuI \downarrow + I_2 \qquad E^{\ominus}(Cu^{2+}/CuI) = 0.86 \text{ V}$$

（白色）

由于 $E^{\ominus}(Cu^{2+}/CuI)$ 大于 $E^{\ominus}(I_2/I^-)$,因此 Cu^{2+} 与 I^- 反应得不到 CuI_2,而得到 CuI。同理,在热的 Cu(Ⅱ)盐溶液中加入 KCN,可得到白色 CuCN 沉淀:

$$2Cu^{2+} + 4CN^- = 2CuCN \downarrow + (CN)_2$$

（白色）

若继续加入过量的 KCN,则 CuCN 因形成 Cu(Ⅰ)的最稳定配离子 $[Cu(CN)_x]^{1-x}$ 而溶解:

$$CuCN + (x-1)CN^- = [Cu(CN)_x]^{1-x} \qquad (x = 2 \sim 4)$$

总之,在水溶液中若能使 Cu^+ 生成难溶盐或稳定 Cu(Ⅰ)配离子,则可使 Cu(Ⅱ)转化为

Cu(Ⅰ)化合物。

2. Hg(Ⅱ)和 Hg(Ⅰ)的相互转化

汞的价层电子构型为 $5d^{10}6s^2$。汞除了形成氧化数为 +2 的化合物外,还有氧化数为 +1 的化合物(Hg_2^{2+})。

由前面汞的电势图可知,因 $E^{\ominus}(Hg^{2+}/Hg_2^{2+})$ 大于 $E^{\ominus}(Hg_2^{2+}/Hg)$,故在溶液中 Hg^{2+} 可氧化 Hg 而生成 Hg_2^{2+}:

$$Hg^{2+} + Hg \Longrightarrow Hg_2^{2+}$$

$$K^{\ominus} = \frac{c(Hg_2^{2+})/c^{\ominus}}{c(Hg^{2+})/c^{\ominus}} \approx 120$$

此式表明在平衡时,Hg^{2+} 基本上都转变为 Hg_2^{2+},因此 Hg(Ⅱ)化合物用金属汞还原,即可得到 Hg(Ⅰ)化合物。例如前面提到的,$HgCl_2$ 和 $Hg(NO_3)_2$ 在溶液中与金属汞接触时,可转变为 Hg(Ⅰ)化合物。

除用汞作还原剂外,还可用其他还原剂(其 $E^{\ominus}$ 值在 0.911 V 与 0.8535 V 之间)将 Hg(Ⅱ)还原为 Hg(Ⅰ),并保证没有单质汞产生。当用更强的还原剂时,Hg(Ⅱ)必须过量方能使 Hg(Ⅱ)转化为 Hg(Ⅰ),因为此时产生的单质汞可与过量的 Hg(Ⅱ)反应变为 Hg(Ⅰ)。

由于 $Hg^{2+} + Hg \Longrightarrow Hg_2^{2+}$ 反应的平衡常数较大,平衡偏向于生成 Hg_2^{2+} 的一方,为使 Hg(Ⅰ)转化为 Hg(Ⅱ),即 Hg_2^{2+} 的歧化反应能够进行,必须降低溶液中 Hg^{2+} 的浓度,例如使之变为某些难溶物或难解离的配合物:

$$Hg_2^{2+} + 2OH^- =\!=\!= HgO + Hg + H_2O$$
$$Hg_2^{2+} + S^{2-} =\!=\!= HgS + Hg$$
$$Hg_2Cl_2 + 2NH_3 =\!=\!= Hg(NH_2)Cl + Hg + NH_4Cl$$
$$Hg_2^{2+} + 2CN^- =\!=\!= Hg(CN)_2 + Hg$$
$$Hg_2^{2+} + 4I^- =\!=\!= [HgI_4]^{2-} + Hg$$

除 Hg_2F_2 外,Hg_2X_2 都是难溶的,如果用适量 X^-(包括拟卤素)和 Hg^{2+} 作用,产物是相应难溶的 Hg_2X_2。只有当 X^- 过量时,才能歧化成 $[HgX_4]^{2-}$ 和 Hg。

13.4　ds 区元素氧化物和氢氧化物的碱性及稳定性

13.4.1　铜、银的氧化物和氢氧化物

1. 铜(Ⅱ)的氧化物和氢氧化物

加热分解硝酸铜或碳酸铜可得黑色的 CuO,它不溶于水,但可溶于酸。CuO 的热稳定性很高,加热到 1000 ℃才开始分解为暗红色的 Cu_2O:

$$4CuO \xrightarrow{1000\,℃} 2Cu_2O + O_2$$
$$\text{(黑色)} \qquad\qquad \text{(暗红色)}$$

加强碱于铜盐溶液中,可析出浅蓝色的 $Cu(OH)_2$ 沉淀,$Cu(OH)_2$ 受热易脱水变成 CuO:

$$Cu^{2+} + 2OH^- =\!=\!= Cu(OH)_2 \downarrow$$
$$\text{(浅蓝色)}$$

$$Cu(OH)_2 \xrightarrow[\triangle]{80\sim90\,℃} CuO + H_2O$$

CuO 是高温超导材料,如Bi-Sr-Ca-CuO、Ti-Ba-Ca-CuO等都是超导转变温度超过了 120 K 的新材料。$Cu(OH)_2$ 显两性(但以弱碱性为主),易溶于酸;也能溶于浓的强碱溶液中,生成亮蓝色的四羟基合铜(Ⅱ)配负离子:

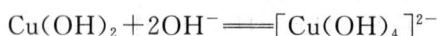

$$Cu(OH)_2 + 2H^+ \longrightarrow Cu^{2+} + 2H_2O$$

$$Cu(OH)_2 + 2OH^- \longrightarrow [Cu(OH)_4]^{2-}$$
$$\text{(亮蓝色)}$$

$[Cu(OH)_4]^{2-}$ 配离子可被葡萄糖还原为暗红色的 Cu_2O:

$$2[Cu(OH)_4]^{2-} + C_6H_{12}O_6 \longrightarrow Cu_2O\downarrow + C_6H_{12}O_7 + 4OH^- + 2H_2O$$
$$\text{(葡萄糖)} \qquad \text{(暗红色)} \qquad \text{(葡萄糖酸)}$$

医学上用此反应来检查糖尿病。$Cu(OH)_2$ 也易溶于氨水,生成深蓝色的$[Cu(NH_3)_4]^{2+}$。

2. 铜(Ⅰ)、银(Ⅰ)的氧化物和氢氧化物

铜(Ⅰ)、银(Ⅰ)的氧化物中主要的是氧化亚铜(Cu_2O)和氧化银(Ag_2O)。当温度低于 228 K 时,AgOH(白色)才能较稳定地存在,高于此温度则会分解为 Ag_2O(棕黑色);CuOH 极不稳定,至今尚未制得 CuOH。

Cu_2O 是弱碱性的,仅在 pH>3 的溶液中以沉淀形式存在,而 Ag_2O 是碱性的,在 pH>8 的溶液中以沉淀形式存在。

Cu_2O 对热很稳定,在 1508 K 时熔化也不分解,难溶于水,但易溶于稀酸,并立即歧化为 Cu 和 Cu^{2+}:

$$Cu_2O + 2H^+ \longrightarrow Cu^{2+} + Cu\downarrow + H_2O$$

Cu_2O 与盐酸反应生成难溶于水的 CuCl:

$$Cu_2O + 2HCl \longrightarrow 2CuCl\downarrow + H_2O$$
$$\text{(白色)}$$

此外,它还能溶于氨水形成无色配离子$[Cu(NH_3)_2]^+$:

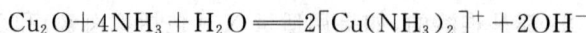

$$Cu_2O + 4NH_3 + H_2O \longrightarrow 2[Cu(NH_3)_2]^+ + 2OH^-$$

但$[Cu(NH_3)_2]^+$遇到空气则被氧化为深蓝色的$[Cu(NH_3)_4]^{2+}$:

$$4[Cu(NH_3)_2]^+ + O_2 + 8NH_3 + 2H_2O \longrightarrow 4[Cu(NH_3)_4]^{2+} + 4OH^-$$
$$\text{(深蓝色)}$$

Cu_2O 主要用做玻璃、搪瓷工业的红色颜料。此外,由于 Cu_2O 具有半导体性质,可用它和铜制造亚铜整流器。

常温下 AgOH 极不稳定,立即脱水生成 Ag_2O 沉淀:

$$2AgOH \longrightarrow Ag_2O\downarrow + H_2O$$
$$\text{(白色)} \qquad \text{(棕黑色)}$$

Ag_2O 和 MnO_2、Co_2O_3、CuO 的混合物能在室温下将 CO 迅速氧化成 CO_2,可用在防毒面具中和"三废"处理上。

13.4.2 氧化锌和氢氧化锌

锌与氧直接化合得白色粉末状氧化锌(ZnO),俗称锌白,它可以作白色颜料。ZnO 对热稳定,微溶于水,显两性,溶于酸、碱分别形成锌盐和锌酸盐。

由于 ZnO 对气体吸附力强,在石油化工上用做脱氢、苯酚和甲醛缩合等反应的催化剂。通过适当的热处理,ZnO 晶格的空穴可以增多,因此电导增加,并出现半导体特性,近年来的光催化反应中用 ZnO 作催化剂。ZnO 大量用做橡胶填料及油漆颜料,医药上用它制软膏、橡皮膏等。

在锌盐溶液中,加入适量的碱可析出 $Zn(OH)_2$ 沉淀。$Zn(OH)_2$ 也显两性,溶于酸成锌盐,溶于碱成锌酸盐:

$$Zn(OH)_2 + 2OH^- \rightleftharpoons [Zn(OH)_4]^{2-}$$

$Zn(OH)_2$ 和 ZnO 显两性,在饱和水溶液中存在下列平衡:

$$Zn^{2+} + 2OH^- \rightleftharpoons Zn(OH)_2 \underset{-2H_2O}{\overset{+2H_2O}{\rightleftharpoons}} 2H^+ + [Zn(OH)_4]^{2-}$$

加酸,平衡向左移动,生成 Zn^{2+};加碱,平衡向右移动,生成 $[Zn(OH)_4]^{2-}$ 配离子。

$Zn(OH)_2$ 能溶于氨水,形成配合物:

$$Zn(OH)_2 + 4NH_3 \rightleftharpoons [Zn(NH_3)_4]^{2+} + 2OH^-$$

由于 Zn^{2+}、Cd^{2+} 和 Hg^{2+} 的极化作用,锌、镉的氢氧化物在加热时易脱水生成 ZnO 和 CdO,而汞的氢氧化物极不稳定,常温下立即脱水分解生成 HgO。

$$Zn(OH)_2 \xrightarrow{\text{398 K 以上}} ZnO + H_2O$$

$$Cd(OH)_2 \xrightarrow{\text{523 K 以上}} CdO + H_2O$$
$$\text{(棕色)}$$

$$Hg^{2+} + 2OH^- \rightleftharpoons HgO\downarrow + H_2O$$
$$\text{(黄色)}$$

氧化汞(HgO)有红、黄两种变体,都不溶于水,有毒,500 ℃时分解为汞和氧气。HgO 是制备许多汞盐的原料,还用做医药制剂、分析试剂、陶瓷颜料等。

13.5　ds 区元素常见配合物

13.5.1　Cu(Ⅰ)配合物

常见的 Cu(Ⅰ)配离子如下:

配离子	$[CuCl_2]^-$	$[Cu(SCN)_2]^-$	$[Cu(NH_3)_2]^+$	$[Cu(S_2O_3)_2]^{3-}$	$[Cu(CN)_2]^-$
$K_f^{\ominus}$	3.16×10^5	1.52×10^5	7.24×10^{10}	1.66×10^{12}	1.0×10^{24}

多数 Cu(Ⅰ)配合物的溶液具有吸收烯烃、炔烃和 CO 的能力。例如:

$$[Cu(NH_2CH_2CH_2OH)_2]^+ + C_2H_4 \rightleftharpoons [Cu(NH_2CH_2CH_2OH)_2(C_2H_4)]^+ \qquad \Delta_rH_m^{\ominus} < 0$$

$$[Cu(NH_3)_2]^+ + CO \rightleftharpoons [Cu(NH_3)_2(CO)]^+ \qquad \Delta_rH_m^{\ominus} < 0$$

上述反应是可逆的,受热时放出 C_2H_4 和 CO,前一反应用于从石油气中分离出 C_2H_4;后一反应用于合成氨工业铜洗工段吸收会使催化剂中毒的 CO 气体。

13.5.2　Cu(Ⅱ)配合物

Cu^{2+} 与单齿配体一般形成配位数为 4 的正方形配合物。常见的 Cu(Ⅱ)配离子如下:

配离子	$[Cu(H_2O)_4]^{2+}$	$[CuCl_4]^{2-}$	$[Cu(NH_3)_4]^{2+}$	$[Cu(CN)_4]^{2-}$
颜　色	浅蓝色	绿色	深蓝色	浅黄色
$K_f^{\ominus}$		4.5×10^5	2.09×10^{13}	2.0×10^{27}

其中,$[Cu(CN)_4]^{2-}$配离子最稳定,$[Cu(H_2O)_4]^{2+}$配离子最不稳定,它们的稳定性次序如下:

$$[Cu(CN)_4]^{2-} > [Cu(NH_3)_4]^{2+} > [CuCl_4]^{2-} > [Cu(H_2O)_4]^{2+}$$

深蓝色的$[Cu(NH_3)_4]^{2+}$是由过量氨水与$Cu(II)$盐溶液反应而形成的:

$$[Cu(H_2O)_4]^{2+} + 4NH_3 = [Cu(NH_3)_4]^{2+} + 4H_2O$$

溶液中Cu^{2+}的浓度越小,所形成的蓝色$[Cu(NH_3)_4]^{2+}$的颜色越浅。$[Cu(NH_3)_4]^{2+}$配离子具有特征的蓝色,被用于比色法测定Cu^{2+}的含量(现在多用双环己酮草酰二腙测定Cu^{2+})。$[Cu(NH_3)_4]^{2+}$配离子能溶解纤维,在所得的纤维素溶液中加酸或水时,纤维又可析出,因而工业上利用这种性质制造人造丝。

此外,Cu^{2+}还可和一些有机配位剂(如乙二胺等)形成稳定的螯合物。

13.5.3　Ag(I)配合物

常见的$Ag(I)$配离子有$[Ag(NH_3)_2]^+$、$[Ag(SCN)_2]^-$、$[Ag(S_2O_3)_2]^{3-}$、$[Ag(CN)_2]^-$,它们都是配位数为2的直线形结构,都是sp杂化。它们的稳定性依次增强。银配离子有很大的实际意义。

$[Ag(NH_3)_2]^+$具有弱氧化性,工业上用它在玻璃或暖水瓶胆上化学镀银:

$$2[Ag(NH_3)_2]^+ + RCHO + 3OH^- = 2Ag\downarrow + RCOO^- + 4NH_3 + 2H_2O$$

$[Ag(NH_3)_2]^+$在放置过程中会逐渐变成具有爆炸性的Ag_3N或Ag_2NH。因此切勿将$[Ag(NH_3)_2]^+$溶液长期放置,用后及时用HCl处理。

$[Ag(CN)_2]^-$作为镀银电解液的主要成分,在阴极被还原为Ag:

$$[Ag(CN)_2]^- + e^- = Ag + 2CN^-$$

电镀效果极好,镀层光洁、致密,但因镀液中氰化物剧毒,近年来逐渐由无氰镀银液(如$[Ag(SCN)_2]^-$配离子和$KSCN$混合液)所代替。

$[Ag(S_2O_3)_2]^{3-}$在照相的定影中起着重要作用,利用$Na_2S_2O_3$溶液把还未还原的AgX洗去,留下显影还原出来的Ag在明胶上或相纸上,这就成了底片或相片:

$$AgBr + 2Na_2S_2O_3 = Na_3[Ag(S_2O_3)_2] + NaBr$$

13.5.4　Zn 的配合物

Zn^{2+}与氨水、氰化钾等能形成无色的四配位的配离子:

$$Zn^{2+} + 4NH_3 \rightleftharpoons [Zn(NH_3)_4]^{2+} \qquad K_f^\ominus = 2.88 \times 10^9$$

$$Zn^{2+} + 4CN^- \rightleftharpoons [Zn(CN)_4]^{2-} \qquad K_f^\ominus = 5.01 \times 10^{16}$$

$[Zn(CN)_4]^{2-}$用于电镀工艺。例如:它和$[Cu(CN)_4]^{3-}$的混合液用于镀黄铜(Cu-Zn 合金)。由于铜、锌配合物有关电对的标准电极电势接近,它们的混合液在电解时,Zn、Cu在阴极可同时析出。

$$[Cu(CN)_4]^{3-} + e^- \rightleftharpoons Cu + 4CN^- \qquad E^\ominus = -1.27\ V$$

$$[Zn(CN)_4]^{2-} + 2e^- \rightleftharpoons Zn + 4CN^- \qquad E^\ominus = -1.34\ V$$

13.5.5　Hg 的配合物

$Hg(I)$形成配合物的倾向较小,$Hg(II)$易和Cl^-、Br^-、I^-、CN^-、SCN^-等形成配位数为2的直线形和配位数为4的四面体形的较稳定配离子。例如:

配离子　　[HgCl$_4$]$^{2-}$　　[HgI$_4$]$^{2-}$　　[Hg(SCN)$_4$]$^{2-}$　　[Hg(CN)$_4$]$^{2-}$

$K_f^{\ominus}$　　1.17×10^{15}　6.76×10^{29}　　1.698×10^{21}　　2.51×10^{41}

$$Hg^{2+}+4Cl^-\Longrightarrow[HgCl_4]^{2-}$$

$$Hg^{2+}+4SCN^-\Longrightarrow[Hg(SCN)_4]^{2-}$$

$$Hg^{2+}+4CN^-\Longrightarrow[Hg(CN)_4]^{2-}$$

配离子的组成随配体浓度变化而不同。例如,Hg^{2+} 与 Cl^- 存在以下平衡:

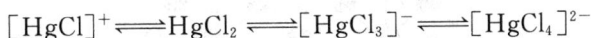

$$[HgCl]^+\Longrightarrow HgCl_2\Longrightarrow[HgCl_3]^-\Longrightarrow[HgCl_4]^{2-}$$

当溶液中 Cl^- 过量时,主要是[HgCl$_4$]$^{2-}$ 配离子;当 Cl^- 浓度较小时,$HgCl_2$、[HgCl$_3$]$^-$ 和 [HgCl$_4$]$^{2-}$ 配离子都可能存在。

Hg^{2+} 与卤素离子形成配离子的倾向,依 Cl^-—Br^-—I^- 的顺序增强。

碱性溶液中的 K_2[HgI$_4$](K_2HgI_4 和 KOH 的混合溶液,奈斯勒试剂)是检验微量的 NH_4^+ 的特效试剂。这个反应因试剂和 OH^- 相对量不同,可生成几种颜色不同的沉淀,NH_4^+ 浓度越大,产物的颜色越深。

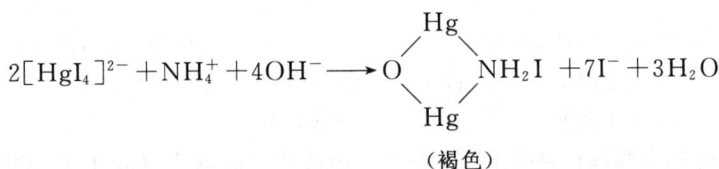

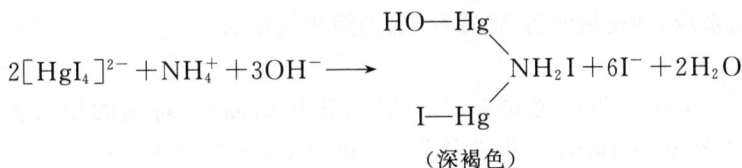

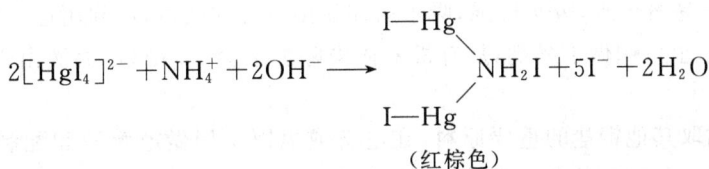

$$2[HgI_4]^{2-}+NH_4^++4OH^-\longrightarrow O\underset{Hg}{\overset{Hg}{\diamondsuit}}NH_2I+7I^-+3H_2O$$

（褐色）

$$2[HgI_4]^{2-}+NH_4^++3OH^-\longrightarrow \underset{I-Hg}{\overset{HO-Hg}{\diamondsuit}}NH_2I+6I^-+2H_2O$$

（深褐色）

$$2[HgI_4]^{2-}+NH_4^++2OH^-\longrightarrow \underset{I-Hg}{\overset{I-Hg}{\diamondsuit}}NH_2I+5I^-+2H_2O$$

（红棕色）

13.6　ds 区元素盐的溶解性、稳定性和用途

13.6.1　铜盐

1. 氯化亚铜

在热的浓盐酸中,用铜粉还原氯化铜($CuCl_2$),生成[CuCl$_2$]$^-$,用水稀释即可得到难溶于水的白色氯化亚铜(CuCl)沉淀:

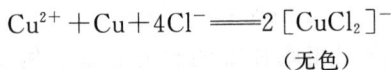

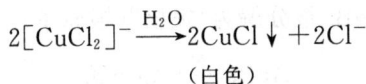

$$Cu^{2+}+Cu+4Cl^-\Longrightarrow 2[CuCl_2]^-$$

（无色）

$$2[CuCl_2]^-\xrightarrow{H_2O}2CuCl\downarrow+2Cl^-$$

（白色）

总反应为　　　　　　　　　$Cu^{2+}+Cu+2Cl^-\Longrightarrow 2CuCl\downarrow$

CuCl 的盐酸溶液能吸收 CO,形成氯化羰基亚铜([CuCl(CO)]·H$_2$O),此反应在气体分

析中可用于测定混合气体中 CO 的含量。在有机合成中 CuCl 用做催化剂和还原剂。

2. 氯化铜

铜（Ⅱ）的卤化物中，氯化铜较重要。无水氯化铜（$CuCl_2$）为棕黄色固体，可由单质直接化合而成，它是共价化合物，其结构为由 $CuCl_4$ 平面组成的长链，如图 13-5 所示。

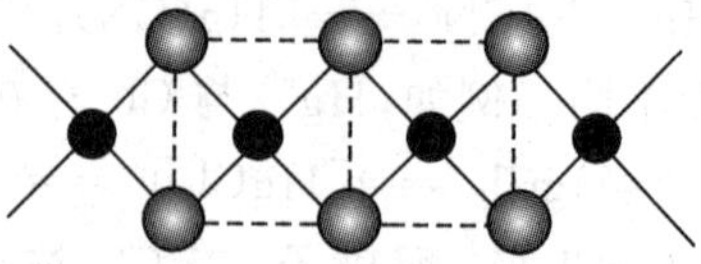

图 13-5　无水氯化铜链式结构示意图

●—Cu^{2+}；　●—Cl^-

$CuCl_2$ 不但易溶于水，而且易溶于一些有机溶剂（如乙醇、丙酮）中。在 $CuCl_2$ 很浓的水溶液中，可形成黄色的 $[CuCl_4]^{2-}$：

$$Cu^{2+} + 4Cl^- \Longleftrightarrow [CuCl_4]^{2-}$$
$$（黄色）$$

而 $CuCl_2$ 的稀溶液为浅蓝色，原因是水分子取代了 $[CuCl_4]^{2-}$ 中的 Cl^-，形成 $[Cu(H_2O)_4]^{2+}$：

$$[CuCl_4]^{2-} + 4H_2O \Longleftrightarrow [Cu(H_2O)_4]^{2+} + 4Cl^-$$
$$（黄色）\qquad\qquad\qquad（浅蓝色）$$

$CuCl_2$ 的浓溶液通常为黄绿色或绿色，这是由于溶液中同时含有 $[CuCl_4]^{2-}$ 和 $[Cu(H_2O)_4]^{2+}$。氯化铜用于制造玻璃、陶瓷用颜料、消毒剂、媒染剂和催化剂。

3. 硫酸铜

无水硫酸铜（$CuSO_4$）为白色粉末，但从水溶液中结晶时，得到的是蓝色五水合硫酸铜（$CuSO_4 \cdot 5H_2O$）晶体，俗称胆矾，其结构式为 $[Cu(H_2O)_4]SO_4 \cdot H_2O$。

无水 $CuSO_4$ 易溶于水，吸水性强，吸水后即显出特征的蓝色，可利用这一性质检验有机液体中的微量水分，也可用做干燥剂，从有机液体中除去水分。$CuSO_4$ 溶液由于 Cu^{2+} 水解而显酸性。

$CuSO_4$ 为制取其他铜盐的重要原料，在电解或电镀中用做电解液和配制电镀液，纺织工业中用做媒染剂。$CuSO_4$ 具有杀菌能力，用于蓄水池、游泳池中以防止藻类生长。硫酸铜和石灰乳混合而成的"波尔多液"可用于消灭植物病虫害。

13.6.2　银盐

1. 卤化银

卤化银中只有 AgF 易溶于水，其余的卤化银均难溶于水。硝酸银与可溶性卤化物反应，生成不同颜色的卤化银沉淀。卤化银的颜色按 Cl—Br—I 的顺序加深，溶解度依次降低。

卤化银有感光性，在光照下被分解为单质（先变为紫色，最后变为黑色）：

$$2AgX \xrightarrow{h\nu} 2Ag + X_2$$

基于卤化银的感光性，可用它作照相底片上的感光物质。例如：照相底片上敷有一层含有 AgBr 胶粒的明胶，在光照下，AgBr 被分解为"银核"（银原子）：

$$AgBr \xrightarrow{h\nu} Ag + Br$$

然后用显影剂（含有机还原剂如对苯二酚）处理，使含银核的 AgBr 粒子被还原为金属而变为黑色，最后在含有 $Na_2S_2O_3$ 定影液的作用下，使未感光的 AgBr 形成 $[Ag(S_2O_3)_2]^{3-}$ 而溶解，

晾干后就得到"负像"(俗称底片):

$$AgBr + 2S_2O_3^{2-} \Longrightarrow [Ag(S_2O_3)_2]^{3-} + Br^-$$

印相时,将负像放在照相纸上再进行曝光,经显影、定影,即得"正像"。

AgI 在人工降雨中用做冰核形成剂。作为快离子导体(固体电解质),AgI 已用于固体电解质电池和电化学器件中。

2. 硝酸银

硝酸银($AgNO_3$)是最重要的可溶性银盐。将 Ag 溶于热的 65% 的硝酸,蒸发、结晶,制得无色菱片状硝酸银晶体。$AgNO_3$ 受热不稳定,加热到 713 K,按下式分解:

$$2AgNO_3 \xrightarrow{\triangle} 2Ag + 2NO_2 + O_2$$

在日光照射下,$AgNO_3$ 也会按上式缓慢地分解,因此必须保存在棕色瓶中。

硝酸银具有氧化性,遇微量的有机物即被还原为黑色的单质银。一旦皮肤沾上 $AgNO_3$ 溶液,就会出现黑色斑点。

$AgNO_3$ 主要用于制造照相底片所需的溴化银乳剂,它还是一种重要的分析试剂。医药上常用它作消毒剂和腐蚀剂。

13.6.3　锌盐

1. 氯化锌

无水氯化锌($ZnCl_2$)为白色固体,可由锌与氯气反应,或在 973 K 下用干燥的氯化氢通过金属锌制得。$ZnCl_2$ 吸水性很强,极易溶于水,其水溶液由于 Zn^{2+} 的水解而显酸性:

$$Zn^{2+} + H_2O \Longrightarrow [ZnOH]^+ + H^+$$

$ZnCl_2$ 的浓溶液中,由于形成配合酸 $H[ZnCl_2(OH)]$ 而使溶液具有显著的酸性(如 6 $mol \cdot L^{-1}$ $ZnCl_2$ 溶液的 pH=1),能溶解金属氧化物:

$$ZnCl_2 + H_2O \Longrightarrow H[ZnCl_2(OH)]$$

$$Fe_2O_3 + 6H[ZnCl_2(OH)] \Longrightarrow 2Fe[ZnCl_2(OH)]_3 + 3H_2O$$

因此在用锡焊接金属之前,常用 $ZnCl_2$ 浓溶液清除金属表面的氧化物,焊接时它不损害金属表面,当水分蒸发后,熔盐覆盖在金属表面,使之不再氧化,能保证焊接金属的直接接触。

欲制得无水 $ZnCl_2$,可将含水 $ZnCl_2$ 和氯化亚砜($SOCl_2$)一起加热:

$$ZnCl_2 \cdot xH_2O + xSOCl_2 \xrightarrow{\triangle} ZnCl_2 + 2xHCl + xSO_2$$

$ZnCl_2$ 主要用做有机合成工业的脱水剂、缩合剂及催化剂,以及印染业的媒染剂,也用做石油净化剂和活性炭活化剂。此外,$ZnCl_2$ 还用于干电池、电镀、医药、木材防腐和农药等方面。

2. 硫化锌

向锌盐溶液中通入 H_2S 时,会生成硫化锌(ZnS):

$$Zn^{2+} + H_2S \Longrightarrow ZnS\downarrow + 2H^+$$
$$\text{(白色)}$$

ZnS 是常见的难溶硫化物中唯一呈白色的,可用做白色颜料,它同 $BaSO_4$ 共沉淀所形成的混合物晶体 $ZnS \cdot BaSO_4$ 称为锌钡白(俗称立德粉,是一种优良的白色颜料)。无定形 ZnS 在 H_2S 气氛中灼烧可以转变为 ZnS 晶体。若在 ZnS 晶体中加入微量 Cu、Mn、Ag 作为活化剂,经光照射后可发出不同颜色的荧光,这种材料可作为荧光粉,制作荧光屏。

13.6.4　汞盐

汞能形成氧化数为$+1$、$+2$的化合物。

1. 氯化汞和氯化亚汞

氯化汞($HgCl_2$)可通过在过量的氯气中加热金属汞而制得。

$HgCl_2$为共价型化合物,氯原子以共价键与汞原子结合成直线形分子$Cl\!-\!Hg\!-\!Cl$。$HgCl_2$熔点较低($280\ ℃$),易升华,因而俗名升汞。$HgCl_2$略溶于水,在水中解离度很小,主要以$HgCl_2$分子形式存在,所以$HgCl_2$有"假盐"之称。$HgCl_2$在水中稍有水解:

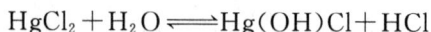
$$HgCl_2 + H_2O \Longrightarrow Hg(OH)Cl + HCl$$

$HgCl_2$与稀氨水反应,则生成难溶解的氨基氯化汞:

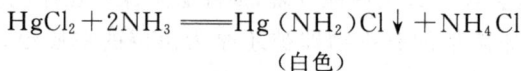
$$HgCl_2 + 2NH_3 \Longrightarrow Hg(NH_2)Cl\downarrow + NH_4Cl$$
$$\text{(白色)}$$

$HgCl_2$还可与碱金属氯化物反应形成四氯合汞($Ⅱ$)配离子$[HgCl_4]^{2-}$,使$HgCl_2$的溶解度增大:

$$HgCl_2 + 2Cl^- \Longrightarrow [HgCl_4]^{2-}$$

$HgCl_2$在酸性溶液中有氧化性($E^{\ominus}(HgCl_2/Hg_2Cl_2) = 0.63\ \text{V}$),适量的$SnCl_2$($E^{\ominus}(Sn^{4+}/Sn^{2+})=0.15\ \text{V}$)可将之还原为难溶于水的白色氯化亚汞$Hg_2Cl_2$。

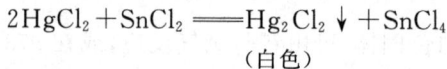
$$2HgCl_2 + SnCl_2 \Longrightarrow Hg_2Cl_2\downarrow + SnCl_4$$
$$\text{(白色)}$$

如果$SnCl_2$过量,生成的Hg_2Cl_2可进一步被$SnCl_2$还原为金属汞($E^{\ominus}(Hg_2Cl_2/Hg) = 0.27\ \text{V}$),使沉淀变黑:

$$Hg_2Cl_2 + SnCl_2 \Longrightarrow 2Hg\downarrow + SnCl_4$$

在分析化学中可利用此反应鉴定$Hg(Ⅱ)$或$Sn(Ⅱ)$。$HgCl_2$的稀溶液有杀菌作用,外科上用做消毒剂。$HgCl_2$也用做有机反应的催化剂。

金属汞与$HgCl_2$固体一起研磨,可制得氯化亚汞(Hg_2Cl_2):

$$HgCl_2 + Hg \Longrightarrow Hg_2Cl_2$$

Hg_2Cl_2分子结构为直线形($Cl\!-\!Hg\!-\!Hg\!-\!Cl$)。Hg_2Cl_2为白色固体,难溶于水,少量时无毒,因为略甜,俗称甘汞,常用于制作甘汞电极,见光易分解:

$$Hg_2Cl_2 \xrightarrow{h\nu} HgCl_2 + Hg$$

因此应把它保存在棕色瓶中。

Hg_2Cl_2与氨水反应可生成氨基氯化汞和汞,而使沉淀显灰色:

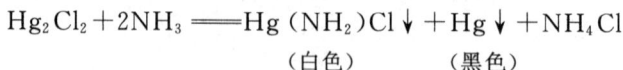
$$Hg_2Cl_2 + 2NH_3 \Longrightarrow Hg(NH_2)Cl\downarrow + Hg\downarrow + NH_4Cl$$
$$\text{(白色)}\qquad\text{(黑色)}$$

此反应可用于鉴定$Hg(Ⅰ)$。在医药上,Hg_2Cl_2用做泻剂和利尿剂。

2. 硝酸汞和硝酸亚汞

硝酸汞($Hg(NO_3)_2$)和硝酸亚汞($Hg_2(NO_3)_2$)都溶于水,并水解生成碱式盐沉淀:

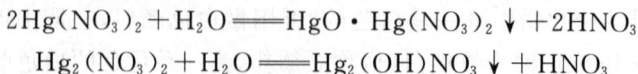
$$2Hg(NO_3)_2 + H_2O \Longrightarrow HgO\cdot Hg(NO_3)_2\downarrow + 2HNO_3$$
$$Hg_2(NO_3)_2 + H_2O \Longrightarrow Hg_2(OH)NO_3\downarrow + HNO_3$$

因而在配制$Hg(NO_3)_2$和$Hg_2(NO_3)_2$溶液时,应先将其溶于稀硝酸中。

在$Hg(NO_3)_2$溶液中加入KI可产生橘红色HgI_2沉淀,后者溶于过量KI中,形成无色

$[HgI_4]^{2-}$：

$$Hg^{2+} + 2I^- \Longrightarrow HgI_2 \downarrow$$
（橘红色）

$$HgI_2 + 2I^- \Longrightarrow [HgI_4]^{2-}$$

同样，在 $Hg_2(NO_3)_2$ 溶液中加入 KI，先生成浅绿色 Hg_2I_2 沉淀，继续加入 KI 溶液，则形成 $[HgI_4]^{2-}$，同时有汞析出：

$$Hg_2^{2+} + 2I^- \Longrightarrow Hg_2I_2 \downarrow$$
（浅绿色）

$$Hg_2I_2 + 2I^- \Longrightarrow [HgI_4]^{2-} + Hg \downarrow$$

在 $Hg(NO_3)_2$ 溶液中加入氨水，可得碱式氨基硝酸汞白色沉淀：

$$2Hg(NO_3)_2 + 4NH_3 + H_2O \Longrightarrow HgO \cdot NH_2HgNO_3 \downarrow + 3NH_4NO_3$$
（白色）

而在 $Hg_2(NO_3)_2$ 溶液中加入氨水，不仅有上述白色沉淀产生，同时有汞析出：

$$2Hg_2(NO_3)_2 + 4NH_3 + H_2O \Longrightarrow HgO \cdot NH_2HgNO_3 \downarrow + 2Hg \downarrow + 3NH_4NO_3$$
（白色）　　　　　（黑色）

$Hg(NO_3)_2$ 是实验室常用的化学试剂，用它制备汞的其他化合物。$Hg_2(NO_3)_2$ 受热易分解：

$$Hg_2(NO_3)_2 \xrightarrow{\triangle} 2HgO + 2NO_2$$

由于 $E^{\ominus}(Hg^{2+}/Hg_2^{2+}) = 0.911$ V，而对于 $O_2 + 4H^+ + 4e^- \Longrightarrow 2H_2O$，当 $c(H^+) = 1$ mol·L^{-1} 时 $E^{\ominus}(O_2/H_2O) = 1.23$ V，所以 $Hg_2(NO_3)_2$ 溶液与空气接触时易被氧化为 $Hg(NO_3)_2$：

$$2Hg_2(NO_3)_2 + O_2 + 4HNO_3 \Longrightarrow 4Hg(NO_3)_2 + 2H_2O$$

可在 $Hg_2(NO_3)_2$ 溶液中加入少量金属汞，使所生成的 Hg^{2+} 被还原为 Hg_2^{2+}：

$$Hg^{2+} + Hg \Longrightarrow Hg_2^{2+}$$

除此之外，汞还能形成许多稳定的有机化合物，如甲基汞（$Hg(CH_3)_2$）、乙基汞（$Hg(C_2H_5)_2$）等。这些化合物都含有 C—Hg—C 共价键直线形结构，较易挥发、毒性较大，在空气和水中相当稳定。

知 识 拓 展

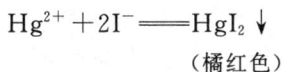

**无汞 LED：绿色化学照亮可
持续发展的未来之路**

习　　题

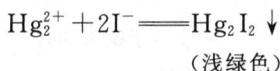

扫码做题

一、填空题

1. 青铜的主要成分是＿＿＿＿＿＿＿＿＿,黄铜的主要成分是＿＿＿＿＿＿＿＿＿。

2. 金溶解在王水中,蒸发后得黄色的＿＿＿＿＿＿＿,加热放出＿＿＿＿＿＿＿,留下红色晶体＿＿＿＿＿＿＿,加热到175 ℃变成＿＿＿＿＿＿＿＿＿,温度更高,得到＿＿＿＿＿＿＿＿＿＿＿＿＿＿＿＿＿＿。

3. 室温下往含 Ag^+、Hg_2^{2+}、Zn^{2+}、Cd^{2+} 的可溶性盐中各加入过量的 NaOH 溶液,主要产物分别为＿＿＿＿＿＿＿＿＿、＿＿＿＿＿＿＿＿＿、＿＿＿＿＿＿＿＿＿、＿＿＿＿＿＿＿＿＿。

4. Ag_3PO_4、$AgPO_3$、$Ag_4P_2O_7$、$AgCl$ 均难溶于水,它们的颜色依次为＿＿＿＿＿＿＿、＿＿＿＿＿＿＿、＿＿＿＿＿＿＿、＿＿＿＿＿＿＿;能溶于 HNO_3 的有＿＿＿＿＿＿＿;能溶于氨水的有＿＿＿＿＿＿＿＿＿＿＿＿＿＿＿＿＿＿＿＿＿＿＿。

5. 在 $Ni(OH)_2$、$Cu(OH)_2$、$Ga(OH)_3$ 和 $Mn(OH)_2$ 中,＿＿＿＿＿＿＿＿＿和＿＿＿＿＿＿＿＿＿＿＿＿＿＿是两性氢氧化物。

6. 在 $Hg(NO_3)_2$ 溶液中,逐滴加入 KI 溶液,开始有＿＿＿＿＿＿＿＿＿色＿＿＿＿＿＿＿＿＿＿＿＿＿化合物生成,KI 过量时溶液变为＿＿＿＿＿＿＿色,生成了＿＿＿＿＿＿＿。在 $Hg_2(NO_3)_2$ 溶液中逐滴加入 KI 溶液时,会有＿＿＿＿＿＿＿＿＿色＿＿＿＿＿＿＿＿＿化合物生成,KI 过量时,会生成＿＿＿＿＿＿＿＿＿和＿＿＿＿＿＿＿＿＿。

二、完成下列化学反应方程式

1. $ZnCl_2(浓)+H_2O\longrightarrow$

2. $FeO+2H[ZnCl_2(OH)]\longrightarrow$

3. $Hg_2Cl_2\longrightarrow$

4. $Hg_2(NO_3)_2+2S^{2-}(过量)\longrightarrow$

5. $Hg(NO_3)_2+2NaOH\longrightarrow$

6. $HgO+HCl\longrightarrow$

7. $Hg(NO_3)_2+2S^{2-}(过量)\longrightarrow$

8. $Hg_2(NO_3)_2+4KCN\longrightarrow$

9. $2HgCl_2+SnCl_2\longrightarrow$

10. $[Fe(CN)_6]^{3-}+Ag+2S_2O_3^{2-}\longrightarrow$

11. $2Cu^{2+}+2NH_2OH+4OH^-\longrightarrow$

12. $2Ag^++Sn^{2+}+6OH^-\longrightarrow$

13. $2CuSO_4+2NaCl+SO_2+2H_2O\longrightarrow$

14. $4[Cu(NH_3)_2]^++O_2+8NH_3+2H_2O\longrightarrow$

15. $2[Ag(NH_3)_2]^++HCHO+H_2O\longrightarrow$

16. $Au+HNO_3+4HCl\longrightarrow$

17. $2Cu^{2+}+2Cl^-+SO_2+2H_2O\longrightarrow$

18. $3AgNO_3+3NaH_2PO_4\longrightarrow$

三、简答题

1. 写出锌白、铅白、钛白的化学式及化学名称。这三种物质中,哪种作为颜料最好? 为什么?

2. 配制 $SnCl_2$、$FeCl_3$ 溶液时,为什么不能用蒸馏水而用稀盐酸?

3. $Zn(OH)_2$ 不溶于氨水,但可溶解在 $NH_3 \cdot H_2O$-NH_4Cl 溶液中,为什么? 已知:$K_{sp}(Zn(OH)_2)=1.2\times10^{-17}$;$K_f([Zn(NH_3)_4]^{2+})=2.9\times10^9$;$K_b(NH_3 \cdot H_2O)=1.8\times10^{-5}$。

4. 化合物 A 是一种黑色固体,它不溶于水、稀乙酸和氢氧化钠,而易溶于热盐酸中,生成一种绿色溶液 B,如溶液 B 与铜丝一起煮沸,逐渐变棕黑色(溶液 C)。溶液 C 若用大量水稀释,生成白色沉淀 D,D 可溶于氨水中,生成无色溶液 E,E 若暴露于空气中,则迅速变蓝(溶液 F),往溶液 F 中加入 KCN 时,蓝色消失生成溶液 G,往溶液 G 中加入锌粉,则生成红棕色沉淀 H,H 不溶于稀的酸和碱,可溶于热硝酸生成蓝色溶液 I,往溶液 I 中慢慢加入 NaOH 溶液则析出蓝色胶冻沉淀 J,将 J 过滤取出,然后强热,又生成原来的化合物 A。试问:A、B、C、D、E、F、G、H、I、J 各是什么物质?

第14章 d区元素

📚 内容提要

d区元素包括周期表ⅢB～ⅦB族元素、Ⅷ族元素,都是金属元素。价层电子构型为$(n-1)d^{1\sim9}ns^{0\sim2}$。本章着重讨论铬化合物的酸碱性、氧化还原性的变化及相互转化(铬的不同氧化物间的相互转化),锰的重要化合物的性质,包括$Mn(Ⅱ)$在酸性条件下的强还原性、MnO_2的氧化性、MnO_4^{2-}在水溶液中稳定存在的条件(pH>13.5)以及MnO_4^-的强氧化性等。本章还介绍铁、钴、镍的重要化合物的性质及其变化规律,其中对铁、钴、镍的重要配合物,同多酸及其盐、杂多酸及其盐的概念也进行必要的阐述。

📚 基本要求

※ 掌握过渡元素电子层结构及其通性,并能与主族元素的规律进行对比。

※ 了解钛、钒、钼、钨及其重要化合物的性质。

※ 熟悉铬的电势图,掌握$Cr(Ⅲ)$、$Cr(Ⅵ)$化合物的酸碱性、氧化还原性及相互转化。

※ 熟悉锰的电势图,掌握$Mn(Ⅱ)$、$Mn(Ⅳ)$、$Mn(Ⅵ)$、$Mn(Ⅶ)$的重要化合物的性质和反应。

※ 掌握$Fe(Ⅱ)$、$Co(Ⅱ)$、$Ni(Ⅱ)$及$Fe(Ⅲ)$、$Co(Ⅲ)$、$Ni(Ⅲ)$的重要化合物的性质及其变化规律;熟悉铁、钴、镍的重要配合物。

※ 了解杂多酸、同多酸知识。

📚 建议学时

8学时。

14.1 d区元素概述

关于过渡元素的范围,有三种说法:①长式周期表里所有副族元素都称为过渡元素;②长式周期表里除ⅠB族和ⅡB族外从ⅢB族到Ⅷ族的元素,ⅠB族的Cu、Ag、Au和ⅡB族的Zn、Cd、Hg不是过渡元素;③根据国际纯粹化学与应用化学联合会(IUPAC)的建议,过渡元素是周期表的ⅢB族到ⅠB族共9个纵行的元素(不包括ⅡB族及其他个别元素)。

过渡元素单质都是金属,共分为四个系列,见表14-1。

表14-1 过渡元素的四个系列

项 目	ⅢB 钪分族	ⅣB 钛分族	ⅤB 钒分族	ⅥB 铬分族	ⅦB 锰分族	Ⅷ 第八族
第4周期 (第一过渡系)	Sc	Ti	V	Cr	Mn	Fe、Co、Ni
第5周期 (第二过渡系)	Y	Zr	Nb	Mo	Tc	Ru、Rh、Pd 铁系
第6周期 (第三过渡系)	La～Lu	Hf	Ta	W	Re	Os、Ir、Pt 轻铂组
第7周期 (第四过渡系)	Ac～Lr	Rf	Db	Sg	Bh	Hs、Mt、Ds 重铂组

14.1.1 过渡元素原子的特征

过渡元素原子结构的共同特点是价电子一般依次分布在次外层的 d 轨道上,最外层只有 1~2 个电子(Pd 例外),较易失去,其价层电子构型为$(n-1)d^{1\sim9}ns^{1\sim2}$,见表 14-2。

表 14-2　过渡元素原子的价层电子构型

项　　目	ⅢB	ⅣB	ⅤB	ⅥB	ⅦB	Ⅷ	Ⅷ	Ⅷ
第 4 周期	Sc	Ti	V	Cr	Mn	Fe	Co	Ni
	$3d^14s^2$	$3d^24s^2$	$3d^34s^2$	$3d^54s^1$	$3d^54s^2$	$3d^64s^2$	$3d^74s^2$	$3d^84s^2$
第 5 周期	Y	Zr	Nb	Mo	Tc	Ru	Rh	Pd
	$4d^15s^2$	$4d^25s^2$	$4d^45s^1$	$4d^55s^1$	$4d^55s^2$	$4d^75s^1$	$4d^85s^1$	$4d^{10}$
第 6 周期	La	Hf	Ta	W	Re	Os	Ir	Pt
	$5d^16s^2$	$5d^26s^2$	$5d^36s^2$	$5d^46s^2$	$5d^56s^2$	$5d^66s^2$	$5d^76s^2$	$5d^96s^1$

与同周期主族元素相比,过渡元素的原子半径一般比较小,过渡元素的原子半径以及它们随原子序数和周期变化的情况如图 14-1 所示。在各周期中从左向右,随着原子序数的增加,原子半径缓慢地缩小。此外,同族元素从上往下,原子半径增大,但第 5、6 周期(ⅢB 族除外)由于镧系收缩的原因,几乎抵消了同族元素由上往下周期数增加的影响,使这两个周期的同族元素的原子半径十分接近,导致第二和第三过渡系的同族元素在性质上的差异比第一和第二过渡系相应的元素要小,见表 14-3。

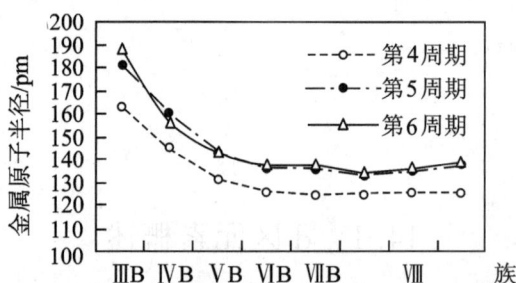

图 14-1　过渡元素的原子半径随原子序数和周期的变化

表 14-3　过渡元素原子及离子半径

项　　目		ⅢB	ⅣB	ⅤB	ⅥB	ⅦB	Ⅷ	Ⅷ	Ⅷ
第 4 周期	元素	Sc	Ti	V	Cr	Mn	Fe	Co	Ni
	金属原子半径/pm	163	145	131	125	124	124	125	125
	M^+ 半径/pm		94	88	89	80	74	72	69
	M^{2+} 半径/pm	73.2	76	74	63	66	64	63	
第 5 周期	元素	Y	Zr	Nb	Mo	Tc	Ru	Rh	Pd
	金属原子半径/pm	181	160	143	136	136	133	135	138
第 6 周期	元素	La	Hf	Ta	W	Re	Os	Ir	Pt
	金属原子半径/pm	188	156	143	137	137	134	136	138

14.1.2 单质的物理性质

过渡金属外观多呈银白色或灰白色,有光泽。除钪和钛是轻金属外,其余均属重金属,其中以重铂组元素最重,锇、铱、铂的密度依次为 22.61 g·cm^{-3}、22.65 g·cm^{-3}、21.45 g·cm^{-3}。

多数过渡金属(ⅡB 族元素除外)的熔点、沸点高,硬度大,见表 14-4。熔点、沸点最高的是钨(熔点为 3410 ℃,沸点为 5660 ℃),硬度最大的是铬(仅次于金刚石)。究其原因,一般认为是过渡元素的原子半径较小而彼此堆积很紧密,同时金属原子间除了主要以金属键结合外,还可能有部分共价性,这与金属原子中未成对的 $(n-1)$d 电子也参与成键有关。

表 14-4　过渡金属的物理性质

项　　目		ⅢB	ⅣB	ⅤB	ⅥB	ⅦB	Ⅷ	Ⅷ	Ⅷ
第 4 周期	元素	Sc	Ti	V	Cr	Mn	Fe	Co	Ni
	熔点/℃	1539	1660	1890	1857	1245	1535	1495	1453
	沸点/℃	2727	3260	3400	2480	2097	3000	2900	2732
第 5 周期	元素	Y	Zr	Nb	Mo	Tc	Ru	Rh	Pd
	熔点/℃	1523	1852	2468	2617	2200	2250	1966	1552
	沸点/℃	2927	3578	4930	5560	3927	3900	3700	2930
第 6 周期	元素	La	Hf	Ta	W	Re	Os	Ir	Pt
	熔点/℃	920	2150	2996	3410	3180	3045	2410	1772
	沸点/℃	3470	5400	5425	5660	5540	5000	4530	3827

14.1.3　金属活泼性

过渡金属在水溶液中的活泼性,可根据标准电极电势($E_A^{\ominus}$)来判断。表 14-5 为第一过渡系金属的标准电极电势。由表 14-5 可看出,第一过渡系金属,除铜外,$E^{\ominus}(M^{2+}/M)$ 均为负值,其金属单质可从非氧化性酸中置换出氢。另外,同一周期元素从左向右,总的变化趋势是 $E^{\ominus}(M^{2+}/M)$ 值逐渐变大,其活泼性逐渐减弱。

表 14-5　第一过渡系金属的标准电极电势及反应酸

项　　目	Sc	Ti	V	Cr	Mn
$E^{\ominus}(M^{2+}/M)/V$		-1.60	-1.13	-0.90	-1.18
反应酸	各种酸	热 HCl、HF	HNO$_3$、HF、浓 H$_2$SO$_4$	稀 HCl、H$_2$SO$_4$	稀 HCl、H$_2$SO$_4$

项　　目	Fe	Co	Ni	Cu	Zn
$E^{\ominus}(M^{2+}/M)/V$	-0.44	-0.28	-0.24	$+0.34$	-0.76
反应酸	稀 HCl、H$_2$SO$_4$	缓慢溶解在稀 HCl 等酸中	稀 HCl、H$_2$SO$_4$	HNO$_3$、热浓 H$_2$SO$_4$	稀 HCl、H$_2$SO$_4$

钪分族的钪、钇和镧是过渡金属中最活泼的金属。它们在空气中能迅速被氧化,与水作用放出氢,活泼性接近碱土金属。除钪分族外,d 区同族元素的活泼性都是自上往下逐渐降低。造成这种现象的原因是同族元素从上往下原子半径增加不多,而有效核电荷增加较多,使电离能和升华焓显著增加,金属活泼性减弱。第二、三过渡系元素的金属单质非常稳定,一般不和强酸反应,但和浓碱或熔碱可发生反应。第一过渡系中相邻两种金属的活泼性的相似程度超过了同族元素。例如,镍与铁、钴,镍与钯、铂:

$$E^{\ominus}(Ni^{2+}/Ni)=-0.24 \text{ V}$$

$$E^{\ominus}(Co^{2+}/Co)=-0.28 \text{ V} \qquad E^{\ominus}(Pd^{2+}/Pd)=0.915 \text{ V}$$

$$E^{\ominus}(Fe^{2+}/Fe)=-0.44 \text{ V} \qquad E^{\ominus}(Pt^{2+}/Pt)=1.188 \text{ V}$$

14.1.4　氧化数

过渡元素除最外层 s 电子可以成键外,次外层 d 电子也可以部分或全部参加成键,所以过渡元素的特征之一是具有多种氧化数。

1. 同周期从左到右的变化趋势

第一过渡系元素的主要氧化数列于表 14-6 中。表中带阴影和下划线的氧化数是稳定的氧化数,有括号的氧化数是不稳定的氧化数。由表 14-6 可见从左向右,随原子序数增加($_{21}$Sc → $_{25}$Mn),元素最高氧化数逐渐增高,但当 3d 轨道中电子数超过 5 时,元素最高氧化数又转向降低($_{26}$Fe→$_{28}$Ni),最后与 I B 族元素的低氧化数相衔接。

表 14-6　第一过渡系元素的主要氧化数

族	ⅢB	ⅣB	ⅤB	ⅥB	ⅦB	Ⅷ			ⅠB	ⅡB
元素	Sc	Ti	V	Cr	Mn	Fe	Co	Ni	Cu	Zn
主要氧化数	(+2)			+2	+2	+2	+2	+2	+1	+2
	+3	+3	+3	+3	+3	+3	+3	(+3)	+2	
		+4	+4		+4					
			+5							
				+6	+6					
					+7					

2. 同族自上而下元素氧化数的变化趋势

由表 14-6 可以看出:①过渡元素相邻两个氧化态的氧化数间的差值为 1 或 2,而 p 区元素常为 2;②ⅢB～ⅦB 族元素(个别镧系元素除外)的最高氧化数与族数相等,但Ⅷ族元素大多达不到+8;③Sc、Ti 族(ⅢB～ⅣB)元素的高氧化态比较稳定。第一过渡系的ⅤB～ⅦB 族元素最高氧化态的化合物不稳定;第二、三过渡系元素的高氧化态比较稳定,即从上往下趋向于形成高氧化态化合物,这与 p 区Ⅲ A、Ⅳ A、Ⅴ A 族元素恰好相反。此外,许多过渡元素还能形成氧化数为 0、-1、-2、-3 的配合物。例如:

配合物　　　　　　　　$[Ni(CO)_4]$　$[Co(CO)_4]^-$　$[Cr(CO)_5]^{2-}$　$[Mn(CO)_4]^{3-}$

中心原子或离子的氧化数　　　0　　　　　-1　　　　-2　　　　-3

14.1.5　非整比化合物

过渡元素的另一个特点是易形成非整比(或称非化学计量)化合物。非整比化合物的化学组成不定,可在一个较小的范围内变动,而又保持基本结构不变。例如:1000 ℃时 FeO 的组成可在 $Fe_{0.89}O$ 到 $Fe_{0.96}O$ 之间变动。在 FeO 晶体中,O^{2-} 按立方密堆积排列,而 Fe^{2+} 在八面体空穴内,当 Fe^{2+} 未占满所有空穴时,为了保持电中性,附近的空穴由两个 Fe^{3+} 占据。近年来发现非整比化合物有多方面的用途,如作为固体电解质(ZrO_2、HfO_2)用于各类化学电源、电化学器件及半导体(ZnO、Cu_2O)和超导体材料等。

14.1.6　化合物的颜色

过渡元素还有一个特征是它们所形成的配离子大都显色,这主要与过渡元素离子的 d 轨道未填满电子有关。第一过渡系元素低氧化数水合离子的颜色如表 14-7 所示。

表 14-7 第一过渡系元素的低氧化数水合离子的颜色

项 目	Sc	Ti	V	Cr	Mn	Fe	Co	Ni
M^{2+} 中 d 电子数		2	3	4	5	6	7	8
$[M(H_2O)_6]^{2+}$ 颜色		褐色	紫色	天蓝色	浅桃红色（几乎无色）	浅绿色	粉红色	绿色
M^{3+} 中 d 电子数	0	1	2	3	4	5	6	7
$[M(H_2O)_6]^{3+}$ 颜色	无色	紫色	绿色	蓝紫色	红色	浅紫色	绿色	粉红色

同一中心离子与不同配体形成配合物时,由于晶体场分裂能不同,则 d-d 跃迁时所需能量也不同,亦即吸收光的波长不同,因此显不同的颜色。例如:

$$[Ni(H_2O)_6]^{2+} \qquad [Ni(NH_3)_6]^{2+}$$

d-d 跃迁时吸收光的波长 λ/nm 1176   925

配离子的颜色   果绿色   蓝色

由表 14-7 可以看出,d^0 和 d^{10} 构型的中心离子形成的配合物,在可见光照射下不发生 d-d 跃迁,如 $[Sc(H_2O)_6]^{3+}$(d^0)、$[Zn(H_2O)_6]^{2+}$(d^{10})均为无色。

对于某些含氧酸根离子(如 MnO_4^-(紫色)、CrO_4^{2-}(黄色)、VO_4^{3-}(淡黄色)),它们中的金属元素均处于最高氧化态,其电荷形式分别为 Mn^{7+}、Cr^{6+}、V^{5+},均为 d^0 电子构型,它们的颜色是由电荷迁移引起的,例如:MnO_4^- 的紫色是由于 $O^{2-} \rightarrow Mn^{7+}$ 电子跃迁(p-d 跃迁)的吸收峰在可见光区 18500 cm^{-1} 处。

另外,物质的颜色并不完全取决于该物质组成中某种离子的颜色,离子间相互极化作用的存在,也会影响到化合物颜色。如 Ag^+($3d^{10}$)是无色的,但当与卤素生成不同化合物时,会显示出不同的颜色,如 $AgCl(s)$ 显白色,$AgBr(s)$ 显淡黄色,$AgI(s)$ 显黄色,$Ag_2S(s)$ 显黑色。而且离子间相互极化作用也可以使不包含未成对 d 电子的某种氧化态呈现出颜色。

14.1.7 配位性和催化性

过渡元素具有强烈的形成配合物的倾向。究其原因,通常认为过渡元素的原子或离子具有能级相近的价层电子轨道 $(n-1)d$、ns 和 np,其中 ns 和 np 轨道是空的,$(n-1)d$ 轨道是部分空的,可以接受配体的孤电子对。而且过渡元素的离子一般具有较高的电荷和较小的半径,极化力强,对配体有较强的吸引力。因此,过渡元素容易形成配合物。

过渡金属离子形成的配合物种类很多。

在水溶液中过渡金属离子与水配体结合成水合配离子,这种水合配离子具有很大的稳定性,如 $[Fe(H_2O)_6]^{2+}$、$[Cr(H_2O)_6]^{3+}$、$[Mn(H_2O)_6]^{2+}$ 等,它们与主族的金属水合离子的性质不同。

水合配离子还可发生取代反应。例如:

$$[Fe(H_2O)_6]^{2+} + 3bipy \Longrightarrow [Fe(bipy)_3]^{2+} + 6H_2O$$

式中:bipy 为联吡啶。过渡金属离子既可以和单基配体结合,也可以和双基或多基配体互相结合形成稳定的配合物或螯合物,如 $K_4[Fe(CN)_6]$、$[Co(NH_3)_3(NO_3)_3]$、$[Pt(NH_3)_2Cl_2]$、$[Ni(en)_2]$ 等。

过渡金属离子还可以形成单核配合物、双核或多核配合物。

过渡金属的某些中性原子也可表现出一定的配位性能,如常见的有羰基化合物,其中金属的氧化数常常为零或负值,如 $[V(CO)_6]^-$、$[Cr(CO)_6]$、$[Mn_2(CO)_{10}]$、$[Fe(CO)_5]$、

$[Co_2(CO)_8]$、$[Ni(CO)_4]$、$[Mn(CO)_5]^-$、$[Fe(CO)_4]$。除 CO 分子以外,CN^-、NO、RNC(异腈类)、膦类、胂类、联吡啶等也可以和过渡金属原子间形成除 σ 键外,还有反馈 π 键的特种配合物。

许多过渡元素及其化合物具有独特的催化性能。例如:在反应过程中,过渡元素可形成不稳定的配合物,这些配合物作为中间产物可起到配位催化作用;过渡元素也可通过提供适宜的反应表面,起到接触催化作用,以 V_2O_5 为催化剂制备 H_2SO_4 就是典型的例子。

14.1.8　磁性

多数过渡元素的原子或离子有未成对的电子,所以具有顺磁性。未成对的 d 电子越多,磁矩(μ)越大,如表 14-8 所示。

表 14-8　未成对 d 电子数与物质磁性的关系

项　目	VO^{2+}	V^{3+}	Cr^{3+}	Mn^{2+}	Fe^{2+}	Co^{2+}	Ni^{2+}	Cu^{2+}
d 电子数	1	2	3	5	6	7	8	9
未成对 d 电子数	1	2	3	5	4	3	2	1
磁矩/B.M.	1.73	2.83	3.87	5.92	4.90	3.87	2.83	1.73

14.1.9　金属原子簇化合物

过渡金属可以形成金属—金属键相互结合的簇状化合物。

过渡元素金属原子间有直接的键合作用,即可以形成含有金属—金属键的簇状化合物。尤其是第二、三过渡系元素,由于 $(n-1)d$ 轨道伸展较远,原子实之间斥力较小,低氧化态离子半径又较大,可形成较稳定的金属—金属键,如 $[Re_2Cl_8]^{2-}$ 配离子,其中含有 Re—Re 键。

近年来,此类金属簇化合物已合成出数千种,发展十分迅速。金属簇在催化领域展现出独特优势,如在电催化硝酸盐还原方面,金属簇催化剂通过调控活性位点(如 Cu 的 d 电子构型)高选择性地还原硝酸盐为氨,法拉第效率达 80% 以上。在光催化降解污染物方面,簇状化合物(如 TiO_2 簇)通过表面修饰和掺杂(如金属离子或非金属元素)增强对有机污染物的吸附与降解效率。有机配体(如硫醇、膦配体)修饰的金属簇可提供吸附位点,增强污染物在催化剂表面的富集,同时配体作为电子传输通道加速反应。如铁-钌异核羰基簇氢化物 $FeRu_3H_2(CO)_{13}$ 在碱性条件及乙二醇醚下,对水煤气转换反应有催化作用。

14.2　d 区元素单质的物理性质及应用

14.2.1　钛、锆、铪、𬬻

周期表中 d 区 ⅣB 族包括钛(Ti)、锆(Zr)、铪(Hf)、𬬻(Rf)四种元素,𬬻为人工合成的放射性元素。

钛被认为是一种稀有金属,在自然界中分散存在且难以提取,但其相对丰度在所有元素中居第十位。钛重要的矿石有金红石(TiO_2)、钛铁矿($FeTiO_3$)以及钒钛铁矿。我国钛资源丰富,攀西地区(四川省攀枝花和西昌)的钒钛铁矿就有几十亿吨,占全国储量 92% 以上。世界上已探明的钛储量中,我国约占一半。锆和铪是稀有金属,主要矿石有锆英石($ZrSiO_4$),铪常与锆共生。

　　金属钛呈银白色,有光泽、熔点高、密度小、耐磨、耐低温、无磁性、延展性好,并且具有优越的抗腐蚀性,尤其是对海水。钛表面可形成一层致密的氧化物保护膜,使之不被酸、碱侵蚀。基于上述优点,钛及其合金广泛地用于制造喷气发动机、超音速飞机和潜艇(防雷达、防磁性水雷)以及海军化工设备。此外,钛与生物体组织相容性好,结合牢固,用于接骨和制造人工关节;钛具有隔热、高度稳定、质轻、坚固等特性,由纯钛制造的义齿是任何其他金属材料无法比拟的,所以钛又被称为"生物金属"。因此,继铁、铝之后,预计钛将成为应用广泛的第三金属。

　　金属锆是反应堆核燃料元件的外壳材料,也是耐腐蚀材料。铪在反应堆中用做控制棒。锆和铪的性质极为相似,分离十分困难,早期采用分步结晶或分步沉淀法分离,目前主要应用离子交换和溶剂萃取等方法分离。例如:利用强碱型酚醛树脂和 $R—N(CH_3)_3^+Cl^-$ 负离子交换剂,可达满意的分离效果;在溶剂萃取中,用三辛胺优先萃取锆的硫酸盐配合物受到广泛重视,获得的 ZrO_2 产品的铪含量小于 0.006%,被认为是目前最佳的方案。

14.2.2　钒、铌、钽、𨧀

　　ⅤB 族包括钒(V)、铌(Nb)、钽(Ta)、𨧀(Db)四种元素。𨧀为人工合成的放射性元素。钒、铌、钽均为分散的稀有元素,钒重要的矿石除钒钛铁矿外,还有钒钒钾矿($K(UO_2)VO_4$ · $3/2H_2O$)、钒酸铅矿($Pb_5(VO_4)_3Cl$)等。我国钒矿储量虽居世界首位,但 91% 是伴生的,回收率低。铌、钽在矿物中共生,其矿物通式以$(Fe、Mn)(Nb、Ta)_2O_6$ 表示。若以铌为主,称为铌铁矿;若以钽为主,称为钽铁矿。

　　金属钒呈银白色,有光泽,熔点高,呈钝态,常温下不与碱及非氧化性的酸作用,但能溶于氢氟酸、浓硝酸、浓硫酸和王水。钒主要用做钢的添加剂,含钒($0.1\%\sim0.3\%$)的钢材具有强度大、弹性好、抗磨损、抗冲击等优点,广泛用于制造高速切削钢、弹簧钢、钢轨等。近年来发现钒的某些化合物具有重要的生理功能,如胆固醇的生物合成、牙齿和骨骼的矿化、葡萄糖的代谢等都与钒有相当密切的关系,这更显出钒化学的重要性。

　　铌和钒是我国重要的丰产元素。铌是某些硬质钢的组成元素,特别适宜制造耐高温钢。由于钽的低生理反应性和不被人体排斥的特性,它常用于制作修复严重骨折所需的金属板材以及缝合神经的丝和箔等。

　　铌与钽和锆与铪类似,由于离子半径相近,分离比较困难。

14.2.3　铬、钼、钨、𨭎

　　铬(Cr)、钼(Mo)、钨(W)、𨭎(Sg)为 d 区ⅥB 族元素,其中𨭎为放射性元素;钼、钨虽为稀有元素,但在我国蕴藏丰富,江西省大庾岭的钨锰铁矿(主要成分为$(Fe(Ⅱ)、Mn(Ⅱ))WO_4$)、辽宁省杨家杖子的辉钼矿(主要成分为 MoS_2)堪称大矿,我国钨资源总量占世界总储量的一半以上,居世界第一位,钼的储量居世界第二位。铬在自然界中主要以铬铁矿($Fe(CrO_2)_2$)形式存在,在我国主要分布在青海省的柴达木和宁夏回族自治区的贺兰山。

　　铬、钼、钨均为银白色金属,它们的原子价层有 6 个电子可以参与形成金属键,原子半径较小。钼和钨的熔点和沸点在各自的周期中最高,其中钨在所有金属中熔点最高($3410℃$),铬在所有金属中硬度最大,钼和钨的硬度也比较大。我国古代的"宝刀"成分中就有钨。

　　由于铬具有硬度高、耐磨、耐腐蚀、光泽良好等优良性能,它常用做金属表面的镀层(如自行车、汽车精密仪器的零件常为镀铬制件),并大量用于制造合金,如铬钢、不锈钢等。钼和钨也大量用于制造耐高温、耐磨和耐腐蚀的合金钢,以满足刀具、钻头、常规武器以及导弹、火箭等生产的需要。此外,钨丝还用于制作灯丝(温度可高达 2600 ℃ 而不熔化,发光率高、寿命长)、高温电炉的发热元件等。

14.2.4　锰族单质

元素周期表中 d 区ⅦB族元素称为锰族元素,包括锰(Mn)、锝(Tc)、铼(Re)、𬭛(Bh)四种元素。锝、𬭛为放射性元素,铼属稀有元素。

锰在自然界的储量位于过渡元素中第三位,仅次于铁和钛,主要以软锰矿(MnO_2 · xH_2O)形式存在,我国锰矿有一定储量,但质量较差;1973 年美国发现深海有"锰结核"(含锰25%),估计海底存有"锰结核"3 万多亿吨。

锰是银白色金属,性坚而脆。锰主要用于制造合金钢。含 Mn 10% 以上的锰钢具有良好的抗冲击、耐磨损及耐腐蚀性,可用做耐磨材料,如制造粉碎机、钢轨和装甲板等。硫是钢铁的有害元素,在高温下与铁形成低熔点的 FeS,会引起钢的热脆性。锰可从 FeS 中置换出铁,自身成为 MnS 而转入渣中,将硫除去,因此在钢铁生产中,锰用做脱氧剂和脱硫剂。锰也是人体必需的微量元素之一。

14.2.5　铁系和铂系单质

周期表 d 区Ⅷ族元素包括三个元素组,共九种元素,即铁(Fe)、钴(Co)、镍(Ni),钌(Ru)、铑(Rh)、钯(Pd),锇(Os)、铱(Ir)、铂(Pt)。此外,还有尚缺乏了解的𬭛(Hs)、䥑(Mt)和鿏(Ds)。由于镧系收缩的结果,Ⅷ族同周期比同纵列的元素在性质上更为相似些。第一过渡系的铁、钴、镍与其余六种元素在性质上差别较大,通常把铁、钴、镍三种元素称为铁系元素,其余六种元素称为铂系元素。铂系元素被列为稀有元素,与金、银元素一起被称为贵金属元素。

1. 铁系元素

铁是地壳中丰度排行第四的元素,主要以化合态存在。铁的主要矿物有赤铁矿(Fe_2O_3)、磁铁矿(Fe_3O_4)和硫铁矿(FeS_2)。我国铁矿储量居世界第三,主要分布在辽南、冀东、川西地区,但多为含铁 30% 的贫矿。钴和镍在自然界中常共生,主要矿物有镍黄铁矿(NiS · FeS)和辉钴矿(CoAsS)。镍过去主要由古巴进口,直到开发了甘肃金川镍厂后才得以自给自足。

铁、钴、镍的单质都是具有光泽的银白色金属,密度大、熔点高。铁和镍的延展性好,而钴则较硬而脆。它们都具有磁性,在外加磁场作用下,磁性增强,外磁场被移走后,仍保持很强的磁性,所以称为铁磁性物质。铁、钴、镍的合金都是良好的磁性材料。

铁、钴、镍均为中等活泼的金属,能从非氧化性酸中置换出氢气(钴反应较慢)。冷浓硝酸可使铁、钴、镍变成钝态,因此储运浓硝酸的容器和管道可用铁制品。

金属铁能被浓碱溶液侵蚀,而钴和镍在强碱中的稳定性却比铁高,因此实验室在熔融碱性物质时,最好用镍坩埚。

铁、钴、镍均能形成金属型氢化物(如 FeH_2、CoH_2),这类氢化物的体积相比原金属的体积有显著增加。钢铁与氢(如稀酸清洗钢铁制件产生的氢气)作用生成氢化物时会使钢铁的延展性和韧性下降,甚至使钢铁形成裂纹,此即谓"氢脆"。

我国冶金物理学家李薰早在 20 世纪 40 年代就提出钢中氢含量过高是导致脆性断裂的根本原因,并设计制造了世界上首台真空定氢仪,首次实现了钢中氢含量的定量测定。1950 年,李薰回国创建了中国科学院金属研究所,通过降低钢中氢含量,提升国产钢质量,解决了鞍钢等企业生产中的技术难题,为国家钢铁工业恢复作出了重要贡献。他在国防材料研发方面,如在核潜艇、原子弹等项目中,指导团队攻克了铀冶金和高温合金的氢脆问题。目前防治氢脆的新技术层出不穷,如通过添加钛、铌等元素,形成稳定碳化物或氮化物,作为氢的捕获位点,减少氢扩散。再如,设计高熵合金,利用多主元合金的晶格畸变效应,降低氢的溶解度和扩散速率。

通常钢和铸铁都称为铁碳合金,一般将含 C 0.02%～2.0%的称为钢,钢中加入一定量其他元素所生成的钢称为合金钢,如不锈钢含 Cr 16.5%～19.5%、Ni 8%～10%、C 0.07%～0.15%,这种钢有韧性、展性、容易铸造,可热轧、冷轧,不生锈、耐腐蚀、耐热、无磁性。含 Cr 18%、Ni 8%、Ti 0.5%的不锈钢对海水的抗腐蚀性比普通钢高 200 倍。碳含量大于 2%的称为铸铁。20 世纪 90 年代以后,我国的生铁、钢、钢材产量逐年增长,现在重点围绕品种质量、节能降耗、资源开发和综合利用、环保治理等方面努力。

2. 铂系元素

自然界中铂系金属在矿物中以单质状态存在,但高度分散在各矿石中,最主要的是天然铂矿(铂系金属共生,以铂为主要成分)和锇铱矿(同时含钌和铑)。

铂系元素的最外电子层(ns)电子数除锇和铱为 2 外,其余均为 1 或 0。它们形成高氧化态的倾向在周期表中由左向右逐渐减少、从上往下逐渐增大。

大多数铂系金属能吸收气体,其中钯的吸氢能力最大(钯溶解氢的体积比为 1∶700)。所有的铂系金属都有催化性能,如氨氧化法制硝酸用 Pt-Rh(90∶10)合金或 Pt-Ru-Pd(90∶5∶5)合金作催化剂。

铂系元素有很高的化学稳定性。常温下,与氧、硫、氯等非金属元素都不反应,在高温下才可反应。钯和铂能溶于王水:

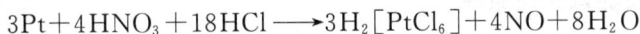

$$3Pt + 4HNO_3 + 18HCl \longrightarrow 3H_2[PtCl_6] + 4NO + 8H_2O$$

钯还能溶于硝酸和热硫酸中。而钌和锇,铑和铱不但不溶于普通强酸,甚至也不溶于王水。

铂系金属主要用于化学工业及电气工业方面。如铂(俗称"白金"),由于其化学稳定性很高,又耐高温,故常用它制造各种反应器皿、蒸发皿、坩埚以及电极、铂网等(它不能用做苛性钠或过氧化钠的反应器皿)。铂和铂铑合金常用做热电偶,锇、铱合金常用来制造指南针等一些仪器的主要零件。含铂 90%的铂合金用于打造首饰。

14.3　d 区元素单质及化合物的氧化还原性

14.3.1　单质的还原性

1. 铬、钼、钨单质

铬、钼、钨单质的还原性主要表现在与氧和氧化性酸的反应上。

常温下,铬、钼、钨表面因形成致密的氧化膜而活性降低,在空气中或水中都相当稳定。去掉保护膜的铬可缓慢溶于稀盐酸和稀硫酸中,形成蓝色 Cr^{2+}。Cr^{2+} 与空气接触,很快被氧化而变为绿色的 Cr^{3+}:

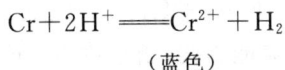

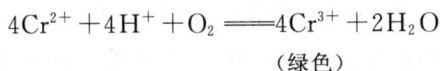

$$Cr + 2H^+ = Cr^{2+} + H_2$$
(蓝色)

$$4Cr^{2+} + 4H^+ + O_2 = 4Cr^{3+} + 2H_2O$$
(绿色)

铬不溶于浓硝酸,可与热的浓硫酸作用:

$$2Cr+6H_2SO_4(热，浓)=\!\!=\!\!=Cr_2(SO_4)_3+3SO_2+6H_2O$$

钼和钨彼此非常相似，其化学性质较稳定，与铬有显著区别。钼与稀盐酸或浓盐酸都不反应，能溶于浓硝酸和王水，而钨与盐酸、硫酸、硝酸都不反应，氢氟酸和硝酸的混合物或王水能使钨溶解。铬、钼、钨只有在高温下才能与卤素、硫、氮、碳等直接化合。

2. 锰单质

常温下，锰单质化学性质活泼，粉末状的锰能着火。锰在常温下缓慢地溶于水，与稀酸作用放出氢气：

$$Mn+2H_2O=\!\!=\!\!=Mn(OH)_2+H_2$$

在氧化剂存在下，锰能与熔融的碱作用生成锰酸盐：

$$2Mn+4KOH+3O_2=\!\!=\!\!=2K_2MnO_4+2H_2O$$

锰还能与氧、卤素等非金属作用，生成相应的化合物。

3. 铁、钴、镍单质

钴、镍和纯铁在空气中都是稳定的，但一般的铁因含有杂质，在潮湿的空气中慢慢形成棕色的铁锈($Fe_2O_3 \cdot xH_2O$)。

铁、钴、镍都能从稀酸中置换出氢气，其中钴、镍反应速率要慢一些。冷的硝酸溶液可使铁、钴、镍变成钝态，浓硫酸可使铁钝化。因为钝态的铁、钴、镍不再溶于相应的酸中，所以可以用铁罐储存浓硫酸。

在加热条件下，铁、钴、镍能与许多非金属剧烈反应。

14.3.2　重要化合物的氧化还原性

1. 钛的重要化合物

钛原子的价层电子构型为$3d^24s^2$，最高氧化数为$+4$，此外还有$+3$和$+2$两种氧化数，其中$+4$氧化数的化合物最重要。

1)钛(IV)的化合物

(1)二氧化钛。

二氧化钛(TiO_2)在自然界中有三种晶型：金红石、锐钛矿和板钛矿。其中最重要的为金红石，由于含有少量杂质而呈红色或橙色。纯的二氧化钛为白色难熔固体，受热变黄，冷却又变白。

TiO_2难溶于水，具有两性(以碱性为主)，由Ti(IV)溶液与碱反应所制得的TiO_2(实际为水合物)可溶于浓酸和浓碱，生成硫酸氧钛和偏钛酸盐：

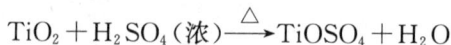

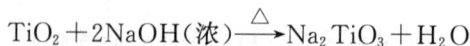

$$TiO_2+H_2SO_4(浓)\xrightarrow{\triangle}TiOSO_4+H_2O$$

$$TiO_2+2NaOH(浓)\xrightarrow{\triangle}Na_2TiO_3+H_2O$$

由于Ti^{4+}电荷多、半径小，极易水解，因此Ti(IV)溶液中不存在Ti^{4+}。TiO_2可看做是由Ti^{4+}二级水解产物脱水而形成的。TiO_2也可与碱共熔，生成偏钛酸盐。此外，TiO_2还可溶于氢氟酸中：

$$TiO_2+6HF=\!\!=\!\!=[TiF_6]^{2-}+2H^++2H_2O$$

TiO_2的化学性质不活泼，且覆盖能力强、折射率高，可用于制造高级白色油漆。TiO_2在工业上称为"钛白"，它兼有锌白(ZnO)的持久性和铅白($Pb(OH)_2CO_3$)的遮盖性，是高档白色颜料，其最大的优点是无毒，在高级化妆品中用做增白剂。TiO_2也用做高级铜板纸的表面覆盖剂，用于生产增白尼龙。在陶瓷中加入TiO_2可提高陶瓷的耐酸性。TiO_2粒子具有半导体性能,且因其具有高效、环保、成本低等优势,二氧化钛(TiO_2)多相光催化技术在环境净化和能源转化领域持续成为研究热点。在工业废水净化方面,TiO_2 光催化可高效降解电镀废水中的重金属(如 Cr、Ni)和有机污染物,处理后废水达到排放标准。在饮用水杀菌方面,纳米 TiO_2 通过可见光激发产生的羟基自由基($\cdot OH$),可灭活水中的细菌和病毒,以保障家庭用水安全。在大气污染治理方面,TiO_2 涂层材料用于建筑表面或空气净化系统,可分解挥发性有机物(VOCs)及氮氧化物(NO_x),进而改善城市空气质量。

工业上生产 TiO_2 的方法主要有硫酸法和氯化法。目前我国生产 TiO_2 主要用硫酸法。

(2)钛酸盐和钛氧盐。

TiO_2 为两性偏碱性氧化物,可形成两系列盐——钛酸盐和钛氧盐,钛酸盐大都难溶于水。$BaTiO_3$(白色)、$PbTiO_3$(淡黄色)介电常数高,具有压电效应,是最重要的压电陶瓷材料(一种可以使电能和机械能相互转换的功能材料),广泛用于电子信息技术和光电技术领域。

$BaTiO_3$ 主要通过“混合—预烧—球磨”流程大规模生产:

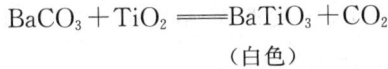

$$BaCO_3 + TiO_2 =\!=\!= BaTiO_3 + CO_2$$
$$\text{(白色)}$$

若要制备高纯度粉体或薄膜材料,一般采用溶胶-凝胶法,如制备 $BaTiO_3$ 时,选用 $Ba(Ac)_2$ 或 $Ba(NO_3)_2$ 和 $Ti(OC_4H_9)_4$ 作原料,乙醇作溶剂,先制成溶胶,在空气中储存,经加入(或吸收)适量水,发生水解-聚合反应变成凝胶,再经热处理可制得所需样品。

钛酸盐和钛氧盐皆易水解,形成白色偏钛酸(H_2TiO_3)沉淀:

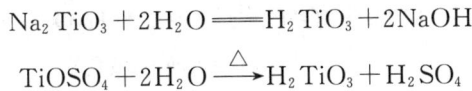

$$Na_2TiO_3 + 2H_2O =\!=\!= H_2TiO_3 + 2NaOH$$

$$TiOSO_4 + 2H_2O \xrightarrow{\triangle} H_2TiO_3 + H_2SO_4$$

(3)四氯化钛。

四氯化钛($TiCl_4$)是钛最重要的卤化物,通常由 TiO_2、氯气和焦炭在高温下反应制得。

$TiCl_4$ 为共价化合物(正四面体构型),其熔点和沸点分别为 $-23.2\ ℃$ 和 $136.4\ ℃$,常温下为无色液体,易挥发,具有刺激性气味,易溶于有机溶剂。$TiCl_4$ 极易水解,在潮湿空气中由于水解而冒烟:

$$TiCl_4 + 3H_2O =\!=\!= H_2TiO_3 + 4HCl$$

利用此反应可以制造烟幕。

$TiCl_4$ 是制备钛的其他化合物的原料。利用氮等离子体,由 $TiCl_4$ 可获得仿金镀层 TiN:

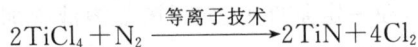

$$2TiCl_4 + N_2 \xrightarrow{\text{等离子技术}} 2TiN + 4Cl_2$$

2)钛(Ⅲ)的化合物

钛的氧化数为 $+3$ 的化合物中,较重要的是紫色的三氯化钛($TiCl_3$)。在 $500\sim800\ ℃$ 用氢气还原干燥的气态 $TiCl_4$,可得 $TiCl_3$ 粉末:

$$2TiCl_4 + H_2 \xrightarrow{\triangle} 2TiCl_3 + 2HCl$$
$$\text{(紫色)}$$

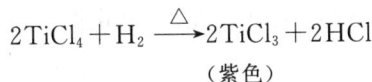

在酸性溶液中,钛的标准电极电势如图 14-2 所示。

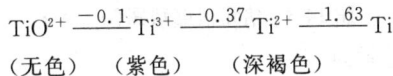

$$TiO^{2+} \xrightarrow{-0.1} Ti^{3+} \xrightarrow{-0.37} Ti^{2+} \xrightarrow{-1.63} Ti$$
$$\text{(无色)}\quad\ \ \text{(紫色)}\quad\ \ \text{(深褐色)}$$

图 14-2　钛元素电势图($E_A^{\ominus}/V$)

可见 Ti^{3+} 有较强的还原性。$TiCl_3$ 与 $TiCl_4$ 一样,均可作为某些有机合成反应的催化剂。

在 Ti(Ⅳ)盐的酸性溶液中加入 H_2O_2,则生成较稳定的橙色配合物[$TiO(H_2O_2)$]$^{2+}$:

$$TiO^{2+} + H_2O_2 \xrightarrow{\triangle} [TiO(H_2O_2)]^{2+}$$

可利用此反应测定钛。

2. 钒、铌、钽的重要化合物

钒原子的价层电子构型为 $3d^34s^2$,可形成+5、+4、+3 等氧化数的化合物,其中以氧化数为+5 的化合物较重要。钒的某些化合物具有催化作用和生理功能。

(1)五氧化二钒。

五氧化二钒(V_2O_5)为橙黄至砖红色固体,无味、有毒(钒的化合物均有毒),微溶于水,其水溶液呈淡黄色并显酸性。目前,工业上是以含钒铁矿熔炼钢时所获得的富钒炉渣(含 $FeO \cdot V_2O_3$)为原料制取 V_2O_5,先与纯碱反应:

$$4FeO \cdot V_2O_3 + 4Na_2CO_3 + 5O_2 \xrightarrow{\triangle} 8NaVO_3 + 2Fe_2O_3 + 4CO_2$$

然后用水从烧结块中浸出 $NaVO_3$,用酸调至 pH 值为 5～6 时加入硫酸铵,调节 pH 值为 2～3,可析出六聚钒酸铵,再设法转化为 V_2O_5。

V_2O_5 为两性氧化物(以酸性为主),溶于强碱(如 NaOH)溶液中:

$$V_2O_5 + 6OH^- \xrightarrow{冷} 2VO_4^{3-} + 3H_2O$$

(正钒酸根,无色)

$$V_2O_5 + 2OH^- \xrightarrow{热} 2VO_3^- + H_2O$$

(偏钒酸根,黄色)

V_2O_5 也可溶于强酸(如 H_2SO_4),但得不到 V^{5+},而是形成淡黄色的 VO_2^+:

$$V_2O_5 + 2H^+ \rightleftharpoons 2VO_2^+ + H_2O$$

(淡黄色)

V_2O_5 为中强氧化剂,如与盐酸反应,V(Ⅴ)可被还原为 V(Ⅳ),并放出氯气:

$$V_2O_5 + 6H^+ + 2Cl^- \rightleftharpoons 2VO^{2+} + Cl_2 + 3H_2O$$

(蓝色)

V_2O_5 在硫酸工业中用做催化剂,石油化工中用做设备的缓蚀剂。

(2)钒酸盐。

钒酸盐的形式多种多样。在一定条件下,向钒酸盐溶液中加酸,随着 pH 值逐渐减小,钒酸根会逐渐脱水:

$$VO_4^{3-} \xrightarrow{pH=10\sim12} V_2O_7^{4-} \xrightarrow{pH=9} V_3O_9^{3-} \xrightarrow{pH=2.2} H_2V_{10}O_{28}^{4-} \xrightarrow{pH<1} VO_2^+$$

(正钒酸根)

钒酸盐在强酸性溶液中(以 VO_2^+ 形式存在)有氧化性。在酸性溶液中钒的标准电极电势如图 14-3 所示。

$$VO_2^+ \xrightarrow{1.000} VO^{2+} \xrightarrow{0.337} V^{3+} \xrightarrow{-0.255} V^{2+} \xrightarrow{-1.13} V$$

图 14-3　钒元素电势图($E_A^{\ominus}$/V)

VO_2^+ 可被 Fe^{2+}、草酸等还原为 VO^{2+}:

$$VO_2^+ + Fe^{2+} + 2H^+ \rightleftharpoons VO^{2+} + Fe^{3+} + H_2O$$

(钒酰离子)　　　　　　　　　　　　　(亚钒酰离子)

$$2VO_2^+ + H_2C_2O_4 + 2H^+ \xrightarrow{\triangle} 2VO^{2+} + 2CO_2 + 2H_2O$$

上述反应可用于氧化还原法测定钒含量。

VO_2^+、VO^{2+}、ZrO^{2+}、HfO^{2+} 以及前面已提及的 SbO^+、BiO^+、TiO^{2+} 等均可看做相应高价正离子水解的中间产物，命名时称某酰离子。

（3）铌和钽的化合物。

铌和钽最常见的氧化数是 +5，氧化数为 +4 的卤化物也较重要，氧化数为 +3、+2 的正离子的含氧酸盐不存在。

多数的铌酸盐和钽酸盐是不溶的，被认为是复合氧化物（实际上钛酸盐也是复合氧化物）。例如：高温高压水热法合成的激光材料 $LiNbO_3$ 和 $LiTaO_3$，在铌酸盐、钽酸盐中掺杂某些元素制得超导氧合物，如 $(Nb,Ce)_2$、Sr_2CuMO_{10}（M＝Nb、Ta）。

铌和钽元素能形成一系列的簇状化合物，如在高温时用金属 Nb 或 Ta 还原 NbX_5 或 TaX_5 时生成一系列 $[M_6X_{12}]^{n+}$，它们是由金属原子的八面体簇与位于八面体各边上方的卤素原子组成的。这类化合物很多是新型功能材料，所以对我国丰产元素铌和钽化合物的合成、结构、性能研究，对开发新型功能材料、发展我国高科技产业及基础理论研究均有重要意义。

3. 铬的重要化合物

铬的价层电子构型为 $3d^5 4s^1$，有多种氧化数，其中以氧化数为 +3 和 +6 的化合物较常见，也较重要。

1）铬元素电势图

铬的标准电极电势如图 14-4 所示。

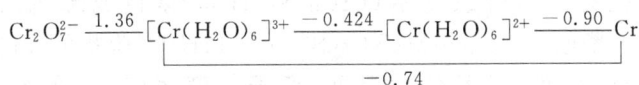

$$Cr_2O_7^{2-} \underline{\quad 1.36 \quad} [Cr(H_2O)_6]^{3+} \underline{\quad -0.424 \quad} [Cr(H_2O)_6]^{2+} \underline{\quad -0.90 \quad} Cr$$
$$\underline{\quad -0.74 \quad}$$

（a）铬元素电势图（$E_A^\ominus/V$）

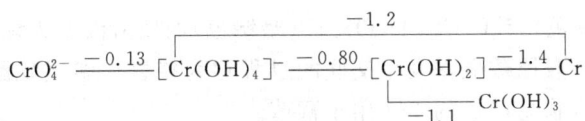

$$\overline{\quad -1.2 \quad}$$
$$CrO_4^{2-} \underline{\quad -0.13 \quad} [Cr(OH)_4]^- \underline{\quad -0.80 \quad} [Cr(OH)_2] \underline{\quad -1.4 \quad} Cr$$
$$\underline{\quad -1.1 \quad} Cr(OH)_3$$

（b）铬元素电势图（$E_B^\ominus/V$）

图 14-4　铬元素电势图

由铬的标准电极电势可知：在酸性溶液中，氧化数为 +6 的铬（$Cr_2O_7^{2-}$）有较强氧化性，可被还原为 Cr^{3+}；Cr^{2+} 有较强还原性，可被氧化为 Cr^{3+}。因此，在酸性溶液中 Cr^{3+} 不易被氧化，也不易被还原。在碱性溶液中，氧化数为 +6 的铬（CrO_4^{2-}）氧化性很弱，相反，Cr(Ⅲ)易被氧化为 Cr(Ⅵ)。

在氧化态的稳定性上，Mo、W 彼此非常相似，与 Cr 差别较大。在酸性或碱性溶液中，氧化数为 +6 的化合物的稳定性按 Cr—Mo—W 的顺序增强（氧化性减弱）；Mo(Ⅱ)、W(Ⅱ)只有在保持着明显的 M—M 金属键的簇状化合物中才稳定存在。

2）铬(Ⅲ)化合物

（1）三氧化二铬及其水合物。

高温下，金属铬与氧直接化合，重铬酸铵或三氧化铬热分解，都可生成绿色三氧化二铬（Cr_2O_3）固体：

$$4Cr+3O_2 \xrightarrow{\triangle} 2Cr_2O_3$$
$$\text{(绿色)}$$

$$(NH_4)_2Cr_2O_7 \xrightarrow{\triangle} Cr_2O_3+N_2+4H_2O$$

$$4CrO_3 \xrightarrow{\triangle} 2Cr_2O_3+3O_2$$

Cr_2O_3 是溶解或熔融都难的两性氧化物,对光、大气、高温及腐蚀性气体(如 SO_2、H_2S 等)极稳定。高温灼烧过的 Cr_2O_3 在酸、碱性溶液中都呈惰性,但与酸性溶剂共熔,能转变为可溶性铬(Ⅲ)盐:

$$Cr_2O_3+3H_2SO_4 \xrightarrow{\triangle} Cr_2(SO_4)_3+3H_2O$$

Cr_2O_3 是冶炼铬的原料,也是一种绿色颜料(俗称铬绿),广泛应用于陶瓷、玻璃、涂料、印刷等工业。

向铬(Ⅲ)盐溶液中加入碱,可得灰绿色胶状水合氧化铬($Cr_2O_3 \cdot xH_2O$)沉淀,水合氧化铬含水量是可变的,通常称为氢氧化铬,习惯上以 $Cr(OH)_3$ 表示。

氢氧化铬难溶于水,具有两性,易溶于酸形成蓝紫色的 $[Cr(H_2O)_6]^{3+}$,也易溶于碱形成亮绿色的 $[Cr(OH)_4]^-$(或为 $[Cr(OH)_6]^{3-}$):

$$Cr(OH)_3+3H^++3H_2O \Longrightarrow [Cr(H_2O)_6]^{3+}$$

$$Cr(OH)_3+OH^- \Longrightarrow [Cr(OH)_4]^-$$
$$\text{(亮绿色)}$$

(2)铬(Ⅲ)盐。

常见的铬(Ⅲ)盐有六水合氯化铬($CrCl_3 \cdot 6H_2O$,紫色或绿色)、十八水合硫酸铬($Cr_2(SO_4)_3 \cdot 18H_2O$,紫色)以及铬钾矾($KCr(SO_4)_2 \cdot 12H_2O$,蓝紫色),它们都易溶于水。

$CrCl_3$ 的稀溶液呈紫色,其颜色随温度、离子浓度而变化,在冷的稀溶液中,由于 $[Cr(H_2O)_6]^{3+}$ 的存在而显紫色,但随着温度的升高和 Cl^- 浓度的加大,又生成了 $[CrCl(H_2O)_5]^{2+}$(浅绿色)或 $[CrCl_2(H_2O)_4]^+$(暗绿色)而使溶液变为绿色。

铬化合物使兽皮中胶原羧酸基发生交联的过程称为铬鞣。碱式硫酸铬($Cr(OH)SO_4$)是重要的铬鞣剂。铬化合物总产量的 1/3 用于鞣革。

由于水合氧化铬为难溶的两性化合物,其酸性、碱性都很弱,因而对应的 Cr^{3+} 和 $[Cr(OH)_4]^-$ 盐易水解。

在碱性溶液中,$[Cr(OH)_4]^-$ 有较强的还原性。例如,可用 H_2O_2 将其氧化为 CrO_4^{2-}:

$$2[Cr(OH)_4]^-+3H_2O_2+2OH^- \Longrightarrow 2CrO_4^{2-}+8H_2O$$
$$\text{(绿色)}　　　　　　　　　　　　\text{(黄色)}$$

在酸性溶液中,需用很强的氧化剂(如过硫酸盐),才能将 Cr^{3+} 氧化为 $Cr_2O_7^{2-}$:

$$2Cr^{3+}+3S_2O_8^{2-}+7H_2O \longrightarrow Cr_2O_7^{2-}+6SO_4^{2-}+14H^+$$

3)铬(Ⅵ)化合物

铬(Ⅵ)化合物主要有三氧化铬(CrO_3)、铬酸钾(K_2CrO_4)和重铬酸钾($K_2Cr_2O_7$)。

(1)三氧化铬。

三氧化铬俗名铬酐。向 $K_2Cr_2O_7$ 的饱和溶液中加入过量浓硫酸,即可析出暗红色的 CrO_3 晶体:

$$K_2Cr_2O_7+H_2SO_4\text{(浓)} \Longrightarrow 2CrO_3+K_2SO_4+H_2O$$

CrO_3 有毒,对热不稳定,加热到 197 ℃时分解放出氧气:

$$4CrO_3 \xrightarrow{\triangle} 2Cr_2O_3 + 3O_2$$

在分解过程中,可形成中间产物二氧化铬(CrO_2,黑色)。CrO_2 有磁性,可用于制造高级录音带。CrO_3 有强氧化性,与有机物(如酒精)剧烈反应,甚至着火、爆炸。CrO_3 易潮解,溶于水主要生成铬酸(H_2CrO_4),溶于碱生成铬酸盐:

$$CrO_3 + H_2O =\!=\!= H_2CrO_4$$
(黄色)

$$CrO_3 + 2NaOH =\!=\!= Na_2CrO_4 + H_2O$$
(黄色)

CrO_3 广泛用做有机反应的氧化剂和电镀的镀铬液成分,也用于制取高纯铬。

(2)铬酸盐与重铬酸盐。

由于铬(Ⅵ)的含氧酸无游离状态,因而常用其盐。钾、钠的铬酸盐和重铬酸盐是铬较重要的盐,K_2CrO_4 为黄色晶体,$K_2Cr_2O_7$ 为橙红色晶体(俗称红矾钾)。$K_2Cr_2O_7$ 在高温下溶解度大(100 ℃时每 100 g 水中能溶 102 g),低温下溶解度小(0 ℃时每 100 g 水中能溶 5 g),易通过重结晶法提纯;$K_2Cr_2O_7$ 晶体不易潮解,又不含结晶水,故常用做化学分析中的基准物。

向铬酸盐溶液中加入酸,溶液由黄色变为橙红色,而向重铬酸盐溶液中加入碱,溶液由橙红色变为黄色。这表明在铬酸盐或重铬酸盐溶液中存在如下平衡:

$$2CrO_4^{2-} + 2H^+ \underset{OH^-}{\overset{H^+}{\rightleftharpoons}} Cr_2O_7^{2-} + H_2O$$
(黄色)　　　　　　　　　(橙红色)

实验证明,当 pH$=$11 时,Cr(Ⅵ)几乎全部以 CrO_4^{2-} 形式存在;当 pH$=$1.2 时,其几乎全部以 $Cr_2O_7^{2-}$ 形式存在。

重铬酸盐大都易溶于水;铬酸盐,除钾盐、钠盐、铵盐外,一般难溶于水。向重铬酸盐溶液中加入 Ba^{2+}、Pb^{2+} 或 Ag^+ 时,可使上述平衡向生成 CrO_4^{2-} 的方向移动,生成相应的铬酸盐沉淀:

$$Cr_2O_7^{2-} + 2Ba^{2+} + H_2O =\!=\!= 2BaCrO_4 + 2H^+$$
(柠檬黄色)

$$Cr_2O_7^{2-} + 2Pb^{2+} + H_2O =\!=\!= 2PbCrO_4 + 2H^+$$
(铬黄色)

$$Cr_2O_7^{2-} + 4Ag^+ + H_2O =\!=\!= 2Ag_2CrO_4 + 2H^+$$
(砖红色)

铬黄 $PbCrO_4$ 沉淀反应可用于鉴定 CrO_4^{2-}。柠檬黄、铬黄可作为颜料。

从铬元素电势图可知,重铬酸盐在酸性溶液中有强氧化性,可以氧化 H_2S、H_2SO_3、HCl、HI、$FeSO_4$ 等许多物质,本身被还原为 Cr^{3+}:

$$Cr_2O_7^{2-} + 3H_2S + 8H^+ =\!=\!= 2Cr^{3+} + 3S + 7H_2O$$
$$Cr_2O_7^{2-} + 3SO_3^{2-} + 8H^+ =\!=\!= 2Cr^{3+} + 3SO_4^{2-} + 4H_2O$$
$$Cr_2O_7^{2-} + 6I^- + 14H^+ =\!=\!= 2Cr^{3+} + 3I_2 + 7H_2O$$
$$Cr_2O_7^{2-} + 6Fe^{2+} + 14H^+ =\!=\!= 2Cr^{3+} + 6Fe^{3+} + 7H_2O$$

在化学分析中常用上述反应来测定铁的含量。过去化学实验中用于洗涤玻璃器皿的铬酸洗液,是由重铬酸钾的饱和溶液与浓硫酸配制的混合物。

在酸性溶液中,$Cr_2O_7^{2-}$ 还能氧化 H_2O_2。

4)钼和钨的重要化合物

钼和钨可形成氧化数为-2～+6的化合物,其中氧化数为+6的化合物最稳定。

(1)三氧化钼和三氧化钨。

常见的钼、钨矿有辉钼矿(MoS_2)、白钨矿($CaWO_4$)。由 MoS_2、$CaWO_4$ 分别制取 MoO_3、WO_3 的方法可以简要表示如下(略去除杂质过程):

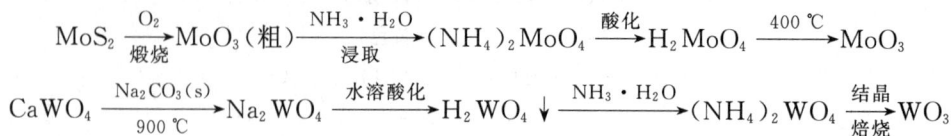

MoO_3 和 WO_3 也可用相应金属在空气或氧气中灼烧,或由相应的含氧酸受热脱水而制得:

$$2Mo+3O_2 =\!=\!= 2MoO_3$$

$$H_2MoO_4 =\!=\!= MoO_3+H_2O$$

$$2W+3O_2 =\!=\!= 2WO_3$$

$$H_2WO_4 =\!=\!= WO_3+H_2O$$

MoO_3 为白色固体,受热时变为黄色;WO_3 为柠檬黄色固体,受热时变为橙黄色,冷却后又都恢复原来的颜色。它们均比 CrO_3 稳定得多,加热到熔化也不分解。MoO_3 和 WO_3 的熔点分别为 795 ℃ 和 1473 ℃,它们皆难溶于水,不与酸(氢氟酸除外)反应,但可溶于氨水和强碱溶液,生成相应的含氧酸盐:

$$MoO_3+2NH_3 \cdot H_2O =\!=\!= (NH_4)_2MoO_4+H_2O$$

$$WO_3+2NaOH =\!=\!= Na_2WO_4+H_2O$$

与 CrO_3 不同,MoO_3 和 WO_3 的氧化性极弱,仅在高温下才被氢气还原为金属:

$$MoO_3+3H_2 \xrightarrow{\triangle} Mo+3H_2O$$

$$WO_3+3H_2 \xrightarrow{\triangle} W+3H_2O$$

MoO_3、WO_3 作为负载型催化剂已在工业上广泛应用,但对其表面结构、配位状态的研究尚属初始阶段。MoO_3、WO_3 能直接与大环配体形成配合物,是值得注意的研究方向。

(2)钼酸、钨酸及其盐。

和铬酸不同,钼酸、钨酸在水中溶解度都比较小。当对可溶性钼酸盐或钨酸盐用强酸酸化时,可析出黄色水合钼酸($H_2MoO_4 \cdot H_2O$)和白色水合钨酸($H_2WO_4 \cdot xH_2O$)。例如:

$$MoO_4^{2-}+2H^++H_2O =\!=\!= \underset{(黄色)}{H_2MoO_4 \cdot H_2O}$$

$$\underset{(黄色)}{H_2MoO_4 \cdot H_2O} \xrightarrow{\triangle} \underset{(白色)}{H_2MoO_4}+H_2O$$

在钨酸盐的热溶液中加入盐酸,则析出黄色钨酸(H_2WO_4)。如在冷的溶液中加入过量酸,则析出白色水合钨酸($H_2WO_4 \cdot xH_2O$)。白色水合钨酸受热可转化为黄色的钨酸:

$$WO_4^{2-}+2H^++xH_2O =\!=\!= \underset{(白色)}{H_2WO_4 \cdot xH_2O}$$

$$\underset{(白色)}{H_2WO_4 \cdot xH_2O} \xrightarrow{\triangle} \underset{(黄色)}{H_2WO_4}+xH_2O$$

钼酸和钨酸的酸性比铬酸弱，而且按 H_2CrO_4—H_2MoO_4—H_2WO_4 的顺序酸性迅速减弱。

钼酸盐和钨酸盐，除碱金属盐和铵盐外，均难溶于水。钼酸盐可用做颜料、催化剂和防腐剂，钨酸盐用于使织物耐火及制造荧光屏。

钼酸盐和钨酸盐在酸性溶液中有很强的缩合倾向。MoO_4^{2-} 和 WO_4^{2-} 中的 M—O 键均比 CrO_4^{2-} 中的 Cr—O 键弱，因而 MoO_4^{2-} 和 WO_4^{2-} 在酸性溶液中易脱水缩合，形成复杂的多钼或多钨酸根离子。溶液的酸性越强，缩合程度越大，最后从强酸溶液中析出水合 MoO_3 或水合 WO_3 沉淀。例如：

$$\underset{\text{钼酸根}}{MoO_4^{2-}} \xrightarrow{pH=6} \underset{\text{七钼酸根}}{Mo_7O_{24}^{6-}} \xrightarrow{pH=1.5\sim2.9} \underset{\text{八钼酸根}}{Mo_8O_{26}^{4-}} \xrightarrow{pH<1} \underset{\text{水合三氧化钼}}{MoO_3\cdot 2H_2O}$$

在含有 WO_4^{2-} 的溶液中加入酸，随着溶液 pH 值的减小，可形成 $HW_6O_{21}^{5-}$、$W_{12}O_{39}^{6-}$ 等，最后析出水合三氧化钨。

最常见的多钼酸盐为四水合七钼酸铵 $(NH_4)_6[Mo_7O_{24}]\cdot 4H_2O$，它是无色晶体，为实验室中常用的鉴定 PO_4^{3-} 的试剂。

与铬酸盐不同，钼酸盐和钨酸盐在酸性溶液中的氧化性很弱，只有用强还原剂才能将 Mo(Ⅵ)和 W(Ⅵ)分别还原为 Mo(Ⅲ)和 W(Ⅲ)。如钼酸铵溶液用盐酸酸化，并加入锌后，由于 Mo^{3+} 的生成，溶液最后变为棕色：

$$2MoO_4^{2-}+3Zn+16H^+ = 2Mo^{3+}+3Zn^{2+}+8H_2O$$

WO_4^{2-} 有与 MoO_4^{2-} 类似的反应。

4. 锰的重要化合物

锰的化合物中氧化数为＋2、＋4 和＋7 的化合物较重要。

1)锰元素电势图

锰的标准电极电势如图 14-5 所示。

$$MnO_4^- \xrightarrow{0.56} MnO_4^{2-} \xrightarrow{2.290} MnO_2 \xrightarrow{0.95} Mn^{3+} \xrightarrow{1.5} Mn^{2+} \xrightarrow{-1.18} Mn$$

（MnO_4^-—Mn^{2+}：1.51；MnO_4^-—MnO_2：1.70；MnO_2—Mn^{2+}：1.23）

(a)锰元素电势图($E_A^\ominus$/V)

$$MnO_4^- \xrightarrow{0.56} MnO_4^{2-} \xrightarrow{0.62} MnO_2 \xrightarrow{-0.25} Mn(OH)_3 \xrightarrow{0.15} Mn(OH)_2 \xrightarrow{-1.56} Mn$$

（MnO_4^-—MnO_2：+0.59；MnO_2—$Mn(OH)_2$：−0.05）

(b)锰元素电势图($E_B^\ominus$/V)

图 14-5　锰元素电势图

由锰元素电势图可知，在酸性溶液中 Mn^{3+} 和 MnO_4^{2-} 均易发生歧化反应：

$$2Mn^{3+}+2H_2O = Mn^{2+}+MnO_2+4H^+$$

$$3MnO_4^{2-}+4H^+ = 2MnO_4^- + MnO_2+2H_2O$$

Mn^{2+} 较稳定，不易被氧化，也不易被还原。MnO_4^- 和 MnO_2 有强氧化性。在碱性溶液中，$Mn(OH)_2$ 不稳定，易被空气中的氧气氧化为 MnO_2；MnO_4^{2-} 也能发生歧化反应，但反应不如在酸性溶液中进行得完全。

2)锰(Ⅱ)盐

锰(Ⅱ)的强酸盐均溶于水，只有少数弱酸盐(如 $MnCO_3$、MnS 等)难溶于水。从水溶液中结晶出来的锰(Ⅱ)盐为带有结晶水的粉红色晶体，如 $MnSO_4\cdot 7H_2O$、$Mn(NO_3)_2\cdot 6H_2O$ 和

$MnCl_2 \cdot 4H_2O$ 等。在这些水合锰(Ⅱ)盐中都有粉红色的 $[Mn(H_2O)_6]^{2+}$，这些盐的水溶液中也有 $[Mn(H_2O)_6]^{2+}$，因而溶液呈现粉红色。

锰(Ⅱ)盐与碱液反应时，产生白色胶状沉淀 $Mn(OH)_2$，它在空气中不稳定，迅速被氧化为棕色的 $MnO(OH)_2$(水合二氧化锰)：

$$Mn^{2+}+2OH^-\!\!=\!\!=\!\!=Mn(OH)_2$$
$$\text{(白色)}$$

$$2Mn(OH)_2+O_2\!\!=\!\!=\!\!=2MnO(OH)_2$$
$$\text{(棕色)}$$

在酸性溶液中，$Mn^{2+}(3d^5)$ 比同周期的其他 $M(Ⅱ)$(如 $Cr^{2+}(d^4)$、$Fe^{2+}(d^6)$ 等)稳定，只有用强氧化剂(如 $NaBiO_3$、PbO_2、$(NH_4)_2S_2O_8$)才能将 Mn^{2+} 氧化为呈现紫红色的高锰酸根(MnO_4^-)。

$$2Mn^{2+}+14H^++5NaBiO_3\!\!=\!\!=\!\!=2MnO_4^-+5Bi^{3+}+5Na^++7H_2O$$

此反应用于鉴定溶液中微量的 Mn^{2+}。

3)二氧化锰

二氧化锰(MnO_2)为棕黑色粉末，是锰最稳定的氧化物，在酸性溶液中有强氧化性。如在实验室中常利用此反应制取少量氯气：

$$MnO_2+4HCl(浓)\!\!=\!\!=\!\!=MnCl_2+Cl_2+2H_2O$$

MnO_2 与碱共熔，可被空气中的氧所氧化，生成绿色的锰酸盐：

$$2MnO_2+4KOH+O_2\!\!=\!\!=\!\!=2K_2MnO_4+2H_2O$$

在工业上，MnO_2 有许多用途，如用做干电池的去极化剂、火柴的助燃剂、某些有机反应的催化剂，以及合成磁性记录材料铁氧体 $MnFe_2O_4$ 的原料等。

4)锰酸盐、高锰酸盐

(1)锰酸盐。

氧化数为 +6 的锰的化合物，仅以深绿色的锰酸根(MnO_4^{2-})形式存在于强碱溶液中。如 K_2MnO_4 是在空气或其他氧化剂(如 $KClO_3$、KNO_3 等)存在下，由 MnO_2 同碱金属氢氧化物或碳酸盐共熔而制得：

$$2MnO_2+4KOH+O_2\!\!=\!\!=\!\!=2K_2MnO_4+2H_2O$$
$$3MnO_2+6KOH+KClO_3\!\!=\!\!=\!\!=3K_2MnO_4+KCl+3H_2O$$

由元素电势图可知，锰酸盐在酸性溶液中易发生歧化反应，在中性或弱碱性溶液中也发生歧化反应，但趋势及速率小：

$$3MnO_4^{2-}+2H_2O\!\!=\!\!=\!\!=2MnO_4^-+MnO_2+4OH^-$$

锰酸盐在酸性溶液中有强氧化性，但由于它的不稳定性，因此不用做氧化剂。

(2)高锰酸盐。

$KMnO_4$ 俗称灰锰氧，为深紫色晶体，能溶于水，是一种强氧化剂。工业上用电解 K_2MnO_4 的碱性溶液或用 Cl_2 氧化 K_2MnO_4 来制备 $KMnO_4$：

$$2MnO_4^{2-}+2H_2O\!\!=\!\!=\!\!=2MnO_4^-+H_2+2OH^-$$
$$2MnO_4^{2-}+Cl_2\!\!=\!\!=\!\!=2MnO_4^-+2Cl^-$$

$KMnO_4$ 在酸性溶液中会缓慢地分解而析出 MnO_2：

$$4MnO_4^-+4H^+\!\!=\!\!=\!\!=4MnO_2+3O_2+2H_2O$$

光对此分解反应有催化作用，因此 $KMnO_4$ 必须保存在棕色瓶中。$KMnO_4$ 的氧化能力随介质的酸性减弱而减弱,其还原产物也因介质的酸碱性不同而变化。MnO_4^- 在酸性、中性(或微碱性)、强碱介质中的还原产物分别为 Mn^{2+}、MnO_2 及 MnO_4^{2-}。例如:

$$2MnO_4^- + 5SO_3^{2-} + 6H^+ \Longrightarrow 2Mn^{2+} + 5SO_4^{2-} + 3H_2O$$
$$\text{(紫色)} \qquad\qquad\qquad\quad \text{(粉红色或无色)}$$

$$2MnO_4^- + 3SO_3^{2-} + H_2O \Longrightarrow 2MnO_2 \downarrow + 3SO_4^{2-} + 2OH^-$$
$$\text{(棕色)}$$

$$2MnO_4^- + SO_3^{2-} + 2OH^- \Longrightarrow 2MnO_4^{2-} + SO_4^{2-} + H_2O$$
$$\text{(绿色)}$$

$KMnO_4$ 在化学工业中用于生产维生素 C、糖精等,在轻化工中用于纤维、油脂的漂白和脱色,在医疗上用做杀菌消毒剂,在日常生活中可用于饮食用具、器皿、蔬菜、水果等的消毒。

5. 铁、钴、镍的化合物

铁、钴、镍的价层电子构型依次为 $3d^64s^2$、$3d^74s^2$ 和 $3d^84s^2$。铁系元素能形成 +2、+3 两种氧化数的化合物,其中铁以氧化数为 +3 而钴和镍以氧化数为 +2 的化合物较为稳定。这是由于 Fe^{2+}($3d^6$)再丢失一个 3d 电子能成为半充满的稳定结构($3d^5$),而 Co^{2+}($3d^7$)和 Ni^{2+}($3d^8$)却不能,因此,相应地容易得到 Fe(Ⅲ)的化合物,而不易得到 Ni(Ⅲ)的化合物。

铁的标准电极电势如图 14-6 所示。

$$FeO_4^{2-} \xrightarrow{\ 1.9\ } Fe^{3+} \xrightarrow{\ 0.769\ } Fe^{2+} \xrightarrow{\ -0.4089\ } Fe$$
$$\underset{-0.036}{\overline{\qquad\qquad\qquad\qquad\qquad\qquad}}$$

(a)铁元素电势图($E_A^\ominus/V$)

$$FeO_4^{2-} \xrightarrow{\ 0.9\ } Fe(OH)_3 \xrightarrow{\ -0.5468\ } Fe(OH)_2 \xrightarrow{\ -0.8914\ } Fe$$

(b)铁元素电势图($E_B^\ominus/V$)

图 14-6　铁元素电势图

1)氧化物和氢氧化物

(1)氧化物。

铁、钴、镍均能形成氧化数为 +2 和 +3 的氧化物,它们的颜色各不相同:

$$\begin{array}{cccccc} FeO & CoO & NiO & Fe_2O_3 & Co_2O_3 & Ni_2O_3 \end{array}$$
$$\text{(黑色)}\ \text{(灰绿色)}\ \text{(暗绿色)}\ \text{(砖红色)}\ \text{(黑色)}\ \text{(黑色)}$$

铁除了生成氧化数为 +2、+3 的氧化物之外,还能形成混合氧化态氧化物 Fe_3O_4,经 X 射线结构研究证明:Fe_3O_4 是一种铁(Ⅲ)酸盐,即 $Fe(Ⅱ)Fe(Ⅲ)[Fe(Ⅲ)O_4]$。

铁、钴、镍的氧化数为 +2、+3 的氧化物均能溶于强酸,而不溶于水和碱,属碱性氧化物。它们的氧化数为 +3 的氧化物的氧化能力按铁—钴—镍的顺序递增而稳定性递减。

(2)氢氧化物。

铁系元素的氢氧化物均难溶于水,它们的氧化还原性及变化规律与其氧化物相似:

$$\longleftarrow \text{还原性增强}$$

$$\begin{array}{ccc} Fe(OH)_2 & Co(OH)_2 & Ni(OH)_2 \end{array}$$
$$\text{(白色)}\qquad \text{(粉红色)}\qquad \text{(浅绿色)}$$

$$\begin{array}{ccc} Fe(OH)_3 & CoO(OH) & NiO(OH) \end{array}$$
$$\text{(红棕色)}\qquad \text{(棕黑色)}\qquad \text{(黑色)}$$

$$\text{氧化性增强} \longrightarrow$$

其中,$Fe(OH)_2$ 很不稳定,容易被氧化。例如,向亚铁盐溶液中加入碱,先得到白色$Fe(OH)_2$,

随即被空气氧化成红棕色 $Fe(OH)_3$(实为水合氧化铁 $Fe_2O_3 \cdot xH_2O$):

$$Fe^{2+} + 2OH^- \Longrightarrow Fe(OH)_2$$
$$（白色）$$

$$4Fe(OH)_2 + O_2 + 2H_2O \Longrightarrow 4Fe(OH)_3$$
$$（红棕色）$$

$Co(OH)_2$ 虽较 $Fe(OH)_2$ 稳定,但在空气中也能缓慢地被氧化成棕黑色的 $CoO(OH)$。$Ni(OH)_2$ 则更稳定,长久置于空气中也不被氧化,除非与强氧化剂作用才变为黑色的 $NiO(OH)$。

反之,高氧化态氢氧化物的氧化性按铁—钴—镍的顺序依次递增。如 $Fe(OH)_3$ 与盐酸只能起中和作用,而 $CoO(OH)$ 却能氧化盐酸,放出氯气:

$$Fe(OH)_3 + 3HCl \Longrightarrow FeCl_3 + 3H_2O$$
$$2CoO(OH) + 6HCl \Longrightarrow 2CoCl_2 + Cl_2 + 4H_2O$$

2) 盐类

(1) M(Ⅱ)盐。

氧化数为 +2 的铁、钴、镍盐,在性质上有许多相似之处。它们的强酸盐都易溶于水,并有微弱的水解,因而溶液显酸性。强酸盐从水溶液中析出结晶时,往往带有一定数目的结晶水,如 $MCl_2 \cdot 6H_2O$、$M(NO_3)_2 \cdot 6H_2O$、$MSO_4 \cdot 7H_2O$。水合盐晶体及其水溶液呈现各种颜色,如 $[Fe(H_2O)_6]^{2+}$ 为浅绿色,$[Co(H_2O)_6]^{2+}$ 为粉红色,$[Ni(H_2O)_6]^{2+}$ 为苹果绿色。铁系元素的硫酸盐都能和碱金属或铵的硫酸盐形成复盐,如硫酸亚铁铵 $(NH_4)_2SO_4 \cdot FeSO_4 \cdot 6H_2O$(俗称摩尔盐)比相应的亚铁盐 $FeSO_4 \cdot 7H_2O$(俗称绿矾)更稳定,不易被氧化,是化学分析中常用的还原剂,用于标定 $KMnO_4$ 的标准溶液等。

$CoCl_2 \cdot 6H_2O$ 是常用的钴盐,它在受热脱水过程中伴有颜色的变化:

$$CoCl_2 \cdot 6H_2O \xrightarrow{52.25\ ℃} CoCl_2 \cdot 2H_2O \xrightarrow{90\ ℃} CoCl_2 \cdot H_2O \xrightarrow{120\ ℃} CoCl_2$$
　　（粉红色）　　　　　　　（紫红色）　　　　　　（蓝紫色）　　　　　　（蓝色）

利用氯化钴的这种特性,可判断干燥剂的含水情况。如用做干燥剂的硅胶,常浸泡 $CoCl_2$ 溶液后烘干备用,当它由蓝色变为红色时,表明吸水已达饱和。将红色硅胶在 120 ℃烘干,待恢复蓝色后仍可使用。

(2) M(Ⅲ)盐。

在铁系元素中,只有铁能形成稳定的氧化数为 +3 的简单盐,常见 Fe(Ⅲ)的强酸盐(如 $Fe(NO_3)_3 \cdot 6H_2O$、$FeCl_3 \cdot 6H_2O$、$Fe_2(SO_4)_3 \cdot 12H_2O$ 等)都易溶于水,这些盐的晶体中含有 $[Fe(H_2O)_6]^{3+}$,这种水合离子也存在于强酸性(pH=0 左右)溶液中。

由于 $Fe(OH)_3$ 的碱性比 $Fe(OH)_2$ 更弱,因此与 Fe(Ⅱ)盐比较,Fe(Ⅲ)盐易水解,而使溶液显黄色或红棕色:

$$[Fe(H_2O)_6]^{3+} + H_2O \Longrightarrow [Fe(OH)(H_2O)_5]^{2+} + H_3O^+$$
$$[Fe(OH)(H_2O)_5]^{2+} + H_2O \Longrightarrow [Fe(OH)_2(H_2O)_4]^+ + H_3O^+$$

若增大 pH 值,将进一步缩聚成红棕色的胶状溶液。当 pH≈4~5 时,即形成水合三氧化二铁沉淀。

Fe^{3+} 的氧化性虽远远不如 Co^{3+} 和 Ni^{3+},但仍属中强的氧化剂,能氧化许多物质。例如:

$$2Fe^{3+} + H_2S \Longrightarrow 2Fe^{2+} + S + 2H^+$$
$$2Fe^{3+} + 2I^- \Longrightarrow 2Fe^{2+} + I_2$$

$$2Fe^{3+} + Cu \Longrightarrow 2Fe^{2+} + Cu^{2+}$$

在电子工业中,常利用这个反应刻蚀印刷电路铜板。

14.4　d 区元素水合氧化物的酸碱性

14.4.1　d 区元素最高氧化态水合氧化物的酸碱性

H_2CrO_4 是强酸,强度接近硫酸,解离常数可表示为

$$H_2CrO_4 \Longrightarrow HCrO_4^- + H^+ \qquad K_1 = 4.1$$
$$HCrO_4^- \Longrightarrow CrO_4^{2-} + H^+ \qquad K_2 = 10^{-5.9}$$

H_2MoO_4、H_2WO_4 是难溶的酸,它们的酸性只有通过溶于碱才可表示出来。

锰的氧化物及其水合物酸碱性的递变规律,是过渡元素中最典型的。随着锰的氧化数的升高,碱性逐渐减弱,酸性逐渐增强。

碱性增强

MnO	Mn_2O_3	MnO_2		Mn_2O_7
(绿色)	(棕色)	(黑色)		(绿色)
$Mn(OH)_2$	$Mn(OH)_3$	$Mn(OH)_4$	H_2MnO_4	$HMnO_4$
(白色)	(棕色)	(棕黑色)	(绿色)	(紫红色)
碱性	弱碱性	两性	酸性	强酸性

酸性增强

14.4.2　多酸及其应用

有一些简单的含氧酸,在一定条件下,能彼此缩合成为比较复杂的酸——多酸(或聚多酸)。多酸分子可以看做由两个或更多酸酐分子形成的酸。含有相同酸酐的多酸称为同多酸,它们由两个或两个以上相同的简单含氧酸分子脱水缩合而成。例如:

焦硫酸 $H_2S_2O_7(2SO_3 \cdot H_2O)$　　　　　　$2H_2SO_4 \Longrightarrow H_2S_2O_7 + H_2O$

重铬酸 $H_2Cr_2O_7(2CrO_3 \cdot H_2O)$　　　　　$2H_2CrO_4 \Longrightarrow H_2Cr_2O_7 + H_2O$

七钼酸 $H_6Mo_7O_{24}(7MoO_3 \cdot 3H_2O)$　　　　$7H_2MoO_4 \Longrightarrow H_6Mo_7O_{24} + 4H_2O$

元素中较易形成多酸的是 V、Nb、Ta、Mo、W、Cr。同多酸的形成与溶液的 pH 值有密切关系,随着 pH 值的减小,缩合程度增大。由同多酸形成的盐称为同多酸盐,如焦硫酸钾 $K_2S_2O_7$($K_2O \cdot 2SO_3$)、重铬酸钠 $Na_2Cr_2O_7$($Na_2O \cdot 2CrO_3$)、七钼酸钠 $Na_6Mo_7O_{24}$($3Na_2O \cdot 7MoO_3$)。

含有不同酸酐的多酸称为杂多酸,对应的盐称为杂多酸盐。例如:用钼酸铵试剂鉴定磷酸根所形成的黄色磷钼酸铵就是杂多酸盐,其对应的磷钼酸 $H_3PMo_{12}O_{40}$ 即为杂多酸。已发现的杂多酸盐中 Mo、W 和 V 较多。

我国是钨、钼等资源的丰产国,目前的研究聚焦于将简单氧酸盐转化为高附加值多酸化合物。例如,通过固相合成、水热技术等制备新型(夹心型、取代型)杂多酸化合物,如钼簇($Mo_6O_{19}^{2-}$)和钨簇($W_{10}BiW_9O_{33}$)。在绿色催化体系方面,钼钨杂多酸(如 $H_3PMo_{12-n}W_nO_{40}$)在烷基化、氧化反应中表现出高催化活性,且可固载化以减少污染。多酸化合物因其光、电、磁

特性,被用于制备导电材料、光致变色材料等功能性材料及抗菌药物。例如,多钼酸修饰电极用于检测过氧化氢。在量子化学研究方面,通过密度泛函理论(DFT)计算多酸分子的电子结构,揭示了其催化活性与稳定性的机理。

14.5　d区元素配合物的性质

14.5.1　铬(Ⅲ)配合物

目前已知的铬(Ⅲ)配合物有几千种,除少数外,配位数多为6。在这些配合物中,e_g轨道全空,在可见光照射下极易发生d-d跃迁,所以Cr(Ⅲ)配合物大都显色。

$[Cr(H_2O)_6]^{3+}$为最常见的Cr(Ⅲ)的配合物,它存在于水溶液中,也存在于许多盐的水合晶体中。

Cr^{3+}除了可与H_2O、Cl^-等配体形成配合物外,还可与$NH_3(l)$、$C_2O_4^{2-}$、OH^-、CN^-、SCN^-等形成单一配体配合物,如$[Cr(CN)_6]^{3-}$、$[Cr(SCN)_6]^{3-}$等;此外,还能形成含有两种或两种以上配体的配合物,如$[CrCl(H_2O)_5]^{2+}$、$[CrBrCl(NH_3)_4]^+$等。

14.5.2　铁、钴、镍的配合物

1. 氨合物

Fe^{2+}、Co^{2+}、Ni^{2+}均能和氨形成氨合配离子,其氨合配离子的稳定性,按Fe^{2+}—Co^{2+}—Ni^{2+}顺序依次增强。Fe^{2+}难以形成稳定的氨合物,无水$FeCl_2$虽然可与NH_3形成$[Fe(NH_3)_6]Cl_2$,但此配合物遇水分解:

$$[Fe(NH_3)_6]Cl_2+6H_2O \rightleftharpoons Fe(OH)_2+4NH_3 \cdot H_2O+2NH_4Cl$$

由于Fe^{3+}强烈水解,因此在其水溶液中加入氨时,不是形成氨合物,而是生成$Fe(OH)_3$沉淀。

Co^{2+}与过量氨水反应,可形成土黄色的$[Co(NH_3)_6]^{2+}$,此配离子在空气中可慢慢被氧化变成更稳定的红褐色$[Co(NH_3)_6]^{3+}$:

$$4[Co(NH_3)_6]^{2+}+O_2+2H_2O \rightleftharpoons 4[Co(NH_3)_6]^{3+}+4OH^-$$
$$\text{(土黄色)} \qquad\qquad\qquad \text{(红褐色)}$$

对比Co^{3+}在氨水和酸性溶液中的标准电极电势:

$$[Co(NH_3)_6]^{3+}+e^- \rightleftharpoons [Co(NH_3)_6]^{2+} \qquad E_B^\ominus=+0.108\text{ V}$$
$$[Co(H_2O)_6]^{3+}+e^- \rightleftharpoons [Co(H_2O)_6]^{2+} \qquad E_A^\ominus=+1.842\text{ V}$$

可以知道Co^{3+}很不稳定,氧化性很强,而Co(Ⅲ)氨合物的氧化性大为减弱,稳定性显著增强。

Ni^{2+}在过量的氨水中可生成蓝色$[Ni(NH_3)_4(H_2O)_2]^{2+}$及紫色$[Ni(NH_3)_6]^{2+}$。$Ni^{2+}$的配合物都比较稳定。

2. 氰合物

Fe^{2+}、Co^{2+}、Ni^{2+}、Fe^{3+}等离子均能与CN^-形成配合物。

Fe(Ⅱ)盐与KCN溶液作用可得白色$Fe(CN)_2$沉淀,KCN过量时$Fe(CN)_2$溶解,形成$[Fe(CN)_6]^{4-}$:

$$Fe^{2+}+2CN^- \rightleftharpoons Fe(CN)_2$$
$$\text{(白色)}$$

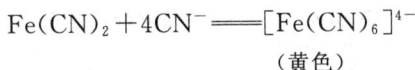

$$Fe(CN)_2 + 4CN^- == [Fe(CN)_6]^{4-}$$
$$\text{（黄色）}$$

从溶液中析出来的黄色晶体 $K_4[Fe(CN)_6] \cdot 3H_2O$，俗称黄血盐。黄血盐主要用于制造颜料、油漆、油墨。$[Fe(CN)_6]^{4-}$ 在溶液中相当稳定，在其溶液中几乎检测不出 Fe^{2+} 的存在，通入氯气（或加入其他氧化剂），可将 $[Fe(CN)_6]^{4-}$ 氧化为 $[Fe(CN)_6]^{3-}$：

$$2[Fe(CN)_6]^{4-} + Cl_2 == 2[Fe(CN)_6]^{3-} + 2Cl^-$$

由此溶液中可析出深红色晶体 $K_3[Fe(CN)_6]$，俗名赤血盐。它主要用于印刷制版、照片洗印及显影，也用于制晒蓝图纸等。在含有 Fe^{2+} 的溶液中加入赤血盐溶液，在含有 Fe^{3+} 的溶液中加入黄血盐溶液，均能生成蓝色沉淀：

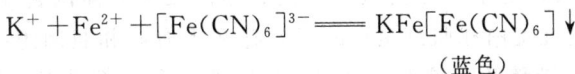

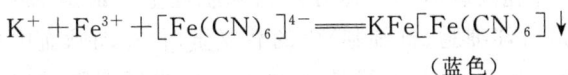

$$K^+ + Fe^{2+} + [Fe(CN)_6]^{3-} == KFe[Fe(CN)_6] \downarrow$$
$$\text{（蓝色）}$$

$$K^+ + Fe^{3+} + [Fe(CN)_6]^{4-} == KFe[Fe(CN)_6] \downarrow$$
$$\text{（蓝色）}$$

这两个反应常用来分别鉴定 Fe^{2+} 和 Fe^{3+}，这两种蓝色配合物实为同分异构体。上述蓝色配合物广泛用于油漆和油墨工业，也用于蜡笔、图画颜料的制造。

Co^{2+} 与 CN^- 反应，先形成浅棕色水合氰化物沉淀，此沉淀溶于过量 CN^- 溶液中并形成含有 $[Co(CN)_5(H_2O)]^{3-}$ 的茶绿色溶液。此配离子易被空气中的氧气氧化为黄色 $[Co(CN)_6]^{3-}$，由于 CN^- 是强场配体，分裂能较高，Co^{2+}（d^7）中只有一个电子处于能级高的 e_g 轨道，因而易失去。

Ni^{2+} 与 CN^- 先形成灰蓝色水合氰化物沉淀，此沉淀溶于过量的 CN^- 中，形成橙黄色的 $[Ni(CN)_4]^{2-}$，此配离子是 Ni^{2+} 较稳定的配合物之一，具有平面正方形结构；在较浓的 CN^- 溶液中，可形成深红色的 $[Ni(CN)_5]^{3-}$。

3. 硫氰合物

Fe^{3+} 与 SCN^- 反应，形成血红色的 $[Fe(SCN)_n]^{3-n}$：

$$Fe^{3+} + nSCN^- == [Fe(SCN)_n]^{3-n} \qquad (n = 1 \sim 6)$$
$$\text{（血红色）}$$

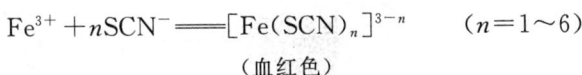

n 值随溶液中的 SCN^- 浓度和酸度而定。这一反应非常灵敏，常用来检出 Fe^{3+} 和比色法测定 Fe^{3+} 的含量。

Co^{2+} 与 SCN^- 反应，形成蓝色的 $[Co(SCN)_4]^{2-}$，在定性分析化学中用于鉴定 Co^{2+}。因为 $[Co(SCN)_4]^{2-}$ 在水溶液中不稳定，用水稀释时可变为粉红色的 $[Co(H_2O)_6]^{2+}$，所以用 SCN^- 检出 Co^{2+} 时，常使用浓 NH_4SCN 溶液，以抑制 $[Co(SCN)_4]^{2-}$ 的解离，并用丙酮进一步抑制解离或用戊醇萃取。

Ni^{2+} 可与 SCN^- 反应，形成 $[Ni(SCN)]^+$、$[Ni(SCN)_3]^-$ 等配合物，这些配离子均不太稳定。

4. 羰合物

铁系元素与 CO 易形成羰合物，如 Fe、Co、Ni 的几个羰合物，见表 14-9。羰合物不稳定，受热易分解，可利用此性质制备纯金属。如高纯铁粉的制备：

$$Fe + 5CO \xrightarrow{20\ MPa, 473\ K} [Fe(CO)_5] \xrightarrow{473 \sim 523\ K} 5CO + Fe\text{（高纯）}$$

表 14-9　Fe、Co、Ni 羰合物的性质

项目	$[Fe(CO)_5]$	$[Co_2(CO)_8]$	$[Ni(CO)_4]$
颜色	浅黄色(l)	深橙色(s)	无色(l)
熔点	−20 ℃	51～52 ℃分解	−25 ℃
沸点	103 ℃		43 ℃

5. 螯合物

Ni^{2+} 与丁二酮肟在中性、弱酸性或弱碱性溶液中形成鲜红色的螯合物沉淀,此反应是鉴定 Ni^{2+} 的特征反应,丁二酮肟又称为镍试剂。

此外,铁是第一种公认的生命必需微量过渡元素。成年人体内含 4～5 g 铁(以 70 kg 体重计),其中大部分以血红蛋白和肌红蛋白的形式存在于血液和肌肉组织中,其余与各种蛋白质和酶结合,分布在肝、骨髓及脾脏内。血红蛋白和肌红蛋白都是 Fe(Ⅱ) 与血红素蛋白质形成的配合物,血红蛋白是血红细胞(红细胞)中的载氧蛋白,在动脉血中把 O_2 从肺部运送到肌肉,将 O_2 转移固定在肌红蛋白上,并在静脉血中将 CO_2 带回双肺排出,即血红蛋白和肌红蛋白分别起载氧和储氧功能。

值得注意的是:血红蛋白与 CO 形成的配合物比它与 O_2 形成的配合物稳定得多。实验证明,空气中 CO 的浓度达到 0.08% 时,就会发生严重的煤气中毒,因此时血红蛋白优先与 CO 结合,失去了载氧功能,身体各组织中所需的 O_2 的供应被中断,代谢发生故障,造成昏迷甚至死亡。

钴也是生命必需的微量元素之一。钴的配合物之一维生素 B_{12} 在许多生物化学过程中起非常特效的催化作用,能促使红细胞成熟,是治疗恶性贫血症的特效药。

镍的化合物被我国列为第一类污染物,允许排放最高浓度为 $1.0\ mg \cdot L^{-1}$(总镍)。

知 识 拓 展

光催化材料的绿色革命:
二氧化钛-石墨烯复合材料照亮
环境修复之路

习　　题

扫码做题

一、填空题

1. 写出下列物质在水溶液中的主要存在形式:次氯酸_____;钛(Ⅳ)在强酸中_____;氯化汞_____;钒(Ⅴ)在强碱中_____;锰(Ⅵ)在强、浓碱液中_____;铀(Ⅵ)在强酸中_____;铬(Ⅲ)在过量碱中_____;铋(Ⅲ)在过量碱中_____;铜(Ⅱ)在过量浓盐酸中_____;钒(Ⅳ)

在酸中_____。

2. 试写出下列颜料的化学式:立德粉_____;锌白_____;铬黄_____;普鲁士蓝_____;铬绿
_____。

3. 非金属单质的歧化反应一般是在_____介质中进行,如_____。而高价金属氧化物则在
_____介质中表现出强氧化性,如_____。

4. ⅢA、ⅣA 和 ⅤA 族元素从上到下氧化态的变化规律是_____;ⅣB 族到Ⅷ族元素从上到下
的氧化态变化规律是_____,而_____族和_____族元素表现为两者
的过渡。

5. 元素 Gd、Fe、Th、Re 和 Os 的最高氧化态分别为_____、_____、_____、_____和_____。

6. 下列离子或化合物具有何种颜色:$[Fe(H_2O)_6]^{3+}$ _____;CrO_5(乙醚中)_____;$CoCl_2$ _____;
$[Ti(H_2O)_6]^{3+}$ _____;Cu_2O _____。

7. 下列离子在水溶液中分别呈现的颜色是:Ti^{3+} _____;Cr^{3+} _____;MnO_4^{2-} _____;$Cr_2O_7^{2-}$
_____。

8. 在 d 区元素(第 4、5、6 周期)最高氧化态的氧化物水合物中,碱性最强的是_____,酸
性最强的是_____。

二、完成下列化学反应方程式

1. $2FeO_4^{2-} + 16H^+ + 14Cl^- \longrightarrow$

2. $2FeO_4^{2-} + 2NH_3 + 2H_2O \longrightarrow$

3. $2Fe(OH)_3 + 3ClO^- + 4OH^- \longrightarrow$

4. $MnO_2 + H_2SO_4$(浓)$\longrightarrow$

5. $2KMnO_4 + H_2SO_4$(浓)$\longrightarrow$

6. $MnO_2(s) + 4HCl$(浓)$\longrightarrow$

7. $2MnO_2(s) + 4KOH + O_2 \longrightarrow$

8. $Cr_2O_7^{2-} + 3H_2O_2 + 8H^+ \longrightarrow$

9. $2BaCrO_4 + 16HCl$(浓)$\longrightarrow$

10. $2MnO_4^- + 3Mn^{2+} + 2H_2O \longrightarrow$

11. $5NaBiO_3 + 2Mn^{2+} + 14H^+ \longrightarrow$

12. $Mn + FeO \longrightarrow$

13. $Mn + FeS \longrightarrow$

14. $2Cr^{3+} + 3S_2O_8^{2-} + 7H_2O \longrightarrow$

15. $[Cr(OH)_4]^- + 2H_2O_2 \longrightarrow$

16. $CrO_4^{2-} + 4H_2O + 3e^- \longrightarrow$

17. $2TiCl_4 + Na_2S_2O_4 \longrightarrow$

18. $2Ti^{3+} + 2Cu^{2+} + 2Cl^- + 2H_2O \longrightarrow$

19. $VOSO_4 + KMnO_4 + 4KOH \longrightarrow$

20. $V_2O_5 + 6HCl$(浓)$\longrightarrow$

21. $2VO_2Cl + 3Zn + 8HCl \longrightarrow$

22. $3VOSO_4 + 4HNO_3 + H_2O \longrightarrow$

23. $Ti + 6HF \longrightarrow$

24. $3Ti(OH)_3 + 7HNO_3$(稀)$\longrightarrow$

三、简答题

1. 已知酸性溶液中,钒的标准电极电势图如下:

$$E_A^\ominus/V \quad VO_2^+ \xrightarrow{1.00} VO^{2+} \xrightarrow{0.36} V^{3+} \xrightarrow{-0.25} V^{2+} \xrightarrow{-1.2} V$$

(已知:Zn^{2+}/Zn 的标准电极电势为 -0.76 V,Sn^{2+}/Sn 的标准电极电势为 -0.14 V,Fe^{3+}/Fe^{2+} 的标

准电极电势为 0.77 V,O_2/H_2O 的标准电极电势为 1.229 V)

求电极 VO_2^+/V^{2+} 的标准电极电势。欲使 $VO_2^+ \longrightarrow V^{2+}$,$VO_2^+ \longrightarrow V^{3+}$,可分别选择什么作还原剂? 低氧化态钒在空气中是否稳定?

2. 如何由 TiO_2 制海绵钛? 为什么不用碳直接还原来制取钛?

3. 有一种黑色的固态铁的化合物 A,溶于盐酸时可得到浅绿色的溶液 B,同时放出有臭味的气体 C,将此气体通入硫酸铜溶液中,则得到黑色沉淀物 D。若将 Cl_2 通入 B 的溶液中,则生成棕黄色的 E,再加入 KCNS,溶液变成血红色 F。试问 A、B、C、D、E、F 各为什么物质,并写出相应的反应方程式。

4. 有一锰的化合物,它是不溶于水但很稳定的黑色粉状物质 A,该物质与浓硫酸反应则得到淡红色的溶液 B,且有无色的气体 C 放出。向 B 的溶液中加入强碱,可以得到白色的沉淀 D。此沉淀在碱性介质中很不稳定,易被氧化为棕色的 E。若将 A 与 KOH、$KClO_3$ 一起混合加热熔融可得到一绿色物质 F,将 F 溶于水并通入 CO_2,则溶液变成紫色 G,且析出 A。试问 A、B、C、D、E、F、G 各为什么物质,并写出相应的反应方程式。

第 15 章　无机化合物的制备与分析

15.1　无机合成的基本原则

　　无机化合物的制备又称为无机合成,是利用化学反应通过一定的实验方法,由一种或几种物质得到另一种或几种无机物质的过程。它也可以通过设计、选择、改进及创新来制备具有一定结构和性能的新型无机化合物或无机材料。从反应过程来说,无机合成都是比较简单的,不像有机合成那样常常需要经过多步反应。

　　酸、碱、盐的合成是无机合成的基础,但无机化合物种类很多,到目前为止已有百万种以上,各类化合物的制备方法差异很大,即使同一种化合物也有多种制备方法。自然界有许多无机化合物经简单处理就能使用,然而绝大部分还是要经过化学合成才能制得各式各样、性质各异的无机化合物,这也就形成了无机化学工业。

　　无机合成,与有机合成、高分子合成一样,实验室制备往往与工业生产有很大差别,它们遵循的原则是不一样的。因此,在实验室能合成的物质,工业上不一定能合成出来,或者说,实验室行之有效的方法,工业上不一定适用。例如:在实验室制取二氧化碳,可以在启普发生器里用盐酸滴加到块状碳酸钙上产生,反应快,能持续进行,而且可以控制二氧化碳产生的量。在工业上则是要建石灰窑,通过煅烧石灰石来产生,或者通过碳的氧化燃烧来获得。

　　从实验室里研究出来的制备方法,要用到工业生产上去,还要反复筛选实验条件,进行放大实验,获得各种工艺设计参数,然后根据这些参数进行工艺流程和设备的设计,再通过选择各种条件的实验,补充、修改设计,最后才能试产和投产。有时在中间实验或扩大实验中会发现一些不好解决的问题,这样就可能否定实验室的研究结果。因此,从实验室到工业生产,这中间还有一定的差距。在无机合成时,一般必须考虑以下基本原则。

　　(1)无机合成的基础是无机化学反应。根据反应物和产物的状态及其性质,运用热力学数据,定性地判断反应的可能性,并运用平衡移动原理提高反应产率。同时也要特别注意动力学因素对实际反应的影响,选择合适的反应条件。

　　(2)合成路线的先进性。合成一种无机化合物常常可以有多种路线,由不同的原料,通过不同的途径,均能得到目标产物。可根据实际情况选择合适的合成路线和方法。一般要求工艺简单,原料价廉、易得,成本低,转化率高,产品质量好,生产安全性好。

　　(3)产品的分离和提纯过程。无机合成的目的是制备具有一定性质和规定质量标准的产品。要综合考虑产品的分离和提纯过程,这往往是化合物制备的关键。

　　(4)节约能源和保护环境。在实际工业生产上尤其要注意节约能源和保护环境,要求对环境造成的污染尽可能地少。

无机合成的核心是以目标为导向,平衡热力学与动力学,将提高资源效率与技术创新相结合。从传统沉淀法到智能化的数字合成,其发展始终围绕精准控制、绿色化及功能化展开。实际应用中需根据产物需求(如纯度、形貌、性能)灵活选择合成策略,兼顾安全性与经济性。

15.2　单质的制备

15.2.1　金属单质的制备

在自然界,金属一般以氧化物或盐的形式存在,以游离态的形式存在的金属是很少见的。

由于金属的活泼程度不同,制备方法也不一样。如钠、钾、铝、镁等活泼主族元素金属,一般需要熔融电解才能制得;锰、锌、镍、铁等副族元素金属,一般需要选择适当的还原剂,通过高温还原就可制得,而汞、银等可以通过有关的化合物直接分解制得。有一些不太活泼的金属也可不用高温还原,而直接在溶液里还原制得,这称为湿法冶炼。例如:虽然金在自然界以游离态存在,但杂质很多,用氰化钠溶液溶解金矿,同时使其被空气里的氧气所氧化,然后用锌作还原剂还原,就能得到纯度较高的金。

因此,金属单质的制备方法主要有电解法、还原法和分解法。

(1)电解法。对于用一般的化学氧化剂或还原剂无法实现的氧化还原反应,可用电解的方法制备。例如:

$$2NaCl \xrightarrow{\text{熔融电解}} 2Na + Cl_2$$

(2)还原法。还原法是选择适当的还原剂高温还原那些较活泼的金属或在溶液中用还原剂将有些不太活泼的金属从它们的化合物中还原出来。例如:

$$Zn + 2Na[Au(CN)_2] === Na_2[Zn(CN)_4] + 2Au$$

(3)分解法。有些不活泼金属用热分解法就能制得。在金属活动性顺序中,位于氢后面的金属的化合物受热就能分解。例如:

$$2AgNO_3 \xrightarrow{\triangle} 2Ag + 2NO_2 + O_2$$

15.2.2　非金属单质的制备

在自然界中,有些呈游离态的非金属单质,可直接从自然界提取,如分离液态空气可获得N_2、O_2和稀有气体,开采硫矿、石墨矿可获得相应的单质等。

以化合态形式存在的非金属的活泼程度不同,制备方法也不一样。非金属单质有气态和固态之分,有强氧化性和弱氧化性之分,情况比较复杂。如果要将非金属从化合态变成游离态,主要有两种方法:一是氧化;二是还原。对于卤族和氧族元素,它们的单质在自然界常以负氧化态存在,具有很强或较强的还原能力,故要用强氧化剂来氧化;氮族(除氮)、碳族(除碳)和硼常以正氧化态存在,需要用强还原剂来还原。当不能够或不便于用一种氧化剂或还原剂使非金属化合态氧化或还原时,可采用其他的方法,如电解法。

一般情况下非金属单质的制备方法主要有氧化法、还原法、置换法及电解法。

(1)氧化法。氧化法是用强氧化剂氧化这些较活泼的非金属化合物的方法。例如:

$$4HCl(浓) + MnO_2 \xrightarrow{\triangle} MnCl_2 + Cl_2 + 2H_2O$$

$$2NaI + Cl_2 === 2NaCl + I_2$$

$$H_2S + Br_2 \xrightarrow{\quad\quad} 2HBr + S$$

（2）还原法。还原法是用强还原剂将不太活泼的非金属从它们的化合物中还原出来的方法。这种反应需要在高温下进行。例如：

$$SiCl_4 + 2H_2 \xrightarrow{\triangle} Si + 4HCl$$

$$B_2O_3 + 3H_2 \xrightarrow{\text{高温}} 2B + 3H_2O$$

$$P_2O_5 + 5C \xrightarrow{\text{高温}} 2P + 5CO$$

$$2C + SiO_2 \xrightarrow{\text{高温}} 2CO + Si$$

$$2Mg + SiO_2 \xrightarrow{\text{高温}} 2MgO + Si$$

（3）置换法。置换法是用较强的非金属单质，将次强的非金属单质从其化合物中置换出来的方法。例如：

$$2KBr(aq) + Cl_2(g) \xrightarrow{\quad\quad} 2KCl(aq) + Br_2(l)$$

$$2KI(aq) + Cl_2(g) \xrightarrow{\quad\quad} 2KCl(aq) + I_2(s)$$

（4）电解法。对于用一般的化学氧化剂或还原剂无法实现的氧化还原反应，可用电解的方法制备。例如：

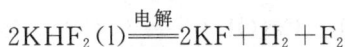

$$2KHF_2(l) \xrightarrow{\text{电解}} 2KF + H_2 + F_2$$

$$2B_2O_3(l) \xrightarrow{\text{电解}} 4B + 3O_2$$

15.3　无机化合物的制备

无机化合物简称为无机物，通常指不含碳的化合物。少数含碳的化合物，如一氧化碳、二氧化碳、碳酸盐、氰化物等也属于无机化合物。无机化合物大致可分为氧化物、酸、碱、盐等。无机化合物数量庞大，内容丰富，涉及面广泛。它包括周期表中的元素以及它们所形成的各类化合物（除了传统的有机化合物外）。无机化合物的制备意义重大，无机化工、冶金矿业、玻璃陶瓷、无机材料等都离不开无机化合物的制备。而且在化学研究中，尤其是新型无机化合物、有机金属化合物以及配合物的制备中，无机化合物的制备也具有指导意义。制备固体无机化合物的方法很多，传统的方法为高温固相混合物反应，虽然这种方法从热力学角度是可行的，但是从反应机理分析，此种固相反应为扩散控制，控制过程复杂，并且能耗大，成本高（在温度超过 1200 ℃ 时反应才较明显，在 1500 ℃ 混合加热数天反应才能完全）。这不仅极大地浪费能源、增加反应难度，而且对那些动力学控制的化合物的制备是不可取的。

为了制备出较纯净的物质，通过无机制备得到的"粗品"往往需要纯化，并且提纯前、后的产物，其结构、杂质含量等还需进一步鉴定和分析。

15.3.1　非金属氢化物的制备

制取非金属氢化物最常用的方法是相应的化合物与酸或水作用，如制取卤化氢、硫化氢及乙炔等。

$$NaCl + H_2SO_4 \xrightarrow{\triangle} NaHSO_4 + HCl$$

$$CaF_2 + H_2SO_4 \xrightarrow{\triangle} CaSO_4 + 2HF$$

$$FeS + H_2SO_4 = FeSO_4 + H_2S$$
$$CaC_2 + 2H_2O = Ca(OH)_2 + C_2H_2$$

从理论上讲,非金属大都能与氢气作用生成氢化物,但有实际意义的仅是氯气与氢气作用生成氯化氢、氮气与氢气作用生成氨,这些都是工业上的制法,其他制法皆因转化率低而不能使用。

15.3.2　碱和碱性氧化物的制备

对于碱和碱性氧化物的制备,因为元素在周期表的位置不同,金属的活泼性相差很大,故其相应的碱及氧化物的制备方法也不同。对于碱金属,要用电解法或相应的氧化物与水作用来制备;对于不溶性碱,可用盐和相关的碱进行复分解反应及相应的碳酸盐和碱的加热分解制备等。反应如下:

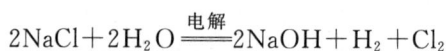

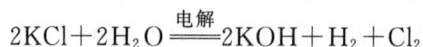

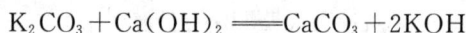

$$2NaCl + 2H_2O \xrightarrow{\text{电解}} 2NaOH + H_2 + Cl_2$$
$$2KCl + 2H_2O \xrightarrow{\text{电解}} 2KOH + H_2 + Cl_2$$
$$FeCl_3 + 3NH_4OH = Fe(OH)_3 + 3NH_4Cl$$
$$CuSO_4 + 2NaOH = Cu(OH)_2 + Na_2SO_4$$
$$K_2CO_3 + Ca(OH)_2 = CaCO_3 + 2KOH$$
$$CaCO_3 \xrightarrow{\triangle} CaO + CO_2$$
$$MgCO_3 \xrightarrow{\triangle} MgO + CO_2$$
$$2Fe(OH)_3 \xrightarrow{\triangle} Fe_2O_3 + 3H_2O$$

碱金属的氧化物与水也能形成碱,但是因为这些氧化物不易得,所以是没有实际意义的。这种方法只能用于下述金属的氧化物:

$$CaO + H_2O = Ca(OH)_2$$
$$BaO + H_2O = Ba(OH)_2$$

同非金属氢化物的情况类似,理论上金属氧化物都能通过金属与氧作用制取,但实际意义不大,因为单质金属在自然界很少存在,它们本身的制取并非易事,同时,金属表面被氧化后形成的氧化物层也会阻滞氧化作用继续进行,所以这种方法很少使用。

碱金属氧化物一般只能用碱金属与硝酸盐或亚硝酸盐作用制备:

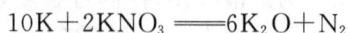

$$10K + 2KNO_3 = 6K_2O + N_2$$

15.3.3　酸和酸性氧化物的制备

酸分为含氧酸和无氧酸两种,无氧酸可以通过氢化物溶于水得到,含氧酸则可通过酸性氧化物与水的作用得到。例如:

$$SO_3 + H_2O = H_2SO_4$$
$$CO_2 + H_2O = H_2CO_3$$
$$P_2O_5 + 3H_2O = 2H_3PO_4$$

盐和酸的复分解反应也常被采用:

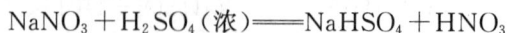

$$NaNO_3 + H_2SO_4(浓) = NaHSO_4 + HNO_3$$
$$2KClO_4 + H_2SO_4 = K_2SO_4 + 2HClO_4$$

酸性氧化物一般通过非金属与氧气直接作用得到：

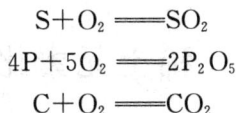

$$S+O_2 \xlongequal{\quad} SO_2$$

$$4P+5O_2 \xlongequal{\quad} 2P_2O_5$$

$$C+O_2 \xlongequal{\quad} CO_2$$

二氧化碳常用碳酸盐的热分解或与酸作用制备：

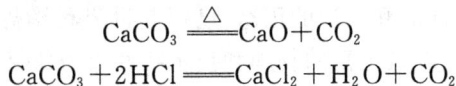

$$CaCO_3 \xlongequal{\triangle} CaO+CO_2$$

$$CaCO_3+2HCl \xlongequal{\quad} CaCl_2+H_2O+CO_2$$

三氧化钨也能用相应的盐的热分解制备：

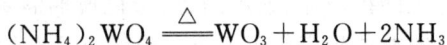

$$(NH_4)_2WO_4 \xlongequal{\triangle} WO_3+H_2O+2NH_3$$

15.3.4　盐的制备

盐的合成有多种途径，有些盐有其独特的制法。盐主要的制备方法有中和法、复分解法及氧化还原法。

1）中和法

中和法是制备盐最常用的方法。例如：

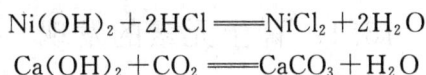

$$Ni(OH)_2+2HCl \xlongequal{\quad} NiCl_2+2H_2O$$

$$Ca(OH)_2+CO_2 \xlongequal{\quad} CaCO_3+H_2O$$

2）复分解法

复分解法也是制备盐的一种常用方法。例如：

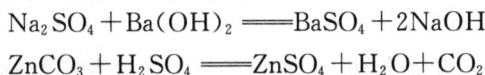

$$Na_2SO_4+Ba(OH)_2 \xlongequal{\quad} BaSO_4+2NaOH$$

$$ZnCO_3+H_2SO_4 \xlongequal{\quad} ZnSO_4+H_2O+CO_2$$

3）氧化还原法

氧化还原法是较活性的金属制备盐的一种常用方法。例如：

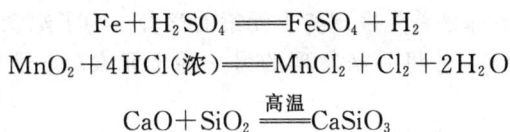

$$Fe+H_2SO_4 \xlongequal{\quad} FeSO_4+H_2$$

$$MnO_2+4HCl(浓) \xlongequal{\quad} MnCl_2+Cl_2+2H_2O$$

$$CaO+SiO_2 \xlongequal{高温} CaSiO_3$$

知 识 拓 展

硝烟中的突破：侯德榜
与"联合制碱法"

水热合成法制备羟基磷灰石骨
修复支架：绿色化学的生动实践

第 16 章　稀土元素化学简论

稀土元素由于其独特的性能和广泛的用途,已引起世界科学界、技术界的广泛注意,被称为 21 世纪的战略元素。稀土以其丰富的物理和技术特性成为新材料的宝库,从而进入国民经济的各个领域,也逐渐步入千家万户的日常生活之中。从彩色电视的荧光屏、照相机的镜头、手表的夜光盘、收音机和录音机的扬声器、家用陶瓷、彩色玻璃酒具到金属冶炼、石油化工、激光技术、超导材料、医疗保健、农林业生产等无不显示出稀土元素的神奇作用。

我国拥有世界三分之二的稀土资源,具有发展稀土科学技术得天独厚的条件。正如邓小平同志提出的:“中东有石油,中国有稀土,其地位可与中东石油相比,具有极其重要的战略意义,一定要把稀土的事情办好,把我国的稀土优势发挥出来。”我国应当充分利用自己的有利条件,更加深入开展稀土科学技术的研究,继续推广稀土在各方面的应用,使我国不仅成为世界稀土生产大国,而且成为稀土应用大国。

16.1　稀土元素的发现

17 种稀土元素困惑了化学家 100 多年,它们像“幽灵”一样在实验室中时隐时现。在从 18 世纪末到 20 世纪中叶的一个半世纪的漫长岁月里,化学家们不断摸索,试图揭开稀土元素的真面目。

第一种稀土元素是 1794 年被年仅 34 岁的芬兰化学家兼矿物学家加多林发现的,命名为 yttria,以纪念发现地乙特比小镇,中译名为钇土,元素名称为钇,符号为 Y。现在已经知道加多林研究过的稀土矿石是硅铍钇矿($Y_2FeBe_2Si_2O_{10}$),当时加多林得到的钇土是不纯的,但即使如此,人们仍然认为加多林是首先发现稀土元素的学者。为了纪念加多林的这一功绩,后人将上述矿石命名为加多林矿,并将后来发现的另一稀土元素(64 号元素)命名为 gadolinium(中译名钆,音 gá)。

1803 年,德国化学家克拉普罗特、瑞典化学家贝采里乌斯和希辛格彼此独立地从瑞典的瓦斯特拉斯的一种重矿石——铈硅石($H_3[Ca(Ca,Al)_3Si_3O_{13}]$)中发现了另一种新的土性氧化物,他们都认为这是一种新元素的氧化物,称为 ceria,中译名为铈土,元素名称为铈,符号为 Ce。因为它们的性质类似于当时已知的“土”,即金属氧化物,如氧化钙(CaO)、氧化铝(Al_2O_3)和氧化镁(MgO)等,从那时开始,化学家们便称钇和铈为“稀土元素”。

钇和铈的发现具有重大意义,它们的发现意义不仅在于发现了钇和铈本身,而且在于带来了其他稀土元素的发现。其他稀土元素的发现无不是从这两种元素的发现开始的。虽然当时一些化学家已经意识到,最初发现的钇和铈不是纯净的,但一直没弄清楚究竟还有什么稀土元素混杂在里面。大约 40 年后,化学家贝采里乌斯的门徒瑞典化学家莫桑德尔对最初发现的钇土重新进行了仔细的分析研究。1842 年,他把最初发现的钇土(3 种元素氧化物的混合物)中的一种仍称为钇土,而其余两种分别命名为 erbia 和 terbia,中译名为铒土和铽土,元素名称为铒和铽,元素符号为 Er 和 Tb。1878 年,瑞士化学家马利纳克从铒土中分离出一种新的土,称为 ytterbia,中译名为镱土,元素名称为镱,符号为 Yb。1879 年,瑞典化学家尼尔逊在对镱土进行研究时,从中分离得到一种新的土,称为 scandia,中译名为钪土,元素名称为钪,符号为

Sc。瑞典化学家克利夫认为钪就是门捷列夫曾经预言的"类硼"。同年,克利夫从制得的氧化铒中分离出氧化镱和氧化钪后,继续进行分离,结果又得到两种新元素氧化物,他分别称这两种新元素为 holmium 和 thulium,中译名为钬和铥,元素符号为 Ho 和 Tm。1886 年,法国布瓦博德朗把氧化钬分为两种氧化物,全面研究它们的光谱,发现了两条新谱线,证实其中的一种就是氧化钬,另一种是未知元素,被称为 dysprosium,中译名为氧化镝,元素名称为镝,符号为 Dy,它取意于希腊文"disposition",即"难以取得"。1905 年,法国化学家乌尔宾把氧化镱分成两种元素的氧化物,一种就是原来的氧化镱,另一种是新的氧化物,元素被称为 lutetium,中译名为镥,元素符号为 Lu。

　　无论是稀土元素的发现,还是稀土元素的分离,都有一段异乎寻常的历史。稀土元素之所以如此难以分离和鉴定,都是因为它们的性质彼此极其相似。由于这些元素具有许多其他金属所不具备的特殊性质,因此,稀土元素在各方面获得了广泛的应用。稀土元素为什么性质如此相似?它们究竟具有哪些特殊性质?为什么它们具有这些特殊性质?这与稀土元素的原子结构有关。

16.2　稀土原子结构与元素性质

16.2.1　稀土原子结构

　　稀土原子的电子结构比较复杂。钪的原子序数是 21,位于第 4 周期,钪的原子结构应该是 $1s^2 2s^2 2p^6 3s^2 3p^6 3d^1 4s^2$。钇在周期表中位于钪的下面,是第 5 周期元素,原子序数为 39,结构为 $1s^2 2s^2 2p^6 3s^2 3p^6 3d^{10} 4s^2 4p^6 4d^1 5s^2$。

　　镧系原子的电子填充方式又稍有不同,总的特点是先按能量最低原理得到稀有气体氙(Xe)原子的电子结构,即 $1s^2 2s^2 2p^6 3s^2 3p^6 3d^{10} 4s^2 4p^6 4d^{10} 5s^2 5p^6$,用符号[Xe]表示内层电子结构。然后按能量高低次序 6s<4f<5d,电子先填充 6s 轨道,然后逐个加入 4f 轨道中,4f 轨道填满后再填充 5d 轨道。但是当 p、d、f 轨道处于全充满、半充满或全空状态,即对称性高时更加稳定,故在某些镧系原子中 4f 轨道还未填满,5d 轨道上便填入了 1 个电子。因此,57 号元素镧的结构是[Xe]$5d^1 6s^2$,而不是[Xe]$4f^1 6s^2$;58 号元素铈是个例外,实验测定出它的结构是[Xe]$4f^1 5d^1 6s^2$;64 号元素钆的结构是[Xe]$4f^7 5d^1 6s^2$,而不是[Xe]$4f^8 6s^2$;最后到 71 号元素镥,4f 轨道全部填满后,剩下的 1 个电子必定进入 5d 轨道。稀土原子的电子结构详见表 16-1。

表 16-1　稀土原子的电子结构

原子序数	元素名称	元素符号	电子结构	
			内层电子结构	外层电子结构
21	钪	Sc	[Ar]	$3d^1 4s^2$
39	钇	Y	[Kr]	$4d^1 5s^2$
57	镧	La	[Xe]	$5d^1 6s^2$
58	铈	Ce	[Xe]	$4f^1 5d^1 6s^2$
59	镨	Pr	[Xe]	$4f^3 6s^2$
60	钕	Nd	[Xe]	$4f^4 6s^2$
61	钷	Pm	[Xe]	$4f^5 6s^2$

原子序数	元素名称	元素符号	电子结构	
			内层电子结构	外层电子结构
62	钐	Sm	[Xe]	$4f^6 6s^2$
63	铕	Eu	[Xe]	$4f^7 6s^2$
64	钆	Gd	[Xe]	$4f^7 5d^1 6s^2$
65	铽	Tb	[Xe]	$4f^9 6s^2$
66	镝	Dy	[Xe]	$4f^{10} 6s^2$
67	钬	Ho	[Xe]	$4f^{11} 6s^2$
68	铒	Er	[Xe]	$4f^{12} 6s^2$
69	铥	Tm	[Xe]	$4f^{13} 6s^2$
70	镱	Yb	[Xe]	$4f^{14} 6s^2$
71	镥	Lu	[Xe]	$4f^{14} 5d^1 6s^2$
18	氩	Ar	$1s^2 2s^2 2p^6 3s^2 3p^6$	
36	氪	Kr	$1s^2 2s^2 2p^6 3s^2 3p^6 3d^{10} 4s^2 4p^6$	
54	氙	Xe	$1s^2 2s^2 2p^6 3s^2 3p^6 3d^{10} 4s^2 4p^6 4d^{10} 5s^2 5p^6$	

由表 16-1 可以看出,稀土原子的电子结构具有三个显著特点:①所有稀土原子最外层都是 s^2 结构,这就决定了所有稀土金属都是活泼金属;②次外层具有 $nd^{0\sim1}ns^2np^6$ 结构,其中 Sc、Y、La、Ce、Gd 和 Lu 具有 $nd^1ns^2np^6$ 结构,其余稀土原子具有 $5d^05s^25p^6$ 结构,这就决定了 3 价稀土离子均具有 ns^2np^6 稳定结构;③从铈到镥,电子开始填充在倒数第三层的 4f 轨道上。这种填充方式,使得从镧到镥,最外层和次外层电子结构基本相同,只是倒数第三层 4f 电子数不同。由于元素原子的性质(尤其是化学性质)主要取决于最外层电子结构,但也受次外层和倒数第三层电子结构的影响,因此,镧系元素尤其是其化合物的物理性质和化学性质表现出极大的相似性和一定程度的有规律的变化趋势。

16.2.2 稀土元素性质

稀土元素的性质取决于稀土原子和稀土离子的电子结构特点。稀土元素的性质决定着稀土元素在自然界中的存在和分布形式、稀土元素分离的方法以及稀土元素在各方面广泛的应用。

稀土元素都是典型的金属,一般呈银灰色,其金属光泽介于铁和银之间。其中某些可以形成带颜色的盐的金属(如镨、钕等)略具淡黄色。稀土金属质地柔软,如铈和镧同锡一样柔软,但随着原子序数增大而有逐渐变硬的趋势。稀土金属具有延展性,其中铈、钐、镱延展性良好,如铈能很容易地轧成薄片、抽成细丝。

大部分稀土金属呈紧密六方晶格或面心立方晶格结构,只有钐为菱形结构,铕为体心立方晶格结构。

稀土金属(除铕、镱外)的密度和稀土金属(除镧、铈、镱外)的熔点都随着原子序数的增加而增加,如表 16-2 所示。就其密度而言,钪最小,镥最大,这与它们的原子半径的变化趋势相一致。

表 16-2　稀土金属的密度及熔点

项目	Sc	Y	La	Ce	Pr	Nd	Pm	Sm	Eu
密度/(g·cm⁻³)	2.99	4.47	6.19	6.77	6.78	7.00		7.54	5.26
熔点/℃	1539	1509	920	795	935	1024		1072	826

项目	Gd	Tb	Dy	Ho	Er	Tm	Yb	Lu
密度/(g·cm⁻³)	7.88	8.27	8.54	8.80	9.05	9.33	6.98	9.84
熔点/℃	1312	1356	1407	1461	1497	1545	824	1652

轻稀土金属（从镧至钆）的热膨胀系数比重稀土金属（从铽到镥）以及钪和钇要低,而铕和镱的热膨胀系数最高,和碱土金属差不多。

稀土金属是良导体,电导率与汞相似,电阻率比铜大 40～70 倍。随着金属纯度的降低,导电性下降,在超低温（−268.78 ℃）时具有超导性。稀土金属及其化合物在一般温度下属强顺磁性物质,具有很高的磁化率,钆、钕、镝具有铁磁性。

稀土元素都是典型的活泼金属,它们的活泼性仅次于碱金属和碱土金属。稀土金属在化学反应中通常表现为易失去电子的还原剂,在大多数化合物中表现为 +3 价态。

稀土金属和冷水作用比较缓慢,但和热水作用相当剧烈,可以放出氢气。稀土金属很容易溶解在稀酸中,放出氢气,生成相应的盐类。像大多数金属一样,稀土金属不和碱作用。

稀土金属几乎能跟所有的非金属作用,生成稳定的化合物,尤其容易跟氧化合。因此,在空气中稀土金属表面易生成一层暗色疏松的氧化物薄膜,但这层薄膜不能防止稀土金属进一步被氧化,故常将稀土金属,尤其是轻稀土金属存放于石蜡中。随着原子序数的增大,稀土金属在空气中渐趋稳定。镧、铈、镨在空气中很快被氧化,钕、钐与空气作用就比较慢,钆只在受热到 900 ℃时才燃烧。金属钇是灰白色的,在空气中经几个月,表面仅生成一层灰白色的氧化物膜。铈在空气中先被氧化成 Ce_2O_3,随后被进一步氧化成 CeO_2,并放出大量的热而自燃。稀土金属在空气中被加热时,大部分形成 RE_2O_3 型氧化物,但铈生成 CeO_2,镨生成 Pr_6O_{11},铽生成 Tb_4O_7。稀土金属的燃点很低,镨为 290 ℃,铈只有 165 ℃,且燃烧时可放出大量的热,常被作为民用的打火石和军用的引火合金。

稀土金属有强的还原性,是很好的还原剂,能将铁、钴、镍、铬、钒、铌、钽、钼、钛、锆以及硅等元素的氧化物还原成单质。

稀土元素的盐类在水中的溶解度随原子序数的变化而有规律地变化。氢氧化物的碱性接近碱土金属氢氧化物,并且按钪—钇—镧顺序逐渐增加,一般来说不显两性。对于镧系来说,氢氧化物的碱性从镧到镥逐渐减弱。镧系离子在碱性溶液中沉淀的程度也各不相同。虽然上述性质的差异不是很大,然而早期的化学家们正是依据这些性质上的差别,成功地分离出各种单一的稀土元素。

稀土离子涉及的价电子轨道比较多,价电子可以在 f 轨道之间跃迁（即电子从一种轨道迁移到另一种轨道）,也可以在 f 与 d 轨道之间跃迁,从而造成对各种波长的光的吸收,因此,多数稀土离子的盐具有颜色。而且很有趣的是,稀土离子的颜色从镧到镥是以钆为中心对称分布的。对于 4f 轨道为全空、半满或全满,或接近全空、半满或全满的离子多为无色或接近无色。例如:La^{3+}（4f⁰）和 Lu^{3+}（4f¹⁴）,由于具有封闭的电子结构,它们在可见区、紫外区均无吸收,因而无色;Ce^{3+}（4f¹）、Eu^{3+}（4f⁶）、Gd^{3+}（4f⁷）、Tb^{3+}（4f⁸）的吸收带全部或绝大部分在紫外区,因而一般也不显颜色;$Yb^{3+}(4f^{13})$的吸收带只出现在近红外区,故肉眼也看不到颜色。其他离子则按 $f^n \sim f^{14-n}$ 相似的对称关系显示出各种特征颜色。如 $Pr^{3+}(4f^2)$ 和 $Tm^{3+}(4f^{12})$ 显浅绿色,$Nd^{3+}(4f^3)$ 和 $Er^{3+}(4f^{11})$ 显粉红色,$Sm^{3+}(4f^5)$ 和 $Dy^{3+}(4f^9)$ 显黄色等。稀土元素的这一优异特性,已被广泛用来制造彩色玻璃和陶瓷等。

16.3　稀土元素的提取

自然界存在的稀土矿是不溶于水的,其中只含 10%～60% 的 RE_2O_3(RE 代表稀土),其余的杂质包括氟、硅、铁、锆、钛、铌、钽、钍和铀等元素。从矿物中提取稀土元素的工艺取决于矿物的基本物理化学性质、矿物的组成和工业产品的质量要求等因素,大体上分为 3 个阶段,即精矿的分解、化合物的分离和纯化及稀土金属的制备。

精矿的分解就是利用化学试剂与精矿作用,将矿物的化学结构破坏,使稀土元素富集在溶液或沉淀中,与伴生元素分离开来。分解精矿的方法可分为干法和湿法两种。

干法中以氯化法研究得最多,其优点是通过矿石的氯化可直接得到稀土的无水氯化物,便于直接与熔盐电解制备稀土金属的过程衔接起来。氯化过程中,稀土元素变成无水氯化物,而磷、铁、钛、锆、硅和锡可变成挥发性的氯化物而除去。此法可用于独居石和氟碳铈镧矿的分解,其中独居石的加碳、氯化反应式为

$$REPO_4 + 3C + 3Cl_2 \longrightarrow RECl_3 + POCl_3 + CO_2 + 2CO$$

氯化法的 $RECl_3$ 收率可达 89%～93%,可以熔融状态从氯化炉内排出。

碳酸钠焙烧法是另一种干法分解法,适用于分解氟碳铈矿和独居石的混合型矿物。用 Na_2CO_3 与精矿在 600～700 ℃下进行反应,使稀土变为氧化物,然后稀土氧化物在加热的情况下溶解于硫酸中,发生的化学反应如下:

$$2REFCO_3 + Na_2CO_3 \longrightarrow RE_2(CO_3)_3 + 2NaF$$

$$2REPO_4 + 3Na_2CO_3 \longrightarrow RE_2(CO_3)_3 + 2Na_3PO_4$$

往硫酸浸出液中加入过量的 Na_2SO_4(一般用固体粉末),形成稀土硫酸复盐沉淀($RE_2(SO_4)_3 \cdot Na_2SO_4 \cdot xH_2O, x=1,2$),以分离非稀土元素铁、锰、磷等。

然后使复盐进行碱转化,以便稀土元素与杂质进一步分离,最后用酸溶解稀土氢氧化物,稀土元素便进入溶液中。

湿法分解是利用试剂的水溶液与精矿作用而使矿物溶解,此法又有酸法与碱法之分。例如,独居石既可用氢氧化钠溶液溶解,也可用硫酸溶解。

以上提取过程只是把稀土元素从矿石中分离出来,并与其他杂质元素分开,并未进行稀土元素之间的分离,因此得到的氧化物是混合稀土氧化物,稀土盐是混合稀土盐。

由稀土盐制取稀土金属就是要使稀土离子还原。所谓还原,就是让稀土离子(通常是+3 价离子)结合电子生成中性原子,无数中性原子再构成稀土金属:

$$nRE^{3+} + 3ne^- \longrightarrow RE_n$$

其中,n 代表无穷大数。

采用金属离子还原制备金属,通常采用熔融盐电解法和热还原法。

热还原法是在加热的情况下用活泼金属将稀土离子还原成稀土金属。通常使用的还原剂有金属钠、钙或镁。因为这些金属比稀土金属还要活泼,它们可以将电子"交给"稀土离子,使稀土离子还原成原子,而它们自身变成离子。制备铈组(RE=La～Gd)稀土金属可用钙还原

无水氯化物,制备钇组(RE＝Tb～Lu)稀土金属可用镁还原无水氟化物,金属钐、铕、镱不能用Ca、Mg作还原剂,还原时只能得到它们的二氯化物或二氟化物。金属镧比金属钐、铕、镱更活泼,若改用金属镧作还原剂,便可顺利制得金属钐、铕、镱。

16.4　稀土元素的应用

稀土元素主要应用于冶金、石油化工和玻璃陶瓷三大工业领域。在我国,稀土产品主要用于冶金工业中,占稀土总消耗量的 $60\%\sim70\%$,其中又以黑色冶金工业为主,且绝大部分用于铸铁生产,稀土元素被称为冶金工业的"维生素"。

16.4.1　稀土合金

钢铁工业是国民经济的脊梁,是工农业生产、国防事业发展的基石。随着我国现代化建设的飞速发展,各行各业对钢铁的需求量越来越大,对钢铁的质量要求也越来越高。早在 1920 年就发现,往钢中加入少量稀土会改善钢的性能。几十年的实践证明,往钢中加入少量混合稀土($5‰$以下),能提高钢的耐高温、耐腐蚀性以及机械和焊接性能,提高成材率。我国已生产出将近 60 种稀土钢,是稀土金属的最大用户。我国白云鄂博稀土矿与铁矿共生,因此,包头钢铁公司(简称包钢)生产出来的钢材就是很好的稀土钢。

在钢铁生产的原材料中,含有大量的硫、磷、氧、砷等杂质元素。在炼铁炼钢过程中,虽然以炉渣的形式除去了绝大部分杂质元素,但仍然不可避免地留下了少量的有害杂质硫、磷、氧、砷等。虽然它们含量很少,但危害很大。钢材中若含有硫,在进行热加工时,就容易脆裂;钢材中若含有磷,冷加工时就容易脆裂。因为稀土元素是仅次于碱金属、碱土金属的活泼金属,这些活泼的稀土金属比铁更容易跟氧、硫、磷、砷等非金属化合,生成难熔的稳定化合物,浮在钢水表面,随熔渣一起被清除掉。稀土元素具有脱氧、脱硫的净化剂作用。若加入少量稀土元素,可使钢的性能(冲击、韧性、各向异性等)得到改善,从而提高钢材质量和机械加工性能。

例如:稀土钢犁铧耐磨性强,它比普通的钢犁铧耐磨性提高了 25%,且不沾土。用功率相同的拖拉机牵引各种犁铧耕作时,稀土钢犁铧总是跑得最快。又如在钢中加入约 1% 的稀土元素,可炼制成硅锰稀土轴承钢,用这种钢材制造轴承或其他机械加工工具,可大大延长使用寿命。

添加稀土几乎对所有合金都有良好的作用。在高温合金中,稀土元素(如 Y、Ce)通过形成高熔点化合物细化晶粒,改变碳化物形态分布,提升抗氧化性和高温稳定性。在铝合金中,稀土元素(如 La、Ce)通过吸附效应细化枝晶,形成 Al-Re-O 强化相,提升力学和耐腐蚀性能。在铜合金中,稀土元素(如 La、Ce)与氧、硫杂质反应生成稳定化合物,净化基体并改善加工性能。在镁合金中,稀土元素(如 Gd、Nd)通过固溶强化和析出相调控,显著提升强度和耐热性。在不锈钢材料中,稀土改变夹杂物形态,抑制硫、磷偏析,提升低温韧性和耐腐蚀性能。稀土元素通过四大核心机制(晶界调控、夹杂物改性、相组成优化、表面防护强化)实现对合金性能的全面提升,涉及航空航天、海洋工程、新能源等 20 余个高端制造领域。在我国,6% 左右的稀土用于有色金属工业。稀土合金已用来制造航空火箭、汽轮机和发动机等。

16.4.2　稀土催化剂

许多化学反应的发生需要催化剂的帮助。稀土在石油化工方面最重要的应用是用来制造各种催化剂,我国用于石油化工的稀土消耗量达稀土总量的 30%。

　　稀土催化剂主要是以铈组稀土化合物为原料,以轻稀土离子置换沸石中的钠离子而生产出的。石油炼制中使用这种稀土催化剂,可使原油转化率由 35%～40% 提高到 70%～80%,而且可同时得到丙烯、丁烯等一些重要的化工原料,并可将炼油成本降低 20%。20 世纪 60 年代中期,美国使用大量稀土分子筛裂化催化剂,使汽油产量增加了 10%～20%。由于使用稀土石油裂化催化剂,我国炼油业每年可增产汽油 1.0×10^6 t。

　　稀土除了用做石油裂化催化剂外,在有机化合物的氧化、加氢、脱氢、苯酚的邻位烷基化等反应中也起催化作用,因此,它还在石油化工的其他生产过程中发挥着重要作用。

　　在合成橡胶领域内,我国成功地采用稀土作为催化剂,试制出了稀土异戊橡胶、稀土顺丁橡胶等产品,提高了橡胶质量,改进了橡胶加工性能,并大大降低了生产成本。

　　稀土催化剂因其低成本、高活性、耐高温、抗中毒等特性,成为汽车尾气净化的主流选择。如稀土氧化物(如 CeO_2-Al_2O_3 复合载体)在高温下仍能保持结构稳定,作为催化剂时可避免烧结失活,适用于发动机高温尾气环境;稀土元素可与硫化物形成稳定化合物(如 $Ce_2(SO_4)_3$),减少硫对催化剂的毒害,并能在富油燃烧时释放硫,随尾气净化排出;稀土催化剂对低浓度污染物(如 PM2.5、VOCs)的净化能力更强,处理后可达到严格的排放标准要求。我国作为稀土资源大国,其规模化应用不仅推动环保技术进步,还助力稀土资源的高效利用。

16.4.3　稀土材料

　　在现代社会中,玻璃和陶瓷与每个人的生活都密切相关。我国是陶瓷的故乡,不论是景德镇的瓷器还是宜兴的陶器,都是享誉全球的珍贵艺术品。稀土元素在玻璃、陶瓷工业中用量很大,主要用于玻璃抛光、脱色和玻璃、陶瓷制品的着色以及制造特种玻璃、陶瓷等。

　　稀土离子具有较多的价轨道和 4f 电子,这就使得稀土离子具有一般金属离子所无法比拟的丰富的电子能级,稀土离子电子结构互不相同。不同的稀土离子可以显出不同的颜色,因而稀土化合物作为着色剂,被广泛用于玻璃和陶瓷的着色。

　　在玻璃中加入单一稀土元素,可以制成一系列的特种光学玻璃。含有氧化镧(La_2O_3)的玻璃具有很高的折射率和很低的散射率,可用于制造潜望镜和照相机镜头。铈玻璃由于具有防辐射功能,故可应用于受 γ 射线和 X 射线辐射的场合。加有氧化镨和氧化钕的玻璃可用于制造焊接工和玻璃工用的护目镜,因为这种玻璃能吸收强烈的紫外光和钠黄光。加入钇、钕的玻璃可用来生产激光器。各种单一的稀土氧化物还可用来制造光导纤维、变色玻璃、磁光玻璃等。

　　稀土陶瓷颜料有镨黄、镨绿、钕紫、铒红、铌铈橘黄、镨铋锆蓝等。使用这些陶瓷颜料烧制的陶瓷制品具有色彩鲜艳、稳定、均匀等优点。陶瓷颜料已广泛用于陶瓷制品的釉上彩、釉下彩等。例如:我国用氧化铝加到釉料中得到的镨黄产品,颜色鲜艳,在国际市场上深受欢迎。

　　3 价稀土离子 RE^{3+} 具有极丰富的电子能级,在外界电磁辐射作用下,4f 电子可以跃迁到各种激发态能级中去,伴随着吸收各种波长能量,表现出丰富的颜色变化。此外,处于高能级中的电子又可以返回到各种不同的较低能级,放出各种颜色的光而成为发光体。因此,稀土化合物还可以作为优良的发光材料,其主要用于制造荧光粉、生产稀土节能荧光灯以及制造激光器等。如当前使用的彩色电视红色荧光粉有铕激活的 YVO_4:Eu、Y_2O_2S:Eu、Y_2O_3:Eu 和 Gd_2O_3:Eu 等,绿色荧光粉有铽激活的钇铝石榴石($Y_3Al_5O_{12}$:Tb)或钇铝镓石榴石($Y_3(Al$,

$Ga)_5O_{12}$：Tb)等。用稀土做成的红色荧光粉色彩鲜艳而稳定,其发光性能大大超过了不含稀土的红色荧光粉,因此,全世界对纯氧化铕(Eu_2O_3)和纯氧化钇(Y_2O_3)的需求量剧增。据专家预测,未来电视机的彩色可由电场产生,电场直接激发铽产生绿色、激发铕产生红色、激发铈产生蓝色。在薄板电视中,稀土元素在薄膜中被制成夹层结构,从红色变为蓝色仅需 50 ms。目前,彩色电视荧光粉的主要生产国有中国、日本和美国等。

　　稀土可用于生产优良的电光源材料,以这些稀土电光源材料作为填充物,可以生产出各种高效节能的照明灯。例如:加入稀土化合物可以大大改善高压汞灯的光色,提高汞灯的亮度,利用汞灯发出的紫外光激发铕和钇,便可产生红色的荧光,并与原来汞灯发出的青绿光混合互补,组成了接近日光的灯光。被誉为高效节能灯的稀土三基色荧光灯,就是在荧光灯中,根据需要加入不同的稀土三基色荧光粉,以获得红、绿、蓝三色或红、绿、蓝三色的混合颜色,以满足不同的需求。如用 3 价铕激活的氧化钇(Y_2O_3：Eu^{3+})发射红光(610 nm);用铽或铈(Ⅲ)激活的铝酸盐,铈铽共激活的硼酸镁、硅磷酸盐等发射绿光(540 nm);用 2 价铕激活的卤磷酸盐发射蓝光(470 nm)。还可用上述 3 种三基色荧光粉组合的物质去发射模拟阳光及其他颜色的光。

16.4.4　稀土元素在医学上的应用

　　稀土元素在医学上的应用主要包括放射诊断、稀土增感屏、磁共振成像术、放射治疗、稀土药物等方面。

　　1. 放射诊断

　　自居里夫人制备出镭并首次应用于放射治疗以来,利用放射性元素查病、治病已有 100 多年的历史了。稀土元素有 250 多种放射性同位素,这些同位素已被用来诊断和治疗某些疾病。例如:将含镱 169 的放射性药物枸橼酸镱 169 给患者作静脉注射,经过 24 h 后,镱 169 便浓集到肿瘤部位,随后用扫描仪或 γ 照相机在体外测量或照相,便可准确地分析判断脏器的健康状况。镱 169 的 EDTA 配合物还是一种很好的脑扫描剂,使用这种脑扫描剂的扫描方法较脑血管造影、脑电图等方法诊断率高、安全、简便,患者无痛苦,已成为一种常规的检查方法。

　　用放射性同位素镝 157、铒 165、铥 167、镥 177 合成的一些药物是亲癌细胞药物,这些药物进入人体后,能追踪癌细胞,并集中驻留在癌细胞上,这样便能及早地发现很小的病变部位,达到早期诊断、早期治疗的目的。

　　2. 稀土增感屏

　　为了提高图像的清晰度和使 X 射线辐照剂量尽可能地小,1990 年最先被研制和应用的稀土增感屏用的 X 射线发光材料是 Tb^{3+} 激活的 Y_2O_2S、La_2O_2S 和 Gd_2O_2S。它们的 X 射线吸收率大于 $CaWO_4$,X 射线激发发光效率是 18%,明显优于 $CaWO_4$。目前,较为广泛使用的是铕激活的氟氯化钡($BaFCl$：Eu^{2+})增感屏。$BaFCl$：Eu^{2+} 的化学性质十分稳定,使感蓝胶片曝光的速度为 $CaWO_4$ 的 5～7 倍,因此可用于制作 X 射线高速增感屏,是一种优良的 X 射线增感材料。

　　3. 磁共振成像术

　　已有利用 X 射线造影的计算机断层扫描法(computerized tomography),即 CT 技术,来诊断体内肿瘤及其他内科疾病。然而,利用 X 射线诊断造影存在许多缺点:①X 射线对于重叠的生理构造不能提供高分辨率的图像;②X 射线对于健康的组织和病变的组织经常给出相同的图像;③X 射线是高能辐射,即使是低辐照量,也对身体有伤害。在 20 世纪 80 年代产生的磁共振成像术（magnetic resonance imaging，MRI），是在核磁共振（nuclear magnetic resonance，NMR）现象基础上建立起来的新技术。在进行 MRI 检查时，首先要向患者体内注射一种药剂，这种药剂就是稀土元素钆的配合物——Gd-DOTA。Gd-DOTA 进入人体组织后，能增强 MRI 的对比度，大大提高图像的分辨率，所以这种药剂又称为磁共振成像反差剂。Gd-DOTA在人体中很稳定，经过一段时间后随尿液排出体外，不在体内存留。

MRI 技术克服了 X 射线成像术的缺点，给出的病变部位组织的图像明显不同于健康部位组织的图像，在各种层面上观察重叠构造的分辨率也很高，而且无线电射频对人体无伤害。

4. 放射治疗

稀土放射性同位素不仅可以用来诊断脏器病变，而且还可以用来治疗肿瘤疾病。例如：钇 90 是钇的一种放射性同位素，它只放出 β 射线，而不放射 γ 射线。

若把钇 90 化合物制成胶体悬浮液，将这种悬浮液注入患者体腔内，钇 90 胶体颗粒便黏附在浆液膜上，或粘在积液中的癌细胞上；或通过直接穿刺将放射性胶体钇 90 引入肿瘤组织，钇 90 核不断地放出 β 射线，从而杀死癌细胞，达到治疗的目的。这种放射性胶体钇 90 常用于恶性肿瘤手术前、手术后的预防性治疗，或用于不能手术切除的晚期肿瘤的治疗。

5. 稀土药物

有些稀土化合物可用来配制成药物，治疗各种疾病。例如：铈盐可用于医治慢性呕吐症和晕船病；铒盐和铈盐可提高血液中血红蛋白和红细胞的含量；有一种含铈盐的药物，可涂在皮肤上治疗漆中毒；一种称为"铈果立脱"的含铈药物，能促进新陈代谢；用 1∶1 的氯化铈和氯化钠制成的膏剂，可用来治疗各种皮肤病；稀土和 β-二酮的配合物可用来作为防止血凝的药物；氨基磺酸镧或氨基磺酸铈（Ⅲ）具有停止患者发汗的功能；水杨酸钕和镧是良好的防腐剂。

治疗烧伤是稀土药物应用较多的领域，近来有人把硝酸铈与磺胺嘧啶银配成霜剂治疗烧伤，比单用后者效果更显著。稀土化合物具有抗炎作用，据报道，东欧国家曾制出"Phlog"软膏，用来治疗接触性、过敏性皮炎，其疗效不亚于肾上腺皮质激素药物，具有抗炎、止痒的功能，并且不易复发，长期使用无副作用。近来还发现稀土的某些稳定同位素具有抗肿瘤活性。例如：硫酸铈对兔子的某些转移性肿瘤的发展有明显的抑制作用，在患淋巴肉瘤和淋巴性白血病的老鼠身上，同样可证明稀土的抗肿瘤活性。虽然稀土化合物作为药物具有诱人的前景，但稀土元素不是生命必需元素，在稀土对人体的作用机理搞清楚之前，对于使用稀土药物应持十分谨慎的态度。

16.4.5　稀土微肥与饲料

稀土在农、林、牧、副和印染业中的应用是我国的首创，是居世界领先地位的一个应用领域。稀土在农业上的应用主要是作为农作物微肥。

我国科技工作者发现，向各类作物、蔬菜、果树的叶茎上喷施微量的混合稀土硝酸盐，或者用稀土盐水溶液浸种，都可以促进作物对叶绿素的合成，提高作物的光合效率，促进作物根系发育、种子发芽以及对必需营养元素磷等的吸收，还可以增强作物的抗逆性以及促进某些酶活性等。

稀土微肥对牧草也有增产效果。实验表明，稀土对豆科和禾本科牧草有明显的增产效果，增产幅度一般为 7%～20%。

　　稀土化合物可作为饲料添加剂喂猪、喂鸡、喂羊、喂兔。实验表明,在每吨畜禽饲料中加入 20~80 g 的稀土化合物,特别是在畜禽初期生长阶段,有一定的促进生长作用。

知 识 拓 展

严纯华:稀土世界的
探索者与变革者

第 17 章　生物无机化学简论

作为一门新兴的边缘学科的生物无机化学,从 20 世纪 60 年代末诞生至今已有约 60 年的历史。通常人们以 1971 年创立的国际期刊《Journal of Inorganic Biochemistry》作为标志。生物无机化学是在无机化学和生物学的相互交叉、渗透中发展起来的一门边缘学科,它主要是从现象学上以及从分子、原子水平上研究金属与生物配体之间的相互作用。应用理论化学方法和近代物理实验方法研究物质(包括生物分子)的结构、构象和分子能级的飞速进展,使得揭示生命过程中的生物无机化学行为成为可能。

生物无机化学学科的产生与发展是伴随人们对生命现象探索的逐渐深入而自然产生的结果。这有赖于无机化学和生物学两门学科水平的高度发展。从着眼于细胞水平的生物学,到从分子水平上解释生命现象的生物化学,人类对生命的认识进入一个崭新的境界。诺贝尔奖获得者美国医学教授科恩伯格(Kornberg A.)疾呼"把生命理解成化学",因为神秘而复杂的生命现象归根到底是许多生物分子间有组织的化学反应的表现。在生命体中这些化学反应是一系列有组织的,配合准确、默契的化学反应的复杂组合,从而实现了由低级运动到高级运动形式的转化。对这些化学反应的理解,使人们将化学研究的观点和方法引入这一领域,从而把对生物系统化学本质的研究引向亚分子水平。在这一过程中,人们从个别金属离子在生化反应中所起的作用逐渐认识到生命活动无不与金属离子有着千丝万缕的联系,即没有金属离子就没有生命。这是着眼于金属离子与生物大分子相互作用的生物无机化学学科的基础。

我国较早时候就有一些不同学科的研究者在生物无机化学(如生物矿化等)方面开展工作。但是,其作为一门学科出现,应以全国第一次生物无机化学会议(1984 年,武汉)的召开为标志。从 20 世纪 80 年代初开始,我国不少从事不同学科的化学家顺应国际上这一新学科的发展,纷纷转到生物无机化学这块园地进行耕耘。

生物无机化学学科的产生不仅推动了人们对生命现象的认识步伐,而且也为无机化学开辟了一个新的研究领域。由于生物无机化学所包含的内容十分丰富,这里简要介绍这门学科所涉及的主要内容之一——生物无机元素化学。

17.1　生命元素的定义及分类

生物体是由多种元素组成的。如人体内除 C、H、O、N(以有机物和水存在,占人体质量的96%)外的各种元素统称为无机盐,或称为矿物质。矿物质虽仅占人体质量的 4%,需要量也不像蛋白质、脂类、糖类那样多,但它们是构成人体组织和维持正常生理活动所不可缺少的物质。人体内的无机盐有 50 多种,其中已肯定有 21 种元素为人体所必需,有 Ca、Mg、Na、K、P、S、Cl 7 种宏量元素,含量约占人体质量的 3.6%;有 14 种目前已被公认为必需的微量元素,即V、Cr、Mn、Fe、Co、Ni、Cu、Zn、Mo、F、Si、Sn、Se、I,含量共占人体质量的 0.4%。

地壳表层存在的 90 多种元素中,几乎全部能在生命体中找到。在生命体中维持生命活动的必需元素称为生命元素(life element),一般认为已知的生命元素有 28 种。

依据生物体对元素需要量的多少,可将元素分为宏量元素(亦称大量元素,macro element)和微量元素(亦称痕量元素,trace element)两大类。

宏量元素是指在生物体内含量高,且只有在供给相当多量时,生物才能正常生活的元素。对人来说,C、H、O、N、P、S、Mg、Ca、K、Na、Cl 等为宏量元素。

微量元素是指在生物体内含量很少,但缺乏时生物不能正常生长,而稍有过量,反而对生物有害,甚至致其死亡。如地方性水土缺硒可导致克山病或大骨节病,而母亲摄入过量的硒可引起胎儿畸形;缺铁可导致贫血,而摄入过量的铁会引起血色素沉着,肝脾肿大,胰腺受损,导致糖尿病等。微量元素对人类的健康有重要的影响。

依据生物体对元素需要情况的不同,可将元素分为必需元素和有益元素。

必需元素在生物体内具有一定的生物功能或参与代谢过程,无此元素,生物体不能生长或不能完成生命循环。必需元素必须满足三个条件:①该元素确系生物正常生长繁殖所必需,若缺乏,则生物不能完成生命周期;②该元素的功能不能被其他元素所替代;③该元素直接或间接参与生物体的新陈代谢。

有益元素为该生物的某些科或属在特定条件下所必需的元素,并非该生物体所必需。如黎科植物所需的钠、水稻所需的硅等。

17.2 生命元素的生物功能

在生命元素中,除 C、H、O、N 参与合成各种有机物和水外,其余矿物质各具有一定的化学形态和生理功能,见表 17-1。这些形态包括它们的游离水合离子(如水合 Na^+、K^+ 和 Cl^-),与生物大分子(如蛋白质和酶)或小分子(如卟啉)配体形成的配合物,以及构成某一器官或组织的难溶化合物(如牙釉质中的羟基磷灰石 $Ca_{10}(OH)_2(PO_4)_6$)等。

表 17-1 生命元素及其功能

元素	主要功能	元素	主要功能
H	水及有机化合物的成分	V	鼠和绿藻的生成因素,促进牙齿的矿化
B	植物生长必需成分	Cr	促进葡萄糖的利用,与胰岛素的作用机理有关
C	有机化合物的成分	Mn	酶的激活,光合作用中水光解必需成分
N	有机化合物的成分	Fe	组成血红蛋白、细胞色素、Fe-S 蛋白等
O	水及有机化合物的成分	Co	红细胞形成所必需的 VB_{12} 的组分
F	鼠的生长因子,人骨骼生长的必需成分	Cu	铜蛋白的组成成分,与铁的利用和吸收有关
Na	细胞外的正离子(Na^+)	Zn	许多酶的活性中心,胰岛素的组分
Mg	酶的激活,构成叶绿素、骨骼的成分	Se	与肝功能、肌肉代谢有关
Si	在骨骼及软骨形成初期的必需成分	Mo	黄素氧化酶、醛氧化酶、固氮酶等的必需成分
P	生物合成与能量代谢必需成分	Sn	鼠发育必需成分
S	蛋白质的组分,组成 Fe-S 蛋白质	I	甲状腺素的成分
Ca	骨骼、牙齿的主要成分,神经传递和肌肉收缩所必需成分	Cl	细胞外的负离子(Cl^-)
		K	细胞内的正离子(K^+)

注:此表引自王夔,《生命科学中的微量元素》,中国计量出版社,1991。有改动。

　　这些元素的生物功能,主要有以下几个方面:①构成人体组织的重要材料;②调节多种生理功能;③组成金属酶或作为酶的激活剂;④运载和"信使"作用。

　　1. 生物细胞结构物质的成分

　　一切细胞均含有多种数量不等的矿物质。在宏量元素中,C、H、O、N、P 和 S 6 种元素对生命活动起着特别重要的作用,它们是构成生物大分子结构或骨架的主要元素。例如:糖类主要由 C、H、O 三种元素构成;蛋白质主要由 C、H、O、N 和 S 构成;核酸主要由 C、H、O、N、P 和 S 构成。

　　一些生命元素以无机盐的形式参与构成细胞组织。如 Ca、Mg、P 是骨骼和牙齿的重要成分;P、S 是组织蛋白的成分;Fe 是血红蛋白和细胞色素的重要成分;胰岛素中含有 Zn 等。此外,人的牙齿、骨骼中还含有微量元素 Sr;肌肉及血液中含有 Na、K、Cl、S、Ca、Mg、P 等元素;I 是甲状腺素的成分。

　　2. 影响酶的活性

　　金属离子可组成金属酶或作为酶的激活剂。金属离子对酶的作用有两种。现已鉴定出 3000 多种酶,约有 1/3 的酶在它们本身结构中含有金属离子或者虽本身不含金属离子但必须有金属离子存在才具有活性,前者称为金属酶,后者称为金属激活酶。如生物体中重要代谢物的合成与降解都需要锌酶的参与,近年还发现锌酶可以控制生物遗传物质的复制、转录与翻译。

　　金属酶作为酶的辅助因子(cofactor),在酶促反应中起转移电子、原子或某些功能团的作用。如细胞色素的辅基为铁卟啉,起传递电子的作用;氧化酶类中的过氧化物酶含有铁;铜是抗坏血酸氧化酶和超氧化物歧化酶的辅助因子。

　　金属激活酶作为酶的激活剂(activator)可提高某些酶的活性。作为激活剂的有 K^+、Na^+、Mg^{2+}、Zn^{2+}、Fe^{2+}、Mn^{2+} 及 Ca^{2+} 等离子。例如:Mg^{2+} 是多种激酶及合成酶的激活剂;K^+ 是丙酮酸磷酸激酶和果糖磷酸激酶的激活剂;Ca^{2+} 对凝血酶原和肌 ATP 酶具有激活作用。

　　激活剂对酶的作用有一定的选择性。一种激活剂对某种酶能起激活作用,而对另一种酶可能起抑制作用。离子之间有时可能产生拮抗作用,如 Na^+ 抑制 K^+ 的激活作用,Mg^{2+} 的激活作用常为 Ca^{2+} 所抑制。有时金属离子之间也可相互替代,如 Mg^{2+} 可被 Mn^{2+} 替代作为激酶的激活剂。此外,同一种酶由于激活剂浓度的升高,可能从被激活转化为被抑制。在一般浓度下,负离子的激活作用不明显,但动物唾液中的 α-淀粉酶受 Cl^- 激活。

　　3. 对生命活动的调节作用

　　无机离子在生物体内一部分以结晶形式组成骨骼和牙齿,还有一部分以电解质形式溶于体液,并通过体液对许多生命活动予以调节。如维持组织细胞的渗透压,调节体液的酸碱平衡,维持神经肌肉的兴奋性和心脏的节律性等。

　　生命元素能调节多种生理功能,其主要作用如下。

　　(1)维持组织和体液间的正常渗透。生物体液和细胞中都含有一定量的无机盐类,这些适当含量的无机盐对细胞与体液间的渗透平衡具有调节作用。如果细胞和体液间的渗透压失去平衡,可导致细胞破裂,因此保持机体渗透压的平衡有重要的意义。细胞外液中无机离子主要是 Na^+ 和 Cl^-,细胞内液中无机离子主要是 K^+ 和 HPO_4^{2-}。

　　(2)调节酸碱平衡。人体组织液与血浆的正常 pH 值在 7.35～7.50。pH 值可直接影响全身各部分的机能,当 pH 值的改变超过 0.5 时,生命就有危险。有些无机盐(如 $NaHCO_3$、Na_2HPO_4、NaH_2PO_4)本身就是血液的缓冲剂,对血液的酸碱平衡有重要的调节作用。

(3)调节神经肌肉的敏感性。体液中某些电解质的含量及它们之间的相互作用,可直接影响神经肌肉敏感性。如肌肉的正常敏感性主要由 Ca^{2+}、Mg^{2+} 与 K^+ 的拮抗作用来维持。Ca^{2+} 能加强心肌收缩,K^+ 有利于心肌舒张,Na^+ 能维持渗透性和心肌的兴奋性。Ca^{2+}、K^+、Na^+ 3 种离子浓度的比例适当,才能维持心脏的正常节律性搏动。

17.3　生命元素的生理功能与人体健康

17.3.1　宏量元素的生理功能与人体健康

1. 钙

钙是人体内含量最多的一类无机盐,它占人体质量的 1.5%～2.0%,一般成年人体内钙含量约为 1200 g。

1)钙的生理功能

钙是骨骼和牙齿的主要成分,人体 99% 的钙存在于骨骼和牙齿中,其余 1% 的钙存在于软组织、细胞外液和血液中,这部分钙通称为混合钙池,它在维持正常生理活动中起着重要作用。钙能维持神经肌肉的正常兴奋和心跳规律,血钙增高可抑制神经肌肉的兴奋,如血钙降低,则引起神经肌肉兴奋性增强,而产生手足抽搐(俗称"抽风")。钙对体内多种酶有激活作用,钙还参与血凝(钙能将凝血酶原激活成凝血酶)过程和抑制毒物(如铅)的吸收。

人体内的钙如果缺乏,对儿童会造成骨质生长不良和骨化不全,会出现颅门晚闭、出牙晚、"鸡胸"或佝偻病,成年人则患软骨病,易发生骨折及出血和瘫痪等疾病,高血压、脑血管病等也与缺钙有关。

2)人体缺钙的原因及对钙吸收的影响因素

钙是人体内含量最多的一种无机盐,但也是人体最容易缺乏的无机盐。中国人普遍缺钙,故应特别重视。

从营养学角度看,造成人体缺钙的原因有三:①膳食中缺乏富含钙的食物;②特殊生理阶段,机体对钙的需求量增加;③膳食或机体内存在某种或多种影响钙吸收的因素。

影响钙吸收的因素很多。如:①食物中的维生素 D、乳糖、蛋白质,都能促进钙盐的溶解,有利于钙的吸收;②肠内的酸度有利于钙的吸收,如乳酸、乙酸、氨基酸等均能促进钙盐的溶解,有利于钙的吸收;③胆汁有利于钙的吸收,胆汁的存在可提高脂酸钙(一种不溶性钙盐)的可溶性,帮助钙的吸收;④脂肪供给不能过多,否则就会影响钙的吸收,因为由脂肪分解产生的脂肪酸在肠道未被吸收时与钙结合,形成皂钙,使钙吸收率降低;⑤年龄和肠道状况与钙的吸收也有关系,年龄的增长、腹泻和肠道蠕动太快,会导致钙的吸收减少。

3)钙的食物来源和供给量

钙的食物来源以乳制品为最好,不仅含量丰富,而且易于吸收利用,是婴幼儿的良好钙源,如人乳每 100 g 含钙 30 mg,牛乳每 100 g 含钙 104 mg。我国膳食中钙的主要来源是蔬菜(如甘蓝、小青菜、大白菜、小白菜)及豆类制品。此外,虾皮、芝麻酱、骨头汤、核桃、海带、紫菜等含钙也很丰富,见表 17-2。

表 17-2　含钙丰富的食物

食物名称	钙含量/ $(mg \cdot kg^{-1})$	食物名称	钙含量/ $(mg \cdot kg^{-1})$	食物名称	钙含量/ $(mg \cdot kg^{-1})$
牛乳	104	带鱼	28	稻米(籼米、糙米)	14
牛乳粉(全脂)	676	海带(干)	348	糯米(江米)	26
鸡蛋	48	猪肉	6	富强面粉	27
鸡蛋黄	112	黄豆	191	玉米面(黄)	22
鸭蛋	62	青豆	200	大白菜	69
鹅蛋	34	黑豆	224	芹菜	80
鹌鹑蛋	47	豆腐	164	韭菜	42
鸽蛋	108	芝麻酱	1170	苋菜(绿)	187
虾皮	991	花生仁(炒)	284	芥蓝(甘蓝)	128
虾米	555	枣(干)	64	葱头(洋葱)	24
河蟹	126	核桃仁	108	金针菜(黄花菜)	301
大黄鱼	53	南瓜子(炒)	235	马铃薯	8
小黄鱼	78	西瓜子(炒)	237	发菜	875

　　我国规定每日膳食中钙的供给量为成年男女 800 mg,孕妇(怀孕 7～9 个月)、乳母 1500 mg。但我国膳食钙不足是一个普遍的问题,为此专家们建议多喝牛乳,因牛乳不但富含钙且容易为人体吸收,其次是豆制品及各种活性钙制剂。

　　2. 磷

　　磷是人体必需的元素之一,是机体不可缺少的营养素。磷在成年人体内的含量为 600～900 g,约占人体质量的 1%,除钙外,它是在人体内含量最多的无机盐。

　　1)磷的生理功能

　　磷可与钙结合成为磷酸钙,是构成骨骼和牙齿的主要物质,人体中 87.6% 以上的磷存在于骨骼和牙齿中,其余的分散于体液、血细胞之中。磷是细胞核蛋白、磷脂和某些辅酶的主要成分,磷酸盐能组成体内酸碱缓冲系统,维持体内的酸碱平衡;磷还参与体内的能量转化,以三磷酸腺苷(ATP)的形式被利用、储存或转化。ATP 含有的高能磷酸键为人体的生命活动提供能量。

　　2)磷的吸收和利用

　　磷需要在人体十二指肠内经酶转变为磷酸化合物的形式,方能被人体吸收,膳食中所含的磷,约有 70% 在十二指肠上部被吸收。维生素 D 和植酸也影响磷的吸收,摄入足量的维生素 D 可以促进磷的吸收。影响磷吸收的因素与钙大致相似。

　　3)磷的供给量和食物来源

　　至今尚未制定磷供给量标准,人体对磷的需要量较钙多,一般成年人每日需磷量为 1.3～1.5 g,儿童每日需磷量为 1.0～1.5 g,孕妇和乳母每日需磷量为 2.5～2.8 g。

　　磷的食物来源很广泛,人体一般不易缺乏磷,但膳食中磷的供给量也是不可忽视的。磷存在于动植物食品中,如肉、鱼、虾、蛋、奶含量丰富,豆类、杏仁、核桃、南瓜子、蔬菜也是磷的良好来源。

　　3. 镁

　　镁是人体必需的营养元素,约占人体质量的 0.05%。人体内 70% 的镁以磷酸盐形式存在于骨骼和牙齿中,其余分布在软组织和体液中。Mg^{2+} 是细胞中的主要正离子,能与体内许多重要成分形成多种酶的激活剂,对维持心肌正常生理功能有重要作用。缺镁会导致冠状动脉病变、心肌坏死,出现抑郁、肌肉软弱无力和晕眩等症状,儿童严重缺镁会出现惊厥、表情淡漠。

镁广泛分布在植物中,肉和脏器也富含镁,但牛乳中则较少。因此,平时应多吃绿色蔬菜、水果以补充镁。成年人每日镁的需要量为 $200\sim300$ mg。

4. 钠、钾和氯

钠、钾和氯是人体必需的营养元素,分别约占人体质量的 0.15%、0.35% 和 0.15%。它们在体内以离子状态存在于一切组织液之中,细胞内 K^+ 含量多,而细胞外液(血浆、淋巴、消化液)中则 Na^+ 含量多。Na^+ 和 K^+ 是人体内维持渗透压的最重要的正离子,而 Cl^- 则是维持渗透压的最重要的负离子。它们对于维持血浆和组织液的渗透平衡有重要的作用,血浆渗透压发生变化,将导致细胞损伤甚至死亡。

人体中的 Na^+ 和 Cl^- 主要来自食物中的食盐,K^+ 主要来自水果、蔬菜等植物性食物。我国人民普遍存在摄取 Na^+ 过多、K^+ 偏少的不良情况。如果膳食中钠过多钾过少,钠钾比值偏高,血压就会升高。摄入钠盐过多,会对高血压、心脏病、肾功能衰竭等患者造成很大的危害,此类患者应进食低钠食物。钠摄入不足或由于过度炎热、剧烈运动后大量出汗造成大量 NaCl 随汗流失,也会引起抽筋,甚至虚脱、神志不清等。缺钾可对心肌产生损害,引起心肌细胞变性和坏死,还可引起肾、肠及骨骼的损害,出现肌肉无力、水肿、精神异常等。钾过多则可引起四肢苍白发凉、嗜睡、动作迟钝、心跳减慢甚至突然停止。每人每日宜从食物中摄取 $2\sim4$ g 钾。

宏量元素通过参与骨骼构建、能量代谢、神经传导等关键生理过程,维持人体健康。钙、磷、镁、钠、钾的摄入需均衡,缺乏或过量均可能引发疾病。合理膳食(如乳制品、坚果、绿叶蔬菜)是预防相关缺乏症的重要途径。

17.3.2 微量元素的生理功能与人体健康

微量元素与人体健康的关系极为密切。我国的四大地方病就是由于元素不平衡造成的。如克山病和大骨节病与硒等缺乏有关,地方性甲状腺肿和克汀病(又称呆小病)则是由于严重缺碘引起的。因此,人类健康长寿关键的因素之一是维持人体内几十种元素的平衡。随着微量元素分析技术水平的提高,以及实验生命化学的发展,已经可以用分子和电子的观点来解释某些生命过程,通过对生命过程的研究使一些疑难病症的诊治得以突破。

1. 微量元素的分类和生物效应

微量元素按其生化作用和生物效应可分为三大类:微量营养元素(或必需微量元素)、有毒元素和作用尚未确定的元素。微量营养元素最简单的定义是为维持生命活动所必需的微量元素,这类元素在生物体内的匮乏会导致生物体死亡或者严重的功能障碍。表 17-3 列出了一部分微量元素的分类状况。这些元素在周期表中的分布见表 17-4(表中未列作用尚未确定的元素)。一种元素既可以对生物体是必不可少的,也可能是有毒的,元素的这种两重性与它们在体内的浓度有关。

表 17-3 一些微量元素的分类

类 别	生 物 效 应	元 素
微量营养元素	参与生物体的新陈代谢过程,包含在酶和蛋白质之中,是生物组织不可缺少的组成部分	Fe、Zn、Cu、Mn、Co、Mo、F、Se、Ni、Cr、V 等

续表

类　别	生物效应	元素
有毒元素	妨碍各种代谢活动,抑制蛋白质合成过程的酶系统,影响正常的生理机能	Be、Cd、Hg、Pb、Tl、As 等
作用尚未确定的元素	总是存在于生物体内,但是否为机体所必需,尚不清楚	Rb、Ba、Al、稀土、铂系等

注:此表引自柴之芳、祝汉民,《微量元素化学概论》,中国原子能出版社,1994。

表 17-4　与生命有关元素在周期表中的分布

周期	ⅠA ⅡA	ⅣB VB ⅥB ⅦB　　Ⅷ	ⅠB	ⅡB	ⅢA	ⅣA	VA	ⅥA	ⅦA
1	H[1]								
2	Be[3]				B[2]	C[1]	N[1]	O[1]	F[2]
3	Na[1] Mg[1]					Si[2]	P[1]	S[1]	Cl[1]
4	K[1] Ca[1]	V[2] Cr[2] Mn[2] Fe[2] Co[2] Ni[2]	Cu[2]	Zn[2]	Ga[3]	Ge[2]		Se[2]	Br[2]
5	Sr[2]	Mo[2]		Cd[3]	In[3]	Sn[2]	Sb[3]	Te[3]	I[2]
6				Hg[3]	Tl[3]	Pb[3]	Bi[3]		

注:上标 1 表示宏量营养元素;2 表示微量营养元素;3 表示有毒元素。

必需(宏量或微量)元素均有一段最佳浓度(使生物体的功能达到最佳状态)范围,有的具有较大的范围,有的在最佳浓度和中毒浓度之间只有一个狭窄的安全区,过高或过低超出这个范围都会引起疾病。必需元素浓度与生物效应的相关性可用图 17-1 表示。

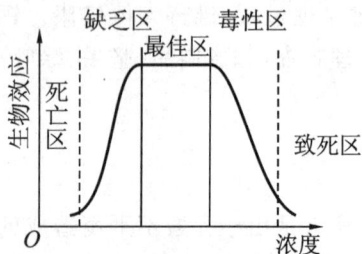

图 17-1　必需元素浓度与生物效应的相关性

人体内也含有非必需微量元素,甚至有毒元素(如 Pb、Hg、Cd 等),这和食物、水质及大气的污染关系甚大。

2. 微量营养元素

1)铁

铁是人体所需的重要微量元素之一。成年人体内铁含量为 4~5 g,其中有 60%~70%存在于血红蛋白中,约 3%存在于肌红蛋白中,0.2%~1%存在于细胞色素酶中,其余则主要以铁蛋白和含铁血黄素的形式储存于肝脏、脾脏和骨髓的网状内皮系统等组织器官中。

(1)铁的生理功能。铁在人体内的主要功能是以血红蛋白的形式参加氧的转运、交换和组织呼吸过程。此外,它除参加血红蛋白、肌红蛋白、细胞色素酶与某些酶的合成外还与许多酶的活性有关。如果铁的摄入不足,吸收利用不良,将使机体出现缺铁性或营养性贫血。缺铁性贫血存在于全世界所有国家。

(2)铁的吸收和利用。铁主要在小肠上部被吸收。铁的吸收也受多种因素影响,一般认为动物食品和植物食品混合食用,可提高植物食品内铁的吸收率。凡容易在消化道中转变成离子状态的铁,都易于吸收,Fe^{2+} 又比 Fe^{3+} 更易于吸收。抗坏血酸和半胱氨酸等可促进铁的吸收。

(3)铁的供给量和食物来源。世界卫生组织建议成年男性铁的供给量为每日 5~9 mg,成年女性为每日 14~28 mg。常用食物的铁含量见表 17-5。

表 17-5　常用食物的铁含量

食物名称	每 100 g 铁含量/mg	食物名称	每 100 g 铁含量/mg	食物名称	每 100 g 铁含量/mg
猪肝	26.2	绿豆	6.5	杏仁(炒)	3.9
排骨	1.4	花生仁(炒)	6.9	核桃仁	3.2
牛肝	6.6	黄花菜(干)	16.5	白果(干)	0.2
羊肝	7.5	黄花菜(鲜)	8.1	莲子(干,江苏产)	3.6
鸡肝	12.0	小米	5.1	松子仁	4.3
蛋黄	6.5	黄豆	8.2	蛋糕(烤)	4.4
瘦猪肉	3.0	黑豆	7.0	口蘑	19.4
牛乳	0.3	大米	2.3	芹菜	1.2
芝麻(黑)	22.7	标准面粉	3.5	藕粉(杭州产)	17.9
芝麻(白)	14.1	富强粉	2.7	鸡蛋粉(全蛋粉)	10.5
芝麻酱	9.8	干枣	2.3	紫菜	54
豇豆(干)	7.1	葡萄(干)	9.2	菠菜	2.9

动物食品以肝脏、瘦肉、蛋黄、鱼类及其他水产品中铁含量较多,植物食品以豆类、坚果类、叶菜和山楂、草莓等水果中铁含量较多。此外,葛仙米(俗称地耳)、发菜、干蘑菇、黑木耳等也含有丰富的铁元素。

2)碘

(1)碘的生理功能。成年人身体内碘含量为 20~50 mg,其中 20% 存在于甲状腺中。碘是合成甲状腺素的主要成分,甲状腺所分泌的甲状腺素对肌体可以发挥重要的生理作用。甲状腺素能促进许多组织的氧化作用,增加氧的消耗和热能的产生;能促进生长发育和蛋白质代谢。体内缺碘,甲状腺素合成量减少,可引起脑垂体促甲状腺激素分泌增加,不断地刺激甲状腺而引起甲状腺肿,民间称为"大脖子病"。1995 年以后的调查资料表明,我国是碘缺乏病流行比较严重的国家,尤其是西南、西北及内陆山区。

(2)碘的供给量和食物来源。人体所需要的碘,一般从饮水、食物和食盐中获得。碘含量高的食物主要为海产的动植物,如海带、紫菜、海蜇、海虾、海蟹、海盐等,见表 17-6。

表 17-6　碘含量较高的海产食物和食盐

名称	碘含量/($\mu g \cdot kg^{-1}$)	名称	碘含量/($\mu g \cdot kg^{-1}$)	名称	碘含量/($\mu g \cdot kg^{-1}$)
海带(干)	240000	海参	6000	海盐(山东)	29~40
紫菜(干)	18000	龙虾(干)	600	湖盐(青海)	298
海蜇(干)	1320	带鱼(鲜)	80	井盐(四川)	753
淡菜	1200	黄花鱼(鲜)	120	再制盐	100
干贝	1200	干发菜	18000		

补碘的方法很多,如常吃海带、紫菜等含碘丰富的海产品。但最方便、经济、有效的办法是食用加碘盐(普通食盐中加入适量 KI 或 KIO_3 制成)。但患甲状腺功能亢进的人,因治疗疾病的需要,不宜食用加碘盐,否则会加重病情。2023 年中国营养学会发布的健康人每人每日碘参考摄入量:0~0.5 岁婴儿的适宜摄入量(AI)约为 85 $\mu g \cdot d^{-1}$,0.5~1 岁婴儿的 AI 约为 115

$\mu g \cdot d^{-1}$,1~11 岁儿童的推荐摄入量(RNI)为 90 $\mu g \cdot d^{-1}$,12~14 岁儿童的 RNI 为 110 $\mu g \cdot d^{-1}$,15 岁(含)以上儿童及成人的 RNI 为 120 $\mu g \cdot d^{-1}$,孕妇的 RNI 为 230 $\mu g \cdot d^{-1}$,乳母的 RNI 为 240 $\mu g \cdot d^{-1}$。

3)锌

正常成年人体内含锌约为 2.5 g,分布于人体一切器官和血液中,人体血液中的锌 80%~85%在红细胞内,3%~5%在白细胞内,其余在血浆中。肝、骨骼、眼虹膜、视网膜等处均含有锌。

锌主要在小肠吸收,人体平均每日需从膳食中约摄入 15 mg。

世界范围内都存在人体严重缺锌的问题,我国儿童缺锌情况更为普遍。据中国预防医学科学院对 19 个省(市)学龄前儿童头发中锌含量的测定,大约有 60%的儿童锌含量低于正常值。

在各类金属酶中,对锌酶的研究最为详尽,因为锌酶涉及生命过程的各个方面。生物体中重要代谢物的合成与降解都需要锌酶的参与,近年还发现锌酶可以控制生物遗传物质的复制、转录与翻译。目前,从生物体分离出来的锌酶已超过 200 种,这些酶在组织呼吸和三大营养素及核酸等代谢中起重要作用。

4)硒

硒的主要生理功能是通过谷胱甘肽过氧化物酶(GSH-Px)清除体内过氧化物来保护机体免受氧化损害(每摩尔红细胞中的谷胱甘肽过氧化物酶中含有 4 mol Se)。非酶形式的有机硒化物也具有抗氧化作用,主要是清除脂质过氧化自由基中间产物及分解脂质过氧化物等。硒能增加血液中的抗体含量,起免疫作用,防止血压升高和血栓形成,保护视力。硒是许多重金属的天然解毒剂,可与许多重金属(如 Hg、As)相结合,使其不能被机体吸收而排出体外,发挥解毒作用。硒具有抗癌作用,有人根据实验认为,一个体重 60 kg 的成年人,每天吸收 0.8 mg 硒,就不易得肝癌、结肠癌和其他消化道癌症。中药黄芪中含有丰富的硒,有一定的抗癌作用。

我国是世界上首次将硒作为群体性防治药物大规模地应用于人类的国家。克山病是一种以心肌病变为主的地方病,表现为明显的心脏扩大、心功能不全和心律失常,急性患者可迅速死亡。主要侵犯人群是生育妇女和断奶后至学龄前的儿童。经我国科学工作者约 30 年的研究,才查清发病原因是体内缺硒(克山病流行区主要粮食硒含量普遍低于非流行区)。从 1970 年起在流行区进行大规模口服亚硒酸钠(Na_2SeO_3)防治克山病,取得显著效果。

肉类食物中硒含量最高,乳蛋类则受饲料的影响,谷类和豆类中硒含量比水果和蔬菜高。海产品(如虾、蟹)的硒含量高,但人体的吸收利用率较低。谷类等植物中的硒含量因生长土壤硒含量的多寡可有非常明显的差别。

中国营养学会 1988 年正式制定了我国硒的供给量标准,成人为每日 50 μg,儿童 1 岁以内为每日 15 μg,1~3 岁为每日 20 μg 等。必须注意,硒的过量摄入(如每天超过 200 μg),无论是职业原因、环境条件或药物因素,都可能使与硒相关的酶失活,或反而产生自由基,对人体健康造成危害。

人体微量营养元素功能与平衡失调症见表 17-7。

表 17-7　人体微量营养元素功能与平衡失调症

元素	人体含量/g	日需要量/mg	主要来源	主要生理功能	缺乏症	过量症
铁	4.2	12	肝、肉、蛋、水果、绿叶蔬菜	造血,组成血红蛋白和含铁酶,传递电子和氧,维持器官功能	贫血,免疫力低,无力,头痛,口腔炎,易感冒,肝癌	影响胰腺和性腺,心力衰竭,糖尿病,肝硬化

续表

元素	人体含量/g	日需要量/mg	主要来源	主要生理功能	缺乏症	过量症
氟	2.6	1	茶叶、肉、水果、谷物、土豆、胡萝卜	长牙骨,防龋齿,促生长,参与氧化还原和钙、磷代谢	龋齿,骨质疏松,贫血	氟斑牙,氟骨症,骨质增生
锌	2.5	15	肉、蛋、奶、谷物	激活200多种酶,参与核酸和能量代谢,促进性功能正常,抗菌、消炎	侏儒,溃疡,炎症,不育,白发,白内障,肝硬化	胃肠炎,前列腺肥大,贫血,高血压,冠心病
锶	0.32	1.9	奶、蔬菜、豆类、海鱼虾类	长骨骼,维持血管功能和通透性,合成黏多糖,维持组织弹性	骨质疏松,抽搐症,白发,龋齿	关节痛,大骨节病,贫血,肌肉萎缩
硒	0.2	0.05	虾、蟹等海产品,肉、谷类、豆类、中药黄芪	组酶,抑制自由基,护心肝,对重金属解毒	心血管病,克山病,大骨节病,癌,关节炎,心肌病	硒土病,心肾功能障碍,腹泻,脱发
铜	0.1	3	干果、葡萄干、葵花子、肝、茶	造血,合成酶和血红蛋白,增强防御功能	贫血,心血管损伤,冠心病,脑障碍,溃疡,关节炎	黄疸肝炎,肝硬化,胃肠炎,癌
碘	0.03	0.12	海产品、奶、肉、水果	组成甲状腺和多种酶,调节能量,加速生长	甲状腺肿,心悸,动脉硬化	甲状腺肿
锰	0.02	8	干果、粗谷物、桃仁、板栗、菇类	组酶,激活剂,增强蛋白质代谢,合成维生素,防癌	软骨,营养不良,神经紊乱,肝癌,生殖功能受抑	无力,帕金森症,心肌梗死
钒	0.018	1.5	海产品	刺激骨髓造血,抑制胆固醇的合成,类胰岛素作用	胆固醇高,生殖功能、心肾受损,肌无力,骨骼异常	结膜炎,鼻咽炎
锡	0.017	3	龙须菜、西红柿、橘子、苹果	促进蛋白质和核酸反应,促生长,催化氧化还原反应	抑制生长,门齿色素不全	贫血,胃肠炎,影响寿命
镍	0.01	0.3	蔬菜、谷类	可降低脱氢酶的活力	肝硬化,尿毒症,肾衰,肝脂质和磷脂质代谢异常	鼻咽癌,皮肤炎,白血病,骨癌,肺癌
铬	小于0.006	0.1	啤酒、酵母、蘑菇、粗细面粉、红糖、蜂蜜、肉、蛋	发挥胰岛素作用,调节胆固醇、糖和脂质代谢,防止血管硬化	糖尿病,心血管病,高血脂,胆石,胰岛素功能失常	伤肝肾,鼻中隔穿孔,肺癌

续表

元素	人体含量/g	日需要量/mg	主要来源	主要生理功能	缺乏症	过量症
钼	小于 0.005	0.2	豆荚、卷心菜、大白菜、谷物、肝、酵母	组成氧化还原酶,催化尿酸,维持动脉弹性	心血管病,克山病,食管癌,肾结石,龋齿	睾丸萎缩,性欲减退,脱毛,软骨,贫血,腹泻
钴	小于 0.003	0.0001	肝、瘦肉、奶、蛋、鱼	造血,心血管的生长和代谢,促进核酸和蛋白质合成	心血管病,贫血,脊髓炎,气喘,青光眼	心肌病变,心力衰竭,高血脂,致癌

注:此表引自钟炳南、陈秀雄,"人类健康与元素平衡食物链",科技导报,1996(2)。("主要来源"除外)

知 识 拓 展

陈竺:用"砒霜＋维甲酸"
改写白血病治疗史

第18章 无机新材料简介

无机非金属材料(简称无机材料)是除有机高分子材料和金属材料以外的所有材料的统称,是指由某些元素的氧化物、碳化物、氮化物、卤素化合物、硼化物以及硅酸盐、铝酸盐、磷酸盐、硼酸盐等物质组成的材料。无机非金属材料品种和名目繁多,用途各异,目前还没有一个统一而完善的分类方法。通常把它们分为普通的(传统的)无机非金属材料和先进的(新型的)无机非金属材料两大类。前者指以硅酸盐为主要成分的材料并包括一些生产工艺相近的非硅酸盐材料,如碳化硅、氧化铝陶瓷、硼酸盐、硫化物玻璃、镁质或铬质耐火材料和碳素材料等。这一类材料通常生产历史较长、产量较高、用途也很广。后者主要指 20 世纪以来发展起来的,具有特殊性质和用途的材料,主要有先进陶瓷、新型玻璃以及无机高分子材料等。本章就近年来发展起来的一些新型无机非金属材料作一简单介绍。

18.1 先进陶瓷

先进陶瓷是指以精制的高纯、超细的无机化合物为原料,采用先进的制备工艺和技术制造出的比传统陶瓷性能更加优异的新一代陶瓷。它能有效改善传统陶瓷性脆的弱点,具有耐高温、耐腐蚀的特性,在光、电、磁、声、热等方面具有多种功能。先进陶瓷按化学成分可分为氧化物陶瓷、氮化物陶瓷、碳化物陶瓷、硼化物陶瓷、硅化物陶瓷、氟化物陶瓷、硫化物陶瓷等。按性能和用途,先进陶瓷大体上又可分为先进结构陶瓷和先进功能陶瓷两大类。这里对几种典型的先进陶瓷作简单介绍。

18.1.1 压电陶瓷

压电陶瓷是指经直流极化处理后具有压电效应的陶瓷材料。它通常由几种氧化物或碳酸盐在烧结过程中发生固相反应而形成,其制造工艺与普通的电子陶瓷相似。烧结出来的陶瓷体是多晶体,其自发极化是紊乱取向的。其主要成分是铁电体,因此称为铁电陶瓷,没有压电性能。对这样的陶瓷体施加强的直流电场进行极化处理,原来紊乱取向的自发极化就沿电场方向择优取向。去除电场后,陶瓷体仍保留着一定的总体剩余极化,从而使陶瓷体有了压电性能。压电陶瓷最大的特性是其具有正压电性和逆压电性。正压电性是指某些电介质在机械外力作用下,介质内部正、负电荷中心发生相对位移而引起极化,从而导致电介质两端表面内出现符号相反的束缚电荷。反之,当给具有压电性的电介质加上外电场时,电介质内部正、负电荷中心不断发生相对位移而被极化,同时,由于此位移而导致电介质发生形变,这种效应称为逆压电性。目前较常用的压电陶瓷有钛酸钡、钛酸铅、锆钛酸铅、三元系压电陶瓷、透明铁电陶瓷以及铌酸盐系陶瓷等。压电陶瓷主要用于制造超声、水声、电声换能器,陶瓷滤波器,陶瓷变压器以及点火、引爆装置。此外,还可用压电陶瓷制作表面波器件、电光器件和热释电探测器等。

$BaTiO_3$ 压电陶瓷是典型的压电陶瓷之一。$BaTiO_3$ 的晶体属于钙钛矿型($CaTiO_3$)结构。如图 18-1 所示,其晶胞结构为典型的氧八面体结构,Ti^{4+} 位于八面体的中心,Ba^{2+} 位于八面体

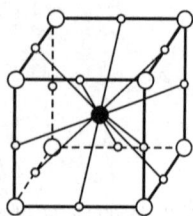

图 18-1　BaTiO$_3$ 晶体结构图
●—Ba;○—Ti;○—O

的间隙。在室温下,BaTiO$_3$ 属于四方晶系的铁电性压电晶体。将 BaCO$_3$ 和 Ti(CO$_3$)$_2$ 等物质的量混合成型,在约 1600 K 温度下烧结 2～3 h,即可制成 BaTiO$_3$ 陶瓷。烧成后的 BaTiO$_3$ 陶瓷上覆盖银电极,在居里点(居里温度,或称磁性转变点)附近的温度下通过强直流电场极化处理后,剩余极化仍比较稳定地存在,并呈现相当大的压电性。BaTiO$_3$ 陶瓷在 273 K 附近存在四方相到正交相的转变,其压电性和介电性都发生显著变化,从而带来了性能的不稳定。因此,BaTiO$_3$ 压电陶瓷的工作温度一般为 218～358 K。为了改变 BaTiO$_3$ 陶瓷相变点,扩大 BaTiO$_3$ 陶瓷的使用温度范围,可利用同一类型化合物(如 PbTiO$_3$、CaTiO$_3$)来置换一部分 BaTiO$_3$。这样便出现了以 BaTiO$_3$ 为基体的固溶体,如 BaTiO$_3$-CaTiO$_3$ 系和 BaTiO$_3$-PbTiO$_3$ 系。

18.1.2　敏感陶瓷

敏感陶瓷是当温度、湿度、气体、电场、光及射线和震动等外部环境条件改变时,能引起陶瓷材料物理性质变化的一类陶瓷。用这种材料制造的元件在外部环境条件改变时能够准确、迅速地获得有用的电信号。它们大多是 ZrO、SiC、SnO$_2$、TiO$_2$、Fe$_2$O$_3$、BaTiO$_3$ 和 SrTiO$_3$ 等半导体陶瓷。这类陶瓷主要用于检测技术、自动控制和遥控等技术。

1. 气敏陶瓷

气敏陶瓷是对气体敏感的一类半导体陶瓷。半导体气敏陶瓷传感器由于具有灵敏度高、性能稳定、选择性高、结构简单、体积小、价格低廉、使用方便等优点,得到迅速发展。

当氧化性气体吸附于 N 型半导体或还原性气体吸附于 P 型半导体气敏材料,会使载流子数目减少,从而导致电导率减小;而当还原性气体吸附于 N 型半导体或氧化性气体吸附于 P 型半导体气敏材料,会使载流子数目增加,导致电导率增大。气敏半导体材料接触被测气体时,其电阻变化量越大,气敏材料的灵敏度越高。

SnO$_2$ 系气敏陶瓷是最常用的气敏半导体陶瓷,用 SnO$_2$ 系气敏陶瓷制成的多晶半导体气敏元件,具有灵敏度高、性能稳定、耐腐蚀寿命长、可逆性好、结构简单、可靠性高、耐震动和冲击性能好等优点。因此,SnO$_2$ 陶瓷气敏元件是目前世界上生产量最大和应用面最广的气敏元件。根据制备方法的不同,SnO$_2$ 陶瓷气敏元件可分为烧结型气敏元件、厚膜型气敏元件和薄膜型气敏元件。烧结型气敏元件又称内热式气敏元件(如图 18-2 所示),是以 SnO$_2$ 为基材,加入催化剂、黏结剂等,按照常规的陶瓷工艺方法烧制而成,烧成前把加热丝和测量电极埋入坯体。这种类型的元件优点在于制备工艺简单、功耗小、可在其回路电压下使用,因此可制成价格低的可燃气体报警器。但这类元件的热容量小、易受环境气流影响、测量回路和加热回路之间相互有影响。在此基础上发展起来的旁热式气敏元件(如图 18-3 所示)则克服了这些缺点。厚膜型气敏元件则是在高铝瓷基片上采用丝网印刷的办法印上梳状电极烧制之后,在 SnO$_2$ 粉料中加上低温和高温黏结剂及催化剂等,利用丝网印刷法把浆料印刷在基片上,在基片的背面印上 RuO$_2$ 电阻作为加热电极,干燥后在电炉中一次烧成。厚膜气敏元件的优点在于结构简单、体积小、便于大量生产,缺点是加热器的热利用率小,因而对加热功率的要求大。薄膜型气敏元件是在陶瓷基片上蒸发或溅射一层 SnO$_2$ 薄膜,再引出电极制成。其利用 SnO$_2$ 烧结体吸附还原气体时电阻减少的特性,来检测还原性气体。薄膜型气敏元件已广泛应用于家用石油液化气的漏气报警、生产用探测报警器和自动排风扇等。SnO$_2$ 气敏元件对酒精和 CO 特别

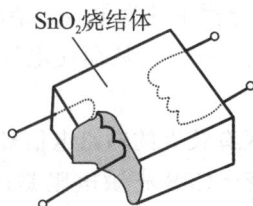

图 18-2　内热式气敏元件结构图

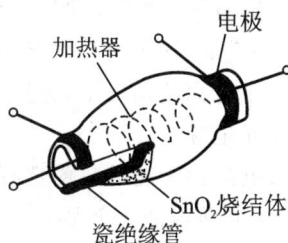

图 18-3　旁热式气敏元件结构图

敏感,广泛用于 CO 报警和工作环境的空气监测等。使用 SnO_2 陶瓷气敏元件还可以检测出空气中的可燃性气体(如 H_2、甲烷、乙醇、酮和芳香族气体等),但选择性较差。

常见的气敏陶瓷还有 ZnO 系气敏陶瓷、Fe_2O_3 系气敏陶瓷和 ZrO_2 系气敏陶瓷。ZnO 系气敏陶瓷最突出的优点是对气体的选择性强。高选择性的 ZnO 系气敏陶瓷须掺杂 Gd_2O_3、Sb_2O_3 和 Cr_2O_3 等,并加入 Pt 或 Pd 作触媒。采用 Pt 作触媒时,对烷等碳氢化合物有较高的灵敏度;采用 Pd 作触媒时,则对 H_2、CO 很敏感,而且即使同碳氢化合物接触,电阻也不发生变化。α-Fe_2O_3 和 γ-Fe_2O_3 气敏陶瓷,无须添加贵金属催化剂就可制成灵敏度高、稳定性好、具有一定选择性的气体传感器,是继 SnO_2 和 ZnO 系气敏陶瓷之后又一很有发展前途的气敏半导体陶瓷材料,当前逐步替代 SnO_2 系气敏陶瓷用于天然气、煤气和液化石油气的漏气报警。

2. 热敏陶瓷

热敏陶瓷是对温度变化敏感的陶瓷材料。它可分为热敏电阻、热敏电容、热电和热释电等陶瓷材料。这里只介绍热敏电阻材料。

热敏电阻是一种电阻值随温度变化的电阻元件(或称电阻器)。电阻值随温度升高而增加的称为正温度系数(PTC)热敏电阻;电阻值随温度升高而减小的则称为负温度系数(NTC)热敏电阻;电阻值随温度变化呈直线关系的称为线性热敏电阻;电阻值在一个很窄的温度范围内变化(上升或下降)几个数量级的,称为开关型热敏电阻。

典型 PTC 材料是 $BaTiO_3$ 陶瓷,其在一定温度下电阻率的增大量可达 $10^4 \sim 10^7$ $\Omega \cdot cm$,因此是十分理想的测温及控温元件。热敏电阻陶瓷材料大都由各种金属氧化物组成。由于金属氧化物具有较宽的禁带(一般在 3 eV 以上),常温下电子激发很少,因此常温下它们都是绝缘体。要使这些氧化物陶瓷变为半导体,必须通过化学计量比偏离或掺杂,在氧化物晶体材料的禁带中引入一些浅的附加能级(施主能级或受主能级)以实现材料的半导化。采用化学计量比偏离法,虽然也能实现 $BaTiO_3$ 陶瓷晶粒半导化,但同时也使晶界半导化,不利于 PTC 效应的产生。因此 $BaTiO_3$ 陶瓷半导化一般采用施主掺杂半导化技术。在高纯 $BaTiO_3$ 中,用离子半径与 Ba^{2+} 相近而电价比 Ba^{2+} 高的金属离子(如稀土离子 Ce^{4+}、Sm^{3+}、Sb^{3+}、Bi^{3+} 等)置换 Ba^{2+},或者用与 Ti^{4+} 相近而电价比 Ti^{4+} 高的金属离子(如 Nb^{5+}、Ta^{5+}、W^{6+} 等)置换 Ti^{4+},用一般陶瓷工艺烧成,就可使 $BaTiO_3$ 陶瓷晶粒半导化,得到室温电阻率为 $10^3 \sim 10^5$ $\Omega \cdot cm$ 的半导体陶瓷。

3. 光敏陶瓷

半导体陶瓷在光的照射下,能够产生光电导,也能产生光生伏特效应。利用这些效应,可以制造光敏电阻和光电池(或称太阳能电池)。

半导体中跃迁到导带的电子和在价带出现的空穴,在电场的作用下都能定向运动而导电,故称它们为载流子。电子的跃迁可以有各种推动力,当光照射到半导体时,只要光子的能量大于半导体禁带的宽度,就可以使价带电子跃迁到导带,在价带中产生空穴,即半导体产生光生载流子,使电导增加,这个过程称光电导。本征半导体的光电导称本征光电导。杂质半导体的杂质原子未完全电离的情况下,光照也能使这些原子产生电子和空穴,从而使电导增加,这个过程称为杂质光电导。

　　CdS光敏电阻由于能够自由选择元件的形状,在可见光区有较大的输出电信号,并能在交流状态工作,且抗噪声能力较强,价格便宜,故应用十分广泛。CdS光敏电阻是以光谱纯的CdS为主要原料,掺以Cl^-后烧结成的多晶N型半导体。纯CdS的灵敏度峰值在$0.52~\mu m$波长处,掺入Cu、Ag等杂质后,由于禁带中出现附加能级,峰值移至长波一侧,可移至$0.6~\mu m$处。由于CdS和CdSe有非常好的固溶性,能按任意配比烧结,纯CdSe的灵敏度峰值在0.72 μm,因而可以调节它们的配比,使CdS和CdSe固溶体的峰值波长在$0.52 \sim 0.72~\mu m$之间连续变化,以适应对光谱特性的不同需要。

　　光敏电阻一般可采用烧结制膜法和真空镀膜法制成膜状光敏陶瓷电阻。烧结制膜法是将CdS加入适量$CuCl_2$、$AgNO_3$溶液和助溶剂$CdCl_2$,与蒸馏水混合、磨细并烘干,在不活泼气体气氛、$600~℃$以上高温中烧结成光敏CdS,再喷涂在陶瓷、石英、玻璃或云母等基体上制成光敏电阻。CuS-CdS陶瓷光电池就是用烧结-电化学法制造而成的。制成的光敏CdS在氮气流中于$800~℃$烧结得到非化学计量比的大电导率的N型半导体CdS_{1-x},以CdS为阴极,CuS为阳极,在$CuSO_4$溶液中进行化学处理,CdS晶体表面的部分Cd^{2+}被Cu^{2+}取代,在CdS晶体表面形成$Cu_{2-x}S$的P型半导体,形成$Cu_{2-x}S$-CdS的PN结。当光照到PN结区时,如果光子能量足够大,将在结区附近激发出电子-空穴对,在N区聚积负电荷,P区聚积正电荷,这样N区和P区之间出现电势差。若将PN结两端用导线连起来,电路中有电流流过,电流的方向由P区流经外电路至N区。若将外电路断开,就可测出光生电动势。光电池的结构和工作原理如图18-4所示。

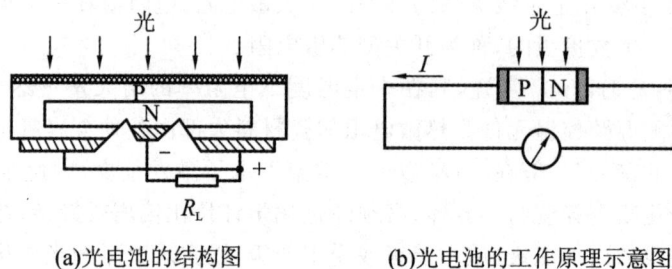

(a)光电池的结构图　　　　　　(b)光电池的工作原理示意图

图18-4　光电池的结构和工作原理示意图

18.1.3　导电陶瓷

　　陶瓷大多是电的绝缘体,但某些陶瓷在适当的条件下具有一定的导电性能。将电导率大于10^2 $S \cdot cm^{-1}$的一类陶瓷材料称为导电陶瓷。导电陶瓷按导电粒子的种类及导电机理,可以分为电子导电陶瓷、离子导电陶瓷和混合型导电陶瓷三大类。电子导电陶瓷是由于自由电子(或空穴)在电场作用下作定向运动而产生的大电导率的陶瓷,传统的陶瓷材料可以通过掺杂、加热或其他激发方式,使外层价电子获得足够的能量,摆脱原子核对它的束缚和控制,成为自由电子(或空穴)后即可参与导电。离子导电陶瓷是由于离子沿电场方向运动而产生的大电导率的陶瓷。混合型导电陶瓷则是指电子导电和离子导电同时存在的一类导电陶瓷。导电陶瓷按化学成分则可分为非氧化物导电陶瓷和氧化物(包括含氧酸盐)导电陶瓷。氧化物和碳化物导电陶瓷大多涉及电子导电机理,而固体电解质陶瓷则涉及离子导电机理。

1. 非氧化物导电陶瓷

碳粉掺入适量的黏结剂,加压成型后可制成碳质陶瓷。选用适当的黏结剂和添加剂,就可以控制其电阻值。使用的碳粉包括胶状石墨和在惰性气氛中热分解碳氢化合物后析出的碳粉。这种碳陶瓷的电阻温度系数小,为 $2\times10^{-4}\sim3\times10^{-4}$ K^{-1},是一种稳定的电阻材料,已广泛应用于高频固体电阻和厚膜集成电路电阻。

SiC 系陶瓷是以高纯 SiO_2 粉末与碳粉混合加热到 2000 ℃制成 SiC 块,粉碎后再掺入少量碳粉及沥青,加压成型后再高温加热而成。通过改变碳的比例,可以控制其电阻率。SiC 系陶瓷可用做电阻炉的电热体,SiC 电热体的使用温度比镍铬电阻丝高得多。利用 SiC 电阻值随电压变化的非线性特征,可以制成压敏电阻。这种电阻元件的特征:在某一临界电压以下,电阻值非常高,几乎没有电流;当超过这一临界电压(压敏电压)时,电阻值将急剧变化并有电流通过,SiC 压敏电阻的压敏电压在 10 V 以上。这种电阻的电压是非线性的,可以认为是由组成电阻元件的 SiC 颗粒本身的表面氧化膜所产生的接触电阻引起的。这种压敏电阻可用于电话交换机继电器接点的消弧、电子电路的稳压及异常电压控制元件等方面。

2. 氧化物导电陶瓷

在金属氧化物中加入适量的添加剂以引起其电性变化,从而获得导电陶瓷。其中 ZrO_2 陶瓷是最典型的氧化物导电陶瓷。ZrO_2 中加入某些适量的氧化物(如 CaO、MgO、Y_2O_3、CeO 等)后,既可稳定 ZrO_2,还由于稳定剂的金属离子会与 Zr^{4+} 进行不等价置换,从而产生氧离子缺位。如用 Y^{3+} 取代 Zr^{4+} 时,使正电荷减少了 +1 价,所以在 2 个 Y^{3+} 周围存在一个氧空位,从而保持了稳定 ZrO_2 晶格的电中性。因此,在稳定 ZrO_2 晶格内存在大量的氧空位,使 ZrO_2 陶瓷成为导电陶瓷。纯 ZrO_2 是良好的绝缘体,常温下电阻率达到 10^{15} $\Omega\cdot cm$。而加入稳定剂的 ZrO_2 在高温下具有导电性,其电阻率随温度的升高而急剧减小,在 2200 ℃时,ZrO_2 的电阻率仅为 0.37 $\Omega\cdot cm$。

利用纯的 Al_2O_3 粉,以一定的配比加入纯 $NaCO_3$,在 1600 ℃左右的温度下合成 $Na\text{-}\beta\text{-}Al_2O_3$。将合成物料粉碎后(要求细粉)经注浆或等静压成型,再在 1900~2000 ℃高温下烧结,可制得 $Na\text{-}\beta\text{-}Al_2O_3$ 导电陶瓷。$Na\text{-}\beta\text{-}Al_2O_3$ 的导电性是由于 Na^+ 在晶格平面内的移动而产生的。在适当条件下,它具有很高的离子电导率。在 300 ℃时,钠离子扩散系数可达 1×10^{-5} $cm^2\cdot s^{-1}$,电导率可达 3×10^{-3} $S\cdot m^{-1}$。利用 $Na\text{-}\beta\text{-}Al_2O_3$ 的这一性质,可以用其制作钠硫电池和钠溴电池的隔膜材料,广泛地应用于电子手表、电子照相机、听诊器和心脏起搏器等方面。

18.1.4 生物陶瓷

生物陶瓷是指作为生物医学材料的陶瓷。这类新型陶瓷具有特殊的生理行为,可以用来构成人体骨骼和牙齿的某些部位,甚至可以用于部分或整体地修复、替代人体的某种组织或器官,或是增进其功能。近年来,这类先进陶瓷材料不仅成为医学临床应用的一类主要材料,也是目前高技术新材料研究的一个重要领域。

生物材料必须满足下列要求。

(1)具有生物相容性,无毒、无刺激、无过敏性反应,无畸变、致突变和致癌等作用。

(2)具有力学相容性,不仅具有足够的强度,不发生灾难性的脆性破裂、疲劳、蠕变及腐蚀破坏,而且其弹性形变应当和被替换的组织相匹配。

(3)能和组织相互结合,这种结合可以是组织与不平整的植入体表面形成的机械嵌连,也可以是植入材料和生理环境间发生生物化学反应而形成的化学键结合。

生物陶瓷材料在临床中的应用列于表 18-1。

表 18-1　生物陶瓷材料在临床中的应用

项　目	人工骨	人工关节	人工齿根	人工齿冠	人工髋关节材料	人工心瓣膜	人工肌腱	人工血管	人工气管	经皮引线纤维组织
氧化铝	√	√	√		√					
碳		√	√			√	√	√	√	√
磷酸盐玻璃			√		√					
氟磷酸盐玻璃				√						
微晶玻璃	√	√		√						
ZrO_2		√								

1. 惰性的生物陶瓷

惰性的生物陶瓷有 Al_2O_3、ZrO_2 等一些氧化物和 C、SiC 等一些非氧化物材料。这类材料的特点是化学稳定性好,不良生物界面反应小。其中应用较为广泛的是氧化铝生物陶瓷和生物碳。氧化铝生物陶瓷包括高铝瓷和单晶氧化铝。高铝瓷是在 1500～1700 ℃高温下烧结而成的高纯刚玉多晶体,氧离子按六方紧密堆积排列,Al^{3+} 占据其中 2/3 的八面体孔隙。单晶氧化铝则是通常所说的蓝宝石。由于致密并高度抛光的多晶氧化铝陶瓷在生理环境中具有高的抗压强度、低的摩擦系数和磨损率,并能长期保持稳定,因而可用于制造人工关节、人工齿根以及耳小骨等。碳的特点是具有多种不同的结构。通过制备工艺的控制,可获得不同的结构和特性,同时还可加工为致密的、多孔的、纤维状、薄膜或编织状等多种形态,并可复合为具有不同性质的材料。医学涉及的碳主要有热解碳(PC)、碳纤维及其增强的低温各向同性碳(CFRT)和超低温各向同性碳。其中低温各向同性碳在具有同等高强度的陶瓷中,是唯一具有准塑性变形特性和接近自然骨密度和弹性模量的材料。碳又是构成人体组织的主要元素。从广义上讲,碳和组织是生物相容的,特别是它和血液接触不会导致溶血、血栓及其他对血液的不良影响,已成为制造人工心瓣膜的常用材料。热解碳还被用于心脏起搏器电极、人工耳和眼的制作。利用真空沉积技术,在近于室温的条件下,在聚合物膜上沉积碳,可以用来制成人工血管、尿管、胆管和表面透析膜等。

2. 生物活性陶瓷

生物活性陶瓷是具有优异的生物相容性,能与骨形成骨性结合界面,结合强度高、稳定性好,植入骨内还具有诱导骨细胞生长的趋势,逐步参与代谢,甚至完全与生物体骨、齿结合成一体的一类生物陶瓷。

(1)生物玻璃陶瓷。

20 世纪 70 年代初,生物玻璃陶瓷问世。亨奇等制备出成分为 $CaO-N_2O-SiO_2-P_2O_5$(其中 SiO_2 45%,N_2O 24.5%,CaO 24.5%,P_2O_5 6%)的生物活性玻璃。它相比普通玻璃含有更多的钙和磷,能与人体骨骼自然、牢固地发生化学结合。将其植入人体,经一段时间后表面会形成 SiO_2 凝胶层,并诱发附近成骨细胞及纤维状蛋白肌长入其中,从而在表面沉积出羟基磷灰石反应层,进而与骨骼形成化学键。该材料已应用于修复耳小骨。若将其涂敷于金属、氧化铝等表面并制成复合体,可提高其强度。将这种玻璃埋入骨的缺损部,一个月内玻璃与骨骼之间就能形成牢固的生物化学结合。实际上,在 $CaO-N_2O-SiO_2-P_2O_5$ 四元系统中,只要保持 P_2O_5 6% 的含量不变,在一定范围内改变其他三种氧化物的含量,所形成的玻璃均具有生物活性。

(2) 磷酸钙生物陶瓷。

磷酸钙生物陶瓷是一类具有不同钙磷比的陶瓷材料。结晶态的磷灰石相磷酸钙,构成了人体组织的主体。因此,磷酸钙生物陶瓷和人体组织有良好的相容性,并和自然骨通过体内的生物化学反应形成牢固的骨性结合。具有生物活性的磷酸钙种类很多,其中作为生物陶瓷使用的磷酸钙主要是羟基磷酸钙($Ca_{10}(OH)_2(PO_4)_6$, HAP)和 β-磷酸三钙(β-$Ca_3(PO_4)_2$, β-TCP)。

人工合成 HAP 植入人体不引起异物反应,并能与骨组织产生直接结合。HAP 具有吸收、聚集体液中钙离子的作用,参与体内钙代谢,其作用与骨组织作用相似。HAP 具有优良的生物相容性,起到了适合新生骨沉积的生理支架作用,即"骨引导"作用,但其不具有诱发成骨的能力,即不具有"骨诱导"作用。HAP 的脆性和生理环境中的疲劳破坏,使其还不能用做承载力大的骨替代材料。它主要用于如口腔种植、颌面骨缺损修复、耳小骨替换、脊椎骨修复等机械强度要求不高的部件替换。和 HAP 相比较,β-TCP 更易于在体内溶解,其溶解度高出HAP 10~20 倍,当 β-TCP 陶瓷埋入生物体后,能迅速被吸收并由新生骨置换。

制备磷酸钙生物陶瓷,最常用的方法是利用陶瓷技术在 1300 ℃ 以下进行烧结。如以 Ca和 P 原子数比为 1.67 的磷灰石粉末为原料,可得到 HAP 陶瓷;如以 Ca 和 P 原子数比为 1.5的磷灰石粉末为原料,可得到 β-TCP 陶瓷。除此之外,用新鲜牛骨经水热反应或煅烧去除有机质后,也可分别得到类似于珊瑚或骨骼孔隙结构的 HAP 陶瓷。

(3) 生物陶瓷复合材料。

作为生物医用材料,金属材料的优点是高强度、高韧性、易于机械加工等,其缺点则是生物相容性较差,耐腐蚀性不理想。在体液中金属离子易释放和迁移,对人体组织和器官产生不良影响。生物陶瓷材料则具有良好的耐腐蚀性、优异的生物相容性,但其最大的缺点是脆性,以及抗机械冲击性能差。在金属基体或其他高承载能力的材料表面加涂各种生物陶瓷涂层或薄膜制成的生物陶瓷复合材料,既保持了金属的强度和韧性,又通过表面复合的陶瓷层增进了和组织间的结合,阻止了金属离子的进一步析出。特别是表面层为生物活性陶瓷的材料,能够通过其表面和原骨形成骨性结合而牢固地定位。目前,这类材料应用较多的是 HAP 覆盖金属杆的髋关节和 HAP 覆盖钛合金芯的人工牙。生物陶瓷复合材料不仅已成为硬组织替换材料,而且是软组织替换的一类重要材料。作为软组织替换的复合材料,覆盖于聚合物表面的超低温各向同性碳就是其中之一。将碳纤维-聚乳酸复合材料植入体内,随着新生的胶原逐步替换被降解吸收的聚乳酸,并最终淹没碳纤维之后,将形成具有一定取向的胶原-纤维束,从而具有肌腱和韧带的功能,可以作为人工肌腱和韧带材料使用。

生物陶瓷是一个非常广阔的研究和应用领域。随着高技术材料的迅速发展,它将越来越被人们所关注和重视。

18.2　新型玻璃

玻璃是一种非晶态固体,其结构为短程有序、长程无序,具有各向同性及亚稳性,在热力学上处于介稳状态。传统的玻璃是以硅酸盐系统为基础的,由于这类系统的高温熔体具有较高的黏度,在快速冷却时,结晶过程即原子或分子的有序排列过程难以发生,因而在低温下保留了高温熔体的结构特征,形成了玻璃。

随着现代科学技术的迅速发展,出现了许多形成玻璃的新方法,大大地扩展了玻璃形成系统的范围。如在极高冷却速率(10^4 ℃·min^{-1}以上)的条件下获得了金属玻璃。通过化学途径,如溶胶-凝胶方法,在低温下可以合成某些采用传统方法需要在高温下才能得到的玻璃材料。另外,还发展出许多纯氧化物玻璃、非硅酸盐玻璃及非氧化物玻璃等新型玻璃,这类玻璃由于其优异的理化性能,越来越受到人们的重视。

18.2.1　光导纤维

光导纤维又称导光纤维、光学纤维,是一种把光能闭合在纤维中而产生导光作用的纤维。它能将光的明暗、光点的明灭变化等信号从一端传送到另一端。光导纤维是由两种或两种以上折射率不同的透明材料通过特殊复合技术制成的复合纤维。它的基本类型是由实际起着导光作用的芯材和能将光能闭合于芯材之中的皮层构成。

1. 光导纤维导光原理

根据斯乃尔定理,当光由光密物质(折射率大)入射至光疏物质时发生折射,如图 18-5(a)所示,其折射角大于入射角,即折射率 $n_1 > n_2$ 时,$\theta_r > \theta_i$。

可见,入射角 θ_i 增大时,折射角 θ_r 也随之增大,且始终 $\theta_r > \theta_i$。

当 $\theta_r = 90°$时,入射角 θ_i 仍小于 $90°$,此时,出射光线沿界面传播,如图 18-5(b)所示,称为临界状态。

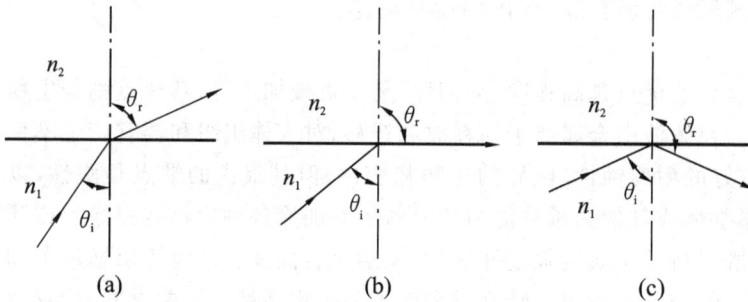

图 18-5　光的折射与全反射　　　　　　　图 18-6　光导纤维结构示意图

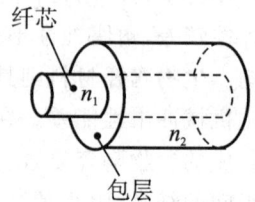

当入射角继续增大时,折射角 $\theta_r > 90°$,这时便发生全反射现象,如图 18-5(c)所示,其出射光不再折射而全部反射回来。

光导纤维的结构如图 18-6 所示,每根光导纤维是由一根折射率为 n_1 圆柱形纤芯和折射率为 $n_2(n_2 < n_1)$的包层构成。一束光以 θ 角入射到芯玻璃与包层玻璃的界面上,在界面上形成全反射,并沿着光导纤维传播下去。当光在光导纤维中发生全反射时,由于光线基本上全部在纤芯区 n_1 内进行传播,因此大大降低了光强的衰耗,保证光信号可以在光导纤维内进行长距离传输。

2. 石英光导纤维的制备

石英光导纤维是用石英玻璃制成的玻璃纤维,其制备包括两个过程,即制棒和拉丝。为了获得低损耗的光导纤维,这两个过程都要在超净环境中进行。制造光导纤维时先要熔制出一根玻璃棒,玻璃棒的芯、包层材料可以都是石英玻璃。纯石英玻璃折射率为 1.548,欲使光在纤芯中传输,必须使纤芯中的折射率高于包层中的折射率,为此,在制备芯玻璃时,均匀地掺入少量比石英折射率高的材料,如 GeO_2、B_2O_3 等,这样的玻璃棒称为光导纤维预制棒。预制棒的预制方法包括化学气相工艺:改良的化学气相沉积工艺(MCVD)、离子化学气相沉积工艺(PCVD)、外管气相沉积工艺(OVD)、轴向气相沉积(VAD),此外还有多组分玻璃熔融法、溶胶-凝胶法、机械成型法等。

化学气相沉积法中发生的主要反应为

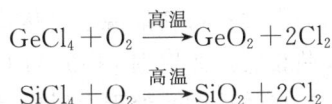

$$GeCl_4 + O_2 \xrightarrow{\text{高温}} GeO_2 + 2Cl_2$$

$$SiCl_4 + O_2 \xrightarrow{\text{高温}} SiO_2 + 2Cl_2$$

反应生成的 GeO_2 可以提高纤芯的折射率。普通单模光导纤维中掺有 3%(摩尔分数)的 GeO_2,相应的纤芯折射率提高约为 0.4%。

将石英玻璃管置于气相沉积设备中,使氢氧喷灯沿石英管的长度方向往复移动,温度保持在 1400 ℃ 左右。首先通入 $SiCl_4$、BCl_3、O_2 混合气体,在使沉积物析出于管子内壁上的同时,通过喷灯的移动而使此沉积物转化为熔融态玻璃,形成 $B_2O_3 \cdot SiO_2$ 玻璃层,或不加 BCl_3 而形成 SiO_2 玻璃层,但温度要高得多,然后将气体改换成 $SiCl_4$、$GeCl_4$ 和 O_2,按同样方法在第一层上生成 $GeO_2 \cdot SiO_2$ 玻璃层。然后升温到 1900 ℃,熔缩空腔,可获得光导纤维预制棒。将光导纤维预制棒拉丝即可获得石英光导纤维。

光导纤维一般以束、缆、板、管等形式使用。影响光导纤维使用性能的因素很多,光导纤维的集光能力、透光性、分辨率和对比度是影响光导线传像能力的主要指标。数值孔径用于表示光导纤维集光能力的大小和接收光的多少,而数值孔径的大小直接与光导纤维芯料和涂层的折射率有关,芯料与涂层的折射率相差越大,则集光能力越强。光导纤维的透光性则与所使用的材料、数值孔径及纤维的几何尺寸有关,并随着纤维长度的增加而很快地下降。图像的清晰程度是由分辨率决定的,而分辨率与光导纤维的直径成反比,因此光导纤维的直径要尽可能地小。影响光导纤维对比度的因素主要有纤维的集光能力、透光能力、分辨能力和涂层的厚度。涂层的厚薄程度宜适中,涂层太厚会产生光的相互干扰,太薄则会漏光。

采用光导纤维进行通信,不仅能节省大量的金属资源,而且使用寿命长,结构紧凑,体积小,性能比电缆好得多,具有容量大、抗干扰性好、能量衰耗小、传送距离远、重量轻、绝缘性好、保密性强、成本低等特点。就容量而言,是非常惊人的,一根直径只有 0.01 mm 的光导纤维,可以同时传递 32000 条电话线路。如果采用激光通信,一条光缆能同时接通 100 亿条电话线路和 1000 万套电视通信,可供全世界每人使用 2 部电话。而且光导纤维通信的频率范围宽、传递的音质好,图像清晰、色彩逼真。同时,由于光导纤维通信的光能频率高,具有极好的抗干扰性,特别是使用激光光源时更为突出,把抗干扰性又提高了一步。

光导纤维的特性决定了其广阔的应用领域。由光导纤维制成的各种光导线、光导杆和光导纤维面板等,广泛地应用在工业、国防、交通、通信、医学和宇航等领域。

18.2.2　微晶玻璃

微晶玻璃又称为玻璃陶瓷,是玻璃在催化剂或晶核形成剂作用下结晶而成的多晶的新型硅酸盐材料,为晶相和残余玻璃相组成的质地致密、无孔、均匀的混合体。通常晶体的大小可由纳米至微米级,晶体数量可达 50%～90%。微晶玻璃具有高机械强度,小电导率,高介电常数,良好的机械加工性能,耐化学腐蚀性、热稳定性等。这些性能取决于晶体种类、数量,以及剩余玻璃相的组成和性能,并和晶化条件等密切相关。微晶玻璃可用于制作电路板、电荷存储管、光电倍增管的屏、导弹弹头、雷达天线罩、轴承、反应堆中子吸收材料等。

1. 光敏微晶玻璃

$Li_2O\text{-}Al_2O_3\text{-}SiO_2$ 光敏微晶玻璃组成中的晶核剂经过一定波长的光照射后,获得能量而积聚成亚微观晶核,热处理后可诱导生成偏硅酸钾晶体。光敏微晶玻璃在光的照射下吸收光能,产生光电导或光伏特效应。利用光电导效应可制造用于各种自动控制系统中的光敏电阻;利用光伏特效应则可制造光电池,为人类提供新能源。光敏微晶玻璃具有独特的光化学加工性能,当用紫外光通过一个掩膜或照相底片照射到 $Li_2O\text{-}Al_2O_3\text{-}SiO_2$ 玻璃上时,光敏金属原子在照射过的区域内会形成一个潜像,在随后的热处理中形成晶核,诱导二硅酸锂或其他晶体的析出,未接受光照的部位在热处理后仍为玻璃体。由于玻璃中析出的偏硅酸锂晶体在氢氟酸中的溶解速度较原始玻璃有很大差异,这样就可用氢氟酸腐蚀出所需的各种图案。光敏微晶玻璃可以加工出高精度、复杂图案的元件,主要用于电子技术领域,如磁头基板、射流元件等。另一类光敏微晶玻璃则具有上转换敏化发光的特点,光照后可发出荧光。稀土离子掺杂的氟氧化物微晶玻璃因其具有高的上转换效率而受到较广泛的研究。ErYb 共掺的氟氧化物微晶玻璃有丰富的上转换敏化发光,其转换机理主要是 Er^{3+}、Yb^{3+} 间的能量传递上转换而不是 Er^{3+} 的步进多光子吸收。稀土离子优先富集到氟化物微晶体中,形成数个稀土离子组成的耦合团,使其存在强烈的团簇效应,可显著提高玻璃体的上转换敏化发光效率。

2. 透明微晶玻璃

微晶玻璃具有透明性必须满足两个条件:①晶粒足够小,使光通过不发生衍射;②晶体与基质折射率匹配。近年来,已经从许多微晶玻璃系统获得了高透明的制品,诸如 $Li_2O\text{-}Al_2O_3\text{-}SiO_2$、$MgO\text{-}Al_2O_3\text{-}SiO_2$、$BaO\text{-}Al_2O_3\text{-}SiO_2$、$Na_2O\text{-}BaO\text{-}NbO\text{-}SiO_2$ 等系统玻璃。透明微晶玻璃不仅具有高的光透过度,而且在机械强度、光学性能及介电性能等方面具备优异的特性,可在光电子、激光技术中获得应用。如 $Li_2O\text{-}Al_2O_3\text{-}SiO_2$ 系统玻璃在合适的温度下经热处理能生成均匀分布的在 c 轴方向具有负膨胀性的石英固溶体,可得到整体透明、热膨胀系数接近零、热稳定性极好的微晶玻璃,是制造大型镜坯较理想的材料。我国上海天文台的直径为 $1.56\ \text{m}$ 的天体测量望远镜和北京天文台的直径为 $2.16\ \text{m}$ 的天体观察望远镜镜坯就是由该类微晶玻璃制造的。

3. 生物微晶玻璃

生物微晶玻璃是指组织中含有磷灰石微晶,或虽不含磷灰石但可与组织液发生反应,在其表面生成羟基磷灰石层的能够满足或达到特定生物、生理功能的一类特殊微晶玻璃。其主要特点是在玻璃组成中引入了 CaO 和 P_2O_5,通过热处理可以析出具有优良的生物相容性与生物活性的磷灰石晶体。此类材料主要用于人工骨、齿修复方面,其中可切削生物微晶玻璃尤其引人注目。德国 Vogel 等在含有云母相的微晶玻璃中引入 CaO,P_2O_5 组分,制得了主晶相为氟金云母和磷灰石,能用普通机床进行车、铣、锯、钻孔的可加工生物活性微晶玻璃。该微晶玻璃主要是通过表面的轻微溶解以及与骨组织间的反应,形成新的磷灰石晶体,使材料与骨组织发生化学结合。该材料由于切削加工性能良好,可制成形状复杂的植入体,是一种很有前途的骨替代材料。

4. 红外微晶玻璃

红外主动导航系统、激光束制导及测距设备都需要具有高强度、好的抗腐蚀能力以及在红外光谱各个区域高度透明的材料。许多微晶玻璃含有尺寸小于 $1\ \mu\text{m}$ 的晶体,波长较长的红外光可以通过而不散射,即微晶玻璃对红外光是透明的。硫系玻璃具有优良的透红外特性,可以透过波长 10 μm 以上的光波,可与 CO_2 激光匹配,但它的软化温度和强度较低,导致其应用非常有限。因此,将其制备成微晶玻璃是改善这些性能的有效途径。在以 As-Ge-Se 为基础的玻璃中,引入一定量的 $ZrSe_2$ 和 SnSe 为复合晶核剂,可获得主晶相为 $GeSe_2$ 和 SnSe 的微晶玻璃。与原始玻璃相比,其透红外特性基本不变,而屈服点由 420 ℃ 提高到 505 ℃,断裂韧性达 1.28 MN·$m^{-1.5}$。红外微晶玻璃可用于制作红外探测跟踪系统的部件、精密光学仪器零件和工业窑炉观察镜等。

5. 铁电与铁磁性微晶玻璃

铁电、铁磁性微晶玻璃包括钛酸盐($BaTiO_3$、$PbTiO_3$),Ca、Sr、Ba、Pb 的铁氧体,含钇铁石榴石晶体等材料,它们基本上采用硼酸盐系统的玻璃。若组成中可同时析出铁氧体和云母晶体,如在 Al_2O_3-SiO_2-MgO 中引入 K_2O、FeO 及 Fe_2O_3,则可获得可切削铁磁性微晶玻璃。利用铁磁矿良好的磁滞生热效果和 CaO-SiO_2 的生物活性可制备出 Fe_2O_3-CaO-SiO_2 系铁磁体微晶玻璃。由于很容易通过玻璃化学组成、热处理制度来控制微晶玻璃的晶相种类、含量、晶粒尺寸,进而可得到进行温热治疗癌症所需的物理、化学和生物特性,加上微晶玻璃具有良好的成型性能,因而特别适合治疗某些处于人体深处并且不能用手术切除的癌症,如骨癌、脑癌等。癌细胞被加热到 43 ℃ 以上时就会死亡,而正常细胞即使加热到 48 ℃ 也不会死亡,因此,将同时满足强磁性和良好生物活性要求的铁磁体微晶玻璃移入体内,作为温热疗法的热种子,用于治疗癌症,是可行和有效的,且对人体的副作用小。

6. 超导微晶玻璃

超导微晶玻璃在某一温度以下具有完全导电的能力,可用于制造高磁场超导磁体、高灵敏的电子器件等,应用前景非常广阔。BiSrCaCuO 系超导微晶玻璃由于纯 BiSrCaCuO 系材料的熔融温度高且极易析晶,很难形成玻璃。在该系统中添加适当比例的 Pb 和引入过量的 Ca、Cu,不仅有利于超导相的形成,而且只需在 1200 ℃ 左右就可以熔融。其原因主要是 Pb^{2+} 具有由 18 个电子组成的最外电子层,又有很高的极化率。所以 PbO 是良好的玻璃助熔剂和玻璃形成体,它的引入可显著扩大玻璃的形成范围,简化超导微晶玻璃的成型工艺。在 Bi(Pb)SrCaCuO 系微晶玻璃中掺入 Al_2O_3,既能改善材料的工艺性能,又能保证其仍有良好的高温超导性,可获得适合拉丝的玻璃组成,为超导线材的连续生产开辟了新的途径。

18.3　无机高分子物质

高分子物质可分为有机高分子物质与无机高分子物质两大类。无机高分子物质也称为无机高聚物,传统的无机材料如金刚石、二氧化硅、玻璃、陶瓷和氧化硼等都属于无机高分子物质。无机高分子物质与一般低分子无机物质相比具有相对分子质量大、相对分子质量有"多分散性"、分子链的几何形状复杂和由多个"结构单元"组成等特点。近年来,无机高分子物质的耐高温、耐老化、高强度等性能使其受到研究者的重视。

18.3.1　均链无机高分子物质

1. 链状硫

链状硫的分子是由许多个 S 原子靠共价键连成的长链。

链状硫是在氮气或其他惰性气体中,将硫于 300 ℃ 下加热 5 min,然后浸入冰水中,即生成的纤维状的弹性硫,它由螺旋状长链硫$[S]_n$组成。链状硫不溶于CS_2,在室温下放置则硬化而失去弹性,慢慢解聚变成S_8,光照可促进解聚。若在硫的熔融体中加入磷、卤素或碱金属,可提高链状硫的稳定性。这是因为它们与硫链末端的硫反应形成了端基,从而能够稳定硫链的末端。例如:多硫化钾$K[S]_nK$、多硫化碘$I[S]_nI$等都比较稳定。

2. 聚硅烷和聚卤代硅烷

将硅化钙与含有冰乙酸或盐酸的醇溶液作用,则生成高相对分子质量的链状聚硅烷$[SiH_2]_n$,其结构类似于聚乙烯;将用惰性气体稀释的四氯化硅或四溴化硅通入$1000\sim1100\ ℃$的反应器内,反应生成和$[SiH_2]_n$类似的聚卤代硅烷$[SiX_2]_n$。将$(CH_3)_2SiCl_2$与熔融的金属钠反应,可生成聚二甲基硅烷:

$$n(CH_3)_2SiCl_2 + 2nNa \longrightarrow \{(CH_3)_2Si\}_n + 2nNaCl$$

在空气中把聚二甲基硅烷于$200\ ℃$加热$16\ h$,即得固化的聚二甲基硅烷。聚二甲基硅烷对水十分稳定,在其他化学试剂中也有良好的稳定性,如在$NaOH$水溶液中可长时间浸渍,性质和形状均不发生变化。

18.3.2 杂链无机高分子物质

1. 硫氮化合物

已知有多种硫氮化合物,其中最重要的是S_4N_4和由它聚合而成的长链状聚合物$[SN]_n$。S_4N_4的结构如图18-7所示,它有摇篮形的结构,为8元杂环,具有D_{2d}对称。S—N距离为$162\ pm$,较它们的共价半径之和($176\ pm$)短,加之分子中各S—N距离都相等,这一事实被认为是在分子的杂环中存在不定域电子的作用所造成的。跨环的$S\cdots S$的距离($258\ pm$)介于S—S键($208\ pm$)和未键合的范德华键距离($330\ pm$)之间,说明在跨环S原子之间存在虽然很弱但仍很明显的键合作用。

把S_4N_4蒸气加热到$300\ ℃$,生成S_2N_2,S_2N_2非常不稳定,室温下即聚合成$[SN]_n$。$[SN]_n$是迄今唯一已知具有超导性质的链状无机高分子物质。$[SN]_n$为长链状结构,各链彼此平行地排列在晶体中,相邻分子链之间以范德华力相结合。$[SN]_n$晶体在电性质等方面具有各向异性。在室温下,沿键方向的电导率与Hg等金属相近,为数十万$S\cdot m^{-1}$,而垂直于键方向的电导率仅为$1000\ S\cdot m^{-1}$。电导率在$5\ K$时可达$5\times10^7\ S\cdot m^{-1}$,在$0.26\ K$以下为超导体。

超导体$[SN]_n$的获得,首次证明不含金属原子的系统也可能具有超导性。$[SN]_n$也是在合成和研究具有超导性的一维各向异性化合物中所取得的第一个成果。

As_4S_4的结构(见图18-8)与S_4N_4的结构类似,但其中Ⅴ族元素和Ⅵ族元素互相交换了位置。

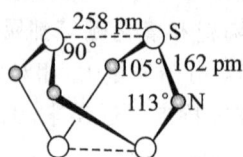

图18-7　S_4N_4的结构　　　　图18-8　As_4S_4的结构

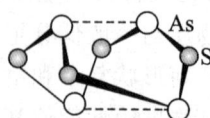

2. 磷氮化合物

1)低聚合度的氯代磷腈化合物

低聚合度的氯代磷腈化合物$[PNCl_2]_n(n=3\sim8)$具有环状结构,如图18-9所示,其中三聚体$[PNCl_2]_3$和四聚体$[PNCl_2]_4$极为重要。前者为平面形,后者有"椅式"和"船式"两种构象。

稳定的 T 型　　　　　　介稳定的 K 型

图 18-9　氯代磷腈化合物 $[PNCl_2]_n (n=3\sim4)$ 的环状结构

在氯代磷腈中,氮原子被认为进行了 sp^2 杂化,三个杂化轨道被四个电子占据,其中一个轨道是孤电子对,各有一个电子的另两个 sp^2 杂化轨道分别与 P 的 sp^3 杂化轨道生成 P—N 键;N 原子上余下的被第五个电子占据的 p_z 轨道用于形成离域 π 键。磷原子的处于 sp^3 杂化轨道的四个电子近似地按四面体排列在 σ 键中,这些键分别是两个 P—Cl 键、两个 P—N 键。剩余的第五个 d 电子用于形成离域 π 键。所以在氯代磷腈中的离域 π 键是 dπ-pπ 共轭(P 提供 3d 轨道,N 提供 p 电子),导致 P—N 键具有部分双键特征。

2)高聚合度的磷腈化合物

将环状 $[PNCl_2]_3$ 置于密闭容器中加热到 $250\sim350\ ℃$,即开环生成长链状高聚合度的聚二氯偶磷氮烯(简称聚氯代磷腈):

$$n[PNCl_2]_3 \longrightarrow +PNCl_2+_{3n}$$

聚氯代磷腈的相对分子质量大,是无色透明的不溶于任何有机溶剂的弹性体,有无机橡胶之称。其玻璃化温度约为 $-63\ ℃$,可塑性界限温度为 $-30\sim30\ ℃$,伸长率为 $150\%\sim300\%$,抗张强度达 $18\ kg \cdot cm^{-2}$,具有良好的热稳定性,$400\ ℃$ 以上才解聚。但因含有活性较高的 P—Cl 键,聚氯代磷腈易于水解:

$$+PNCl_2+_n \longrightarrow +PN(OH)_2+_n + HCl \longrightarrow H_3PO_4 + NH_3$$

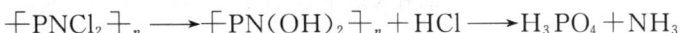

因而难以实用。近年来,引入烷氧基和其他基团,消除了其对水的不稳定性,使聚氯代磷腈及其应用有了进一步发展的希望。

3)聚氯代磷腈的有机衍生物及其应用

利用多种类型的反应,可在磷原子上引入不同的有机基团,生成种类繁多的有机衍生物。在 $57\ ℃$ 时,聚烷代磷腈的苯溶液与三氟乙醇钠反应可制得相应的烷氧基取代物:

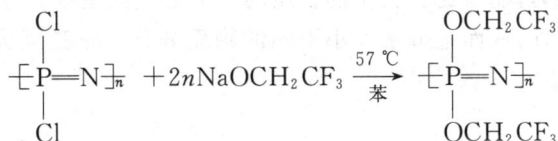

也可以取代部分卤素原子,从而在同一磷原子上连接不同取代基:

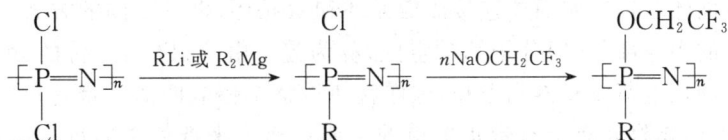

聚氯代磷腈的烷氧基取代物由于具有玻璃化温度低、热稳定性好和不燃烧等特性,因而引起了极大的重视,已成为新型材料开发研究的重点。如 $\{NP(OCH_2CF_3)[OCH_2(CF_2)_3CF_2H]\}_n$ 已经商品化,商品名为 PNF。PNF 具有优良的低温特性(玻璃化温度为 $-68\ ℃$),经加入硫等处理后,在相当低的温度下也具有良好的柔韧性;加入适量的 SiO_2、MgO 等氧化物,可迅速固化形成 PNF 橡胶。PNF 橡胶具有耐油、耐高温、抗老化、低温弹性好和不燃烧等优良性质。

聚磷腈中的有机取代基含活性氨时能够经重氮化反应制备成高分子染料。它们有耐高温、不燃烧等特性,此为其他染料所不及。

目前正研究用聚氯代磷腈衍生物作为医用高分子材料、高分子药物及高效催化剂等,在这些方面有诱人的前景。

3. 无机环状化合物——环硼氮烷及其衍生物

B 原子和 N 原子相连形成的B—N基团在结构上同C—C基团是等电子体,它们之间的类似性主要是由于在B≡N双键中,π 键的极性恰好同 σ 键的极性相反而互相抵消,致使B≡N 键基本上不呈现极性,因而和C≡C键很相近。正是由于B≡N键和C≡C键的类似性,硼氮六环 $B_3N_3H_6$(无机苯)在电子结构和几何形状上与苯(C_6H_6)很相似。$B_3N_3H_6$ 也具有芳香烃的性质,可以参加各种芳香取代反应和加成反应。

就加成反应而言,硼氮环比苯环更活泼,因为缺电子的 B 更倾向于接受外来电子。如 $B_3N_3H_6$ 能与 $HX(X=Cl^-、OH^-、-OR$ 等)迅速进行加成反应:

$$B_3N_3H_6 + 3HX \longrightarrow \left[H_2N - BHX \right]_3$$

硼氮六环在储藏时徐徐分解,升高温度时它可水解为 NH_3 和 $B(OH)_3$。它们的取代衍生物都有一定的稳定性。硼和氮能形成八元环的硼氮八环($B_4N_4H_8$)化合物。

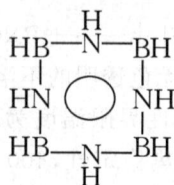

硼氮八环($B_4N_4H_8$)

4. 无机笼状化合物

无机笼状化合物种类繁多,如:①硼烷及硼烷衍生物(碳硼烷、金属碳硼烷);②碳的簇合物(金刚石、富勒烯、碳纳米管);③分子筛。下面主要介绍分子筛。

分子筛是一种微孔型的具有骨架结构的晶体,它的骨架中有大量的水,一旦失水,其晶体内部就形成了许许多多大小相同的空穴,空穴之间又有许多直径相同的孔道相连。脱水的分子筛具有很大的吸附能力,能将比孔径小的物质的分子通过孔道吸到空穴内部,而把比孔径大的物质分子拒于空穴之外,从而把分子大小不同的物质分开。正是因为它具有这种筛分分子的能力,所以称为分子筛。

1)沸石型分子筛

沸石型分子筛的基本结构单元是硅氧四面体和铝氧四面体按一定的方式连接而形成基本骨架。由硅氧四面体和铝氧四面体连接成四元环和六元环,再以不同的方式连接成立体的网格状骨架。骨架的中空部分(即分子筛的空穴)称为笼。由于铝是 +3 价的,因此铝氧四面体中有一个氧原子的负电荷没有得到中和,这样就使得整个铝氧四面体带有负电荷。为了保持电中性,在铝氧四面体附近必须带有带正电荷的金属正离子来抵消它的负电荷,在合成分子筛时,金属正离子一般为钠离子。钠离子可用其他正离子交换。

由硅氧四面体和铝氧四面体连接成的四元环和六元环,可通过人工合成大量沸石分子筛品种。如将胶态 SiO_2、Al_2O_3 与四丙基胺的氢氧化物水溶液于高压釜中加热至 $100 \sim 200\ ℃$,再将所得的微晶产物在空气中加热至 $500\ ℃$ 烧掉季铵正离子中的 C、H 和 N 即转化为铝硅酸盐沸石。由于其晶形不同和组成硅铝比的差异而有 A、X、Y、M 等型号;又根据它们的孔径大小,分为 3A、4A、5A、10X 等。

(1)A 型分子筛。

A 型分子筛的结构如图 18-10 所示。立方体的 8 个顶点被称为 β 笼(β 笼的骨架是一个削去全部 6 个顶点的八面体)的小笼所占据。8 个 β 笼围成的中间的大笼称为 α 笼。α 笼由 6 个八元环、8 个六元环和 12 个四元环所构成。小于八元环孔径(420 pm)的外界分子可以通过八元环"窗口"进入 α 笼(六元环和四元环的孔径仅为 220 pm 和 140 pm,一般分子不能进入 β 笼)而被吸附,大于八元环孔径的分子进不去,只得从晶粒间的孔隙通过。于是分子筛就"过大留小",起到筛分分子的作用。

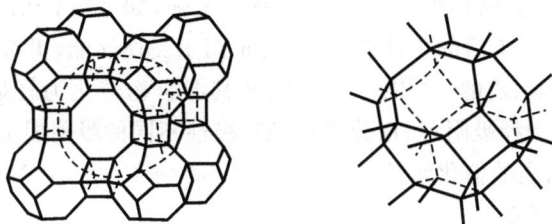

图 18-10　A 型分子筛

(2)X 型分子筛和 Y 型分子筛。

X 型分子筛和 Y 型分子筛具有相同的硅(铝)氧骨架结构(如图 18-11 所示),只是人工合成时使用了不同的硅铝比例而分别得到了 X 型和 Y 型。X 型分子筛组成为 $Na_{86}[(AlO_2)_{86}(SiO_2)_{106}] \cdot 264H_2O$,理想的 Y 型分子筛的晶胞组成为 $Na_{56}[(AlO_2)_{56}(SiO_2)_{136}] \cdot 264H_2O$。X 型分子筛和 Y 型分子筛的孔穴称为八面沸石笼。

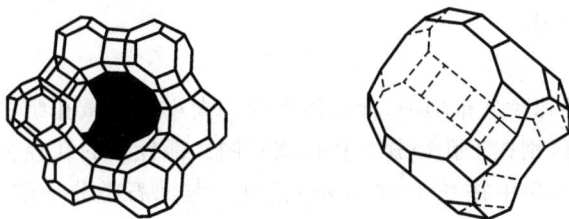

图 18-11　X 型分子筛和 Y 型分子筛

Y 型分子筛的硅铝比例比 X 型分子筛大。而硅氧四面体比铝氧四面体稍小,所以 Y 型分子筛的晶胞比 X 型小,热稳定性和耐酸性比 X 型有所增加。

Y 型分子筛的催化性能具有特殊的意义,它对于许多反应能起催化作用。

(3)M 型分子筛。

M 型分子筛称为丝光沸石,其晶胞化学式为 $Na_8[(AlO_2)_8(SiO_2)_{40}] \cdot 24H_2O$。它的孔道截面呈椭圆形,其长轴直径为 700 pm,短轴直径为 580 pm,平均为 660 pm。实际上,因孔道发生一定程度的扭曲,使孔径降到约 400 pm,孔穴体积约为 $0.14 \text{ cm}^3 \cdot g^{-1}$。丝光沸石硅铝比例高,故热稳定性好,耐酸性强,可以在高温和强酸性介质中使用。各种沸石分子筛或因骨架、硅铝比不同,或因孔隙中的金属离子不同(如 K^+、Na^+、Ca^{2+}),性能差别很大。目前,利用分子筛的离子交换能力,作为洗涤剂用水的软化剂;利用分子筛的吸附能力,在实验室中用于日常性气体的选择分离、干燥、吸收、净化、富氧、脱蜡;利用分子筛的固体酸性,用于石油产品的催化裂化、催化加氢以及催化其他有机反应中。

2)新型分子筛

(1)磷酸铝系分子筛。

磷酸铝(AlPO$_4$)系分子筛是由磷氧四面体和铝氧四面体构成骨架而形成的一类新型分子筛。根据合成条件,可得到多种结构不同的结晶产物,用(AlPO$_4$)$_n$(n 为整数)表示。其中 AlO$_4$ 和 PO$_4$ 严格交替排列。

AlPO$_4$ 分子筛一般表现出弱酸的催化性能。由于其独特的表面选择性和新型的晶体结构,可以广泛用做催化剂和催化剂基质;掺入某些具催化活性的金属制成的催化剂,可用于烃类转化(如裂解、芳烃烷基化等)及烃类氧化反应。属于磷酸铝系分子筛的还有磷酸硅铝(SAPO)系分子筛和结晶金属磷酸铝(MAPO)系分子筛,如磷酸钛铝(TAPO)系分子筛。这些分子筛改变了 AlPO$_4$ 分子筛的中性骨架,具有正离子交换性能,更有利于催化方面的应用。磷酸硅铝系分子筛是甲醇、乙醇、二甲醚、二乙醚及其混合物转化为轻烯烃的优良催化剂。磷酸钛铝系分子筛可用做选择吸附剂,以分离直径和极性不同的吸附质分子,在烃类转化中它相比 AlPO$_4$ 分子筛具有更高的催化活性。

(2)磷酸锆(ZrP)分子筛。

ZrP 具有离子交换的功能,可作为无机离子交换剂。值得一提的是,ZrP 对高价正离子(如 Th(Ⅳ)、U(Ⅳ)等)表现出高的选择性,可用于从核废料中回收铯等裂变产物和超钚元素及处理反应堆的冷却水。ZrP 具有固体酸的催化性能,可作为乙烯聚合、异丙醇和丁醇脱水反应的催化剂,也可作为助催化剂或催化剂载体。

(3)杂多酸盐分子筛。

杂多酸盐的空间骨架结构使之具有分子筛功能及离子交换功能。例如:磷钼酸铵可用于碱金属离子的混合溶液(如卤水)中分离铷和铯。杂多酸及其盐的酸性及氧化还原性使它们成为很有前景的新型催化剂。

(4)碳质分子筛。

碳质分子筛是一种孔径分布均一,含有接近分子大小的超微孔结构的特种活性炭。与一般活性炭比较,其主要区别在于孔径分布和孔隙不同。活性炭的孔径分布宽、孔隙率高,碳质分子筛的孔径分布较窄,集中在 0.4~0.5 μm 之间。与沸石类分子筛比较,碳质分子筛是非线性吸附剂,对原料气干燥要求不高,孔形状多样、不太规则。空气分离时碳质分子筛优先吸附氧,而沸石类分子筛优先吸附氮。

知 识 拓 展

白川英树:导电聚合物
领域的开拓者

第 19 章　化学分离方法

在分析测定中,实际样品的组成往往比较复杂,测定样品中的某一组分时常常受到其共存组分的干扰,使测量的结果不够准确,严重时甚至无法测定。在很多情况下,只用控制适宜的分析条件或使用掩蔽剂消除某些干扰的一般方法还不能完全消除测定过程中的干扰,这时就要考虑采取分离的方法。

分离(separation)的目的,一是把被测组分分离出来进行测定;二是把样品中各种互相干扰的组分都分离开来,然后分别进行测定。对于试样中的某些痕量组分,在分离的同时也进行浓缩和富集(enrichment),使这些痕量组分的量达到能被准确测定的要求。

在分析测定工作中,对分离的一般要求如下。

(1)被测组分在分离过程中的损失应尽可能地小,这种损失常用被测组分的回收率 R (recovery ratio)来衡量。例如:对被测组分 A,它的回收率 R 为

$$R = \frac{\text{分离后 A 的测定值}}{\text{样品中 A 的总量}} \quad (19\text{-}1)$$

回收率 R 越高越好。但实际工作中随被测组分的含量不同,对回收率也有不同要求。

(2)组分之间尽可能分离完全,在互相的测定中彼此不再干扰。分离效果的好坏一般用分离因数 S(separation coefficient)来表示。例如:对两组分 A、B 之间的分离,其分离因数 $S_{A/B}$ 定义为

$$S_{A/B} \overset{\text{def}}{=\!=} \frac{R_B}{R_A}$$

若 A 的回收率为 100%,则 $S_{A/B} = R_B$。

(3)对痕量组分的分离,一般要采取适当措施使该组分得到浓缩和富集,富集效果可用富集倍数来表示。

根据分离中生成相的不同,可将分离方法归纳为以下几类。

(1)固-液分离:包括沉淀分离法、离子交换分离法、色谱法等。

(2)液-液分离:包括溶剂萃取分离法、液膜分离法等。

(3)气-液分离:包括挥发与蒸馏分离法等。

在这些方法中,常用的分离方法还是沉淀分离法、溶剂萃取分离法、离子交换分离法、色谱法以及挥发与蒸馏分离法。

19.1　沉淀分离法

沉淀分离法是一种经典的分离方法,它利用沉淀反应把被测组分和干扰组分分开。方法的主要依据是溶度积原理。根据使用的沉淀剂不同,沉淀分离也可以分成用无机沉淀剂的分离法、用有机沉淀剂的分离法和共沉淀分离富集法。

19.1.1　利用无机沉淀剂分离

在无机沉淀剂中,有代表性的有 NaOH、NH_3、H_2S 等。

1. 氢氧化物沉淀分离

大多数金属离子能生成氢氧化物沉淀,但沉淀的溶解度往往相差很大,这就有可能借助控制酸度的方法使某些金属离子彼此分离。从理论上讲,只要知道氢氧化物的溶度积和金属离子的原始浓度,就能计算出沉淀开始析出和沉淀完全时的酸度。但实际上,金属离子可能形成多种羟基配合物(包括多核配合物)及其他配合物。

采用 NaOH 作沉淀剂可使两性元素与非两性元素分离,两性元素便以含氧酸负离子形态保留在溶液中,非两性元素则生成氢氧化物沉淀。

在铵盐存在下以氨水为沉淀剂(pH=8~9)可使高价金属离子(如 Fe^{3+}、Th^{4+}、Al^{3+} 等)与大多数一、二价金属离子分离。这时,Cu^{2+}、Ag^+、Al^{3+}、Cu^{2+}、Co^{2+}、Cd^{2+}、Ni^{2+}、Zn^{2+} 等以氨配合物型体存在于溶液中,而 Ca^{2+}、Mg^{2+} 因其氢氧化物溶解度较大,也会留在溶液中。此外,还可加入某种金属氧化物(如 ZnO)、有机碱等来调节和控制溶液的酸度,以达到沉淀分离的目的。

2. 硫化物沉淀分离

硫化物沉淀法与氢氧化物沉淀法相似,不少金属硫化物的溶度积相差很大,可以通过控制硫离子的浓度使金属离子彼此分离。H_2S 是常用的沉淀剂,在常温常压下,H_2S 饱和溶液的浓度大约是 $0.1\ mol\cdot L^{-1}$。因此,可通过控制溶液酸度的方法来控制溶液中 S^{2-} 的浓度,以达到分离的目的。

在利用硫化物分离时,大多用缓冲溶液控制酸度。例如:往氯代乙酸缓冲溶液(pH=2)中通入 H_2S,则使 Zn^{2+} 沉淀为 ZnS 而与 Fe^{2+}、Co^{2+}、Ni^{2+}、Mn^{2+} 分离;往六亚甲基四胺缓冲溶液(pH=5~6)中通入 H_2S,则 ZnS、CoS、NiS、FeS 等会定量沉淀而与 Mn^{2+} 分离。

硫化物共沉淀现象比较严重,分离效果往往不很理想,而且 H_2S 有毒性并带恶臭的气味,因此,硫化物沉淀分离法的应用受到了一定的限制。

其他常用的无机沉淀剂还有 SO_4^{2-}、CrO_4^{2-}、PO_4^{3-}、CO_3^{2-}、AsO_4^{3-}、Cl^- 等。

19.1.2 利用有机沉淀剂分离

有机沉淀剂种类繁多,具有选择性高、共沉淀不严重、沉淀晶形好的特点。

丁二酮肟在氨性溶液中,当有酒石酸存在时,它与镍的反应几乎是特效的:

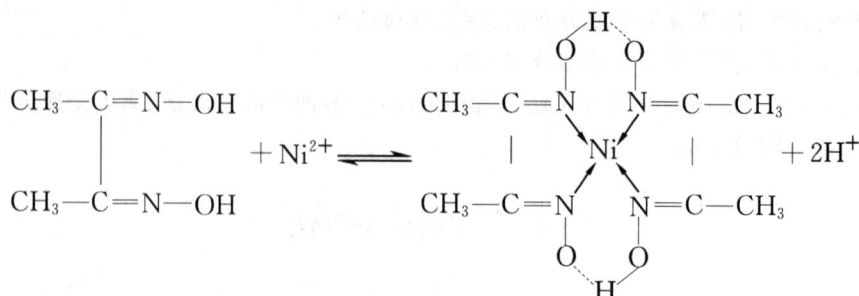

在弱酸性溶液中也只有 Pd^{2+}、Zn^{2+} 与它生成沉淀。

8-羟基喹啉能与许多金属离子在不同 pH 值下生成沉淀,可通过控制溶液酸度和加入掩蔽剂来分离某些金属离子。在 8-羟基喹啉分子中引入某些基团,也可以提高分离的选择性。如 (结构图) 与 Al^{3+}、Zn^{2+} 均能生成沉淀,而 (结构图) 不能与 Al^{3+} 生成沉淀,却能与 Zn^{2+} 生成沉淀,从而可使 Al^{3+} 与 Zn^{2+} 分离。

19.1.3　共沉淀的分离与富集

在重量分析法中讨论共沉淀现象时,往往着重讨论它的消极方面。但在微量组分测定中,往往利用共沉淀现象来分离和富集那些含量极低、浓度很小的不能用常规沉淀方法分离出来的组分。例如:自来水中微量铅的测定,因铅含量甚微,测定前需要预富集。若采用浓缩的方法会使干扰离子的浓度同样地被浓缩提高,采用共沉淀分离并富集的方法则较合适。为此,通常是往大量的自来水中加入 Na_2CO_3,使水中的 Ca^{2+} 转化为 $CaCO_3$ 沉淀,或者特意往水中加 $CaCO_3$ 并猛烈摇动,水中的 Pb^{2+} 就会被 $CaCO_3$ 沉淀载带下来。可将所得沉淀用少量酸溶解,再选适当方法测定铅。

上述方法中所用的共沉淀剂(载体)是 $CaCO_3$,属于无机共沉淀剂。这类共沉淀剂的作用机理主要是表面吸附或形成混晶,而把微量组分载带下来。常用的无机共沉淀剂有 $Al(OH)_3$、$Fe(OH)_3$、$MnO(OH)_2$、$CaCO_3$ 以及某些金属硫化物等。它们的选择性都不高,而且往往还会干扰下一步微量元素的测定。

目前分析上经常用的是有机共沉淀剂,它的特点是选择性高、分离效果好,以及共沉淀剂经灼烧后就能除去,不致干扰微量元素的测定。它的作用机理与无机共沉淀剂不同,不是依靠表面吸附或形成混晶载带下来,而是先把无机离子转化为疏水化合物,然后用与其结构相似的有机共沉淀剂将其载带下来。例如:微量镍与丁二酮肟在氨性溶液中形成难溶的内配合盐。若加入与其结构相似的丁二酮肟二烷酯乙醇溶液,由于丁二酮肟二烷酯不溶于水,可把镍的丁二酮肟内配合盐载带下来;不能形成内配合盐的其他离子仍留在溶液中,因此,沾污少、选择性高。这类共沉淀剂又称为惰性共沉淀剂。常用的惰性共沉淀剂还有 β-萘酚、酚酞等。

19.1.4　提高沉淀分离选择性的方法

1. 控制溶液的酸度

这是最常用的方法,前面提到的氢氧化物沉淀分离、硫化物沉淀分离都是控制溶液酸度以提高沉淀的选择性的典型例子。

2. 利用配合掩蔽作用

利用掩蔽剂提高分离的选择性是经常被采用的手段之一。例如:往含 Cu^{2+}、Cd^{2+} 的混合溶液中通入 H_2S 时,它们都会生成硫化物沉淀;若在通 H_2S 之前,加入 KCN 溶液,由于 Cu^{2+} 与 CN^- 形成稳定的 $[Cu(CN)_3]^{2-}$ 配合物,而 Cd^{2+} 虽也生成 $[Cd(CN)_4]^{2-}$ 配合物,但稳定性差,仍将生成 CdS 沉淀,这样就能使 Cu^{2+} 与 Cd^{2+} 分离了。又如,Ca^{2+} 与 Mg^{2+} 之间的分离,若用 $(NH_4)_2C_2O_4$ 作沉淀剂沉淀 Ca^{2+},部分 MgC_2O_4 也将沉淀下来,但若加过量 $(NH_4)_2C_2O_4$,则 Mg^{2+} 与过量 $C_2O_4^{2-}$ 会形成 $[Mg(C_2O_4)_2]^{2-}$ 配合物而被掩蔽,这样便可使 Ca^{2+} 与 Mg^{2+} 分离。

近年来,在沉淀分离中常用 EDTA 作掩蔽剂,有效地提高了分离效果。以草酸盐形式分离 Ca^{2+} 与 Pb^{2+} 就是一例。在水溶液中 PbC_2O_4 的溶解度比 CaC_2O_4 小,但在 EDTA 存在下,并控制一定酸度,就能选择性地沉淀 CaC_2O_4 而与 Pb^{2+} 分离,因此,把使用掩蔽剂和控制溶液酸度两种方式结合起来,能更有效地提高分离效果。

3. 利用氧化还原反应

许多元素可以处于多种氧化态,而不同氧化态对同一种试剂的作用常常不同,因此通过预先氧化或还原,改变离子的价态,可以达到分离的目的。例如:Fe^{3+} 与 Cr^{3+} 的分离,用氨水作沉淀剂是不能使两者分离的,如果先把 Cr^{3+} 氧化成 CrO_4^{2-},则 CrO_4^{2-} 就不会被氨水沉淀了,这样就能将铁和铬定量分离。再如,在岩石分析中,Mn^{2+} 含量不高,往往仅部分与氧化物 Fe_2O_3 和 Al_2O_3 等一起沉淀,仍有一部分留在溶液中,干扰以后对 Ca^{2+}、Mg^{2+} 的测定。为此,可先把 Mn^{2+} 氧化到 $Mn(\mathbb{N})$,由于 $MnO(OH)_2$ 溶解度小,就可与上述氧化物一起定量沉淀,从而消除 Mn^{2+} 对 Ca^{2+}、Mg^{2+} 测定的干扰。

19.2　溶剂萃取分离法

溶剂萃取(solvent extraction)是指利用与水不相混溶的有机溶剂与试液一起振荡,试液中一些组分进入有机相(organic phase)而与其他组分分离的方法。溶剂萃取又称为液-液萃取,它是常用的分离方法之一,在工业生产和化学研究中都有着广泛的应用。本法所需仪器设备简单,操作方便,分离和富集效果好,适用的浓度范围很宽。如果被萃取的组分对可见光有强烈的吸收,则萃取后的有机相可直接用于比色测定。

19.2.1　萃取分离的基本原理

1. 萃取分离机理

当有机溶剂(有机相)与水溶液(水相)混合振荡时,疏水性的组分从水相(aqueous phase)转入有机相,而亲水性的组分留在水相中,这样就实现了提取和分离。某些组分本身是亲水性的,如大多数是带电荷形式的无机离子或有机物,欲将它们萃取到有机相中,就要采取措施使它们转变成疏水的形式。

下面以镍的萃取为例,说明它是怎样由亲水性转化为疏水性的。镍在水溶液中以 $[Ni(H_2O)_6]^{2+}$ 型体存在,是亲水性的,要转化为疏水性必须中和其电荷,引入疏水基团取代水分子,使其形成疏水性的、能溶于有机溶剂的化合物。为此,可在氨性溶液 (pH 值约为 9)中加入丁二酮肟,使其与 Ni^{2+} 形成配合物。形成的配合物不带电荷,且 Ni^{2+} 被疏水的丁二酮肟分子包围,因此具有疏水性,能被有机溶剂如二氯甲烷萃取。这里丁二酮肟称为萃取剂。有时需把有机相中的物质再转入水相,如上述镍-丁二酮肟配合物,若加盐酸于有机相中,当酸的浓度为 $0.5\sim1\ mol\cdot L^{-1}$ 时,则配合物被破坏,Ni^{2+} 又恢复了它的亲水性,可从有机相返回到水相中,这一过程称为反萃取。萃取和反萃取配合使用,能提高萃取分离的选择性。

2. 分配系数与分配比

用有机溶剂从水相中萃取溶质 A 时,如果溶质 A 在两相中存在的型体相同,平衡时在有机相中的浓度 $[A]_o$ 与水相中的浓度 $[A]_w$ 之比(严格地说,应为活度比)称为分配系数(distribution coefficient),用 K_d 表示。在给定的温度下,K_d 是一常数。

$$K_d = \frac{[A]_o}{[A]_w} \tag{19-2}$$

此式称为分配定律。

实际上萃取是一个复杂的过程,它可能伴有解离、缔合和配位等多种化学作用。溶质 A 在两相中也可能有多种型体存在,对分析工作者来说重要的是知道溶质 A 在两相间的分配,因此,常把溶质 A 在两相中的各型体浓度总和之比称为分配比(distribution ratio),以 D 表示:

$$D = \frac{c_o}{c_w} = \frac{[A_1]_o + [A_2]_o + \cdots + [A_n]_o}{[A_1]_w + [A_2]_w + \cdots + [A_n]_w} \tag{19-3}$$

3. 萃取率

衡量萃取的总效果的量是萃取率(extraction rate),常用 E 表示:

$$E = \frac{\text{溶质 A 在有机相中的总量}}{\text{溶质 A 的总量}} \times 100\%$$

萃取率与分配比的关系是

$$E = \frac{c_o V_o}{c_o V_o + c_w V_w} \times 100\%$$

式中:c_o 是溶质 A 在有机相的浓度;V_o 是有机相的体积;c_w 是溶质 A 在水相中的浓度;V_w 是水相的体积。将上式的分子、分母同时除以 $c_w V_o$,得

$$E = \frac{c_o/c_w}{c_o/c_w + V_w/V_o} \times 100\% = \frac{D}{D + V_w/V_o} \times 100\% \tag{19-4}$$

式中:$\dfrac{V_w}{V_o}$ 又称为相比(phase ratio),用 R 表示。该式表明萃取率由分配比和相比决定,当相比为 1 时,萃取率仅取决于分配比 D。表 19-1 给出了不同 D 值的萃取率值。

表 19-1 不同 D 值的萃取率值

D	1	10	100	1000
$E/(\%)$	50	91	99	99.9

当一次萃取要求萃取率达到 99.9% 时,D 值必须大于 1000。也可以通过增大有机相体积 V_o 来提高萃取率,如当 $V_o = 100V_w$(即 $R = 0.01$)时,D 为 1 的组分的萃取率达 99%。但这种做法很不经济。如果改成连续多次萃取的办法,可以在不多使用有机相的情况下提高萃取率。如用 V_o(mL)溶剂萃取 V_w(mL)试液时,设试液中含有溶质 A 为 m_o(g),一次萃取后水相中剩余溶质 A 为 m_1(g),则进入有机相的量为 $(m_o - m_1)$(g),这时分配比 D 为

$$D = \frac{c_o}{c_w} = \frac{(m_o - m_1)/V_o}{m_1/V_w}$$

则

$$m_1 = m_o \frac{V_w}{DV_o + V_w}$$

不难推出,当用 V_o(mL)萃取 n 次时,水相剩余溶质 A 为 m_n(g),则

$$m_n = m_o \left(\frac{V_w}{DV_o + V_w} \right)^n$$

【例 19-1】 将 20 mL 含铼 0.100 g·L^{-1} 及 5 mol·L^{-1} HCl 的水溶液与 20.0 mL 25%(体积分数)磷酸三丁酯的溶液混合,于 25℃振荡 5 min,静置分层后,测定水相中铼的浓度为 5.20 mg·L^{-1},求铼在该系统中的分配比及铼的萃取率。

解 平衡时,水相中铼的浓度 $[Re]_w = 5.20$ mg·L^{-1},则铼的总加入量为 2.00 mg,有机相中铼的浓度为

$$[Re]_o = (2.00 - 5.20 \times 0.020)/0.020 \text{ mg·L}^{-1} = 94.8 \text{ mg·L}^{-1}$$

因此

$$D = \frac{94.8}{5.20} = 18.2$$

$$E = \frac{18.2}{18.2 + 20.0/20.0} \times 100\% = 94.8\%$$

【例 19-2】 用 8-羟基喹啉氯仿溶液于 pH = 7.0 时,从水溶液中萃取 La^{3+}。已知它在两相中的分配比 $D = 43$,今取含 La^{3+} 的水溶液(1 mg·mL^{-1})20.0 mL,计算用萃取液 10.0 mL 一次萃取和用同样量萃取液分两次萃取的萃取率。

解 用 10.0 mL 萃取液一次萃取,则

$$m_1 = 20 \times \frac{20}{43 \times 10 + 20} \text{ mg} = 0.89 \text{ mg}$$

$$E = \frac{20 - 0.89}{20} \times 100\% = 95.6\%$$

如果每次用 5.0 mL 萃取液连续萃取两次,则

$$m_2 = 20 \times \left(\frac{20}{43 \times 5 + 20} \right)^2 \text{mg} = 0.145 \text{ mg}$$

$$E = \frac{20 - 0.145}{20} \times 100\% = 99.3\%$$

　　计算结果表明,用同样数量的萃取液,分多次萃取比一次萃取的效率高。有些实验室装置可以很容易地实现连续萃取。

19.2.2　萃取类型和萃取条件的选择

　　1. 萃取剂在两相中的分配

　　大多数萃取剂是有机弱酸(碱),它们的中性形式具有疏水性,易溶于有机相,在水相中主要是它们的各种解离形式(带正电荷或负电荷)。

　　设萃取剂是一元弱酸(HL),它在两相中的平衡可用下式表示:

$$HL_o \rightleftharpoons HL_w$$

则

$$D = \frac{[HL]_o}{[HL]_w + [L]_w} = \frac{[HL]_o}{[HL]_w(1 + K_a/[H^+])}$$

$$= \frac{K_d}{1 + K_a/[H^+]} = K_d \delta(HL) \tag{19-5}$$

　　从式(19-5)可见,当 $pH = pK_a$ 时,$D = \frac{1}{2}K_d$;当 $pH \leqslant pK_a - 1$ 时,水相中萃取剂几乎全部以 HL 形式存在,$D \approx K_d$;当 $pH > pK_a$ 时,D 将变得很小。如在苯-水系统中,乙酰丙酮的 $K_d = 5.9$,其 $pK_a = 8.9$,则 $pH = 7.9$ 时,$D \approx 5.9$;$pH = 8.9$ 时,$D \approx \frac{1}{2} \times 5.9 \approx 3.0$。

　　2. 金属离子的萃取

　　根据萃取剂的类型,金属离子的萃取可分为螯合物萃取、离子缔合物萃取等类型。

　　1)螯合物萃取

　　若萃取剂是螯合剂,它们与金属离子形成的螯合物是中性分子,就能被有机溶剂萃取。例如:丁二酮肟与镍、二硫腙与汞等都是典型的螯合物萃取系统。

　　螯合物萃取系统的平衡关系如图 19-1 所示。

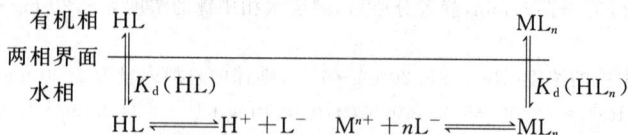

图 19-1　螯合物萃取系统的平衡关系

以上平衡关系中,忽略了萃取剂在有机相中的聚合作用。总的萃取平衡方程式为

$$M_w + nHL_o \rightleftharpoons ML_{n(o)} + nH_w^+$$

$$K_{ex} = \frac{[ML_n]_o[H^+]_w^n}{[M]_w[HL]_o^n} = \frac{K_d(ML_n)\beta_n K_a^n}{K_d^n(HL)} \tag{19-6}$$

　　K_{ex} 取决于螯合物 ML_n 的分配系数 $K_d(ML_n)$ 和累积稳定常数 β_n 以及螯合剂 HL 的分配系数 $K_d(HL)$ 和它的常数 K_a。

　　若水相中只有游离的金属离子 M,有机相中只有螯合物 ML_n 一种型体,则可以把式(19-5)简化为

$$D = \frac{[ML_n]_o}{[M]_w} = K_{ex} \frac{[HL]_o^n}{[H^+]_w^n}$$

一般情况下,有机相中萃取的量远大于水相中金属离子的量,所以进入水相和与 M^{n+} 配位消耗的 HL 可忽略不计,即 $[HL]_o \approx c(HL)_o$,因此

$$D = K_{ex} \frac{c^n(HL)_o}{[H^+]_w^n}$$

即
$$\lg D = \lg K_{ex} + n \lg c(HL)_o + npH$$

2)离子缔合物萃取

正离子和负离子通过静电引力相结合而形成的电中性化合物称为离子缔合物。离子缔合物具有疏水性,能被有机溶剂萃取。萃取剂的选择往往由实验确定。

碱性染料在酸性溶液中与 H^+ 结合,形成大正离子,它与金属配负离子缔合后,能被有机溶剂萃取。例如:微量硼在 HF 介质中与亚甲基蓝形成缔合物,能被苯或甲苯等惰性溶剂萃取。它的缔合形式为

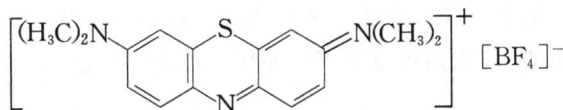

$$\left[(H_3C)_2N \longrightarrow \overset{S}{\underset{N}{\bigcirc}} \longrightarrow N(CH_3)_2 \right]^+ [BF_4]^-$$

除碱性染料外,还有钟盐(R_4As^+)、镂盐(R_4P^+)等大正离子,也能与金属负离子(如 ReO_4^-)形成缔合物(($(C_6H_5)_4As^+ReO_4^-$),而被氯仿萃取。

高分子胺的萃取也引起人们的重视,它的特点是选择性高、能分离一些性质相近的元素。它的作用机理与上述几类不同,一般认为它类似于负离子交换树脂的交换反应,即

$$(R_3NHA) + B^- \rightleftharpoons (R_3NHB) + A^-$$

式中:B^- 代表金属配负离子,形成的缔合物能被有机溶剂萃取。

19.2.3　溶剂萃取在分析化学中的应用

利用溶剂萃取法可将待测元素分离或富集,从而消除干扰,提高分析方法的灵敏度。基于萃取建立起来的分析方法的特点是简便、快速,因此,发展速度快,现已把萃取技术与某些仪器分析方法(如吸光光度法、原子吸收法等)结合起来,促进了微量分析的发展。

1. 萃取分离

通过萃取可以把待测元素与干扰元素分离。例如:用二硫腙法测定工业废水中有害元素汞时,已知能与二硫腙试剂反应的元素近 20 种,若控制萃取时的 H_2SO_4 酸度为 $0.5\ mol \cdot L^{-1}$,再用含有 EDTA 的碱性溶液洗涤萃取液,水样中可允许 $1000\ \mu g$ 铜、$20\ \mu g$ 银、$10\ \mu g$ 金、$5\ \mu g$ 铂存在,对汞的测定无干扰。再如,性质相近的元素 Nb 和 Ta、Zr 和 Hf、Mo 和 W 以及稀土元素,都能利用溶剂萃取法进行分离。

2. 萃取富集

萃取富集就是将含量极少或浓度很小的待测组分,通过萃取富集于小体积中,提高待测组分的浓度。例如:欲测定天然水中的农药,由于它在水中含量极少,不能直接测定,因而需取大量水样,用少量氯仿萃取。弃去水相后,收集氯仿层,使氯仿挥发,浓缩后的有机相可选适宜方法测定。

3. 萃取比色

萃取分离时,加入恰当的试剂,可使被萃取的组分形成有色化合物,在有机相中直接比色

测定(或测吸光度),这种方法称为萃取比色法(或光度法)。该方法灵敏度高、选择性好、操作简便。由于有机溶剂易挥发,应尽快完成测量工作。例如:在合金、矿石中测定微量钒,可利用五价钒在强酸介质中与钽试剂生成紫色的疏水性配合物,用氯仿萃取,然后直接在有机相中比色,测定其含量。

19.3　离子交换分离法

利用离子交换树脂与试液中的离子发生交换作用而使离子分离的方法称为离子交换分离法。各种离子与离子交换树脂交换能力不同,被交换到树脂上的离子可选用适当的洗脱剂依次洗脱,从而达到彼此之间分离的目的。与溶剂萃取不同,离子交换分离是基于物质在固相与液相之间的分配。本方法分离效率高,既能用于带相反电荷的离子间的分离,也能实现带相同电荷的离子间的分离,某些性质极其相近的物质,如 Nb 和 Ta、Zr 和 Hf 的分离,稀土元素之间的相互分离都可用离子交换法来完成。离子交换分离法还可以用于微量元素、痕量物质的富集和提取,蛋白质、核酸、酶等生物活性物质的纯化等。离子交换分离法所用设备简单,操作也不复杂,交换容量可大可小,树脂还可反复再生使用。因此它广泛用于科研、生产的许多方面。

19.3.1　离子交换树脂的类型、结构和性能

1. 离子交换树脂的种类

离子交换树脂是一类高分子聚合物,按其性能可划分为以下几种。

1)正离子交换树脂

这类树脂的活性交换基团是酸性的,它的 H^+ 可被正离子交换。根据活性基团酸性的强弱,可分为强酸型、弱酸型两类:一般强酸型树脂含有磺酸基($-SO_3H$),弱酸型树脂含有羧基($-COOH$)或酚羟基($-OH$)。

这类树脂以强酸型应用最广,它在酸性、中性或碱性溶液中都能使用。弱酸型树脂对 H^+ 亲和力大,酸性溶液中不能使用,它们需要在中性,甚至碱性条件下才能与离子发生交换作用,但选择性好。如果选酸作洗脱剂,能分离不同强度的碱性氨基酸。

2)负离子交换树脂

这类树脂的活性基团是碱性的,它的负离子可被其他负离子交换。根据基团碱性的强弱,又分为强碱型和弱碱型两类。强碱型树脂含有季铵基($-N(CH_3)_3Cl$);弱碱型树脂含伯氨基($-NH_2$)、仲氨基($=NH$)或叔氨基($\equiv N$)。强碱型负离子交换树脂可在很宽的 pH 值范围使用,而弱碱型树脂不能在碱性条件下使用。

3)螯合树脂

这类树脂含有特殊的活性基团,可与某些金属离子形成螯合物,在交换过程中能选择性地交换某种金属离子,所以对化学分离有重要意义。现已合成了许多类螯合树脂,我国正式作为商品出售的 ♯401 是属于氨羧基($-N(CH_2COOH)_2$)螯合树脂。可以预计,利用这种方法,同样可以通过制备含某一金属离子的树脂来分离含有某些官能团的有机化合物。如含汞的树脂可分离含有巯基的化合物,如半胱氨酸、谷胱甘肽等。这一设想可能对生物化学的研究有一定的意义。

2. 离子交换树脂的结构

离子交换树脂是网状的高分子聚合物。例如:常用的聚苯乙烯磺酸型正离子交换树脂,就

是以苯乙烯和二乙烯苯聚合后经磺化制得的聚合物。制备树脂的反应及其结构式如下：

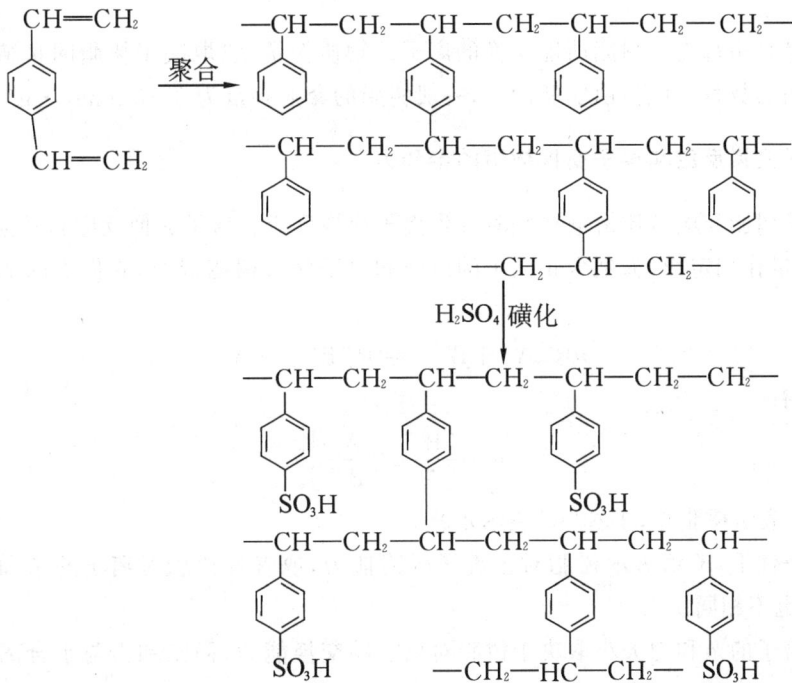

这种树脂的化学性质稳定，即使在 100 ℃时也不受强酸、强碱、氧化剂或还原剂的影响。树脂上的磺酸基是活性基团，若把树脂浸在水中，磺酸基上的 H^+ 与溶液中的正离子进行交换，如与 Na^+ 的交换反应为

$$R—SO_3H + Na^+ \longrightarrow R—SO_3Na + H^+$$

负离子交换树脂在水溶液中先发生水化作用：

$$R—NH_2 + H_2O \longrightarrow R—NH_3^+OH^-$$

其中的可交换基团 OH^- 与其他负离子发生交换作用，比如将树脂加到 HCl 溶液中，即发生以下反应：

$$R—NH_3^+OH^- + Cl^- \longrightarrow R—NH_3^+Cl^- + OH^-$$

3. 离子交换树脂的性质

1）交联度

聚苯乙烯型树脂是由二乙烯苯将各链状分子连成网状结构形成的，故二乙烯苯称为交联剂。交联的程度用交联度来表示，在聚苯乙烯树脂中通常以含有二乙烯苯的多少来表示交联度，它等于二乙烯苯在反应物中所占的质量分数。

$$交联度 = \frac{二乙烯苯的质量}{二乙烯苯和苯乙烯混合物总质量}$$

例如：按质量比为 1：9 的比例，将二乙烯苯和苯乙烯反应制得的树脂，其交联度为 10％。一般树脂的交联度为 8％～12％。

交联度的大小直接影响树脂的孔隙度。交联度大，表明树脂结构紧密，网眼小，离子很难进入树脂相，交换反应也慢，但选择性高。在实际工作中，选用何种交联度的树脂取决于分离对象。例如：氨基酸的分离，可选交联度为 8％的树脂；相对分子质量大的多肽，应选交联度为 2％～4％的树脂。一般来说，只要不影响分离，以使用交联度较大的树脂为宜，这样可提高树脂对离子的选择性。

2)交换容量

交换容量是指每克干树脂所能交换的离子的物质的量,它取决于树脂网状结构内所含酸性或碱性基团的数目。此值由实验测定,一般树脂的交换容量为 $3\sim 6$ mmol·g^{-1}。

19.3.2　离子交换反应和离子交换树脂的亲和力

离子交换树脂与电解质溶液接触时发生离子交换反应。离子交换反应和其他化学反应一样,也遵从质量作用定律,如把含正离子的溶液和离子交换树脂混合,它们之间的反应表示如下:

$$nR^-A^+ + B^{n+} \Longleftrightarrow R_n^- B^{n+} + nA^+$$

达到平衡时,有

$$K = \frac{[B^{n+}]_r [A^+]_w^n}{[A^+]_r^n [B^{n+}]_w}$$

式中:下标"r"表示树脂相,下标"w"表示水相。

在一定条件下,K 值表示树脂对正离子吸附能力,或者称树脂对离子的亲和力。不同类树脂的 K 值也不相同。

树脂对离子的亲和力大小取决于树脂对离子的交换能力,而亲和力与水合离子的半径和离子所带电荷数有关。水合离子半径越小,电荷越高,它的亲和力越大。实验指出,在常温下,稀溶液中,树脂对离子的亲和力顺序如下。

(1)强酸型正离子交换树脂。

对于一价离子:

$$Li^+ < H^+ < Na^+ < NH_4^+ < K^+ < Rb^+ < Cs^+ < Tl^+ < Ag^+$$

对于二价离子:

$$Mg^{2+} < Zn^{2+} < Co^{2+} < Cu^{2+} < Fe^{2+} < Ni^{2+} < Ca^{2+} < Sr^{2+} < Ba^{2+}$$

对于不同价态离子:

$$Na^+ < Ca^{2+} < Fe^{3+} < Th^{4+}$$

(2)强碱型负离子交换树脂。

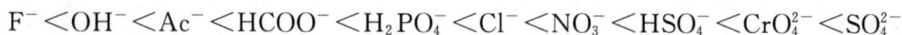

$$F^- < OH^- < Ac^- < HCOO^- < H_2PO_4^- < Cl^- < NO_3^- < HSO_4^- < CrO_4^{2-} < SO_4^{2-}$$

由于树脂对离子亲和力强弱的不同,进行离子交换时,就有一定的选择性。若溶液中各种离子的浓度相同,则亲和力大的离子先被交换上去,亲和力小的后被交换上去。若选用适当的洗脱剂洗脱,则后被交换上去的离子就先洗脱下来,从而使各种离子彼此分离。

19.3.3　离子交换分离操作技术

1. 树脂的选择和处理

根据分离的对象和要求,选择适当类型和粒度的树脂。先用水浸泡,再用稀盐酸浸泡除去杂质,最后用水洗至中性,浸于水中备用。这时已将正离子交换树脂处理成 H 型,负离子交换树脂处理成 Cl 型。

2. 装柱

离子交换分离操作一般在柱中进行,装柱时应防止树脂层中央有气泡。应在柱中充满水的情况下,把处理好的树脂装入柱中。树脂的高度一般约为柱高的 90％,树脂顶部应保持有一定的液面高度。

　　3. 交换

将待分离的试液缓慢地倾入柱内,以适当的流速从上向下流经交换柱进行交换作用。交换完成后,用洗涤液洗去残留的试液和树脂中被交换下来的离子。

　　4. 洗脱

将交换到树脂上的离子,用洗脱剂(淋洗剂)置换下来的过程称为洗脱。正离子交换树脂常用 HCl 作洗脱剂,负离子交换树脂常用 HCl、NaCl 或 NaOH 作洗脱剂。

　　5. 树脂再生

把柱内的树脂恢复到交换前的形式,这一过程称为树脂再生。一般来说,洗脱过程也就是树脂的再生过程。

19.3.4　离子交换分离法的应用

离子交换分离法的应用非常广泛,如自来水含有许多杂质,可用离子交换分离法净化。当水流过树脂时,水中可溶性无机盐和一些有机物可被树脂交换吸附,这种净化水的方法在工业上和科学研究中普遍使用。目前净化水多使用复柱法,首先按规定方法处理树脂和装柱,再把负、正离子交换柱串联起来,让水依次通过。为了制备更纯的水,再串联一根混合柱(正离子交换树脂和负离子交换树脂按 1:2 混合装柱),除去残留的离子。这时交换出来的水称为去离子水,它的纯度用电导率表示,一般能达到 0.3 $\mu S \cdot cm^{-1}$ 以下。

用离子交换分离法分离干扰离子更为简便。例如:用重量法测定 SO_4^{2-} 时,试样中大量的 Fe^{3+} 会与之共沉淀,影响 SO_4^{2-} 的准确测定。若将待测酸性溶液通过正离子交换树脂,可把 Fe^{3+} 分离掉,然后在流出液中测定 SO_4^{2-}。

再如,钢铁中微量铝的测定,Fe^{3+} 的干扰也可用离子交换分离法消除。事先将 Fe^{3+} 转化为 $FeCl_4^-$,再通过负离子交换树脂除去 Fe^{3+},在流出液中,可直接测定 Al^{3+}。

19.4　色　谱　法

色谱法(chromatography)又称为层析法,是一种物理化学分离方法。1906 年茨维特做了一个实验,他将叶绿素的石油醚溶液流经一根装有 $CaCO_3$ 的管柱,然后用石油醚淋洗,发现在管柱中出现了不同颜色的色带,这些色带是由叶绿素的不同成分形成的。因为 $CaCO_3$ 对这些成分的吸附能力不同,使它们在淋洗过程中得到分离。在这个实验中,石油醚称为流动相(mobile phase),$CaCO_3$ 称为固定相(stationary phase)。

按分离的机理可将色谱法分成以下几类。

(1)吸附色谱法。吸附色谱法是利用物质在固体表面吸附能力的不同,而达到分离的目的。

(2)排阻色谱法。排阻色谱法是利用分子尺寸不同因而前进时所受阻力不同,而达到分离的目的。

(3)分配色谱法。分配色谱法是利用物质在两相中分配系数不同,而达到分离的目的。

(4)离子交换色谱法。离子变换色谱法是利用离子交换树脂对物质的亲和力不同而达到分离的目的。

有时一种色谱法可能兼有几种分离机理。

根据流动相的状态,色谱法又可分为液相色谱法和气相色谱法。

色谱分离操作简便,不需要很复杂的设备,样品用量可大可小,既能用于实验室的分离分析,也适用于产品的制备和提纯。如果与有关仪器结合,可组成各种自动的分离分析仪器。因此,色谱法在医药、卫生、环境保护、生物化学等领域中已成为经常使用的分离分析方法。

经典的色谱法有柱色谱、纸色谱和薄层色谱,以下分别作简单介绍。

19.4.1　柱色谱

柱色谱(column chromatography)是把吸附剂(固定相),如 Al_2O_3、硅胶等,装入柱内,然后在柱的顶部注入分离的样品溶液。如果样品内含有 A、B 两种组分,则两者均被吸附在柱的上端,形成一个环带。当样品全部加完后,可选适当的洗脱剂(流动相)进行洗脱,A、B 两组分随洗脱剂向下流动而移动。吸附剂(absorbent)对不同物质具有不同的吸附能力,当用洗脱剂洗脱时,柱内连续不断地发生溶解、吸附、再溶解、再吸附的现象。又由于洗脱剂与吸附剂两者对 A、B 两组分的溶解能力与吸附能力不相同,因此,A、B 两组分移动的速率就不同。吸附弱的和溶解度大的组分(如 A)就容易洗脱下来,移动的速率也就大些。经过一定时间之后,A、B 两组分就能完全分开,形成两个环带,每一个环带内是一种纯净的物质。如果 A、B 两组分有颜色,则能清楚地看到色环;若继续冲洗,则 A 组分便先从柱内流出,用适当容器接取,再进行分析测定。

1. 分配系数 K

在色谱分离中,溶质随着流动相向前迁移,在这个过程中,它既能进入固定相,又能进入流动相,在两相之中进行分配。分配过程进行的程度可用分配系数 K 衡量,即

$$K = \frac{溶质在固定相中的浓度}{溶质在流动相中的浓度}$$

K 值在低浓度和一定温度下是个常数。当吸附剂一定时,K 值的大小仅取决于溶质的性质。K 值大,表明该物质在柱内被吸附得越牢固,则移动得越慢。或者说该物质在固定相中停留的时间长,最后才被洗脱下来。K 值小,表明该物质在柱内吸附得不牢固,移动得快,首先被洗脱下来。$K=0$ 时,就意味着该物质不进入固定相。可见,混合物中各组分之间分配系数 K 值相差越大,越容易分离;反之,则难分离。因此,应根据被分离物质的结构和性质,选择合适的固定相和流动相,使分配系数 K 值适当,以达到定量分离的目的。所以吸附剂和洗脱剂的选择是柱色谱的关键。

2. 柱色谱分离对吸附剂的要求

柱色谱分离对吸附剂的要求如下。

(1)应具有较大的吸附面积和足够大的吸附能力。

(2)吸附剂应不与洗脱剂和样品起化学反应。

(3)吸附剂的颗粒均匀,并具有一定的粒度。常用的吸附剂有 Al_2O_3、硅胶与聚酰胺等,粒度在 0.15 mm(100 目)左右。

3. 柱色谱分离对洗脱剂的要求

柱色谱分离对洗脱剂的要求如下。

(1)对样品组分的溶解度要大。

(2)黏度小,易流动,不致洗脱得太慢。

（3）对样品和吸附剂无化学作用。

（4）纯度要合格。

洗脱剂的选择与吸附剂吸附能力和被分离物质的极性有关。一般来说,使用吸附能力小的吸附剂来分离极性强的物质时,选用极性强的洗脱剂容易洗脱。使用吸附能力大的吸附剂来分离极性弱的物质时,应选用极性弱的洗脱剂。至于最好选用哪些洗脱剂,应由实验确定。

常用的洗脱剂及其极性强弱的次序如下:石油醚＜环己烷＜四氯化碳＜甲苯＜苯＜二氯甲烷＜氯仿＜乙醚＜乙酸乙酯＜丙醇＜乙醇＜甲醇＜水。

柱色谱能分离较大量的物质,可在常压下操作,因此装置简单,操作容易,但柱效不高。为提高柱效,可减小固定相的粒度,这样阻力增大,可能要在加压情况下,流动相才能过柱。

19.4.2　纸色谱

纸色谱(paper chromatography)又称为纸层析,它是以滤纸作为载体进行色谱分离的。按其作用机理,纸色谱属于分配色谱。滤纸上吸附的水作为固定相,一般滤纸上的纤维能吸附22％左右的水分,其中约 6％的水借氢键与纤维素的羟基结合在一起,在一般条件下难以脱去,因此纸色谱不仅可用与水不相溶的有机溶剂作流动相,而且可以用与水相溶的有机溶剂,如丙醇、乙醇、丙酮等作流动相。

1. 纸色谱的实验方法

在滤纸条的下端点上欲分离的试液,然后挂在加盖的玻璃缸(色谱筒)内,让纸条下端浸入流动相中,但不要让试样点接触液面(如图 19-2 所示)。流动相由于滤纸的毛细管作用,沿滤纸向上展开,所以流动相又称为展开剂。当流动相接触到点在滤纸上的试样点(原点)时,试样中的各组分就不断地在固定相和展开剂之间进行分配,从而使试样中分配系数不同的各种组分得以分离。当分离进行一定时间后,溶剂前沿上升到接近滤纸条的上沿;取出纸条,在溶剂前沿处做上标记;晾干纸条,在纸条上找出各组分的斑点,然后再进行定性定量分析。

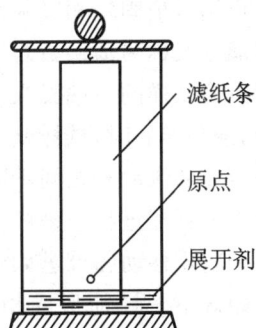

滤纸条

原点

展开剂

图 19-2　纸色谱示意图

2. 比移值 R_f

各组分的斑点在色谱中的位置可用比移值 R_f 来表示:

$$R_f = \frac{原点到斑点中心的距离}{原点到溶剂前沿的距离}$$

如图 19-3 所示,组分 A 和 B 的比移值分别为 $R_{f(A)} = \frac{a}{L}$,$R_{f(B)} = \frac{b}{L}$,R_f 值在 0～1 之间。若 $R_f \approx 0$,表明该组分基本上留在原点未移动,即没有被展开;若 $R_f \approx 1$,表明该组分随溶剂一起上升,即待测组分在固定相中的浓度趋近于零。

在一定条件下,R_f 值是物质的特征值,可以利用 R_f 值鉴定各种物质。但影响 R_f 值的因素很多,最好用已知的标准样品作对照。根据各物质的 R_f 值,可以判断彼此能否用色谱法分离。一般来说,R_f 值只要相差 0.02 以上,就能彼此分离。

纸色谱的固定相一般为固定在纤维素上的水分,因而适用于水溶性的有机物(如氨基酸、糖类)的分离,此时流动相大多采用以水饱和的正丁醇、正戊醇、酚类等。有时为了得到更好的分离效果,则采用混合溶剂和双向色谱法。例如:氨基酸的分离,取一块 15 cm×15 cm 滤纸,

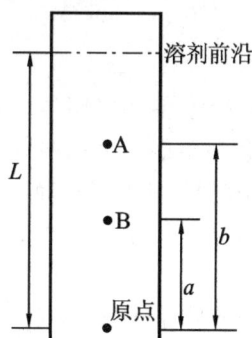

图 19-3　比移值的测量

点样于纸边 2 cm 处,风干,然后进行第一次展开,用 CH_3OH-H_2O-吡啶(20∶5∶1)作展开剂,展开至溶剂前沿达 14 cm 处,取出,风干;第二次展开时,将滤纸卷成筒状,使斑点处于下方,用叔丁醇-甲基乙基乙酮-水-乙二胺(10∶10∶5∶1)展开至溶剂前沿达 14 cm 处,取出风干。通过两次展开,氨基酸彼此间能得到很好的分离。

纸色谱上的斑点有时没有颜色,要借助于各种物理和化学的方法使其成为有色物质而显现出来,最简单的方法是用紫外灯照射,许多有机物对紫外光有吸收或吸收紫外光后发射出荧光,从而显露出斑点。上述氨基酸分离实验,可用与氨基酸反应呈现出颜色的茚三酮喷雾显色。

纸色谱设备简单,易于操作,应用范围广。它可用于有机物质、生化物质和药物的分离,也可用于无机物的分离。它需用的试样量很少(微克级),因而在各种贵金属和稀有元素的分离方面也得到了很好的应用。

19.4.3　薄层色谱

薄层色谱又称为薄层层析。它是一种将柱色谱与纸色谱相结合发展起来的色谱方法。薄层色谱是把固定相吸附剂(如硅胶、中性氧化铝、聚酰胺等)在玻璃板上铺成均匀的薄层(此处玻璃板又称为薄层板),把试液点在薄层板的一端距边缘一定距离处,把薄层板放入色谱缸中,使点有试样的一端浸入流动相(展开剂)中,由于薄层的毛细作用,展开剂沿着吸附剂薄层上升,遇到样品时,试样就溶解在展开剂中并随着展开剂上升。在此过程中,试样中的各组分在固定相和流动相之间不断地发生溶解、吸附、再溶解、再吸附的分配过程。易被吸附的物质移动得慢些,较难吸附的物质移动得快些,经过一段时间后,不同物质上升的距离不一样而形成相互分开的斑点从而得到分离。薄层色谱装置见图 19-4。样品各组分分离情况也用比移值 R_f 来衡量。

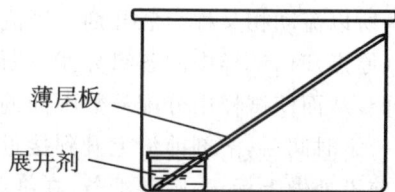

图 19-4　薄层色谱装置

薄层色谱的固定相吸附剂颗粒要比柱色谱细得多,其直径一般为 $10\sim40\ \mu m$。由于被分离的对象及所用展开剂的极性不同,应选用活性不同的吸附剂作固定相,吸附剂的活性可分 I ～ V 级,I 级的活性最强,V 级的活性最弱。吸附剂和展开剂选择的一般原则:非极性组分的分离,选用活性强的吸附剂,用非极性展开剂;极性组分的分离,选用活性弱的吸附剂,用极性展开剂。实际工作中要经过多次实验来确定。

19.5　挥发与蒸馏分离法

挥发与蒸馏分离法是利用化合物挥发性的差异进行分离的方法。该法可以用于去除干扰,也可以使待测组分定量地挥发出来后再测定。最常用的例子是氮的测定:首先将各种含氮化合物中的氮经适当处理后转化为 NH_4^+,在浓碱存在下利用 NH_3 的挥发性把它蒸馏出来并用酸吸收;再根据氨的含量多少,选用适宜的测定方法。

很多元素,如 Ge、As、Sb、Sn、Se 等的氯化物,Si 的氟化物都有挥发性,可借助控制蒸馏温度的办法把它们从试样中分出。

　　挥发与蒸馏分离法在有机化合物的分离中应用很广,不少有机化合物是通过利用各自沸点的不同而得到分离和提纯的。

　　在环境监测中,不少有毒物质,如 Hg、CN^-、SO_2、S^{2-}、F^-、酚类等,都能用挥发与蒸馏分离法分离富集,然后选用适当的方法测定。

知 识 拓 展

**稀土世界的摘星人:徐光宪
与"串级萃取理论"**

附　　录

附录 A　标准热力学数据(298.15 K)

物　　质	$\dfrac{\Delta_f H_m^\ominus}{kJ \cdot mol^{-1}}$	$\dfrac{\Delta_f G_m^\ominus}{kJ \cdot mol^{-1}}$	$\dfrac{S_m^\ominus}{J \cdot mol^{-1} \cdot K^{-1}}$	物　　质	$\dfrac{\Delta_f H_m^\ominus}{kJ \cdot mol^{-1}}$	$\dfrac{\Delta_f G_m^\ominus}{kJ \cdot mol^{-1}}$	$\dfrac{S_m^\ominus}{J \cdot mol^{-1} \cdot K^{-1}}$
氢				锶			
$H_2(g)$	0	0	130.7	$Sr(s)$	0	0	52
$H^+(aq)$	0	0	0	$Sr^{2+}(aq)$	-546	-559	-33
锂				$SrCO_3(s)$	-1220	-1140	97
$Li(s)$	0	0	29	钡			
$Li^+(aq)$	-278	-293	12	$Ba(s)$	0	0	63
$Li_2O(s)$	-598	-561	38	$Ba^{2+}(aq)$	-538	-561	10
$LiCl(s)$	-409	-384	59	$BaCl_2(s)$	-859	-810	124
钠				$BaSO_4(s)$	-1473	-1362	132
$Na(s)$	0	0	51	硼			
$Na^+(aq)$	-240	-262	58	$B(s)$	0	0	6
$Na_2O(s)$	-414	-375	75	$H_3BO_3(s)$	-1095	-970	90
$NaOH(s)$	-425	-379	64	$BF_3(g)$	-1136	-1119	254
$NaCl(s)$	-411	-384	72	$BN(s)$	-254	-228	15
钾				铝			
$K(s)$	0	0	65	$Al(s)$	0	0	28
$K^+(aq)$	-252	-284	101	$Al(OH)_3$(无定形)	-1276	—	—
$KOH(s)$	-425	-379	79	Al_2O_3(s,刚玉)	-1676	-1582	51
$KCl(s)$	-437	-409	83	碳			
铍				C(石墨)	0	0	5.7
$Be(s)$	0	0	9	C(金刚石)	2	3	2
$BeO(s)$	-609	-580	14	$CO(g)$	-110	-137	198
镁				$CO_2(g)$	-393.5	-393.5	214
$Mg(s)$	0	0	33	硅			
$Mg^{2+}(aq)$	-467	-455	-137	$Si(s)$	0	0	19
$MgO(s)$	-602	-569	27	SiO_2(石英)	-911	-856	41
$Mg(OH)_2(s)$	-925	-834	63	$SiCl_4(g)$	-609.6	-569.9	331.5
$MgCl_2(s)$	-641	-592	90	$SiC(s,\beta)$	-65	-63	17
$MgCO_3(s)$	-1096	-1012	66	$Si_3N_4(s,\alpha)$	-743	-643	101
钙				锡			
$Ca(s)$	0	0	42	$Sn(s,$白$)$	0	0	51
$Ca^{2+}(aq)$	-543	-553	-56	$Sn(s,$灰$)$	-2	0.1	44
$CaO(s)$	-635	-603	38	$SnO_2(s)$	-578	-516	49
$Ca(OH)_2(s)$	-986	-898	83	铅			
$CaSO_4(s)$	-1434	-1322	107	$Pb(s)$	0	0	65
$CaCO_3$(方解石)	-1207	-1129	93	$PbO(s,$红$)$	-219.24	-189.31	67.8

续表

物　质	$\dfrac{\Delta_f H_m^\ominus}{kJ \cdot mol^{-1}}$	$\dfrac{\Delta_f G_m^\ominus}{kJ \cdot mol^{-1}}$	$\dfrac{S_m^\ominus}{J \cdot mol^{-1} \cdot K^{-1}}$	物　质	$\dfrac{\Delta_f H_m^\ominus}{kJ \cdot mol^{-1}}$	$\dfrac{\Delta_f G_m^\ominus}{kJ \cdot mol^{-1}}$	$\dfrac{S_m^\ominus}{J \cdot mol^{-1} \cdot K^{-1}}$
$PbO(s,黄)$	-217.86	-188.47	69.4	$Cl^-(aq)$	-167	-131	57
$PbS(s)$	-100	-99	91	$ClO^-(aq)$	-107	-37	42
氮				溴			
$N_2(g)$	0	0	191.6	$Br_2(l)$	0	0	152
$NO(g)$	90	87	211	$Br_2(g)$	31	3	245
$NO_2(g)$	33	51	240	$HBr(g)$	-36	-53	199
$NO_3^-(aq)$	-207	-111	147	$Br^-(aq)$	-121	-104	83
$NH_4^+(aq)$	-132.51	-79.37	113.39	碘			
$NH_3(aq)$	-80.29	-26.57	111.29	$I_2(s)$	0	0	116
$NH_3(g)$	-46.11	-16.48	192.8	$I_2(g)$	62	19	261
磷				$HI(g)$	26	2	207
$P(s,白)$	0	0	41	$I^-(aq)$	-57	-52	106
$P(s,红)$	-18	-12	23	钪			
$P_4O_{10}(s)$	-2984	-2700	229	$Sc(s)$	0	0	35
$PH_3(g)$	5	13	210	钛			
$PCl_3(g)$	-306.35	-286.25	311.4	$Ti(s)$	0	0	31
氧				$TiO_2(s,金红石)$	-944	-890	51
$O_2(g)$	0	0	205.03	钒			
$O_3(g)$	143	163	239	$V(s)$	0	0	29
$H_2O(l)$	-286	-237	70	$V_2O_5(s)$	-1551	-1420	131
$H_2O(g)$	-242	-229	189	铬			
$OH^-(aq)$	-230	-157	-11	$Cr(s)$	0	0	24
$H_2O_2(l)$	-188	-120	110	$Cr_2O_3(s)$	-1140	-1058	81
硫				$CrO_4^{2-}(aq)$	-881	-728	50
$S(s,斜方)$	0	0	32	$Cr_2O_7^{2-}(aq)$	-1490	-1301	262
$S(s,单斜)$	0.3	0.1	33	锰			
$SO_2(g)$	-297	-300	248	$Mn(s,\alpha)$	0	0	32
$SO_3(g)$	-396	-371	257	$Mn^{2+}(aq)$	-221	-228	-74
$H_2S(g)$	-21	-34	206	$MnO_2(s)$	-520	-465	53
氟				铁			
$F_2(g)$	0	0	203	$Fe(s)$	0	0	27
$HF(g)$	-273	-275	174	$Fe^{2+}(aq)$	-89	-79	-138
$F^-(aq)$	-335	-281	-14	$Fe^{3+}(aq)$	-49	-5	-316
氯				$Fe(OH)_2(s)$	-569	-487	88
$Cl_2(g)$	0	0	223	$Fe(OH)_3(s)$	-823	-697	107
$HCl(g)$	-92	-95	187	$FeS(s)$	-100	-100	60

续表

物　　质	$\dfrac{\Delta_f H_m^{\ominus}}{kJ \cdot mol^{-1}}$	$\dfrac{\Delta_f G_m^{\ominus}}{kJ \cdot mol^{-1}}$	$\dfrac{S_m^{\ominus}}{J \cdot mol^{-1} \cdot K^{-1}}$	物　　质	$\dfrac{\Delta_f H_m^{\ominus}}{kJ \cdot mol^{-1}}$	$\dfrac{\Delta_f G_m^{\ominus}}{kJ \cdot mol^{-1}}$	$\dfrac{S_m^{\ominus}}{J \cdot mol^{-1} \cdot K^{-1}}$
$Fe_2O_3(s)$	−822.2	−742	90	金			
$Fe_3O_4(s)$	−1117	−1015	146	$Au(s)$	0	0	47.40
钴				$[Au(CN)_2]^-(aq)$	242.25	285.77	171.54
$Co(s,\alpha)$	0	0	30	$[AuCl_4]^{3-}(aq)$	−322.17	−235.22	266.94
$Co^{2+}(aq)$	−58	−54	−113	锌			
镍				$Zn(s)$	0	0	42
$Ni(s)$	0	0	30	$Zn^{2+}(aq)$	−153	−147	−110
$Ni^{2+}(aq)$	−54	−46	−129	$ZnO(s)$	−350	−320	44
铜				镉			
$Cu(s)$	0	0	33	$Cd(s,\gamma)$	0	0	52
$Cu^{2+}(aq)$	65	65	−98	$Cd^{2+}(aq)$	−76	−78	−73
$Cu(OH)_2(s)$	−450	−373	108	$CdS(s)$	−144.3	−140.6	71
$CuO(s)$	−157	−130	43	汞			
$CuSO_4(s)$	−771	−662	109	$Hg(l)$	0	0	76
$CuSO_4 \cdot 5H_2O(s)$	−2280	−1880	300	$Hg(g)$	61	32	175
银				$Hg_2Cl_2(s)$	−265	−211	192
$Ag(s)$	0	0	43	$CH_4(g)$	−74	−50	186
$Ag^+(aq)$	106	77	73	$C_2H_6(g)$	−84	−32	230
$Ag_2O(s)$	−31	−11	121	$C_2H_6(l)$	48.99	124.35	173.26
$Ag_2S(s,\alpha)$	−33	−41	144	$C_2H_4(g)$	52	68	220
$AgCl(s)$	−127	−110	96	$C_2H_2(g)$	228	211	201
$AgBr(s)$	−100	−97	107	$CH_3OH(l)$	−238.57	−166.15	126.8
$AgI(s)$	−62	−66	115	$C_2H_5OH(l)$	−276.98	−174.03	160.67
$[Ag(NH_3)_2]^+(aq)$	−111.89	−17.24	245.18	$C_6H_5COOH(s)$	−385.05	−245.27	167.57
				$C_{12}H_{22}O_{11}(s)$	−2225.5	−1544.6	360.2

附录 B　弱电解质的解离常数(298.15 K)

弱电解质	解离常数 K	弱电解质	解离常数 K
H_3AlO_3	$K_1 = 6.31 \times 10^{-12}$	H_2S	$K_1 = 1.07 \times 10^{-7}$
$HSb(OH)_6$	$K = 2.82 \times 10^{-3}$		$K_2 = 1.26 \times 10^{-13}$
$HAsO_2$	$K = 6.61 \times 10^{-10}$	$HBrO$	$K = 2.51 \times 10^{-9}$
H_3AsO_4	$K_1 = 6.03 \times 10^{-3}$	$HClO$	$K = 2.88 \times 10^{-8}$
	$K_2 = 1.05 \times 10^{-7}$	HIO	$K = 2.29 \times 10^{-11}$
	$K_3 = 3.16 \times 10^{-12}$	HIO_3	$K = 0.16$
HCN	$K = 6.17 \times 10^{-10}$	HNO_2	$K = 7.24 \times 10^{-4}$

弱电解质	解离常数 K	弱电解质	解离常数 K
H_3BO_3	$K_1 = 5.75 \times 10^{-10}$	H_3PO_4	$K_1 = 7.08 \times 10^{-3}$
	$K_2 = 1.82 \times 10^{-13}$		$K_2 = 6.31 \times 10^{-8}$
	$K_3 = 1.58 \times 10^{-14}$		$K_3 = 4.17 \times 10^{-13}$
$H_2B_4O_7$	$K_1 = 1.00 \times 10^{-4}$	H_2SiO_3	$K_1 = 1.70 \times 10^{-10}$
	$K_2 = 1.00 \times 10^{-9}$		$K_2 = 1.58 \times 10^{-12}$
$CO_2 \cdot H_2O$	$K_1 = 4.36 \times 10^{-7}$	$SO_2 \cdot H_2O$	$K_1 = 1.29 \times 10^{-2}$
	$K_2 = 4.68 \times 10^{-11}$		$K_2 = 6.16 \times 10^{-8}$
$H_2C_2O_4$	$K_1 = 5.9 \times 10^{-2}$	$H_2S_2O_3$	$K_1 = 0.25$
	$K_2 = 6.4 \times 10^{-5}$		$K_2 = 0.02 \sim 0.03$
H_2CrO_4	$K_1 = 9.55$	HCOOH	$K = 1.77 \times 10^{-4}$
	$K_2 = 3.16 \times 10^{-7}$	$CH_3COOH(HAc)$	$K = 1.74 \times 10^{-5}$
HF	$K = 6.61 \times 10^{-4}$	$NH_3 \cdot H_2O$	$K = 1.74 \times 10^{-5}$
H_2O_2	$K_1 = 2.24 \times 10^{-12}$		

附录 C　一些难溶电解质的溶度积(298.15 K)

化合物	K_{sp}	化合物	K_{sp}	化合物	K_{sp}
AgBr	5.35×10^{-13}	$CaHPO_4$	1.0×10^{-7}	$MgCO_3$	6.82×10^{-6}
Ag_2CO_3	8.46×10^{-12}	$Ca_3(PO_4)_2$	2.07×10^{-33}	MgF_2	5.16×10^{-11}
$Ag_2C_2O_4$	5.40×10^{-12}	$CaSO_4$	4.93×10^{-5}	$Mg(OH)_2$	5.61×10^{-12}
AgCl	1.77×10^{-10}	$Cr(OH)_3$	6.3×10^{-31}	$MnCO_3$	2.24×10^{-11}
Ag_2CrO_4	1.12×10^{-12}	$CoCO_3$	1.4×10^{-13}	$Mn(OH)_2$	1.9×10^{-13}
$Ag_2Cr_2O_7$	2.0×10^{-7}	$Co(OH)_2$(新析出)	1.6×10^{-15}	MnS(无定形)	2.5×10^{-10}
$AgIO_3$	3.17×10^{-8}	$Co(OH)_3$	1.6×10^{-44}	MnS(结晶)	2.5×10^{-13}
AgI	8.52×10^{-17}	α-CoS	4.0×10^{-21}	$NiCO_3$	1.42×10^{-7}
Ag_3PO_4	8.89×10^{-17}	β-CoS	2.0×10^{-25}	$Ni(OH)_2$(新析出)	2.0×10^{-15}
Ag_2SO_4	1.2×10^{-5}	CuBr	6.27×10^{-9}	α-NiS	3.2×10^{-19}
Ag_2S	6.3×10^{-50}	CuCl	1.72×10^{-7}	β-NiS	1.0×10^{-24}
$Al(OH)_3$(无定形)	1.3×10^{-33}	CuCN	3.47×10^{-20}	γ-NiS	2.0×10^{-26}
$BaCO_3$	2.58×10^{-9}	$CuCO_3$	1.4×10^{-10}	$PbBr_2$	6.6×10^{-6}
$BaCrO_4$	1.17×10^{-10}	$CuCrO_4$	3.6×10^{-6}	$PbCO_3$	7.4×10^{-14}
BaF_2	1.84×10^{-7}	CuI	1.27×10^{-12}	PbC_2O_4	4.8×10^{-10}

续表

化合物	K_{sp}	化合物	K_{sp}	化合物	K_{sp}
BaC_2O_4	1.6×10^{-7}	$CuOH$	1.0×10^{-14}	$PbCl_2$	1.7×10^{-5}
$Ba_3(PO_4)_2$	3.4×10^{-23}	$Cu(OH)_2$	2.2×10^{-20}	$PbCrO_4$	2.8×10^{-13}
$BaSO_4$	1.08×10^{-10}	Cu_2S	2.5×10^{-48}	PbI_2	9.8×10^{-9}
$BaSO_3$	5.0×10^{-10}	CuS	6.3×10^{-36}	$Pb_3(PO_4)_2$	8.0×10^{-40}
BaS_2O_3	1.6×10^{-5}	$FeCO_3$	3.2×10^{-11}	$PbSO_4$	2.53×10^{-8}
$Bi(OH)_3$	4.0×10^{-31}	$Fe(OH)_2$	4.87×10^{-17}	PbS	8.0×10^{-28}
$BiOCl$	1.8×10^{-31}	$FeC_2O_4 \cdot 2H_2O$	3.2×10^{-7}	$Sn(OH)_2$	5.45×10^{-27}
Bi_2S_3	1.0×10^{-97}	$Fe(OH)_3$	2.79×10^{-39}	$Sn(OH)_4$	1.0×10^{-56}
$CdCO_3$	1.0×10^{-12}	$FePO_4$	4×10^{-27}	SnS	1.0×10^{-25}
$Cd(OH)_2$	5.3×10^{-15}	FeS	6.3×10^{-18}	$ZnCO_3$	1.46×10^{-10}
CdS	8.0×10^{-27}	$K_2[PtCl_6]$	7.48×10^{-6}	ZnC_2O_4	2.7×10^{-8}
$CaCO_3$	3.36×10^{-9}	Hg_2I_2	5.2×10^{-29}	$Zn(OH)_2$	1.2×10^{-17}
$CaC_2O_4 \cdot H_2O$	2.32×10^{-9}	Hg_2SO_4	6.5×10^{-7}	$\alpha\text{-}ZnS$	1.6×10^{-24}
$CaCrO_4$	7.1×10^{-4}	Hg_2S	1.0×10^{-47}	$\beta\text{-}ZnS$	2.5×10^{-22}
CaF_2	3.45×10^{-11}	$HgS(红)$	4.0×10^{-53}		
$Ca(OH)_2$	5.5×10^{-6}	$HgS(黑)$	1.6×10^{-52}		

附录 D 标准电极电势(298.15 K)

(按 $E^{\ominus}$ 值由小到大编排)

电　对	电对平衡式 氧化态 $+ ne^- \rightleftharpoons$ 还原态	$E^{\ominus}/V$
Li^+/Li	$Li^+(aq) + e^- \rightleftharpoons Li(s)$	-3.04
K^+/K	$K^+(aq) + e^- \rightleftharpoons K(s)$	-2.94
Ba^{2+}/Ba	$Ba^{2+}(aq) + 2e^- \rightleftharpoons Ba(s)$	-2.91
Ca^{2+}/Ca	$Ca^{2+}(aq) + 2e^- \rightleftharpoons Ca(s)$	-2.87
Na^+/Na	$Na^+(aq) + e^- \rightleftharpoons Na(s)$	-2.71
Mg^{2+}/Mg	$Mg^{2+}(aq) + 2e^- \rightleftharpoons Mg(s)$	-2.36
Al^{3+}/Al	$Al^{3+}(aq) + 3e^- \rightleftharpoons Al(s)$	-1.68
Ti^{2+}/Ti	$Ti^{2+}(aq) + 2e^- \rightleftharpoons Ti(s)$	-1.60
Mn^{2+}/Mn	$Mn^{2+}(aq) + 2e^- \rightleftharpoons Mn(s)$	-1.18
Zn^{2+}/Zn	$Zn^{2+}(aq) + 2e^- \rightleftharpoons Zn(s)$	-0.76
Cr^{3+}/Cr	$Cr^{3+}(aq) + 3e^- \rightleftharpoons Cr(s)$	-0.74
$Fe(OH)_3/Fe(OH)_2$	$Fe(OH)_3(s) + e^- \rightleftharpoons Fe(OH)_2(s) + OH^-(aq)$	-0.55

续表

电　对	电对平衡式 氧化态$+n\text{e}^-$⇌还原态	$E^{\ominus}/\text{V}$
S/S^{2-}	$S(s)+2e^-\rightleftharpoons S^{2-}(aq)$	-0.45
Cd^{2+}/Cd	$Cd^{2+}(aq)+2e^-\rightleftharpoons Cd(s)$	-0.40
$PbSO_4/Pb$	$PbSO_4(s)+2e^-\rightleftharpoons Pb(s)+SO_4^{2-}(aq)$	-0.36
Co^{2+}/Co	$Co^{2+}(aq)+2e^-\rightleftharpoons Co(s)$	-0.28
H_3PO_4/H_3PO_3	$H_3PO_4(aq)+2H^+(aq)+2e^-\rightleftharpoons H_3PO_3(aq)+H_2O(l)$	-0.30
Ni^{2+}/Ni	$Ni^{2+}(aq)+2e^-\rightleftharpoons Ni(s)$	-0.24
AgI/Ag	$AgI(s)+e^-\rightleftharpoons Ag(s)+I^-(aq)$	-0.15
Sn^{2+}/Sn	$Sn^{2+}(aq)+2e^-\rightleftharpoons Sn(s)$	-0.14
Pb^{2+}/Pb	$Pb^{2+}(aq)+2e^-\rightleftharpoons Pb(s)$	-0.13
H^+/H_2	$2H^+(aq)+2e^-\rightleftharpoons H_2(g)$	0.0
$AgBr/Ag$	$AgBr(s)+e^-\rightleftharpoons Ag(s)+Br^-(aq)$	0.07
Sn^{4+}/Sn^{2+}	$Sn^{4+}(aq)+2e^-\rightleftharpoons Sn^{2+}(aq)$	0.15
Cu^{2+}/Cu^+	$Cu^{2+}(aq)+e^-\rightleftharpoons Cu^+(aq)$	0.16
$AgCl/Ag$	$AgCl(s)+e^-\rightleftharpoons Ag(s)+Cl^-(aq)$	0.22
Hg_2Cl_2/Hg	$Hg_2Cl_2(s)+2e^-\rightleftharpoons 2Hg(l)+2Cl^-(aq)$	0.27
Cu^{2+}/Cu	$Cu^{2+}(aq)+2e^-\rightleftharpoons Cu(s)$	0.34
$[Fe(CN)_6]^{3-}/[Fe(CN)_6]^{4-}$	$[Fe(CN)_6]^{3-}(aq)+e^-\rightleftharpoons [Fe(CN)_6]^{4-}(aq)$	0.28
O_2/OH^-	$O_2(g)+2H_2O(l)+4e^-\rightleftharpoons 4OH^-(aq)$	0.40
Cu^+/Cu	$Cu^+(aq)+e^-\rightleftharpoons Cu(s)$	0.52
I_2/I^-	$I_2(s)+2e^-\rightleftharpoons 2I^-(aq)$	0.54
MnO_4^-/MnO_4^{2-}	$MnO_4^-(aq)+e^-\rightleftharpoons MnO_4^{2-}(aq)$	0.56
MnO_4^-/MnO_2	$MnO_4^-(aq)+2H_2O(l)+3e^-\rightleftharpoons MnO_2(s)+4OH^-(aq)$	0.59
BrO_3^-/Br^-	$BrO_3^-(aq)+3H_2O(l)+6e^-\rightleftharpoons Br^-(aq)+6OH^-(aq)$	0.61
O_2/H_2O_2	$O_2(g)+2H^+(aq)+2e^-\rightleftharpoons H_2O_2(aq)$	0.70
Fe^{3+}/Fe^{2+}	$Fe^{3+}(aq)+e^-\rightleftharpoons Fe^{2+}(aq)$	0.77
Ag^+/Ag	$Ag^+(aq)+e^-\rightleftharpoons Ag(s)$	0.80
ClO^-/Cl^-	$ClO^-(aq)+H_2O(l)+2e^-\rightleftharpoons Cl^-(aq)+2OH^-(aq)$	0.81
NO_3^-/NO	$NO_3^-(aq)+4H^+(aq)+3e^-\rightleftharpoons NO(g)+2H_2O(l)$	0.96
Br_2/Br^-	$Br_2(l)+2e^-\rightleftharpoons 2Br^-(aq)$	1.06
IO_3^-/I_2	$2IO_3^-(aq)+12H^+(aq)+10e^-\rightleftharpoons I_2(s)+6H_2O(l)$	1.21
MnO_2/Mn^{2+}	$MnO_2(s)+4H^+(aq)+2e^-\rightleftharpoons Mn^{2+}(aq)+2H_2O(l)$	1.23
O_2/H_2O	$O_2(g)+4H^+(aq)+4e^-\rightleftharpoons 2H_2O(l)$	1.23

电　对	电对平衡式 氧化态$+ne^-$⇌还原态	$E^\ominus$/V
O_3/OH^-	$O_3(g)+H_2O(l)+2e^-$⇌$O_2(g)+2OH^-(aq)$	1.24
$Cr_2O_7^{2-}/Cr^{3+}$	$Cr_2O_7^{2-}(aq)+14H^+(aq)+6e^-$⇌$2Cr^{3+}(aq)+7H_2O(l)$	1.36
Cl_2/Cl^-	$Cl_2(g)+2e^-$⇌$2Cl^-(aq)$	1.36
PbO_2/Pb^{2+}	$PbO_2(s)+4H^+(aq)+2e^-$⇌$Pb^{2+}(aq)+2H_2O(l)$	1.46
MnO_4^-/Mn^{2+}	$MnO_4^-(aq)+8H^+(aq)+5e^-$⇌$Mn^{2+}+4H_2O(l)$	1.51
$HBrO/Br_2$	$2HBrO(aq)+2H^+(aq)+2e^-$⇌$Br_2(l)+2H_2O(l)$	1.60
$HClO/Cl_2$	$2HClO(aq)+2H^+(aq)+2e^-$⇌$Cl_2(g)+2H_2O(l)$	1.63
H_2O_2/H_2O	$H_2O_2(aq)+2H^+(aq)+2e^-$⇌$2H_2O(l)$	1.76
$S_2O_8^{2-}/SO_4^{2-}$	$S_2O_8^{2-}(aq)+2e^-$⇌$2SO_4^{2-}(aq)$	2.01
O_3/H_2O	$O_3(g)+2H^+(aq)+2e^-$⇌$O_2(g)+H_2O(l)$	2.07
F_2/F^-	$F_2(g)+2e^-$⇌$2F^-(aq)$	2.89

附录 E　常见配离子的稳定常数和不稳定常数(298.15 K)

配　离　子	$K_f^\ominus$	$\lg K_f^\ominus$	$K_d^\ominus$	$\lg K_d^\ominus$
$[AgBr_2]^-$	2.14×10^7	7.33	4.67×10^{-8}	-7.33
$[Ag(CN)_2]^-$	1.26×10^{21}	21.1	7.94×10^{-22}	-21.1
$[AgCl_2]^-$	1.10×10^5	5.04	9.09×10^{-6}	-5.04
$[AgI_2]^-$	5.5×10^{11}	11.74	1.82×10^{-12}	-11.74
$[Ag(NH_3)_2]^+$	1.12×10^7	7.05	8.93×10^{-8}	-7.05
$[Ag(S_2O_3)_2]^{3-}$	2.89×10^{13}	13.46	3.46×10^{-14}	-13.46
$[Co(NH_3)_6]^{2+}$	1.29×10^5	5.11	7.75×10^{-6}	-5.11
$[Cu(CN)_2]^-$	1×10^{24}	24.0	1×10^{-24}	-24.0
$[Cu(NH_3)_2]^+$	7.24×10^{10}	10.86	1.38×10^{-11}	-10.86
$[Cu(NH_3)_4]^{2+}$	2.09×10^{13}	13.32	4.78×10^{-14}	-13.32
$[Cu(P_2O_7)_2]^{6-}$	1×10^9	9.0	1×10^{-9}	-9.0
$[Cu(SCN)_2]^-$	1.52×10^5	5.18	6.58×10^{-6}	-5.18
$[Fe(CN)_6]^{3-}$	1×10^{42}	42.0	1×10^{-42}	-42.0
$[HgBr_4]^{2-}$	1×10^{21}	21.0	1×10^{-21}	-21.0
$[Hg(CN)_4]^{2-}$	2.51×10^{41}	41.4	3.98×10^{-42}	-41.4
$[HgCl_4]^{2-}$	1.17×10^{15}	15.07	8.55×10^{-16}	-15.07
$[HgI_4]^{2-}$	6.76×10^{29}	29.83	1.48×10^{-30}	-29.83
$[Ni(NH_3)_6]^{2+}$	5.50×10^8	8.74	1.82×10^{-9}	-8.74

配　离　子	$K_f^\ominus$	$\lg K_f^\ominus$	$K_d^\ominus$	$\lg K_d^\ominus$
$[Ni(en)_3]^{2+}$	2.14×10^{18}	18.33	4.67×10^{-19}	-18.33
$[Zn(CN)_4]^{2-}$	5.01×10^{16}	16.7	2.0×10^{-17}	-16.7
$[Zn(NH_3)_4]^{2+}$	2.88×10^{9}	9.46	3.48×10^{-10}	-9.46
$[Zn(en)_2]^{2+}$	6.76×10^{10}	10.83	1.48×10^{-11}	-10.83

附录 F　标准键能(298.15 K)

键　型	$\Delta_B H_m^\ominus/(kJ \cdot mol^{-1})$	键　型	$\Delta_B H_m^\ominus/(kJ \cdot mol^{-1})$
H—H	435.9	N—H	390.8
H—F	564.8	N—N	163.2
H—Cl	431.4	N=N	409
H—Br	366.1	N≡N	944.7
H—I	298.7	N—O	200.8
Be—Cl	456.1	N=O	631.8
B—H	331*	O—H	462.8
B—C	372.4	O—O	196.6
B—N	443.5	O=O	498.3
B—O	535.6	O—F	189.5
B—F	644.3	F—F	154.8
B—Cl	456.1	Si—H	318.0
C—H	413.0	Si—C	290*
C—C	345.6	Si—O	432*
C=C	610.0	Si—F	564.8
C≡C	835.1	Si—Si	176.6
C—N	304.6	Si—Cl	380.7
C=N	615.0	Si—Br	309.6
C≡N	889.5	P—H	330.5
C—O	357.7	P=O	510.4
C=O（醛）	736.4	P—F	489.5
C=O（酮）	748.9	P—P	214.6
C—F	485.3	P—Cl	328.4
C—S	272.0	P—Br	266.5
C—Cl	338.9	S—H	347.3
C—Br	284.5	S—O	521.7**
C—I	217.6	S—F	318.0

续表

键　　型	$\Delta_B H_m^\ominus/(kJ \cdot mol^{-1})$	键　　型	$\Delta_B H_m^\ominus/(kJ \cdot mol^{-1})$
S—S	297.1	As—Cl	292.9
S—Cl	255.2	Se—H	276.1
Cl—O	251.0	Se—O	423**
Cl—Cl	242.1	Se—F	284.5
Cl—F	251*	Se—Cl	242.6
Ti—Cl	427	Se—Se	184.1
Ti—O	662**	Br—O	200.8
Ti—N	464**	Br—Br	192.9
Ge—H	288.3	Zr—Cl	485.3
Ge—O	662**	Zr—O	765.7
Ge—F	464.4	Sn—Cl	318.0
Ge—Cl	338.9	I—I	150.9
Ge—Ge	157.3	I—O	241*
As—H	292.9	Hg—Cl	225.9
As—F	464.4	Hg—Hg	17.2**

注：加"＊"的数据摘自 Linus Pauling and Peter Pauling, Chemistry, Appendix Ⅴ, 1975；加"＊＊"的数据摘自 Handbook of Chemistry and Physics, 66th ed.；其他数据均摘自 Lange's Handbook of Chemistry, 11th ed.；后两者都按 1 cal＝4.184 J 换算。加"＊　＊"的数据为气态双原子分子的解离能。

附录 G　一些重要的物理常数

物　理　量	符　号	数　　值
摩尔气体常数	R	$8.314510 \text{ J} \cdot \text{mol}^{-1} \cdot \text{K}^{-1}$
真空中的光速	c	$2.99792458 \times 10^8 \text{ m} \cdot \text{s}^{-1}$
电子的电荷	e	$1.60217733 \times 10^{-19} \text{ C}$
原子质量单位	μ	$1.6605402 \times 10^{-27} \text{ kg}$
电子静质量	m_e	$9.1093897 \times 10^{-31} \text{ kg}$
质子静质量	m_p	$1.6726231 \times 10^{-27} \text{ kg}$
中子静质量	m_n	$1.6749543 \times 10^{-27} \text{ kg}$
理想气体摩尔体积	V_m	$2.241410 \times 10^{-2} \text{ m}^3 \cdot \text{K}^{-1}$
阿伏伽德罗常数	L	$6.0221367 \times 10^{23} \text{ mol}^{-1}$
法拉第常数	F	$9.6485309 \times 10^4 \text{ C} \cdot \text{mol}^{-1}$
普朗克常量	h	$6.6260755 \times 10^{-34} \text{ J} \cdot \text{s}$
玻尔兹曼常数	k	$1.380658 \times 10^{-23} \text{ J} \cdot \text{K}^{-1}$
真空介电常数	ε_0	$8.854188 \times 10^{-12} \text{ F} \cdot \text{m}^{-1}$

附录 H　元素周期表

图例：
原子序数 — 元素符号
元素中文名称
元素英文名称
常用相对原子质量
标准相对原子质量

示例：
1　H
氢　hydrogen
1.008
[1.0078, 1.0082]

族	1	2	3	4	5	6	7	8	9	10	11	12	13	14	15	16	17	18
	1 H 氢 hydrogen 1.008 [1.0078, 1.0082]																	2 He 氦 helium 4.0026
	3 Li 锂 lithium 6.94 [6.938, 6.997]	4 Be 铍 beryllium 9.0122											5 B 硼 boron 10.81 [10.806, 10.821]	6 C 碳 carbon 12.011 [12.009, 12.012]	7 N 氮 nitrogen 14.007 [14.006, 14.008]	8 O 氧 oxygen 15.999 [15.999, 16.000]	9 F 氟 fluorine 18.998	10 Ne 氖 neon 20.180
	11 Na 钠 sodium 22.990	12 Mg 镁 magnesium 24.305 [24.304, 24.307]											13 Al 铝 aluminium 26.982	14 Si 硅 silicon 28.085 [28.084, 28.086]	15 P 磷 phosphorus 30.974	16 S 硫 sulfur 32.06 [32.059, 32.076]	17 Cl 氯 chlorine 35.45 [35.446, 35.457]	18 Ar 氩 argon 39.95 [39.792, 39.963]
	19 K 钾 potassium 39.098	20 Ca 钙 calcium 40.078(4)	21 Sc 钪 scandium 44.956	22 Ti 钛 titanium 47.867	23 V 钒 vanadium 50.942	24 Cr 铬 chromium 51.996	25 Mn 锰 manganese 54.938	26 Fe 铁 iron 55.845(2)	27 Co 钴 cobalt 58.933	28 Ni 镍 nickel 58.693	29 Cu 铜 copper 63.546(3)	30 Zn 锌 zinc 65.38(2)	31 Ga 镓 gallium 69.723	32 Ge 锗 germanium 72.630(8)	33 As 砷 arsenic 74.922	34 Se 硒 selenium 78.971(8)	35 Br 溴 bromine 79.904 [79.901, 79.907]	36 Kr 氪 krypton 83.798(2)
	37 Rb 铷 rubidium 85.468	38 Sr 锶 strontium 87.62	39 Y 钇 yttrium 88.906	40 Zr 锆 zirconium 91.224(2)	41 Nb 铌 niobium 92.906	42 Mo 钼 molybdenum 95.95	43 Tc 锝 technetium	44 Ru 钌 ruthenium 101.07(2)	45 Rh 铑 rhodium 102.91	46 Pd 钯 palladium 106.42	47 Ag 银 silver 107.87	48 Cd 镉 cadmium 112.41	49 In 铟 indium 114.82	50 Sn 锡 tin 118.71	51 Sb 锑 antimony 121.76	52 Te 碲 tellurium 127.60(3)	53 I 碘 iodine 126.90	54 Xe 氙 xenon 131.29
	55 Cs 铯 caesium 132.91	56 Ba 钡 barium 137.33	57-71 镧系 lanthanoids	72 Hf 铪 hafnium 178.49(2)	73 Ta 钽 tantalum 180.95	74 W 钨 tungsten 183.84	75 Re 铼 rhenium 186.21	76 Os 锇 osmium 190.23(3)	77 Ir 铱 iridium 192.22	78 Pt 铂 platinum 195.08	79 Au 金 gold 196.97	80 Hg 汞 mercury 200.59	81 Tl 铊 thallium 204.38 [204.38, 204.39]	82 Pb 铅 lead 207.2	83 Bi 铋 bismuth 208.98	84 Po 钋 polonium	85 At 砹 astatine	86 Rn 氡 radon
	87 Fr 钫 francium	88 Ra 镭 radium	89-103 锕系 actinoids	104 Rf 𬬻 rutherfordium	105 Db 𬭊 dubnium	106 Sg 𬭳 seaborgium	107 Bh 𬭛 bohrium	108 Hs 𬭶 hassium	109 Mt 鿏 meitnerium	110 Ds 𫟼 darmstadtium	111 Rg 𬬭 roentgenium	112 Cn 鎶 copernicium	113 Nh 鉨 nihonium	114 Fl 𫓧 flerovium	115 Mc 镆 moscovium	116 Lv 𫟷 livermorium	117 Ts 鿬 tennessine	118 Og 鿫 oganesson

镧系 lanthanoids:

57 La 镧 lanthanum 138.91	58 Ce 铈 cerium 140.12	59 Pr 镨 praseodymium 140.91	60 Nd 钕 neodymium 144.24	61 Pm 钷 promethium	62 Sm 钐 samarium 150.36(2)	63 Eu 铕 europium 151.96	64 Gd 钆 gadolinium 157.25(3)	65 Tb 铽 terbium 158.93	66 Dy 镝 dysprosium 162.50	67 Ho 钬 holmium 164.93	68 Er 铒 erbium 167.26	69 Tm 铥 thulium 168.93	70 Yb 镱 ytterbium 173.05	71 Lu 镥 lutetium 174.97

锕系 actinoids:

89 Ac 锕 actinium	90 Th 钍 thorium 232.04	91 Pa 镤 protactinium 231.04	92 U 铀 uranium 238.03	93 Np 镎 neptunium	94 Pu 钚 plutonium	95 Am 镅 americium	96 Cm 锔 curium	97 Bk 锫 berkelium	98 Cf 锎 californium	99 Es 锿 einsteinium	100 Fm 镄 fermium	101 Md 钔 mendelevium	102 No 锘 nobelium	103 Lr 铹 lawrencium

此元素周期表由中国化学会翻译，版权归中国化学会和国际纯粹与应用化学联合会（IUPAC）所有。英文版元素周期表及更新请见www.iupac.org，中文版元素周期表及更新请见www.chemsoc.org.cn。

CCS CHINESE CHEMICAL SOCIETY　|　IUPAC INTERNATIONAL UNION OF PURE AND APPLIED CHEMISTRY

参 考 文 献

[1] 宋天佑,程鹏,徐家宁,等.无机化学:上册[M].4版.高等教育出版社,2019.

[2] 宋天佑,徐家宁,程功臻,等.无机化学:下册[M].4版.高等教育出版社,2019.

[3] 北京师范大学,华中师范大学,南京师范大学无机化学教研室.无机化学:上下册 [M].5版.北京:高等教育出版社,2020.

[4] 申泮文.近代化学导论:上下册[M].2版.北京:高等教育出版社,2008.

[5] 刘新锦.无机元素化学[M].3版.北京:科学出版社,2021.

[6] 武汉大学.分析化学:上下册[M].6版.北京:高等教育出版社,2016.

[7] 张立庆.无机及分析化学[M].2版.杭州:浙江大学出版社,2023.

[8] 王庆伦,顾文,任红霞,等.无机及分析化学[M].北京:高等教育出版社,2023.

[9] 郭明.无机及分析化学(英文)[M].北京:化学工业出版社,2024.

[10] 贾佩云.无机及分析化学[M].3版.北京:中国农业大学出版社,2019.

[11] 王斌,冯艳,朱文晶.无机及分析化学[M].北京:化学工业出版社,2023.